HYDRAULIQUE AGRICOLE

TOURS. — IMPRIMERIE DESLIS FRÈRES

HYDRAULIQUE AGRICOLE

PAR

Paul LÉVY SALVADOR

INGÉNIEUR DES CONSTRUCTIONS CIVILES
ATTACHÉ A LA DIRECTION DE L'HYDRAULIQUE AGRICOLE AU MINISTÈRE DE L'AGRICULTURE

LIVRE III. — 4ᵉ à 8ᵉ PARTIE

ASSAINISSEMENTS ET DESSÉCHEMENTS. — COLMATAGES
POLDERS. — DRAINAGE
UTILISATION AGRICOLE DES EAUX D'ÉGOUT. — ANNEXES

PARIS

Vᵛᵉ Cʜ. DUNOD, ÉDITEUR

LIBRAIRE DES PONTS ET CHAUSSÉES, DES MINES
ET DES CHEMINS DE FER
49, Quai des Grands-Augustins, 49

1900

HATON DE LA GOUPILLIÈRE   Membre de l'Institut, Inspecteur général des Mines, Directeur de l'Ecole nationale supérieure des Mines.

HENRY (E.)   Inspecteur général des Ponts et Chaussées.

HUET   Inspecteur général des Ponts et Chaussées en retraite, ancien Directeur administratif des Travaux de la ville de Paris.

LAUSSEDAT (le Colonel)   Membre de l'Institut, Directeur du Conservatoire national des Arts et Métiers.

Mᵉ LE BERQUIER   Avocat à la Cour d'appel de-Paris.

MARTINIE   Contrôleur général de l'Administration de l'Arméè, Ancien président de la Société de Topographie de France.

METZGER   Inspecteur général des Ponts et Chaussées, Directeur des Chemins de fer de l'Etat.

MICHEL (J.)   Ingénieur en chef au Chemin de fer de Paris à Lyon et à la Méditerranée.

NICOLAS   Conseiller d'Etat, Directeur de l'Industrie au Ministère du Commerce, de l'Industrie et des Postes et Télégraphes.

PHILIPPE   Inspecteur général des Ponts et Chaussées, Directeur de l'Hydraulique agricole au Ministère de l'Agriculture.

PILLET   Professeur au Conservatoire national des Arts et Métiers.

Le **Président** de l'Association philotechnique.

Le **Président** de l'Association polytechnique.

Le **Président** de la Société des Anciens Elèves des Écoles nationales d'Arts et Métiers.

Le **Président** de la Société des Conducteurs, Contrôleurs et Commis des Ponts et Chaussées et des Mines.

Le **Président** de la Société des Ingénieurs civils de France.

Le **Président** de la Société de Topographie de France.

QUENNEC   Directeur du Personnel de la Préfecture de la Seine.

RÉSAL   Ingénieur en chef des Ponts et Chaussées, Professeur à l'Ecole Nationale des Ponts et Chaussées.

ROUCHÉ   Professeur au Conservatoire national des Arts et Métiers.

SANGUET   Président de la Société de Topographie parcellaire de France.

TISSERAND   Conseiller maître à la Cour des Comptes.

BIBLIOTHÈQUE DU CONDUCTEUR DE TRAVAUX PUBLICS

Comité de rédaction

SIÈGE : 46, QUAI DE L'HÔTEL-DE-VILLE

Bureau

PRÉSIDENT :

JOLIBOIS — Conducteur des Ponts et Chaussées, Agent voyer cantonal (Service ordinaire et vicinal de la Seine), ancien Président de la Société des Conducteurs, Contrôleurs et Commis des Ponts et Chaussées et des Mines, Membre des Sociétés des Ingénieurs civils de France, des Ingénieurs coloniaux, des anciens élèves des Ecoles d'Arts et Métiers, de Topographie de France, etc., Professeur à l'Association philotechnique.

SECRÉTAIRE GÉNÉRAL :

BONNAL — Ingénieur civil, dessinateur industriel.

VICE-PRÉSIDENTS :

DACREMONT — Conducteur des Ponts et Chaussées, Sous-inspecteur de l'Assainissement, Service municipal.

FALCOU — Chef de bureau à la Préfecture de la Seine, Chef du cabinet du Directeur administratif des services d'architecture, des promenades et plantations.

LAYE — Ancien commis des Ponts et Chaussées, Ingénieur des Arts et Manufactures (Cie du Chemin de fer du Nord).

VIDAL — Conducteur des Ponts et Chaussées (Contrôle du Chemin de fer du Midi).

SECRÉTAIRES :

CANAL — Conducteur des Ponts et Chaussées, Contrôleur Comptable des Chemins de fer (Orléans).

DEJUST — Conducteur municipal (Service des Eaux), Ingénieur des Arts et Manufactures, Répétiteur à l'École centrale des Arts et Manufactures.

DIÉBOLD — Conducteur des Ponts et Chaussées, Sous-inspecteur de l'Assainissement, Service Municipal.

MARTIN — Avocat, professeur libre de droit.

Membres du Comité :

AUCAMUS
Ingénieur des Arts et Manufactures, chef d'atelier aux chemins de fer du Nord.

CUVILLIER
Contrôleur principal des Mines (Contrôle des chemins de fer de l'Ouest).

DARDART
Conducteur principal des Ponts et Chaussées (Service ordinaire et vicinal de la Seine).

DARIÈS
Conducteur Municipal (Service des Eaux), Licencié ès-Sciences, Professeur à l'Association philotechnique et à l'École spéciale des Travaux publics.

DECRESSAIN
Contrôleur principal des Mines (Service des appareils à vapeur), Professeur à l'École d'Horlogerie.

EYROLLES
Conducteur des Ponts et Chaussées, Membre de la Société des Ingénieurs civils de France, Directeur-Fondateur de l'École spéciale des Travaux publics.

HABY
Ancien conducteur des Ponts et Chaussées, Rédacteur au Ministère des Travaux Publics, Professeur à l'Association philotechnique.

HALLOUIN
Ancien Conducteur des Ponts et Chaussées, Inspecteur principal de l'Exploitation commerciale des Chemins de fer de l'État.

LÉVY-SALVADOR Ingénieur du Service technique de l'Hydraulique agricole.

MALETTE (G.)
Conducteur des Ponts et Chaussées, Agent voyer cantonal (Service ordinaire et vicinal de la Seine).

PRADÈS
Ancien conducteur de l'Hydraulique agricole, Rédacteur au Ministère de l'Agriculture, Professeur à l'Association philotechnique.

PRÉVOT
Conducteur des Ponts et Chaussées (Service du nivellement général de la France).

REBOUL
Contrôleur principal des Mines (Service des appareils à vapeur).

ROUX
Conducteur des Ponts et Chaussées (Service ordinaire et vicinal de la Haute-Vienne).

SIMONET
Conducteur des Ponts et Chaussées, Service municipal (Métropolitain).

SAINT-PAUL
Conducteur Municipal, Chef du Service de l'Eclairage de la 1re section de Paris, Secrétaire adjoint de la Société de Topographie de France, Professeur à l'Association polytechnique, Vice-Président de l'Association amicale et de prévoyance des Employés municipaux de la Direction des Travaux de Paris.

WÉRY
Conducteur municipal, Chef de bureau de section.

HYDRAULIQUE AGRICOLE

QUATRIÈME PARTIE

ASSAINISSEMENTS ET DESSÉCHEMENTS

CHAPITRE PREMIER

GÉNÉRALITÉS

1. Des eaux stagnantes. — En parlant de la formation des cours d'eau (t. I, § 70), on a défini les *eaux courantes* provenant des eaux météoriques que produit la condensation de la vapeur d'eau contenue dans l'atmosphère. Obéissant aux lois de la pesanteur, elles descendent d'un mouvement continu depuis les points élevés où commence leur cours jusqu'à la mer, en formant successivement des torrents, des ruisseaux, des rivières et des fleuves.

D'autres eaux, accumulées dans certaines dépressions à la surface du sol des terrains imperméables, y demeurent perpétuellement immobiles et constituent ce qu'on appelle les *eaux dormantes* ou *stagnantes*.

Quand la couche liquide remplit une cuvette à bords généralement escarpés et que sa masse est profonde, elle constitue un *lac*: si le terrain sur lequel les eaux s'épanchent est peu déclive, la nappe liquide, qui n'a qu'une faible épaisseur, forme un *étang*.

Comme l'a fait remarquer M. Alfred Picard [1], la distinction

---

[1] *Traité des Eaux*, t. IV.

entre les lacs et les étangs ne repose que sur leur plus ou moins d'étendue, sans qu'il y ait aucune différence dans la nature des amas d'eaux qui les constituent. On ne peut pas non plus indiquer de distinction bien tranchée entre les *étangs* et les *mares*, qui sont généralement des réservoirs d'eaux pluviales. Les mares peuvent, suivant les circonstances, être assimilées à de petits étangs ou être considérées comme faisant partie d'un ensemble de *marais*, qui sont de grandes surfaces de terre alternativement recouvertes d'une faible épaisseur d'eau et asséchées (§ 5).

2. Des lacs. — Les lacs sont des amas d'eaux stagnantes contenues dans une dépression naturelle du sol, d'une assez grande profondeur.

Certains d'entre eux sont formés par l'épanouissement des eaux d'une rivière qui les traverse ; tels sont les cas du lac de Genève pour le Rhône, du lac de Constance pour le Rhin, etc. D'autres, alimentés par des eaux de sources, donnent naissance à un cours d'eau (lacs d'Annecy, du Bourget, etc.). D'autres enfin, dépourvus d'émissaire, ne perdent leur eau que par l'évaporation ou l'infiltration.

Généralement les eaux des grands lacs sont pures ; les variations de leur niveau se maintiennent dans des limites assez étroites, et leurs bords sont suffisamment escarpés pour que les surfaces alternativement couvertes et découvertes ne puissent se transformer en marécages dont les émanations seraient nuisibles à la santé des populations riveraines. Leur suppression, au cas où elle serait poursuivie, n'aurait d'autre but que de mettre la surface desséchée en culture ; cette opération n'aurait donc pas, sauf exception, le caractère d'une entreprise d'assainissement. Cette suppression n'est d'ailleurs pas désirable, car non seulement les lacs n'ont aucune action nuisible, mais leur présence atténue les écarts extrêmes de température dans leur voisinage, et leurs abords sont généralement peuplés et fertiles. On a malheureusement constaté une tendance à leur disparition naturelle par diverses causes, telles que les apports des limons des fleuves qui les traversent. Il est bon d'ajouter que c'est là un phénomène d'ordre géologique, c'est-à-dire à échéance éloignée. Un géologue suisse estime à soixante-quatre mille ans le temps qu'exigera le colmatage naturel du lac de Genève.

3. Des étangs. — Les étangs constituent, comme les lacs, des réservoirs d'eau stagnante; ils en diffèrent par leur étendue et leur profondeur, qui sont moindres. Certains étangs sont naturels et alimentés par des sources ou par les eaux pluviales; leur existence résulte de la situation des lieux. D'autres, au contraire, sont formés artificiellement au moyen de barrages établis dans des terrains imperméables, et, le plus ordinairement, dans le but de créer une réserve pour la pêche (§ 4).

Quand la profondeur d'eau est assez grande, au moins à une certaine distance des bords, et quand le niveau de la couche liquide n'éprouve que de faibles variations, ce qui suppose une alimentation constante, soit par des sources, soit par un cours d'eau régulier, les étangs jouissent, comme les lacs, d'une innocuité complète.

Il n'en est pas de même pour les étangs dont le niveau est sujet à des variations notables, attendu que les eaux couvrent et découvrent alternativement de grandes surfaces de terrains où se développent des fermentations de toutes espèces. Les étangs de ce genre ne sont alimentés que par le ruissellement des eaux pluviales, et leurs rives sont généralement insalubres.

Quand les étangs sont peu profonds et que le sol aux abords n'a qu'une faible déclivité, l'abaissement des eaux en été met à sec une grande partie de leur surface. Dans ce cas, ce sont de véritables marais sur leurs bords.

4. Des étangs artificiels. — Les étangs ayant une origine artificielle sont très nombreux. On a déjà eu l'occasion de s'en occuper en traitant la question de la réglementation des barrages sur cours d'eau non navigables ni flottables (t. I, § 43). La création de ces étangs est facile et donne de bons produits, grâce à la pêche. De plus, lorsqu'ils ont été en eau pendant un temps assez long, on peut les assécher et en cultiver avantageusement le sol qui se trouve engraissé par des vases et des détritus de toutes sortes.

Malheureusement cette culture mixte est des plus funestes à la santé. Dans la région des Dombes (Ain) il existait autrefois plus de seize cents étangs, d'une étendue totale de près de 19.000 hectares, restant habituellement deux ans en eau et un an en culture ordinaire. Chaque année, pendant l'été, la population était décimée par les fièvres ; le nombre et l'intensité des accidents s'accroissaient pendant les années de sécheresse, parce que les eaux des étangs, s'abaissant davantage, laissaient à l'état marécageux de plus grandes surfaces sur leurs bords. On constatait, en outre, que les étangs en eau étaient plus insalubres que les étangs en culture. Depuis qu'on a assaini la contrée par la suppression des étangs reconnus insalubres, la fièvre a presque totalement disparu du pays (§ 17).

D'autres étangs artificiels, quoique non alternativement mis en eau et desséchés, présentent des inconvénients au point de vue de l'hygiène publique. Tel est le lac d'Enghien (Seine-et-Oise), formé par une digue de retenue, le long de laquelle est situé un établissement thermal propriétaire du lac. Le lac reçoit les eaux des rus d'Ermont, de Montlignon, de Soisy et de Saint-Gratien. Son unique émissaire est le ru d'Ormesson, qui se jette dans la Seine à Épinay. En traversant les vases et les détritus végétaux accumulés au fond, les eaux pluviales qui alimentent le lac et y séjournent, se sulfurent par la décomposition des sulfates, en sorte que l'efficacité des eaux thermales disparaîtrait, si les vases elles-mêmes venaient à être enlevées.

Autrefois les eaux ménagères des maisons qui bordent le lac et des localités voisines d'Enghien, Ermont, Montlignon, Soisy et Saint-Gratien se déversaient directement dans ce dernier. Sous l'apport incessant des matières solides déposées par ces eaux résiduaires, le fond, en certaines parties, se relevait assez rapidement pour que les vases, recouvertes seulement d'une tranche d'eau d'épaisseur insuffisante, dégageassent des odeurs nauséabondes.

Pour remédier à cet état de choses sans porter préjudice aux intérêts de l'établissement thermal, on a dû interdire le déversement des eaux ménagères dans le lac et construire

un réseau d'égouts, qui les conduisent directement au ru
d'Ormesson.

En résumé, les étangs artificiels ne présentent ordinairement aucun inconvénient au point de vue de l'hygiène
publique, lorsque leur régime se rapproche de celui des lacs
naturels, c'est-à-dire quand le niveau de l'eau y est peu
variable et que la surface susceptible d'être alternativement
submergée et à sec est peu étendue. Si les eaux qui l'alimentent sont chargées de matières solides qu'elles déposent,
le niveau du fond est susceptible de se relever assez rapidement pour transformer l'étang en marécage. Cet inconvénient peut être évité, en pratiquant de temps à autre des
curages ou des chasses par une vanne de fond ménagée
dans le barrage de l'étang. Dans tous les autres cas, les
étangs artificiels sont plus ou moins insalubres. On vient
de voir qu'il en est de même des étangs alternativement mis
en eau et desséchés.

5. Des marais. — Les marais ou marécages sont des surfaces de terres privées d'écoulement de superficie, imperméables par leur sol ou leur sous-sol, et se présentant alternativement à l'état de sol inondé, de sol humide et de sol
desséché suivant les quantités d'eau reçues ou évaporées
pendant les variations annuelles de pluie et de température.
C'est dans les eaux des marais que se développent en abondance les germes dont la pénétration dans le sang produit
l'intoxication palustre. Pendant l'été surtout, les marais produisent des effets redoutables; alors, le niveau de l'eau
s'abaisse, laissant à découvert de grandes surfaces vaseuses;
la chaleur et l'humidité combinées développent dans la
masse entière une fermentation putride; l'air se charge de
miasmes délétères, et les populations environnantes sont
décimées par la fièvre.

6. Des terres humides ou insalubres. — En dehors des
marais proprement dits, il existe un grand nombre de terres
où l'écoulement des eaux amenées par les pluies ou les
sources est insuffisant, à cause du manque de pente géné-

rale du sol. Ces eaux séjournent à certaines époques, soit à la surface même, soit dans les couches superficielles du sol et diminuent beaucoup la valeur des récoltes, en même temps qu'elles sont une cause d'insalubrité. Ces terres sont dites *humides* ou *insalubres*.

On verra ultérieurement qu'à cette distinction entre les marais et les terres humides ou insalubres correspond une différence très nette entre les procédés de desséchement (§ 10).

7. Étangs et marais du littoral maritime. — Le littoral de la Méditerranée entre l'embouchure de l'Aude et celle du Rhône, celui de la côte orientale de la Corse et une grande partie du littoral italien sont bordés d'une série pour ainsi dire continue d'étangs et de marais qui diffèrent essentiellement de ceux dont il vient d'être question, en ce qu'ils sont remplis d'eau saumâtre. Quelques-uns de ces étangs, celui de Thau, par exemple, forment de véritables petites mers intérieures affectées à la pêche ou à la navigation. Mais la majeure partie se compose de marais sans profondeur, de bas-fonds, de fossés à moitié desséchés pendant les fortes chaleurs, de plages en pente douce abandonnées par les eaux pendant les longs jours d'été et couvertes de plantes en putréfaction, enfin de terrains marécageux à eau saumâtre, couverts d'une végétation de plantes palustres dégageant des odeurs nauséabondes.

Il est reconnu qu'anciennement ces étangs n'étaient séparés de la mer que par un mince cordon littoral, de médiocre hauteur, facilement franchi par les vagues ; il était surmonté notamment par les lames poussées par les vents du large. Les dépressions situées en arrière de cette barre se remplissaient d'eaux salées, qui retournaient ensuite à la mer, grâce à l'existence, à travers les parties les plus basses du cordon littoral, de chenaux entretenus par les écoulements mêmes des eaux des étangs et connus sous le nom de *graux* (passages) en Provence, ou de *foce* (bouches) en Corse. A cette époque, les étangs de ce littoral n'étaient nullement malsains.

Mais peu à peu la plage s'éleva progressivement par les

apports de la mer, le courant littoral entraînant et déposant
des limons charriés par les crues des fleuves, et les vagues
ne purent plus en franchir qu'une partie de moins en moins
étendue, par les grosses mers et ensuite par les tempêtes.
En même temps le fond des étangs s'exhaussait, principalement par suite des apports de limons et sables que les
rivières et torrents y déversaient pendant les crues. La solidarité des étangs et de la mer diminuait de plus en plus ; les
courants devenaient de moins en moins puissants sur les
graux qui s'exhaussaient.

Aujourd'hui l'aspect que présente cette partie du littoral
dans les parties où il n'a été exécuté aucun travail d'assainissement est le suivant : les étangs et marais qui bordent la
côte sont séparés de la mer par un bourrelet de sable surmonté de dunes qui accusent, en général, un relief peu prononcé. Les coupures qu'on y rencontre de place en place
sont elles-mêmes obstruées par une barre de sable. Dans
ces conditions, les eaux de l'intérieur s'accumulent en
arrière de la plage, et leur niveau s'élève ou s'abaisse suivant
que les pluies accroissent le débit des cours d'eau qui y
aboutissent ou que la chaleur active les pertes par évaporation. Abstraction faite des filtrations qui peuvent se produire
au travers du cordon littoral, aucune communication n'existe
plus entre la mer et les étangs, sauf par les gros temps où
les lames franchissent quelquefois la barre pour se déverser
du côté de l'intérieur, ou encore quand les eaux des étangs,
grossies par les pluies, se font momentanément jour à travers
le cordon littoral en s'ouvrant une bouche qui se refermera
d'elle-même sous l'action de la marée, dès que la quantité
d'eau déversée par les étangs diminuera.

Ce mélange d'eaux douces et d'eaux salées est une cause
bien connue d'insalubrité, et ce sont principalement les
marais à eaux saumâtres, dans lesquels se réunissent et
croupissent les eaux salées des étangs en communication
avec la mer et les eaux douces des pluies et des orages, qui
sont les plus insalubres ; les réactions chimiques entre les
substances minérales salines produisent des gaz nocifs tels
que l'hydrogène sulfuré ou carburé. Aussi verra-t-on que,
à défaut de travaux de desséchement, on peut chercher à

assainir les marais du littoral en provoquant leur avivement périodique au moyen des eaux de la mer (§ 9) et que, lorsqu'on entreprend de véritables travaux d'assainissement, on prend soin d'endiguer les rivières dont les eaux s'épandaient sur les terrains à assainir, de manière à assurer la conduite de leurs eaux de crues à la mer, sans déversement sur les terres riveraines, sujettes aux incursions des eaux salées.

8. Inconvénients des eaux stagnantes. — De ce qui précède, il est aisé de conclure que, la plupart du temps, les eaux stagnantes sont nuisibles à la santé publique. On ne doit faire d'exception qu'en ce qui concerne les grands lacs, nappes d'eau profondes alimentées soit par un cours d'eau, soit par des sources, et aussi en ce qui concerne les étangs, au cas où ceux-ci ne subissent pas de grandes variations de niveau, c'est-à-dire quand la quantité d'eau que leur enlèvent l'évaporation, l'infiltration et autres causes de pertes, est sensiblement compensée par les apports liquides, ou bien encore quand il s'agit d'étangs très encaissés, comme ceux qu'on rencontre fréquemment dans les terrains anciens (Auvergne, Pyrénées, etc.).

Dans tous les autres cas, les eaux stagnantes ne constituent pas seulement une lacune dans la production territoriale, mais, de plus, ce sont des foyers pestilentiels d'où s'échappent, pendant l'été, des miasmes putrides résultant de la décomposition des matières organiques et engendrant des fièvres qui anémient et déciment les populations avoisinantes.

« L'influence pernicieuse des marais est hors de doute, — « a dit un hygiéniste bien connu, Michel Lévy[1], en parlant « des eaux stagnantes, en général. — Avec des degrés plus « ou moins grands et des différences dans les intensités des « effets, elle est la même dans tous les pays et n'a pas « varié depuis les premiers documents que nous fournit « l'histoire...

« L'observation des siècles s'accorde à reconnaître que « dans les contrées à marais sévissent des maladies diffé-

---

[1] *Traité d'Hygiène publique et privée* (1865).

« rentes de celles qui appartiennent aux localités exemptes
« de cette source d'insalubrité...

« Les marais ont fait périr plus d'hommes qu'aucun autre
« fléau ; ils ont détruit plus d'une armée, dépeuplé plus d'un
« pays, effacé du sol et presque de la mémoire des hommes
« plus d'une ville jadis florissante.

« On porte à 60.000 le nombre de victimes que fait
« annuellement la fièvre des marais dans les Etats romains,
« dans les Maremmes de la Toscane et sur tout le littoral
« de l'Italie [1]. Les maladies qui dominent dans le delta du
« Danube, dans les possessions françaises de l'Afrique, dans
« les Antilles, au Sénégal, dans les Indes, etc., sont dues, en
« grande partie, à l'action des marais.

« L'existence des marais est donc à la fois une des causes
« pathogéniques les plus répandues et les plus redou-
« tables. »

« Les étangs, comme les marais — dit encore Michel
« Lévy — sont formés par l'eau douce ou par l'eau de mer.
« Ces derniers, inondés en hiver, se dessèchent généralement
« en été. Les étangs qui sont définitivement convertis en
« marais sont les plus dangereux ; ceux de Caudillargues
« (Hérault) infectent les environs ; Frontignan et le village
« de Vic doivent à pareille cause l'atmosphère délétère qui
« les enveloppe...

« Les marais mouillés sont ceux qui ne se dessèchent
« jamais, par opposition aux marais qui, à certaines époques,
« perdent leurs eaux par évaporation ; les premiers sont
« moins nuisibles, et si leur vase est constamment noyée par
« une grande masse d'eau, ils n'exercent guère d'influence.
« Il en est ainsi d'un grand nombre d'étangs... Le danger
« des étangs est en raison directe de leur surface et en
« raison inverse de leur profondeur. Plus leur masse d'eau
« est considérable, moins les rayons solaires en échauffent
« le fond... Le desséchement partiel par évaporation ou par
« la retraite des eaux rapproche les étangs de l'état des

[1] On aura l'occasion de décrire plus loin les travaux exécutés
depuis que ces lignes ont été écrites, dans le but d'améliorer la
situation des environs de Rome et de la Toscane.

« marais ; aussi, quand ils présentent une surface fangeuse
« en contact presque immédiat avec l'air, ils développent les
« mêmes effets pathologiques... »

L'insalubrité des régions marécageuses provient de l'existence de parasites qui vivent dans les milieux palustres et
pénètrent dans l'organisme soit par l'air (d'où l'expression
de *mal'aria*, mauvais air, qui est devenu synonyme de paludisme), soit par l'ingestion de l'eau stagnante. Les conditions
météoriques et telluriques qui favorisent le développement
du paludisme sont les mêmes que celles qui favorisent
l'éclosion des espèces végétales inférieures et des matières
organiques : il faut de la terre, de l'humidité et de la chaleur, et les alternatives d'humidité et de sécheresse sont
les plus puissants moyens de production des germes des
fièvres.

Lorsque des eaux peu profondes, difficiles à agiter, ne sont
pas assez promptement renouvelées, les graines et détritus
apportés par le vent y font naître une végétation facilement
décomposable, qui nourrit des myriades d'animalcules. Pendant l'été, ces eaux deviennent chaudes, épaisses et fétides ;
les plantes et les insectes s'y putréfient, les vapeurs qui
s'en dégagent sont nuisibles et en rendent l'ingestion dangereuse. Lorsque, sous l'influence d'une forte chaleur, des
terres marécageuses perdent toute leur humidité, elles se
contractent, se fendillent et acquièrent une affinité considérable pour l'eau. Dans cet état, la première pluie qui
survient active énormément la décomposition des matières
organiques qu'elles renferment, et il y a dégagement de gaz
délétères.

Il résulte de là que le paludisme ne règne que pendant la
saison chaude et reparaît chaque année au printemps pour
disparaître avec l'hiver, jusqu'au moment où, par des travaux d'assainissement, on a détruit le parasite qui engendre
cette maladie.

D'après les expériences du Dr Miquel, ce ne sont pas les
vapeurs émanées des eaux, même les plus impures, qui sont
dangereuses, ces vapeurs sont toujours exemptes de germes.
Au contraire, les bacilles se rencontrent en abondance dans
celles qui se dégagent au moment où la couche superficielle

de la terre, exposée d'abord au contact d'une eau putride,
devient sèche et pulvérulente. Les bactéries sont donc fortement retenues dans les liquides qu'elles infectent. Pour
qu'elles puissent passer à l'état de germes errants, il faut que
les liquides qu'elles habitent s'évaporent entièrement. C'est
pourquoi ce qui constitue le marais, au point de vue du
pathologiste, ce n'est pas l'étang d'une certaine profondeur
et à bords déclives, mais bien les prés marécageux que les
alternatives de sécheresse et d'humidité découvrent plus ou
moins, ou encore la queue des étangs à bords peu inclinés.

D'autre part, il semble résulter de recherches récentes
que les cousins et moustiques, insectes dont les larves et les
chrysalides sont aquatiques, jouent un rôle sérieux dans la
propagation de la *malaria* et transportent avec eux le germe
morbide qu'ils introduisent mécaniquement dans la piqûre.

9. Divers moyens d'assainissement. — De ce qui précède
il résulte que l'insalubrité est le résultat de trois facteurs :
température élevée, humidité et matières organiques ; elle
n'existe pas là où l'un de ces facteurs manque ; elle existe
toutes les fois qu'ils sont réunis. De plus, l'expérience a
prouvé que si, deux quelconques de ces facteurs étant sup-
posés constants, l'autre croît ou décroît, l'insalubrité augmente ou diminue en même temps.

Sur le littoral de la Méditerranée, pendant les grandes
sécheresses, malgré la température élevée et l'existence des
matières organiques, on ne constate pas de cas de fièvres ;
après la pluie, la décomposition des matières organiques
commence, et les fièvres apparaissent. Dans les pays du Nord
où l'on trouve des contrées marécageuses, il y a humidité et
matières organiques ; mais la chaleur fait défaut et l'insalubrité
ne se produit pas. Tel est le cas des polders de la Hollande.

On conçoit qu'il soit possible, dans ces conditions, sinon
de détruire entièrement les germes dont la disparition suffit
pour faire disparaître les redoutables effets du paludisme,
au moins d'assainir les contrées où ces trois circonstances
se trouvent réunies, en agissant dans le sens convenable sur
l'un des trois facteurs énumérés ci-dessus.

Le desséchement qui entraîne la suppression complète des

germes est évidemment le plus sûr et le plus complet des moyens d'assainissement. Mais, s'il est impraticable ou trop coûteux, on peut chercher à obtenir un abaissement de la température de la nappe liquide, abaissement qui entraîne une diminution correspondante de la teneur de l'eau en matières organiques. Ce procédé n'est applicable, bien entendu, qu'aux contrées à climat chaud.

Le défaut d'observations précises ne permet pas de fixer à partir de quelle température commence, dans une région donnée, l'insalubrité pour les nappes d'eau peu profondes; mais tout abaissement de température aura pour effet d'assainir. On parviendra à ce résultat, pour les fossés, canaux, petits cours d'eau et flaques peu étendues, en plantant sur leurs bords des arbres de haute futaie dont l'ombre se projette sur l'eau, principalement dans le milieu du jour. Les essences à choisir varient avec la nature du climat et du sol.

Les eaux des étangs du littoral maritime peuvent encore, dans certains cas, être rafraîchies par l'introduction des eaux de la mer, en utilisant ou appropriant en conséquence les chenaux de communication existants. Il résulte d'observations faites sur le littoral du département de l'Hérault que, dans un même lieu et un même jour, la température maxima des nappes d'eau stagnantes dépend beaucoup de leur profondeur. Ce maximum surpasse la température maxima de l'air d'une quantité qui dépend de l'intensité solaire et qui, sur ce rivage, peut atteindre 2°,5 pour des nappes d'eau d'une profondeur de 1 mètre; pour des tranches d'eau de profondeur moindre, la différence est encore plus grande. Dans les étangs plus profonds, la température de l'eau décroît de plus en plus à mesure que la hauteur du liquide augmente; en outre, si l'on profite des basses mers pour évacuer une certaine quantité d'eau, celle-ci entraîne une partie des matières organiques qui, laissées dans l'étang, s'y seraient décomposées. Il y aura donc assainissement par abaissement de la température et par diminution de la quantité de matières organiques.

Par suite, dans ces régions, il est rationnel de chercher à remédier à l'insalubrité des étangs en introduisant dans ceux qui sont assez profonds, les eaux de la mer dont la température est peu variable. On peut utiliser dans ce but les chenaux existants quand ils sont assez larges pour laisser passer un volume d'eau suffisant non seulement pour compenser les pertes par évaporation, mais encore pour assurer l'abaissement de la température de la nappe liquide et l'expulsion d'une partie des matières organiques par des vidanges partielles en basses eaux.

Les étangs de peu de profondeur ne peuvent être assainis que par desséchement.

10. Distinction entre les travaux d'assainissement et les travaux de desséchement. — En ce qui concerne les travaux nécessaires pour remédier à l'insalubrité due à l'existence d'eaux stagnantes, il est utile de faire une distinction importante.

L'état fâcheux qu'il s'agit de faire disparaître peut tenir à des causes secondaires que rien n'empêche de supprimer, comme, par exemple, le défaut d'écoulement des eaux superficielles dû au peu de pente générale du sol. En rétablissant leur libre cours par des moyens appropriés, tels que suppression de barrages, curage, redressement et régularisation du lit des ruisseaux, etc., on donne à ces eaux le moyen de gagner les cours d'eaux qui sont les émissaires naturels de la région. On se trouve ici en présence de terres humides et insalubres et, pour en obtenir l'amélioration, il y a lieu de procéder à des travaux d'*assainissement agricole*.

Au contraire, il peut arriver que les conditions locales opposent un obstacle absolu à l'écoulement des eaux; dans ces conditions, il est nécessaire de créer de toutes pièces un système d'ouvrages destinés à recueillir et à écouler les eaux par des moyens entièrement artificiels. La suppression de ces marais nécessite de véritables travaux de *desséchement*.

Il peut arriver que dans une même contrée on soit amené à exécuter à la fois des assainissements et des desséchements. Mais, même dans ce cas, chacune de ces natures de travaux conserve le caractère qui lui est propre. La distinction ainsi établie est donc fondamentale.

11. Travaux complémentaires. — Les travaux de suppression des étangs et de desséchement des marais et des terres humides ou insalubres, en un mot, les travaux destinés à faire disparaître les eaux stagnantes, ne suffisent pas pour détruire entièrement les causes d'insalubrité précédemment indiquées ; ils doivent être complétés par la culture et l'irrigation, ainsi que par la distribution d'eau potable en quantité suffisante.

Les cultures corrigent le sol en remplaçant une végétation sauvage, envahissante, souvent dangereuse, par des masses de plantes utiles qui épurent l'atmosphère ; elles nivellent, amendent de vastes surfaces de terrains ; elles incorporent au sol et dissipent dans ses couches les détritus des matières végétales et animales qui s'y sont accumulés, et qui, sous l'influence des chaleurs et de l'humidité, convertissent d'immenses régions en laboratoires de miasmes fébrifères ; elles régularisent la distribution des eaux météoriques en les appliquant aux irrigations et en leur procurant des voies d'écoulement[1].

Toutes les cultures sont susceptibles d'assainir plus ou moins le sol ; mais certaines espèces végétales sont particulièrement favorables à cet assainissement. Les plantations d'eucalyptus faites dans un grand nombre de pays palustres, ont rendu de grands services, notamment en Corse et en Algérie. On est porté à supposer que non seulement l'eucalyptus assainit le sol plus rapidement que ne le font les autres arbres, à cause de sa croissance plus rapide, mais encore qu'il dégage des vapeurs aromatiques jouissant de la propriété de détruire les parasites du paludisme[2].

On a remarqué que, sur divers points du globe, nombre de contrées, quoique paraissant réunir les conditions les plus favorables au développement de la *mal'aria*, en étaient néanmoins à peu près indemnes. Tel est, en particulier, le cas de la Basse-Egypte, laquelle avec ses inondations périodiques, ses marais, sa température élevée, les défectuosités de l'hygiène, etc., paraîtrait devoir être une sorte de terre promise de la *mal'aria*. Toutes ces contrées sont à sol cal-

[1] Michel LÉVY, *loc. cit.*
[2] LAVERAN, *Paludisme.*

caire. On en a conclu que l'immunité dont elles jouissent pourrait bien être attribuée à la présence de la chaux, dont les propriétés antimalariques ont été maintes fois constatées. Aussi a-t-on proposé, comme mode d'assainissement des régions infestées, l'incorporation aux terres de culture d'une certaine quantité de chaux sous forme de marne [1].

L'irrigation intervient dans l'entretien des travaux de dessèchement en ce qu'elle favorise le développement des cultures ; l'eau des canaux d'irrigation peut être, en outre, utilisée parfois pour d'autres usages, tels que le dessalement des terrains saumâtres, l'avivement des étangs ou des fossés de dessèchement, etc.

Quant aux travaux d'adduction et de distribution d'eau de bonne qualité, destinée à remplacer l'eau saumâtre que les habitants des régions insalubres avaient seules antérieurement à leur disposition, leur importance est telle qu'il est à peine utile d'insister sur ce point.

Dans la région aujourd'hui assainie des Dombes (Ain), la plus grande partie des villages et des fermes utilisaient autrefois pour les usages domestiques, l'eau de puits alimentés par l'égout des terres et par l'infiltration des étangs ; cette eau était rarement claire et toujours malsaine. Cependant quelques-uns de ces puits, creusés plus profondément, pénétraient dans la couche perméable qui règne sous toute l'étendue du territoire ; ils fournissaient une eau limpide et salubre, et leur niveau était constant en toute saison, alors que les autres tarissaient complètement pendant les sécheresses. Il a suffi, pour assurer l'approvisionnement en eau salubre de toute la contrée, d'approfondir les puits jusqu'à la couche aquifère.

L'une des principales raisons de l'insalubrité de la région des Landes était la mauvaise qualité des eaux d'alimentation. Il n'existe aucune source d'eau vive, sur tout le plateau des Landes ; la seule eau qu'on y trouve provient d'une nappe générale située à une profondeur de $1^m,20$ environ, sous une couche de sable siliceux agglutiné par des matières végétales et portant le nom d'*alios*. Les puits ne

---

[1] *Revue d'hygiène et de police sanitaire*, 20 août 1899.

consistaient que dans des trous creusés à travers l'alios, pour arriver à la nappe d'eau placée immédiatement au dessous. Mais l'eau de cette nappe, qui provient des infiltrations d'eaux pluviales toujours chargées d'abondantes matières organiques, est absolument impropre aux usages domestiques.

Toutefois, au fur et à mesure que l'eau descend à travers une épaisse couche de sable compacte qu'on rencontre au-dessous de l'alios, elle se purifie, en se débarrassant des matières organiques. On a pu obtenir une eau potable de bonne qualité, en établissant des puits de 4 mètres de profondeur, à parois cimentées, dans lesquels l'eau n'arrive que par la partie inférieure, en traversant une couche de graviers argileux et de pierrailles calcaires[1] (*fig.* 1).

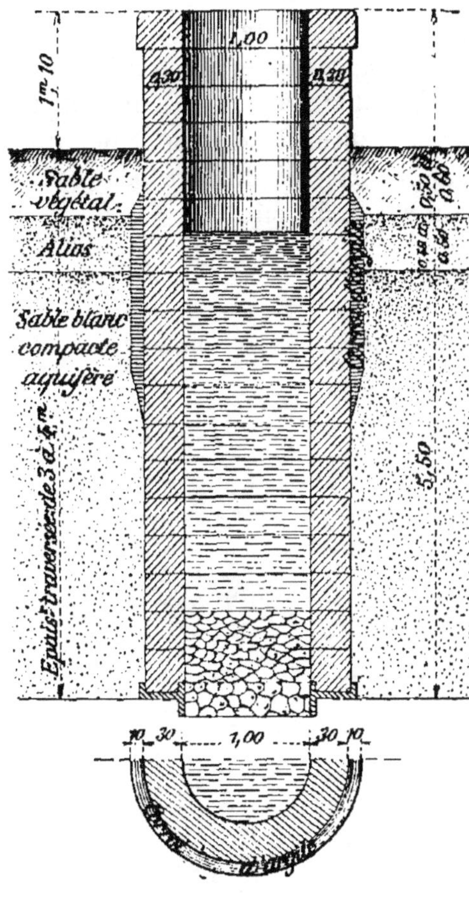

Fig. 1.

Les différents travaux complémentaires qui viennent d'être énumérés, et en particulier ceux de la mise en culture, sont indispensables pour achever l'œuvre d'amélioration agricole commencée par l'exécution des desséchements. C'est dans cette amélioration agricole qu'il faut chercher le moyen de ramener la vie et la prospérité dans les régions que les fièvres

[1] Chambrelent, *Assainissement des landes de Gascogne.*

avaient rendues inhabitables. Bien que cette dernière question
ne soit pas du ressort de l'hydraulique agricole, on peut
citer, comme mesures propres à assurer le développement de
la richesse agronomique, la création de pépinières, l'installation d'écoles, pratiques d'agriculture, la fondation de
fermes-écoles d'établissements d'élevage, etc., en un mot
toutes les mesures, propres à assurer l'extension des indus-
tries agricoles, les mieux appropriées à chaque cas particulier, eu égard à la nature du sol et du climat.

CHAPITRE II

LÉGISLATION DES TRAVAUX D'ASSAINISSEMENT ET DE DESSÉCHEMENT

12. Historique de la législation du desséchement des marais en France. — Tous les Gouvernements, depuis trois siècles, ont manifesté, par des édits, des arrêts ou règlements et par des lois, l'intérêt qu'ils attachaient à la question du desséchement des marais. La plus ancienne mesure d'ordre générale est un édit de Henri IV, du 8 avril 1599. A cette époque, non seulement la partie inférieure des plages maritimes, mais encore une vaste étendue de terrains dans l'intérieur du pays était envahie par de vastes marais aussi improductifs qu'insalubres, et il y avait grand intérêt à en obtenir le desséchement, en présence de l'état arriéré de l'agriculture et des fréquentes famines qui désolaient le pays. L'édit de 1599 conféra à l'ingénieur hollandais Bradley la concession du desséchement de tous les marais, qu'ils appartinssent au domaine royal ou à des particuliers. Ces derniers avaient la faculté d'opérer eux-mêmes le desséchement de leurs terres, et un délai d'option de deux mois leur était accordé. S'ils s'abstenaient de toute déclaration ou déclaraient renoncer à exécuter eux-mêmes les travaux, ceux-ci étaient exécutés par Bradley qui recevait pour sa rémunération la moitié des terrains desséchés, de même que pour les terrains domaniaux; l'entretien était mis à la charge des propriétaires respectifs après le desséchement. En outre, des exemptions de contributions étaient accordées en prime aux entrepreneurs. Ce système a été défini comme suit : « C'est le desséchement par un concessionnaire privilégié, avec le partage forcé en nature, selon une proportion immuable, déterminée à l'avance par la loi. »

Quelques marais domaniaux furent desséchés dans ces conditions, et c'est à cette époque aussi que remontent divers syndicats de desséchement de marais privés de l'Aunis, de la Saintonge et du Poitou. Cependant, en général, pour les marais constituant des propriétés privées, l'emploi des mesures coercitives soulevait de grandes difficultés, et Bradley et ses associés préféraient acheter les marais en traitant à l'amiable avec les propriétaires. Un édit de janvier 1607 décida que, quand ils se seraient entendus à cet effet avec la majorité des propriétaires d'un marais, la minorité devrait faire vente de sa part, « aux mêmes prix et conditions de la majorité », à moins qu'elle ne préférât demander aux tribunaux de régler l'indemnité[1]. Ce régime des concessions, pendant la durée duquel une assez grande étendue de marais fut desséchée, notamment dans les provinces maritimes du sud-ouest de la France, dura jusqu'en 1634, époque à partir de laquelle il n'y eut plus que des concessions particulières. Les unes, comme celle du desséchement des marais d'Arles, exécuté vers 1660 par le Hollandais Van Ens, donnèrent de bons résultats; mais la plupart, accordées à des spéculateurs incapables, donnèrent lieu à des difficultés sans cesse renaissantes, jusqu'à ce qu'un édit du 14 juin 1764 vint affranchir les propriétaires du joug des concessionnaires privilégiés et leur reconnût à eux seuls le droit d'entreprendre le desséchement, tout en leur maintenant les anciennes immunités.

Pendant ce temps les desséchements faits par les premiers concessionnaires n'étaient point convenablement entretenus ou terminés; ceux que les propriétaires avaient commencés étaient depuis longtemps suspendus; enfin les parties laissées à l'état d'abandon par les uns et par les autres étaient complètement inondées. Telle était la situation lorsque intervint le décret-loi des 26 décembre 1790-5 janvier 1791, lequel, en présence de la nécessité de recourir, pour le desséchement des marais, à un autre système que celui qui

---

[1] **Picard**, *Traité des Eaux*, t. IV.

avait été précédemment consacré, posait le principe de l'expropriation.

Les propriétaires de marais étaient mis en demeure d'en exécuter eux-mêmes le desséchement dans un délai déterminé, passé lequel l'Administration départementale devait prendre possession de ces marais et faire exécuter les travaux en payant aux propriétaires la valeur du sol, soit en argent, soit en partie de terrain desséché, le tout évalué à dire d'experts. Elle portait, en outre, des exemptions d'impôts pour les terrains desséchés. C'était le système de l'expropriation préalable.

Les événemènts de la Révolution, probablement aussi les difficultés d'exécution, empêchèrent l'application de cette loi.

Quoi qu'il en soit, en 1807, le Gouvernement impérial considéra comme un « faux principe » le système de l'expropriation préalable. Ce système fut remplacé par celui de la *plus-value*, dont le principe a été consacré par la loi du 16 septembre 1807.

Cette loi établit trois modes d'exécution : par les propriétaires associés, par l'État, ou enfin par un concessionnaire, mais seulement à défaut, de la part des propriétaires de marais, d'effectuer eux-mêmes les travaux dans les délais fixés et conformément aux plans approuvés par le Gouvernement. Les concessions sont faites par décrets en faveur des concessionnaires dont la soumission est jugée la plus avantageuse, avec droit de préférence, à conditions égales, aux réunions de propriétaires qui demanderaient la concession. Avant l'exécution des travaux, il est procédé, avec le concours d'une commission spéciale, à une évaluation de l'estimation de chaque parcelle ; après l'achèvement des travaux, on estime de même la valeur de chaque parcelle, selon l'espèce de culture dont elle est devenue susceptible ; on en fixe ainsi la plus-value, dont le montant est partagé entre le concessionnaire et le propriétaire, dans la proportion déterminée par l'acte de concession.

La loi de 1807 est encore aujourd'hui en vigueur, sauf quelques modifications introduites par la loi des 21 juin 1865-22 décembre 1888, sur les associations syndicales (§ 13). Elle a été souvent et vivement attaquée ; on lui a surtout reproché de placer l'appréciation de la plus-value immédiatement après l'exécution des travaux, c'est-à-dire à une époque où cette plus-value n'est pas encore révélée, et de créer ainsi une source de difficultés et de procès.

Il est certain que, pour se rendre compte du montant exact des plus-values, il faudrait attendre que les cultures nouvelles, rendues possibles par le desséchement, eussent atteint leur plein rendement. Or, dans le système de la loi de 1807, on n'attend pas jusque-là ; on ne gagnerait rien, d'ailleurs, à attendre, car, du moment où l'on ne recourt pas à l'expropriation générale, la mise en culture des terrains desséchés ne peut être effectuée que par les propriétaires, et ceux-ci se gardent bien de rien faire qui tende à mettre en relief les avantages de l'opération, tant que les plus-values ne sont pas fixées[1].

C'est dans le but de parer à ces inconvénients que, lorsqu'il s'est agi, en 1860, d'assurer la mise en valeur des marais et des terres incultes appartenant aux communes, on a abandonné le système de 1807 pour suivre un autre système qui avait déjà été appliqué à l'assainissement des Landes de Gascogne et qui fut consacré de nouveau par la loi du 28 juillet 1860. Dans ce système, il n'existe plus de concessionnaire ni de procédure destinée à fixer la plus-value (§ 14 *in fine*).

Enfin, dans le projet de loi sur le régime des eaux, élaboré par le Conseil d'État en 1880, mais non encore en vigueur, le système de la concession est maintenu ; toutefois, le Gouvernement est autorisé à décider, dès le début de l'opération, que la mise en culture des terres assainies sera faite par le concessionnaire.

L'article 160 qui pose les règles à suivre dans ce cas est ainsi conçu :

« Le décret concédant le desséchement d'un marais pourra comprendre, parmi les travaux à exécuter, la mise en culture des terrains desséchés. Dans ce cas, la seconde estimation des terrains interviendra seulement à l'expiration du délai fixé par le décret pour la mise en culture.

[1] PICARD, *Traité des Eaux.*

« Le choix des cultures sera laissé à la libre appréciation du concessionnaire.

« A l'expiration du délai précité, les terrains devront être remis en bon état de culture aux propriétaires.

« Pendant toute la durée des travaux, les propriétaires des terrains occupés n'auront pas droit aux fruits, mais ils recevront, à la fin de chaque année, l'intérêt à 3 0/0 des sommes qui représentent la valeur desdits terrains, d'après la première estimation. »

13. Législation des travaux de desséchement des marais. — Ainsi qu'il a été dit (§ 12), les travaux de desséchement des marais sont régis en France par la loi du 16 septembre 1807 (titres I à VI, X et XII). Toutefois la loi des 21 juin 1865-22 décembre 1888, sur les associations syndicales, a introduit dans cette matière un certain nombre de modifications sur lesquelles on reviendra plus loin.

Aux termes des articles 2 et 3 de la loi du 16 septembre 1807, les desséchements sont exécutés soit par l'État, soit par un concessionnaire, soit par les propriétaires des marais.

Lorsque l'État entreprend le travail, il a droit à une certaine partie du montant de la plus-value qui résulte du travail ; mais cette partie est limitée aux remboursements de ses dépenses (art. 20 de la loi du 16 septembre 1807).

Si le desséchement est exécuté par un concessionnaire, l'acte de concession règle la part de la plus-value qui revient à ce dernier. Les propriétaires ont d'ailleurs le droit de se libérer de l'indemnité par eux due soit en lui abandonnant une partie des terrains desséchés, soit en constituant à son profit une rente perpétuelle, calculée à raison de 4 0/0 du capital représentant sa part de plus-value (art. 21 et 22 de la loi).

Le desséchement peut être réalisé par les propriétaires intéressés eux-mêmes (art. 3) ; mais il est nécessaire, dans ce cas, que tous les intéressés consentent à l'exécution du travail (art. 4).

Dans tous les cas, le desséchement ne peut être autorisé que par un décret délibéré en Conseil d'État.

Ce décret organisait autrefois un syndicat formé de propriétaires intéressés qui désignait un expert chargé d'évaluer la plus-value réalisée, conjointement avec un expert nommé par le concessionnaire et un tiers-expert nommé par le préfet (art. 7 à 15, 17 et 18 de la loi).

Il instituait, en outre, conformément aux articles 42 à 47 de la loi, une commission spéciale, composée de trois experts désignés l'un par les propriétaires réunis en syndicat forcé, l'autre par le concessionnaire, et le troisième par le préfet, dont le rôle, identique à celui de la commission dont il a été parlé à propos des endiguements (t. I, p. 409), consistait à arrêter le classement des diverses propriétés avant et après le desséchement des marais, à fixer leur estimation, à vérifier et recevoir les travaux, à déterminer la valeur des terres que les propriétaires pourraient être contraints à délaisser pour permettre l'exécution du desséchement, etc.

La loi de 1865-1888 a transféré aux conseils de préfecture les pouvoirs juridiques dont la commission spéciale était antérieurement investie, et ce sont ces conseils de préfecture qui statuent sur les contestations relatives au classement des terrains, etc.

Toutefois la loi a maintenu aux commissions spéciales leurs attributions administratives, et, en particulier, le classement des propriétés avant et après l'exécution des travaux.

De plus, la même loi permet au préfet de réunir en association syndicale autorisée les propriétaires intéressés au desséchement, lorsque les conditions de majorité stipulées à son article 12 sont remplies.

Aujourd'hui, lorsqu'il s'agit d'opérer le desséchement d'un marais appartenant à une collectivité de propriétaires, on tente donc d'abord de réunir ces derniers en association syndicale autorisée. Ce n'est qu'en cas de non-réussite, et si les circonstances l'exigent impérieusement, que l'on fait usage de la loi du 16 septembre 1807, dont l'application est prévue d'ailleurs par l'article 26 de la loi du 21 juin 1865 22 décembre 1888 elle-même.

En ce qui concerne l'entretien des travaux de desséchement, trois cas sont à considérer :

Si ces travaux ont été concédés antérieurement à la loi de 1807, l'entretien est généralement assuré par une disposition spéciale de l'acte de concession, ou, à défaut, il est régi par les coutumes locales. Dans le cas où l'application de celle-ci soulève des difficultés, l'Administration peut intervenir dans certains cas par application de l'article 27 de la loi du 16 septembre 1807 et, dans les autres cas, il y a lieu d'organiser une association syndicale sous le régime de la loi du 21 juin 1865-22 décembre 1888.

S'il s'agit d'un desséchement exécuté par application de la loi de 1807, l'entretien en est assuré par un syndicat organisé par un décret délibéré en Conseil d'État (art. 26 de la loi).

Si, enfin, le travail a été exécuté par les intéressés réunis en association syndicale, conformément à la loi de 1865-1888, l'arrêté d'autorisation comprend à la fois l'exécution et l'entretien du desséchement.

14. Législation des travaux d'assainissement des terres humides et insalubres. — Les travaux ayant pour objet l'assainissement des terres humides et insalubres, et qui intéressent la salubrité publique, sont régis par les articles 35, 36 et 37 de la loi du 16 septembre 1807, ainsi conçus :

« ART. 35. — Tous les travaux de salubrité qui intéressent les villes et les communes seront ordonnés par le Gouvernement, et les dépenses supportées par les communes intéressées.

« ART. 36. — Tout ce qui est relatif aux travaux de salubrité sera réglé par l'Administration publique; elle aura égard, lors de la rédaction du rôle de la contribution spéciale destinée à faire face à ce genre de travaux, aux avantages immédiats qu'acquerraient telles ou telles propriétés privées, pour les faire contribuer à la décharge de la commune, dans des proportions variées et justifiées par les circonstances.

« ART. 37. — L'exécution des deux articles précédents restera dans les attributions des préfets et des conseils de préfecture. »

Cette loi ne prévoyait l'exécution des travaux d'assainissement que par les communes intéressées, de sorte que, si les propriétaires d'un ensemble de terrains humides et insalubres voulaient procéder eux-mêmes à leur assainissement, ils ne pouvaient être autorisés à le faire qu'autant qu'ils étaient tous d'accord pour l'exécution des travaux et la répartition des dépenses.

Aucun texte précis ne fixait les conditions dans lesquelles

les associations devaient solliciter une approbation administrative de leurs statuts qui leur permît de dresser et de
mettre en recouvrement des rôles de cotisation. Les décrets
de décentralisation du 25 mars 1852 et du 13 avril 1861 ont
rangé formellement parmi les matières sur lesquelles les
préfets statuent, sous l'autorisation du Ministre compétent,
« la constitution en association syndicale des propriétaires
intéressés à l'exécution et à l'entretien... de canaux de
desséchement, lorsque ces propriétaires sont d'accord pour
l'exécution desdits travaux et la répartition des dépenses ».

La loi des 21 juin 1865-22 décembre 1888 a étendu le pouvoir des préfets sur cette matière, comme elle l'a fait pour
le desséchement des marais. Désormais il suffit que les conditions de majorité prévues à l'article 12 de cette loi soient
remplies pour que le préfet puisse constituer les intéressés
en association syndicale autorisée.

Lorsque les travaux d'assainissement ont été exécutés par
les communes, en vertu de la loi du 16 septembre 1807,
celles-ci peuvent rester indéfiniment chargées de l'entretien
des travaux, sauf à continuer de réclamer le concours des
intéressés. Dans certains cas on a jugé préférable de constituer un syndicat spécial d'entretien des canaux et cours
d'eau servant à l'assainissement, en réunissant, à cet effet,
les propriétaires intéressés en association forcée. Les syndicats d'entretien fonctionnent suivant les principes indiqués à propos du curage des cours d'eau (t. I, § 88).

L'entretien des travaux, lorsqu'ils sont entrepris par une
association syndicale constituée d'après la loi des 21 juin 1865-
22 décembre 1888, est réglé par l'arrêté qui autorise l'association.

Lorsque les terres humides et insalubres qu'il s'agit d'assainir appartiennent aux communes, les travaux à exécuter
sont régis par la loi du 28 juillet 1860 et par le décret du
6 février 1861, rendu en exécution de cette loi.

L'initiative des travaux est prise par la commune, ou, à
son défaut, par le préfet, qui met la commune intéressée en
demeure de faire connaître si elle entend pourvoir à leur
exécution. En cas de refus, et après enquête, les travaux
sont, s'il y a lieu, déclarés d'utilité publique par un décret

rendu en Conseil d'État, lequel prescrit soit leur exécution par l'État, soit la location des terrains à la charge de mise en valeur. Dans ce dernier cas, il est passé par voie d'adjudication un bail dont le cahier des charges règle les conditions de la mise en valeur. Dans le premier cas, les dépenses de construction et d'entretien, avec les intérêts à 5 0 0 jusqu'à leur entier remboursement, sont mis à la charge de la commune, laquelle peut s'acquiter par l'abandon à l'État de la moitié des terrains mis en valeur. L'État se rembourse de ses dépenses, en principal et intérêts, au moyen de la vente publique d'une partie des terrains améliorés.

Il résulte de ce qui précède que les travaux de desséchement de marais et d'assainissement de terres humides et insalubres peuvent être exécutés par les intéressés réunis en association syndicale, lorsque les conditions de majorité prévues par la loi des 21 juin 1865-22 décembre 1888 sont remplies. Dans le but de faciliter la formation de ces associations, le Ministère de l'Agriculture a élaboré des modèles de statuts pour ces Associations et un ensemble de formules à utiliser pour constituer les syndicats. Les modèles et formules en question, ainsi que les circulaires ministérielles des 30 août et 22 novembre 1898, qui en donnent le commentaire, sont insérés dans l'ouvrage de la Bibliothèque du Conducteur intitulé : *Exécution des Travaux publics*.

15. Législation des travaux de suppression des étangs insalubres. — Malgré les inconvénients que présentent, au point de vue de l'hygiène, un grand nombre d'étangs artificiels, et au contraire de ce qui existait pour les marais, aucune législation ne prévoyait, avant 1789, la suppression de ces étangs. Bien au contraire, on songeait plutôt alors à en favoriser la création. Ce n'est qu'à la suite de plaintes émanées d'habitants des régions couvertes d'étangs, la Dombes, la Sologne, etc., que l'Assemblée législative vota le décret-loi des 11-19 septembre 1792, aux termes duquel les étangs marécageux ou insalubres, ou ceux qui nuisent aux propriétés riveraines par les inondations qu'ils provoquent, peuvent être supprimés. Ce décret est ainsi conçu :

« L'Assemblée nationale, après avoir entendu le rapport de son comité d'agriculture,

« Considérant qu'il existe dans plusieurs départements un grand nombre d'étangs marécageux dont les émanations occasionnent des maladies épizootiques ; que l'humanité et l'agriculture en commandent la destruction,

« Décrète ce qui suit :

« Lorsque les étangs, d'après les avis et les procès-verbaux des gens de l'art[1], pourront occasionner par la stagnation de leurs eaux des maladies épidémiques ou épizootiques, ou que, par leur position, ils seront sujets à des inondations qui envahissent et ravagent les propriétés inférieures, les conseils généraux de départements[2] sont autorisés à en ordonner la destruction, sur la demande formelle des conseils généraux des communes[3] et d'après les avis des administrateurs du district[4]. »

Ce décret est encore aujourd'hui applicable, lorsqu'il s'agit de poursuivre la suppression d'un étang isolé. C'est au préfet qu'il appartient d'ordonner cette suppression, après accomplissement des formalités suivantes :

1° Demande formelle du conseil municipal, en vue de la suppression pour cause d'insalubrité ;

2° Avis à donner par les ingénieurs, par le conseil d'hygiène et de salubrité de l'arrondissement, par le conseil d'arrondissement, enfin par le conseil général du département.

Le conseil d'arrondissement ne donne qu'un simple avis, et le préfet peut passer outre à son opposition. En ce qui concerne le Conseil général, si son avis est favorable à la suppression, le préfet est libre de l'ordonner ou de n'en rien faire ; mais, si cet avis est défavorable, la suppression de l'étang ne peut être ordonnée[5].

La procédure à suivre a été modifiée et précisée, lorsqu'il

---

[1] Aujourd'hui les ingénieurs des Ponts et Chaussées pour les travaux à exécuter, et les conseils d'hygiène en ce qui concerne la salubrité.

[2] Aujourd'hui les préfets, sur l'avis des conseils généraux et des conseils d'arrondissement.

[3] Aujourd'hui les conseils municipaux.

[4] Aujourd'hui les sous-préfets.

[5] Conseil d'Etat. Arrêt du 22 novembre 1889, Patureau-Miran.

s'est agi de la suppression des étangs de la Dombes (Ain), par une loi spéciale du 21 juillet 1856. On se trouvait, en effet, en présence de difficultés particulières, dues principalement à l'existence, sur un même étang, de droits divers et souvent opposés (§ 17, c). La loi de 1856 a résolu ces difficultés et fixé les formalités à remplir pour arriver à la licitation d'un étang, dans le cas de désaccord entre les ayants-droit. D'ailleurs, en ce qui concerne les desséchements, elle n'a fait que rappeler les dispositions antérieures de la loi de 1792. Les détails de la procédure spéciale aux Dombes ont été fixés par un règlement d'administration publique du 27 octobre 1857, qui, vu son importance, a été reproduit *in extenso* (Voir *Annexe I*).

Bien que cette procédure, spéciale au département de l'Ain, supprime la consultation des conseils d'arrondissement et généraux, laquelle est indispensable ailleurs pour que le préfet puisse ordonner la suppression d'un étang, on peut utilement s'en inspirer, dans les autres départements, pour suppléer au laconisme de la loi de 1792.

Les propriétaires des étangs dont le desséchement a été régulièrement ordonné doivent effectuer eux-mêmes les travaux nécessaires. Faute par eux d'y avoir procédé dans le délai qui leur est imparti, ces travaux sont exécutés d'office, à leurs frais, par les soins de l'Administration. L'avance des fonds est faite, le plus souvent, au moyen de crédits inscrits au budget départemental, comme en matière de curage. Le recouvrement s'opère ensuite au moyen d'états approuvés par le préfet.

Quand, au lieu d'un étang isolé, il s'agit de poursuivre la suppression d'un système général d'étangs et de lagunes, le préfet n'est plus compétent. On doit alors recourir à la loi du 16 septembre 1807, relative au desséchement des marais.

Le Conseil d'État a élaboré, en 1880, un projet de Code rural, dont le titre VII, chapitre I, est relatif à la suppression des étangs. Ce projet tend à apporter à la législation actuelle diverses modifications. Il maintient à l'Administration le droit de supprimer les étangs insalubres, ou ceux dont l'existence entraverait l'exécution des travaux d'ensemble, se rattachant à une entreprise d'assainissement. Il fait disparaître la nécessité d'un avis conforme du conseil municipal pour cette suppression par mesure de police, la résistance des conseils électifs, soucieux de ménager les intérêts privés, ayant toujours constitué le principal obstacle à l'application du décret de 1792. Il réserve au Gouvernement seul le droit de l'ordonner par décret délibéré en Conseil d'État, après enquête. Il décide que les dépenses faites, en cas d'exécution d'office des travaux, seront recouvrées comme en matière de contribution directe.

La suppression des droits d'usage et de servitude sur les étangs supprimés ne donne lieu au payement d'aucune indemnité par les propriétaires, pourvu que ceux-ci aient dénoncé l'existence de ces droits et les noms des intéressés, au cours de l'enquête. Les droits respectifs des propriétaires de l'assec et de l'évolage sont, le cas échéant, réglés par les tribunaux.

Bien que ce projet de loi n'ait pas encore été transformé en une loi, il a paru utile de reproduire ci-après *in extenso* les articles relatifs à la suppression des étangs.

EXTRAITS DU PROJET DE CODE RURAL ÉLABORÉ PAR LE CONSEIL D'ÉTAT EN 1880

Art. 128. — Lorsqu'un étang ou une série d'étangs, situés sur le territoire d'une ou plusieurs communes, causent des maladies épidémiques ou épizootiques, ou l'inondation de fonds voisins, l'Administration peut prescrire les mesures nécessaires pour détruire les causes d'insalubrité et assurer l'écoulement régulier des eaux.

La suppression peut même être ordonnée par un décret rendu en Conseil d'État, après une enquête portant sur la situation particulière de chaque étang et les inconvénients qui lui sont propres.

Art. 129. — Le décret est rendu sur le rapport des ingénieurs, et, si la suppression est provoquée pour cause d'insalubrité, sur un rapport du conseil d'hygiène publique et de salubrité de l'arrondissement. Dans tous les cas, les conseils municipaux des communes intéressées et le conseil général du département sont appelés à donner leur avis, après avoir reçu communication des rapports des ingénieurs et du conseil d'hygiène et de salubrité.

Art. 130. — Le décret fixe les délais dans lesquels devront être desséchés les différents étangs dont la suppression est ordonnée et détermine, s'il y a lieu, le montant des primes à allouer aux propriétaires qui auront terminé le desséchement dans les délais indiqués.

A l'expiration de ces délais, les étangs non desséchés seront supprimés d'office par les soins de l'Administration, aux frais des propriétaires.

Le montant des avances ainsi faites sera recouvré au moyen de rôles rendus exécutoires par le préfet et perçus comme en matière de contributions directes.

ART. 131. — Lorsque des étangs auront été déclarés insalubres, par décrets rendus en conformité des articles précédents, les propriétaires de ces étangs jouiront du droit de racheter à prix d'argent les droits d'usage ou les servitudes dont lesdits étangs peuvent être grevés.

Les indemnités seront réglées de gré à gré, ou, en cas de contestation, par les tribunaux.

ART. 132. — Les propriétaires qui, possédant en commun un ou plusieurs étangs déclarés insalubres, voudraient en assurer le desséchement, pourront se constituer en association autorisée et jouiront du bénéfice de l'article précédent.

ART. 133. — Le Gouvernement aura le droit d'exproprier l'évolage des étangs qui, sans être insalubres, seraient de nature à entraver l'exécution de travaux d'ensemble ayant un caractère d'utilité générale.

L'expropriation aura lieu conformément aux dispositions combinées de la loi du 3 mai 1841 et des paragraphes 2 et suivants de l'article 16 de la loi du 21 mai 1836.

ART. 134. — Les dispositions relatives aux pouvoirs de l'Administration pour la conservation et la police des cours d'eau sont applicables aux étangs alimentés par des cours d'eau et formés au moyen d'ouvrages établis pour retenir les eaux.

CHAPITRE III

TRAVAUX D'ASSAINISSEMENT AGRICOLE

16. Généralités. — L'assainissement agricole a pour but, comme il a déjà été dit, de rétablir le libre écoulement des eaux superficielles, entravé entièrement ou rendu incomplet par des obstacles qu'il est possible de faire disparaître.

L'entreprise comporte l'exécution de deux séries de travaux : 1° un réseau de fossés d'égouttement, de rigoles et de canaux ; 2° le faucardement, le curage, l'endiguement, le redressement et l'approfondissement des cours d'eau naturels qui servent d'émissaires aux eaux de la région.

Parfois aussi on est conduit à entreprendre également des travaux de desséchement de lacs ou étangs. Mais actuellement on ne s'occupera pas de ces derniers travaux, qui seront décrits ultérieurement (ch. IV).

Les opérations de la deuxième série (curages, etc.) ont pour but d'assurer aux eaux que reçoivent ces émissaires un écoulement assez rapide pour éviter les débordements et maintenir une revanche suffisante entre leur niveau et celui des terres qui s'y égouttent. Ceux de la première série (réseau de canaux d'égouttement) sont destinés à conduire aux cours d'eau naturels les eaux zénithale que reçoit le territoire à assainir, de telle sorte qu'une fois ces travaux terminés la stagnation des eaux à la surface n'est plus à craindre.

Tout ce qui concerne la régularisation des cours d'eau a été étudié en détail dans le tome I (2ᵉ partie) ; il n'y a pas lieu d'y revenir.

C'est d'ailleurs l'étude du réseau des rigoles et canaux

d'égouttement, dont on va s'occuper maintenant, qui constitue le véritable problème de l'assainissement.

Le défaut d'écoulement des eaux de surface provenant du manque de pentes et d'ondulations de la région, il est nécessaire de rechercher, au moyen de nivellements, tous les thalwegs secondaires. Toutes les cotes de nivellement sont ensuite inscrites sur un plan à grande échelle et servent à déterminer la position des thalwegs dans lesquels il y aura de nouveaux fossés d'assainissements à ouvrir. Suivant la nature des lieux, ceux-ci pourront soit déboucher directement dans un cours d'eau naturel qui, après curage et rectification, leur servira d'exutoire, soit se réunir dans un canal principal qui recueillera leurs eaux pour les transporter au cours d'eau le plus voisin.

Une fois l'emplacement des fossés d'assainissement connu, il faut fixer leurs pentes et leurs sections. Si l'on voulait opérer rigoureusement, on devrait calculer, pour chaque fossé à ouvrir, la surface de ses versants et rechercher ensuite la plus grande hauteur d'eau H, tombée dans un temps T pour les plus grandes crues; en multipliant cette hauteur par la surface des versants, on aurait le volume d'eau V tombée dans le temps T. Si enfin on désigne par m le *module* du fossé (t. 1, p. 221), le volume que devrait débiter ce fossé dans le temps T serait mV, et son débit par seconde $q = \dfrac{m \cdot V}{T}$, ou, encore, en désignant par S la surface des versants en *hectares* :

$$Q = \frac{10.000\,m \times S \times H}{T}. \tag{1}$$

Connaissant la pente générale du fossé d'après la position du thalweg sur le plan, on pourrait en calculer la section de manière à débiter le volume Q par seconde au minimum.

Mais, s'il s'agit d'un travail d'assainissement de quelque importance, nécessitant l'ouverture de nombreux fossés, il serait peu pratique de faire tous ces calculs.

Lorsqu'on a dressé l'avant-projet d'assainissement de la

plaine du Forez, laquelle couvre une étendue de 60.000 hectares, on a jugé suffisant de déterminer par le calcul les dimensions des émissaires de desséchement du plus petit et du plus grand des différents bassins secondaires, et de déterminer ensuite approximativement les dimensions correspondantes des émissaires intermédiaires. On a opéré de la manière suivante : La plus grande pluie tombée, en une journée sur la région a donné une hauteur d'eau de 0^m,15 ; il résulte d'expériences faites pour des études sur les inondations du bassin de la Loire que le volume d'eau débité était environ les 0,66 du volume tombé. On avait donc ici $H = 0^m,15$, $T = 86.400''$ et $m = 0,66$. Or celui de tous les thalwegs secondaires de la partie dont l'assainissement a été étudié la première ayant le plus petit versant avait une surface de 60 hectares, et le plus grand une surface de 550 hectares. Dans ce cas, la formule (1) donne, pour le

débit des fossés à ouvrir, 0^mc,444 dans le premier cas et 4^mc,070 dans le second ; dans le premier de ces versants, la pente moyenne du terrain est de 0^m,003 par mètre et dans

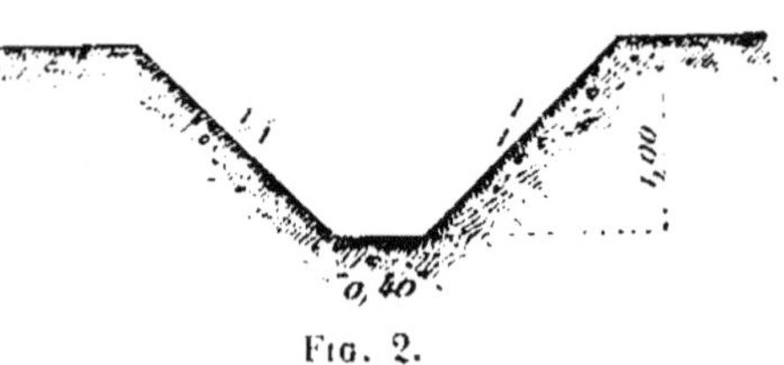

Fig. 2.

le second de 0^m,005. Les fossés doivent avoir en général 1^m,50 de profondeur, et 1 mètre au minimum, afin de faciliter le drainage des eaux environnantes. La plus petite largeur

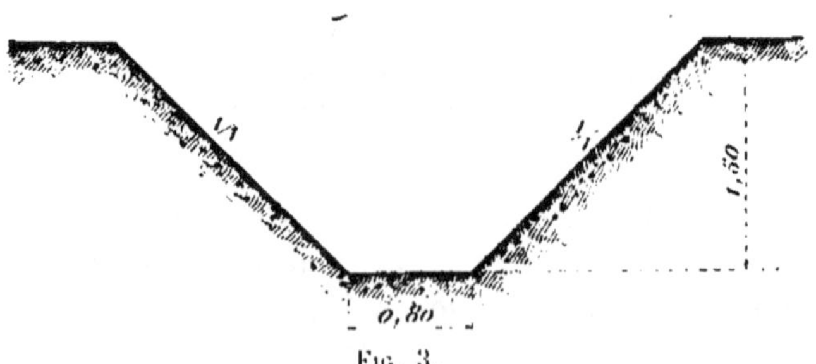

Fig. 3.

qu'on puisse donner, en pratique, à un fossé est de 0^m,40, et 45° est le talus le plus raide que l'on puisse adopter dans la terre. On a, dès lors, pris pour le profil du fossé du plus petit versant le profil représenté par la figure 2, avec lequel, pour un tirant d'eau de 1 mètre, on obtient un débit de $1^{mc},470$, alors que le volume à écouler prévu n'est que de $0^{mc},444$. Dans le plus grand type donné par la figure 3 on a adopté $0^m,80$ de largeur au plafond et $1^m,50$ de profondeur; ce type pour un tirant d'eau de $1^m,30$ débite $4^{mc},300$, au lieu de $4^{mc},070$: il est donc suffisant pour écouler les plus grandes crues, tout en laissant une revanche de plus de $0^m,20$.

Pour ne pas multiplier les types, on s'est borné à en insérer un seul entre les deux extrêmes; on lui a donné $0^m,60$ de largeur au plafond. Quand il s'est agi de l'assainissement de surfaces plus étendues, on s'est contenté de donner, suivant les cas, aux fossés des largeurs au plafond de 1 mètre, $1^m,50$, 2 mètres, $2^m,50$ et 3 mètres.

Les entreprises d'assainissement agricole comportant un ensemble de travaux qui varient avec les circonstances locales, il n'y a pas, à proprement parler, de procédés spéciaux à leur appliquer, et l'on se bornera à les faire connaître par une suite de monographies.

« Ces projets, a dit M l'Inspecteur général Graeff[1] en « parlant des assainissements, ne diffèrent en rien des « projets de canaux et ne demandent pas dès lors d'explica- « tions spéciales; les ouvrages sont les mêmes; ils ne dif- « fèrent que par leurs dimensions, et un projet de fossé « d'assainissement est tout aussi difficile et entraîne les « mêmes formalités qu'un projet de canal d'irrigation ou de « navigation. Il n'y a de différence qu'en ce que la besogne « est plus ingrate et, dans ces questions, c'est aux résultats « que l'ingénieur doit constamment penser pour trouver « de l'intérêt à d'aussi minutieux détails d'exécution. »

Avant de donner la description d'un certain nombre d'applications, nous rappellerons que, à défaut de précau- tions spéciales, l'exécution des travaux peut porter atteinte à la santé du personnel employé ou même à celle des popu- lations riveraines. Le déblai des terres humides et vaseuses.

---

[1] *Annales des Ponts et Chaussées*, 1871, 1ᵉʳ semestre.

des marais, déjà malsaines par elles-mêmes, donne lieu à des émanations insalubres, principalement pendant les époques de chaleur. En parlant des curages, on a indiqué les mesures de précautions qu'il est nécessaire de prendre (t. I, p. 309). Après l'achèvement des travaux, on doit provoquer le plus tôt possible le développement de la végétation sur le sol assaini, et la culture intensive est un moyen d'amélioration qui vient heureusement compléter la transformation des régions insalubres. Nous reviendrons encore ultérieurement sur cette importante question (20).

17. Exemples de travaux d'assainissement agricole. — Les opérations d'assainissement ont des degrés d'importance qui varient à l'infini, depuis les travaux exécutés par des particuliers dans des propriétés d'étendue restreinte jusqu'aux entreprises d'ensemble qui s'étendent sur des surfaces considérables. En France, ces dernières opérations sont peu nombreuses, au moins en ce qui concerne celles qui ne remontent pas au-delà d'une quarantaine d'années.

Quelques-unes de ces entreprises seront décrites et on en indiquera les résultats, commençant par les moins importantes pour finir par celles qui se sont étendues sur de vastes surfaces.

Enfin on terminera par quelques renseignements sur les grands travaux d'assainissement agricole, exécutés récemment en Hongrie et dans la Russie centrale.

a) *Assainissement de la vallée de la Bar (Ardennes) (fig. 4).* — La Bar, affluent de la Meuse, est une rivière très sinueuse, de 60 kilomètres environ de développement, dont la partie située à l'aval du Chesne était autrefois classée comme navigable. Elle a été déclassée en 1865, lors de la construction du canal de navigation des Ardennes.

Ce canal suit la vallée de la Bar depuis le Chesne, point de partage des eaux des vallées de l'Aisne et de la Meuse, jusqu'à cette dernière rivière. Son établissement a nécessité des travaux qui ont profondément modifié les conditions d'écoulement des eaux de la vallée. Aux abords du coteau de Malmy, que le canal franchit en tranchée, on a dû recti-

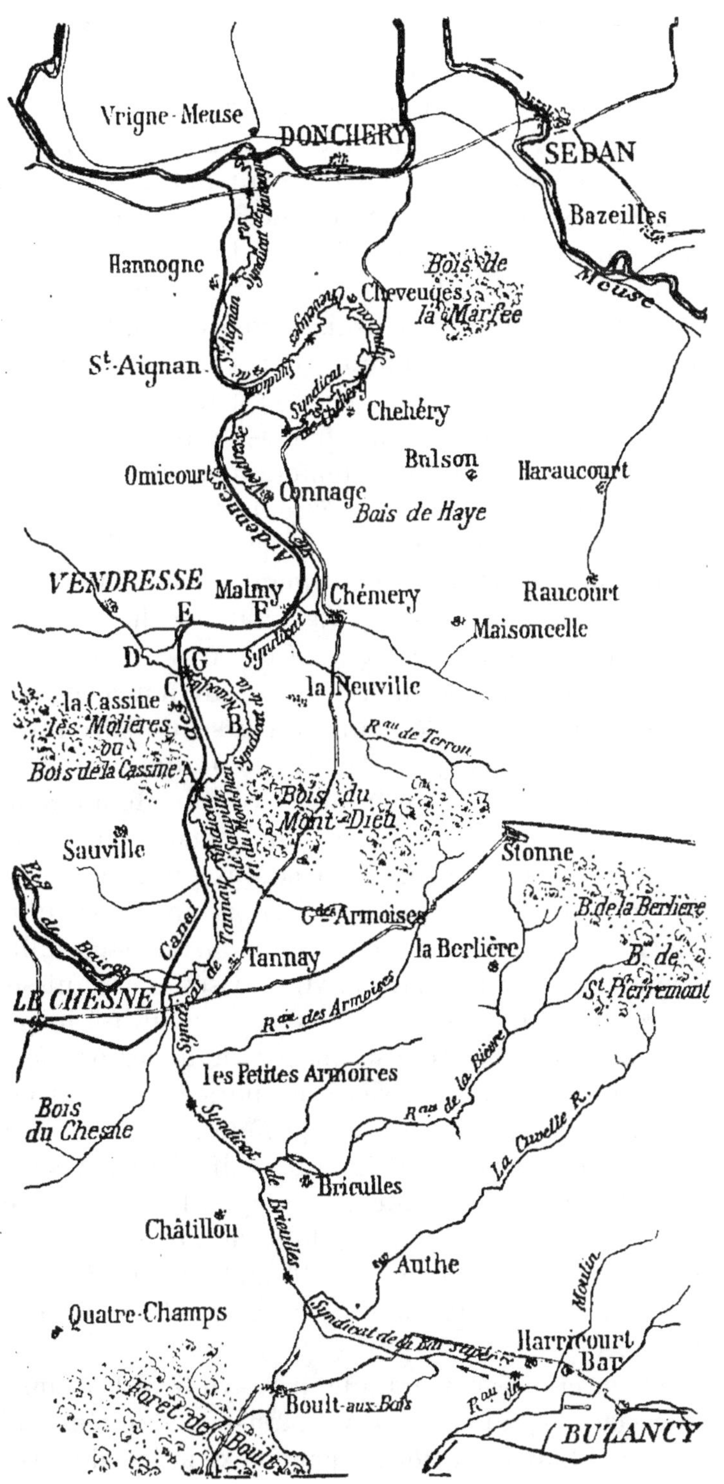

Fig. 4. — Plan de la vallée de la Bar.

fier l'ancien lit ABCDEF de la Bar et lui donner un nouveau lit AGF, creusé entièrement sur la rive droite du canal ; l'écoulement des eaux de la partie abandonnée CDE, située à gauche du canal, et de celles du ruisseau de Vendresse, qu'elle reçoit, a été assuré au moyen de deux siphons qui déversent ces eaux dans le contre-fossé du canal.

Dès longtemps avant la construction du canal, la vallée de la Bar était dans de très mauvaises conditions, tant au point de vue de la salubrité publique qu'à celui de la production agricole ; la rivière, même dans la partie classée comme navigable, était parsemée de hauts-fonds qui retardaient d'une manière notable l'écoulement des eaux d'été. Il en résultait les plus graves inconvénients pour les récoltes qui se trouvaient souvent anéanties, et les mares d'eau croupissantes qui se formaient engendraient parfois des maladies épidémiques dans la contrée. Cet état de choses ayant été encore aggravé après l'achèvement des travaux du canal, on augmenta la profondeur de la tranchée du nouveau lit de la Bar, en même temps qu'on cura le ruisseau de Vendresse et le lit de l'ancienne Bar jusqu'aux siphons qui en recueillent les eaux pour les transporter sur la rive droite du canal.

Mais, ces travaux ayant été reconnus insuffisants, on provoqua la formation de dix associations syndicales, qui ont procédé au curage de toute la rivière, moins la rectification de Malmy, et également au curage des principaux affluents. En même temps on a ouvert des fossés d'assainissement pour l'assèchement des bas-fonds et on a utilisé le produit des déblais au comblement d'une partie de ces bas-fonds.

En ce qui concerne la rivière, on ne s'est pas borné à un simple curage ; on a, de plus, approfondi le lit et élargi le plafond de façon à assurer l'égouttement des parties les plus basses de la vallée, ainsi que l'écoulement rapide de toutes les eaux de crues ordinaires, dont le débit est évalué à 9 mètres cubes au Chesne et à 10 mètres cubes à Malmy : le débit correspondant pour le ruisseau de Vendresse est de 2me,300.

Le tableau ci-dessous indique par syndicat les longueurs de rivière curées, ainsi que les dimensions données au lit.

Bien que l'État ait accordé, pour l'exécution des travaux,

NUMÉROS D'ORDRE	DÉSIGNATION des syndicats	LONGUEUR des parties de rivière curées	SURFACES assainies	LARGEUR de la rivière au plafond	INCLINAISON des talus	PENTE longitudinale par mètre	PROFONDEUR moyenne	DÉBITS de pleins bords correspondants	OBSERVATIONS
		mètres	hectares	mètres		mètre	mètres	m. c.	
1	Bar supérieure......	6.740	542	2 4	3/2 tourbe 45° terre	0,000667 0,000483	 1,80	1,200 4,400	1 Non compris 3.690 mètres curés par le service du canal des Ardennes. 2 Il s'agit ici du curage de la nouvelle Bar rectifiée à droite du canal : la diminution de longueur explique l'augmentation de la pente. 3 Le syndicat de Chéhéry a remplacé une portion de rivière très sinueuse, de 2.200 mètres de développement, par un fossé de 1.060 mètres de longueur et a procédé au curage de la partie restante de la rivière. Les parties sinueuses abandonnées ont été également curées et peuvent débiter 2 mètres à 2mc.50 en temps de crues.
2	Brieulles	5.681	402	4 4,30	45°	0,000483 0,0004	1,80 1,80	8,235	
3	Tannay............	9.404	522	4,30 4,30	45	0,00037 0,00031	1,87 1,87	9,250	
4	Sauville et le Mont-Dieu	2.500	124	4,50	45	0,00029		9,750	
5	La Neuville à Maire.	6.678	604,75	5,00	45	0,00020	2,10	11,075	
6	Vendresse..........	3.349[1]	517	5,50	45	0,0003072[2]	2,10	12,000	
7	Chéhéry............	4.400[3]	60,73	5,00	45	0,00028	1,90	11,140	
8	Cheveuges..........	4.500	67,40	6,00	45	0,00033	1,90	11,190	
9	Saint-Aignan.	4.055	51	6,50	45	0,00034	1,85	11,610	
10	Hannogne-St-Martin.	7.243	119	6,50	45	0,00040	1,75	12,400	

des subventions du tiers de la dépense pour le curage des parties de rivière autrefois navigables et du cinquième de la dépense pour les autres parties, on a éprouvé quelques difficultés dans la formation des associations syndicales autorisées, et il a été impossible d'entreprendre les curages en remontant de l'aval vers l'amont ; c'est ce qui explique pourquoi les profondeurs moyennes ne croissent pas uniformément en allant de l'amont à l'aval ; néanmoins, on voit qu'on a pu obtenir pour les débits des eaux de pleines rives des valeurs croissantes ; elles sont suffisantes pour assurer l'écoulement des crues ordinaires.

Les résultats obtenus ont été des plus satisfaisants. Les maladies épidémiques, susceptibles d'être engendrées par les eaux stagnantes, ont complètement disparu, et les anciens marais et marécages de la vallée ont été remplacés par des prairies fertiles. Les curages ont porté sur une longueur de cours d'eau de 45 kilomètres environ et ont assaini une surface de plus de 1.400 hectares. La dépense totale s'est élevée à la somme de 81.800 francs, et l'État a payé 23.740 francs à titre de subvention.

b) *Assainissement de la petite plaine de Bône (fig. 5 et 6).* — La ville de Bône, dont la population agglomérée est de 35.000 habitants environ, se compose de deux parties : la vieille ville arabe, bâtie sur un mamelon à une altitude supérieure à la cote ($+7^m,00$) au-dessus du niveau de la mer ; et la nouvelle ville européenne et ses faubourgs, construits sur des terrains bas dont la cote, par rapport au même niveau, varie de ($+2^m,00$) à ($-0^m,50$). Ces terrains bas forment ce qu'on appelle la petite plaine de Bône, laquelle, avant l'exécution des travaux d'assainissement, était extrêmement marécageuse. En dehors des eaux pluviales dont la divagation était complète, la plaine était traversée par les eaux de la Boudjimah, ou Bou-Djemmaa, rivière importante qui se jetait à la mer à l'endroit occupé aujourd'hui par le port de Bône ; trois autres rivières, descendant des massifs de l'Edough, aboutissaient également dans la plaine : l'Oued-Deb, l'Oued-Forcha et l'Oued-Zaffrana.

Dès les premières années de l'occupation française, on

MER MÉDITERRANÉE
Baie des Caroubiers
Beni Mafer
Ilet du Lion
BONE
M^on Srir
O. el Maiz
O. Makaba
O. Deb
Kef Ensour
Rte de la Bou Djemma
O. Bou Djelaou
Massif du Bou Hamra
Djebana St Heber
Bordj Redjimin
DJEBEL BOU KANTA
K^a Boukad
Kf Charcha
Tabbet Chaib
Djemmaa
O. bou
Abreuvoir
Abreuvoir
O. Sebara
Meboudja
Canal de dessechement
OUED SEYBOUSE

dévia le lit de la Bou-Djemmaa pour en rejeter les eaux dans la
Seybouse; l'Oued-Deb fut rectifié et endigué jusqu'à son confluent avec la Bou-Djemmaa, et, depuis cette époque, il porte

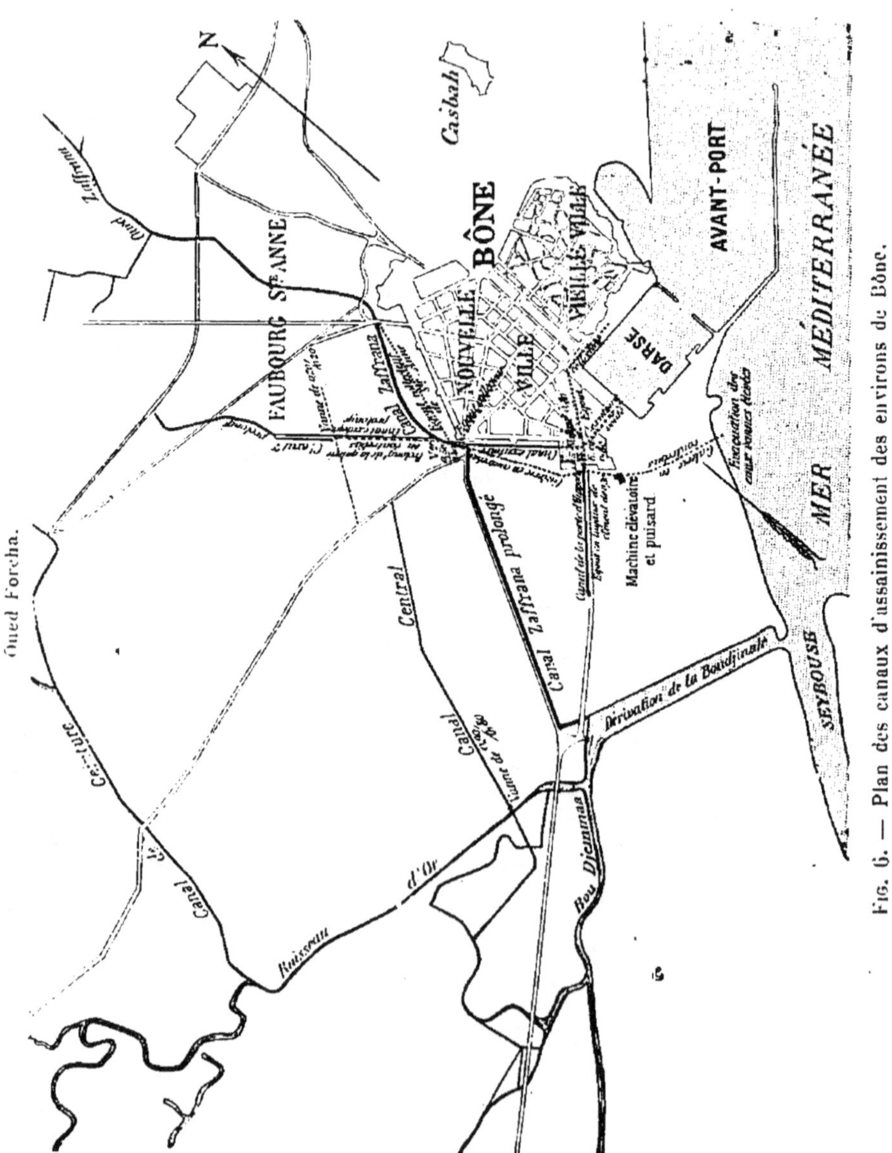

Fig. 6. — Plan des canaux d'assainissement des environs de Bône.

le nom de ruisseau d'Or; l'Oued-Forcha fut conduit dans
le ruisseau d'Or par un canal dit *de Ceinture*; enfin l'Oued-
Zaffrana fut régularisé, endigué et conduit à la mer par un

canal portant successivement les noms de canal Zaffrana et de *canal exutoire*. On creusa également, dans la partie la plus basse de la plaine, un collecteur, appelé *canal central*, qui amena les eaux recueillies sur son parcours dans le Ruisseau d'Or.

Le résultat de ces travaux fut satisfaisant; les débordements, quand ils se produisaient, étaient de peu de durée, et le niveau des eaux restait presque toujours le même que celui de la mer, avec laquelle les canaux de la petite plaine de Bône communiquaient librement.

Mais cet état de choses fut complètement modifié, en ce qui concerne principalement l'écoulement des eaux recueillies par le canal exutoire, lorsque la nouvelle ville s'étendit jusqu'à ce dernier qui, en outre, débouchait dans la mer à l'emplacement choisi pour installer la darse du port. Le canal exutoire fut alors transformé, à la traversée de la ville, en un souterrain voûté; mais on ne lui donna qu'une largeur de 2 mètres, insuffisante pour assurer rapidement l'écoulement des eaux du Zaffrana dont le débit peut atteindre 7 mètres cubes par seconde, et, après chaque gros orage, les eaux s'étalant dans la partie basse de la plaine mettaient trois ou quatre jours pour s'écouler. La création du réseau des égouts de la ville, qui avaient été mis en communication avec le canal exutoire, vint encore aggraver cet état de choses.

En certains points, le sol des rues n'est qu'à la cote (+ 0^m,80) au-dessus du niveau de la mer. Les égouts qui recueillent les eaux vannes de ces rues, et les collecteurs qui les transportent à la mer, ont dû être établis avec une section transversale et une pente longitudinale suffisantes pour en assurer l'écoulement, ce qui conduisait à placer le radier de ces collecteurs, à leur extrémité aval, à 2 mètres en contre-bas du niveau de la mer. Si à cela on ajoute que la mer a des dénivellations pouvant atteindre jusqu'à 0^m,60, on conçoit qu'en certains cas non seulement l'écoulement des eaux vers la mer était interrompu, mais encore que le canal exutoire ainsi que les égouts s'engorgeaient ou refoulaient un mélange d'eaux salées, d'eaux de pluie et d'eaux vannes, qui formait un foyer d'infection.

Pour remédier à cet état de choses, il devenait indispen-

sable de donner un écoulement plus rapide aux eaux recueillies par le canal exutoire et aussi d'améliorer les conditions d'écoulement à la mer des eaux d'égout, ce qu'on réalisa
en les recevant dans une galerie souterraine aboutissant à un
puisard d'où elles sont élevées et refoulées par des machines
élévatoires.

On assura largement l'écoulement des eaux superficielles,
à travers la plaine jusqu'au canal Zaffrana, en creusant, en
prolongement de ce dernier, un canal à grande section, dit
canal Zaffrana prolongé, aboutissant dans la dérivation de la
Bou-Djemmaa en un point dont le fond est à la cote (— 0^m,50);
ce canal suffit pour écouler sans débordement les plus forts
débits des crues de l'Oued-Zaffrana ; malheureusement les
eaux de la mer peuvent, de leur côté, s'introduire dans le lit
du canal, de sorte que l'assainissement à ce point de vue est
loin d'être parfait.

Quant aux eaux d'égout, elles sont recueillies par trois collecteurs qui les déversent dans une galerie souterraine ou
galerie en contre-bas, aboutissant à un puisard dont le radier
est à la cote (— 2^m,00). De là elles sont élevées par une machine actionnant des pompes centrifuges de 0^m,20 et 0^m,12 de
diamètre, et jetées dans
une galerie d'évacuation
voûtée et souterraine
qui aboutit à la mer, en
dehors de la darse et de
la ville. La galerie en
contre-bas a une section
de 1 mètre carré (*fig.* 7)
et une pente de 0^m,001
par mètre. Postérieure-
ment à ces travaux, le

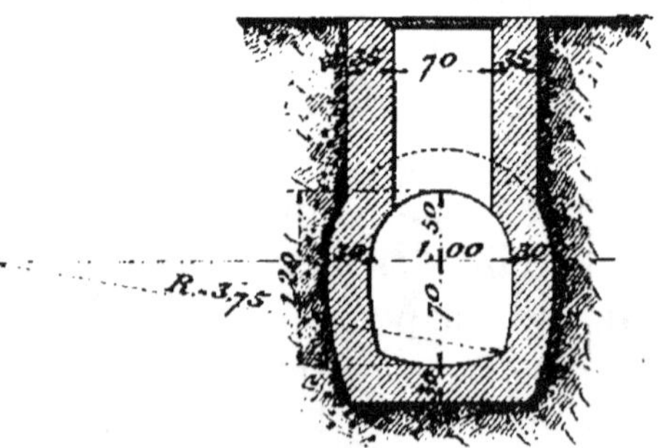

Fig. 7.

canal exutoire dont il a déjà été parlé à plusieurs reprises,
fut prolongé superficiellement de manière à recueillir les
eaux pluviales tombées directement sur la partie la plus
basse de la plaine, et dont la stagnation causait une gêne particulière pour le faubourg Sainte-Anne. La galerie en contre-
bas fut prolongée sous ce canal en passant par-dessous le
canal Zaffrana, de manière à recevoir et à amener au puisard

de la machine élévatoire les eaux du canal exutoire prolongé.

En temps de pluie, la galerie en contre-bas reçoit simultanément les eaux vannes, les eaux de ruissellement amenées par les égouts et toutes celles qui proviennent des versants des massifs environnants, non desservis par les canaux superficiels d'écoulement énumérés ci-dessus. Tant que la pluie n'est pas assez forte pour que le niveau de l'eau dans le puisard cesse de baisser sensiblement sous l'action des pompes, il y a intérêt à continuer de pomper, puisqu'on empêche l'engorgement des égouts par la stagnation des eaux et que l'on peut maintenir le niveau des eaux aux points bas de la plaine, au-dessous du niveau de la mer. Mais, pendant les violents orages, les machines élévatoires sont impuissantes à évacuer le débit de la galerie en contre-bas, qui peut alors dépasser 2.000 litres par seconde. Dans ces circonstances, les machines sont arrêtées, et l'on évacue les eaux à la mer au moyen de vannes et de déversoirs qui mettent la galerie en contre-bas en communication, d'une part, avec le canal Zaffrana prolongé et, d'autre part, avec le canal exutoire voûté. Les déversoirs sont arasés à la cote ($+ 0^{m},30$), c'est-à-dire au niveau le plus haut de la mer en temps normal, de manière à empêcher le refoulement des eaux saumâtres dans la galerie en contre-bas par la voie des canaux superficiels en communication avec la mer. Les déversoirs sont destinés à assurer la décharge du trop-plein de la galerie en cas d'averse subite; si la pluie se prolonge, on manœuvre les vannes, qui ont pour section, l'une un rectangle de $0^{m},60 \times 0^{m},60$, et l'autre un cercle de $0^{m},80$ de diamètre; elles sont arasées au niveau du plafond des canaux qu'elles desservent.

De la description qui précède il résulte qu'en temps normal les canaux d'assainissement superficiels sont, suivant la saison, à sec ou alimentés comme des ruisseaux ordinaires; le niveau s'y maintient dans la partie basse de la plaine au niveau de la mer; ils fonctionnent indépendamment des égouts.

Les eaux des égouts sont amenées au puisard par la galerie en contre-bas, puis élevées et déversées dans le canal évacuateur qui aboutit à la mer. Le puisard forme réservoir de 15 mètres de longueur sur 5 mètres de largeur et $3^{m},60$ de hauteur sous voûte. La hauteur d'aspiration pour les pompes atteint au maximum 3^m,80, et la charge totale du refoulement ne dépasse pas 5 mètres. Les machines qui peuvent donner ensemble 18 chevaux-vapeur élèvent en moyenne 2.500 mètres cubes d'eau par jour.

Les vannes de communication des canaux et de la galerie sont, bien entendu, constamment fermées pour empêcher les dénivellations de la mer de refouler l'eau de mer dans la galerie.

En temps de pluies exceptionnelles, l'écoulement séparé des eaux de ruissellement par les canaux de surface et des eaux vannes par les égouts et la galerie en contre-bas ne correspond plus à la réalité des choses, attendu que, dans ce cas, cette galerie, par suite de la position de son radier, reçoit, en plus des eaux véhiculées par les égouts, le trop-plein du débit des eaux de surface que lui amènent le canal Zaffrana et le canal exutoire. Dès que la quantité d'eau reçue par le puisard devient supérieure à la puissance des pompes, ce qui se produit rapidement en raison de la grande superficie du bassin versant (600 hectares), on arrête les machines et on lève les vannes. Il y a alors communication complète entre la mer, le réseau des canaux superficiels, la galerie en contre-bas et les égouts. La galerie et les égouts sont engorgés au moins jusqu'au niveau de la mer, et les matières en suspension provenant tant des eaux vannes que des détritus d'érosion des montagnes voisines s'y déposent. La petite plaine de Bône est inondée progressivement en commençant par les points inférieurs au niveau de la mer. Quand la grande pluie a cessé, le dégorgement se fait peu à peu par les canaux superficiels, et on l'active en faisant fonctionner les pompes. Puis les déversoirs cessent d'être surmontés, et l'on ferme les vannes dès qu'on approche du niveau moyen de la mer, pour éviter la rentrée des eaux salées.

Ces inondations sont d'une durée assez limitée et ne produisent pas d'effets bien nuisibles. Dans l'état actuel des choses, il est impossible de les éviter.

Les travaux dont on vient de donner la description rapide ont été exécutés par tronçons ; commencés vers 1842, ils n'ont été terminés qu'en 1889 ; ils ont nécessité une dépense d'environ 450.000 francs. La superficie assainie au-dessous de la cote (+ 2ᵐ,00) peut être évaluée à 200 hectares.

Les résultats obtenus ont été très importants. A l'origine de l'occupation française, la ville de Bône, ou, pour mieux dire, la ville bâtie par les Européens, était extrêmement malsaine : c'était le pays classique de la fièvre paludéenne, et la garnison y perdait jusqu'au cinquième de son effectif dans une année. Aujourd'hui l'état sanitaire s'est beaucoup amélioré, surtout en ce qui concerne la gravité des fièvres. Néanmoins, la mortalité y est encore assez élevée, et les épidémies (typhus, variole, diphtérie) sont assez fréquentes. Au cours des travaux, les chantiers étaient naturellement très malsains, comme partout où l'on fouille la terre dans des régions marécageuses ; on a combattu les accès de fièvre par l'absorption de sels de quinine pris à la dose journalière de 0ᵍʳ,20 à 1 gramme, pour les fièvres ordinaires, et jusqu'à 3 et 4 grammes en injections hypodermiques, pour les accès pernicieux qui amènent souvent la mort en moins de trois jours.

Les marécages, qui occupaient autrefois la plus grande partie de la petite plaine, ont disparu, et sur leur emplacement on trouve aujourd'hui des champs cultivés et des jardins maraîchers ; l'état sanitaire de cette plaine, qui constitue la banlieue de la ville, s'est amélioré en même temps que celui de la ville elle-même ; dans un noyau de 1 kilomètre autour de Bône, la valeur des terrains ne descend guère au-dessous de 2 francs le mètre carré et s'élève jusqu'à 6 et 8 francs le mètre aux abords des routes, où ils se vendent comme lots à bâtir.

Pour compléter l'assainissement de la région et éviter les inondations en cas de grandes pluies, il serait nécessaire de remblayer tous les points bas à la cote (+ 0ᵐ,50), d'installer de puissantes machines élévatoires et aussi de remanier et d'améliorer le réseau des égouts urbains. Mais la dépense à faire serait telle qu'on ne peut espérer voir se réaliser ce programme avant un grand nombre d'années.

c) *Assainissement de la plaine de la Garde (Var) (fig. 8).* — Le bassin de la rivière de l'Eygoutier, cours d'eau à régime torrentiel, qui prend sa source au nord-est de Toulon et vient

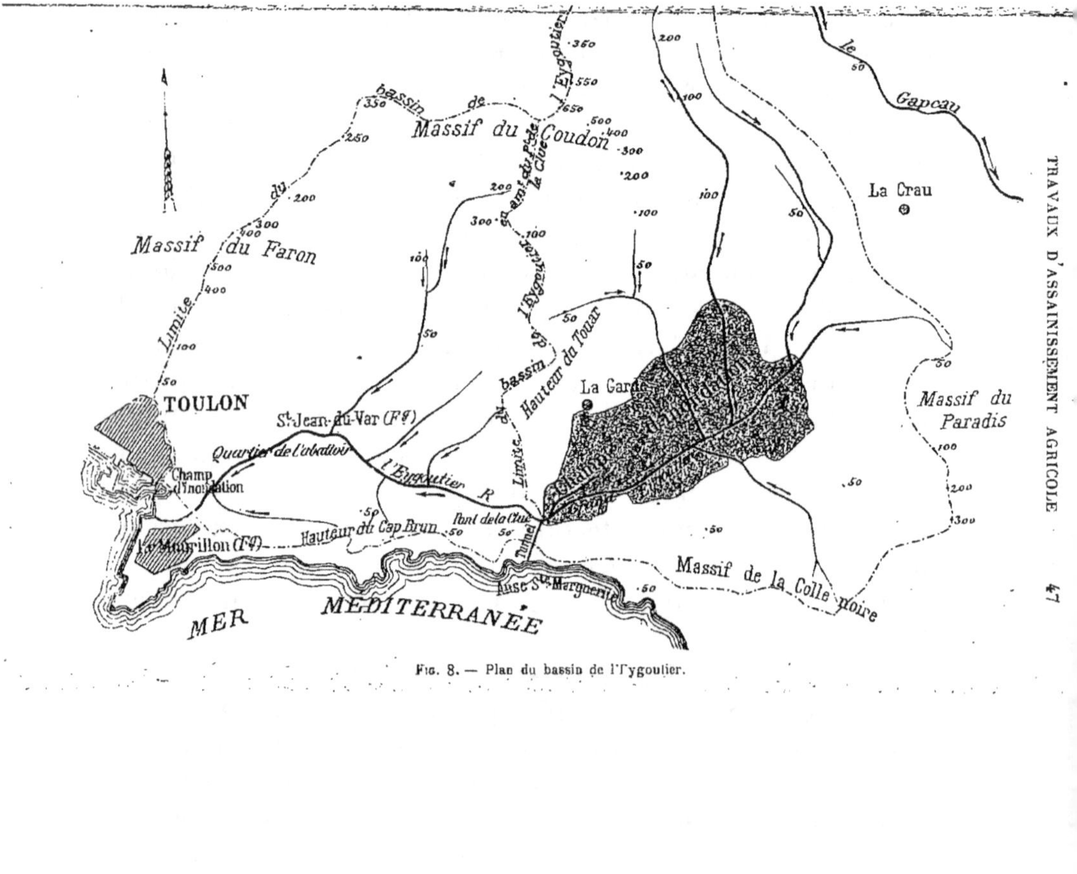

Fig. 8. — Plan du bassin de l'Eygoutier.

déboucher dans cette ville même, se divise en deux régions de constitutions très différentes, situées de part et d'autre du pont de la Clue; la partie en amont du pont se compose d'une vaste plaine s'étendant principalement dans la commune de la Garde et autour de laquelle viennent aboutir les vallons à fortes pentes qui sillonnent les flancs des massifs du Coudon, du Paradis, etc. Au point le plus bas de cette plaine, et sans transition, la région aval prend naissance; c'est un vallon resserré serpentant entre les collines littorales du cap Brun et du Faron.

Lorsque des pluies abondantes viennent former des torrents dans les vallons abrupts décrits ci-dessus, ces torrents amènent en peu de temps, dans la plaine de la Garde, une grande quantité d'eau, peu absorbée par le sol imperméable de la plaine, et qui ne peut s'écouler rapidement, à cause des faibles déclivités du sol et de l'exiguïté de l'issue qui lui est offerte par le cours inférieur de l'Eygoutier. Malgré le rôle modérateur de la plaine de la Garde, des crues considérables se sont produites à diverses reprises en aval, et, en 1886 en particulier, une crue extraordinaire inonda toute la plaine, ainsi que le quartier de l'Abattoir à Toulon, en prenant les proportions d'une véritable calamité.

Les dangers résultant de ces inondations étaient, en effet, très considérables. La plaine de la Garde, d'une étendue de près de 500 hectares, contient de nombreuses habitations et est sillonnée de voies publiques. Au point de vue de l'agriculture, ces dangers n'étaient pas moindres. La culture des céréales a été rendue souvent impossible par l'imbibition du sol qui empêche les semis, si les eaux envahissent la plaine en automne, et déterminent la pourriture des plants, si l'inondation a lieu au printemps ou en été. Dans la plaine, la culture dominante est celle de la vigne, laquelle est capable de prospérer grâce à la nature argilo-siliceuse du terrain profond qui constitue le sol. Mais, à plusieurs reprises, la stagnation des eaux a complètement pourri des hectares entiers de jeunes vignes; d'autres fois la récolte parvenue à maturité a été détruite par un orage occasionnant une longue immersion du raisin.

Enfin, comme c'est souvent en été que des orages violents

amènent les inondations, les habitants avaient encore à souffrir, après le retrait des eaux, du danger des émanations du
sol détrempé soumis aux rayons ardents du soleil.

A la suite de l'inondation de 1886, qui causa d'immenses
dégâts matériels et menaça la vie de nombreuses personnes,
on résolut de prendre les mesures nécessaires pour éviter le
retour d'une semblable catastrophe.

Comme on ne pouvait remédier au défaut de pente du sol
qui a pour résultat la stagnation des eaux, on chercha à augmenter le débit des émissaires d'asséchement de la plaine et

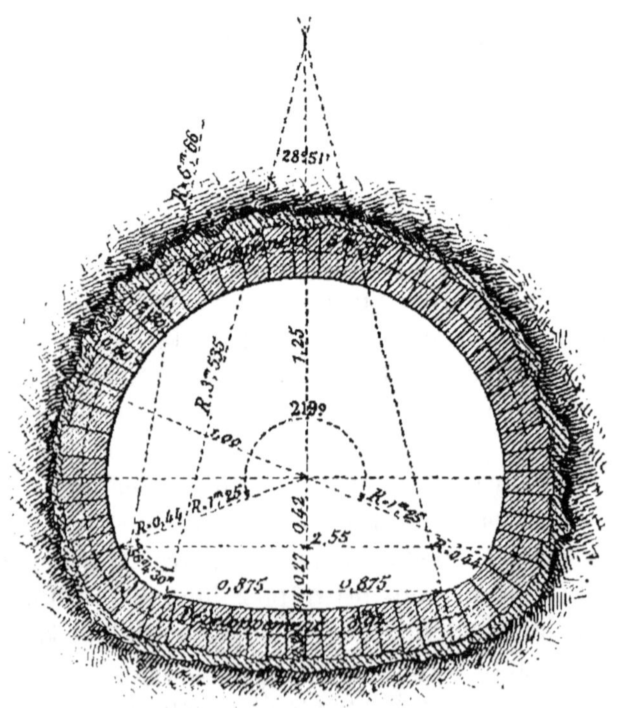

Fig. 9.

celui de la partie amont du cours de l'Eygoutier; on reconnut
aussi la nécessité d'augmenter le débouché de la rivière à
l'aval du pont de la Clue. Le procédé auquel on s'arrêta con-
sista à régulariser l'écoulement du cours amont de la rivière
et celui de ses affluents, au moyen d'un curage à vif fond et
à vieux bords, puis à approfondir le lit de la section aval de

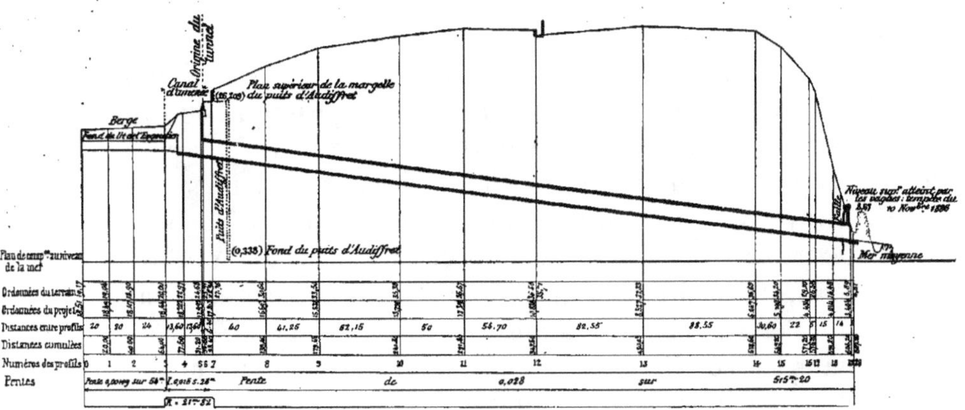

Origine du tunnel
Canal d'amenée
Plan supérieur de la margelle
(25,105) du puits d'Audiffret
Berge
Fond du lit de l'Exporation
Puits d'Audiffret
(0,338) Fond du puits d'Audiffret
Plan de comp.on au niveau de la mer
Niveau sup.r atteint par les vagues : tempête du 10 Nov.bre 1896
Mer moyenne
Ordonnées du terrain
Ordonnées du projet
Distances entre profils
Distances cumulées
Numéros des profils
Pentes
Pente 0,00029 sur 54.m I.O.016 s.26.m   Pente   de   0,028   sur   515.m 20
R. 217.82

Fig. 10.

l'Eygoutier, pour lui donner une pente convenable. Toutefois, au lieu d'approfondir la portion du lit située à l'aval du pont de la Clue, profitant de ce que la distance de ce pont à la mer était à peine supérieure à 500 mètres et que la cote du lit du cours d'eau sous le pont était de 19 mètres, on a donné aux eaux un écoulement direct à la mer au moyen d'un tunnel débouchant dans l'anse de Sainte-Marguerite.

Les dimensions du tunnel de la Clue (*fig.* 9) ont été calculées de manière à lui permettre d'écouler en vingt-quatre heures la plus grande pluie constatée dans la région dans le même laps de temps, soit 120 millimètres. La superficie du bassin de l'Eygoutier, en amont du pont de la Clue, est de 3.500 hectares environ, et une chute d'eau de 120 millimètres sur cette surface représente un volume de 4.200.000 mètres cubes. A cause de la grande perméabilité du terrain des montagnes qui entourent la plaine et de l'existence d'une végétation forestière importante sur leur sol, on a supposé que 60 0/0 seulement de l'eau tombée arriverait au tunnel; dans ces conditions, celui-ci doit pouvoir débiter 29 mètres cubes par seconde. On a fixé le point de départ du tunnel de façon à permettre d'abaisser de 1^m,50 le lit du cours d'eau au point où il est dévié; la position de la tête aval a été déterminée par la limite qu'atteignent les vagues en ce point; soit à la cote 3^m,58 ; dans ces conditions, la pente longitudinale se trouvait fixée à 0^m,028 par mètre (*fig.* 10).

Quant à la section, on lui a donné un profil aussi surbaissé que possible, de manière à lui permettre de fonctionner à pleine section le plus longtemps possible.

L'ouvrage, dont la longueur exacte est de 515^m,20 avec une section de 6 mètres carrés, est capable d'un débit de 30 mètres cubes.

Le percement, à travers des grès bigarrés et marnes, puis dans les calcaires du muschelkalk qui surmontent les grès, n'a pas présenté de grandes difficultés, les masses restant très solides au moment de leur extraction et ne se délitant qu'à la longue. Les déblais ont été descendus à la tête aval et jetés à la mer; cette tête a été défendue contre les vagues au moyen d'un mur de soutènement protégé lui-même à son pied par des enrochements. L'intérieur du tunnel a été revêtu en moellons, attendu que la vitesse de l'eau en crue peut y atteindre des valeurs supérieures à 6^m,50. La construction du tunnel a nécessité une dépense de 83.300 francs.

A l'amont du pont de la Clue, le lit de l'Eygoutier, qui était en certains points obstrué par une végétation abondante, ainsi que par des alluvions entremêlées de racines et de végétaux, a été curé à vif fond sur une longueur de 3.580 mètres; on lui a donné des largeurs croissant de 1^m,50 à 2^m,50; à la suite de ces travaux, la pente moyenne de la rivière a été portée de 0^m,0047 à 0^m,0089. La tête amont du tunnel a été raccordée à la rivière, dont la pente dans sa section aval n'est plus que de 0^m,00109 par mètre, par une tranchée de 0^m,016 de pente par mètre et qui sert de transition, celle du tunnel étant de 0^m,028 par mètre.

Afin de pouvoir se ménager la possibilité de faire pénétrer, en été, dans la partie de l'ancien lit de l'Eygoutier située en aval du pont de la Clue, la quantité d'eau nécessaire aux arrosages des terres riveraines de ce cours d'eau, on a établi, à travers la tranchée dont il vient d'être parlé, un barrage à poutrelles; les poutrelles sont retenues d'un côté par un poteau tournant, pour permettre l'ouverture instantanée du barrage en cas de crue subite. Ces derniers travaux ont nécessité une dépense de 20.000 francs environ.

L'ensemble des travaux a été exécuté par un syndicat des propriétaires intéressés, lequel a reçu des subventions de l'État et des communes de la Garde et de Toulon, et qui est chargé de l'entretien.

d) Assainissement du marais Vernier (Eure) (fig. 11). — Le marais Vernier, situé dans la vallée de la Basse-Seine, sur la rive gauche du fleuve, au fond d'une anse profonde limitée par les pointes de Quillebœuf et de la Roque, a une superficie de 4.500 hectares environ, et s'étend entre le pied des coteaux boisés, contre lesquels venaient autrefois battre les flots de la Seine, et la digue actuelle du fleuve.

Les terrains composant le marais sont de deux natures différentes et de formation distincte. Les premiers, compris entre le pied des coteaux et la digue des Hollandais et qui forment le vieux marais, ont été l'objet de travaux de dessé-

chement. Ils occupent une superficie d'environ 2.100 hectares de terre, dont le sol marécageux et tourbeux, a été
formé par l'agglomération des végétaux qui successivement
sont venus remblayer le sol jusqu'à un niveau intermédiaire entre ceux des hautes et des basses mers de vive eau
ordinaire[1].

Les autres terrains, qui composent le nouveau marais,

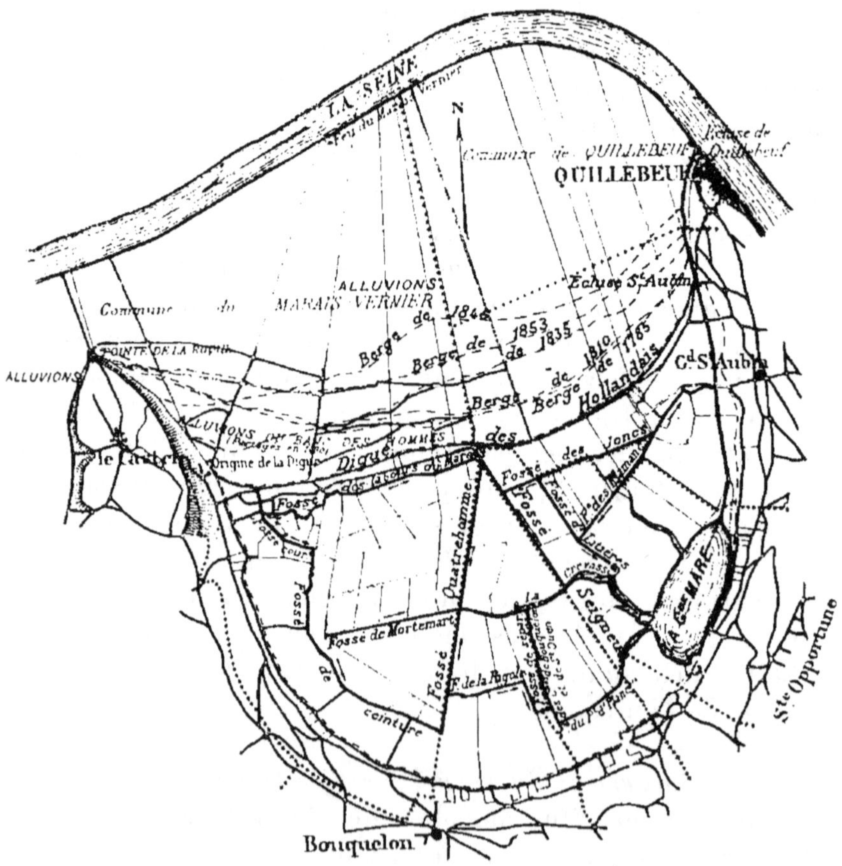

Fig. 11. — Plan général du marais Vernier.

occupent une superficie de 2.400 hectares. Ils ont été formés par l'accumulation des dépôts de sable argileux apportés par la Seine et n'ont été définitivement conquis sur le

____

[1] Ainsi qu'on le verra ultérieurement, il s'agit ici de ce qu'on
appelle un *polder* (VIᵉ partie).

fleuve qu'à la suite de la construction des digues de la Basse-Seine, achevée vers l'année 1862.

L'assainissement du nouveau marais, dont le sol est au-dessus du niveau supérieur des plus hautes eaux, est assuré dans de bonnes conditions par de nombreux fossés abou-tissant dans deux grands collecteurs, lesquels déversent leurs eaux dans le fleuve. Quant à l'ancien marais, c'est-à-dire la partie comprise entre le pied des coteaux et la digue des Hollandais, son sol est, on l'a déjà dit, en contre-bas du niveau des hautes mers; de plus, la surface est en pente générale vers le sud-est, de sorte que la partie la plus basse, occupée par un réservoir intérieur désigné sous le nom de Grande Mare, est éloignée du fleuve.

Les premiers travaux destinés à protéger le vieux marais, tant contre les incursions du fleuve que contre les eaux plu-viales ou de sources provenant du marais et des coteaux qui l'enserrent, ont été commencés vers 1618, par le célèbre ingénieur hollandais Bradley. Ces travaux existent encore et comprennent principalement : 1° une digue en terre, dite digue des Hollandais, laquelle, placée à la limite des dépôts déjà formés, s'élevait suivant la laisse du flot et était destinée à empêcher l'introduction des eaux de la Seine; 2° le canal de Saint-Aubin, qui part de la Grande-Mare et aboutit au fleuve; la partie de ce canal comprise entre la digue et le débouché actuel en Seine a été construite par tronçons successifs et terminée en 1862, lors de l'achèvement des travaux d'endiguement; 3° l'écluse de Saint-Aubin, qui se trouve au droit de l'ancienne extrémité du canal, à la limite des terrains du vieux marais. L'intérieur du marais est, en outre, sillonné de fossés qui recueillent et conduisent à la Grande-Mare les eaux pluviales et celles des coteaux soit directement, soit par l'intermédiaire d'un canal de ceinture longeant la falaise de la Roque.

L'entretien du réseau des fossés, qui était autrefois à la charge des représentants des anciens seigneurs du pays, fut longtemps négligé, et le marais fut de nouveau submergé par les eaux, lors des grandes pluies, au détriment des popu-lations que décimaient les fièvres paludéennes provoquées par les émanations du terrain durant les fortes chaleurs.

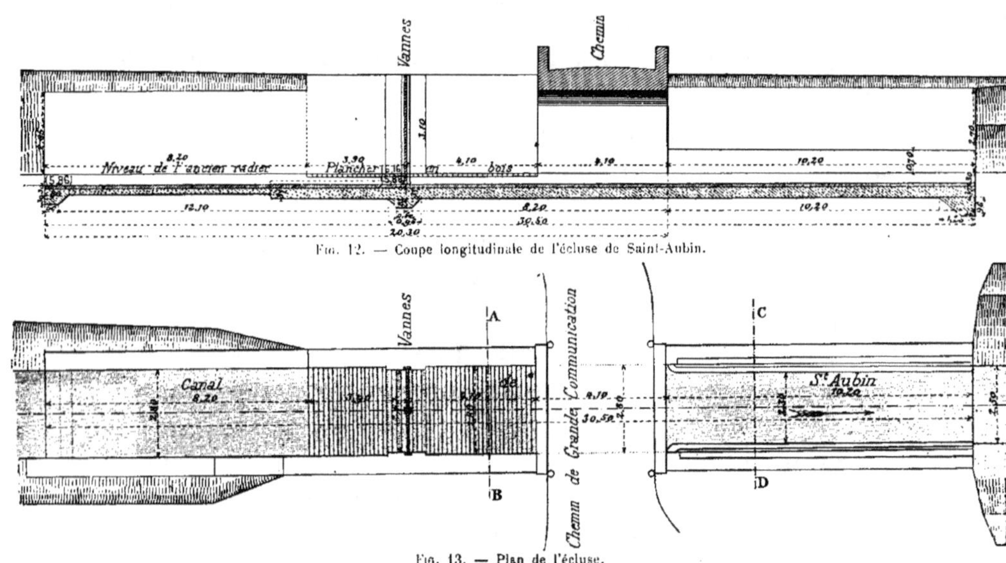

Fig. 12. — Coupe longitudinale de l'écluse de Saint-Aubin.

Fig. 13. — Plan de l'écluse.

Pour mettre un terme à ces calamités, une ordonnance royale du 19 juillet 1847 réunit les intéressés en une asso-

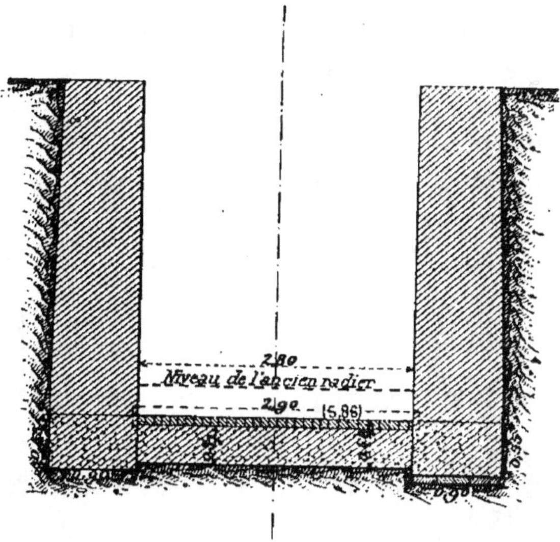

Fig. 14. — Coupe suivant AB.

ciation syndicale chargée d'assurer l'assainissement du pays. Les fossés d'assainissement obstrués furent curés et rétablis

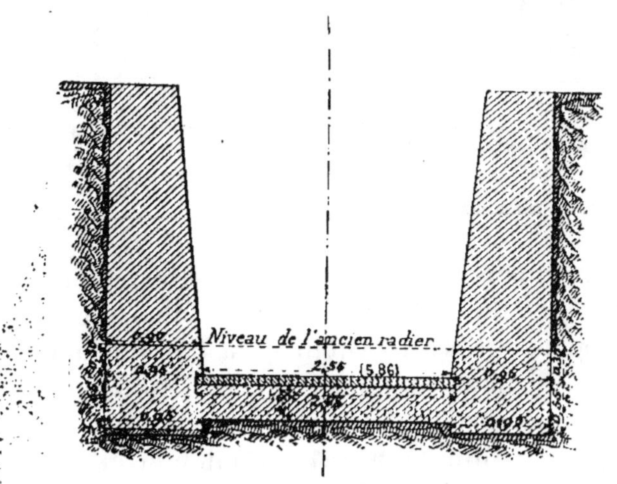

Fig. 15. — Coupe suivant CD.

à leur ancienne largeur; d'autres furent ouverts de façon à former un réseau de canaux dont toutes les eaux tendent au canal de Saint-Aubin, lequel fut remis en bon état et prolongé à travers les terrains d'alluvions conquis sur la Seine. Ce canal se termine actuellement à l'écluse de Quillebœuf; il a une longueur de 3.936 mètres; la largeur au plafond est de 2ᵐ,50, et ses talus sont inclinés à 45° au minimum. L'écluse de Saint-Aubin se trouve à 1.572 mètres en amont du vannage de Quillebœuf.

A la suite de grandes pluies survenues pendant l'hiver de 1896, de sérieux dommages furent causés aux récoltes

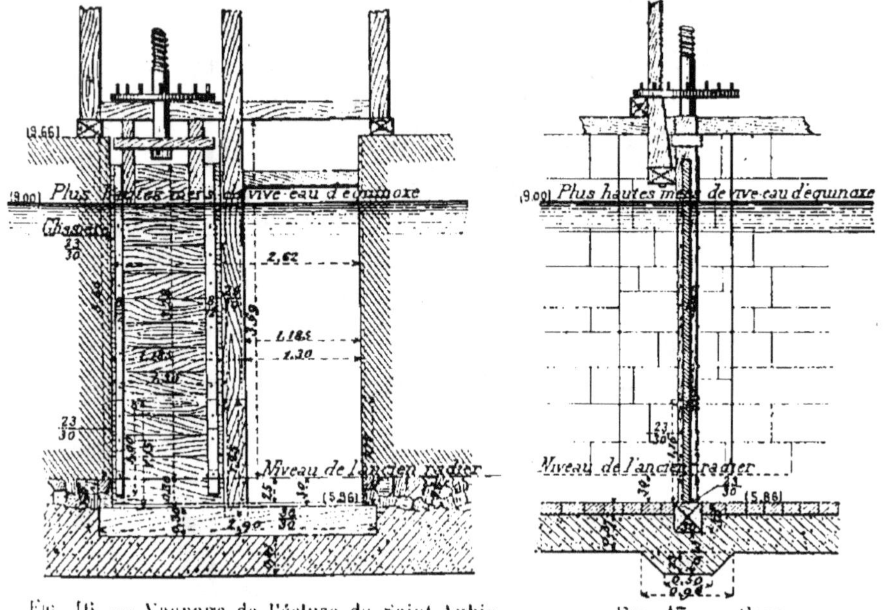

Fig. 16. — Vannage de l'écluse de Saint-Aubin. Élévation (face amont).
Fig. 17. — Coupe.

par suite de l'insuffisance de cet émissaire. Pour éviter le retour des inondations, le syndicat a fait abaisser de 0ᵐ,30 le radier de l'écluse de Saint-Aubin et a fait déblayer le fond du canal à l'amont de l'écluse sur une longueur de 2.600 mètres environ, pour donner à ce fond, qui était horizontal, une pente de 0ᵐ,127 par kilomètre.

Dans son état actuel, l'écluse de Saint-Aubin, formée de deux pertuis de 1ᵐ,30 de largeur, comporte deux bajoyers en maçonnerie prolongés, tant à l'amont qu'à l'aval, par des murs latéraux. Lors de l'abaissement du radier, on a dû descendre les fondations à 0^m,55 en contre-bas du niveau du nouveau radier, sur l'argile sableuse du fond de la Seine, et les faire reposer sur des plateaux de hêtre de manière à répartir les pressions uniformément (*fig.* 12 à 17).

Chaque pertuis est muni d'une vanne levante en bois qui permet d'ouvrir et de fermer à volonté la communication entre le marais et la Seine. En hiver, les vannes restent levées en permanence, sauf pendant les vives eaux, au moment de la plus grande élévation de la marée. Pendant la saison sèche, on ne les lève que de temps en temps, de manière à toujours conserver dans le vieux marais de l'eau pour abreuver les bestiaux et maintenir les parties tourbeuses des marais au degré d'humidité convenable.

En aval de l'écluse, le canal fut aménagé et prolongé, comme il a été dit, au fur et à mesure de la formation de nouvelles alluvions, pour servir à l'évacuation des eaux pluviales; il s'est continué jusqu'à la limite de la digue rive gauche de la Seine. Mais, comme il n'assurait cette évacuation, par l'intermédiaire d'un barrage à clapet, que d'une manière incomplète, ce qui provoquait la submersion des terres riveraines, on reconnut nécessaire d'établir une seconde écluse à l'extrémité aval du canal.

Cette écluse, dite de Quillebœuf, établie en 1880, est placée à 172 mètres en amont de l'embouchure proprement dite du canal ou de la digue de la Seine.

Elle est fondée sur un massif rocheux de craie tendre et se compose de deux bajoyers et d'une pile médiane d'une largeur de 1^m,30. La distance entre les parements des murs est de 1^m,60, formant un débouché linéaire total de 3^m,20 (*fig.* 18).

Le radier de l'écluse de Quillebœuf se trouve à 0^m,58 en contre-bas du niveau du nouveau seuil de l'écluse de Saint-Aubin, ce qui donne au canal aval une pente de 0^m,305 par kilomètre.

Le vannage de l'écluse de Quillebœuf remplace aujourd'hui, dans ses effets, celui de l'écluse de Saint-Aubin qui reste maintenant normalement ouvert. Mais ce dernier a été conservé pour le cas d'accident, afin d'éviter la submersion des anciens marais par les eaux de la Seine.

Les travaux d'assainissement du marais Vernier ont produit des résultats très appréciables; le vieux marais est couvert de plantureux herbages sur lesquels paissent, toute l'année, un nombre considérable de bestiaux ; les terres qui forment le nouveau marais ont été transformées en jardins.

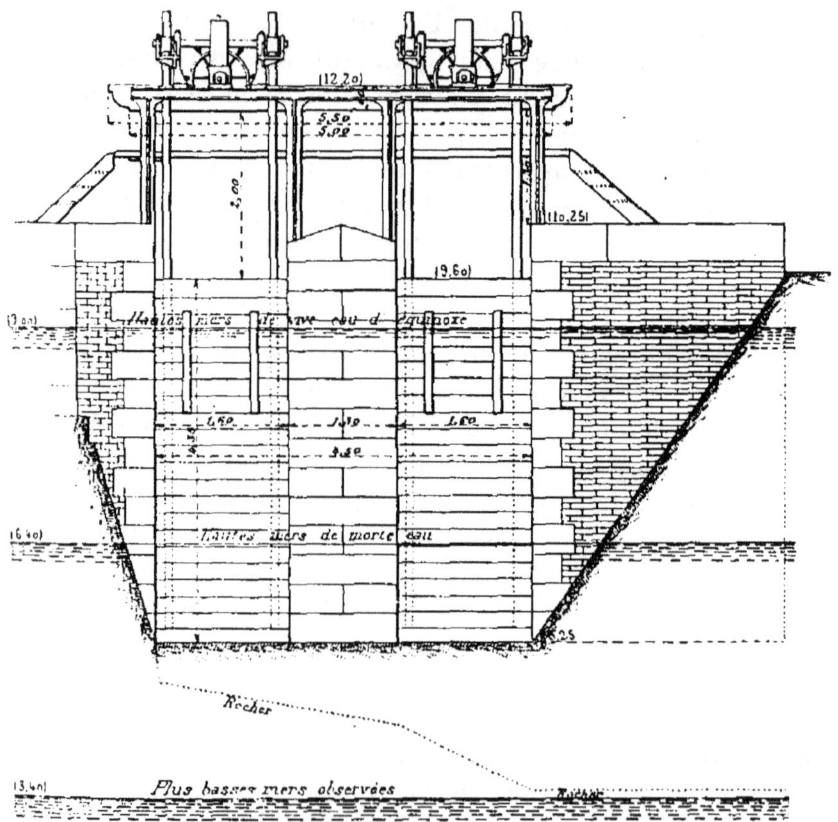

Fig. 18. — Vannage de l'écluse de Quillebeuf. Face aval.

De plus, l'état sanitaire de la région s'est amélioré et ne laisse plus rien à désirer.

e) Assainissement de la plaine du Forez (Loire) (fig. 19). — Les travaux d'assainissement qui ont été décrits jusqu'ici ne s'appliquaient qu'à des étendues de terrains relativement restreintes et présentaient un caractère d'intérêt local plutôt qu'un caractère d'intérêt général.

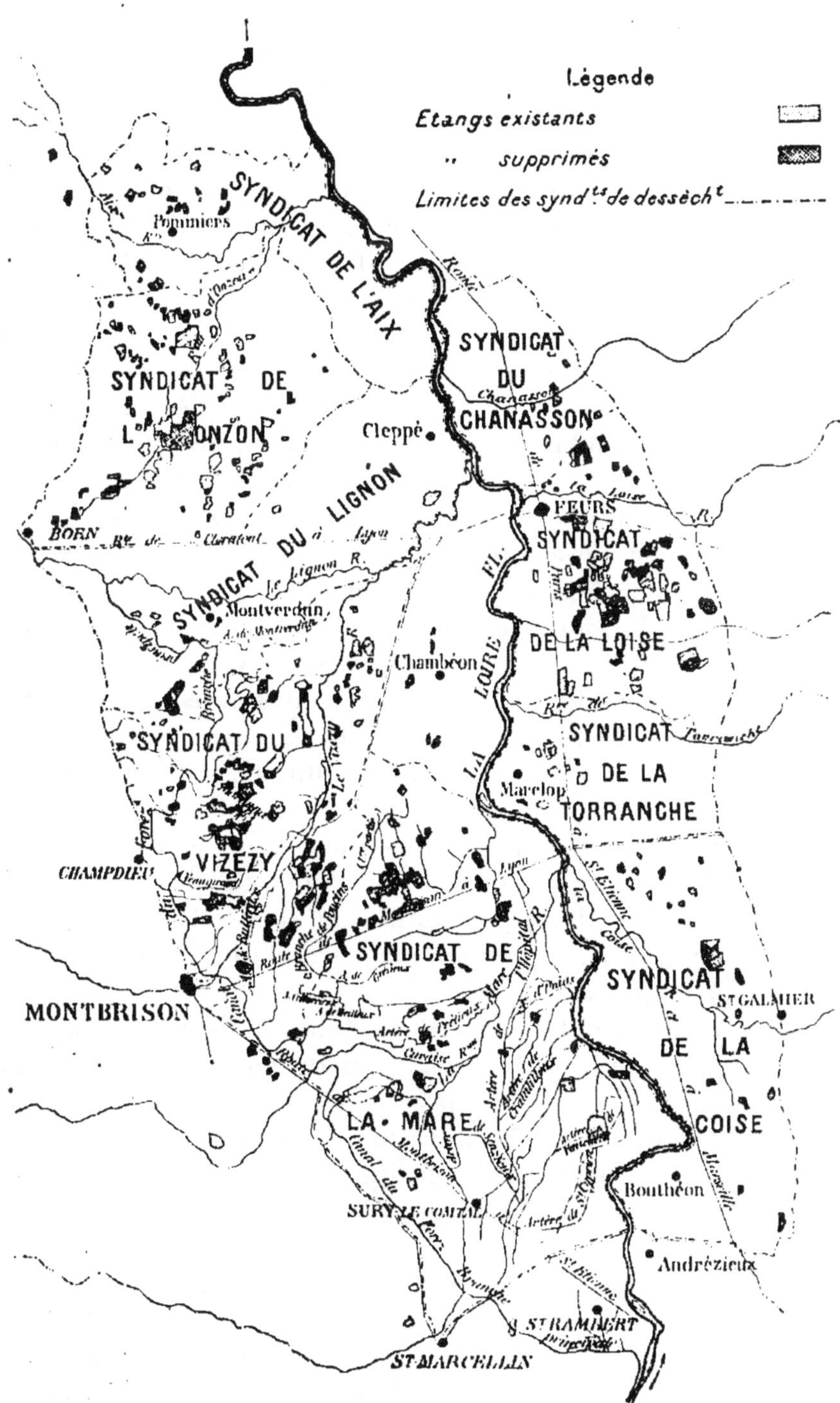

Fig. 19. — Plan de la plaine du Forez.

Mais il a été exécuté en France des assainissements intéressant des régions étendues et ayant donné des résultats très remarquables, tant au point de vue de l'hygiène qu'à celui de l'amélioration agricole.

L'une de ces grandes entreprises est actuellement en cours d'exécution : c'est celle de l'assainissement de la plaine du Forez. Il est nécessaire d'entrer dans quelques détails à son sujet.

En traitant des irrigations (t. II), nous avons eu l'occasion, à plusieurs reprises, de parler de la plaine du Forez, et nous avons signalé la transformation qu'a subie une partie de cette région à la suite du desséchement des étangs pestilentiels et de l'établissement de l'important canal d'irrigation du Forez, destiné à l'arrosage des régions assainies.

La plaine du Forez, dont l'étendue totale est de 60.000 hectares, s'étend à l'est de Montbrison, sur les deux rives de la Loire. Elle était autrefois très insalubre, par suite de l'existence de nombreux étangs artificiels, couvrant une partie de sa surface, mis alternativement deux ans en eau et deux ans en assec pour la culture des céréales, étangs qui, n'étant pas alimentés par des cours d'eau permanents, se transformaient en véritables marais pendant l'été ; d'ailleurs, à cette cause d'insalubrité artificielle venait s'ajouter une cause naturelle : il y avait dans la plaine du Forez une stagnation générale des eaux due à l'imperméabilité du sous-sol argileux et à l'absence de voies d'écoulement secondaires vers les cours d'eau principaux.

C'étaient surtout les territoires situés sur la rive gauche de la Loire qui se faisaient remarquer par leur insalubrité. Le produit des pluies est plus abondant sur le versant occidental de la ceinture montagneuse de la plaine que sur le versant oriental, parce que le premier est deux fois plus étendu que le second et que, la pente transversale de cette plaine étant plus accentuée sur la rive droite de la Loire (où la zone plate est moins large pour la même différence de niveau) que sur la rive gauche, il y a sur cette rive droite une masse moins considérable d'eaux stagnantes et, par suite, une production moins active de miasmes paludéens que sur la rive gauche.

Le projet des travaux d'assainissement, qui a été approuvé par une décision ministérielle du 6 juin 1857, comporte essentiellement : 1° le curage des parties envasées des cours d'eau et des fossés maitraux existants[1] ; 2° l'ouverture de nouveaux canaux d'assainissement dans tous les thalwegs secondaires ; 3° la suppression des étangs reconnus insalubres. Les travaux devaient être fractionnés de manière que l'expérience pût prononcer sur les résultats à en attendre et sur la meilleure marche à suivre pour en assurer l'exécution.

Pour réaliser la création d'un réseau de voies d'écoulement propres à faire disparaître la stagnation des eaux tout en servant au desséchement des étangs, dont la plupart sont situés dans des thalwegs, on a divisé le périmètre à assainir en neuf parties, dont quatre sur la rive droite de la Loire et cinq sur la rive gauche du fleuve, et correspondant chacune à un bassin[2] ; neuf syndicats ont été ou doivent être formés successivement et chargés de l'exécution des travaux d'assainissement, par application des articles 35, 36 et 37 de la loi du 16 septembre 1807. On a commencé par l'assainissement des parties les plus insalubres, qui, ainsi qu'on vient de le dire, sont situées en grande partie sur la rive gauche de la Loire ; à ce jour il a été formé quatre syndicats, dont trois, ceux de la Mare, du Vizézy et de l'Onzon, sur la rive gauche du fleuve, et un, celui de la Loise, sur la rive droite.

Les travaux ont été exécutés conformément au programme ci-dessus indiqué. Dans tous les thalwegs ont été ouverts des fossés maitraux, capables d'écouler rapidement les eaux qui, auparavant, séjournaient sur le sol. Ces fossés maitraux sont des collecteurs dans lesquels viennent se déverser les

[1] Les fossés maitraux de la plaine du Forez sont des voies d'écoulement d'intérêt collectif, ouvertes de main d'homme en vue de l'assainissement du territoire.

[2] En théorie, chaque syndicat doit être limité par des lignes de faîte ou de thalweg ; mais, en pratique, on a été amené à limiter ceux-ci d'une manière plus précise et moins sujette à controverse, car les lignes de faîte ou de thalweg traversent souvent des propriétés particulières et ne sont pas faciles à retrouver dans un pays aussi plat que le Forez. En réalité, on a pris comme lignes périmétrales des chemins et des cours d'eau s'éloignant le moins possible des limites théoriques.

eaux des terres riveraines par l'intermédiaire d'un réseau de fossés secondaires ouverts par les propriétaires; ils ont été tracés de manière à recueillir sur leur passage toutes les eaux qu'ils doivent ou devront évacuer après la suppression des étangs insalubres et à les déverser dans l'une des rivières qui traversent la contrée. On s'est efforcé, toutefois, de les établir de manière à ne pas morceler les héritages, à respecter les étangs dont la conservation est prévue et à réduire au strict nécessaire le nombre des ouvrages d'art.

La profondeur minima de toutes les artères d'assainissement est fixée de telle manière que leur plafond se trouve à 1 mètre en contre-bas des points les plus déprimés des terrains qui s'égouttent dans ces artères. On ne tient pas compte des bourrelets et dépôts de terre de toute nature provenant du produit des curages antérieurs, lesquels affectent parfois la forme de digues et sont appelés à disparaître un jour ou l'autre, pour être répandus dans les parties basses des propriétés riveraines. On s'applique à assurer l'écoulement de l'eau sans exagération de pente et en tenant compte des accidents de terrains, de manière à éviter de trop grands déblais; dans certains cas, ceci oblige à interposer, sur le tracé des artères, des chutes maçonnées, analogues à celles qu'on établit sur les canaux d'irrigation.

La section transversale des fossés a été déterminée, comme il a été expliqué antérieurement, eu égard à la surface qu'ils desservent (§ 16).

Les ouvrages d'art, établis le plus ordinairement à la rencontre des chemins, sont des plus simples. Ils consistent en aqueducs dallés ou en ponceaux, suivant que les portées sont inférieures ou supérieures à 1 mètre. Ces ouvrages sont entièrement en maçonnerie de moellons granitiques ou, parfois encore, en briques.

Il existe quelques ouvrages plus importants à la traversée des artères d'assainissement et des grandes voies de communication. On a représenté (*fig.* 20 à 25) un aqueduc établi pour le passage d'un fossé maitral sous le chemin de fer de Paris à Lyon. L'ouvrage a 2^m,50 d'ouverture libre et 2^m,25 de hauteur sous clef; il est en maçonnerie ordinaire avec murs en retour.

La suppression des étangs se poursuit au fur et à mesure
de l'avancement des travaux des syndicats, soit par voie
amiable, soit par application de la loi des 11-19 sep-

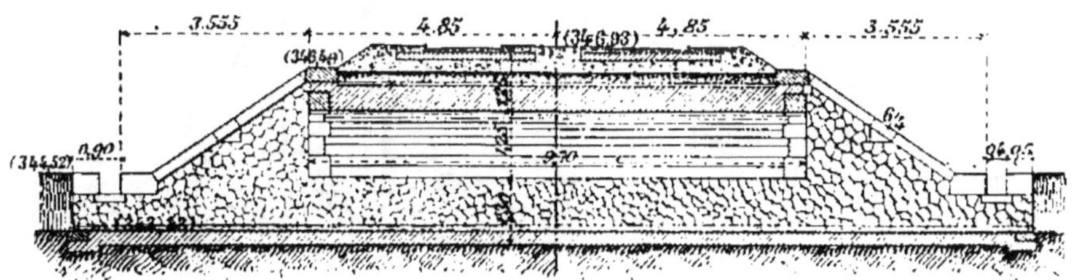

Fig. 20. — Coupe longitudinale.

Fig. 21. — Demi-plan supérieur.

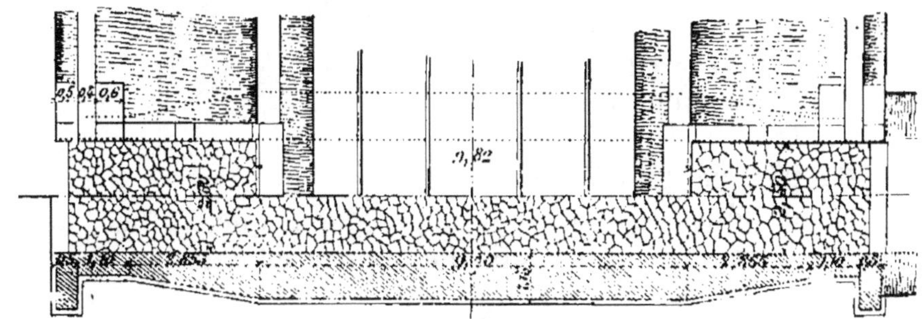

Fig. 22. — Demi-plan au niveau des fondations.

tembre 1792, c'est-à-dire d'office et aux frais des intéressés
lorsque les propriétaires refusent de procéder eux-mêmes à
la suppression d'étangs reconnus notoirement insalubres. Un
arrêté préfectoral du 4 juillet 1834 avait ordonné la suppression de trois cent trente et un étangs de la plaine du Forez ;
cet arrêté, n'ayant pas été précédé d'une instruction en tous
points conforme à la loi de 1792, était sur le point d'être
annulé, lorsqu'intervint entre l'administration préfectorale
et les propriétaires des étangs frappés de suppression une
convention aux termes de laquelle ces propriétaires renon-
çaient à leur pourvoi, à la condition que les étangs ne seraient
supprimés qu'au fur et à mesure de l'ouverture des fossés
maîtraux destinés à assurer le drainage des terrains desséchés. Les travaux de suppression ont consisté simplement à
détruire les digues qui retenaient les eaux superficielles.

Quelques-uns ont pu être améliorés par l'exhaussement de leurs chaussées jusqu'au niveau nécessaire pour couvrir d'eau la queue de l'étang, ce qui les a rendus inoffensifs. Enfin plusieurs d'entre eux, frappés de suppression, ont été provisoirement conservés par tolérance, comme notoirement utiles pour l'alimentation du bétail ; ils ne seront supprimés qu'après l'organisation dans la région, des arrosages par les eaux du canal du Forez.

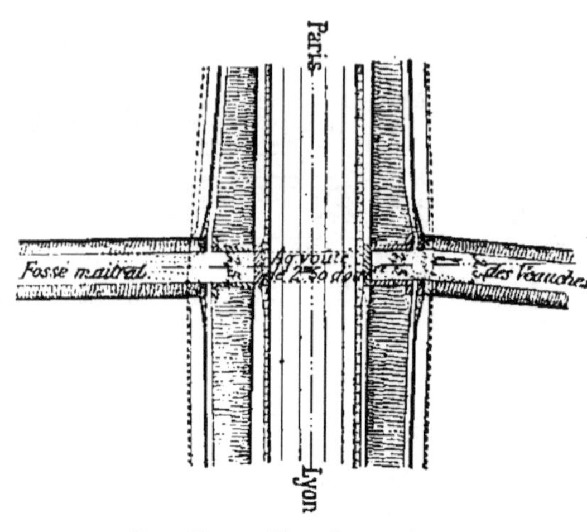

Fig. 23. — Plan d'ensemble.

En fait, de 1861 à 1898, il a été desséché, tant amiablement que d'office, deux cent quatre-vingt-onze étangs d'une surface totale de 1.247 hec-

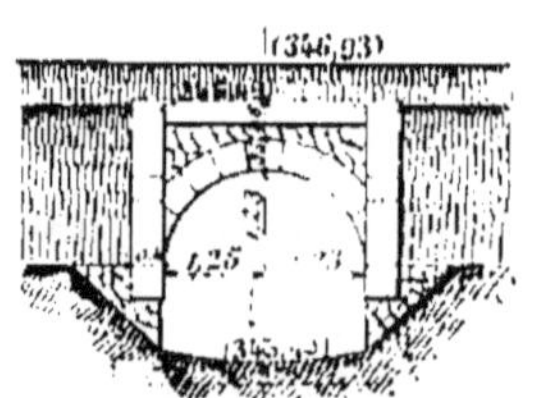

Fig. 24. — Élévation d'une tête.

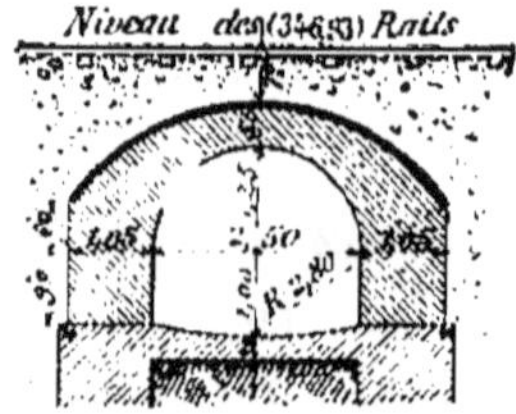

Fig. 25. — Coupe transversale.

tares, de sorte qu'en ce laps de temps la surface totale a pu être réduite de près de la moitié, malgré la résistance opposée par le plus grand nombre de propriétaires et malgré les difficultés qu'on rencontre dans la législation actuelle relative à la suppression des étangs insalubres.

Les travaux d'assainissement exécutés par les syndicats ont été dotés d'une subvention de la moitié de la dépense, dont un tiers à la charge de l'État et un sixième à celle du département.

INDICATION des territoires	SUPERFICIE des territoires	DATES des décrets de formation des syndicats	DÉPENSES d'assainis-sement prévues	DÉPENSES faites au 1er janvier 1898	LONGUEUR de cours d'eau ou de fossés maitraux d'assainis-ment
(1)	(2)	(3)	(4)	(5)	(6)
	hectares		francs	francs	kilomètres
Syndicat de la Mare.	13.312	7 déc. 1859	540.000	521.325	128.820
Syndicat du Vizézy..	7.772	17 fév. 1866	340.000	328.000	73.984
Syndicat de la Loise.	4.913	9 juillet 1881	300.000	295.021	101.918
Syndicat de l'Onzon.	6.600	17 août 1885	350.000	14.523	52.300
Syndicat du Lignon.	6.500	»	»	»	»
Syndicat de l'Aix...	3.000	»	»	»	»
Syndicat de la Coise.	7.000	»	»	»	»
Syndicat de la To-ranche	3.000	»	»	»	»
Syndicat du Cha-nasson	2.400	»	»	»	»
Territoires non syn-diqués	5.503	»	»	»	»
Totaux	60.000				
Moyennes					

Le tableau ci-dessus donne divers renseignements relatifs aux deux catégories de travaux.

On examinera, pour finir, les résultats acquis dès maintenant, tant au point de vue de l'hygiène publique qu'à celui de l'amélioration agricole de la région.

En ce qui concerne les variations démographiques, on a reproduit quatre graphiques : deux (*fig.* 26 et 28) sont relatifs aux décès et donnent, année par année, le nombre de décès pour 1.000 habitants des localités comprises, d'une part, sur

NOMBRE d'étangs existant primitivement	SUPERFICIE des étangs	RAPPORTS approximatifs entre les chiffres de la colonne (8) et ceux de la colonne (2)	NOMBRE d'étangs existant au 1er janvier 1898	SUPERFICIE de ces étangs	RAPPORTS approximatifs entre les chiffres de la colonne (11) et ceux de la colonne (2)	OBSERVATIONS
(7)	(8)	(9)	(10)	(11)	(12)	(13)
	h. a. c.			h. a. c.		
106	628	1/21	20	116 42 63	1/118	
143	683 07 97	1/12	66	376 23 93	1/20	
115	593 72 84	1/8	51	329 75 55	1/15	
144	457 83 90	1/14	98	400 67 90	1/16	
13	63 23 50	1/100	11	30 26 10	1/216	
14	36 92 40	1/80	10	20 84 10	1/144	
20	75 55 73	1/90	16	53 15 93	1/132	
13	54 33 90	1/50	11	44 98 40	1/66	
10	15 47 40	1/155	10	15 47 40	1/155	
16	77 67 68	1/71	10	51 41 56	1/107	
594	2.685 85 32		303	1.439 23 50		
		1/22			1/41	

l'étendue des syndicats de la Mare, du Vizézy et de la Loise, aujourd'hui assainis et, d'autre part, sur l'étendue des territoires du reste de la plaine du Forez. On a reproduit aussi, à titre de comparaison, la courbe correspondante pour la France entière. Le graphique n° I (*fig.* 26) montre que, dans les syndicats de la Mare, du Vizézy et de la Loise, où l'œuvre d'assainissement est à peu près complète, la situation hygiénique s'est beaucoup améliorée. L'effet est particulièrement sensible pour les deux derniers syndicats depuis 1881,

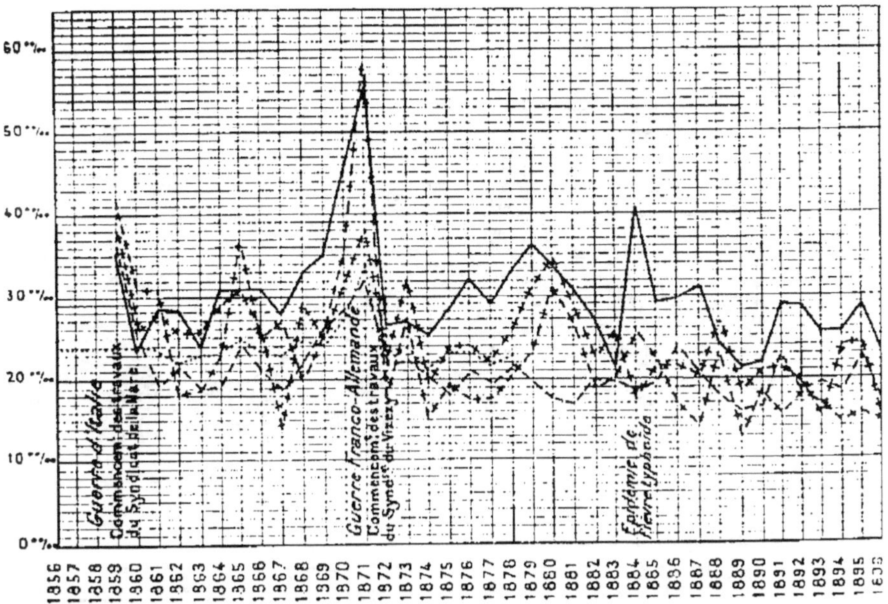

Fig. 26. — Graphique nº I.

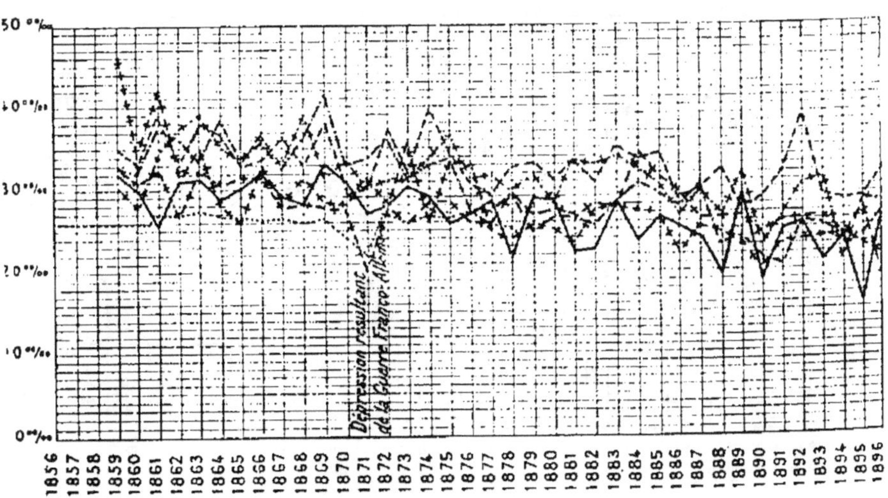

Fig. 27. — Graphique nº II.

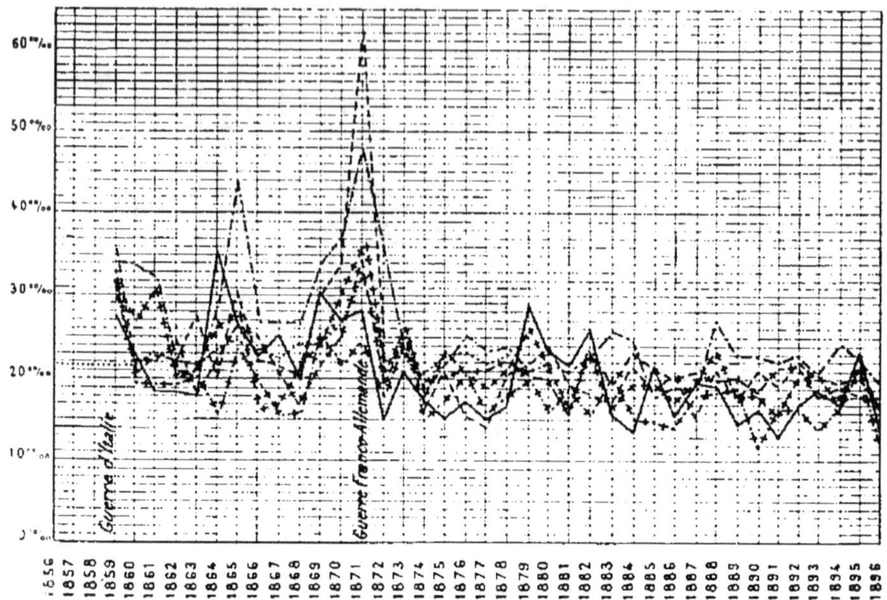

Fig. 28. — Graphique n° III.

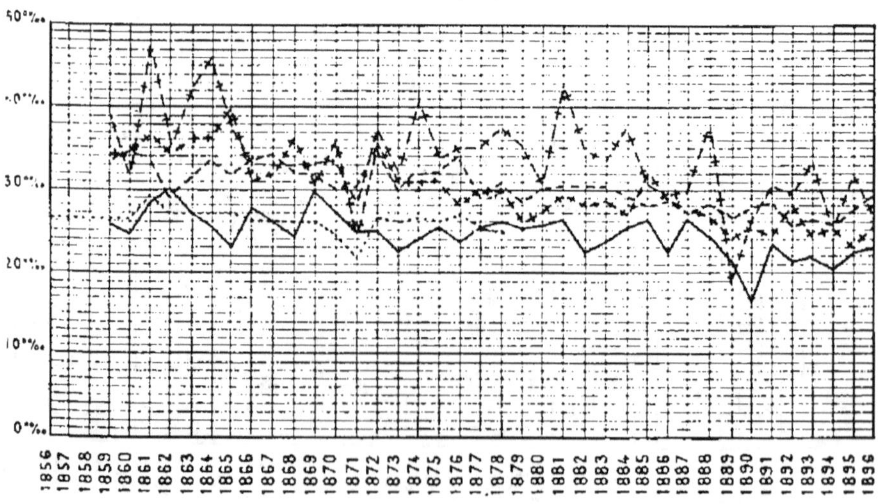

Fig. 29. — Graphique n° IV.

époque à laquelle les travaux ont été poussés activement. Semblable amélioration était déjà constatée en 1881 pour le territoire compris dans le syndicat de la Mare, où les travaux étaient à peu près terminés à cette époque.

Sur le graphique n° III (*fig.* 28) on constate une diminution assez sensible de la mortalité dans le syndicat de l'Onzon : celle-ci est encore supérieure à la mortalité dans les autres parties du territoire, mais il y a tout lieu d'espérer qu'elle continuera à décroître au fur et à mesure de l'avancement des travaux en cours d'exécution.

Quant aux graphiques n°s II et IV (*fig.* 27 et 29), relatifs à la natalité, ils montrent que le nombre des naissances, bien que supérieur à celui des décès, suit une marche légèrement décroissante. On sait, d'ailleurs, que cette tendance fâcheuse se retrouve malheureusement dans un grand nombre de régions de la France.

D'ailleurs, si les bienfaits de l'assainissement ne se manifestent pas d'une façon bien tangible au point de vue de la natalité, il n'en est pas de même en ce qui concerne la santé publique. La fièvre paludéenne causait autrefois de nombreux ravages dans la plaine du Forez ; cette maladie, qui ne détermine que très rarement la mort, était des plus fréquentes, et son existence justifiait à elle seule pour une large part l'entreprise de l'assainissement, propre à la combattre. Effectivement, les cas de fièvre ont diminué déjà dans une très forte proportion, et, lorsque les travaux seront terminés, les conditions de la santé publique dans les territoires assainis seront complètement modifiées.

Au point de vue agricole, l'amélioration est aussi très importante : les inondations qui, autrefois, se reproduisaient presque chaque année pendant une période. atteignant parfois six semaines, sont devenues rares, et les eaux se retirent au bout de quelques jours. La culture a fait des progrès remarquables. La plus-value résultant des travaux d'assainissement est évaluée, en moyenne, à 300 francs par hectare, et cette plus-value est beaucoup plus considérable pour les terrains qui peuvent profiter des irrigations [1]. Il est

[1] **Voir t. II, p. 509.**

reconnu, en effet, que le desséchement des terrains humides ne produit son maximum de plus-value que si ces terrains peuvent être irrigués, une fois les fossés de desséchement établis. Aussi le programme général des travaux d'amélioration, dressé en 1857, prévoyait-il, outre la construction du canal du Forez, en cours d'exécution, deux autres canaux pour l'arrosage de 5.600 hectares sur les syndicats du Lignon et de l'Aix, sur la rive gauche de la Loire, et une série de canaux arrosant une surface de 6.000 hectares sur la rive droite du fleuve. Mais le moment n'est pas encore venu de réaliser ces entreprises, qui feraient de la plaine du Forez un des greniers de la région centrale de la France.

f) Assainissement de la Dombes (Ain) (fig. 30). — Avant de terminer ce qui est relatif aux grands travaux d'assainissement agricoles, exécutés depuis peu d'années en France, il reste à mentionner trois entreprises aujourd'hui achevées et qui ont complètement transformé trois régions autrefois arides et insalubres, c'est-à-dire la Dombes, la Sologne et les Landes de Gascogne.

La Dombes est un vaste plateau, d'une superficie de 112.725 hectares, situé entre l'Ain, le Rhône, la Saône et les prairies de la Haute-Bresse. Le sol est constitué par une terre argilo-siliceuse, où la silice est non seulement très abondante (84 0/0), mais encore dans un état d'extrême finesse qui rend la terre presque imperméable et peu fertile. Depuis le xive siècle, dans le but de favoriser la production du poisson qui était une source de profits considérables pour le pays, l'usage autorisait tout particulier à créer des étangs artificiels en établissant une digue de retenue des eaux pluviales, et à inonder tous les terrains inférieurs au niveau du couronnement de cette digue, même lorsqu'il n'était pas propriétaire des terrains inondés, le propriétaire inondé n'ayant que le droit de réclamer une indemnité. Les étangs restaient habituellement deux ans en eau (évolage) et un an en culture ordinaire (assec); cette culture n'exigeait pas d'engrais, le sol argileux se trouvant naturellement amendé par les débris de végétaux et des insectes aquatiques, ainsi que par les déjections des poissons provenant de la période précédente d'évolage.

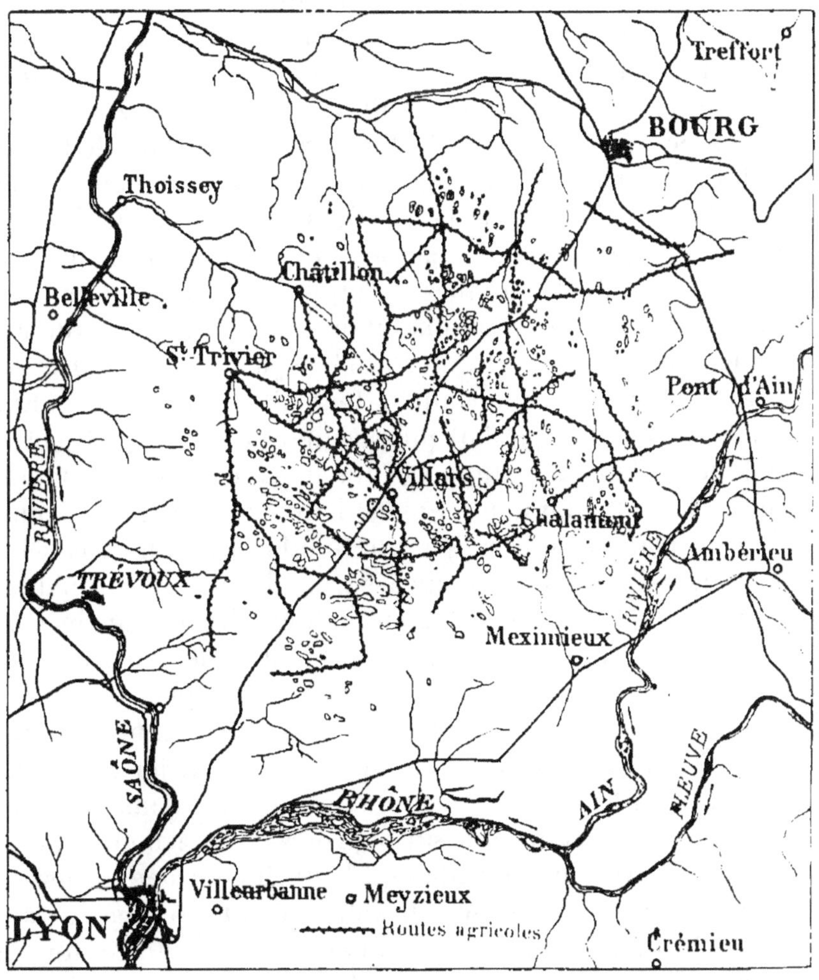

Fig. 30. — Plan général de la Dombes.

Sous ce régime, le nombre des étangs artificiels de la région augmenta rapidement, et lorsque, en 1845, on reconnut la nécessité d'entreprendre des travaux d'assainissement, il existait dans la Dombes plus de seize cents étangs couvrant une surface totale de près de 18.000 hectares, soit 16/100 de l'étendue du pays.

La plupart de ces étangs, très peu profonds et dont le sol n'avait qu'une faible déclivité, étaient de véritables marais sur leurs bords; l'abaissement des eaux, en été, mettait à sec quelquefois jusqu'au tiers de leur surface, laissant à nu le limon déposé par les eaux et des détritus de toute nature, lesquels, sous l'action des rayons solaires développaient des miasmes insalubres engendrant des fièvres très graves. Lors de l'assec, la mise en labour d'une grande surface de terrains argilo-siliceux imprégnés de miasmes était une autre cause d'insalubrité. Enfin cet état de choses était encore aggravé par l'état déplorable du régime alimentaire de la population, et, au centre de la Dombes, la proportion des fiévreux atteignait 49 0/0 du nombre d'habitants; dans vingt et une communes, le chiffre de la mortalité dépassait de 17 0/0 celui des naissances, et la mortalité atteignait 40,4 pour 1.000. Et cependant rien ne semblait plus facile que de faire disparaître les causes d'insalubrité qui décimaient le pays. La Dombes, en effet, n'est ni un pays plat ni une plaine marécageuse : c'est un plateau sillonné par de nombreux cours d'eau dont la pente est assez forte pour assurer l'écoulement rapide des eaux pluviales. Il suffisait donc de détruire les barrages artificiels de retenue des étangs pour rendre aux eaux leur libre écoulement, sans qu'il soit besoin, comme dans la plaine du Forez, de créer tout un réseau de fossés d'assainissement.

Mais cette opération fort simple présentait ici une grande difficulté, attendu que les étangs étaient dans une sorte d'indivision, portant non sur la propriété du sol en commun, mais sur l'exercice simultané des droits d'usage. Ainsi, sur un même étang, un propriétaire possédait l'évolage, un autre l'assec, un autre l'abreuvage, un autre le brouillage, un autre le naizage ou le champéage[1]. Aussi, lorsqu'on se décida à

---

[1] Les termes locaux ci-dessus, empruntés au texte de la loi du 21 juillet 1856, n'étant pas d'un usage courant, il est utile de les définir :

L'*évolage* et l'*assec* d'un étang correspondent à l'assolement des terres arables. L'évolage est la période piscicole; l'assec est la période de culture, plus spécialement de la culture en céréales. Dans la Dombes, la période était généralement de trois années, comprenant deux ans d'évolage et un an d'assec.

entreprendre les travaux d'assainissement, jugea-t-on utile de recourir à la procédure de licitation. Cette procédure, édictée par la loi du 21 juillet 1856, visant exclusivement le département de l'Ain (§ 15), est destinée à faire disparaître, sous la forme la plus appropriée à l'esprit local et aux coutumes de la région, les entraves que les droits des propriétaires et usagers des étangs, que l'on vient de mentionner, avaient jusqu'alors apportées, au desséchement.

En exécution de la loi de 1856 est intervenu le règlement d'administration publique du 27 octobre 1857 (reproduit *in extenso : Annexe I*).

Les travaux de desséchement furent aussitôt commencés, et, dès l'année 1858, plus de 4.000 hectares d'étangs avaient été supprimés par les propriétaires. Mais, plusieurs de ceux dont les étangs devaient être supprimés ayant soulevé des difficultés, une convention fut passée, le 1er octobre 1863, dans le but d'activer les travaux, avec une Compagnie locale, laquelle s'engageait à construire un chemin de fer entre Bourg et Sathonay, à travers la Dombes, moyennant une subvention de 3.750.000 francs et, de plus, moyennant une autre subvention de 1.500.000 francs, à supprimer, dans le délai de dix ans, 6.000 hectares au moins d'étangs, soit en acquérant lesdits étangs pour les transformer directement en prairies, bois ou terres arables, soit en provoquant leur desséchement et leur mise en valeur au moyen de primes payées aux propriétaires. Ceux-ci devaient, d'ailleurs, en contre-partie de la prime reçue, prendre l'engagement de ne jamais remettre en eau les étangs desséchés et de « mettre en valeur par la culture en prairies, bois ou terres », la surface des étangs.

L'abreuvage des bestiaux constituait une servitude dont le bénéficiaire était souvent distinct des propriétaires de l'évolage et de l'assec, souvent aussi distincts entre eux.

Le *brouillage*, qui se trouvait encore en d'autres mains, était le droit de récolter et d'employer comme litière ou d'étendre sur le sol comme engrais une graminée, appelée, dans le pays, la *brouille* (la *Festuca fluitans* des botanistes).

Le *naizage*, ou droit de faire rouir son chanvre, appartenait encore à d'autres.

Le *champéage* était, en quelque sorte, l'équivalent de la vaine pâture aux abords de l'étang pendant l'évolage.

Concurremment avec ces travaux, qui ont été terminés en 1879, il a été procédé au curage et à l'amélioration de plus de 350 kilomètres de cours d'eau, ainsi qu'à l'exécution, aux frais de l'État, d'un réseau de 363 kilomètres de routes agricoles. Enfin trente-deux communes ont creusé chacune un puits qui leur fournit de l'excellente eau potable; elles ont reçu pour ces derniers travaux une subvention des 3/4 de la dépense.

En fait, le sacrifice que s'est imposé l'État pour l'amélioration de la Dombes a dépassé 7.000.000 de francs.

Malgré ce sacrifice, et bien que l'amélioration des conditions hygiéniques de la région soit hors de conteste, puisque dès 1870 le nombre des cas de fièvre était réduit des 5/6 (8 0 0 de la population au lieu de 49 0/0), le conseil d'arrondissement de Trévoux, le conseil général du département de l'Ain et la députation de ce département ont proposé, en 1897, d'autoriser, dans certains cas, la remise en eau d'étangs desséchés sous le régime de la convention de 1863. Les auteurs de cette proposition émettaient l'avis que l'amélioration constatée dans l'état de la santé publique était due beaucoup moins aux travaux de desséchement des étangs qu'à la transformation des conditions matérielles de l'existence (nourriture plus hygiénique, construction d'habitations plus confortables, etc.). Mais, au point de vue économique, les étangs étaient d'un meilleur rendement pour les cultivateurs que les terres plantées en céréales. D'où la proposition d'autoriser la remise partielle en eau des étangs au cas où, les populations, les pouvoirs publics et les commissions d'hygiène consultés ayant émis un avis favorable, on pouvait assurer que cette opération ne serait en rien nuisible à la santé publique.

Cette proposition a été vivement combattue par la Société nationale d'Agriculture de France [1], laquelle a fait remarquer que beaucoup de propriétaires d'étangs desséchés avaient exploité le sol sans restitution d'engrais, et qu'une fois le sol épuisé ceux-ci, qui avaient acheté à bas prix les terres après desséchement, auraient trouvé commode de procéder à une remise en eau, de manière à profiter des produits de la pêche

---

[1] **Proposition de M. de Monicault, grand propriétaire foncier de la Dombes.**

sans avoir à faire les dépenses d'engrais nécessaires pour la continuation de leur exploitation. La Société, insistant sur les progrès agricoles remarquables réalisés dans le pays depuis les travaux d'assainissement, a fait remarquer que l'état de gêne dont se plaignent les cultivateurs de la Dombes, et qui a été la véritable raison de la proposition du rétablissement des étangs, se fait sentir partout dans les campagnes, et que la baisse des produits frappe aussi bien les poissons que le blé et le bétail, de sorte que l'écart qui existait autrefois entre le produit des étangs et celui des terres bien cultivées a singulièrement diminué. Et la Société a conclu dans les termes suivants :

En résumé, des lois et des règlements très mûrement étudiés en 1857 et 1863, en facilitant la licitation des étangs, en provoquant le desséchement volontaire de 6.000 hectares d'étangs, ont eu une influence certaine et marquée sur la salubrité de la Dombes ; l'amélioration du régime des eaux pour les étangs conservés en a été l'heureuse conséquence, et le progrès agricole s'en est largement ressenti. Le desséchement a, en outre, créé une situation et des droits nouveaux auxquels on ne saurait porter atteinte. Le projet présenté, s'il était adopté, nous ramènerait bien loin en arrière ; on ne saurait invoquer en sa faveur aucune considération d'intérêt général, et, si l'on veut examiner les inextricables difficultés auxquelles on se heurterait dès le début de son application, on sera complètement édifié sur son inopportunité [1].

Le comice agricole de Trévoux s'est associé à cette protestation.

Néanmoins, la proposition des députés de l'Ain, présentée par eux à la Chambre des députés, sous forme d'un article additionnel à la loi de finances de 1898, fut l'objet d'un avis favorable de la part de la Commission du budget. Son rapporteur, M. Guillain, s'est exprimé comme suit :

La suppression de la jachère d'eau a diminué notablement la valeur du sol, sauf dans certains cas où la terre a pu être cultivée en prés d'un bon rendement. Aussi constate-t-on, depuis que le desséchement s'est étendu, une diminution notable de la population ; c'est dans les communes qui n'ont presque plus d'étangs que la fuite de la population agricole s'est le plus manifestée, et l'on conçoit que les cultivateurs réclament avec énergie la suppres-

---

[1] Séance du 14 avril 1897.

sion de l'obstacle légal opposé aujourd'hui aux propriétaires qui voudraient revenir à l'ancien état de choses.

En ce qui concerne l'hygiène, le rapporteur ajoute :

Un examen attentif des conditions dans lesquelles naît la fièvre paludéenne montre que, moyennant des précautions convenables dans la constitution et dans l'exploitation d'un étang, on peut espérer qu'on aurait les plus grandes chances d'éviter l'insalubrité. D'après de très sérieuses autorités médicales, ce n'est pas l'eau de l'étang pendant la période de tenue en eau (ou d'évolage) qui produit l'impaludisme ; ce n'est pas non plus la terre desséchée et mise en culture pendant la période d'assec, mais c'est le sol marécageux, alternativement humide et sec, que l'abaissement lent du niveau de l'eau pendant l'été, au cours de l'évolage, découvre sur les plages plates qui bordent une partie des bords de certains étangs mal constitués. Or il est possible, dans la plupart des cas, de n'avoir pas de telles plages, en prenant soin notamment : 1° d'entourer l'étang, sur tout son pourtour, de digues à talus raides, disposées de telle sorte que le pied intérieur n'en soit jamais découvert, même au plus bas de l'étiage ; 2° de creuser, en outre, suivant le pied extérieur des digues d'enceinte, un fossé d'assèchement qui draine et évacue toutes les eaux d'infiltration provenant des digues en même temps que les eaux d'égouttement des terres voisines.

Il y aurait également menace grave d'impaludisme au moment du passage de la période d'évolage à la période d'assec, si l'on vidait l'étang trop lentement et en saison chaude, tandis, que le danger semble presque nul, si la vidange est rapide et a lieu en hiver.

Il semble donc que, moyennant des travaux de premier établissement convenables et des mesures d'exploitation bien prises, les inconvénients de l'étang au point de vue de la salubrité pourraient être, autant que possible, évités. Si, plus tard, l'expérience montrait qu'il y a insalubrité, on devrait revenir au régime actuel [1].

Conformément à la proposition de la Commission du Budget, la Chambre des députés a inséré, dans le projet de loi des finances de l'exercice 1898, un article ainsi conçu :

Les étangs qui ont été desséchés dans le département de l'Ain pour l'exécution de l'article 3 de la convention passée, le 1er avril 1863, entre l'État et les concessionnaires du chemin de fer de Sathonay à Bourg, et approuvée par la loi du 18 avril 1863 et le

---

[1] Rapport fait, au nom de la Commission du Budget de la Chambre des députés, par M. Guillain, député (29 novembre 1897).

décret du 25 juillet 1864, pourront être remis en eau, si l'autorisation en est donnée par un arrêté du préfet de l'Ain.

Chaque arrêté préfectoral d'autorisation prescrira l'exécution, aux frais des propriétaires demandeurs, des travaux à faire et des mesures d'exploitation à observer pour éviter l'insalubrité de l'étang remis en eau et soumis au régime de l'assec périodique avec culture.

Chaque arrêté devra être précédé : 1° d'un avis du conseil d'hygiène du département ; 2° d'une enquête tenue suivant les mêmes formes que celle réglée par les articles 2 à 10 inclusivement du décret du 27 octobre 1857 relatif à la licitation et au desséchement des étangs de la Dombes ; 3° de l'avis favorable du ou des conseils municipaux du lieu de l'étang, ledit avis exprimé dans les mêmes formes que celui prévu au cas de destruction d'un étang par l'article 11 du décret précité du 27 octobre 1857 ; 4° d'une délibération favorable du conseil général du département de l'Ain.

En cas d'infraction aux prescriptions de l'arrêté préfectoral autorisant la remise en eau, la destruction de l'étang d'office, aux frais des propriétaires et sans indemnité, peut être ordonnée, à la suite d'une mise en demeure d'un mois restée sans effet, par un arrêté préfectoral qui prescrit, en outre, l'exécution des travaux nécessaires pour assurer le libre écoulement des eaux ; le tout sans préjudice de l'exercice des droits qui appartiennent à l'Administration pour la police des étangs, d'après les lois et règlements en vigueur.

Mais le Sénat, estimant qu'une semblable prescription ne saurait trouver sa place dans la loi de finances, n'a pas ratifié le vote de la Chambre des députés.

La proposition a été disjointe du budget et renvoyée à une Commission chargée d'en faire l'objet d'une étude spéciale. Le rapporteur de cette Commission, M. le sénateur Reymond[1], a rappelé que les arguments des partisans de la remise en eau des étangs pouvaient se résumer comme suit :

1° L'étang n'est pas toujours insalubre : l'insalubrité des pays d'étangs doit être attribuée moins à l'existence des étangs eux-mêmes qu'à des dispositions défectueuses contre lesquelles l'Administration aura à prendre des garanties avant la remise en eau ; 2° le desséchement de 6.000 hectares n'a pas seulement été inutile ; il a été nuisible. Il a pour effet non seulement d'inonder le pays, mais de l'appauvrir et de le dépeupler. Il y a intérêt pour l'agriculture, qui manque de bras, à ce qu'une partie des terrains desséchés soit remise en eau.

---

[1] Rapport fait, au nom de la Commission et du Sénat, par M. F. Reymond, sénateur (17 mars 1899).

Répondant au premier argument, le rapporteur n'hésite pas à reconnaître que l'étang n'est pas toujours insalubre, mais qu'il le devient lorsque, pendant l'évolage, l'eau de pluie, source unique de son alimentation, n'est pas assez abondante pour remplacer les pertes dues à l'évaporation solaire ou à l'infiltration. Dans ce cas, les queues d'étang s'agrandissent progressivement, et il n'est pas rare, grâce à la faible pente du thalweg, qu'une partie importante de la surface reste à nu. Quelques centimètres d'abaissement de la hauteur d'eau suffisent à transformer en foyers délétères un certain nombre d'hectares. Et, si des alternances de pluie et de soleil arrivent à se produire, ce n'est plus l'étang, c'est le marais qu'on a devant soi.

Quant au procédé préconisé par les partisans de la remise en eau pour assurer l'innocuité de l'étang et qui consisterait à supprimer les queues d'étangs en entourant ces derniers sur tout leur pourtour de digues à talus raides, disposées de telle sorte que le pied intérieur n'en soit jamais découvert, et en creusant suivant le pied extérieur des digues d'enceinte un fossé de ceinture qui draine et évacue toutes les eaux d'infiltration provenant des digues, ainsi que de l'égouttement des terres voisines, c'est, selon le rapporteur, un remède illusoire et inapplicable; la dépense serait hors de proportion avec le résultat à en attendre.

Le deuxième argument a été examiné aux trois points de vue des inondations, de l'appauvrissement du sol et de la dépopulation.

Le rapporteur reconnaît que certains grands étangs ont pu, pendant leur période d'évolage où leur alimentation était restée insuffisante, emmagasiner d'énormes masses d'eau et prévenir ainsi de désastreuses inondations. Mais aujourd'hui où les fossés, les cours d'eau et les rivières ont été creusés et élargis de manière à assurer aux eaux de pluie un écoulement facile et rapide, les étangs ne présenteraient plus qu'un très faible et très aléatoire secours en cas d'inondation ; car, si l'étang est en assec, c'est-à-dire dans la condition voulue pour emmagasiner tout le volume d'eau correspondant à sa capacité, le propriétaire, loin de rechercher à retenir les eaux, prend toutes les précautions pour les écouler au plus vite et éviter une submersion qui détruirait sa récolte; si, au contraire, l'étang est en évolage, il n'est susceptible de retenir les eaux d'une trombe qu'après une sécheresse ayant fait baisser notablement son niveau ordinaire. La pente générale de tous les ruisseaux qui sillonnent la Dombes suffit d'ailleurs pour assurer l'écoulement des eaux sans qu'il soit nécessaire d'avoir recours à des réservoirs artificiels pour modérer leur débit; tout au plus serait-il utile d'exécuter quelques nouveaux travaux d'approfondissement ou d'élargissement de ces cours d'eau.

En ce qui concerne l'appauvrissement du sol, le rapporteur déclare que ce fait doit être attribué à ce qu'un certain nombre de propriétaires n'ont pas employé la prime qu'ils ont touchée aux améliorations qu'ils s'étaient engagés à exécuter; les étangs desséchés ont été transformés en prés ou en terres à céréales dont il a été tiré pendant les premières années d'excellentes récoltes; mais le sol, n'ayant reçu aucune fumure, a fini par s'épuiser.

Enfin le voisinage des villes commerçantes et industrielles de Lyon et de Saint-Étienne, du bassin houiller de Saône-et-Loire, des grandes voies ferrées, où l'ouvrier trouve à gagner de plus forts salaires qu'à la campagne, suffit à expliquer l'exode dont les propriétaires et fermiers de l'Ain se plaignent, aux mêmes titres que ceux des régions voisines.

Le rapporteur ajoute, d'ailleurs, qu'au point de vue juridique la remise en eau aurait les conséquences les plus graves; les conventions faites en vue ou à la suite du dessèchement, les ventes, les échanges donneraient lieu à contestations, et il faudrait s'attendre à des procès sans fin et à d'inextricables difficultés.

Pour toutes ces raisons, la Commission sénatoriale a estimé, comme il a été dit plus haut, qu'il n'y avait pas lieu d'adopter l'article additionnel inséré par la Chambre des députés dans le projet de loi de finances de l'exercice 1898.

En résumé, quelle que soit la résolution à laquelle le Parlement s'arrête finalement, on peut être assuré que les étangs ne seront remis en eau qu'à la condition d'en aménager les abords de manière à sauvegarder la salubrité publique.

g) *Assainissement de la Sologne (fig. 31)*. — Une autre contrée dont la pauvreté et l'insalubrité étaient devenues proverbiales a été complètement transformée par des travaux d'assainissement agricole. On veut parler de la Sologne, qui constitue un ensemble de terrains de 504.450 hectares de superficie, situés entre la Loire et le Cher sur le territoire des trois départements du Loiret, du Cher et de Loir-et-Cher.

Le sol en est argilo-siliceux ; entièrement privé de l'élément calcaire, par suite de la composition physique de ses argiles, il est par lui-même infertile. Quant à l'insalubrité de la région, bien que les déclivités y soient suffisantes pour permettre l'écoulement des eaux zénithales et que, contrairement à ce qui existait pour le Forez et les Dombes, les étangs n'y occupent qu'une étendue très faible (3 0/0 pour l'ensemble de la Sologne), elle était due à la stagnation des eaux et à leur accumulation dans les bas-fonds, par suite de l'imperméabilité du sous-sol et de l'encombrement du lit des cours d'eau.

Les travaux d'assainissement et d'amélioration agricole ont été entrepris en 1849, par l'État, les départements et communes intéressés et les particuliers. Ils ont été terminés en 1873. On a combattu l'insalubrité du climat en abaissant le plan d'eau du sous-sol au moyen d'opérations de curage et de redressement de cours d'eau, de fossés d'assainissement et de drainage. En particulier, on a curé, sur une grande partie de leur cours, les deux rivières du Cosson et du Beuvron qui traversent les territoires autrefois les plus insalubres.

Ces travaux ont porté sur une longueur de cours d'eau de 487 kilomètres, intéressant une surface riveraine de 14.230 hectares. Ils ont été exécutés par les riverains et ont nécessité une dépense de 1.700.000 francs, sur laquelle l'État a alloué une subvention de 789.000 francs. Indépendamment des terres ainsi rendues à l'agriculture, l'écoulement des eaux étant plus facile, beaucoup d'étangs ont été desséchés par leurs propriétaires, et, dans le seul département de Loir-et-Cher, la surface des étangs, qui était de 7.578 hectares en 1849, n'était plus que de 469 hectares en 1872.

On a dû ensuite chercher à remédier à l'infertilité du sol,

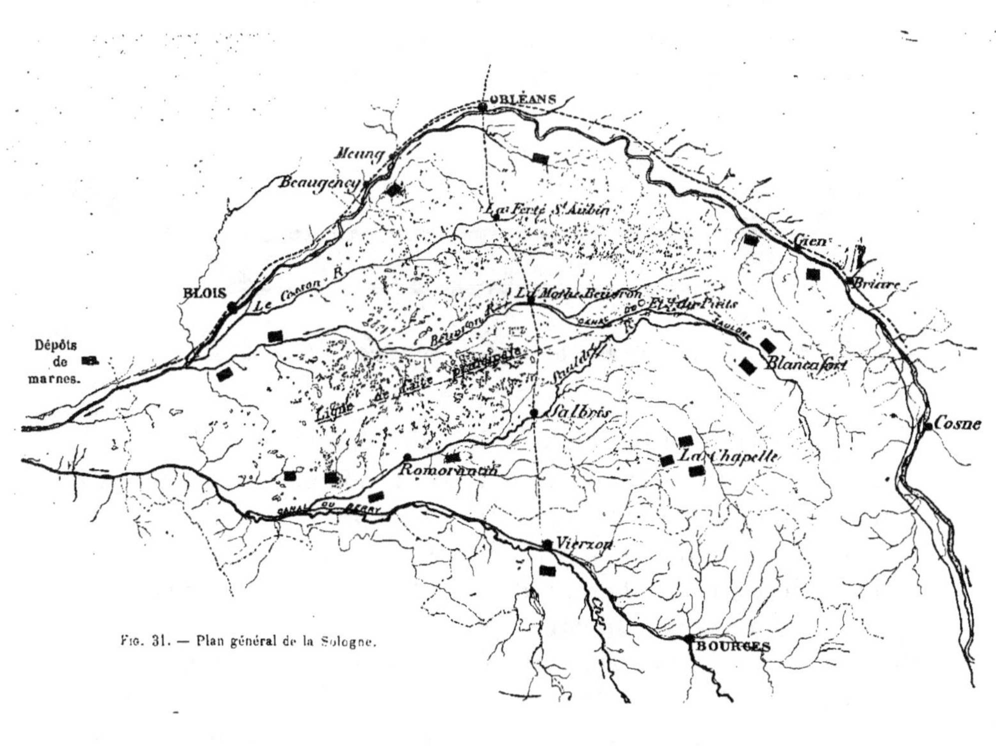

Fig. 31. — Plan général de la Sologne.

et, comme les engrais et amendements nécessaires à la culture des céréales manquaient totalement, il a fallu établir de nombreuses voies de communication destinées à amener jusqu'en Sologne la marne et la chaux nécessaires et ensuite à permettre le transport des produits du pays. Dans ce but, l'État a exécuté à ses frais un réseau de vingt-huit routes agricoles de 593 kilomètres de développement, dont la construction a nécessité une dépense de 5.031.560 francs.

Mais la principale des voies de communication dont l'État a doté la Sologne est le canal **de** navigation de la Sauldre, canal à point de partage, qui réunit les vallées du Cher et de la Loire. Il part de Blancafort sur la Sauldre pour aboutir à la

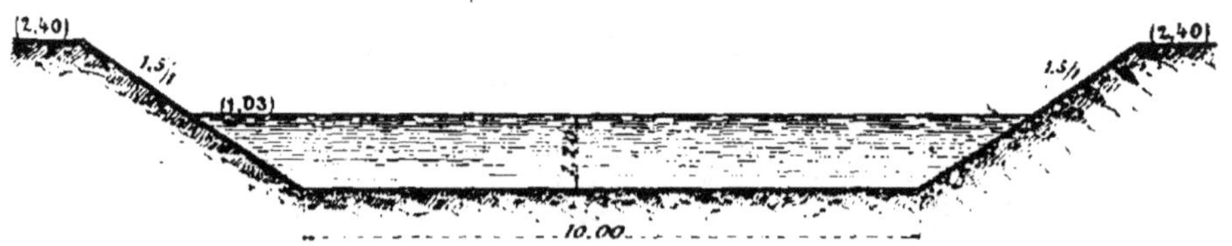

Fig. 32. — Section transversale du canal de la Sauldre.

Motte-Beuvron sur le Beuvron. Il a 47 kilomètres de longueur totale et met un gisement important de marnes situé à proximité de Blancafort en communication avec le centre de la Sologne ; à la Motte-Beuvron, il se termine par une gare d'eau raccordée avec le chemin de fer de Paris à Toulouse. La section transversale du canal est représentée par la figure 32 ; les pentes des deux versants sont rachetées par vingt-deux écluses de 2^m,95 de chute chacune. L'alimentation d'une partie de la branche du versant de la Sauldre est assurée par une prise faite en tête dans la Sauldre ; le reste du canal prend l'eau dans un réservoir, dit de l'Étang du Puits, établi en barrant un chapelet d'étangs existant dans une dépression du faîte de séparation des deux versants, et dont la capacité est de 6.480.000 mètres cubes. La construction de cette voie de communication a nécessité une dépense totale de 4.119.000 francs.

L'eau du canal est concédée à ceux des riverains qui demandent à l'utiliser pour l'irrigation ; il a été accordé de ce chef des autorisations de prises d'eau pour l'arrosage d'une surface de 750 hectares environ.

Enfin l'Administration s'est préoccupée de la question de la fourniture de la marne aux cultivateurs. Elle a fait, en 1862, l'acquisition, à l'origine du canal, qui se trouve précisément à la limite d'un affleurement marneux, d'une marnière de 6^{ha},35; elle en a concédé gratuitement l'exploitation à un entrepreneur, à la condition par celui-ci de livrer la marne aux diverses gares d'eau du canal à des prix variant, avec la distance de transport, de 1 fr. 20 à 2 fr. 75 le mètre cube. Elle a, de plus, fait l'acquisition de deux autres marnières, l'une à Orléans, l'autre près de Vierzon, et a créé, le long du chemin de fer d'Orléans, plusieurs gares ou dépôts dans lesquels les agriculteurs prenaient la marne au prix de 2 fr. 50 le mètre cube. Toutefois, ces derniers sacrifices devaient avoir un terme, et, de fait, cet état de choses a pris fin en 1876, époque à laquelle l'amélioration obtenue était telle que les propriétés en Sologne avaient doublé de valeur.

Les sommes consacrées par l'État aux divers travaux et mesures d'amélioration que l'on vient d'énumérer ont dépassé 12 millions de francs. Mais les résultats obtenus ont été des plus remarquables. De 1846 à 1898, la population de la Sologne a augmenté de 20 0/0, alors qu'elle n'a augmenté que de 10 0/0 pour l'ensemble des parties des trois départements du Loiret, du Cher et du Loir-et-Cher, situées hors Sologne. On rencontre en Sologne des prairies naturelles et artificielles ; on y cultive la vigne, ainsi que des céréales, des racines et des légumes de toutes espèces. On y pratique l'élève du cheval, du mouton et du porc. Mais la plus grande richesse du pays consiste en ses bois, dont l'étendue totale est de plus de 250.000 hectares, principalement des pins utilisés pour la confection des bois de mine ou des falourdes de boulangerie.

M. Boucard, président du Comité central agricole de la Sologne, s'exprime ainsi dans un article intitulé *la Sologne nouvelle*, inséré au *Journal de l'Agriculture*[1] :

----

[1] Numéro du 12 février 1898.

Nos meilleurs terrains, ceux à proximité des chemins de fer, ont pris une valeur inespérée, et les terres les plus médiocres, les plus éloignées, qui valaient naguère 50 francs l'hectare, se vendent aujourd'hui plus de 500 francs. Quant aux terrains à bâtir, dans les centres, dans les petits villages même, ils n'ont cessé d'augmenter de prix : à la Ferté-Saint-Aubin, à Neung-sur-Beuvron, on les vend jusqu'à 1 franc le mètre carré. Partout, du reste, chaque fois qu'une propriété est divisée, le fermier, le petit cultivateur, l'ouvrier agricole s'y implante et s'y bâtit une maison ; c'est ainsi que se constituent de nouveaux hameaux.

Voilà ce que les conseils de notre Comité, l'esprit de suite et le travail des populations ont su faire de la Sologne : une contrée inculte, abandonnée, méprisée, est devenue un pays fertile, peuplé et prospère.

h) *Assainissement des Landes de Gascogne (fig 33).* — La plus importante des entreprises d'assainissement agricole exécutée en France est celle qui a réalisé la mise en valeur des Landes de Gascogne. On désigne sous ce nom le pays, situé dans les départements de la Gironde et des Landes, compris entre l'Océan et les vallées de la Garonne et de l'Adour. C'est un vaste plateau, presque entièrement horizontal, dont la superficie est de 800.000 hectares environ. Le sol est composé de sable ferrugineux, sans trace d'argile ou de calcaire, de 0^m,30 à 0^m,50 d'épaisseur moyenne, reposant sur un sous-sol imperméable, désigné sous le nom d'*alios*, composé lui-même d'un sable siliceux agglutiné par des matières végétales formant une sorte de ciment organique. La couche d'alios, dont l'épaisseur est à peu près la même que celle de la couche de sable, recouvre une masse de sable de profondeur indéfinie.

Tout le long de l'Océan règne un cordon continu de hautes dunes littorales. Tandis que, dans la partie située dans le département des Landes au sud du lac Cazaux, il existe des cours d'eau naturels ou *courants* qui déversent à la mer les eaux de surface, toute la partie du rivage située au nord du lac est bordée d'une ligne ininterrompue de dunes empêchant tout écoulement des eaux pluviales, de telle sorte qu'en arrière de cet obstacle l'eau accumulée avait formé plusieurs étangs et de vastes marais.

Avant les travaux d'assainissement, cette immense étendue de terre était alternativement submergée par les vio-

lentes pluies d'hiver et, en été, desséchée et rendue aride
sous l'influence énergique de la chaleur solaire ; aucune

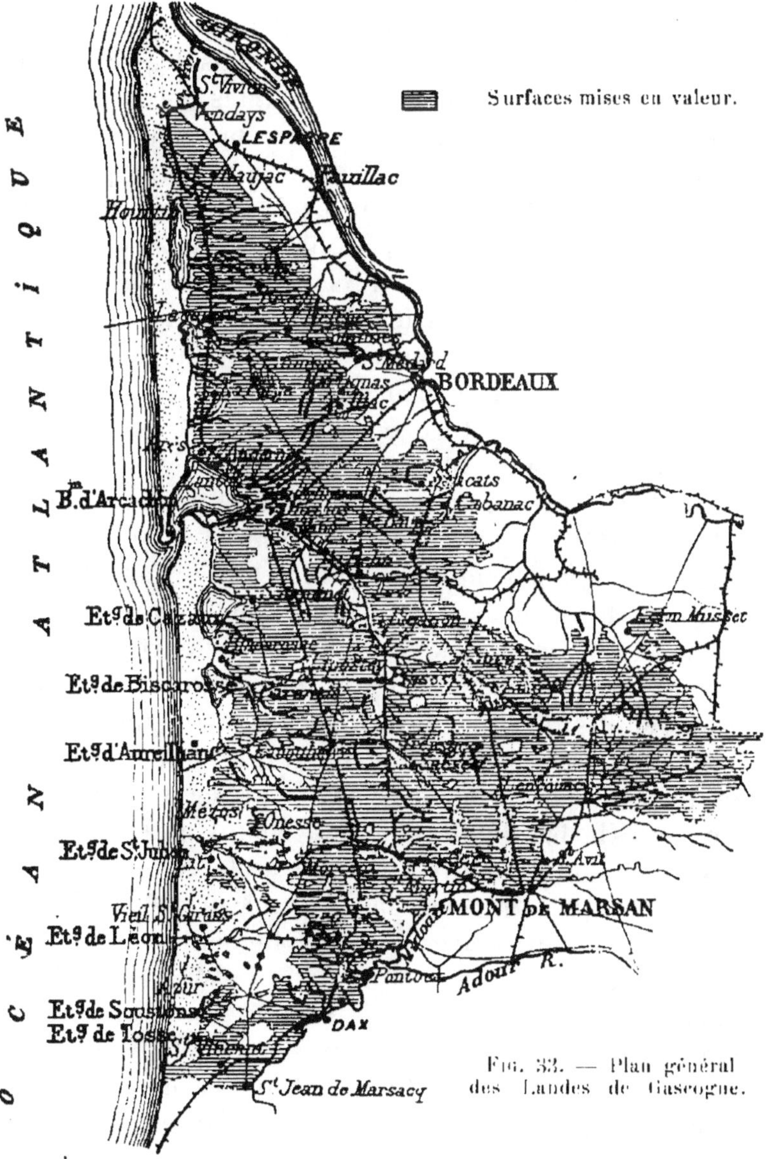

Fig. 33. — Plan général
des Landes de Gascogne.

culture ne pouvait y réussir, et l'insalubrité jointe au défaut
absolu d'eau potable rendait la région inhabitable.

On ne pouvait ici songer à assainir le terrain au moyen
de travaux de drainage qui auraient nécessité une dépense

hors de proportion avec la valeur de la terre. En 1849, après plusieurs années d'études, on constata que le plateau, lequel est partagé en deux parties sensiblement égales par la rivière la Leyre, présentait dans chaque partie une ligne de faîte et deux versants à pentes très faibles mais très régulières, aboutissant soit à la Gironde, soit aux dunes bordant l'Océan. C'est ce que montre, en particulier, un profil en long de la région entre Vendays et Capbreton, et passant par Saint-Hélène, Salaunes, le Barp, Bélin, Lipostey, Labouheyre, Sindères, Taller et Herm. On a profité de cette configuration pour obtenir le dessèchement du sol au moyen de fossés qui, traversant la couche superficielle et pénétrant dans l'alios, attirent à eux les eaux de surface jusqu'à une assez grande distance, par suite de la perméabilité du terrain sablonneux. Les fossés, dont l'ouverture n'a jamais exigé que de faibles déblais, ont $0^m,60$ à $0^m,70$ de profondeur moyenne; comme on n'a pu leur donner, en général, qu'une pente de $0^m,001$ à $0^m,003$ par mètre, leur largeur au plafond est relativement grande pour leur permettre d'écouler toute l'eau qu'ils sont susceptibles de recevoir. Les fossés du versant de la Gironde déversent directement les eaux dans le fleuve; les autres débouchent dans des collecteurs principaux. Ceux de ces fossés qui sont situés au nord de la Leyre amènent les eaux pluviales dans trois canaux collecteurs, dont deux font communiquer l'étang d'Hourtin avec celui de Lacanau, et ce dernier avec le bassin d'Arcachon. Quant au troisième collecteur ou chenal de Saint-Vivien, il a été établi non seulement dans le but de recevoir les eaux de surface, mais encore dans celui de permettre le dessèchement des nombreux marais qui existaient autrefois dans le Médoc, c'est-à-dire entre la Gironde et l'Océan. Ce dernier émissaire de dessèchement, dont l'importance est très grande au point de vue de l'assainissement de la région, débouche dans la Gironde au moyen de l'écluse de Saint-Vivien, ouverte seulement à marée basse pendant que le niveau de l'eau dans le fleuve est inférieur à celui du canal. Sa longueur totale est de 32 kilomètres environ; il a, dans sa partie aval, une largeur au plafond de 8 mètres et des talus inclinés à 3 de base pour 2 de hauteur avec une pente longitudinale de $0^m,007$

par mètre et une hauteur d'eau de 0^m,70, il peut écouler un débit de 5^{mc},470 par seconde, pour une surface de bassin versant de 22.500 hectares.

Les deux canaux qui font communiquer l'étang d'Hourtin avec celui de Lacanau, et ce dernier avec le bassin d'Arcachon, par l'intermédiaire d'un canal existant antérieurement, dit de Lège, ont respectivement 8.300 mètres et 10.500 mètres de longueur, avec largeurs au plafond de 7 et de 10 mètres ; ils ont été creusés de manière à provoquer un abaissement du niveau des étangs suffisant pour assurer l'égouttement des terres riveraines et le desséchement des terres marécageuses. Leurs débits sont respectivement de 5 mètres cubes et 10 mètres cubes par seconde.

Dans la partie située au sud de la Leyre et du bassin d'Arcachon, les deux étangs les plus septentrionaux, ceux de Biscarosse et de Cazaux, ont été mis en communication l'un avec l'autre, et le dernier avec le bassin, au moyen d'un canal de 19 kilomètres environ de longueur, autrefois navigable, mais aujourd'hui déclassé. Au sud de l'étang de Biscarosse, il existe encore cinq étangs, ceux d'Aureillan, de Saint-Julien, de Léon, de Soustons et de Tosse, lesquels ont pour émissaires cinq cours d'eau naturels ou *courants;* les artères de desséchement de la région débouchent dans ces courants, qui les évacuent à l'Océan. Le développement total des canaux d'assainissement est de 2.197 kilomètres.

La moitié de la surface totale des landes incultes appartenant aux communes s'étendaient sur une surface de 292.000 hectares, dont 108.000 hectares dans le département de la Gironde et 184.000 dans celui des Landes ; on n'a pas cru pouvoir recourir, pour l'assainissement d'une semblable étendue de terres, à l'application de la loi du 16 septembre 1807, et une loi spéciale du 19 juin 1857 a prescrit l'assainissement et la mise en valeur des landes communales, aux frais des communes, étant entendu qu'« en cas d'impossibi- « lité ou de refus de la part des communes de faire exécuter « ces travaux il y serait pourvu aux frais de l'Etat, qui se « rembourserait de ses avances sur le produit des coupes en « exploitation ». Les communes étaient, de plus, autorisées, pour se créer les voies et moyens nécessaires, à aliéner une partie de leur domaine, sous condition que les acquéreurs en opéreraient également l'assainissement et la mise en valeur. Cette vente a produit une somme supérieure à 13 millions de francs.

La loi de 1857 a reçu sa pleine exécution, en ce qui concerne le département de la Gironde. Dans les Landes, les communes ont aliéné 74.000 hectares, ce qui a réduit leur domaine à 110.000 hectares. Les travaux d'assainissement sont à peu près terminés ; mais ceux de mise en valeur ne sont achevés que sur 100.000 hectares.

Cette mise en valeur a consisté principalement dans la culture des pins, et dès aujourd'hui le trafic des bois, facilité par la construction d'un réseau très complet de chemins de fer d'intérêt local, a atteint une importance exceptionnelle. Les communes ont employé une partie du produit de la vente de leurs landes à des constructions de chemins, d'églises, de maisons d'écoles... ; elles se sont alimentées en eau potable au moyen des puits dont la description a été donnée antérieurement (p. 16). Quant aux landes appartenant à des particuliers, elles ont été également en grande partie assainies, les propriétaires ayant utilisé, dans ce but, le réseau des fossés de desséchement.

Toutes les communes intéressées ont fait exécuter à leurs frais les travaux d'assainissement et se sont procuré les sommes nécessaires, par l'aliénation d'une partie de leurs landes non assainies.

L'État n'a pas eu à faire une seule avance, et sur une somme de 6 millions que, dans la prévision de la résistance des communes, la loi de 1857 avait mise à sa disposition, il n'a été absolument rien prélevé.

La plus-value acquise par le terrain est considérable. Dans le département des Landes, le prix actuel moyen de l'hectare est de 270 francs, tandis que la vente faite par les communes a produit un prix moyen de 65 francs. Les pins des Landes, utilisés pour la confection des traverses de chemins de fer, des poteaux télégraphiques et des bois de mine, sont non seulement employés dans la France, mais même exportés, en Angleterre notamment.

Au point de vue de l'assainissement du pays, les résultats

obtenus ont été non moins remarquables, et la durée de la vie moyenne, qui était de trente-quatre ans neuf mois, est aujourd'hui de trente-neuf ans, supérieure à celle de l'ensemble du pays.

Aussi, M. Chambrelent, qui a attaché son nom à l'entreprise de l'assainissement des dunes de Gascogne, a-t-il pu s'exprimer comme suit : « Ce résultat si favorable ne doit pas étonner; ce qui était la seule cause d'insalubrité des Landes, c'était l'état marécageux du sol et les mauvaises eaux qu'on y buvait. Ces deux causes ont disparu; il est resté, au contraire, dans le pays, le voisinage de la côte et les vents de mer qui purifient l'air; d'un autre côté, l'existence des forêts de pins a toujours été reconnue comme l'une des causes qui contribuent le plus à l'assainissement de l'atmosphère. Il n'est donc pas étonnant que les Landes, dans les conditions que nous venons de constater, soient aujourd'hui une des contrées les plus saines de la France, ainsi que l'ont déclaré les médecins du pays [1]. »

i) *Assainissement de la plaine de Hongrie.* — Les travaux d'assainissement exécutés en Hongrie diffèrent des travaux analogues, entrepris en France, dans la Sologne, le Forez et même les Landes, par leur importance tout à fait exceptionnelle. Il a paru nécessaire, pour cette raison, d'en dire quelques mots.

La plaine traversée par le Danube, la Theiss et leurs affluents, occupe l'emplacement d'une grande mer intérieure, contemporaine de l'époque diluvienne, et dont les eaux se sont écoulées, depuis, par la brèche des Portes-de-Fer. C'est une plaine immense, dans laquelle on peut circuler pendant des journées entières, sans apercevoir la moindre éminence. Bien différente à cet égard des vallées de la Loire, du Rhône, de la Garonne, où les coteaux s'avancent près des thalwegs et restreignent la largeur et même la longueur des vals submersibles à quelques kilomètres, la plaine de Hongrie, sans digues, pourrait être inondée sur une longueur de 600 kilomètres et sur une largeur également considérable. C'est

---

[1] *Annales des Ponts et Chaussées*, 1878, 2ᵉ semestre.

d'ailleurs ce qui arrivait avant l'exécution des travaux qui vont être décrits. La région était alors couverte de marais ; d'immenses espaces étaient inondés chaque année, et les eaux de crue s'accumulaient dans toutes les dépressions du terrain, engendrant, par leur stagnation, des maladies épidémiques.

Cet état de choses se prolongea jusque vers le milieu du XVIIIᵉ siècle, époque à laquelle on commença à dessécher les principaux marais, principalement ceux du bassin de la Theiss ; en même temps, on se préoccupa de rechercher les moyens d'éviter le retour périodique des inondations, en facilitant l'écoulement des eaux de crues du Danube et de la Theiss, dont les débordements ravageaient une étendue de 2.700.000 hectares, appartenant pour les 5/6 au bassin de cette dernière rivière.

La Theiss et ses affluents, qui descendent de la chaîne des Carpathes, sont alimentés principalement par la fonte des neiges dont l'afflux occasionne régulièrement chaque année une crue considérable vers la fin de mars ou le commencement d'avril ; en outre, la plus grande partie de la pluie que reçoit le bassin tombe au commencement de l'été, en produisant une nouvelle crue moins importante, mais non moins régulière que la première. Ces deux crues se propagent jusqu'au Danube, et dans la plaine les eaux de débordement ne se retirent que très lentement, vu le défaut de pente ; en effet, la pente de la Theiss qui, dans la partie montagneuse et torrentielle de son cours, sur 150 à 200 kilomètres, est très rapide, diminue successivement dans la plaine ; dans la partie moyenne et inférieure du cours de la rivière, c'est-à-dire sur une longueur de 700 kilomètres, elle ne varie plus que de 8ᶜᵐ,79 à 1ᶜᵐ,28 par kilomètre, de sorte que le flot met parfois deux ou trois semaines pour se propager de l'origine à l'embouchure. D'ailleurs, le sol de la plaine est imperméable, de sorte que les eaux de crues qui la recouvriraient ne pourraient ni disparaître par infiltration ni retourner au cours d'eau, vu le défaut de pente, ce qui explique la nature marécageuse de la contrée avant les travaux d'amélioration. Il en résulte aussi que les seuls travaux susceptibles de mettre cette plaine de 2.700.000 hectares à l'abri des incursions des crues ont consisté dans l'exécution, le long du cours d'eau, de digues insubmersibles capables de donner un écoulement aux plus hautes eaux de crues des cours d'eau qui la sillonnent; après quoi, il restait à dessécher les terres marécageuses existantes, puis à transformer les anciens marais en plaines fertiles, grâce à des irrigations et à des fumures, d'autant plus nécessaires que la terre se trouvait privée des limons que les crues y déposaient auparavant.

Actuellement les travaux de desséchement et ceux d'endiguement, commencés en 1846, sont terminés; les travaux d'irrigation, dont il n'y a pas lieu de s'occuper, sont en cours d'exécution.

Les digues insubmersibles ne présentent pas ici les inconvénients qu'on redoute sur les cours d'eau à fond de gravier et à régime plus ou moins torrentiel du sud-est de la France (t. I, p. 360). Les rivières du bassin de la Theiss, qui descendent d'ailleurs de régions convenablement boisées et où l'on ne trouve pas de torrents analogues à ceux des Alpes, ne charrient que du limon fin, sans graviers; les endiguements de ces cours d'eau ne provoquent ni affouillement des berges, ni relèvement du fond.

Les digues sont construites en terre, et l'expérience a montré

Fig. 34.

tré que c'est l'argile sablonneuse qui convient le mieux pour la confection de leur noyau. La plupart d'entre elles ont les dimensions suivantes [1] : largeur en couronne, 4 à 6 mètres:

[1] Lors des premiers travaux d'endiguement, on donna aux digues longitudinales insubmersibles des dimensions sensiblement trop faibles: il en résulta de nombreuses avaries. En particulier, en 1879, une crue exceptionnelle de la Theiss provoqua des brèches dans les digues qui défendaient la ville de Szegedin, laquelle fut presque entièrement détruite par les eaux. Toutefois on put constater que, si l'endiguement avait anturellement provoqué un relèvement du niveau des eaux de crues, il n'avait pas eu

hauteur au-dessus du niveau des grandes crues, 1 mètre à
1m,50 ; l'inclinaison des talus intérieurs est de 2 de base pour
1 de hauteur au-dessus de la ligne du niveau des crues
et de 4 de base pour 1 de hauteur au-dessous de cette ligne ;
le talus intérieur a une inclinaison de 2,5 à 3 de base pour
1 de hauteur (*fig.* 34). Les hautes digues sont munies, du côté
extérieur, de banquettes de 4 mètres de largeur qui servent
pour les communications et recueillent les produits de la
corrosion des talus sous l'effet des eaux de pluie.

Le meilleur mode de construction consiste à employer,
pour la confection des remblais, des tombereaux qui pilonnent

Fig. 35. — Digue de la Theiss (revêtement en briques).

la digue et la rendent très compacte. Néanmoins il est impossible d'empêcher entièrement les infiltrations à travers la terre
et les dégâts causés par le batillage. Aussi a-t-on dû protéger
le talus intérieur des digues au moyen de revêtements en
béton, en asphalte, en pierres ou en briques, ou bien encore
on a employé, comme mode de défense, des pieux et fascinages (*fig.* 35 à 37). Dans le cas du revêtement en pierres ou
en briques, le talus intérieur a une pente de 1 sur 1, et les
pierres ou les briques sont posées à bain de mortier de
ciment. Ces revêtements, employés sur plus de 160 kilomètres de longueur, ont donné de très bons résultats.

Les lignes de digues ainsi tracées délimitent le lit majeur ;
leur espacement, assez faible afin d'augmenter la vitesse

pour résultat de relever le fond de la rivière. Dans ces conditions,
au lieu d'abandonner la méthode des digues insubmersibles, comme
d'aucuns le proposaient, on se contenta d'en renforcer les dimensions pour leur permettre de résister à la violence du courant. On
organisa, de plus, le long des principaux cours d'eau, un service
très complet d'annonce des crues. Grâce à ces mesures, les crues
de 1895 qui, sur la Theiss, dépassèrent de beaucoup les crues
antérieures, ne causèrent aucun dégât.

d'écoulement, varie beaucoup avec les conditions locales.
Sur la plus grande partie du cours moyen de la Theiss,
entre Tokai et Szegedin, les digues sont distantes de 750 à

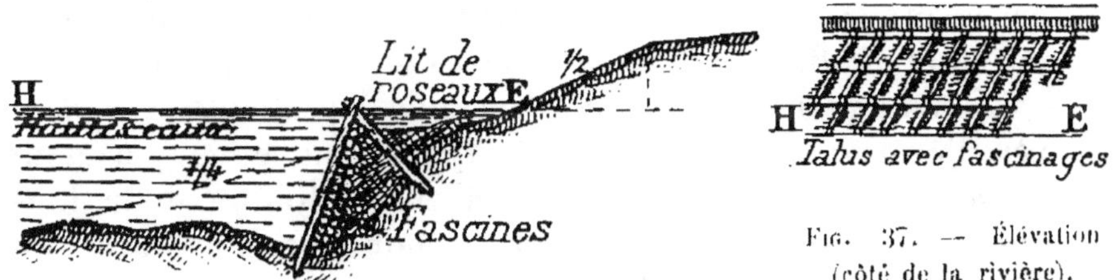

Fig. 36. — Digue de la Theiss.

Fig. 37. — Élévation
(côté de la rivière).

760 mètres. Dans cet intervalle, qui constitue le lit majeur,
les plantations sont interdites, sauf en ce qui concerne les
plantations de saules, soigneusement entretenues par les
intéressés, disposées parallèlement aux digues, à une cinquantaine de mètres de distance, et qui constituent une défense
précieuse pour briser la force du courant.

En même temps que les endiguements, on a exécuté les
travaux de redressement d'un grand nombre des sinuosités du
cours inférieur de la Theiss, qui sont la conséquence de sa
faible pente et qui contribuaient à ralentir encore l'écoulement
des crues. Cent douze coupures ont supprimé des coudes et
réduit de 600 kilomètres ou de 1/3 environ la longueur totale
du cours d'eau. On s'est borné, dans chaque dérivation, à
amorcer le creusement du nouveau lit, laissant au courant
le soin d'achever le déblaiement des sections. Dix de ces
coupures se sont ensablées par suite de l'insuffisance de
vitesse des eaux, mais les autres subsistent; elles ont acquis
la même profondeur que les parties non modifiées et raccour-
cissent encore de 462 kilomètres le parcours de la rivière.

Ce système de défense a été complété par l'établissement
de digues transversales extérieures à la rivière, destinées à
protéger partiellement la plaine en cas de rupture de l'endiguement principal. Les digues transversales sont établies aux
points où la plaine se rétrécit. Les levées des chaussées ou
des chemins de fer, ainsi que les digues des canaux de desséchement, sont utilisées pour ce genre de défense qui divise

la plaine en sections analogues aux vals de la Loire. On peut encore mentionner les digues de ceinture, destinées à la protection des villes en cas de rupture des défenses longitudinales. Dix-huit centres habités sont ainsi protégés, et parmi eux la ville de Szegedin, dont les digues constituent une enceinte continue sur 10 kilomètres de développement.

Les endiguements ont été exécutés en allant de l'amont vers l'aval ; au contraire, les coupures qui, en supprimant certains emmagasinements d'eau et en diminuant la longueur du parcours, produisent à leur extrémité aval un relèvement du niveau des eaux, ont été entreprises en commençant par l'aval. Autant que possible, les anciennes parties de lit abandonnées ont été aménagées en déversoirs pour les crues, de manière à faciliter l'écoulement des hautes eaux.

Le mode d'endiguement adopté, bien que mettant la plaine à l'abri des inondations, a l'inconvénient d'empêcher l'écoulement au thalweg des eaux de ruissellement que le terrain très imperméable ne peut absorber et qui, par suite, tendent à s'accumuler dans les parties déprimées au pied de la digue. On a dû établir tout un réseau de canaux et de fossés d'évacuation des eaux pluviales, qui ont également servi d'émissaires de desséchement des marais et marécages.

On a éprouvé quelques difficultés à trouver un mode convenable d'écoulement de ces eaux dans les rivières. On avait d'abord employé, à cet effet, des vannes placées dans des coupures de la digue, et qu'on fermait seulement en hautes eaux ; mais leurs fondations, qui ne comportent qu'une couche profonde de sable, sans terrain solide, n'offraient pas une résistance suffisante, et les premières vannes, qui étaient très hautes et peu larges, ont été démolies par les eaux. On a cherché alors à les remplacer par des tubes traversant la digue, munis d'un clapet de fermeture vers l'extérieur ; mais alors, dès que le niveau de la rivière dépasse celui des eaux à évacuer, les tubes ne peuvent plus fonctionner, et l'eau s'accumule au pied des digues et y cause des dommages. Aussi ce procédé n'a-t-il pu être appliqué que là où il existe de grands bassins naturels où l'on emmagasine les eaux extérieures pendant les périodes de crues des rivières.

Les tubes dont on vient de parler ont l'inconvénient d'affaiblir les digues et d'en compromettre la sécurité. On a cherché en certains points à les remplacer par des siphons en fer en forme de **U** renversé. Le débit de ces siphons est faible, et ils ne fonctionnent pas non plus dès que le niveau des eaux dans la rivière est supérieur à celui des eaux à évacuer.

Dans ces dernières années, on a adopté, à diverses reprises, un système d'écoulement analogue à celui des polders de la Hollande, qui permet de ne pas interrompre, même en temps de crue, l'écoulement des eaux ; celles-ci sont refoulées par-dessus les digues à l'aide de grandes pompes centrifuges actionnées par des machines à vapeur. Sur quelques points on emploie des tubes en fer traversant les digues et qui débitent l'eau refoulée à une forte pression par des machines à vapeur ; en basses eaux de la rivière, les tubes fonctionnent sans l'intermédiaire des machines.

Les travaux d'endiguement et de desséchement ont été exécutés et sont entretenus par les soins de cinquante-trois syndicats de propriétaires intéressés, sous le contrôle de l'État, qui fixe l'emplacement à donner aux digues. Ces syndicats sont constitués d'une façon sensiblement analogue à ceux qui se forment, en France, conformément à la loi du 21 juin 1865-22 décembre 1888.

Ils ne reçoivent pas de subventions pour l'entretien proprement dit. C'est, au contraire, l'État qui supporte les frais de construction des digues rendues nécessaires par les rectifications ou coupures, dont l'ouverture est à sa charge.

La longueur totale des digues insubmersibles est de 4.980 kilomètres, ce qui représente 1 kilomètre de digue pour 540 hectares de terrain à défendre. Ces digues ont un profil moyen de 52 mètres carrés ; elles ont nécessité l'emploi d'un cube de terre de 21 millions de mètres, soit 78 mètres cubes par hectare. La dépense totale d'établissement s'est élevée à 97.300.000 florins[1], soit 37,4 florins par hectare. **L'entretien exige une dépense annuelle de 1 million de florins environ.**

---

[1] Le florin vaut 2 fr. 47.

Les travaux d'assainissement ont nécessité le creusement d'un réseau de canaux d'un développement total de 4.859 kilomètres, soit 1 kilomètre par 555 hectares.

Les vannes sont au nombre de 956, et les pompes à vapeur, au nombre de 64 ; la force normale utilisée est de 3.854 chevaux.

Le coût des installations de desséchement a atteint 8.550.000 florins, soit 3,16 florins par hectare [1].

Grâce aux importants travaux qui ont été énumérés, la plaine de Hongrie est aujourd'hui à l'abri des inondations. Les vastes marais, qui étaient autrefois autant de foyers pestilentiels, ont disparu pour faire place à des prairies fertiles. Les crues annuelles s'écoulent paisiblement entre les digues, et si parfois, en dépit de tous les soins et d'une surveillance des plus rigoureuses, on voit se produire une de ces ruptures toujours possibles avec des digues en terre, les eaux ne couvrent qu'un espace restreint et ne tardent pas à être évacuées.

Les travaux ont exercé une influence des plus salutaires au point de vue de la situation économique du pays. Les endiguements et les desséchements ont accru de 1.200 millions de florins environ la richesse nationale. Le vaste territoire ainsi conquis et assaini constitue aujourd'hui l'un des greniers de l'Europe, par l'immense extension que la richesse du sol et le bas prix de la main-d'œuvre ont permis de donner à la culture des céréales.

On s'occupe actuellement de parachever cette œuvre par d'importants travaux d'irrigation, qui permettront de remédier à la pénurie des eaux pluviales et augmenteront encore, dans une importante mesure, la production de ce sol fertile auquel l'eau seule fait encore défaut.

j) *Desséchement des marais de Pinsk (Russie) (fig. 38)*. — On désigne en Russie, sous le nom de « contrée boisée », une énorme étendue de terrains couvrant une partie des bassins

---

[1] Nous devons ces chiffres à l'obligeance de M. Eugène de Kwassay, chef du Service des Eaux et des Améliorations au Ministère royal hongrois de l'Agriculture, qui nous a fourni également la plupart des renseignements qui précèdent.

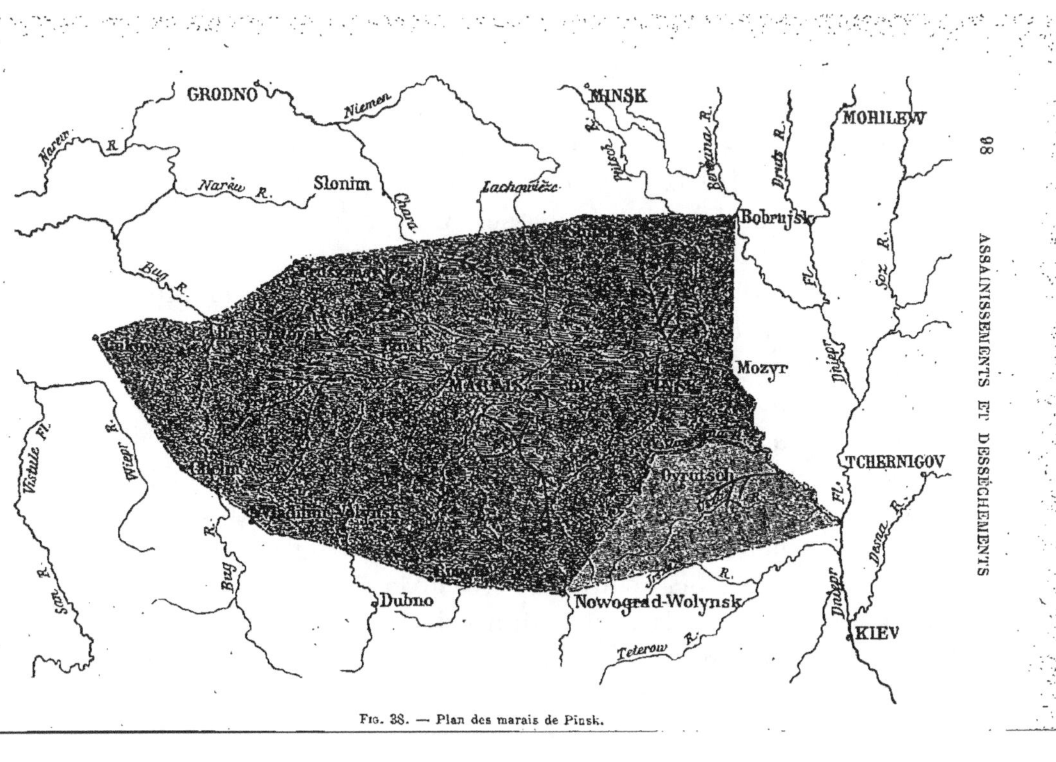

Fig. 38. — Plan des marais de Pinsk.

de la Pripet (affluent du Dniéper), du Bug (affluent de la Vistule) et de la Chara (affluent du Niémen). Sa plus grande longueur, de Lukow à Mozyr, est d'environ 470 kilomètres, et sa plus grande largeur, de Rowno à Slutsk, de 260 kilomètres.

Toute cette région, uniforme et plate, et de sol sablonneux ou argileux, est couverte par places de forêts de pins reposant sur un fond marécageux ; elle est traversée par une infinité de cours d'eau coulant entre des rives basses et tortueuses, souvent marécageuses. On y rencontre un grand nombre de lacs, tantôt en communication avec les eaux courantes, tantôt sans émissaire d'écoulement et qui alors se transforment peu à peu en marais. La région d'Ovrustch, teintée en clair sur la figure 38, quoique marécageuse, ne peut être comprise dans la contrée boisée, et se rapproche par sa nature et l'étroitesse de ses vallées, des *steppes* de Tchernigow.

La Pripet, affluent du Dniéper, occupe la partie la plus basse, qui se trouve au centre de la contrée boisée ; dans son cours sinueux, cette rivière reçoit de nombreux affluents caractérisés comme elle par la faible revanche de leurs rives sur le plan d'eau, de telle sorte qu'aux époques très humides les eaux débordent en couvrant d'immenses espaces de terres. C'est sur les deux rives de la Pripet que se trouvent les célèbres marais de Pinsk, d'une étendue de 1.600 kilomètres carrés, qui occupent le centre de la contrée boisée, et dont Reclus a donné la description suivante :

« Presque tout le haut bassin de la Pripet, l'un des principaux affluents du Dniéper, est une de ces régions demi-lacustres, demi-desséchées, qui ne sont plus des lacs et ne sont pas encore la terre ferme, et que le travail de l'homme pourra transformer en campagnes d'une extrême fertilité, quand il les aura débarrassées de leur surabondance d'eau. Cette contrée est le dédale de marécages, de tourbières, de forêts et de seuils émergés qu'on appelle les marais de Pinsk. Retenues du côté du sud par le barrage de roches granitiques de la Wolhynie, les eaux n'ont pu s'écouler librement dans le bassin du Dniéper ; elles se sont accumulées au milieu des terres basses où elles formaient un lac remplacé maintenant par des rivières paresseuses dont on ne reconnaît plus les berges dans la vaste étendue couverte de roseaux et plantes aquatiques. Les cours d'eau n'en sont pas encore venus à se créer une existence indépendante ; à peine sortie de sa vallée supérieure, la Pripet se divise entre les tourbières et les îles en d'innombrables fosses inégales qui s'entre-croisent, se perdent, se retrouvent et finissent par aboutir au lac marécageux de Lubaz. En aval de ce lac, le cours d'eau se divise de nouveau en tant de coulées qu'il perd jusqu'à son nom, pour ne le reprendre qu'à une centaine de kilomètres plus bas, au confluent de la Yassalda. Presque toutes les rivières dont la Pripet est l'artère commune, se réunissant dans le même bassin à une petite distance les unes des autres, débordent à la fois après les grandes pluies, et la contrée se trouve inondée à perte de vue[1]. »

Lors des grandes crues et des fontes de neige, les eaux couvrent toute l'étendue des marais, et la contrée prend l'aspect d'un vaste lac à la surface duquel émergent de place en place des sortes d'îles parsemées d'habitations. Sur d'énormes espaces, découverts en basses eaux, on rencontre des tourbières de 3 à 7 mètres d'épaisseur, recouvertes d'herbes ou de mousses qui démontrent leur origine relativement récente. Les bords des anciens lacs dont il a été parlé se sont peu à peu transformés en marais; les racines et les souches des pins enfouis dans le sol sur les bords, ont formé des couches successives de tourbe qui se recouvraient de mousses, destinées elles-mêmes à former de nouvelles couches de tourbe au fur et à mesure que le relèvement du sol entraînait un surélèvement correspondant du niveau des eaux d'inondation. Quant aux troncs et aux branches, attaqués par des rongeurs, ils pourrissaient et, tombant au fond des lacs, contribuaient également à en restreindre l'étendue et la profondeur.

On conçoit combien les conditions hygiéniques d'une semblable contrée étaient déplorables. Des études entreprises vers 1870 prouvèrent que ces marais pouvaient être convertis en terres productives, et un nivellement général de la contrée, entrepris en 1873 par le général Zilinski, fit reconnaître

[1] RECLUS, *Nouvelle Géographie universelle*, 1889.

que toute la partie de la contrée boisée appartenant au bassin du Dniéper présentait une pente vers le fleuve d'au moins 3/10000, ce qui suffisait pour assécher la surface et assurer aux eaux un écoulement régulier, en supprimant les seuils rocheux, ainsi que les barrages des moulins et pêcheries.

Dans ces conditions, le Gouvernement Russe créa, en 1873, sous la direction du général Zilinski, un service spécial chargé de l'assainissement des marais, lequel fonctionne encore aujourd'hui et a déjà obtenu des résultats très remarquables.

On s'est proposé non pas de dessécher complètement et d'un seul coup toute la contrée pour la transformer en terres labourables, mais de commencer par abaisser le plan d'eau dans la région des tourbières, de manière à rendre celles-ci plus accessibles et à en permettre la transformation en prairies, le desséchement complet n'étant pratiqué qu'en quelques rares endroits, où l'on désire exploiter une tourbière en vue du chauffage. Les tourbières ainsi partiellement asséchées sont fumées, ou, mieux, amendées au moyen d'engrais minéraux, puis semées avec du blé, du seigle, etc. En ce faisant, on arrête le développement progressif des tourbières qui, sous l'influence du relèvement continu du plan des eaux d'inondation, envahissaient et détruisaient peu à peu les plantations de pins; on favorise donc ainsi le développement des forêts.

Cependant le mode de procéder que l'on vient d'exposer, malgré ses avantages évidents, n'a pas été sans soulever, au début, des objections. On a fait remarquer que la tourbe, grâce à son énorme pouvoir absorbant, s'imprégnait d'eau, chaque année, lors de la crue provoquée par la fonte des neiges, et que le liquide ainsi emmagasiné était ensuite restitué pendant la saison des basses eaux au Dniéper, par l'intermédiaire de son affluent, la Pripet. Or le fleuve a son étiage en été et, durant cette période, la navigation est souvent sérieusement entravée par la pénurie des eaux. N'était-il pas à craindre qu'en diminuant la quantité d'eau fournie, l'été, par les tourbières, on n'aggravât encore cet état de choses ? Cette crainte paraît vaine, étant donné qu'il s'agit non pas de dessécher la tourbe, mais de faciliter l'écoulement des eaux de submersion au moyen de canaux qui ne drainent que la surface, et non l'eau dont la tourbe est imprégnée. D'ailleurs, le Dniéper est alimenté par de nombreux affluents plus importants que la Pripet, dont l'influence sur les variations du débit du fleuve est très faible[1]. On en a conclu que les travaux projetés n'auraient pas de répercussion fâcheuse sur les conditions de navigabilité du Dniéper et l'expérience semble avoir confirmé cette opinion.

Les travaux se poursuivent d'une façon active et méthodique, suivant un programme qui consiste à opérer successivement dans chacun des bassins des affluents de la Pripet, en commençant par ceux pour lesquels les travaux paraissent promettre les meilleurs résultats économiques.

Après avoir procédé à un nivellement exact de la surface à améliorer, on trace un réseau de canaux de desséchement remontant de l'aval vers l'amont du bassin ; ces canaux sont destinés non seulement au desséchement, mais encore au flottage des bois et, dans ce but, reliés aux rivières flottables de la contrée. Les artères de desséchement comprennent des canaux principaux dont la largeur varie, selon les cas, de 3^m,50 à 14 mètres, et la profondeur de 1 à 3 mètres, et des canaux secondaires de 2 mètres à 3^m,20 de largeur et 0^m,70 à 1 mètre de profondeur.

Jusqu'à présent les nivellements ont porté sur une étendue de plus de 110.000 hectares. Il a été tracé environ 4.800 kilomètres d'artères de desséchement ayant assaini une surface de près de 3 millions d'hectares ; il a été construit 500 ponts et 30 écluses ; enfin on a dû procéder à de nombreux redressements de cours d'eau, enlèvements de seuils, construction de routes, etc.

Le résultat de ces travaux a dépassé toute attente. Les anciens marais improductifs ont été transformés en prairies

<hr>

[1] L'été de 1891, qui fut extrêmement pluvieux dans la contrée boisée, fut, au contraire, très sec dans le haut bassin du Dniéper et dans les bassins des autres affluents. Or, tandis que la contrée boisée était entièrement inondée, les eaux du Dniéper étaient tellement basses que la circulation des bateaux à vapeur était à peu près complètement interrompue.

ou en jardins potagers; les forêts dont les arbres pourrissaient sous l'influence d'un excès d'humidité, ont pris belle apparence; d'autres forêts inaccessibles, dont les arbres mouraient sur place, ont pu être exploitées grâce au nouveau réseau de canaux : en 1896, ils ont transporté 164.000 pièces de bois de construction de différentes espèces et 6.000 mètres cubes environ de bois de chauffage. Pendant cette même année, 60.000 hectares d'anciens marais desséchés, appartenant à l'État, ont été loués aux paysans pour la récolte du foin; des terres qui, autrefois, se louaient pour une somme de 0 fr. 10 à 0 fr. 20 l'hectare, ont trouvé preneur pour un prix moyen de 3 fr. 70 et qui a atteint jusqu'à 22 francs l'hectare.

Au point de vue sanitaire, l'amélioration a été également remarquable. Les fièvres vont en décroissant, et la population a perdu son ancien air faible et dégradé.

En présence du succès obtenu par ces travaux, le Gouvernement russe s'est décidé à en entreprendre d'analogues sur divers autres points de l'empire, entre autres autour de Moscou, dans les gouvernements de Rowno, Wittbesk, Smolensk, Tchernigow et Poltawa. Dans cette région, jusqu'en 1896, il avait été construit 995 kilomètres de canaux, 69 kilomètres de routes, 242 ponts. D'anciens marais desséchés ont été transformés en forêts de 54.000 hectares d'étendue; 78.000 hectares de forêts marécageuses ont été assainis; 850 hectares ont été transformés en terre de labour; enfin, grâce au réseau des canaux de flottage, 215.000 hectares de forêts inexploitées, faute de débouché, ont été mises en coupe. Sur le seul canal de Woronwoz, de 1876 à 1896, il a été débité plus de 753.000 pièces de bois de construction ne représentant pas moins de 145.000 mètres cubes.

D'autres travaux analogues sont encore en cours d'exécution, en Russie, dans les gouvernements de Saint-Pétersbourg, de Livonie, de Courlande et aussi dans la région du Caucase. D'ailleurs, les surfaces assainies jusqu'à ce jour ne sont qu'une très faible partie des espaces marécageux inattaqués et qui le seront certainement un jour ou l'autre.

CHAPITRE IV

GÉNÉRALITÉS SUR LES TRAVAUX DE DESSÉCHEMENT

18. Procédés généraux. — Principes. — On a vu que les travaux de desséchement ont pour but de faire disparaître les obstacles qui, dans certaines conditions locales, s'opposent à l'écoulement des eaux, lesquelles séjournent à la surface des terrains.

Les procédés de desséchement varient avec la disposition des lieux et peuvent se partager en trois grandes classes :

1º Quand cette disposition est telle qu'il existe un point par lequel le liquide peut trouver une issue permanente dans une nappe d'eau superficielle, rivière, lac, etc., située à un niveau constamment inférieur, on emploie le procédé dit par *écoulement continu*; 2º si le liquide ne trouve qu'une issue périodique, ce qui arrive lorsqu'il se déverse dans une mer à marée dont le niveau se tient alternativement au-dessous et au-dessus de celui de l'eau à évacuer, on emploie le procédé dit par *écoulement discontinu*; 3º enfin, lorsque la nappe liquide est à un niveau inférieur à tous les points environnants et forme une sorte de cuvette dans laquelle l'eau s'emmagasine, on ne peut évacuer celle-ci qu'en l'élevant d'abord à une hauteur déterminée; on a recours alors au procédé dit par *élévation mécanique*.

On ne s'occupera pas actuellement d'un quatrième procédé, le *colmatage*, et qui consiste à exhausser artificiellement le sol au-dessus du niveau des eaux nuisibles. Ce dernier sera étudié ultérieurement (5ᵉ partie).

Avant d'aborder l'examen détaillé des trois méthodes de

desséchement qui viennent d'être énumérées, il nous faut entrer dans certaines généralités, communes d'ailleurs aux trois procédés.

Dans chaque cas, sauf circonstances particulières qui obligeraient à déroger à la marche générale, on se propose :

1° De recueillir les afflux d'eau provenant de l'extérieur dans un canal de ceinture entourant de toutes parts la surface à dessécher ;

2° De purger la surface elle-même des eaux dont elle est recouverte. Dans certains cas, on peut obtenir ce résultat en creusant des rigoles qui amènent par la gravité les eaux en un point bas d'où elles sont évacuées par un aqueduc ouvert à travers la digue bordant le canal de ceinture. D'autres fois les cours d'eau naturels extérieurs pouvant servir d'émissaires d'évacuation sont trop élevés pour que le premier procédé soit applicable. On doit alors, pour vider la cuvette, élever mécaniquement les eaux et les refouler dans les émissaires en question. Quand la cuvette a été vidée une première fois, il est nécessaire de conserver les appareils élévatoires pour être utilisés, en cas de besoin, à l'évacuation des eaux pluviales qui ne seraient pas absorbées assez vite par l'évaporation et l'infiltration.

Quand il s'agit d'un desséchement par machine, il est évident qu'il est indispensable de commencer par détourner de la surface à dessécher, en les recueillant dans des canaux de ceinture, toutes les eaux extérieures qui, sans cela, continueraient à y affluer et ne pourraient être extraites que par des procédés coûteux. Dans les autres cas, cette obligation est moins nécessaire, puisque l'écoulement de ces eaux peut avoir lieu par le même point que celui des eaux du bassin lui-même. Cependant plusieurs raisons conduisent, en général, à déverser les affluents extérieurs dans des canaux de ceinture. D'abord la cause première de la formation des marais ou des étangs insalubres est la difficulté d'écoulement due au manque de pente de la surface ; imposer aux émissaires qui doivent les purger l'obligation de recevoir le volume total des eaux, c'est nécessairement les exposer aux mêmes causes qui ont produit l'état de choses qu'on cherche à détruire. Ensuite, les bassins extérieurs présentent toujours des pentes plus considérables que celles de la surface à dessécher; les affluents arrivés à celle-ci tendent à y perdre considérablement de leur vitesse, à y déposer les matériaux qu'ils charrient et, par suite, à former des atterrissements qui détruiraient promptement le régime régulier que l'on tend à établir; pour empêcher les crues de ces affluents, il faudrait ou bien les contenir entre des digues souvent très élevées, qui feraient obstacle à l'écoulement des eaux des canaux d'asséchement, ou bien leur creuser des lits larges et profonds, de construction et d'entretien très coûteux. Enfin, en rassemblant les eaux du dehors dans des canaux extérieurs dont il est facile, par conséquent, de maintenir le niveau au-dessus de celui de la surface desséchée, on se réserve la possibilité d'utiliser ces eaux pour l'irrigation, qui est souvent le complément obligé du desséchement.

C'est pourquoi, en général, les eaux extérieures provenant soit des pluies, soit des ruisseaux, soit des sources, sont recueillies dans un *canal de ceinture* qui entoure complètement le terrain qu'on se propose d'assécher et sont conduites par la gravité vers un ou plusieurs points bas d'où elles sont évacuées avec ou sans le concours d'appareils élévatoires. A l'intérieur de ce périmètre, un réseau de *rigoles*, convenablement tracées, véhiculent les eaux intérieures vers les mêmes points bas. Quant aux *ouvrages d'évacuation*, ils comportent soit un canal émissaire à débit continu ou intermittent, soit des machines élévatoires qui refoulent l'eau à une hauteur suffisante pour lui assurer ensuite une issue vers un cours d'eau naturel.

En conséquence, l'étude préalable à tout projet de desséchement consiste à déterminer les dimensions à donner aux divers canaux et rigoles; dans le cas d'une élévation mécanique, il y a, de plus, à fixer la force en chevaux des machines d'épuisement.

19. Canaux de ceinture. — Tandis que le tracé du réseau des rigoles d'évacuation et la nature des ouvrages évacuateurs varient suivant qu'il s'agit d'un desséchement appartenant à l'une des trois catégories ci-dessus énoncées, les règles à suivre dans l'établissement des canaux de ceinture sont les mêmes dans les trois cas. On commencera, en conséquence, par entrer dans quelques considérations à ce sujet.

Les canaux de ceinture sont des rigoles en terre dont la section est calculée de telle manière que le plan d'eau s'y maintienne à une hauteur convenable pour qu'il n'y ait ni humectation ni assèchement excessif des terrains au pourtour. Leur section dépend principalement de la valeur de la quantité de pluie qui tombe sur le bassin versant; cette valeur est donnée par l'expression $R = mS \times \dfrac{H}{86.400}$; dans laquelle S représente la surface du bassin exprimée en mètres carrés, H la hauteur maxima de tranche de pluie recueillie *en un jour*, et *m* un coefficient qui dépend de la nature du terrain [1].

La surface S du bassin est ordinairement connue; en tous cas, elle est facile à déterminer avec une exactitude suffisante.

La hauteur de pluie se déduit des observations météorologiques faites à la station la plus voisine de la situation des lieux. Si l'on voulait prendre pour H la hauteur de pluie maxima fournie par les orages extraordinaires, on serait amené à donner au canal de ceinture des dimensions trop considérables; en général, on se contente de prendre comme maximum la quantité d'eau tombée pendant un orage d'intensité moyenne. Il est évident, d'ailleurs, que, dans les régions où les pluies d'hiver sont susceptibles de donner une quantité d'eau supérieure aux orages moyens, on admet le premier chiffre comme maximum du débit d'afflux des eaux zénithales; c'est ainsi que, dans les diverses études faites en vue du desséchement du lac de Grandlieu, près Nantes, c'est la moyenne des pluies tombées pendant le trimestre de janvier à mars 1879 qui, d'après des observations météorologiques, poursuivies sans interruption depuis 1859, a été prise pour base du calcul du canal de ceinture.

---

[1] Il a paru nécessaire d'expliquer la manière dont se détermine le débit, bien que l'on ait déjà traité antérieurement ce sujet (p. 32), parce que les valeurs de H, hauteurs de pluie, ne se déterminent pas de la même manière dans les deux cas.

Quant au coefficient *m*, ce n'est autre chose que le rapport entre la quantité de pluie tombée et celle qui ruisselle à la surface du sol. Les développements dans lesquels on est entré pour la définition du *module* des cours d'eau (t. I, p. 221) dispensent d'insister à ce sujet. On rappellera seulement que *m*, qui serait égal à l'unité pour un terrain absolument imperméable et une évaporation nulle, décroît quand la nature du terrain devient de plus en plus perméable et que la puissance d'évaporation augmente.

Au cas où il existe, dans le bassin considéré, soit des sources, soit des cours d'eau, il est nécessaire de détourner leurs eaux dans le canal de ceinture; il est donc utile de connaître leurs débits en grandes eaux ordinaires; ces débits se déterminent directement au moyen de jaugeages, et leur valeur s'ajoute à celle qui a été obtenue auparavant, d'après le procédé qui vient d'être indiqué, pour donner le volume total que le canal de ceinture doit être capable d'écouler sans débordement.

Enfin, quand il s'agit d'un desséchement par machines, déversant l'eau dans le même canal de ceinture, ce dernier doit être capable de recevoir, pendant toute la durée des opérations d'épuisement, un cube supplémentaire qui dépend à la fois du volume initial contenu dans le marais ou le lac à dessécher et du temps qu'on doit consacrer à la vidange initiale.

Les exemples de travaux de desséchement qui seront décrits ultérieurement donneront l'occasion de revenir sur cette question.

Une fois le volume à débiter connu, il faut fixer le tracé et les dimensions des canaux de ceinture. On connaît les cotes de leur point de départ et de celui d'arrivée; on sait donc la dénivellation qu'on doit racheter par la pente; celle que l'on adopte pour le profil en long est limitée par le maximum de vitesse admissible eu égard à la nature du sol. A l'époque des crues ou des orages, les eaux des affluents arrivent, dans les canaux, chargées de matières en suspension, qu'elles laissent déposer en partie quand leur vitesse diminue; par suite, il est très important, pour éviter les atterrissements, que la vitesse dans les canaux soit constante ou même croissante jusqu'à la sortie, tout en évitant qu'elle devienne jamais assez grande pour dégrader le lit (Voir t. II, p. 27); de plus, on doit chercher à donner aux canaux une direction telle qu'on puisse utiliser les lits des cours d'eau et fossés déjà existants; enfin on ne doit pas abaisser leur plan d'eau au-dessous de la limite imposée par les besoins de l'irrigation ou d'autres services. On doit, en un mot, réduire autant que possible la dépense, tout en assurant la bonne exécution des travaux.

Reste alors à fixer les dimensions de la section transversale dont la surface se détermine, au moyen des données qui précèdent, par les formules connues de l'hydraulique (t. II, p. 34). Cette section a, comme d'ordinaire, la forme d'un trapèze à base horizontale, dont les talus intérieurs ont une inclinaison variant, suivant la nature du terrain, de 1 à 3 de base pour 1 de hauteur. Quand il existe une différence très notable entre les quantités d'eau à évacuer par le canal au temps d'étiage et pendant les crues, il est utile de pou-

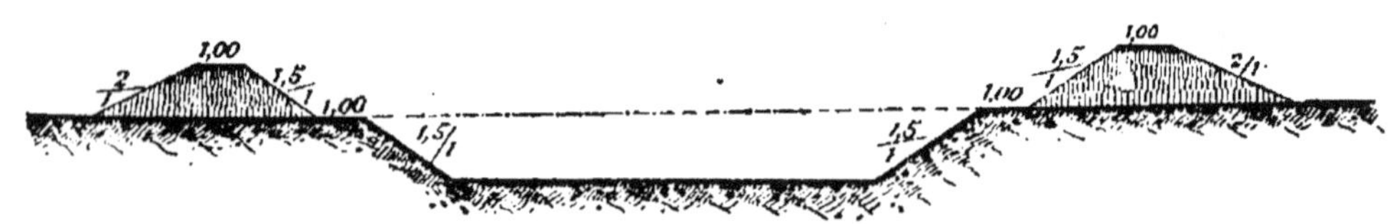

Fig. 39.

voir rassembler les eaux d'étiage dans un lit mineur où elles conservent une hauteur suffisante pour assurer un écoulement facile; pour contenir les eaux de crues, on dispose un lit majeur limité par deux bourrelets, qui ne sont surmontés que par les eaux d'orages extraordinaires (*fig.* 39).

20. Des mesures de précautions à prendre pendant l'exécution des travaux. — On a signalé antérieurement les dangers que peut faire courir à la santé publique l'exécution des travaux de curage (t. I, § 115), et on a indiqué diverses mesures préventives à prendre en ce qui concerne les ouvriers travaillant aux curages.

On conçoit que les travaux de desséchement, surtout ceux

d'une certaine importance et qui s'exécutent dans des régions particulièrement insalubres, doivent être entourés de toutes les précautions nécessaires pour éviter de provoquer de graves épidémies.

Les germes du paludisme, dont la pullulation est favorisée par les travaux de la nature de ceux indiqués, sont susceptibles d'être transportés par les vents à une distance de leur foyer d'origine qui dépend à la fois de la direction et de la force de ces vents et des conditions climatériques. Dans les régions à climat tempéré, on admet que le microbe du paludisme peut être transporté jusqu'à une distance de plus de 2 kilomètres.

Il est donc certain que, pendant l'exécution des travaux de desséchement, des mesures prophylactiques doivent toujours être prises. Ces travaux ne doivent se faire qu'avec méthode et en s'entourant de grandes précautions, surtout dans les pays chauds; on profitera de la saison pendant laquelle l'endémie palustre ne règne pas, ou règne avec le moins d'intensité; on se gardera de mettre à découvert pendant la saison des chaleurs, une grande surface de marais; le marais est, en effet, beaucoup plus dangereux quand il commence à se dessécher que lorsqu'il est complètement recouvert par l'eau. L'exemple de Lancisi faisant inonder les fossés du fort Saint-Ange pour arrêter les ravages du paludisme est célèbre; en Hollande, le même moyen a été employé plus d'une fois avec succès [1].

Les ouvriers qui travaillent au desséchement doivent être soumis à une hygiène sévère; ils ne doivent pas passer la nuit au milieu des marais, ne doivent se mettre au travail qu'après le lever du soleil et quitter les chantiers avant son coucher et ils doivent être soumis à la médication préventive par la quinine pendant la saison des fièvres. Enfin, ils doivent être bien nourris, et l'on doit leur procurer de l'eau de boisson de très bonne qualité.

Comme on le verra plus loin, c'est la construction de la digue de ceinture qui est la partie la plus importante du desséchement; c'est celle qui nécessite le plus d'ouvriers;

---

[1] **LAVERAN**, *Paludisme*.

mais, par contre, à ce moment, la surface du marais n'est pas encore à découvert, ce qui rend le travail moins dangereux. Toutes les fois que la chose sera possible, on fera sur les parties desséchées du marais des plantations à végétation rapide. Principalement à proximité des habitations, il sera bon de planter des eucalyptus ou, si la région ne s'y prête pas, des pins dont l'action assainissante est très efficace.

CHAPITRE V

TRAVAUX DE DESSÉCHEMENT
PAR ÉCOULEMENT CONTINU

21. Généralités. — Le canal de ceinture arrêtant, pour les conduire au dehors, toutes les eaux qui se dirigeaient antérieurement vers la surface à dessécher, le travail de desséchement, quand il existe un point inférieur par lequel le liquide à enlever peut trouver une issue permanente, consiste à assurer l'écoulement vers ce point des eaux qui naissent ou tombent sur la surface délimitée et isolée par le canal de ceinture. Pour obtenir ce résultat, le réseau des rigoles d'évacuation qu'on établit comporte d'abord un collecteur dirigé, sauf les légères variations que peuvent rendre obligatoires l'état des lieux, suivant le thalweg général d'écoulement, c'est-à-dire le lieu des points où tendent à se rassembler les eaux pluviales; le tracé du collecteur se détermine facilement par des nivellements du terrain. On doit se ménager les moyens d'introduire, en temps de sécheresse, dans ce collecteur, un volume d'eau vive provenant de l'extérieur, suffisant pour entraîner les eaux croupissantes et s'opposer aux atterrissements.

Les eaux à évacuer sont amenées au canal principal par une série de fossés placés à des distances l'un de l'autre telles que l'eau tombant sur un point quelconque de la surface arrive à l'un de ces émissaires sans pouvoir être arrêtée par un obstacle. Le tracé de ces fossés ne comporte d'autre loi générale que l'obligation de présenter une pente continue depuis leur origine jusqu'à leur embouchure dans le canal principal. Leur direction doit être inclinée sur celle de ce dernier, afin que les lignes de plus grande pente des surfaces qui aboutissent au thalweg général soient coupées par plusieurs fossés à la fois. Enfin il est souvent utile de compléter le réseau d'assèchement par des rigoles tertiaires, d'une dimension moins considérable, s'embranchant sur les fossés.

L'ensemble des artères de desséchement présente, comme on le voit, une certaine analogie avec les canaux et rigoles d'arrosage, avec cette différence capitale, toutefois, que les artères de desséchement ont toujours leur plan d'eau normal en contre-bas du terrain environnant, tandis que le plan d'eau des rigoles d'arrosage domine ce même terrain. La section transversale du canal principal d'écoulement se détermine d'après les mêmes considérations que celles du canal de ceinture. Ce collecteur doit avoir un débit suffisant pour assurer l'écoulement des grandes pluies d'orage sans débordement, et ne laisser aux eaux ordinaires qu'un lit assez rétréci pour qu'elles y conservent la vitesse nécessaire pour éviter les encombrements et la stagnation. En conséquence, la section doit presque toujours présenter un lit mineur pour les basses eaux, un lit majeur pour les grandes eaux et aussi une double ligne de digues, au moins dans les points où les débordements, en cas de grandes crues extraordinaires, pourraient produire des inconvénients sérieux. La quantité d'eau à débiter dans un temps donné, la pente dont on peut disposer et la vitesse d'écoulement se déterminent comme on l'a expliqué au sujet du canal de ceinture ; on calcule la section du profil en travers par des formules analogues à celles qui ont déjà été données.

Dans les parties où le canal principal est flanqué de banquettes, les eaux affluentes des terrains voisins traversent ces banquettes au moyen d'ouvertures ménagées au droit du débouché de chaque émissaire secondaire.

Il peut arriver parfois que le sol naturel présente une déclivité trop forte pour qu'il soit possible de donner au canal principal le tracé le plus convenable sans risquer d'obtenir pour la vitesse de l'eau des valeurs inadmissibles. Dans ce cas, on règle la pente eu égard à cette vitesse, et l'on interpose sur le parcours du canal une ou plusieurs chutes analogues à celles des canaux d'irrigation (t. II, p. 197 et 403).

On doit éviter de les faire trop considérables et trop rapprochées, pour éviter les dégradations qui accompagnent la chute d'une grande masse d'eau.

Les desséchements par écoulement continu exigent surtout des travaux de terrassements et ne nécessitent aucun ouvrage d'art d'une nature particulière ou offrant des difficultés exceptionnelles. Les ponts et ponceaux établis sur les canaux et rigoles pour assurer le rétablissement des communications ne diffèrent en rien de ceux qui ont été décrits au sujet des canaux d'irrigation.

22. Exemples de travaux de desséchement par écoulement continu. — a) *Desséchement de l'étang insalubre artificiel du*

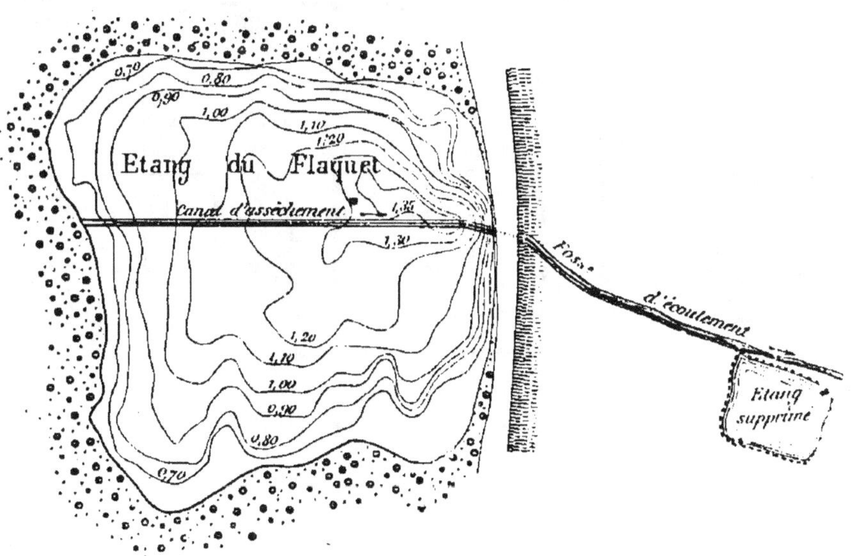

Fig. 40. — Plan de l'étang.

Flaquet (Aisne) (fig. 40 à 44). — Les travaux de desséchement d'un étang formé artificiellement en barrant une vallée imperméable, au moyen d'une digue ou chaussée, sont des plus simples. En faisant disparaître l'obstacle apporté à l'écoulement des eaux de la vallée, on rétablit les choses en leur état primitif.

Mais souvent le couronnement de la digue sert de passage

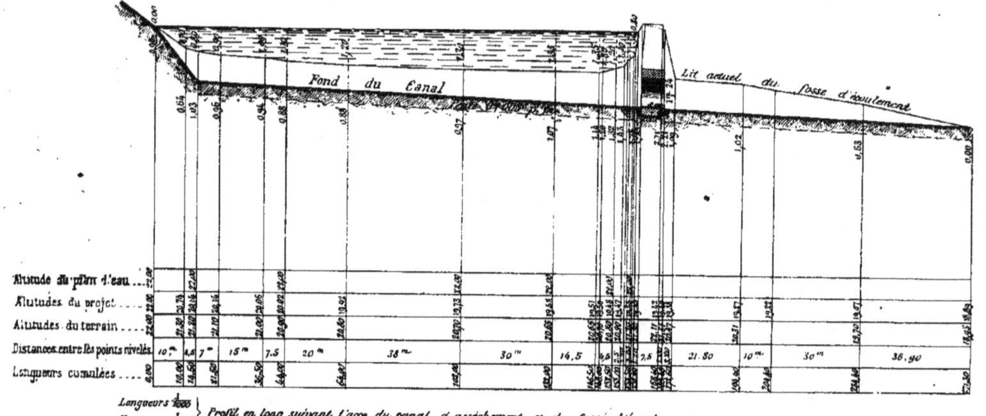

FIG. 41. — Profil en long suivant l'axe du canal d'assèchement et du fossé d'écoulement.

à un chemin public, passage qu'il serait impossible d'intercepter. Dans ce cas, on se contente d'établir, à travers la digue de l'étang, un aqueduc dont le radier est placé à une

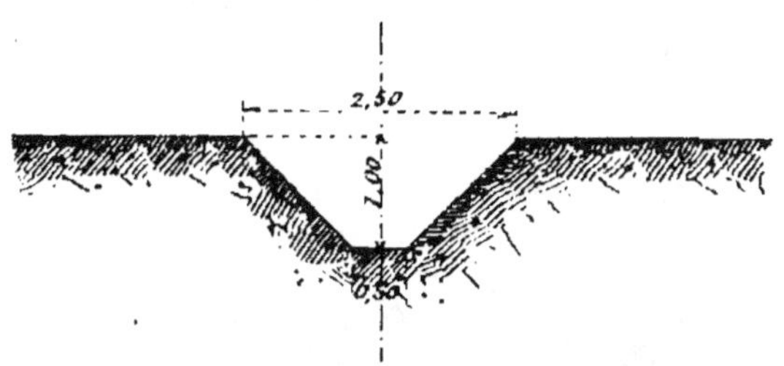

Fig. 42. — Profil moyen du canal d'asséchement.

cote telle qu'il puisse servir d'émissaire aux eaux qui lui amènent un ou plusieurs canaux d'asséchement creusés dans l'étang. Il est souvent utile d'approfondir et aussi d'élargir le cours d'eau ou fossé qui servait antérieurement à l'écoulement des eaux surabondantes de l'étang.

Les figures 40 à 44 représentent, en plan et en profils, les

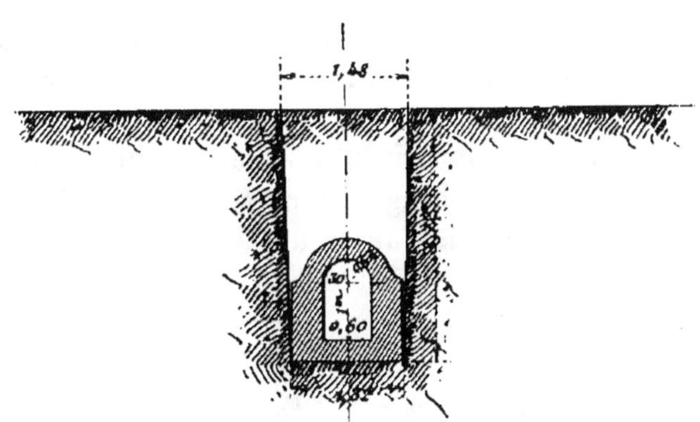

Fig. 43. — Profil en travers de l'aqueduc.

émissaires de desséchement d'un étang artificiel, dit étang du Flaquet, situé sur le territoire de la commune de Becquigny (Nord), d'une surface de 2 hectares, qui, par suite du défaut de curage, était devenu un foyer d'émanations insalubres et dont la suppression a été, en conséquence, décidée.

L'émissaire de vidange primitif était une buse ayant son

arête inférieure au niveau du plafond de l'ancien fossé d'écoulement, qui existait à l'aval de la digue. On a remplacé cette buse par un aqueduc de 8 mètres de longueur et de 0ᵐ,60 d'ouverture dont le radier est placé à 1ᵐ,07 en contre-bas du plafond de la buse. Le fossé d'écoulement a été

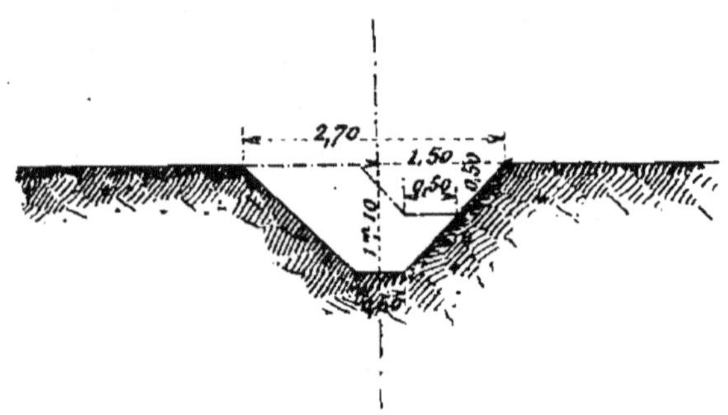

FIG. 44 — Profil moyen de l'approfondissement du fossé.

élargi, approfondi et prolongé à travers l'étang par l'ouverture d'un canal de desséchement capable d'empêcher à l'avenir la stagnation des eaux dans ce réservoir. La pente générale du plafond du canal d'asséchement et du fossé d'écoulement est de 0ᵐ,005 par mètre ; la largeur au plafond, de 0ᵐ,50 ; et la profondeur moyenne du canal de desséchement est de 1 mètre dans toute la partie qui traverse l'emplacement de l'ancien étang supprimé. Il a suffi de conserver en bon état d'entretien l'aqueduc d'écoulement et le fossé qui y aboutit pour maintenir à sec la surface autrefois recouverte d'eau.

h) *Desséchement du plateau de Champlive (Doubs) (fig. 45).* — Le plateau de Champlive occupe le fond d'une vaste dépression séparée de la vallée du Doubs par la chaîne de collines du Lomont ; les eaux zénithales de ce plateau sont recueillies par le ruisseau de Champlive et n'ont d'autre issue naturelle que quelques crevasses ou entonnoirs existant dans le rocher fissuré qui en constitue le sous-sol. Ces voies d'écoulement sont insuffisantes, et, deux ou trois fois par an, les eaux pluviales débordaient et recouvraient des bas-fonds qui occupent une superficie de 225 hectares environ, sur le

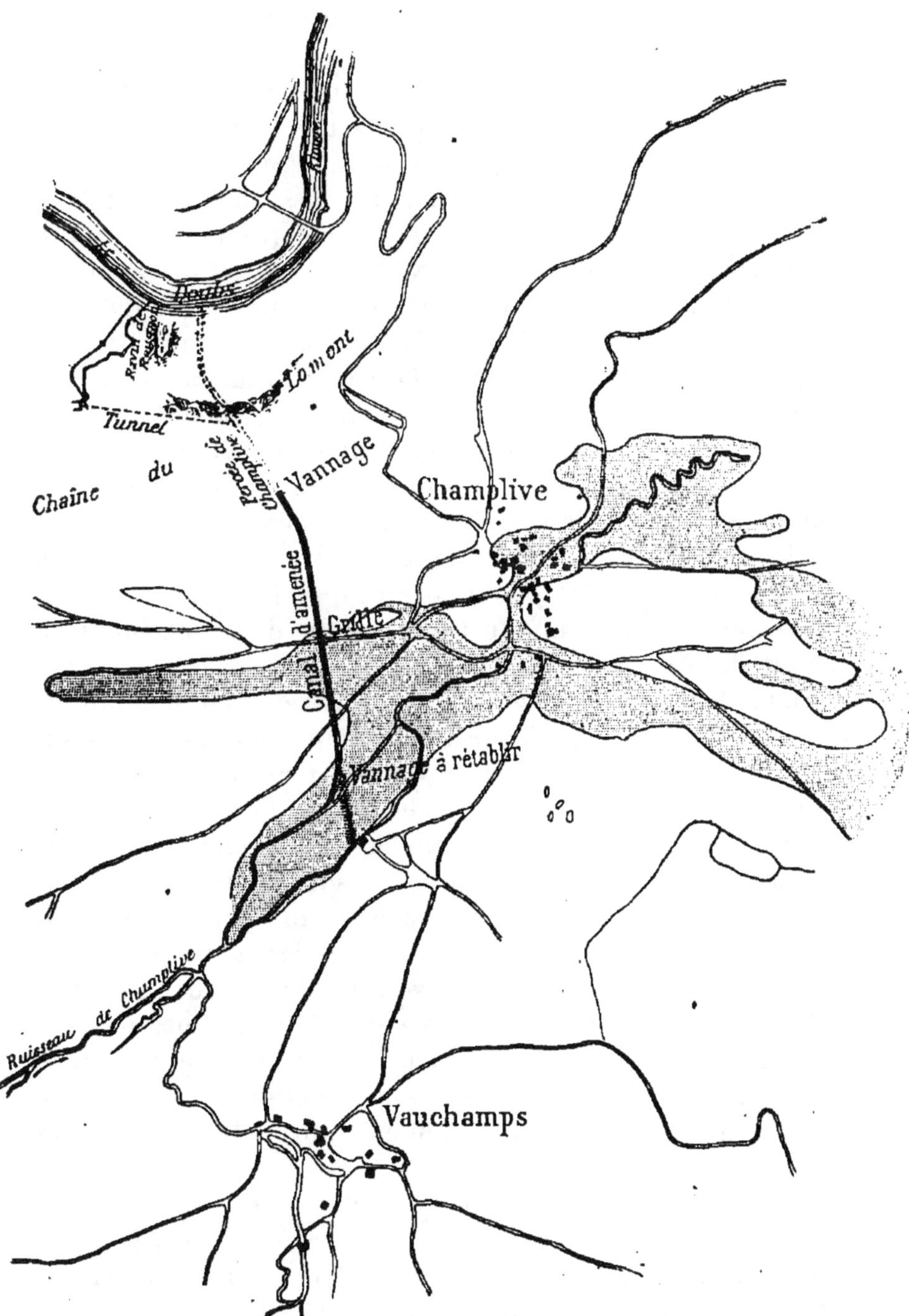

Fig. 45. — Plan des travaux de desséchement du plateau de Champlive.

territoire de la commune de Champlive et d'une commune voisine.

En 1850, on résolut de procéder au desséchement de ce territoire ; on constata que la nature des lieux rendait inutile l'établissement de canaux secondaires recueillant les eaux pluviales pour les conduire au ruisseau de Champlive, et que, pour éviter la stagnation de ces dernières, il suffirait de leur assurer une issue à travers le massif du Lomont. Dans ce but, on perça une galerie souterraine prolongée par un canal maçonné à ciel ouvert, conduisant les eaux du ruisseau de Champlive au Doubs. Le ruisseau fut barré par un vannage, et ses eaux dérivées dans un canal d'amenée débouchant à la tête amont du souterrain. Mais, en 1854, les habitants ayant eu l'imprudence de lever en grand la vanne qui commandait ce dernier, les eaux dénudèrent une partie du radier du canal maçonné et occasionnèrent un éboulement considérable du coteau, qui glissa vers la rivière et envahit une partie de son lit. A la suite de cet accident, la galerie dut être fermée.

En présence des conséquences désastreuses d'inondations survenues à plusieurs époques, et principalement en 1889, on se décida à rouvrir la percée ; mais, dans la crainte d'un retour de l'accident de 1854, on abandonna l'idée de conduire les eaux directement dans le Doubs. On a préféré construire un nouveau souterrain se branchant sur l'ancien, à 3 mètres de son extrémité aval, et débouchant au sommet du ravin du Rougnon. Les eaux sont recueillies dans ce ravin qui les conduit à la rivière. Avant l'exécution des travaux, le Rougnon ne recevait que les eaux d'un exutoire percé à une certaine hauteur dans l'escarpement rocheux qui domine le flanc gauche de la vallée du Doubs ; cet exutoire ne fonctionne qu'après les grandes pluies et ne débite guère que 2 mètres cubes par seconde.

On a dû se préoccuper de la question de savoir si, en y déversant les eaux qui inondent le plateau de Champlive et qui fournissent un volume supplémentaire pouvant atteindre 3 mètres cubes par seconde, on ne risquerait pas de corroder le fond et les berges du ravin. Il aurait pu, en effet, en résulter des infiltrations et l'envahissement par les eaux des mines

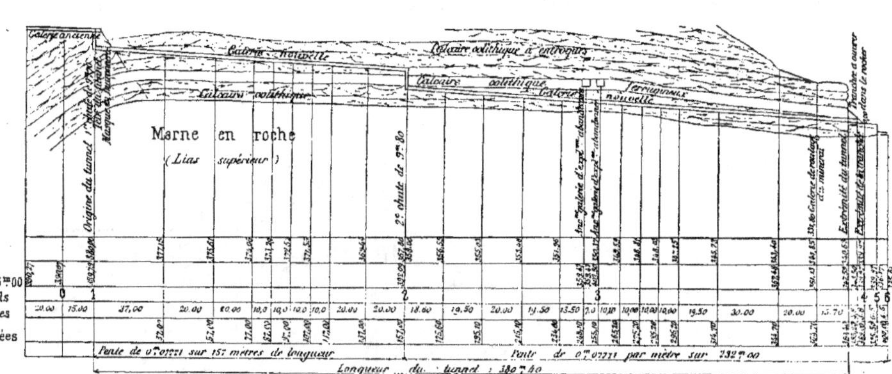

Fig. 46. — Profil en long de la percée de Champlive.

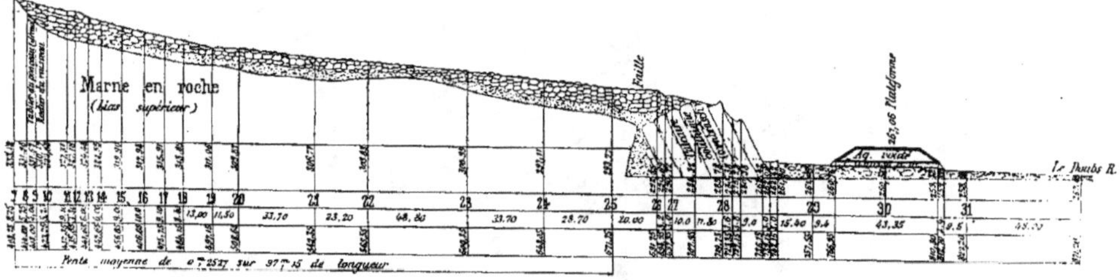

Fig. 46. — Profil en long de la percée de Champlive (suite).

de fer de Laissey, situées sous la chaîne du Lomont. Le
ravin est creusé profondément dans les éboulis argilo-gra-
veleux qui constituent le flanc gauche de cette partie de la
vallée ; sa pente varie entre 0^m,25 et 0^m,09 par mètre, depuis
l'origine jusqu'à un seuil rocheux, produit par une faille
qui longe le flanc gauche de la vallée du Doubs. En ce
point, il se produit une cascade de 23 mètres de hauteur,
et depuis son pied jusqu'à la rive du Doubs le ravin n'a plus
qu'une pente très faible et à peu près uniforme. Dans la partie fortement inclinée qui précède la cascade, le fond est

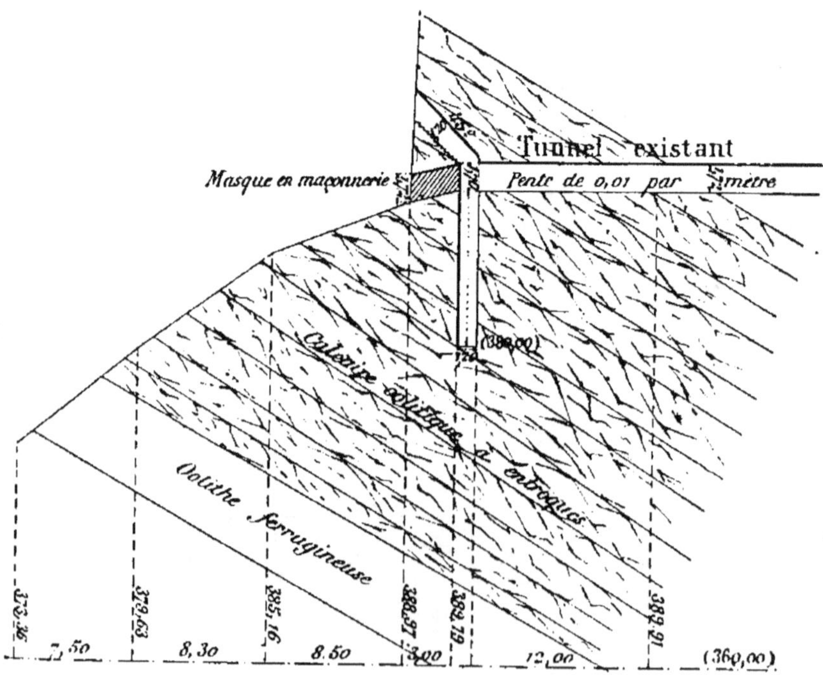

Fig. 47. — Profil en travers (n° 1).

constitué par de gros blocs provenant du triage par les eaux
des éboulis des flancs du coteau dont les menus matériaux
ont été entraînés par le courant. Ces blocs forment une sorte
de pavage inattaquable par les eaux. Mais quelques parties
des berges ne sont constituées que par des menus matériaux
et, pour éviter des corrosions, on a procédé à leur revêtement en gros libages, sur une hauteur de 1 mètre, supérieure

à celle que peut atteindre l'eau, même en temps de crues.

Toutes précautions étant ainsi prises pour ne pas gêner l'exploitation des mines de Laissey, on procéda au percement du nouveau tunnel destiné à conduire au Rougnon les eaux zénithales du plateau de Champlive.

Ce nouveau tunnel (*fig.* 45 à 48) a 380 mètres de longueur; il a une pente uniforme de 0^m,0777, interrompue par deux chutes verticales creusées en puits, de 9^m,79 de

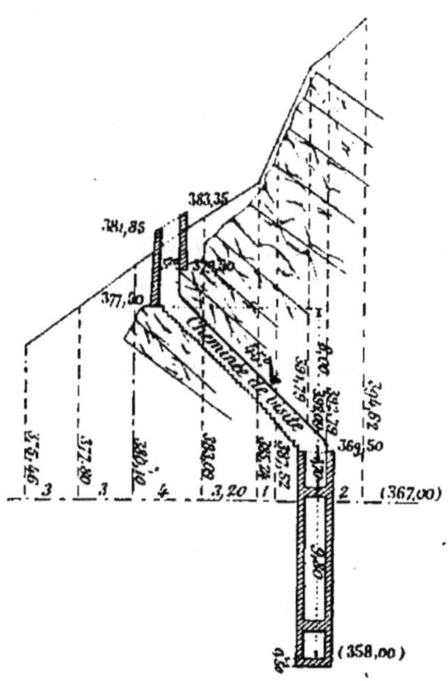

Fig. 48. — Profil en travers (n° 2).

hauteur chacune : la première de ces chutes est établie à l'origine de l'ouvrage, et la deuxième à 157 mètres plus loin. Cette disposition a pour but d'éviter la traversée d'un banc ferrugineux suivant une ligne oblique qui aurait pu déterminer des infiltrations dans les mines de Laissey et gêner leur exploitation. Avec la disposition adoptée, le banc de fer est traversé verticalement, et dans toute la première partie, sur 157 mètres, le souterrain est placé au-dessus de ce banc, tandis qu'il est placé au-dessous dans la deuxième partie.

Le débit maximum des crues qui inondent le plateau de Champlive est, a-t-on dit, de 3 mètres cubes par seconde; dans ces conditions, on a donné au tunnel une section rectangulaire de 1ᵐ,20 de largeur sur 1ᵐ,70 de hauteur [1], dimensions nécessaires pour l'enlèvement des déblais pendant l'exécution des travaux de percement.

Pour faciliter cet enlèvement, deux cheminées ont été ménagées, au-dessus de chacun des deux puits, et ont été prolongées jusqu'au niveau du sol supérieur par des galeries inclinées à 45°, destinées à aérer le tunnel et à en permettre la visite en cas d'obstruction.

La galerie souterraine et les cheminées ont été percées dans le calcaire oolithique qui présente une grande compacité. Cependant on a jugé utile de revêtir complètement les deux puits et la galerie, sur une certaine longueur, à l'amont et à l'aval de ces puits avec des moellons tétués maçonnés au mortier de ciment, à cause de la violence du courant produit par les chutes.

Pour compléter les nouveaux travaux, on a procédé au dévasement de la dérivation du ruisseau de Champlive exécutée en 1852; en amont de la percée de Champlive, à la

---

[1] Lors de l'accident de 1854, on a constaté que la lame d'eau dans l'ancien tunnel, qui avait 1ᵐ,67 de base et 1ᵐ,72 de hauteur, ne dépassait pas 0ᵐ,60. En employant la formule d'Eytelwein :

$$Q = S\,[56,86\ \sqrt{RI} - 0,072],$$

dans laquelle on a :

$$S = 1,67 \times 0,60 = 1,00,\ R = \frac{1,00}{2 \times 0,60 + 1,67} = 0^{m},3484\ \text{et}\ I = 0,01,$$

on trouve, en effet,

$$Q = 1,00\,[56,86\ \sqrt{0,3484 \times 0,01} - 0,072] = 3^{mc},35.$$

Au moyen de la même formule, on constate que la nouvelle galerie est capable d'un débit de 19ᵐ³,02, bien supérieur au débit maximum des crues.

réfection du vannage de tête de cette dérivation, lequel sert à assurer et régulariser l'alimentation d'une usine située en aval; enfin, à la construction d'une vanne de fermeture, à l'origine de l'ancien souterrain, afin de pouvoir empêcher l'introduction de l'eau, en cas d'accident survenu dans les ouvrages d'aval.

Les travaux exécutés en 1852 avaient coûté 72.800 francs. Le travail de réfection a coûté environ 32.000 francs. Les résultats obtenus ont été tels qu'on pouvait l'espérer et, depuis leur achèvement, l'écoulement des eaux du plateau se fait dans des conditions satisfaisantes.

c) Desséchement des marais de Mostaganem (Algérie) (fig. 49). — Il existe, non loin de la ville de Mostaganem, un plateau presque rigoureusement horizontal, dont le sous-sol est formé par une couche de tuf. La surface du sol est composée par des terres sablonneuses ou argileuses, parsemées de dunes de sable. Autrefois les parties basses de ce plateau, grâce au voisinage de la nappe souterraine et à la qualité des terres, donnaient chaque année de belles récoltes. Peu à peu la culture de la vigne s'étendit et finit par occuper presque toute la vallée. Cette culture, dans des terrains légers comme ceux des environs de Mostaganem, favorise l'infiltration de l'eau de pluie et diminue dans une forte proportion la quantité de cette eau, qui autrefois s'évaporait presque immédiatement, grâce à la présence des arbres et des broussailles.

Pendant les mois pluvieux, les vignes sont complètement dépourvues de feuilles, et des labours incessants font disparaître totalement la végétation herbacée qui croîtrait naturellement dans les sillons.

Dans ces conditions, la nappe souterraine s'est peu à peu relevée, et il en est résulté la formation, dans tous les points bas du plateau, de marais qui ont engendré des fièvres paludéennes et cruellement éprouvé les populations environnantes.

Pour remédier à un état de choses aussi désastreux, on a exécuté des travaux de desséchement; ceux-ci ont porté sur trois groupes distincts de marais.

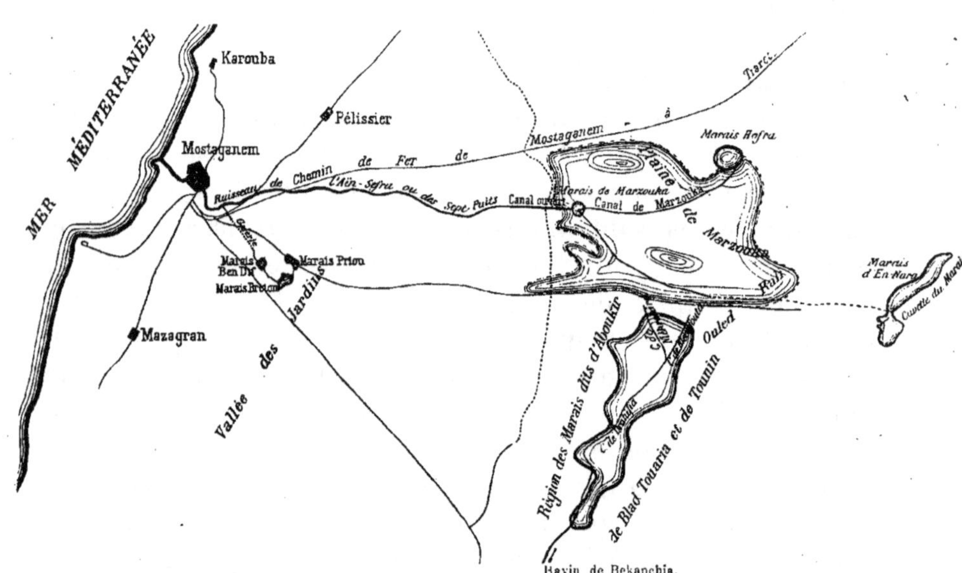

Fig. 49. — Plan des marais de Mostaganem.

1° *Marais d'Aboukir, Blad-Touaria et Tounin*. — Ces marais couvraient une étendue variant, suivant l'humidité des hivers, de 150 à 250 hectares. Les travaux de desséchement ont consisté dans le creusement de deux canaux principaux, dits de Meckfouta et de Mékrouira, du nom des groupes d'anciens marais qu'ils traversent; ils se réunissent ensuite pour former un troisième canal principal, celui de Drahifia, lequel conduit toutes les eaux recueillies au ravin de Bekapchia. Les eaux de ce ravin, après avoir suivi un thalweg peu accentué dans la plaine sablonneuse qui sépare les villages de Blad-Touaria et d'Aboukir, se perdent à travers les terres; cette plaine, d'ailleurs, n'est jamais inondée, quoique le ravin de Bekapchia débite parfois de grandes quantités d'eau.

Le canal de Meckfouta a une longueur de 5.450 mètres; sa profondeur atteint parfois 2ᵐ,50 à 3 mètres à la traversée des dunes; avant sa jonction avec le canal de Drahifia, pour éviter une traversée de plus de 1 kilomètre, à travers des sables mouvants, il franchit une dune de 6 mètres de hauteur, au moyen d'une galerie en maçonnerie de 450 mètres de longueur.

Le canal de Mékrouira a 1.900 mètres de longueur et traverse des marais dont les superficies réunies atteignent 100 hectares. Son tracé ne présente aucune particularité qui mérite d'être signalée.

La hauteur moyenne d'eau qui recouvrait les parties submergées était de 0ᵐ,15 environ; partant de ce chiffre, on a déterminé les sections des canaux, en tenant compte de la possibilité d'obstruction de certaines de leurs parties par des dépôts ou des herbes. Les dimensions adoptées sont indiquées dans le tableau ci-après (p. 127).

L'exécution des canaux principaux a permis d'assurer l'écoulement de la plus grande partie des eaux; sur quelques points seulement, qui étaient encore submersibles, on a tracé des canaux secondaires à très faible section; presque partout on leur a donné une largeur au plafond et une profondeur de 0ᵐ,30 et, dans beaucoup de cas, on a pu se contenter d'un sillon creusé à la charrue.

2° *Marais de la plaine de Marzouka*. — Ces marais couvraient un périmètre de 2.500 hectares dont le cinquième était submergé pendant l'hiver. Les travaux d'assainissement par desséchement ont consisté dans l'ouverture de deux branches principales, partant l'une du marais d'Hofra, l'autre de celui des Oued-Rali ; ces branches se réunissent dans le marais de Marzouka proprement dit, et le canal collecteur déverse ses

DÉSIGNATION des profils (1)	PENTE du canal (2)	PROFONDEURS d'eau dans le canal (3)	SURFACES des marais à l'amont du profil (4)	QUANTITÉ d'eau à écouler par seconde (5)	DÉBIT du canal d'après sa pente et sa section (6)	OBSERVATIONS (7)
1° *Canal de Meckfouta*						Les chiffres de la colonne (5) supposent que la profondeur d'eau dans les marais est de $0^m.15$ en moyenne et que toute l'eau doit s'écouler en sept jours.
kilomètres	mètres	mètres	hectares	mc.	mc.	
2 + 500	0,00081	0,80	130	0,320	0,570	
3 + 500	0,000364	0,82	160	0,400	0,600	
5 + 000	0,00310	0,80	215	0,530	1,130	
Galerie	0,00761	0,80	215	0,530	0,970	
2° *Canal de Mékrouira*						
0,700	0,00019	0,70	70	0,170	0,310	
1 + 400	0,00072	0,70	100	0,250	0,410	

eaux dans la vallée des Sept-Puits, puis de là dans le ravin d'Aïn-Sefra qui aboutit à la mer.

Indépendamment des canaux principaux ouverts dans les parties les plus basses de la plaine, il a été creusé 7.500 mètres de canaux secondaires à travers les marais où la vase empêchait antérieurement de pénétrer ; ils ont servi à dessécher les poches que les canaux principaux ne traversaient pas.

Sur 4.400 mètres suivant le tracé du canal des Ouled-Rali le terrain naturel ne présente pas de pente ; on a dû approfondir la cuvette pour lui donner la déclivité nécessaire à l'écoulement des eaux. Cette déclivité est de $0^m,000317$ par mètre ; quant à la pente superficielle, elle est naturellement moindre, puisque la quantité d'eau écoulée et, par suite, la hauteur de l'eau s'accroissent de l'amont à l'aval. En réalité, les débits aux points extrêmes sont respectivement de $0^{mc},250$ et $0^{mc},940$

à la seconde. Ce dernier débit correspond à une hauteur d'eau journalière de 0ᵐ,010, répartie sur les 800 hectares du bassin desservi. Il pourra être insuffisant pour assurer l'évacuation immédiate des eaux des violents orages, mais il est suffisant pour éviter les submersions prolongées, qui seules sont nuisibles à la santé publique et même à l'agriculture.

Pour les marais d'Hofra on s'est trouvé, sous le rapport de la pente du terrain naturel, dans des conditions beaucoup plus favorables ; elle ne descend pas au-dessous de $0^m,000970$; quant aux débits, ils peuvent atteindre $0^{m3},550$ à l'extrémité amont avec une hauteur d'eau de $0^m,50$ et $1^{m3},460$ à la seconde au point terminus, à 3 kilomètres du premier, avec une hauteur d'eau de $0^m,80$. Ce dernier débit correspond à une couche journalière de $0^m,016$, répartie sur toute la surface du bassin desservi, soit environ 800 hectares.

Quant au canal de Marzouka, sa pente longitudinale est de 1 mètre par kilomètre ; son débit atteint $2^{m3},080$ par seconde, ce qui correspond à une lame d'eau journalière de $0^m,007$ d'épaisseur répartie sur toute la surface desservie, qui est de 2.500 hectares.

Une vanne est établie sur ce canal pour permettre de le fermer, lorsque le ruisseau de la vallée des Sept-Puits, grossi par des orages, roule assez d'eau pour occasionner des dommages aux propriétés riveraines ; dans ce cas, on peut emmagasiner dans le marais un volume de 150.000 mètres cubes environ.

Les canaux secondaires, d'ailleurs peu nombreux, ont été ouverts, comme il a été dit, de manière à recueillir les eaux des parties basses du marais où les canaux principaux ne pénètrent pas.

3° *Marais de la vallée des Jardins.* — Le troisième groupe de marais desséchés occupait le fond d'une vaste cuvette, de forme allongée, divisée en cuvettes secondaires par des contreforts de faible hauteur. Ces marais sont beaucoup moins vastes que ceux des deux groupes précédents, mais ils ont une importance spéciale, parce qu'ils se trouvaient dans une région bien cultivée, à quelques kilomètres seulement de la ville de Mostaganem. La surface qu'ils couvraient, qui n'était que de 25 à 30 hectares en 1890, atteignit 60 hectares en 1891 et provoqua, cette dernière année, une violente épidémie de fièvre paludéenne dans la ville qui, auparavant, jouissait d'une réputation justifiée de grande salubrité.

Ici, les travaux de desséchement ont été particulièrement coûteux, la vallée des Jardins étant séparée du ruisseau d'Aïn-Sefra, seul exutoire capable d'écouler les eaux, par une colline d'une quarantaine de mètres de hauteur et dont la traversée dans la partie la moins large nécessitait l'ouverture d'un tunnel de plus de 1 kilomètre de longueur. On a cherché à se rendre compte si, dans ces conditions, il n'était pas plus avantageux d'élever l'eau par des moyens mécaniques. Les dépenses de premier établissement d'une machine à vapeur de 25 chevaux, nécessaire pour élever à une hauteur de 20 mètres et refouler à 2 kilomètres un volume pouvant atteindre 80 litres par seconde, auraient été, il est vrai, sensiblement inférieures aux dépenses de construction d'un tunnel; mais les frais d'entretien auraient été tels que cette solution a dû être abandonnée.

La galerie souterraine, dont la longueur atteint 1.213 mètres, a été constituée par une conduite ovoïde en ciment de 1^m,25 de hauteur, ce qui permet de la visiter; sa pente est de 0^m,0015 par mètre. Elle peut débiter 150 litres par seconde; elle assure l'écoulement en moins de quinze jours des plus hautes eaux réunies dans les marais et évite ainsi les submersions prolongées. En amont de la galerie, les eaux sont recueillies par un canal ayant une pente de 0^m,40 par kilomètre et qui peut débiter, avec une tranche d'eau de 0^m,30, un volume de 120 litres par seconde. A la sortie du tunnel, les eaux sont conduites à l'Aïn-Sefra par un fossé perreyé sur une grande partie de sa longueur.

On a rencontré de grandes difficultés dans l'exécution de la galerie : l'existence d'un banc de sable fluent très aquifère a conduit à boiser non seulement les puits d'extraction au nombre de huit, mais encore la galerie elle-même sur une grande longueur; de même, les épuisements ont été très importants.

L'exécution des travaux a nécessité, dans ces conditions, une dépense de 141.500 francs environ, alors que les travaux de desséchement des deux autres groupes de marais n'ont entraîné que des dépenses respectives de 35.000 et de 42.500 francs. Mais les travaux de la vallée des Jardins présentaient un intérêt général indéniable, les fièvres paludéennes tendant à envahir toute la région de Mostaganem. Aussi l'État a-t-il cru nécessaire de les subventionner dans une large mesure.

CHAPITRE VI

TRAVAUX DE DESSÉCHEMENT PAR ÉCOULEMENT DISCONTINU

23. Généralités. — Lorsque la surface à dessécher doit écouler ses eaux à la mer ou dans un cours d'eau soumis aux fluctuations des marées, et que son niveau n'est pas sensiblement supérieur au niveau des hautes mers au point où débouche le canal de desséchement, l'évacuation des eaux par la gravité ne peut plus avoir lieu que par intermittence.

Quand le niveau du sol est à une altitude intermédiaire entre les niveaux des hautes et des basses mers, le terrain non abrité contre l'invasion périodique des eaux par une défense naturelle, telle qu'un cordon de galets, doit être protégé par une digue artificielle latérale au rivage. Les eaux douces sont évacuées à la mer soit par des cours d'eau naturels, soit par des canaux de desséchement, traversant la ligne de défense et se terminant à leur extrémité aval par des ouvrages plus ou moins importants garnis de portes s'ouvrant de dedans en dehors, de manière à permettre l'écoulement des eaux venant de l'intérieur pendant la basse mer, et à empêcher la rentrée des eaux extérieures pendant le flot.

Les ouvrages d'évacuation varient naturellement suivant l'importance de l'émissaire : ils consistent parfois en un simple tuyau en bois traversant la ligne de défense et se terminant par un clapet. Les clapets les plus simples sont formés de panneaux en bois garnis de ferrures et pouvant tourner autour d'une charnière située à leur partie supé-

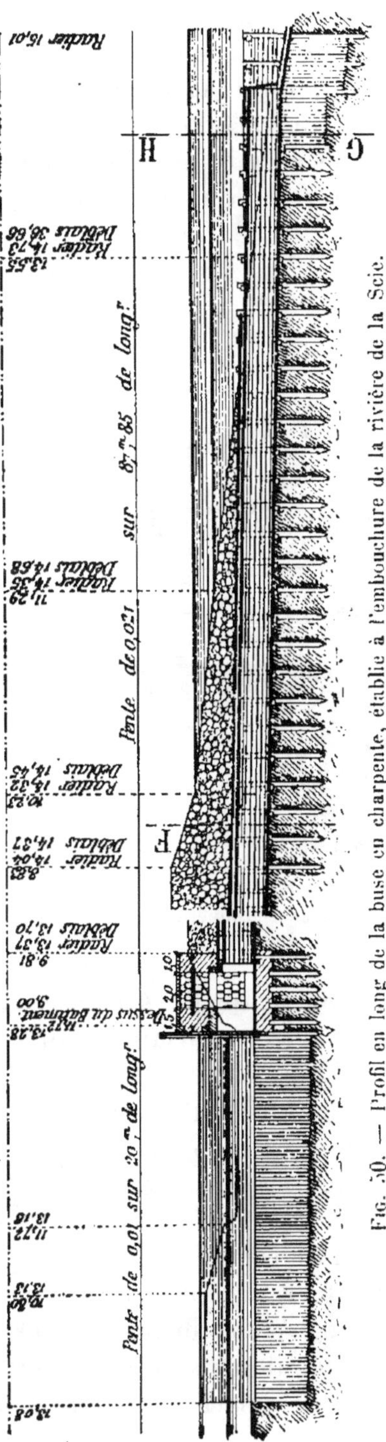

FIG. 50. — Profil en long de la buse en charpente, établie à l'embouchure de la rivière de la Scie.

rieure; ils fonctionnent automatiquement, mais sont sujets à se déranger et peuvent ne pas se fermer en temps utile, par suite de l'interposition de corps étrangers. Aussi leur emploi n'est-il pas à recommander.

Il existe, le long du littoral de la Manche, aux environs de Dieppe notamment, un certain nombre de petits cours d'eau dont l'embouchure était autrefois presque constamment barrée par un banc de galets formant cordon continu le long du rivage. Par suite de l'existence de cet obstacle, l'eau s'accumulait en arrière du cordon; la surélévation du niveau des rivières avait pour conséquence d'entretenir dans le sol une humidité qui non seulement portait un grave préjudice à l'exploitation des prairies, mais encore suffisait pour engendrer des fièvres paludéennes faisant de nombreuses victimes. On a pu remédier à cet état de choses en établissant, pour conduire les eaux de ces rivières à la mer, des buses en charpente consistant en une série de cadres reliés par des bordages formant un canal souterrain, que précède un autre canal à ciel ouvert, séparé du premier par une tête en maçonnerie. Un clapet placé à l'aval de la buse empêche les eaux de la mer d'y refluer, et une vanne établie en amont de la tête en maçonnerie permet de retenir ou de laisser écouler à volonté les eaux de la rivière. Cette ventelle permet de pénétrer dans l'intérieur de la buse en cas de réparations nécessaires; on

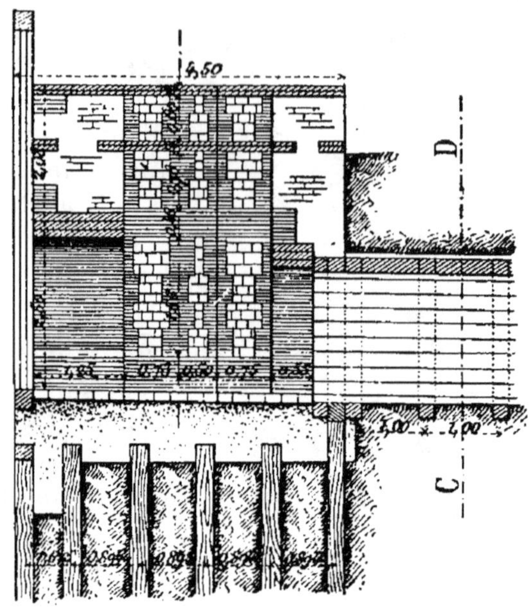

Fig. 51. — Coupe de la tête en maçonnerie.

peut aussi, grâce à elle, relever, en temps de sécheresse, le plan d'eau de la rivière d'une quantité suffisante pour qu'il soit possible de pratiquer des irrigations.

Les figures 50 à 54 représentent la buse établie au débouché à la mer de la rivière de Scie, dont le débit peut varier de 1 mètre cube par seconde à l'étiage à $4^{m3},500$ en crues. Elle a la forme d'un rectangle, dont les dimensions intérieures sont $1^{m},60$ de hauteur et $1^{m},30$ de largeur; la pente est de $0^{m},021$ par mètre. L'ouvrage souterrain a une longueur de $84^{m},34$; il est précédé par un canal à ciel ouvert de $64^{m},13$.

Quand il s'agit de pourvoir à l'écoulement intermittent de quantités d'eau plus importantes, on a parfois recours, pour la fermeture des orifices d'évacuation, à des vannes à treuil ou à crémaillère, manœuvrées aux heures convenables par des agents responsables. Il y a avantage à mettre le clapet dans

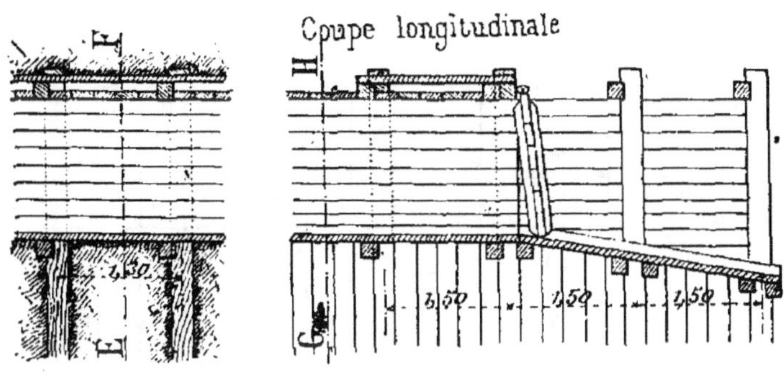

Fig. 52.

l'intérieur de la buse pour éviter son enlèvement par la mer, et des travaux de protection contre les sables ou les galets sont souvent nécessaires.

S'il s'agit d'émissaires très importants, on peut être amené

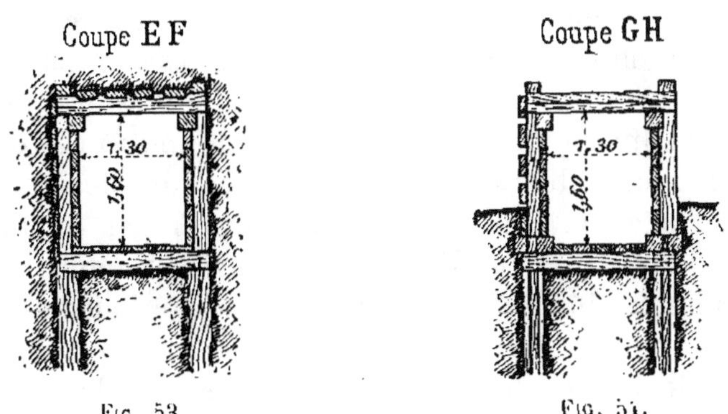

Fig. 53.   Fig. 54.

à établir de véritables portes de flot. Mais ce sont là des ouvrages exceptionnels dont il n'y a pas lieu de s'occuper ici.

Les canaux de desséchement ne peuvent verser leurs eaux que pendant le temps où leur niveau est supérieur à celui des eaux extérieures. En traçant la courbe d'une marée déterminée, on mesure le temps pendant lequel les portes, vannes ou clapets, pourront rester ouverts et les différences successives qui existeront entre le plan d'eau du canal de desséchement et celui des eaux extérieures (*fig.* 55). On possède alors les éléments nécessaires à la détermination

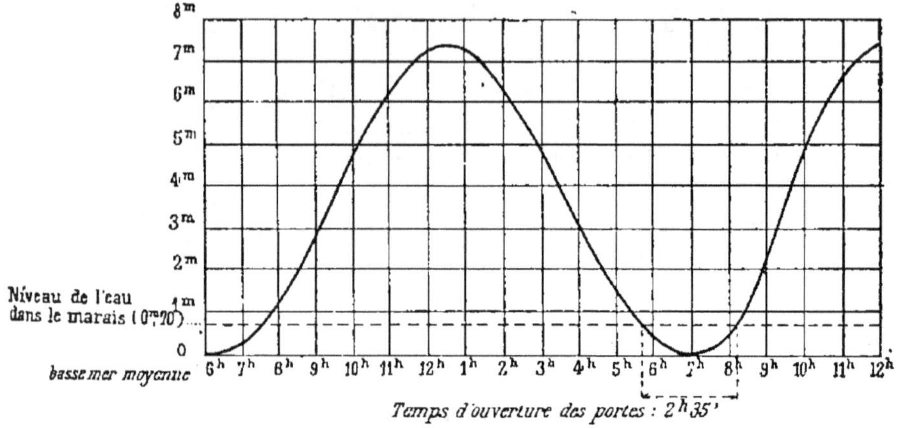

Fig. 55.

à peu près exacte du volume d'eau qui pourra s'écouler du canal de desséchement pendant chaque marée et qui doit être égal à celui qui s'est accumulé dans les marais pendant le temps réuni de l'ouverture et de la fermeture des orifices ; on déduit de là les dimensions à donner à ces orifices.

Le débouché des canaux émissaires du desséchement n'est pas la seule considération à faire entrer en ligne de compte dans leur établissement. Non seulement il faut qu'ils puissent débiter pendant le temps de l'ouverture des portes le volume total à écouler, mais il faut encore que la capacité de ces derniers biefs soit telle que l'eau qui s'y réunit pendant le temps de la fermeture des portes puisse y être entièrement contenue et ne déborde pas sur les terrains voisins. On est souvent obligé de construire ou de ménager près de l'extrémité du canal un *bassin régulateur* dans lequel les eaux se réunissent et duquel elles sortent pendant l'ouverture des portes. Ces bassins permettent jusqu'à un certain point de réduire les orifices, parce qu'ils donnent la possibilité d'évacuer en plusieurs marées les eaux dont il aurait fallu, sans eux, se débarrasser en une seule.

L'établissement d'un bassin régulateur est certainement à recommander toutes les fois que les circonstances topographiques s'y prêtent, particulièrement lorsque rien n'empêche de constituer dans une cuvette, ou dépression naturelle du sol, une sorte de lac à niveau variable, dont les bords soient disposés de telle sorte qu'ils n'aient pas tendance à se transformer en marécages ; un accident quelconque, une crue subite, ne sera plus alors une cause de perturbation grave, une menace pour le nouvel état de choses, même dans le cas de force majeure ; grâce à la possibilité d'emmagasiner momentanément les eaux surabondantes, on n'aura pas à redouter la réapparition de l'ancien marécage ou l'inondation des terres en cultures [1].

C'est ainsi qu'en ce qui concerne le lac de Grandlieu, situé au sud-ouest de Nantes et dont le projet de desséchement est à l'étude, on se propose de dessécher une surface de 3.000 hectares et de maintenir en eau 800 hectares qui serviront de bassin régulateur et recevront les eaux des rivières qui, actuellement, se déversent dans le lac. Dans les waeteringues du Nord et du Pas-de-Calais, dont on parlera plus loin, ce sont les fossés des fortifications des villes de Dunkerque, Gravelines et Calais, qui jouent le rôle de bassin régulateur des écoulements à la mer.

24. Exemples de travaux de desséchement par écoulement discontinu. — Les marais dont la surface est comprise entre le niveau des hautes et basses mers sont en France, très nombreux et très importants ; ils s'étendent sur une grande partie du littoral de la Manche et de l'Océan. On va décrire les travaux de desséchement de quelques-uns d'entre eux.

a) *Desséchement des marais d'Assérac et de Pénestin (Loire-Inférieure et Morbihan) (fig. 56 à 63).* — Ces marais, situés à proximité de l'Océan Atlantique et dont le fond est à un niveau inférieur à celui des hautes mers de vive eau, avaient pour

---

[1] BECHMANN, *Cours d'hydraulique agricole*, professé à l'École des Ponts et Chaussées.

unique émissaire le ruisseau, ou *étier*[1], de Pont-Mahé, qui débouche dans le fond de la baie de Mesquer, à travers des

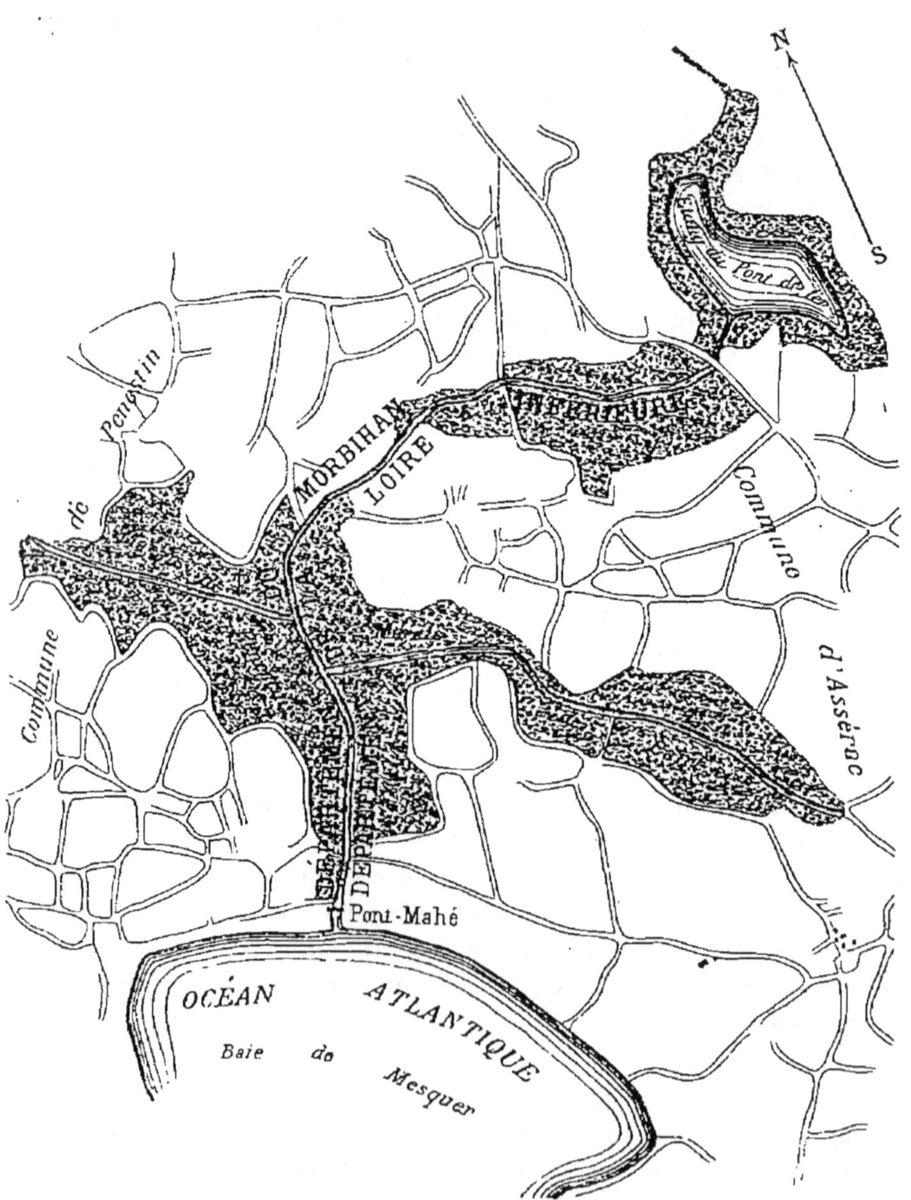

Fig. 56. — Plan d'ensemble des marais d'Assérac et de Pénestin.

[1] Dans le langage local, *étier* signifie, d'une manière générale, rivière ou cours d'eau.

dunes de sable mouvant. Ils commençaient à l'amont de
l'étang du Pont-de-Fer et formaient, sur 1.500 mètres de lon-

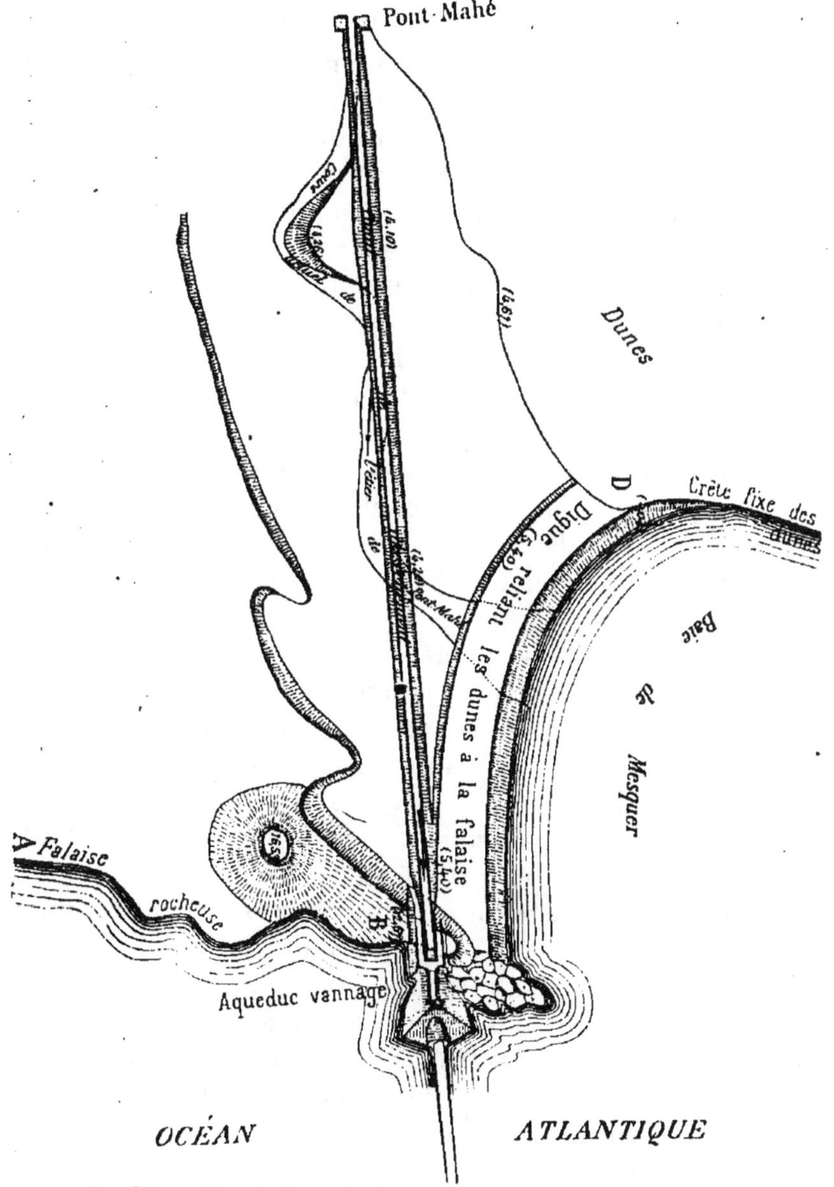

Fig. 57. — Plan de la partie inférieure du canal de desséchement.

gueur, un premier bassin situé presque en entier dans le
département de la Loire-Inférieure. A l'aval de ce bassin,

deux affluents qui débouchent en face l'un de l'autre, dans l'étier, étaient bordés de deux groupes de marais, ceux de Pénestin dans le Morbihan et ceux de Caire dans la Loire-Inférieure. Leur surface totale était de 253 hectares environ.

L'écoulement des eaux à basse mer se faisait par une étroite rigole à laquelle était réduit l'étier dans la traversée des sables, rigole complètement insuffisante, car le courant est impuissant à dégager le lit des sables que le vent et la mer y amoncellent presque à chaque marée. Dans les années pluvieuses, les marais couverts d'eau étaient complètement improductifs; dans les années sèches, les eaux finissaient par disparaître par l'effet de l'évaporation, et l'on pouvait retirer des prairies quelques faibles récoltes; mais alors la salubrité se trouvait gravement compromise.

Le littoral au droit du débouché de l'étier de Pont-Mahé est défendu contre la mer par une chaîne de dunes dont la crête est à plus de 1 mètre en contre-haut des plus grandes hauteurs de mer observées. Dans ces conditions, il était donc inutile de prévoir une digue de protection latérale au rivage.

Les travaux de dessèchement ont consisté à construire sous la dune, aux abords du rivage, un aqueduc voûté pour le passage des eaux pluviales; à placer à l'origine de cet aqueduc vers la mer des vannes destinées à empêcher l'introduction des hautes mers dans le bassin des marais; à ouvrir en arrière de l'aqueduc un canal allant jusqu'à Pont-Mahé; enfin à approfondir et régulariser le cours de l'étier. Le canal entre Pont-Mahé et l'aqueduc est protégé contre les ensablements dus à l'action des vents du sud-ouest par une digue dont la plate-forme supérieure est établie à l'altitude de la crête des dunes voisines. La tête aval de l'aqueduc est protégée contre les lames venant du sud-ouest, c'est-à-dire du côté le plus dangereux, grâce à l'existence d'un banc de rochers AB (*fig.* 57). Primitivement, on avait prévu que la tête de l'aqueduc ne s'avancerait que de 20 mètres au-delà de la falaise jusqu'à un pied de talus nettement dessiné par le sable; mais on a reconnu que, dans ces conditions, on pouvait craindre l'ensablement de l'ouvrage par les gros temps. On a jugé utile de prolonger l'aqueduc de 30 mètres, jusqu'au pied des sables mobiles de la plage. Tout l'ouvrage est fondé sur le rocher qui, aux abords de la tête aval, n'est recouvert que par une couche très faible de sable vaseux.

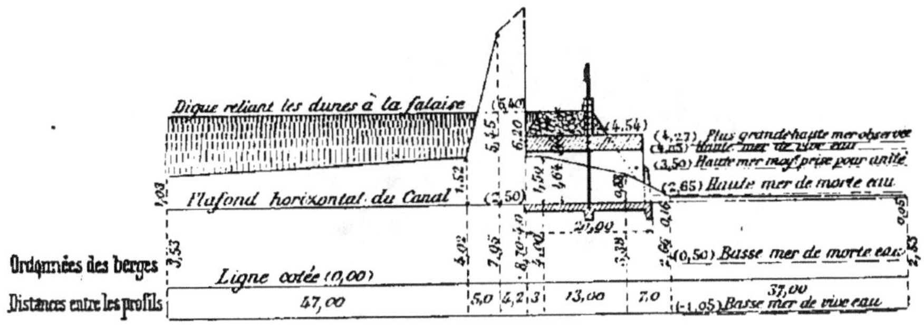

Fig. 58. — Profil en long du canal aux abords de l'aqueduc.

Dans ces conditions, l'embouchure de l'aqueduc étant presque toujours balayée par les vents régnants qui tendent à la dégager en poussant les sables vers le nord, l'ensablement de cette embouchure n'est pas à craindre.

L'aqueduc lui-même est protégé contre l'action des lames

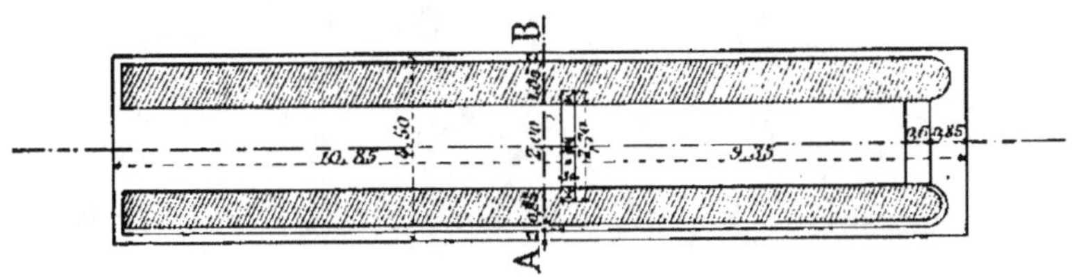

Fig. 59. — Demi-coupe horizontale au niveau de la naissance des culées.

par un cordon d'enrochements fournis par la tranchée ouverte dans la falaise pour le passage du canal. La crête de ce remblai dépasse le niveau des plus hautes mers et rétablit la continuité de la crête des dunes.

L'aqueduc est fermé par un vannage placé vers le milieu de l'ouvrage et constitué par une charpente très robuste en chêne encastrée dans un massif de maçonnerie (*fig.* 58 à 63); ce vannage offre une grande résistance au choc des lames qui viennent, dans les tempêtes, déferler contre sa partie supérieure; quant aux lames qui se brisent dans l'intérieur de l'aqueduc, leurs chocs contre les vannes ne sont pas non plus à craindre, à cause de la grande solidité de ces dernières.

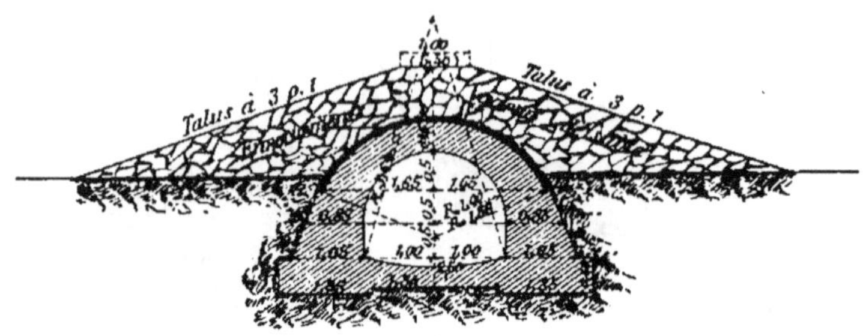

Fig. 60. — Coupe transversale.

Néanmoins, comme ce mode de fermeture entraînait la sujétion de manœuvrer les vannes à chaque marée, on a jugé utile de placer à l'extrémité aval de l'aqueduc des clapets automo-

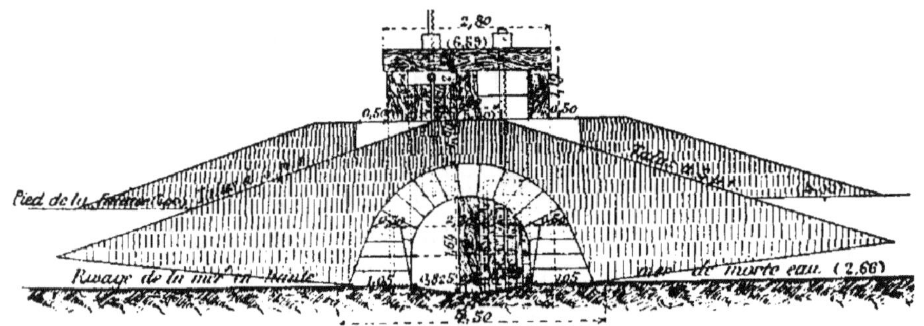

Fig. 61. — Élévation de la tête aval.

biles, dont le bon fonctionnement n'est pas gêné par les apports de sable. Le vannage joue alors le rôle de vannage de sûreté.

Après son achèvement, la digue de protection ayant été corrodée par la mer, on a dû la défendre à son tour contre les lames par des enrochements.

Une fois l'aqueduc achevé, l'eau ayant baissé dans le marais, on a procédé aux travaux d'élargissement du canal à l'amont de Pont-Mahé et au tracé des canaux intérieurs pour l'évacuation des eaux.

Les dépenses se sont élevées à la somme de 18.000 francs environ, soit 52 francs par hectare.

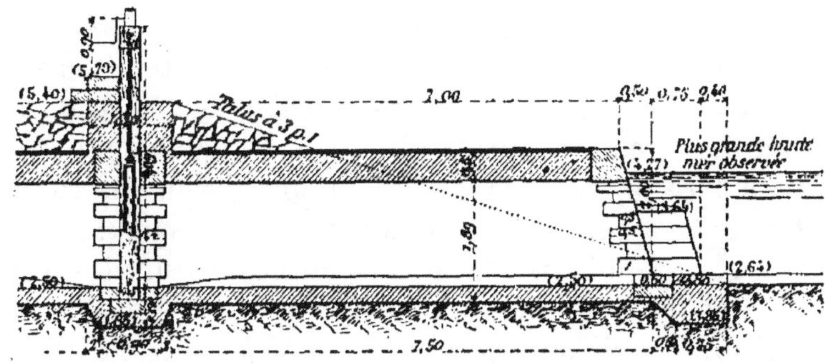

Fig. 62. — Coupe longitudinale.

Les travaux ont produit de bons résultats et paraissent remplir convenablement le but qu'on s'était proposé en les entreprenant.

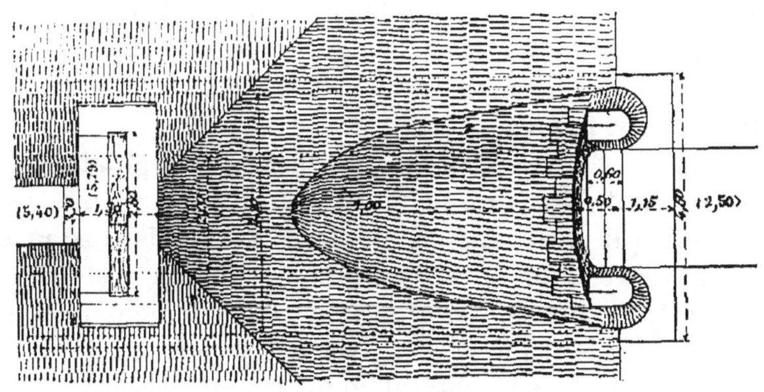

Fig. 63. — Plan supérieur de l'ouvrage.

b) *Waeteringues du Nord et du Pas-de-Calais.* — On désigne, sous le nom de pays waeteringué[1] du Nord de la France, une vaste étendue de terres conquises peu à peu sur

---

[1] Le mot *waeteringue* vient du flamand : *waeter*, eau, et *ring*, administration.

la mer. Il est borné au nord et à l'ouest par le rivage de la mer du Nord, depuis Sangatte jusqu'à la frontière belge, à l'est par cette frontière, et au sud par les collines de l'Artois et les hauteurs qui séparent les bassins de l'Aa et de l'Yser.

A l'exception de quelques coteaux, tout ce territoire peuplé et riche, qui s'étend sur une superficie de 38.880 hectares dans le département du Nord et de 42.300 hectares dans celui du Pas-de-Calais, a son sol à un niveau inférieur de $0^m,50$ à $0^m,70$ à celui des hautes mers de vives eaux.

Une ligne de défense formée de dunes naturelles reliées entre elles par des digues construites de main d'homme, interrompue seulement aux points où se trouvent les ports de la côte, protège ces pays contre l'invasion des hautes mers. Un réseau très complet de canaux de desséchement, appelés *waetergands*, habilement distribués et soigneusement entretenus, conduit vers les ports de Calais, de Gravelines et de Dunkerque[1], les eaux de sources et les eaux pluviales nuisibles à l'agriculture, qui sont évacuées deux fois par jour, à l'heure de basse mer, par des écluses alternativement ouvertes et fermées à chaque marée. En été, les eaux de la rivière de l'Aa, qui partage le pays en deux parties à peu près égales, alimentent d'eau douce la région du littoral conquise sur la mer.

Toute la sécurité et la richesse d'une population considérable sont ainsi uniquement garanties par les ouvrages défensifs qui protègent ce territoire contre l'invasion de la mer, ouvrages dont il convient de dire quelques mots.

A l'est de Calais, le littoral du département du Pas-de-Calais, s'étendant jusqu'à la rivière d'Aa, est bordé de dunes dont le relief est généralement assez élevé et qui sont assez profondes pour qu'une rupture ne soit pas à craindre ; d'ailleurs, en ce point, la laisse de haute mer tend à s'éloigner du rivage, et le courant de flot provoque des dépôts de sables qui favorisent le colmatage des plages.

A l'ouest de Calais, la situation est moins favorable ; les courants, par leur violence, s'opposent au colmatage et au

___

[1] Une faible partie des eaux s'écoule à la mer par le port belge de Nieuport.

relèvement des plages et attaquent plus ou moins énergiquement la côte, là où elle n'est pas formée, comme au Gris-Nez, par des roches dures. Les falaises de craie du Blanc-Nez, non loin de la pointe de Sangatte, sont l'objet de corrosions constantes, et la direction du courant tend à se rapprocher de la terre dans les parties basses. C'est entre l'extrémité des falaises du Blanc-Nez et Calais que se trouve la partie du littoral la plus menacée, et c'est en arrière de cette partie de la côte que se trouvent les terres les plus basses du département du Pas-de-Calais.

Cette partie du territoire waeteringué est défendue par une triple ligne de défenses. En première ligne, les digues de Sangatte et Mouron ; la première, de 20 mètres d'épaisseur moyenne, barre l'embouchure d'une ancienne crique de mer qui formait autrefois le port de Sangatte et que les sables ont peu à peu comblée ; la seconde court parallèlement aux dunes dans la partie où l'épaisseur de ces dernières est trop faible pour constituer une défense suffisante. Les dunes de Sangatte réunissent les têtes des deux digues et complètent la ligne de protection.

La deuxième ligne de défense est composée des digues Camyn et Royale, construites pour la protection des terrains bas conquis sur la mer. Enfin, en arrière, se trouve la route nationale n° 1, qui forme chaussée au-dessus de la plaine, et, bien que moins élevée et moins régulière que les digues, cette levée pourrait jusqu'à un certain point devenir une troisième ligne de défense. Derrière cette ligne, les terres basses submersibles par les hautes mers s'étendent jusqu'à Saint-Omer.

A l'est de Calais, il existe deux rangs de digues dont la nomenclature est donnée dans le tableau ci-après (p. 145).

Le littoral, sur toute l'étendue du département du Nord, est bordé par un cordon de dunes qui ne s'ouvre qu'à Gravelines et à Dunkerque. Sur toute la partie du rivage située à l'est de Dunkerque, les dunes suffisent pour protéger le pays en arrière contre l'invasion de la mer. Elles occupent une largeur moyenne de 600 mètres et qui atteint, en certains endroits, 1.500 mètres ; leur sommet dépasse, en moyenne, de plus de 8 mètres le niveau maximum des hautes mers.

DÉSIGNATION DES DIGUES	LONGUEUR	ÉPAISSEUR MOYENNE	OBSERVATION
A l'ouest de Calais			
	mètres	mètres	Digue perreyée.
Digue de Sangatte.	640	20	
Digue Camyn......	1.480	7^m en crête-talus à 2/1	
Digue Mouron.....	4.360	5	
Digue Royale......	2.240	6	
A l'est de Calais			
Digue Taaf........	11.760	10	
Dunes et levées formant l'ancien chemin de Calais à Gravelines........	6.040	10	
Digue Blanquart (ou Robelin)..........	5.800	10	
Digue Delaunay....	2.440	10	
Digue Valençay....	5.200	10	
Digue du Banc à Groseilles........	5.800	10	
Digue d'Arras......	2.880	10	
	48.640		

Entre Dunkerque et Gravelines, les dunes sont moins hautes et plus clairsemées. Les relais de mer situés dans cette étendue ont été successivement concédés à des particuliers, à charge par eux d'élever des digues pour protéger leurs concessions contre l'envahissement de la mer.

Des digues en terre, dont un grand nombre se trouvent aujourd'hui à l'intérieur des terres et ne servent plus que comme lignes de démarcation des diverses concessions, ont été ainsi élevées à différentes époques. Leur longueur totale atteint 24 kilomètres. Elles ont toutes sensiblement le même profil, et leurs dimensions moyennes sont les suivantes : largeur à la base, 11 mètres ; largeur en crête, $1^m,75$; hauteur, $2^m,30$. Leurs talus sont inclinés à 45° vers l'intérieur des terres et à 3/1 du côté de la mer.

La longueur des digues défendant contre la mer le rivage entre l'Aa et la frontière belge est actuellement de 8.550 mètres, dont 3.300 mètres de digues particulières et une digue de 5.250 mètres établie par l'État en 1881-1885, en avant des anciennes digues particulières, pour loger les déblais provenant du creusement des nouveaux bassins du port de Dunkerque ; elle a 80 mètres de largeur moyenne en crête, et le talus du côté de la mer est incliné à 10/1.

Tel est le système de défense du pays waeteringué contre la mer. On va voir maintenant comment se font les écoulages et l'alimentation en temps de sécheresse.

On remarque d'abord que, bien que ce pays paraisse, à première vue, être un terrain entièrement plat, il a cependant une faible pente vers la mer, exception faite de la région des anciens lacs marécageux aujourd'hui desséchés dits des Moëres, dont on s'occupera ultérieurement (§ 34, a).

Toutefois, le pays est sillonné de canaux de navigation mettant en communication les principaux centres habités avec les rivières canalisées et les ports de la côte. Les digues de ces voies de communication et les bourrelets de défense naturels ou artificiels sont autant d'obstacles au ruissellement des eaux pluviales vers la mer. Aussi, bien que la région n'ait pas le caractère des polders de la Hollande dont le desséchement ne peut être poursuivi et entretenu qu'au moyen de machines élévatoires, l'évacuation des eaux zénithales nécessite l'existence du réseau de waetergands dont il a été parlé et dont on expliquera ultérieurement le fonctionnement.

Les waeteringues du Nord, dont la surface totale est, on le sait, de 38.880 hectares, sont partagées en quatre sections administratives d'entretien (Pl. I) ; celles du Pas-de-Calais forment huit sections ; mais la sixième et la huitième section, qui n'ont respectivement qu'une étendue de 465 et 51 hectares, ont été créées dans le but spécial de poursuivre le desséchement de marais isolés, dont les eaux ne peuvent s'écouler à la mer qu'au moyen d'éclusettes protégeant les terres basses contre l'envahissement des hautes mers et qu'on manœuvre à marée basse pour assurer l'évacuation des eaux douces. On laissera donc de côté ces deux sections dont le territoire est complètement en dehors de celui des autres sections de waeteringues (Pl. II).

Le tableau ci-après (p. 148) donne, pour chacune des sections des waeteringues du Nord et du Pas-de-Calais, des renseignements sur le mode d'évacuation des eaux.

Comme dans tous les desséchements, le réseau des émissaires d'évacuation se compose d'artères de divers ordres : d'abord, au dernier rang, de simples fossés, ou *douves*, dans lesquels s'égouttent les terres riveraines ; ceux-ci déversent leurs eaux dans des canaux ou *waetergands*[1] secondaires, qui débouchent eux-mêmes dans les waetergands principaux, émissaires d'évacuation conduisant les eaux à la mer. Vu le peu de pente du terrain naturel, il est possible de donner aux fossés et artères de desséchement une profondeur et une pente longitudinale telles qu'ils écoulent leurs eaux dans le sens le plus convenable pour les évacuer rapidement, ou, en d'autres termes, qu'ils aboutissent à un émissaire de débouché à la mer dont le plan d'eau soit à un niveau inférieur à celui des waetergands auxquels cet émissaire sert de collecteur. C'est ainsi qu'autrefois les terrains des cinq premières sections des waeteringues du Pas-de-Calais écoulaient uniquement leurs eaux à la mer par l'intermédiaire du canal de navigation de Calais. Le plan d'eau de ce canal, qui varie entre les cotes 2 mètres et 2^m,10, est trop élevé pour assurer un bon desséchement des terres avoisinantes. D'un autre côté, les abaissements de niveau lors des tirages à la mer rendus nécessaires pour évacuer les eaux des waeteringues étaient préjudiciables à la navigation. On a séparé les deux régimes opposés de la navigation et du desséchement et dirigé, par des émissaires indépendants des grandes voies de navigation, une partie de l'écoulement vers le port de Gravelines et l'autre vers celui de Calais ; ce résultat a été obtenu en aménageant convenablement la rivière d'Oye qui débouche dans le premier de ces ports, et les canaux de Marck et des Pierrettes qui débouchent dans le second. On a dû, de plus, approfondir et rectifier le tracé de divers émissaires de moindre importance pour changer le sens d'écoulement de leurs eaux, notamment pour diriger vers Gravelines les eaux de certains waetergands, qui débouchaient primitivement dans le canal de Calais.

La séparation des régimes de la navigation et du desséche-

---

[1] De *waeter*, eau, et *gang*, fossé.

N°ˢ des SECTIONS	SURFACES	ÉMISSAIRES ou waetergands principaux de DESSÉCHEMENT	ÉMISSAIRES D'ÉVACUATION	DÉBOUCHÉS à LA MER	COTE d'altitude des terres basses	OBSERVATIONS
		Département du Nord				*Port de Dunkerque* Niveau des hautes mers de vives eaux d'équinoxe: 4ᵐ726.
	hectares				mètres	
1ʳᵉ	9.298	Schelfvliet	Fossés de la Place	Port de Gravelines	1.75	Niveau des basses mers moyennes de vives eaux ordi-
		Noort-Gracht	Canal de Bourbourg	Port de Dunkerque		naires : — 1ᵐ,987.
2°	10.189	Vieille-Colme	— id. —	— id. —	1 »	*Port de Gravelines*
		Langhe Gracht	Canal de Bergues	— id. —		Niveau des hautes
3°	8.509	Houde Gracht	— id. —	— id. —	1.50	mers de vives eaux
		Canal de la Haute-Colme	— id. —	— id. —		d'équinoxe: 5ᵐ.18.
4°	10.884	Canal des Moëres	Fossés de la Place	— id. —	0.50	Niveau des basses mers moyennes de vives eaux ordi-
		Département du Pas-de-Calais				naires : — 3ᵐ,81.
		Waetergand Sauvage	Canal du Houlet	Port de Calais		*Port de Calais*
1ʳᵉ	10.946	Le Petit Dracht	Fossés de la Place	Port de Gravelines	»	Niveau des hautes mers de vives eaux extraordinaires:
		Le Grand Dracht	— id. —			3ᵐ,80.
		Waetergand du Vinfil	Canal du Houlet	Port de Calais		Niveau des basses
2°	9.634	Waetergand du Nord	Canal de Marck	— id. —	1.30	mers de vives eaux
		Waetergand de la Nˡˡᵉ-Eglise	Rivière d'Oye	Port de Gravelines		extraordinaires:
		Waetergand de la Cauchoise	Canal du Houlet	Port de Calais		— 3ᵐ,20.
3°	4.183	— du Plein Fossé	Canal du Marck	— id. —	»	Niveau des crues
		— du Sud	— id. —	—. id. —		moyennes de l'Aa
4°	2.441	Canal des Pierrettes	Fossés de la Place	— id. —	»	entre Saint-Omer
5°	3.387	Canal des Pierrettes	— id. —	— id. —	»	et la mer: 3ᵐ,31.
7°	11.207	— —	L'Aa	Port de Gravelines	»	

ment a été également poursuivie en ce qui concerne les wacteringues du Nord. C'est ainsi qu'une grande partie du territoire de la première section écoulait autrefois ses eaux à la mer à Dunkerque par l'intermédiaire du canal de Bourbourg. Mais cet ancien waetergand a été transformé en canal navigable et relié au réseau des voies navigables du Nord et du Pas-de-Calais[1]; son plan d'eau est tenu normalement à la cote $1^m,58$, et il n'aurait pu continuer à servir d'émissaire de desséchement, dans les mêmes conditions qu'auparavant, que moyennant un abaissement de niveau préjudiciable à la navigation. Dans ces conditions, on a transformé le mode d'évacuation des eaux autrefois tributaires de ce canal; on les a conduites à Gravelines par l'intermédiaire du waetergand le *Schelfvliet*, convenablement aménagé, et on leur a donné un débouché direct à la mer (*fig.* 64); actuellement la moitié environ des terres de la première section évacue ses eaux par Gravelines; l'autre moitié, il est vrai, continue à les évacuer dans le canal de Bourbourg, mais ce résultat s'obtient sans que des courants trop violents ou des réductions de mouillage viennent gêner la navigation.

De même pour la troisième section. La plus grande partie des eaux de cette section s'écoulaient autrefois dans le bief inférieur du canal de navigation de la Haute-Colme et, pour obtenir un desséchement satisfaisant, il fallait parfois abaisser le plan d'eau du canal au-dessous de la cote réglementaire de navigation ($1^m,03$). On a remédié à cet état de choses en prolongeant à peu près parallèlement au canal, le waetergand principal l'*Houde gracht*, lequel déverse aujourd'hui dans les fossés de la place de Bergues les eaux qui aboutissaient auparavant au canal de la Haute-Colme. Il a été possible, dans l'espèce, de transformer l'Houde gracht, d'élargir et d'abaisser son plafond de manière à lui donner une section et une pente longitudinale suffisantes pour permettre l'écoulement rapide des eaux qu'il recueille, et, de plus, mettre en communication ce waetergand avec les émissaires qui recueillent

---

[1] Le canal de Bourbourg n'avait, à l'origine, qu'un trafic local; c'est aujourd'hui une voie navigable de premier ordre; en 1896, son trafic a atteint 561.260 tonnes.

les eaux provenant des terrains situés trop bas pour pouvoir s'égoutter en tout temps dans le canal.

Pour achever dans la mesure utile les travaux de sépa-

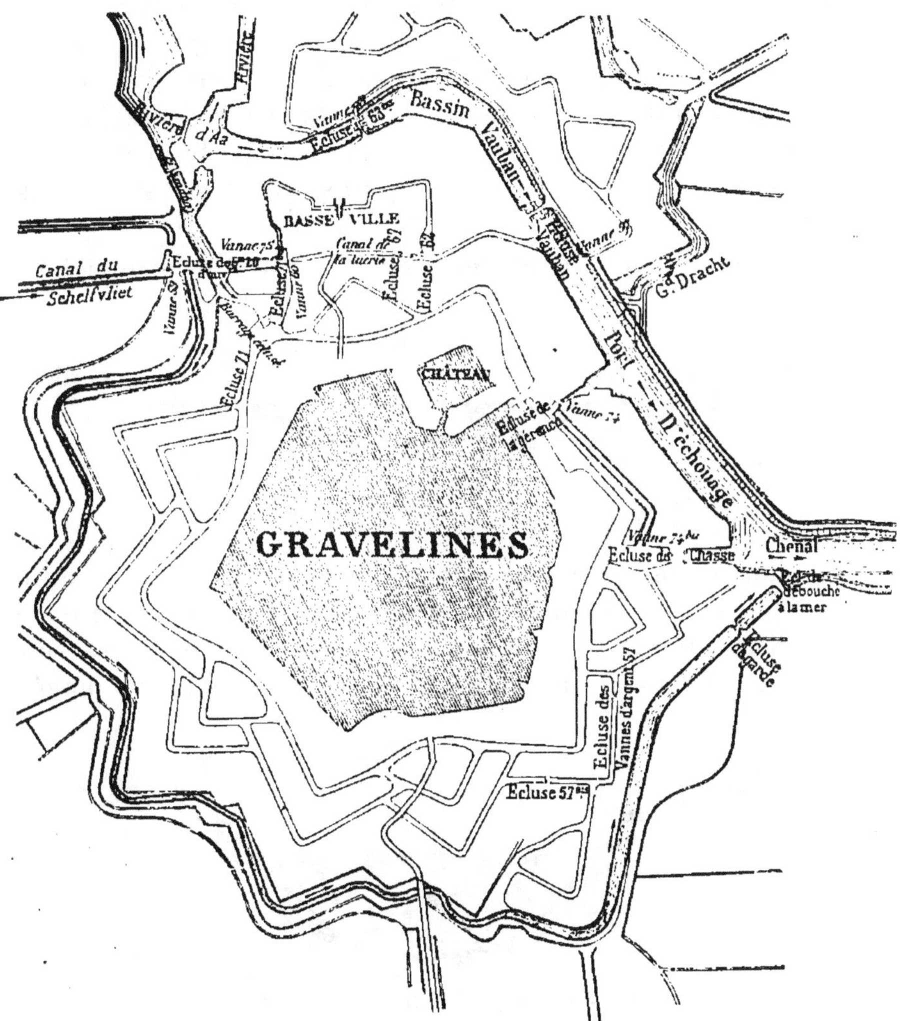

Fig. 64. — Débouchés du canal du Schelfvliet et du waetergant « le Grand Dracht » dans le port de Gravelines.

ration des eaux de desséchement qui aboutissent au port de Dunkerque et des eaux de navigation, il ne reste plus qu'à dériver le canal des Moëres débouchant actuellement dans le canal de navigation dit de la Cunette, pour le faire arriver dans les fossés de la place. Ce dernier projet est à l'étude.

Les émissaires de tout ordre sont munis, à leur débouché dans le waetergand dont ils sont tributaires, d'une vanne ou d'un clapet de fermeture. Ces appareils permettent de diriger l'évacuation de l'eau avec plus ou moins de rapidité, suivant les circonstances atmosphériques; ils servent également à retenir l'eau d'arrosage, le réseau des fossés de desséchement étant utilisé pendant l'été pour véhiculer l'eau nécessaire à l'irrigation du pays waeteringué, ainsi que cela est expliqué plus loin.

Les waetergands principaux sont de véritables canaux sur

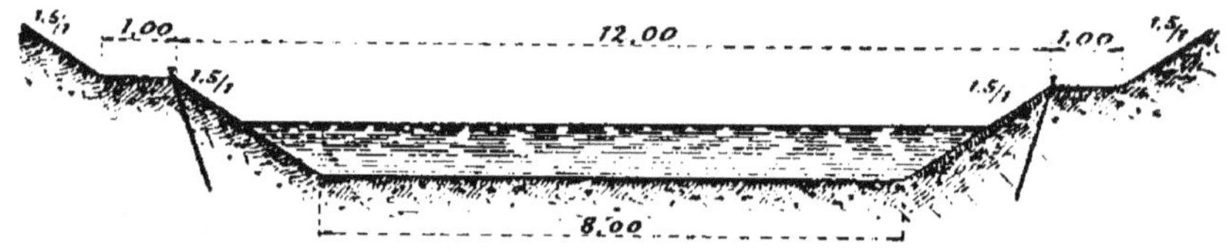

Fig. 65. — Canal des Pierrettes, à Calais (partie aval).

lesquels circulent des barques qui transportent les produits agricoles de la région. Les figures 65 et 66 représentent les profils en travers de deux d'entre eux. Ces émissaires sont soit des cours d'eau naturels convenablement aménagés,

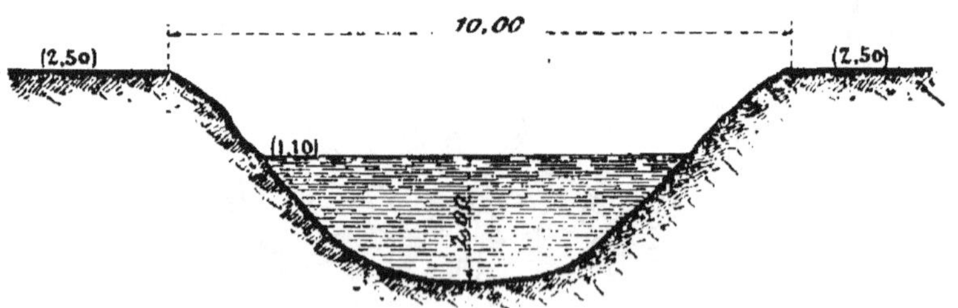

Fig. 66. — Waetergand le Houde gracht (partie aval).

soit des canaux artificiels. Leur section dépend naturellement de la surface dont ils doivent recueillir les eaux pluviales. L'expérience a montré qu'on se place dans de bonnes conditions en admettant qu'ils doivent écouler au maximum 25 mètres cubes d'eau par hectare et par jour, ce qui correspond à un débit permanent de $0^m,0003$ par hectare et par seconde. En réalité, l'écoulement est discontinu ; mais ce fait est sans inconvénient, attendu que les émissaires principaux comportent à l'aval des réservoirs capables d'emmagasiner de grandes quantités d'eau dans l'intervalle de deux marées. Ces réservoirs sont formés par les fossés des fortifications et les bassins de chasses des ports d'écoulement. C'est ainsi que le canal de Marck, qui sert d'émissaire à une partie des eaux de la deuxième et de la troisième section des waeteringues du Pas-de-Calais, débouche dans l'enceinte fortifiée de la place de Calais, laquelle écoule à son tour ses eaux dans le port. Cet émissaire est un ancien canal de navigation, aujourd'hui déclassé, et qui autrefois se jetait dans le canal de Calais. Lors de l'exécution des travaux du nouveau port de Calais, vers 1880, on a construit une dérivation qui vient déboucher dans les fossés des fortifications de la ville. Le profil de cette dérivation a été établi de manière à lui donner un débit de $2^{m3},100$, par seconde, la surface versante étant de 6.890 hectares ($6.890 \times 0^{m3},0003 = 2^{m3},067$). Les dimensions en ont été calculées de la manière suivante. Soit

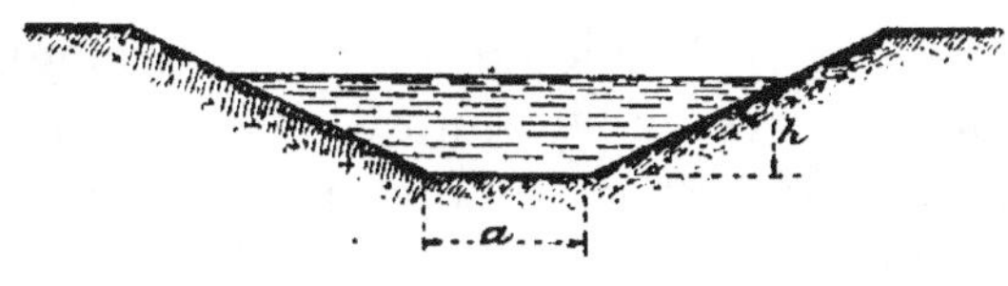

Fig. 67.

adopté (*fig*. 67) le profil en travers défini par a, h et λ (rapport de la base à la hauteur des talus) ; si l'on désigne par i la pente longitudinale du plafond, les formules relatives aux canaux découverts à parois en terre donnent :

$$Q = \omega R \sqrt{\frac{i}{0,00028 \, (R + 1,25)}},$$

$$\chi = a + 2h \sqrt{1 + \lambda h},$$

$$R = \frac{\omega}{\chi}.$$

Le canal de Marck, dans sa partie aval, a une profondeur d'eau de $1^m,30$ et une pente de $0^m,056$ par kilomètre. On lui a donné une largeur au plafond de 4 mètres et des talus réglés à 1,5 de base pour 1 de hauteur. On a alors respectivement, pour l'aire ω de la section, le périmètre mouillé χ, le rayon moyen R et le débit Q :

$$\omega = 1,30\,(4,00 + 1,30 \times 1,5) = 7^{m2},74,$$
$$\chi = 4,00 + 2 \times 1,30 \sqrt{1 + 1,30 \times 1,5} = 8^{m},68,$$
$$R = 7,74 : 8,68 = 0,89$$
$$Q = 7,74 \times 0,89 \times \sqrt{\frac{5,60}{28 \times 2,14}} = 2^{m3},108 \cdot$$

Ses dimensions sont donc suffisantes pour lui permettre d'écouler le volume d'eau qu'il est susceptible de recevoir.

Le débit des waetergands croît nécessairement de l'amont vers l'aval; la section mouillée doit augmenter dans le même sens. Le profil en long moyen du lit n'est donc parallèle au profil en long de la surface des eaux que sur une certaine longueur, entre deux affluents ordinairement; la différence entre les niveaux des plafonds de deux sections consécutives nécessite, à leur point de jonction, l'établissement d'une sorte de chute, de manière que le fond du lit est creusé en escalier. Chaque section se calcule d'une manière analogue à celle donnée comme exemple.

En morte eau ordinaire, on ouvre les vannes d'écoulement dans le port de Calais, quand la mer, en descendant, atteint la cote ($+ 0^{m},80$) et on les renferme quand son niveau atteint en remontant ($- 0^{m},80$); la durée entre le moment de la fermeture et celui d'une nouvelle ouverture est de $6^{h},45$ et, pendant ce temps, l'eau douce s'accumule dans la partie aval du canal de Marck et dans les fossés de la place; l'expérience a montré que le niveau de l'eau ainsi amoncelée en arrière des vannes et emmagasinée dans les fossés et le canal ne s'élève pas, dans ce dernier, au-dessus de la cote ($+ 0^{m},80$), en sorte que l'écoulement est continu dans les divers émissaires d'amont, dont le plan d'eau reste toujours supérieur à cette dernière cote.

Il serait inexact de croire que plus grands sont les débouchés à la mer, plus il s'écoule d'eau; il ne se déverse à la mer que ce qui arrive aux écluses, et l'on pourrait décupler la section de celles-ci sans utilité, si les eaux se trouvaient arrêtées à l'amont. D'ailleurs, toutes les écluses à la mer ont des débouchés plus que suffisants pour écouler toute l'eau que leur amènent les waetergands: c'est ainsi que celle qui est située dans le port de Dunkerque, à l'Est du phare, est capable de débiter en vives eaux 2 millions de mètres cubes par marée, soit 4 millions de mètres cubes par vingt-quatre heures.

C'est donc par une manœuvre convenable des écluses de débouché à la mer et des vannes des waetergands dont il a été parlé, qu'on assure l'évacuation des eaux zénithales tombées sur le pays waeteringué et de celles qu'il reçoit des coteaux qui le bordent au sud, au moyen des tirages à la mer qui se font sans interruption pendant toute la période d'hiver, c'est-à-dire du 1er octobre au 1er mars. Pendant l'été, sauf en cas de pluies exceptionnelles, les tirages sont suspendus, et l'on doit, de plus, se préoccuper d'assurer au pays l'eau nécessaire à l'irrigation, ainsi qu'à l'alimentation des habitants et à l'abreuvement des bestiaux. L'eau est fournie à toutes les sections des waeteringues du Nord et du Pas-de-Calais par la rivière d'Aa, qui, endiguée et canalisée sur tout son parcours depuis Saint-Omer jusqu'à Gravelines, est maintenue à une hauteur de 1 mètre à 1^m,30 en moyenne au-dessus du plan d'eau des waetergands qu'elle alimente; de plus, à son débouché dans le port de Gravelines, elle est défendue contre l'incursion des eaux salées par une paire de portes busquées (*fig.* 64).

La quantité d'eau nécessaire à l'alimentation est assez grande, attendu qu'elle doit être renouvelée de temps à autre pour éviter qu'elle ne croupisse. La couche d'alluvions qui constitue la superficie du sol est peu épaisse et, immédiatement au dessous, on rencontre des couches tourbeuses. Pendant la période d'été, les eaux stagnantes s'abaissent d'ailleurs rapidement par évaporation et par imbibition dans les innombrables canaux qui constituent le réseau des waetergands; aussitôt que leur surface se trouve à peu près en contact avec la tourbe, elles se décomposent rapidement, et, si elles n'étaient renouvelées, on verrait se développer de nouveau avec intensité les épizooties et les fièvres paludéennes qui, autrefois, désolaient périodiquement le pays.

Le débit d'été de l'Aa tombe parfois à 2 mètres cubes par seconde, ce qui est peu, eu égard à l'étendue du pays wateringué, étant donné, de plus, que cette eau est utilisée à l'alimentation d'un réseau de canaux de navigation qui, avec la rivière elle-même, ne présentent pas moins de 100 kilomètres de longueur. Mais l'alimentation en eau douce de la contrée n'est possible que par ce moyen, et, depuis fort longtemps qu'il est en usage, on n'a constaté, dans les grandes sécheresses, d'autre inconvénient qu'un abaissement anormal du tirant d'eau, au détriment de la navigation, pendant une durée généralement assez courte pour que le préjudice causé à cette dernière ne soulève pas de plaintes sérieuses.

L'eau douce pénètre dans le réseau des watergands soit par l'intermédiaire de fossés d'irrigation spéciaux dérivés de la rivière, soit par l'intermédiaire du canal de Bourbourg, qui s'étend de l'Aa à Dunkerque, en traversant dans leur plus grande longueur les wateringues du Nord.

Il est facile de comprendre comment il peut se faire qu'une même artère serve alternativement au desséchement et à l'alimentation, en véhiculant toujours dans le même sens d'écoulement, pendant l'hiver les eaux pluviales, et pendant l'été l'eau douce empruntée à la rivière d'Aa.

Les artères secondaires sont en communication soit directe, soit par l'intermédiaire d'autres watergands, d'un côté, avec une vanne de prise d'eau à l'Aa ou au canal de Bourbourg et, de l'autre, avec un watergand principal muni à son extrémité aval d'un appareil évacuateur. Durant la période d'hiver, quand les vannes de prises d'alimentation dans l'Aa et dans le canal de Bourbourg sont fermées, les tirages à la mer font descendre l'eau dans le watergand principal suffisamment pour assurer la vidange de ses affluents. Au contraire, aux époques de sécheresse, on ferme les vannes d'évacuation et l'on ouvre les vannes d'alimentation; les eaux de la rivière et celles du canal de Bourbourg, étant maintenues à un niveau supérieur à celui des terres voisines, pénètrent dans l'artère qui fait suite à la vanne et gagnent de proche en proche jusqu'au watergand principal. Elles servent non seulement à l'irrigation, mais encore aux besoins domestiques et à l'abreuvement des bestiaux. Pour éviter le croupissement de l'eau stagnante, on renouvelle de temps à autre l'eau d'alimentation; on la fait écouler par les vannes d'évacuation et on la remplace par de la nouvelle eau empruntée à l'Aa ou au canal de Bourbourg.

On dira maintenant quelques mots des ouvrages d'art. Dans une région industrielle et peuplée, sillonnée de routes, de chemins de fer et de canaux de navigation, les waetergands traversent un grand nombre de fois ces voies de communication; les traversées des artères de desséchement qui se font toujours par dessous, exigent un grand nombre de ponts, ponceaux, dallots et siphons. Les waetergands eux-mêmes se traversent souvent l'un l'autre en siphon, par exemple lorsqu'ils servent de collecteurs aux eaux provenant de terrains d'altitudes différentes. Ce sont toujours là des ouvrages courants très simples, en maçonneries ou en briques; les siphons consistent parfois en buses en bois à section carrée; mais, plus ordinairement, ils sont en maçonnerie.

Les vannes de prise d'eau ont une ouverture qui varie

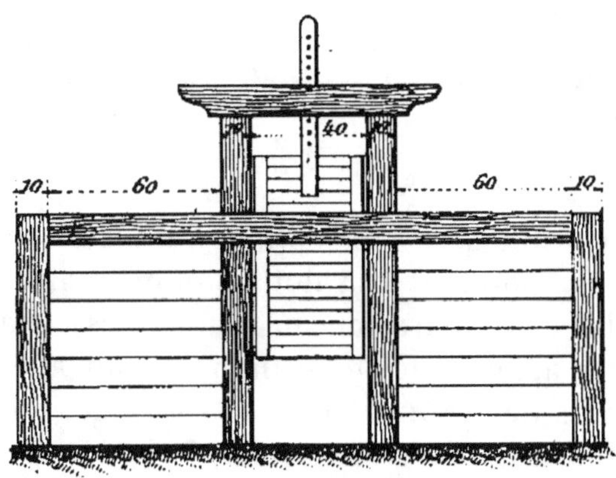

Fig. 68. — Vanne au débouché d'un waetergand dans le canal de Marck (tête amont).

de 0^m,40 à 3^m,50 ou 4 mètres; les plus simples sont mues au moyen d'une tige en bois percée de trous, dans lesquels on peut fixer un goujon (*fig.* 68). Parfois la vanne est manœuvrée au moyen d'une crémaillère; enfin les grandes ouvertures sont fermées par deux vannes accolées, mues par deux crémaillères engrenant sur le même pignon.

On profite aussi parfois de l'existence de ponts pour y accoler une vanne qu'on manœuvre facilement. Tel est le cas du pont éclusé représenté par les figures 69 à 71 et qui est

Pont éclusé sur un waetergand (2ᵉ section des waeteringues du Nord).

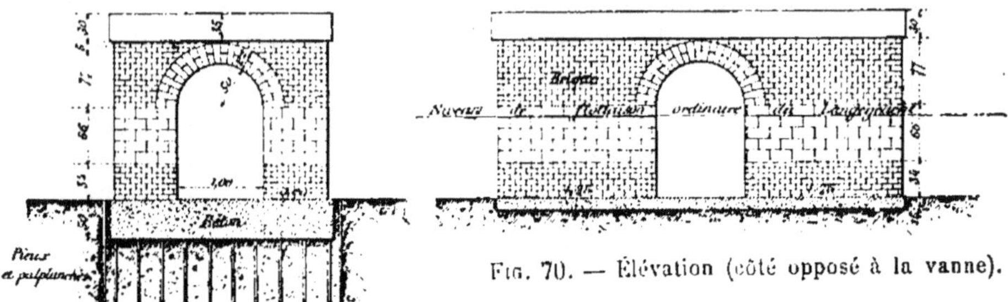

Fig. 70. — Élévation (côté opposé à la vanne).

Fig. 69. — Élévation (côté de la vanne).

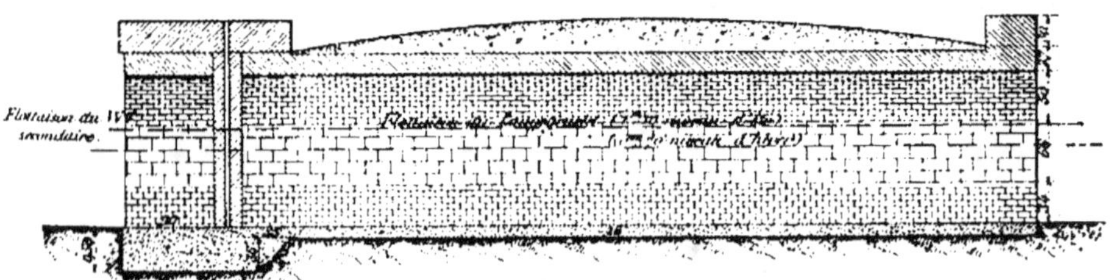

Fig. 71. — Coupe en long.

construit en briques, à l'exception d'un cordon en pierres de taille correspondant à la flottaison ordinaire.

Pour réaliser la séparation du régime des canaux de navigation et des artères de desséchement, on a dû établir en certains points des vannes formant barrage. C'est ainsi que le waetergand dit *canal du Houlet*, lequel relie le canal de navigation de Calais au canal de desséchement de Marck, est muni, près du point où il se sépare de la ligne de navigation, d'une vanne formant barrage (*fig.* 72 à 74) qu'on ferme lors des tirages à la mer, pour empêcher l'évacuation des eaux de la voie de navigation en même temps que celles du desséchement. En dehors des périodes de tirage, la vanne-barrage est levée, et le même niveau s'établit à l'amont et à l'aval de l'ouvrage ; on l'abaisse au moment d'ouvrir les vannes de tirage de l'avant-port de Calais.

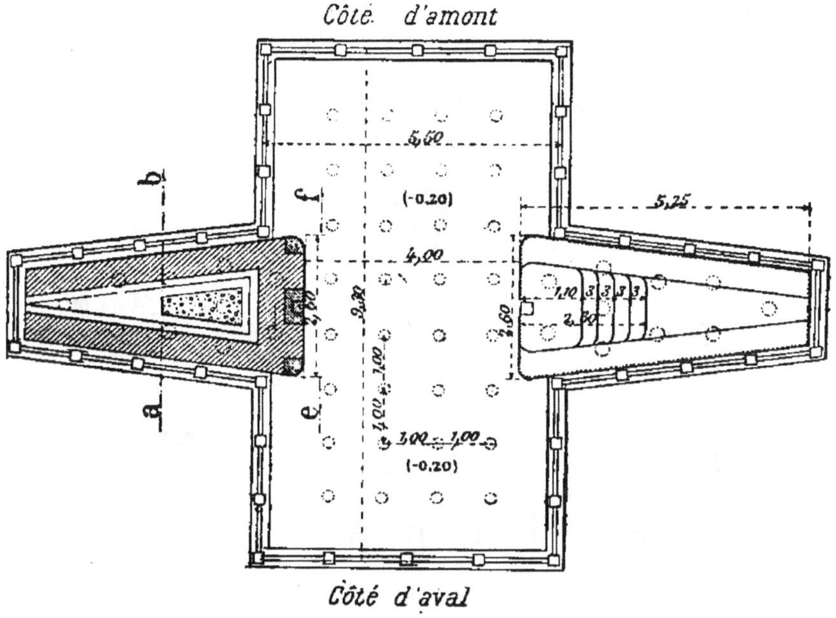

Fig. 72. — Plan.

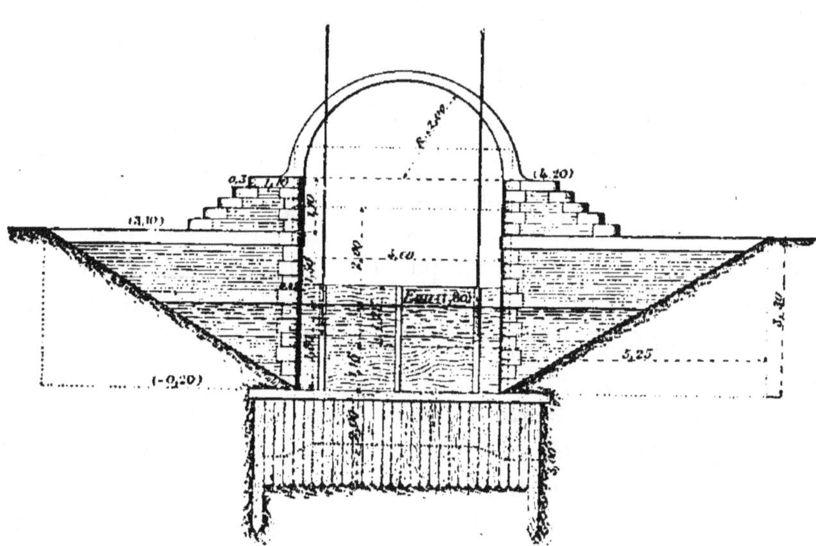

Fig. 73. — Élévation transversale.

La vanne représentée par les figures 72 à 74 est en deux parties indépendantes l'une de l'autre, ayant respectivement 1^m,15 et 1^m,25 de hauteur; dans la manœuvre de levée, la partie inférieure se soulève, vient s'accoler contre la partie supérieure qu'elle entraîne jusqu'à ce que leur seuil arrive à 2 mètres environ au-dessus du radier. Les deux tiges de vannes, qui sont reliées à leur sommet par une barre de fer, sont à crémaillère : elles sont mues par un engrenage fixé à

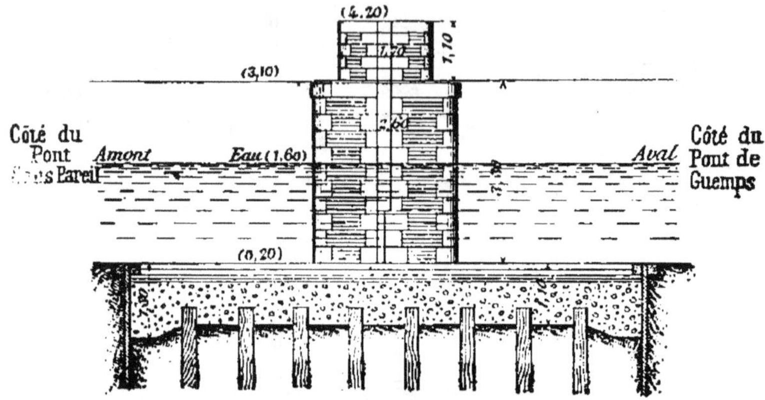

Fig. 74. — Coupe longitudinale suivant *ef*.

un arbre de transmission, mis en mouvement par un volant de manœuvre à poignées, placé sur le côté de l'ouvrage.

On a dit précédemment que l'évacuation à la mer des eaux recueillies par les waetergands se faisait par la gravité. Il y a toutefois une exception en ce qui concerne la quatrième section des waeteringues du Nord. Cette section, d'une surface de 10.884 hectares, écoule entièrement ses eaux dans le port de Dunkerque, par l'intermédiaire du canal de Moëres. Or la partie la plus basse, occupée par le lac aujourd'hui desséché des Moëres, est aussi la plus éloignée de l'émissaire d'évacuation (elle s'en trouve à 35 kilomètres environ), le sol se relevant d'une façon lente, mais continue, depuis la frontière belge jusqu'au canal de Bergues. L'assèchement de cette partie ne peut donc être assuré qu'après l'écoulement des eaux recueillies par la partie aval du canal des Moëres et quand le plan d'eau dans ce canal a été suffisamment abaissé par des tirages à la mer. De plus, l'entretien du desséchement du lac des Moëres est assuré par des machines, en sorte qu'en cas de grandes pluies le canal

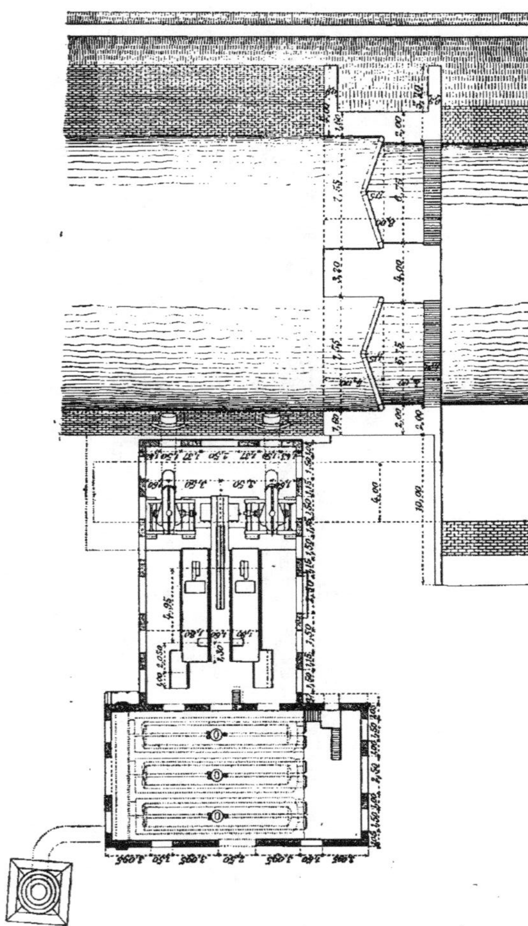

Fig. 75. — Barrage éclusé du pont de Steendam (plan général).

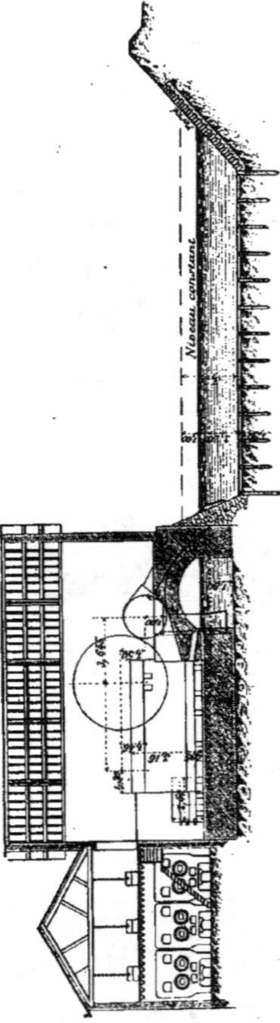

Fig. 76. — Coupe suivant l'axe du bâtiment des machines.

reçoit très rapidement les eaux recueillies à la surface du lac desséché (3.500 hectares, dont 1.500 sur le territoire belge), au détriment de l'assèchement des terres de la quatrième section, même moins basses et moins éloignées de l'écluse de débouché. Enfin l'écoulement direct à la mer ne peut se faire qu'autant que le niveau de cette dernière est inférieur à celui du canal; la durée de l'écoulement n'est que de quatre heures environ par marée, et même parfois, en mortes eaux, lorsque les vents sont contraires, l'évacuation devient impossible. Pour remédier en partie à un état de choses aussi préjudiciable aux intérêts de la quatrième section, on a construit sur le canal des Moëres, près du pont de Steendam, situé à 6 kilomètres environ de l'extrémité aval, un barrage éclusé au droit duquel les eaux du bief amont sont élevées au moyen de pompes mues par la vapeur, dans l'intervalle des tirages à la mer, et sont rejetées dans le réservoir formé par le bief aval du canal et une partie des fossés de la place de Dunkerque. On substitue ainsi un écoulement continu aux écoulements intermittents. Le barrage éclusé (*fig.* 75 et 76) se compose de deux ouvertures de $6^m,75$ de largeur chacune, formées par deux paires de portes en bois et séparées par un massif de $3^m,20$ de longueur ; quant à la machine élévatoire, elle se compose de deux pompes rotatives en fonte système Neut et Dumont, capables d'élever ensemble 320 mètres cubes par seconde, à une hauteur pouvant atteindre $2^m,50$. Ces pompes sont actionnées par deux machines à vapeur de la force de 445 chevaux sur les pistons. Dans ces conditions, on peut, en général, maintenir le plan d'eau dans le canal des Moëres à l'amont du pont à un niveau suffisamment bas pour assurer l'assèchement des terres qui y déversent leurs eaux.

Les ouvrages d'art les plus importants des waeteringues sont les écluses de débouché à la mer. Ces ouvrages varient avec l'importance des waetergands principaux. On a reproduit, à titre d'exemples, deux d'entre eux.

Les figures 77 et 78 représentent l'ouvrage éclusé de débouché dans le port d'échouage de Gravelines du waetergand le *Grand Dracht*. Il se compose de deux tubes en ciment de $1^m,50$ de diamètre intérieur, noyés dans un fort remblai de sable additionné de chaux hydraulique et pilonné. Ce remblai donne passage à un chemin de 6 mètres de largeur ; son pied est arrêté à l'amont et à l'aval par des parafouilles por-

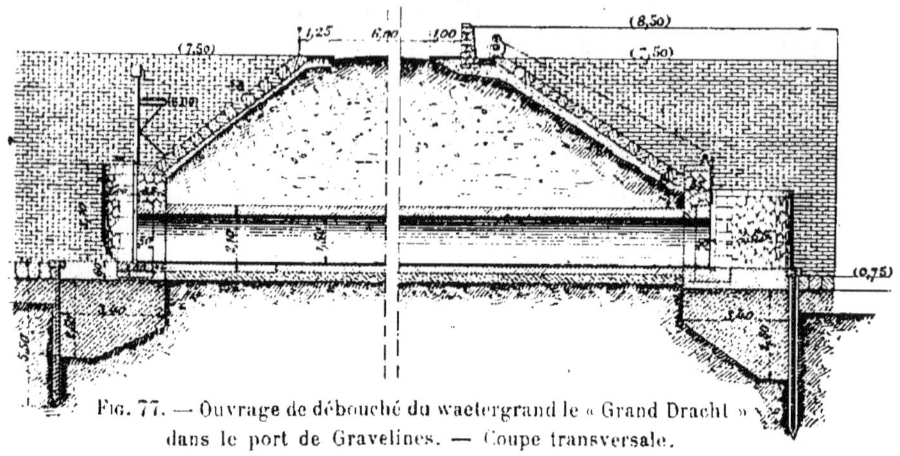

Fig. 77. — Ouvrage de débouché du waetergrand le « Grand Dracht » dans le port de Gravelines. — Coupe transversale.

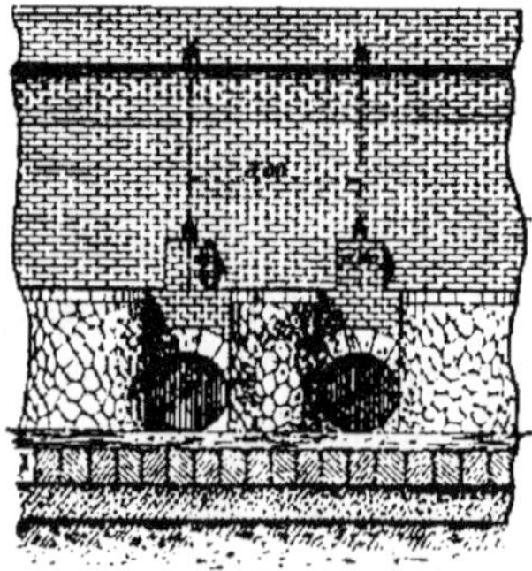

Fig. 78.   Élévation de la tête (les vannes supposées ouvertes).

tant les petites piles nécessaires à l'installation des vannes de fermeture et qui, de plus, arrêtent toute infiltration.

Les figures 79 à 81 représentent l'écluse de débouché, dans le port de Dunkerque, des eaux amenées par le canal de la Cunette, lequel n'est autre que le prolongement à travers les fortifications de la place du canal des Moëres, émissaire des eaux du lac desséché des Moëres et de la quatrième section des waeteringues du Nord.

Le canal de la Cunette ayant son débouché dans l'avant-port, l'écluse est utilisée comme écluse de chasse. Dans ce

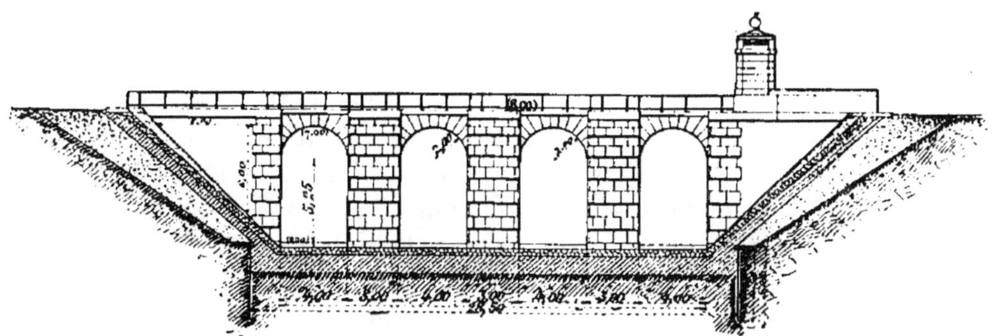

Fig. 79. — Coupe suivant AB du plan. — Élévation de la tête aval.

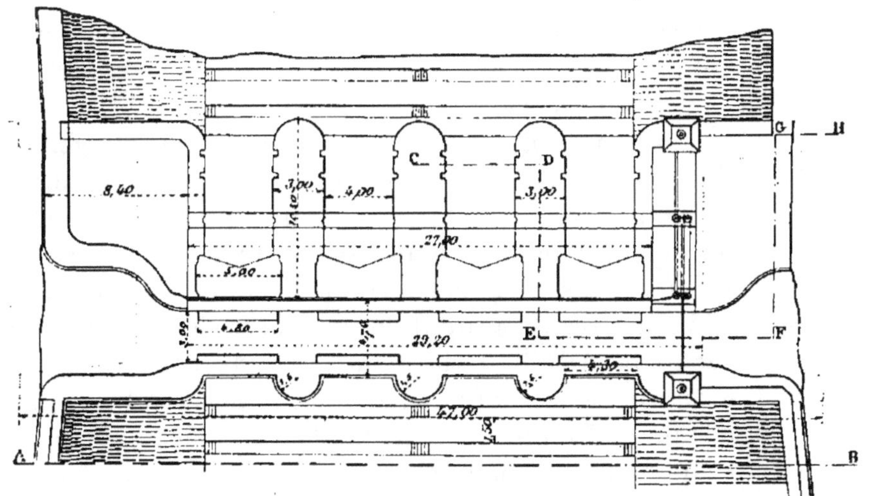

Fig. 80. — Plan d'ensemble.

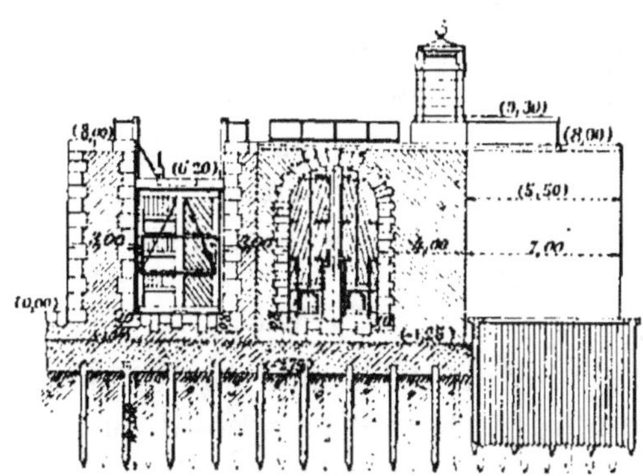

Fig. 81. — Coupes verticales suivant CDEFGH du plan.

but, elle comprend quatre ouvertures de 4 mètres de largeur libre, séparées par des piles de 3 mètres d'épaisseur et fermées chacune par une paire de portes busquées en bois, en avant desquelles se trouve une autre porte pivotante également en bois. Lors des tirages, à marée basse, on ouvre les portes busquées et l'on déclenche un verrou qui maintient fermées les portes pivotantes. Celles-ci, sous l'influence de la pression de l'eau accumulée dans le canal de la Cunette, s'ouvrent brusquement, pour se refermer d'elles-mêmes lorsque le niveau de la mer, en remontant, s'élève au-dessus de celui du plan d'eau dans le canal.

Pour terminer cette monographie du pays waeteringué, il reste à dire quelques mots de son histoire, de son administration et, enfin, de sa situation agricole.

Dans la région qui forme aujourd'hui le département du Nord, les travaux de défense contre la mer et d'évacuation des eaux pluviales, imités des travaux analogues exécutés antérieurement dans les Flandres, ont été commencés, prétend-on, en 1169, sous le gouvernement de Philippe d'Alsace, comte de Flandre. Ils avaient pour objet le desséchement de la surface comprise dans le delta de l'Aa : cette rivière, en effet, avait, outre le cours d'eau actuel, un autre bras qui se jetait à la mer à Dunkerque et coulait à l'emplacement occupé aujourd'hui par les canaux de la Haute-Colme et de Bergues. Dans le Pas-de-Calais, c'est lors de l'occupation du pays par les Anglais que furent construits les premiers waetergands.

Avant 1789, tous les émissaires de desséchement étaient entretenus par les propriétaires riverains ; pendant la Révolution, les travaux d'entretien ayant été abandonnés, les terres basses furent inondées pendant huit mois chaque année. Cet état de choses prit fin sous l'Empire qui, par décrets organiques du 12 juillet 1806 et du 28 mai 1809, réorganisa les waeteringues du Nord et du Pas-de-Calais ; ces décrets ont été abrogés et remplacés, le premier par un décret du 29 janvier 1852, modifié lui-même par un décret du 17 décembre 1890, et le second par une ordonnance royale du 27 janvier 1837, encore aujourd'hui en vigueur.

Aux termes de ces divers règlements, chacune des sections

de waeteringues est administrée par une commission de
membres choisis parmi les propriétaires intéressés, qui est
chargée principalement de faire exécuter les travaux d'entretien nécessaires et d'en répartir la dépense entre les intéressés. Ces travaux d'entretien consistent principalement en
curages des fossés et waetergands, indispensables pour
éviter l'obstruction de ces émissaires dont la pente est très
faible. La dépense annuelle totale, y compris les frais d'administration et les salaires des agents chargés de la surveillance et de la manœuvre des vannes et écluses, varie de
3 fr. 50 à 4 fr. 75 par hectare. Les grands travaux, tels que
ceux qui ont pour objectif l'amélioration des écoulements et
la séparation des émissaires de desséchement et des voies
navigables, sont exécutés pour le compte des intéressés par le
Service de l'Hydraulique agricole, chargé également du contrôle et de la surveillance des commissions administratives.

Grâce aux soins qu'apportent les commissions au maintien
en bon état des canaux de desséchement et ouvrages d'art,
ainsi qu'aux manœuvres opportunes des vannes et écluses,
l'évacuation des eaux s'effectue dans des conditions satisfaisantes, et les inondations du pays, autrefois assez fréquentes,
deviennent de plus en plus rares, en même temps que les
fièvres et épizooties causées par la stagnation des eaux croupissantes tendent à disparaître entièrement.

Aussi, comme on l'a déjà dit, la région des waeteringues
est-elle peuplée et riche; son importance agricole est très
grande. Les principales cultures du pays sont la betterave sucrière qui alimente les grandes distilleries du Nord
et du Pas-de-Calais, puis les céréales. Autrefois le lin et le
colza étaient une des sources de richesse de la contrée,
mais leur culture est actuellement bien délaissée, à cause de
l'avilissement des cours résultant en partie de l'extension
de l'emploi du pétrole pour l'éclairage. Le colza a complètement disparu, et l'on ne cultive plus que de faibles
quantités de lin, destiné aux huileries de la région. Par
contre, l'imperméabilité du sous-sol et l'humidité du climat
étant des circonstances favorables à la pousse de l'herbe,
l'élevage des bestiaux a pris une grande extension, et la
race bovine flamande est aujourd'hui des plus estimées.

TRAVAUX DE DESSÉCHEMENT PAR ÉLÉVATION MÉCANIQUE

25. Généralités. — Les marais dont la surface est inférieure au niveau de toutes les eaux environnantes ne peuvent être desséchés que moyennant l'élévation de leurs eaux, à l'aide de machines, à un niveau supérieur à celui des mers ou des rivières qui peuvent les recevoir.

Tous les dessèchements de cette catégorie, sans distinction, nécessitent l'établissement d'un canal de ceinture; ce dernier a deux usages : il doit avoir une capacité suffisante pour recevoir les eaux provenant du desséchement du marais et doit être en communication soit directe, soit par l'intermédiaire d'un canal de fuite, avec des cours d'eau naturels par lesquels l'évacuation des eaux élevées par les machines sera assurée. Le même canal de ceinture est destiné à recevoir, le cas échéant, les eaux des terrains extérieurs, qui auparavant se déversaient dans le marais.

Immédiatement le long de ce canal, et entre lui et le marais on construit une digue d'enceinte ; cette digue est la partie essentielle du desséchement; c'est sur elle que repose le succès de l'opération; car, dans le cas où elle n'a pas assez de force ou quand elle est sujette à des infiltrations, on est exposé au danger d'une nouvelle irruption des eaux dans le marais desséché, ou au moins à la submersion des parties basses. On construit simultanément la digue et le canal de ceinture, et l'on emploie les déblais provenant des fouilles de ce dernier pour composer le corps de la digue. Pendant le travail, on laisse libres les communications entre le marais et les cours d'eau évacuateurs, pour éviter l'accumulation des eaux zénithales dans ce dernier. Quand le desséchement sera terminé, ou à peu près, les digues seront intérieurement renforcées, afin de leur permettre de résister à la pression de l'eau du canal de ceinture sur leur face extérieure.

En même temps qu'on construit la digue, on installe les machines élévatoires. Quand ces travaux sont terminés, on achève l'endiguement en fermant les communications avec le réseau des cours d'eau évacuateurs; puis on procède aux travaux d'épuisement. On choisit, pour l'emplacement des machines, les points les plus bas du marais, afin de profiter de la disposition naturelle du sol pour faire écouler par la gravité l'eau vers ces machines. Cependant, lorsqu'il s'agit de grands travaux de desséchement, il est toujours prudent de ne pas les placer toutes sur un seul point, mais bien de les répartir en différents endroits, afin que l'eau recueillie n'ait pas à parcourir une trop grande distance pour arriver aux machines.

Il arrive aussi parfois que le desséchement s'opère sur un sol d'une hauteur inégale. Dans ce cas, on divise le marais en compartiments séparés, ayant chacun leur machine élévatoire, afin de pouvoir régler d'après cette circonstance la hauteur de l'épuisement. De cette manière, le desséchement est divisé en plusieurs sections, dans lesquelles la situation des eaux dans le réseau des canaux peut différer après que le desséchement est achevé. Ce cas se présente souvent dans les desséchements hollandais; on reviendra ultérieurement sur ce sujet (§ 34, c).

L'abaissement du plan d'eau à l'intérieur du marais est assuré au moyen d'un réseau de canaux secondaires et tertiaires amenant l'eau à un collecteur général, lequel est en communication avec les machines d'épuisement. Les collecteurs généraux sont établis suivant les thalwegs, et leur plafond est de niveau; le mouvement des eaux s'y fait par écoulement de surface, et leur largeur est proportionnée au volume d'eau qu'ils ont à amener aux machines. Les canaux secondaires suivent, au contraire, autant que possible, les lignes de plus grande pente; ils ont, par conséquent, leur plafond établi parallèlement à la pente du terrain où ils sont creusés, et leur direction est, en général, à peu près perpendiculaire à celle du collecteur dans lequel ils se déversent. Enfin, des canaux tertiaires sont tracés perpendiculairement aux canaux secondaires, et leur plafond est établi horizontalement, au niveau du canal secondaire, au point de jonction de celui-ci et du canal tertiaire.

Exceptionnellement, et lorsqu'il s'agit de la vidange de grandes masses d'eau, comme dans le cas des dessèchements des *polders*[1] de la Hollande, dont il sera parlé ultérieurement, le tracé de ces rigoles, qu'il serait impossible d'exécuter sous de grandes profondeurs d'eau, ne commence qu'après la mise à sec de la terre. Cette opération, qui a également pour but de partager, entre les acquéreurs du sol, les terrains conquis sur les eaux, s'appelle le parcellement (§ 31).

Enfin il reste, pour terminer les opérations du dessèchement, à procéder à la mise en culture et à pourvoir aux besoins de l'irrigation et aussi de l'alimentation en eau potable des habitants du sol ainsi créé.

Quelques développements seront donnés pour chacune des phases de l'opération.

26. Digues d'enceinte et canaux de ceinture. — La digue d'enceinte et le canal de ceinture étant accolés l'un à l'autre se construisent simultanément, ainsi que cela a déjà été dit, les déblais du canal étant employés en remblais pour la confection de la digue. Le tracé de ces ouvrages est tout indiqué, puisqu'ils ont pour but de délimiter la surface à dessécher ; il arrive parfois, d'ailleurs, que la situation des lieux rend inutile la construction d'une partie de la digue, par exemple quand le marais ou le lac est bordé, sur une certaine longueur, par une levée existante donnant passage à une route ou à un chemin de fer, ou bien encore lorsque le bassin est limité en partie par une ligne de faîte.

Il arrive souvent qu'on conserve en eau une partie du lac

[1] Le nom de *polder*, sous lequel on désigne ordinairement les marais ou lacs desséchés par épuisement mécanique, vient du mot hollandais *poel*, lequel signifie marais.

ou du marais pour servir de régulateur aux eaux de crues
(§ 33) ; dans ce cas, la digue est établie en partie sur la terre
ferme, en partie dans l'eau.

Quand l'assiette de la digue est un sol suffisamment consistant, sa confection est simple. On creuse, en longeant
l'extérieur de la digue, un fossé ou un canal d'une largeur
suffisante pour fournir le volume de remblais nécessaires.
On doit avoir soin d'employer les terres de moindre qualité
à l'intérieur du noyau de la digue ; ces terres, bien mor-
celées, sont fortement damées et pilonnées par couches de
0^m,15 d'épaisseur et recouvertes d'une couche d'argile ou de
terre végétale d'une épaisseur de 0^m,30 au moins, pour permettre d'y faire des semis de gazon.

Lorsque les circonstances spéciales et l'importance de
l'entreprise justifient ce mode d'opérer, on peut avantageusement employer la drague à long couloir et transporter
comme précédemment, les déblais du canal en remblais.

Dans le cas où les remblais se font dans l'eau, on transporte de l'extérieur et on immerge sur place la terre nécessaire à la confection de la digue, après avoir débarrassé avec
soin cette terre de toute végétation.

Quand le terrain de fondation est solide et qu'on opère à
sec, il suffit, pour obtenir une bonne liaison du corps de la
digue avec le sol de fondation, de bien décaper la surface de

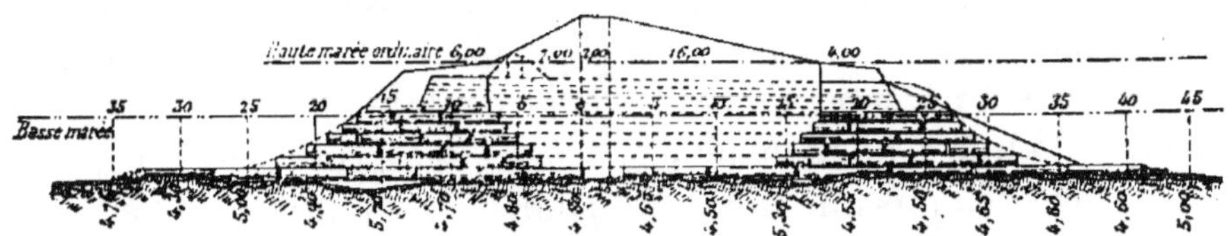

Fig. 82. — Digue du polder de Zuidplas (Hollande).

ce dernier. Mais, si le terrain est peu consistant ou si l'on
opère dans l'eau, on a à redouter l'affaissement du corps de
la digue ou son enfoncement, si elle doit reposer sur un sol
vaseux. Dans ce cas, il est bon d'encaisser le corps de
l'ouvrage entre deux risbermes formées de fascines (*fig*. 82).

Ainsi qu'il y a lieu de le remarquer, la digue est la partie essentielle du desséchement. Or, s'il est possible d'obtenir des digues bonnes et résistantes avec des matériaux médiocres, grâce à des modes d'exécution bien connus, tels que construction par tranches de faible hauteur, arrosage, pilonnage, battage énergique, etc., on n'a pas affaire ici, comme dans le cas des barrages-réservoirs, à un sol de fondation inaffouillable ; les digues sont souvent établies, au contraire, sur des terrains d'alluvions, et, bien que ces ouvrages n'aient ordinairement qu'une hauteur médiocre, il est utile de prendre des mesures de précautions pour parer aux effets redoutables des sous-pressions.

Un moyen de défense souvent employé consiste à flanquer d'une banquette en terre le pied de la digue, tant extérieurement, c'est-à-dire du côté du fossé de ceinture, qu'intérieurement. La banquette intérieure exerce une poussée qui contre-balance en partie celle de l'eau ; l'autre éloigne sur toute sa hauteur l'eau du talus et diminue les dangers d'infiltration par le pied de la digue. Quand on constate des fuites, un procédé, employé notamment en Amérique et en Hollande, pour empêcher le mal de s'aggraver consiste à établir en arrière et parallèlement à la digue (à une dizaine de mètres environ) une banquette basse reliée à la digue par des épis ; on forme ainsi des espaces clos se remplissant par infiltration d'eau, qui contre-balancent dans une certaine proportion la pression que subit la face intérieure de la digue.

On doit mentionner enfin un dernier système employé à la défense des digues du Mississipi contre les infiltrations. Il consiste à appuyer contre le pied du talus mouillé ce qu'on appelle une « digue de boue » (*muck ditch*). On creuse en avant du pied de talus une excavation dans le sol naturel sablonneux ou perméable et on remplit la fouille de bonne terre, de l'argile si possible, qu'on dame et pilonne fortement ; on rattache les digues de boue à la digue elle-même en les faisant pénétrer l'une dans l'autre à la manière d'un joint à tenon et mortaise. De cette manière on protège efficacement contre les infiltrations les talus des ouvrages assis sur des terrains peu favorables. Sur le Mississipi, à la suite d'une crue survenue en 1890 et qui avait causé d'énormes dégâts par suite de rupture de digues, on a construit des digues de boue ayant 3^m,60 d'épaisseur au parement, 1^m,80 au fond et 1^m,80 de hauteur. Elles se sont bien comportées lors des crues survenues depuis et ont préservé les terrains en arrière de toute infiltration [1].

Le tracé en plan et les dispositions du profil en long de la digue d'enceinte et du canal de ceinture n'appellent aucune observation ; ce tracé dépend de la nature des lieux. La section du canal est des plus variables. Dans certains grands desséchements exécutés en Hollande, le canal est une voie navigable qui sert à rétablir la continuité des communications par eau que le desséchement interrompt. Le canal de ceinture de l'ancien lac de Haarlem, aujourd'hui desséché, a 29 mètres au plafond et 45 mètres au niveau du sol du fond de l'ancien lac, à 3 mètres en contre-haut du plafond. Dans le projet de desséchement du lac de Grandlieu (Loire-Inférieure), on a prévu un canal de ceinture de 15 mètres au plafond et de 1^m,54 de tirant d'eau en étiage. Il recevra d'ailleurs les eaux de tout un bassin versant de 8.000 hectares.

Il est prudent de donner au canal des dimensions transversales suffisantes pour que l'écoulement de toutes les eaux qu'il est susceptible de recevoir et qu'on détermine comme il a été dit ci-dessus (§ 19) soit assuré. C'est ainsi que le canal qui entoure l'ancien lac desséché des Moëres (Nord), d'une surface de 3.500 hectares, a 3 à 4 mètres de largeur au plafond, 1^m,50 à 2 mètres de profondeur totale et environ 7 mètres de largeur au niveau du sol desséché ; malgré ces dimensions, qui peuvent paraître fortes, eu égard à la surface du lac, comme il reçoit pendant l'hiver l'écoulement des eaux pluviales venant des terres environnantes qui tendent à l'engorger, on doit maintenir constamment sa section entièrement libre pour que l'écoulement des eaux se fasse d'une façon convenable.

Les digues de ceinture ont des profils très variables. L'inclinaison des talus varie naturellement avec la nature des terres qui les composent; elle descend rarement au-dessous de 3/2 et atteint parfois 5/1. Ces digues servent sou-

---

[1] William STARLING, *Bulletin de la Société des Ingénieurs civils américains* (1892).

vent de voie de circulation; dans ce cas, leur largeur en couronne est assez grande. En pratique, on ne lui donne guère moins de $1^m,50$ à 2 mètres. La crête doit être arasée à $0^m,70$ au moins en contre-haut des plus hautes eaux dans le canal de ceinture, et la revanche atteint fréquemment 1 mètre. D'ailleurs, les remblais provenant le plus souvent des fouilles du canal de ceinture, on s'arrange de manière à utiliser tout le cube disponible pour éviter le transport et la mise en dépôt des déblais, et l'on possède un volume de terre largement suffisant pour donner à la digue des dimensions convenables.

Les digues de ceinture des marais de Fos (Bouches-du-Rhône) ont au minimum 3 mètres en couronne avec talus à 3/1. Par exception, les talus de la digue d'enceinte du lac desséché des Moëres sont réglés à 45°; bien que ces talus, qui sont parfaitement gazonnés, tiennent convenablement, une semblable inclinaison n'est pas à recommander; cette même digue a une largeur en couronne qui varie de $3^m,60$ à 4 mètres.

Dans les grands desséchements hollandais, la largeur en crête des digues atteint souvent des dimensions assez considérables : cette largeur est de 7 mètres aux marais de l'Est de Rotterdam et atteint 18 mètres au lac desséché de Haarlem.

27. Collecteurs généraux et canaux secondaires et tertiaires. — Il résulte de ce qui a été dit plus haut que le réseau des collecteurs de tout ordre est disposé comme s'il s'agissait d'opérer un drainage sur une vaste échelle. Dans chaque bassin entouré d'une digue, le collecteur général occupe le thalweg. Il est reconnu que, sous l'influence du desséchement et de la culture, le sol naturel s'affaisse d'une quantité qui varie de $0^m,50$ à 1 mètre suivant la nature des terrains; on doit toujours laisser, dans l'intérêt de l'écoulement des eaux, une revanche de $0^m,50$ au moins entre le plan d'eau dans les collecteurs et le sol desséché. D'un autre côté, il est bon, pour la facilité du fonctionnement des machines d'épuisement, de maintenir toujours dans les canaux une tranche d'eau de $0^m,50$ environ; il en résulte que le plafond du collecteur doit être fixé, suivant les cas, à $1^m,50$ ou

2 mètres en contre-bas du niveau du fond primitif du marais.

On doit, d'ailleurs, prévoir pour le collecteur général, des dimensions assez grandes pour en permettre l'utilisation comme réservoir de régularisation du maintien du desséchement en cas de pluies exceptionnelles. C'est ainsi qu'au bassin de l'Étourneau, qui fait partie des marais de Fos (Bouches-du-Rhône), et dont la surface est de 1.350 hectares, bien que la quantité d'eau à évacuer, provenant uniquement des pluies et des infiltrations, soit relativement faible, le collecteur général (*fig.* 83) a 12 mètres de largeur au plafond avec talus

Fig. 83. — Desséchement des marais de Fos.
Canal de ceinture et digue du bassin de l'Étourneau.

inclinés à 2/1. Ce plafond est arasé à 1ᵐ,50 au-dessous du niveau de la mer, ce qui permet d'abaisser le plan d'eau général du desséchement à la cote (— 1 mètre), en laissant une revanche de 0ᵐ,80 entre les parties les plus basses du bassin et le plan d'eau, et aussi d'emmagasiner une certaine quantité d'eau, lors des pluies exceptionnelles, sans compromettre la culture du terrain par un excès d'humidité. Dans ces conditions, il a été possible d'exécuter économiquement les terrassements du canal à la drague. Les déblais ont été rejetés latéralement sur les bords de manière à constituer une digue de protection contre les eaux extérieures.

Chaque collecteur est relié à une machine d'épuisement par un canal d'amenée de même section, mais avec plafond en pente vers les puisards d'aspiration ; cette pente est ici de 1ᵐ,36 par kilomètre.

Dans le collecteur viennent déboucher les canaux secondaires qui suivent les lignes de pente, et dont la largeur au plafond varie avec la surface qu'ils ont à dessécher ; au bassin de l'Étourneau, elle varie de 2 à 4 mètres, et les canaux tracés parallèlement les uns aux autres sont distants de 500 mètres. Dans ce même bassin, les canaux tertiaires, distants également les uns des autres de 500 mètres, ont

1 mètre de largeur au plafond ; ils ont tous ce plafond horizontal et au même niveau que le plafond du canal secondaire dans lequel ils aboutissent, au point où a lieu la jonction. Là aussi les déblais ont été rejetés latéralement de manière à former un remblai de 4 mètres de largeur en crête, qui sert d'assiette à un chemin d'exploitation.

Ces trois groupes de canaux forment l'ensemble des canaux principaux de desséchement, et leur importance est telle que leur surface en gueule représente ici 1/50e environ de la surface à dessécher.

Quant à l'assèchement des terrains situés dans les carrés compris entre ces divers canaux, il est assuré, ainsi qu'on le verra à propos de la mise en culture, au moyen de rigoles de dimensions et d'écartement variables, toujours dirigées suivant la ligne de plus grande pente des terrains et venant se déverser dans les canaux tertiaires (§ 32).

28. Des machines d'épuisement. — Les plus anciens desséchements sont ceux qui ont été exécutés en Hollande, puis dans les Flandres ; pendant longtemps on a affecté exclusivement aux épuisements des moulins à vent dont l'usage remonte au xive siècle. Aujourd'hui nombre d'anciens moulins sont utilisés pour des travaux agricoles ou

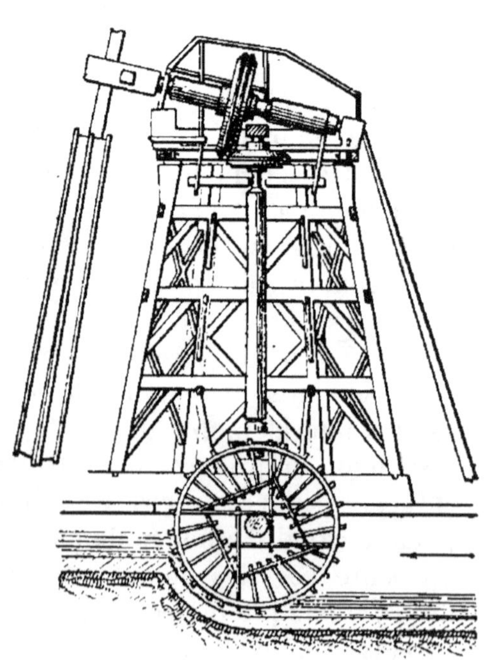

Fig. 84. — Moulin à vent hollandais.

industriels et remplacés dans les desséchements par des machines à vapeur dont le fonctionnement est beaucoup plus régulier.

Des moulins à vent. — Un grand moulin à vent hollandais se compose d'un arbre de rotation en bois de 0ᵐ,50 à 0ᵐ,60 d'équarrissage, incliné de 10° à 15° sur l'horizon, et de deux autres pièces de 0ᵐ,30 d'équarrissage, fixées en croix sur la tête de l'arbre, de manière à constituer quatre bras de 13 à 14 mètres de longueur, qui reçoivent des ailes de 2 mètres de largeur. L'arbre tournant transmet le mouvement aux appareils élévatoires par une série d'engrenages (*fig.* 84).

Par un vent de force moyenne, un semblable moulin peut élever 50 à 60 mètres cubes par minute à 1 mètre de hauteur; pour la même hauteur d'élévation de 1 mètre, l'appareil peut maintenir à sec, dans les conditions ordinaires, une surface de 500 hectares de polders.

Les résultats obtenus seraient certainement bien supérieurs si l'on employait dans les desséchements des moulins américains dans lesquels on peut faire varier à volonté la surface de la roue et son orientation par rapport au vent, résultat qui a été obtenu en remplaçant les grandes ailes écartées des anciens moulins par une multitude de petites ailettes articulées qui se replient ou se déplient quand le vent augmente ou diminue avec une sensibilité réglée par un régulateur à poids[1]. Bien que l'usage de ces appareils commence à se répandre en Europe, ils sont surtout utilisés pour élever l'eau destinée aux irrigations, et il n'en a pas été fait jusqu'ici aucune application importante aux desséchements.

Les appareils élévatoires actionnés par les moulins à vent appartiennent à trois genres principaux : 1° roues à palettes verticales; 2° roues à palettes inclinées; 3° vis d'Archimède. Les palettes des roues sont en bois ou en fer, montées sur un essieu horizontal; elles plongent jusqu'à 0ᵐ,60 ou 0ᵐ,70 dans l'eau à monter et peuvent l'élever jusqu'à 1 mètre, si

---

[1] Voir, pour la description de ces moulins, l'étude de M. Georges Richard, sur *la Mécanique générale américaine à l'Exposition de Chicago* (*Bulletin de la Société d'encouragement pour l'industrie nationale*, 1894).

Voir également l'étude de M. Murphy sur *les Moulins à vent pour l'irrigation* (*Bulletin de la Direction de l'Hydraulique agricole*, fasc. V, p. 175).

l'on emploie des roues à palettes plates dirigées suivant les rayons et jusqu'à 2 mètres avec les roues à palettes inclinées, ne rayonnant pas à partir du moyeu, mais bien à partir d'un cadre inscrit dans la roue et se prolongeant en dehors de la couronne.

Les premières, quoique élevant l'eau à une hauteur médiocre, ont l'avantage d'occuper peu de place, de sorte que, si le vent est fort, on peut en placer plusieurs à côté l'une de l'autre les accoupler et les mettre à son choix en mouvement. Quand on veut les utiliser pour élever l'eau à une hauteur supérieure à 1 mètre, on doit employer deux ou plusieurs roues étagées les unes au-dessus des autres.

Les roues à palettes hollandaises du lac des Moëres ont $6^m,25$ de diamètre sur $2^m,50$ de longueur avec vingt-huit aubes en bois soutenues au milieu par une jambe de force de $0^m,50$ de longueur. Elles élèvent l'eau à $1^m,18$ de hauteur. Le mouvement est transmis au système par l'arbre vertical du moulin, au moyen d'un engrenage disposé de telle sorte que, dans des conditions moyennes de force de vent et de profondeur d'eau, elles font de quinze à seize tours à la minute.

Quant aux vis d'Archimède, dont le prix de revient est moindre, toutes choses égales d'ailleurs, elles ont généralement 5 à 6 mètres de longueur, 2 mètres et au-delà de diamètre et sont installées de manière que leur axe fasse un angle de 30° à 45° avec l'horizon. Le noyau cylindrique sur lequel est fixée la surface hélicoïdale a $0^m,50$ de diamètre et se meut dans une surface demi-cylindrique formant coursier. L'axe est mis en mouvement par un engrenage conique en bois; les roues dentées ont habituellement, l'une et l'autre, $1^m,60$ de diamètre.

La quantité d'eau élevée est d'autant plus grande que l'axe de la vis fait un angle moindre avec l'horizon; mais, quand on augmente la hauteur d'élévation, la longueur de la vis croît dans une proportion encore plus grande. En pratique, on ne peut guère dépasser la longueur de 6 mètres, qui permet d'élever l'eau de $3^m,70$ sous une inclinaison de 35°.

Pour le bon travail d'une vis d'Archimède, il faut qu'il n'y ait pas plus de $0^m,01$ de jeu entre le coursier et le bord de l'hélice. En outre, on a remarqué qu'il existe une certaine hauteur d'eau sur le radier, variant habituellement de 1ᵐ,30 à 1ᵐ,50, pour laquelle le travail produit est maximum. Si la hauteur d'eau diminue, le travail devient un peu moindre; si elle augmente, il se maintient au maximum qui vient d'être indiqué.

29. Des moteurs à vapeur. — Il est inutile de faire remarquer les inconvénients nombreux des moteurs actionnés par des moulins à vent, et leur insuffisance pour assurer en tout temps un écoulement satisfaisant aux eaux à évacuer. Aussi, de nos jours, les machines à vapeur remplacent-elles le plus souvent les moulins à vent, ou du moins leur viennent-elles en aide en cas de nécessité.

Il n'y a pas lieu de s'occuper ici des machines motrices;

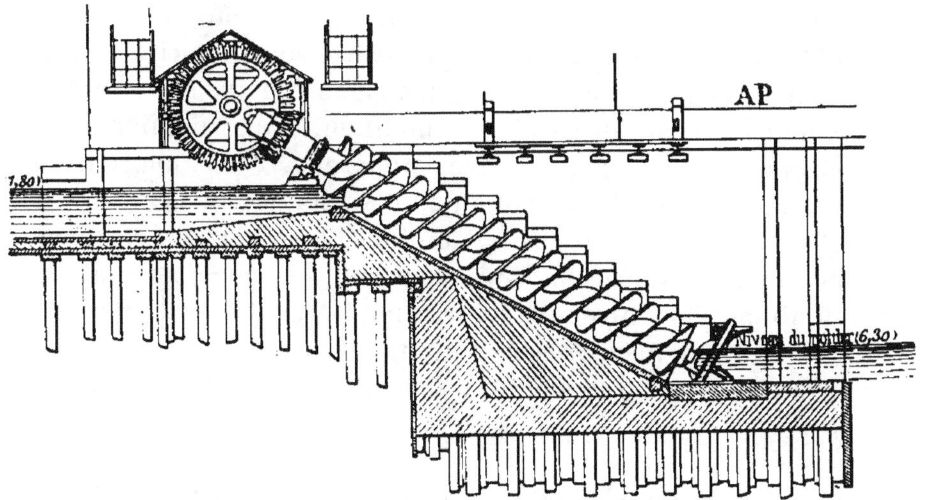

Fig. 85. — Vis hollandaise du polder « Prince-Alexandre ».

on ne parlera que des engins mis en mouvement par ces machines. Les principaux d'entre eux sont les grandes vis d'Archimède, les roues élévatoires à palettes, les pompes rotatives, les pompes centrifuges et les turbines.

a) *Vis d'Archimède.* — Les vis d'Archimède sont surtout utilisées en Hollande, où on leur donne parfois des dimensions considérables. Au polder Prince-Alexandre, près Rotterdam, par exemple, on élève l'eau à 4^m,50 de hauteur au moyen de vis en fer forgé de 1^m,60 de diamètre dont l'axe est incliné à 30°; leur longueur est de 9^m,80. Chaque vis épuise, par une marche normale de la machine à vapeur, 75 mètres cubes par minute pour 17 à 18 révolutions[1] (*fig.* 85).

b) *Roues à palettes.* — Les roues élévatoires sont employées avantageusement quand il s'agit d'élever à de faibles hauteurs (0^m,50 à 1 mètre environ) de grandes quantités d'eau. Elles ont une grande élasticité de débit, celui-ci augmentant rapidement avec l'immersion dans le bief aval, c'est-à-dire quand le niveau s'élève dans le bassin, et augmentant également avec la vitesse de rotation. Malheureusement le rendement des roues n'est satisfaisant que si les niveaux d'amont et d'aval sont fixes, car des variations, même faibles dans la position de ces niveaux par rapport au seuil fixe de la roue, donnent lieu à des perturbations dans l'écoulement rationnel de l'eau qui modifient d'une manière très sensible le rendement de ces appareils. Pour chercher à remédier à ces inconvénients, l'ancienne maison Feray d'Essonnes avait proposé l'emploi d'un dispositif permettant de faire varier le seuil d'amont des roues suivant les variations des niveaux soit d'amont, soit d'aval. Mais ce système, qui nécessiterait l'intervention constante du personnel chargé de la conduite des machines, n'a pas dû être essayé.

c) *Pompes centrifuges.* — Les appareils utilisés pour les desséchements modernes comprennent presque exclusivement des pompes ou des turbines, appareils qui s'adaptent à toutes les circonstances locales et ont l'avantage de pouvoir être logés dans des bâtiments légers dont les fondations sont habituellement simples et peu coûteuses.

En principe, les pompes centrifuges sont composées d'une capacité en fonte dans laquelle tournent des aubes boulonnées sur un disque central; par suite du mouvement de rota-

[1] RONNA, *les Irrigations.*

tion, l'eau est aspirée dans le vide au centre et refoulée à la périphérie ; l'axe horizontal de rotation du disque à aubes est supporté, à une extrémité, par un coussinet faisant corps avec le bâti de la pompe et, à l'autre extrémité, par deux paliers, entre lesquels est placée une poulie actionnée par la machine motrice.

Les pompes centrifuges sont d'un usage répandu pour les épuisements. On les emploie notamment en Hollande pour le maintien du desséchement des polders. Parmi les plus grandes, on cite celles du polder Hymers (province de Gueldre). Elles ont une roue de 1ᵐ,75 de diamètre, deux tuyaux d'aspiration de 0ᵐ,85 et des tuyaux de refoulement de 1ᵐ,22 de diamètre (*fig.* 86 et 87). Quand la différence de niveau est de 2ᵐ,50, chaque pompe élève par minute 140ᵐ3,00 ; quand elle atteint 4 mètres, le volume élevé est de 100 mètres cubes seulement[1].

Les figures 88 et 89 représentent une pompe centrifuge établie en Allemagne en vue du desséchement de marais situés entre le Weser et l'Elbe. Elle sert à maintenir l'assèchement d'une surface de 1.000 hectares, la hauteur d'élévation étant de 1 mètre environ. Le diamètre des ailes de la pompe centrifuge est de 1ᵐ,70 ; les conduites d'aspiration, au nombre de deux, ont chacune 0ᵐ,85 de diamètre, et la conduite de refoulement a un diamètre de 1ᵐ,30. Son débouché inférieur peut être obturé partiellement au moyen d'une vanne dont le mouvement est commandé par une vis mue au moyen d'une manivelle horizontale. L'utilité de cette vanne sera expliquée ultérieurement.

En France, il existe aussi des installations de pompes centrifuges à axe horizontal. On a déjà mentionné l'emploi de pompes du système Neut et Dumont pour le desséchement d'une section des waeteringues du Nord (§ 24, *b*).

Le desséchement des bassins de Fos et du Galéjon, dépendant des marais de Fos (Bouches-du-Rhône), d'une surface respective de 570 et 370 hectares, a été exécuté au moyen de pompes du système Gwynne. Celles du bassin de Fos, au nombre de deux, ont 762 millimètres d'orifice et peuvent

---

[1] RONNA, *les Irrigations.*

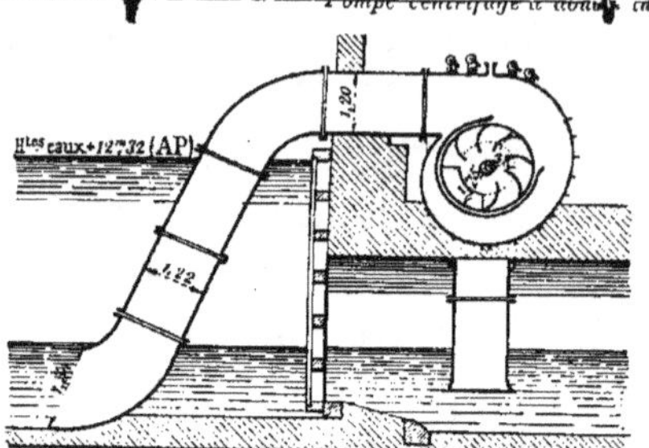

Fig. 86. — Coupe longitudinale.

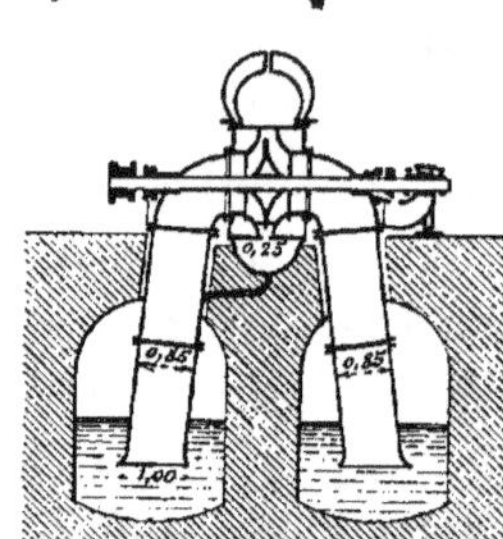

Fig. 87. — Coupe transversale.

Pompe centrifuge des marais situés entre le Weser et l'Elbe.

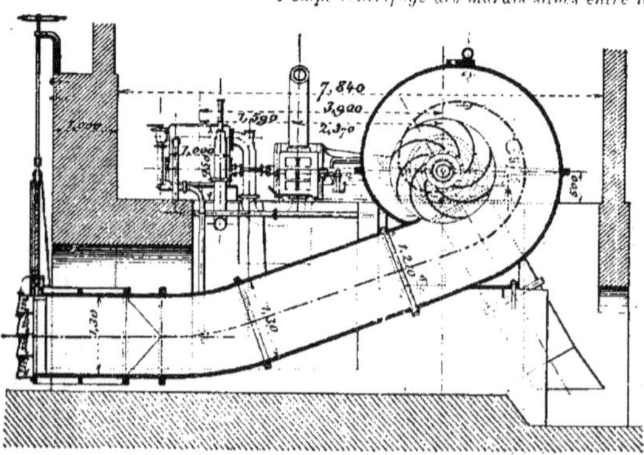

Fig. 88. — Coupe longitudinale.

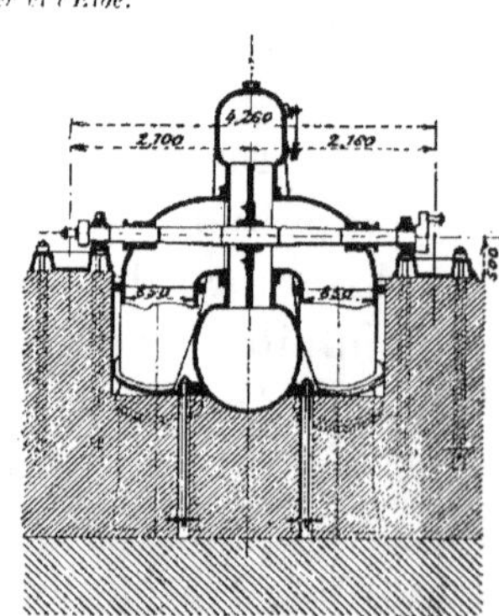

Fig. 89. — Coupe transversale.

débiter 1.000 à 1.200 litres chacune pour des hauteurs d'élévation variant de 1 mètre à 1m,50, suivant qu'il est nécessaire de maintenir le plan d'eau de la nappe souterraine plus ou moins en contre-bas du sol desséché. L'expérience ayant prouvé que, pendant les périodes pluvieuses, il était nécessaire, pour entretenir le desséchement, de faire fonctionner simultanément ces deux appareils d'une façon continue, on a dû y ajouter une pompe de rechange, d'un système différent, qui sera décrit ci-dessous.

Quant au bassin du Galéjon, d'une surface moindre, son desséchement est assuré au moyen de deux pompes Gwynne

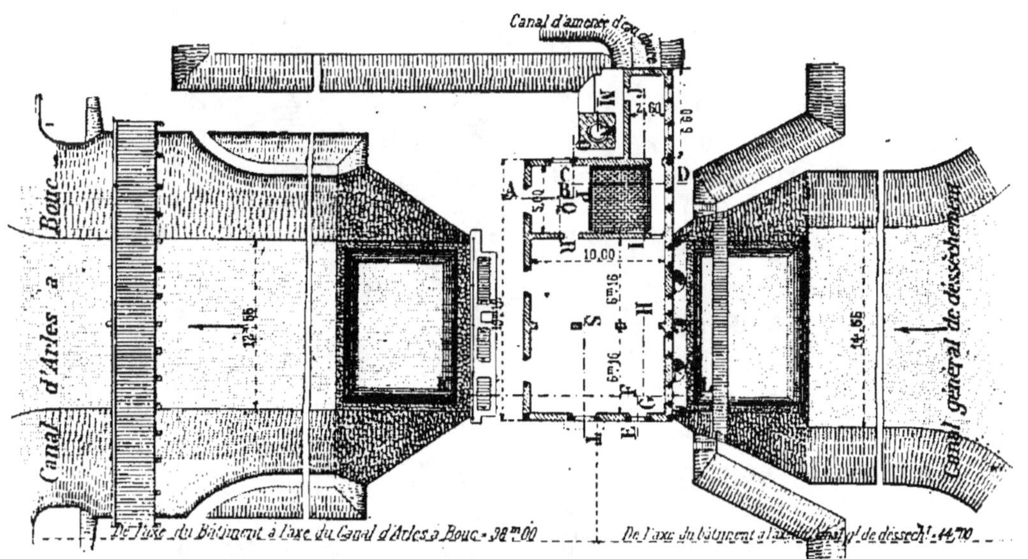

Fig. 90. — Machines d'épuisement du bassin de Fos (marais de Fos). — Plan du bâtiment et de ses abords.

de 0m,91 d'orifice, débitant 1.200 à 1.500 litres pour des hauteurs d'élévation de 1 mètre à 1m,50.

Des expériences faites sur les machines du bassin du Fos, dans le but de mesurer leur rendement, ont fait connaître que, lorsque la hauteur d'élévation décroît de plus en plus, ce rendement diminue lui-même. Ceci s'explique par ce fait que le volume débité par une pompe centrifuge augmente d'abord quand la hauteur d'élévation, après avoir atteint le maximum possible, commence à décroître; le maximum de débit une fois atteint, si la hauteur d'élévation continue à diminuer, le travail en eau montée diminue proportionnellement et tend vers zéro, au fur et à mesure que la hauteur d'élévation tend elle-même vers cette limite. Quant au travail résistant de la machine, il reste constant, de sorte que le rendement, c'est-à-dire le rapport entre le travail effectif en eau montée et le travail sur les pistons tend également vers zéro quand la hauteur d'élévation de l'eau diminue.

Si les variations dans la hauteur d'élévation sont faibles, on peut, il est vrai, diminuer notablement la consommation de combustible en augmentant les sections d'écoulement, de manière à donner de faibles vitesses d'écoulement à l'eau. Ce cas se présente notamment en ce qui concerne les marais situés entre le Weser et l'Elbe, dont il a été parlé précédemment.

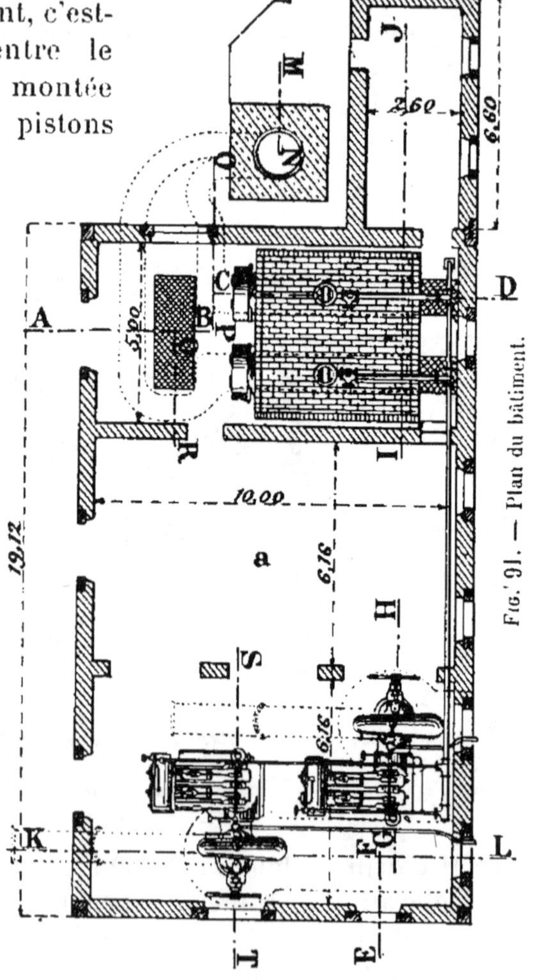

Fig. 91. — Plan du bâtiment.

ment. Les variations de hauteur proviennent des différences de niveau de la rivière dans laquelle on déverse les eaux de desséchement, et qui est soumise, dans une faible mesure, à l'action des marées. C'est pour pouvoir faire varier à volonté la section d'écoulement qu'on a muni le tuyau de déversement d'une vanne qui permet d'obturer plus ou moins la section de ce tuyau.

Mais ce palliatif devient insuffisant lorsqu'on doit élever

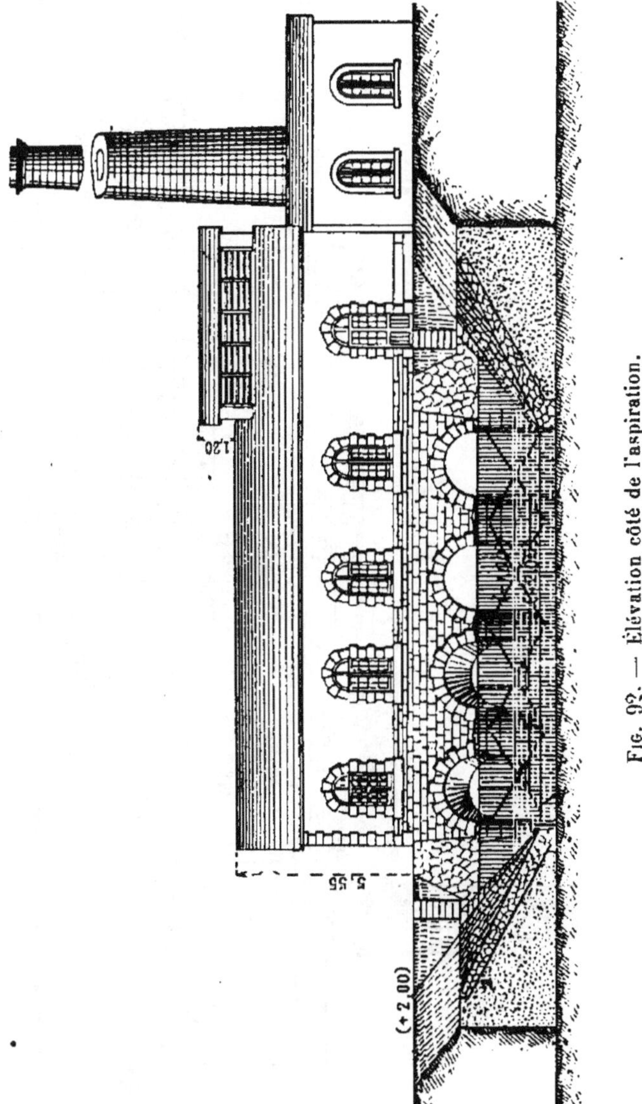

Fig. 92. — Élévation côté de l'aspiration.

de grandes quantités d'eau à des hauteurs très faibles, tout en se réservant la possibilité d'augmenter facilement le débit dans d'assez fortes proportions, quand la hauteur d'élévation diminue.

Or ce cas se présente précisément dans le bassin de Fos
dont il a déjà été parlé. Alors qu'en temps ordinaire

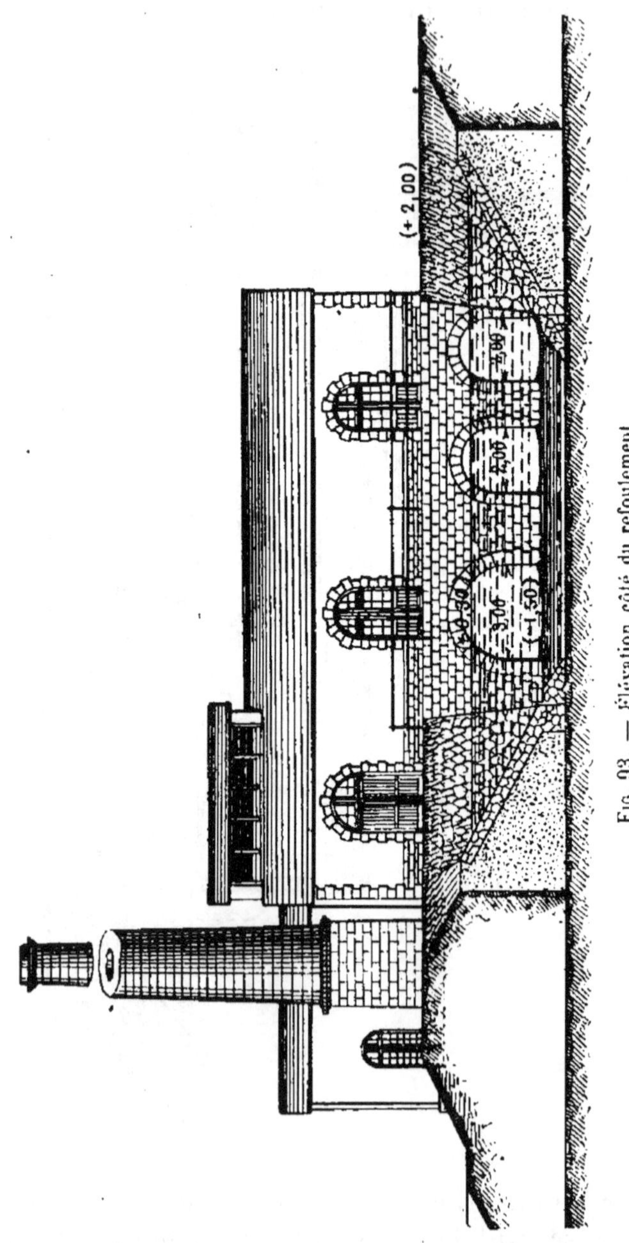

Fig. 93. — Élévation côté du refoulement

on maintient le plan d'eau dans les canaux de desséchement,
à une profondeur qui nécessite une hauteur d'élévation de

1 mètre à 1ᵐ,50, il arrive parfois, après des pluies très abondantes, notamment, que par suite de l'élévation du plan d'eau dans le réseau des canaux de desséchement, cette hauteur d'élévation est réduite à 0ᵐ,50. C'est alors qu'on a les plus grandes masses d'eau, et il faut les enlever le plus rapidement possible, de telle sorte que le débit moyen pour cette hauteur d'élévation de 0ᵐ,50 atteint 2.500 litres à la seconde. Le bassin de Capeau, dépendant également des marais de Fos, se trouve dans une situation analogue. Étant donnée sa grande étendue, 1.500 hectares, les eaux pluviales présentent une masse énorme dont il faut pouvoir se débarras-

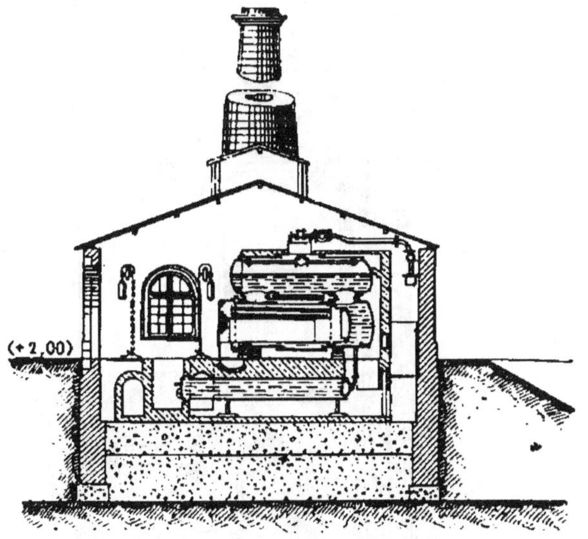

Fig. 94. — Coupe transversale suivant ABCD du plan.

ser en peu de temps, en les élevant à 0ᵐ,50, alors que, parfois, la hauteur d'élévation atteint 1ᵐ,50.

Dans ces deux cas on a renoncé à employer des pompes centrifuges à axe horizontal qui, outre les défauts qui ont été précédemment signalés, présentaient, dans l'espèce, l'inconvénient d'exiger l'établissement de tuyaux d'aspiration à faible diamètre et d'une longueur assez grande pour donner lieu à des pertes de charges considérables par rapport à la faible hauteur d'élévation de 0ᵐ,50. On les a remplacées par des pompes centrifuges à axe vertical, dans lesquelles le tuyau d'aspiration n'existe pas; la longueur du tuyau de refoulement est réduite au minimum, et la suppression de tous les coudes sur le trajet du refoulement de l'eau en

Fig. 95. — Coupe transversale suivant EFGHIJ du plan.

dehors de la pompe diminue dans une grande proportion les pertes de charge.

Les appareils qui fonctionnent aux marais de Fos ont été établis par la maison Farcot; ils peuvent élever 5.000 litres d'eau par seconde, à une hauteur variant de 0^m,50 à 1 mètre, et 4.000 litres à la hauteur de 1^m,50 (*fig.* 90 à 97).

La pompe centrifuge système Farcot a été établie à la suite d'expériences très complètes sur l'influence des formes et des proportions des différentes parties de l'appareil sur le débit, et combinée de manière à éviter autant que possible

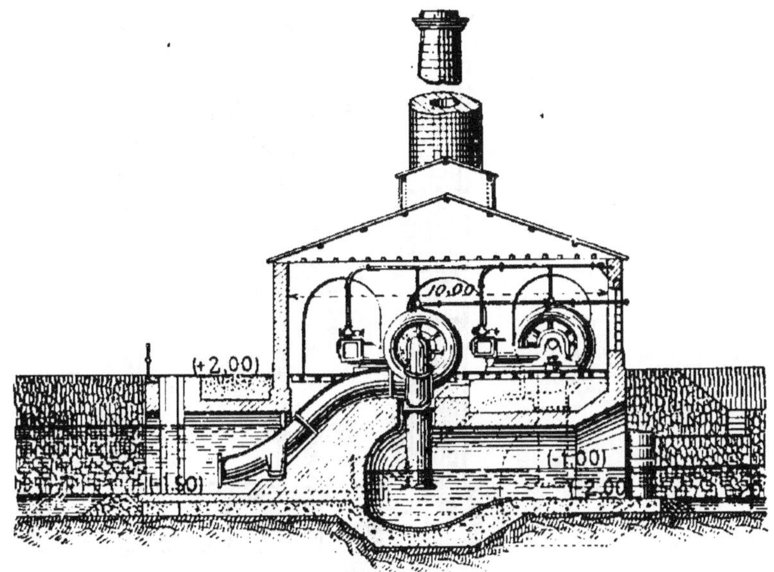

Fig. 96. — Coupe transversale suivant KL du plan.

les remous et les pertes de puissance vive[1]. Cette pompe comporte essentiellement une roue-turbine formée de deux plateaux de révolution à méridien de forme parabolique entre lesquels se contournent des aubes ou ailettes à surface hélicoïdale; la turbine est placée à l'intérieur d'un corps de pompe en colimaçon, ou en spirale, à sections croissantes, qui sert à diriger les filets liquides tant à l'entrée qu'à la sortie de l'appareil. La turbine ordinaire est un appareil qui capte la puissance d'une chute d'eau, celle-ci agissant sur

[1] La description détaillée de cette pompe a fait l'objet d'un mémoire de M. Joseph Farcot, inséré aux *Annales des Ponts et Chaussées* (1888, 2e sem., p. 325).

Voir également un mémoire de M. Louïsse (*Bulletin de la Société des Ingénieurs civils*, juin 1894).

les aubes de la couronne mobile de manière à leur imprimer
un mouvement de rotation qui est transmis à un arbre

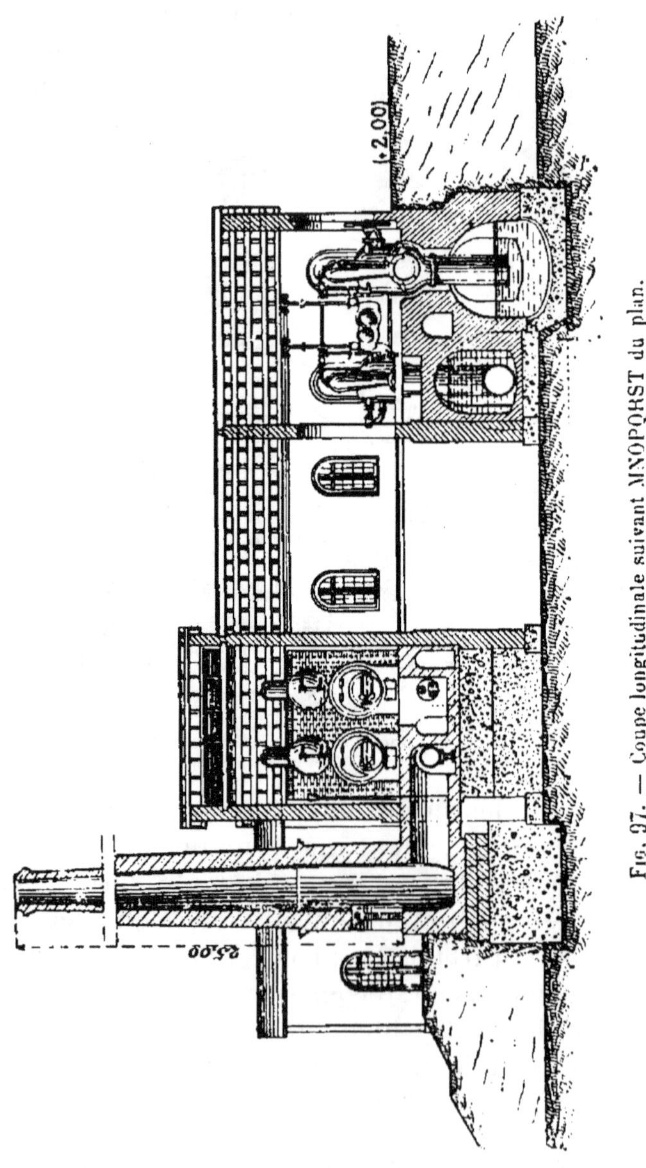

Fig. 97. — Coupe longitudinale suivant MNOPQRST du plan.

moteur ; ici, au contraire, c'est l'arbre qui se meut et qui
imprime aux parties mobiles de la turbine un mouvement de
rotation, lequel détermine, dans la partie inférieure du corps

de pompe, une succion qui a pour résultat l'élévation des molécules liquides.

Dans l'appareil installé au bassin de Capeau (*fig.* 98 à 105), le diamètre extérieur du colimaçon est de 5 mètres; l'eau pénètre dans la pompe par un œillard d'aspiration A de 1ᵐ,442 de diamètre (*fig.* 105); le diamètre du tuyau d'évacuation B est de 2 mètres à sa sortie. Ce tuyau est prolongé par un canal maçonné dont la section continue à augmenter régu-

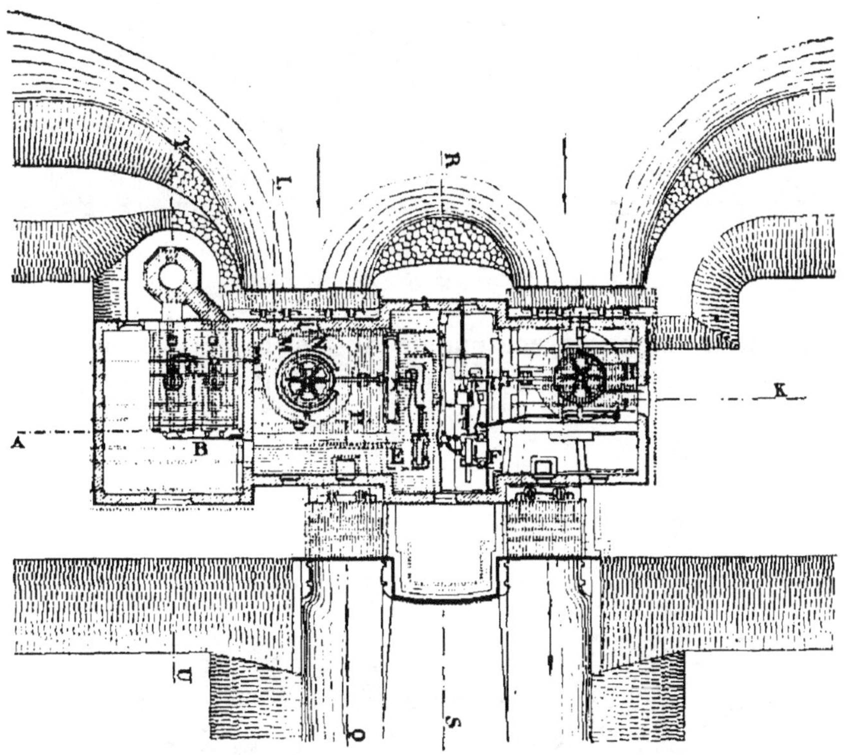

Fɪɢ. 98. — Plan général de l'installation des pompes centrifuges pour le desséchement du bassin de Capeau.

lièrement jusqu'à un clapet C de 3 mètres de hauteur sur 2ᵐ,50 de largeur, destiné à éviter le retour des eaux refoulées pendant les arrêts du moteur. Le pivot P est placé hors l'eau, et des dispositions spéciales ont été prises en vue de son graissage et pour en éviter l'échauffement, ce qui a pu être réalisé, malgré l'énorme poids des organes tournants,

10.000 kilogrammes environ, grâce à une circulation continue
d'huile atteignant 2 à 3 litres par minute.

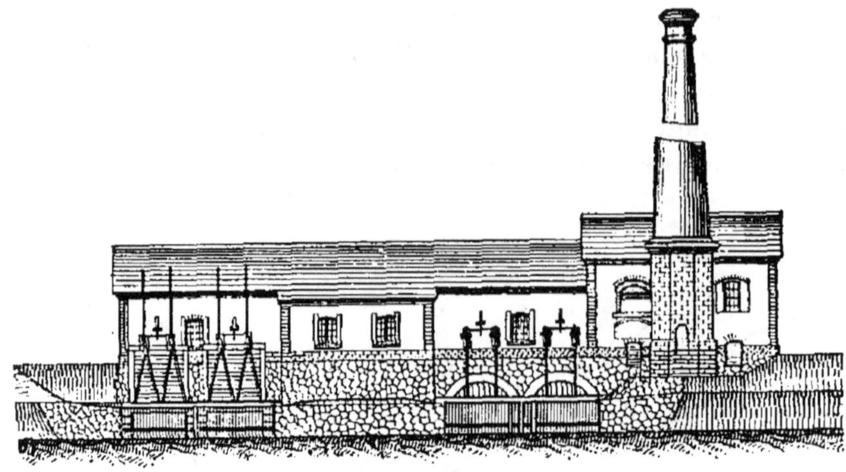

Fig. 99. — Élévation côté de l'aspiration.

Le mouvement de commande de l'arbre vertical lui est
transmis, par l'intermédiaire d'un engrenage en fonte, par

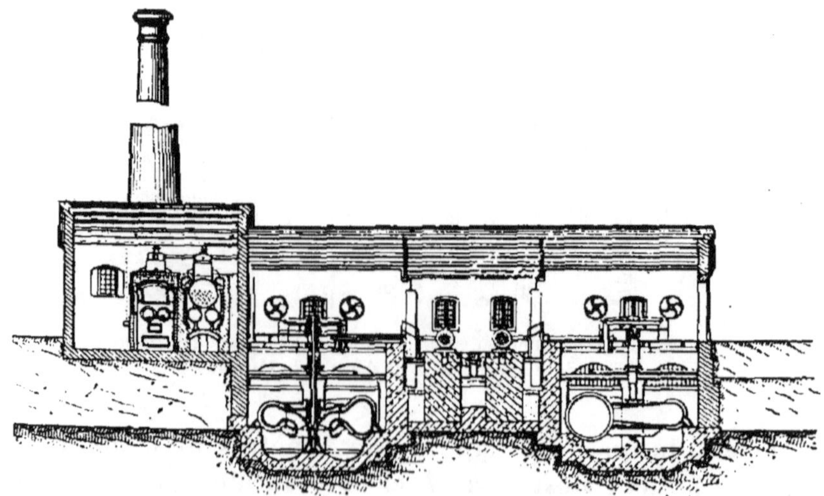

Fig. 100. — Coupe longitudinale suivant ABCDEFGHIJK.

l'arbre horizontal du volant de la machine à vapeur, prolongé
directement jusqu'au-dessus du puisard.

Il résulte d'expériences directes faites sur l'appareil installé
au bassin de Capeau que le rendement de la pompe seule a
varié de 56 0/0 pour une hauteur d'élévation de $0^m,50$, à
67 0/0 pour une hauteur de 1 mètre, les débits correspon-

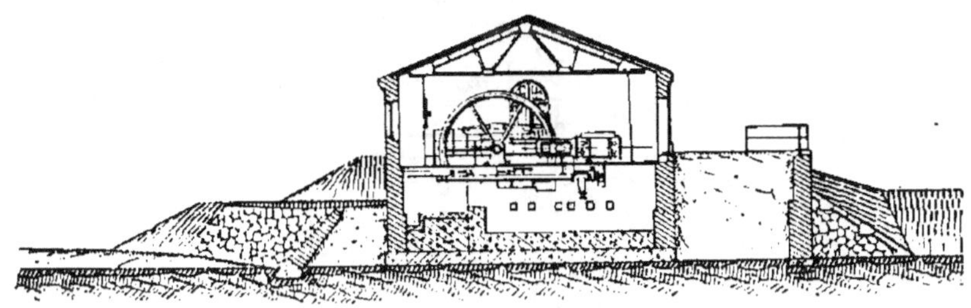

Fig. 101. — Coupe transversale suivant LMNOPQ.

dants par seconde étant respectivement de 5.038 litres et de
2.900 litres.

On a, de plus, constaté que, pour des hauteurs d'élévation
de $1^m,50$, de 1 mètre et de $0^m,50$, les débits à la seconde étaient

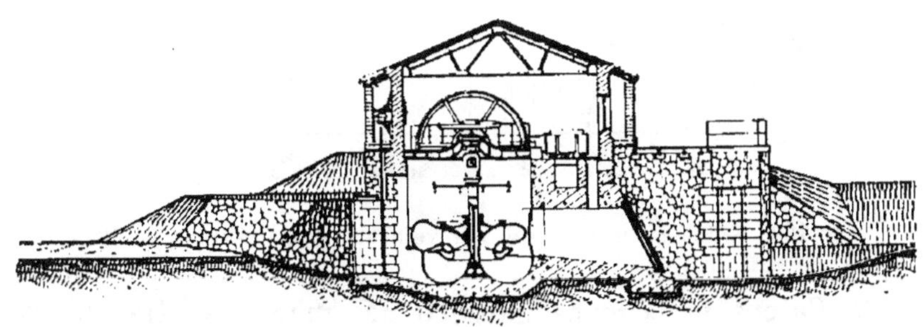

Fig. 102. — Coupe transversale suivant RS.

respectivement de 2.000 à 3.000 litres, de 2.500 à 3.500 litres
et de 3.000 à 5.000 litres, pour des allures moyennes correspondant à une marche économique.

Un autre emploi des turbines mises en mouvement par des
machines pour l'élévation des eaux de desséchement d'un
marais a été fait récemment en Italie, lors des travaux
d'amélioration du delta du Tibre; on aura l'occasion de

décrire ultérieurement cette installation avec quelques détails (§ 34, *d*).

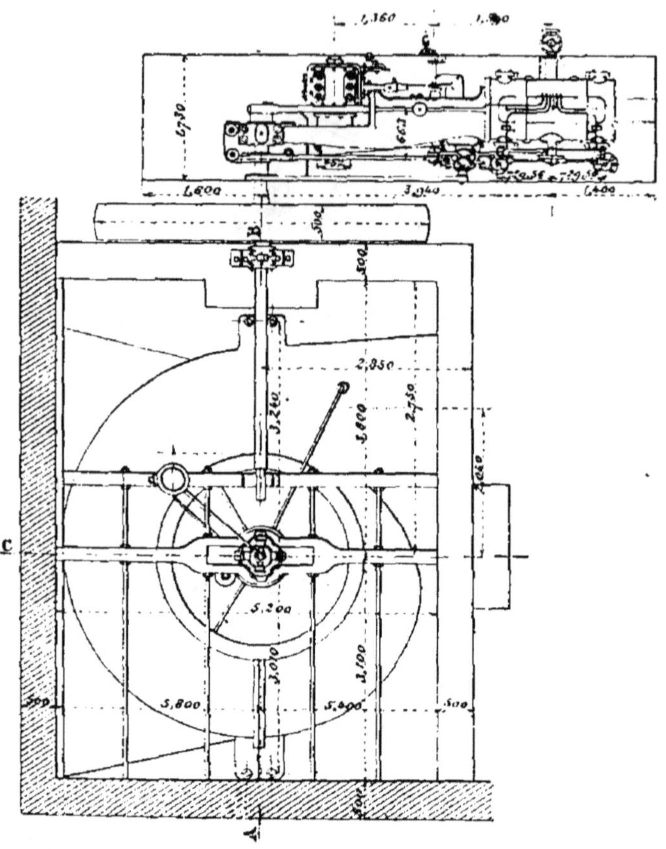

Fig. 103. — Pompe centrifuge à axe vertical, système Farcot. — Plan.

30. Calcul de la force motrice des machines élévatoires.

— Le travail en chevaux-vapeur à produire par une machine d'épuisement a pour expression $T = m \dfrac{QH}{75}$, m étant le coefficient de rendement, H désignant la hauteur d'élévation en mètres, et Q le volume d'eau à enlever exprimé en litres par seconde. La détermination de la puissance exige donc la connaissance de ces deux quantités.

Le travail à effectuer comprend deux phases distinctes ; le premier épuisement général, et, après dessèchement, l'évacuation continue des eaux affluentes.

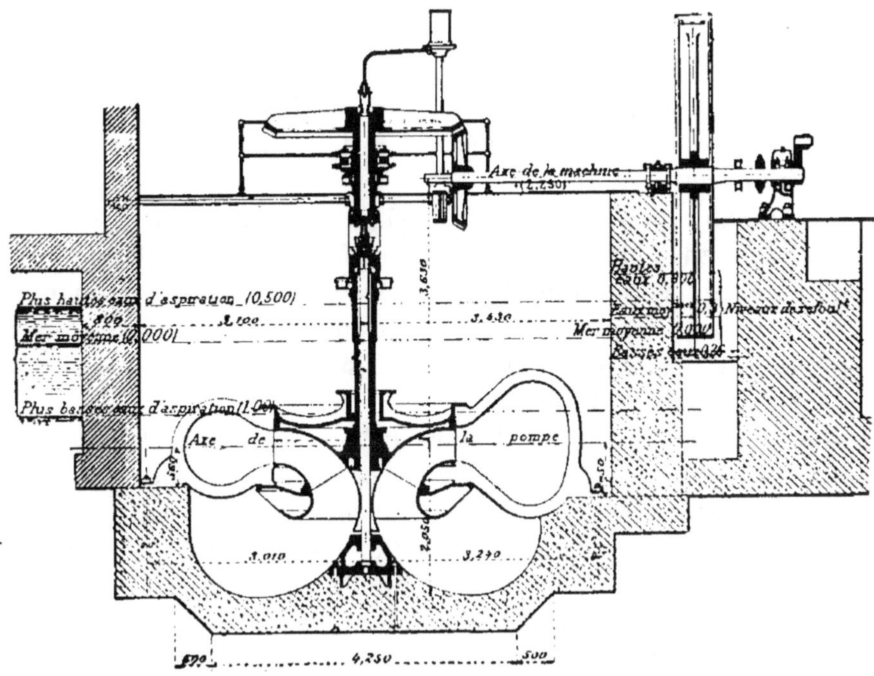

Fig. 104. — Coupe suivant AB.

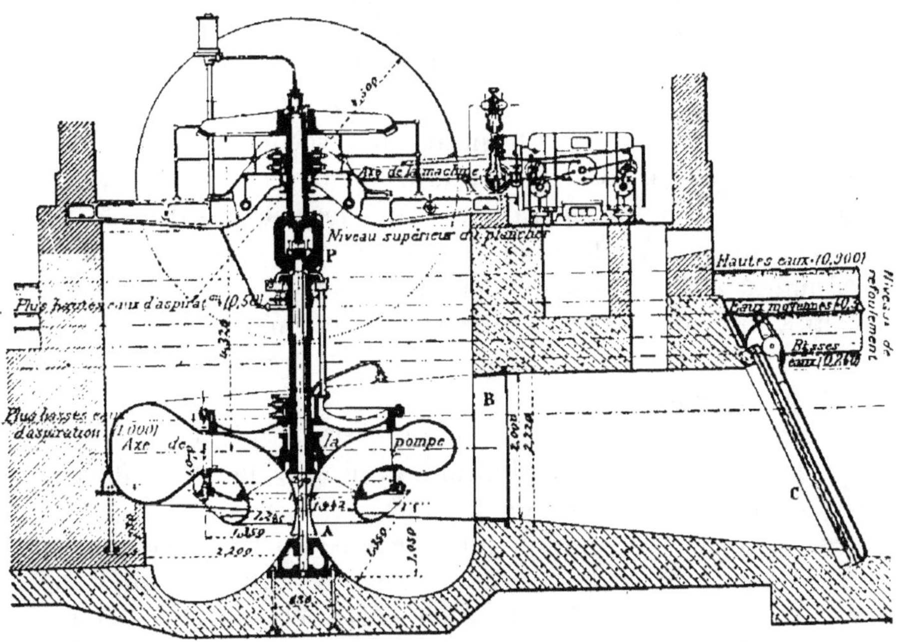

Fig. 105. — Coupe suivant CD.

La première opération nécessite l'enlèvement de l'eau dont l'accumulation a formé le marais ou le lac à dessécher, ainsi que de celle apportée par les pluies ou les sources pendant la durée de l'opération, déduction faite de la tranche qui disparait par évaporation.

Deux cas sont à considérer. Quand il s'agit de procéder au desséchement d'un lac de grande profondeur, situé dans une région à climat humide et à température modérée, la quantité d'eau qui disparaît par évaporation est moindre que celle qui résulte des apports des pluies; alors le premier desséchement exige l'effort le plus considérable.

C'est ce qui s'est présenté lors du desséchement du lac de Haarlem, en Hollande. Au XVIᵉ siècle, il occupait une surface de moins de 4.000 hectares; mais il ne cessait de s'agrandir, la quantité d'eau fournie par les pluies étant bien supérieure à celle qui disparait par évaporation, de telle sorte qu'en 1838, époque à laquelle on prit le parti de le supprimer, il couvrait une étendue de 18.154 hectares, l'eau ayant une profondeur moyenne de 4 mètres. Pendant le travail qui a duré trente-neuf mois, on a enlevé un cube d'eau de 832 millions de mètres, tandis que l'entretien du desséchement n'exige plus que l'évacuation de 63 millions de mètres cubes d'eau par an.

S'il s'agit, au contraire, du desséchement d'un marais peu profond, dont le sol est alternativement recouvert d'une faible tranche d'eau et asséché par suite de l'intensité de l'évaporation, la première opération, moins longue que dans le cas précédent, peut s'effectuer à une époque de l'année où le volume à évacuer est peu important par rapport à celui dont l'enlèvement sera ultérieurement nécessaire, en cas de fortes pluies; alors c'est ce dernier travail qui exige le plus grand effort.

Si l'on prenait toujours comme base du calcul de la force des machines l'effet maximum à produire, on serait amené, quand il s'agit de vider un lac étendu et profond, à établir des appareils d'une puissance beaucoup trop grande, eu égard au travail à leur demander pour l'entretien ultérieur du desséchement. S'il était nécessaire d'effectuer la vidange dans un laps de temps relativement court, la solution la plus rationnelle consisterait alors à recourir, pour le premier épuisement, à une installation temporaire destinée à disparaître après le travail terminé, puis à la remplacer par une usine spéciale de puissance moindre pour maintenir ensuite le desséchement.

Mais on a rarement recours à cette solution. On conçoit en effet qu'on peut, pendant le premier desséchement, faire marcher les machines d'épuisement à toute puissance, d'une façon à peu près continue, puis ensuite utiliser les mêmes machines d'une manière intermittente, suivant la quantité d'eau à enlever aux diverses époques.

Au lac de Haarlem, des observations météorologiques portant sur une période de quatre-vingt-dix-huit années avaient permis de reconnaître que la plus grande différence entre l'épaisseur de la couche tombée et l'eau évaporée était en un mois de $0^m,1657$; on a ajouté à cette couche d'eau, pour tenir compte des infiltrations possibles à travers les digues, une épaisseur de $0^m,0343$, et, comme les machines d'épuisement doivent être capables d'enlever mois par mois, après le desséchement, le volume maximum d'eau reçue, on les a établies en vue d'un travail égal au produit de la surface du lac multiplié par $0^m,20$, c'est-à-dire :

$$181.000.000^{m3} \times 0,20 = 36.200.000 \text{ mètres cubes.}$$

Les machines, au nombre de trois, ont fonctionné pendant 35.000 heures environ pour le premier épuisement. Depuis l'achèvement de ce travail, l'entretien exige de 4.500 à 5.000 heures de travail par an.

Enfin, en Hollande, où le climat est sensiblement le même sur toute l'étendue du pays, on calcule empiriquement la puissance des machines ; pour une surface de 1.000 hectares de terre et pour chaque mètre de hauteur d'élévation, on adopte une force effective réelle de 12,5 chevaux-vapeur (c'est-à-dire une force capable d'élever par minute $4^{m3},500$ d'eau à une hauteur de 1 mètre), tant pour le premier épuisement que pour l'entretien du desséchement. Ceci revient à supposer que, pendant une période de vingt-quatre heures, la plus grande hauteur de pluie, déduction faite de la quantité enlevée par l'évaporation, est de 8 millimètres. Ce n'est que dans des cas tout à fait spéciaux qu'on calcule exactement le volume d'eau à enlever pendant l'unité de temps, comme on l'a fait pour le lac de Haarlem.

Si l'on ne tient pas compte, dans le calcul de la puissance des machines, de l'enlèvement initial de l'eau, il est assez facile de déterminer les valeurs à donner à Q et à H dans la formule $T = m \dfrac{QH}{75}$.

„ En ce qui concerne H, les eaux élevées sont déversées dans un cours d'eau naturel[1] dont les variations d'altitude du plan d'eau sont connues en général. Du côté du marais, il est nécessaire, pour les besoins de la culture, de maintenir le plan d'eau dans les collecteurs, après desséchement, à une profondeur de 1 mètre environ au-dessous du niveau des points les plus déprimés ; comme l'expérience a montré que, sous l'influence du desséchement et de la culture, le sol desséché s'affaisse de $0^m,50$ à 1 mètre et que, d'autre part, il est utile d'avoir toujours environ $0^m,50$ d'eau dans les collecteurs pour que l'eau puisse y couler librement (§ 27), la hauteur d'élévation jusqu'au niveau du sol primitif des marais avant desséchement varie de $1^m,50$ à 2 mètres. En ajoutant à cette quantité la différence entre le niveau dudit sol et celui du plan d'eau maximum de l'émissaire de déversement, au droit du débouché des canaux évacuateurs dans le cours d'eau naturel qui les recueille, on obtient la valeur de H.

Quant à la valeur de Q, on a déjà expliqué comment on la détermine, en fonction de la hauteur de pluie tombée en un jour et de la surface du bassin récepteur (§ 16).

On remarquera enfin que le rendement des machines motrices est rarement supérieur à 50 ou 60 0/0 ; il en résulte que le travail indiqué sur les pistons doit être environ le double du travail effectif en eau montée et que, pour tenir compte des avaries ou des accidents, il est indispensable d'établir dans chaque installation une machine de rechange.

On reviendra ultérieurement sur cette question, et l'on

---

[1] Exceptionnellement le déversement peut se faire à la mer au moyen d'un canal établi dans ce but. Tel est le cas des marais du delta du Tibre. On verra ultérieurement comment on a déterminé, dans ce cas, la puissance des machines élévatoires (§ 34, *d*).

citera un exemple d'application de ces principes à un cas particulier (§ 34, d).

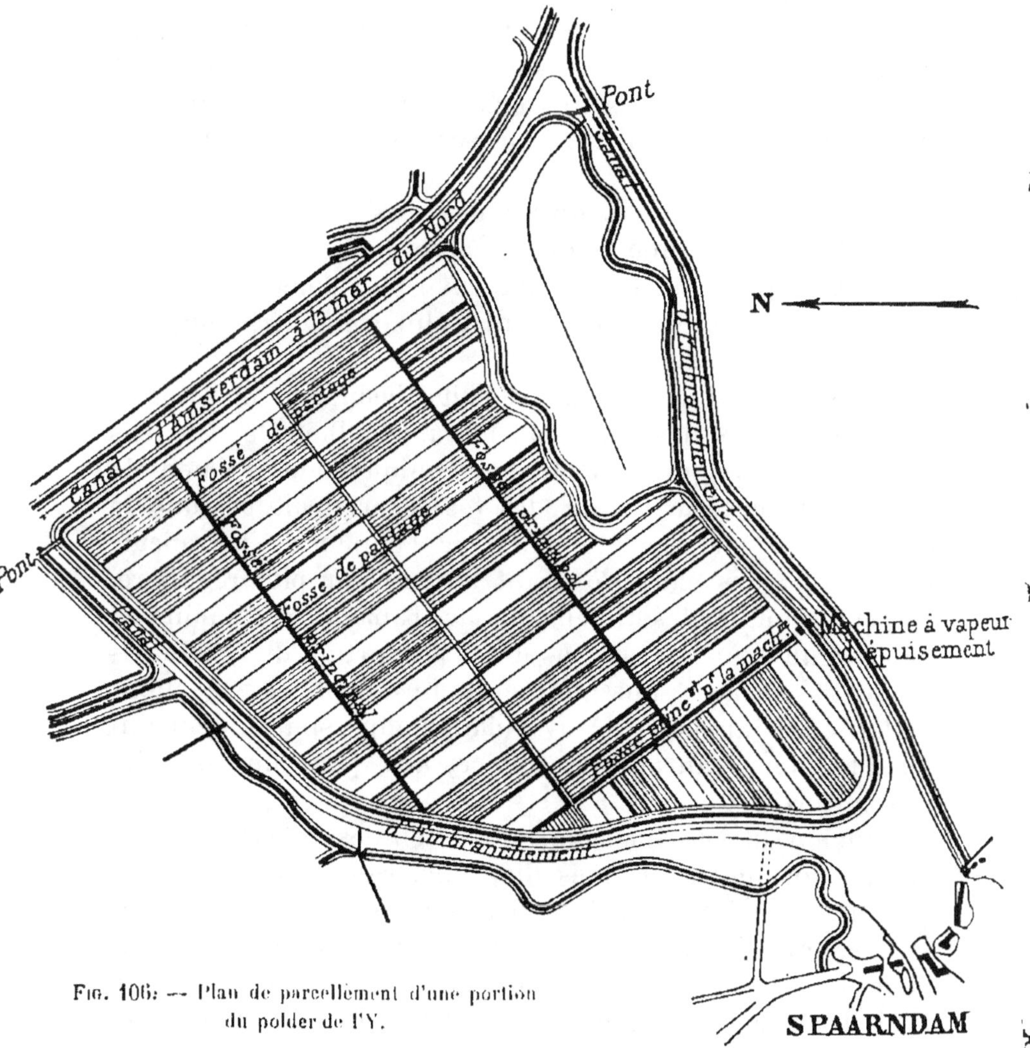

Fig. 106. — Plan de parcellement d'une portion du polder de l'Y.

31. Du parcellement. — Ainsi que cela a déjà été dit, quand la terre est mise à sec, on procède au parcellement, opération qui consiste à creuser les rigoles de desséchement nécessaires pour que l'eau pluviale puisse arriver aux machines par l'intermédiaire des canaux de tous ordres, ainsi que les fossés destinés à limiter les divers lots. Les terres provenant des déblais servent à former l'assiette des chemins d'exploitation qui bordent ces canaux.

Comme il est nécessaire pour l'agriculture que les fossés soient creusés en ligne droite et que les champs et les pâturages aient une forme rectangulaire, tous les fossés sont tracés parallèlement les uns aux autres et sont coupés à angle droit soit par d'autres fossés, soit par des chemins (*fig.* 106).

Dans le parcellement, on ne doit pas perdre de vue la nécessité d'assurer une communication facile entre les villes et villages qui se trouvent aux environs; dans ce but, on établit des routes qui s'étendent ordinairement le long des canaux principaux.

L'opération du parcellement exige beaucoup de soins et entraîne parfois des frais considérables. Dans les anciens desséchements, qui s'effectuaient uniquement à l'aide de moulins à vent, le réseau des fossés occupait presque le dixième de la surface totale. Avec l'emploi de la vapeur, l'évacuation des eaux s'opérant d'une façon plus régulière, on peut diminuer les dimensions des canaux. Néanmoins on ne descend guère au-dessous d'une proportion de 1/20ᵉ environ de la surface; sans quoi, en temps de pluies exceptionnelles, on pourrait se trouver dans l'impossibilité de maintenir le plan d'eau au niveau nécessaire pour ne pas nuire aux cultures.

L'ancien lac de Haarlem, après son desséchement, a été partagé en quatre grandes divisions, réparties en sections rectangulaires limitées soit par des fossés, soit par des chemins. Les sections dont la surface est de 600 hectares sont elles-mêmes partagées en trente lots de 20 hectares chaque lot ayant 1.000 mètres de longueur sur 200 mètres de largeur. Les lots sont séparés par un fossé de parcellement qui recueille les eaux et les transmet au canal de ceinture par les collecteurs. Chaque possesseur d'un lot est obligé d'entretenir sur son terrain un certain nombre de canaux dont l'importance est d'autant plus grande que la terre est à un niveau plus bas.

Bien que le niveau du sol des marais desséchés soit ordinairement bien inférieur à celui des eaux environnantes, il peut arriver parfois que l'eau nécessaire à l'irrigation et à l'abreuvage des bestiaux fasse défaut, comme cela s'est vu parfois dans les waeteringues du Nord et du Pas-de-Calais (§ 24, *b*). On remédie à cette situation en introduisant dans le polder la quantité d'eau nécessaire prise au canal de ceinture, et en la distribuant par l'intermédiaire des canaux et fossés de divers ordres, comme on le fait en pareil cas dans le pays waeteringué.

32. De la mise en culture. — Après l'achèvement des travaux de desséchement et de parcellement, on se préoccupe de la mise en culture des terrains conquis. Toutefois, ces terrains, dont le sol est formé de limons, ne sont pas, d'ordinaire, immédiatement cultivables. Les ingénieurs hollandais caractérisent la période de temps que doit traverser le terrain conquis sur les eaux avant qu'il soit possible de le mettre en culture, en disant qu'il faut le laisser *mûrir*. Cette maturation s'effectue sous les climats humides analogues à celui des côtes de la Hollande, grâce à une végétation spontanée de plantes aptes à résister à l'effet du sel marin, et à laquelle succèdent plus tard des mousses et autres plantes de tourbières. L'effet de ces végétations successives est tout d'abord de raffermir le sol, puis de l'enrichir ensuite de débris organiques qui lui font perdre les caractères originaires de vase marine ou fluviale. La période de raffermissement et de dessalement du terrain est souvent accompagnée d'un colmatage avec des limons fluviaux (Voir sixième partie).

A l'issue de cette période, plus ou moins longue suivant les cas, le terrain est mûr et l'on peut procéder à sa mise en valeur.

Comme le mode de culture varie naturellement avec le climat, la nature et la composition du sol, on se contentera de donner, à titre d'exemple, quelques renseignements sur ce qui a été fait aux marais de Fos, où l'on rencontre une assez grande diversité de natures de sols[1].

[1] DORNÈS, *Note sur le desséchement des marais de Fos* (*Bulletin de la Société des Ingénieurs civils*, mai 1889).

En effet, en tant que nature et composition chimique du sol, ces marais comprennent trois zones bien distinctes : 1° la partie haute, qui, bien qu'en partie soustraite aux inondations superficielles, est encore très marécageuse, et dont le sol est formé d'une couche argilo-calcaire de 0ᵐ,50 à 1 mètre d'épaisseur reposant sur le poudingue qui forme le sous-sol de la Crau ; 2° la partie basse, constituée par des terrains tourbeux, de consistance très molle et dont l'épaisseur varie de 1 à 3 mètres ; 3° une zone d'altitude intermédiaire dont les terrains sont quelque peu salés.

Dans la première zone, on a créé des vignes françaises qui seront soumises à la submersion, et aussi des prairies arrosées, mais sur une surface moindre.

Dans la deuxième zone, on n'a pu créer que des prairies naturelles puisant dans le sous-sol l'eau nécessaire à leur végétation.

Enfin, dans la troisième zone, étant donnée la légère salure du sol, on n'a pu songer qu'à créer des prairies soumises à l'irrigation, et il en sera de même tant que le sol n'aura pas été complètement dessalé par ces irrigations.

Pour la mise en culture, on a établi suivant les lignes de pente un réseau de fossés d'assèchement de 2 mètres en gueule et 1 mètre de profondeur, distants de 40 mètres environ et conduisant les eaux aux canaux principaux. Ce réseau a été complété par des rigoles d'égouttement, plus ou moins espacées suivant la nature du sous-sol. Ces rigoles, distantes de 5 à 10 mètres suivant les cas, ont été creusées sur 0ᵐ,60 à 0ᵐ,70 de profondeur, avec une largeur de 1 mètre en gueule ; elles disparaissent d'ailleurs, au fur et à mesure de l'extension des cultures, tout en maintenant dans le sol une série de vallonnements facilitant l'écoulement des eaux.

Le défrichement, c'est-à-dire l'opération, qui a consisté à détruire aussi complètement que possible la végétation primitive des marais et à en ameublir le sol, a présenté des difficultés spéciales, celui-ci étant recouvert d'une végétation de joncs à racines très longues et très résistantes, enchevêtrées les unes dans les autres et difficiles à entamer.

Dans les parties hautes du marais, où le sous-sol est le plus résistant, le labour de défrichement a pu se faire au moyen d'une charrue à vapeur à doubles socs travaillant à des niveaux différents, le soc inférieur faisant fonction de défonceuse. Quand l'emploi de la charrue à vapeur était impraticable, mais que le sol pouvait encore porter des animaux, le défrichement s'est fait au moyen de deux charrues se suivant dans la même enrayure; la première coupait le feutrage formé par les racines des joncs, et la seconde achevait de creuser les raies, en versant la bande de sous-sol qu'elle ramenait à la surface sur la bande de feutre déjà retournée, de manière à enterrer complètement cette dernière.

Chaque fois que la chose était possible, on a fait le labour de défrichement en billons, de manière à former des ados larges de 8 à 10 mètres, entre lesquels subsistent des raies qu'on a ensuite approfondis à la main pour constituer les rigoles d'assèchement.

Sur le sol ainsi défoncé, et après l'achèvement des fossés d'assèchement dans les parties où cela était nécessaire, on a fait une première culture de colza, d'avoine ou de blé; puis on a procédé à la création des cultures définitives, soit vignes, soit prairies.

Dans les parties basses et tourbeuses, qui ne supportent que très difficilement le poids des animaux de trait, le défrichement n'a pu s'exécuter qu'à main d'homme; mais, comme le défoncement et le retournement complet du sol sur $0^m,30$ ou $0^m,35$ coûtent très cher, à cause de l'extrême résistance du feutre superficiel, on s'est contenté d'opérer par étapes successives.

Après avoir débarrassé le sol de la végétation naturelle qui le recouvrait, en enlevant et brûlant ensuite sur place la surface herbue du marais, on a creusé les rigoles d'égouttement dont il a été parlé, en les espaçant de 5 à 6 mètres. Les déblais ont été rejetés latéralement et régalés de manière à recouvrir l'intervalle séparant les rigoles d'une couche de $0^m,12$ à $0^m,15$ de terre ameublie.

Sur le sol ainsi préparé, on a semé du colza, qui est la seule plante qui consente à pousser dans ces terrains tourbeux. En se développant, cette culture absorbe une très grande quantité d'eau et assèche le sol à une certaine profondeur en achevant de détruire l'ancienne végétation.

L'été suivant, après une première récolte de colza, le sol est généralement assez asséché pour supporter une charrue ; on donne alors un léger labour permettant de semer soit encore du colza, soit de l'avoine, si l'état du sol le comporte, et on renouvelle ces cultures transitoires en comblant successivement les rigoles d'assèchement jusqu'à ce que le sol soit assez bien constitué pour recevoir la semence de prairies. Ces prairies trouvent alors dans le sous-sol l'eau nécessaire à leur végétation, sans qu'il soit besoin d'avoir recours à l'irrigation, puisque, grâce au jeu des machines d'épuisement, on est maître de faire varier le plan d'eau du dessèchement, suivant les besoins de la culture.

Ce dernier procédé de mise en culture est celui qui est pratiqué en Hollande depuis des siècles et qui a permis la création des vastes pâturages qui recouvrent la majeure partie des polders de la Hollande, lesquels sont cultivés dans des conditions absolument analogues à celle qui a été adoptée pour les bassins de dessèchement créés dans les marais de Fos.

Les tentatives de mise en culture des terrains desséchés n'ont pas toujours été couronnées de succès. C'est ainsi que toutes celles qui ont été faites en vue de réaliser la mise en valeur des anciens marais de Vic, d'une surface de 116 hectares, situés aux abords de la mer Méditerranée, non loin de Frontignan (Hérault), ont échoué, en dépit de tous les efforts. Les raisons de cet échec ont été attribuées à la salure du sol dont le dessalement a été reconnu impossible, malgré de nombreux essais de lessivage exécutés par des méthodes diverses, à raison de la nature saumâtre des eaux de fond et de celle des eaux de lessivage, qui n'étaient jamais entièrement douces ; on l'attribue aussi à la nature d'un sol crayeux, contenant de 95 à 98 0/0 de calcaire, lequel n'aurait pu être rendu propre à la culture qu'au moyen d'engrais siliceux et autres qui faisaient défaut dans la région.

Actuellement on laisse les marais submergés pendant la saison froide, alors que les fièvres paludéennes ne sont pas à craindre ; on les maintient à sec pendant la saison chaude, c'est-à-dire moyennement du mois de mai au mois d'octobre de chaque année.

La mise en valeur par cultures sèches ayant été reconnue impossible, on a dû se limiter à l'établissement d'une sorte de culture mixte compatible avec la submersion du marais en hiver et son assèchement en été. Dans ces conditions, les terrains ne produisent que quelques herbes d'espèces intermédiaires entre la végétation purement maritime et la végétation terrestre, et que des roseaux, le tout différant fort peu, comme quantité et comme qualité, de ce que produisait le marais avant tout desséchement artificiel.

Malgré les mécomptes éprouvés de ce chef, la revivification de toute une contrée qu'anéantissaient autrefois les miasmes pestilentiels des marais suffit pour justifier les sacrifices que l'État s'est imposés en vue de leur desséchement.

Ce n'est qu'au cas où la question de salubrité n'est pas en jeu que le desséchement revêt le caractère d'une opération industrielle ou commerciale. Alors cette opération n'est à entreprendre que si l'on est certain que le sol, une fois débarrassé de l'eau qui le recouvrait, sera propre à la culture. Le desséchement d'une partie du Zuiderzée, en Hollande, à l'étude depuis de longues années, est un exemple d'une opération de ce genre.

33. Résultats des desséchements. — Il a été assez insisté précédemment sur les avantages, au point de vue de l'hygiène et de la salubrité publique, des travaux de desséchement, pour qu'il soit inutile de revenir sur cette question. Au point de vue agricole, les avantages de la mise en culture de surfaces plus ou moins grandes de terrains autrefois marécageux sont également indiscutables.

Mais, par contre, ces opérations présentent parfois d'assez graves inconvénients au point de vue du régime des eaux. Il peut arriver que l'envoi périodique de grandes masses liquides aux cours d'eau auxquels le canal de ceinture aboutit soit de nature à produire des débordements nuisibles aux récoltes de terres riveraines autrefois non susceptibles d'être immergées, sauf dans des cas exceptionnels. Parfois aussi le lac qu'on veut dessécher servait de régulateur aux crues des rivières qu'il reçoit, et sa disparition est susceptible d'aggraver les effets de ces crues.

Comme exemple des craintes qu'on peut concevoir de ce chef, on peut citer le cas du lac de Grandlieu, dont il a été question, et dont le desséchement soulève des oppositions nombreuses. Le projet à l'étude comporte la construction, sur la rive orientale du lac, d'un canal de naviga-

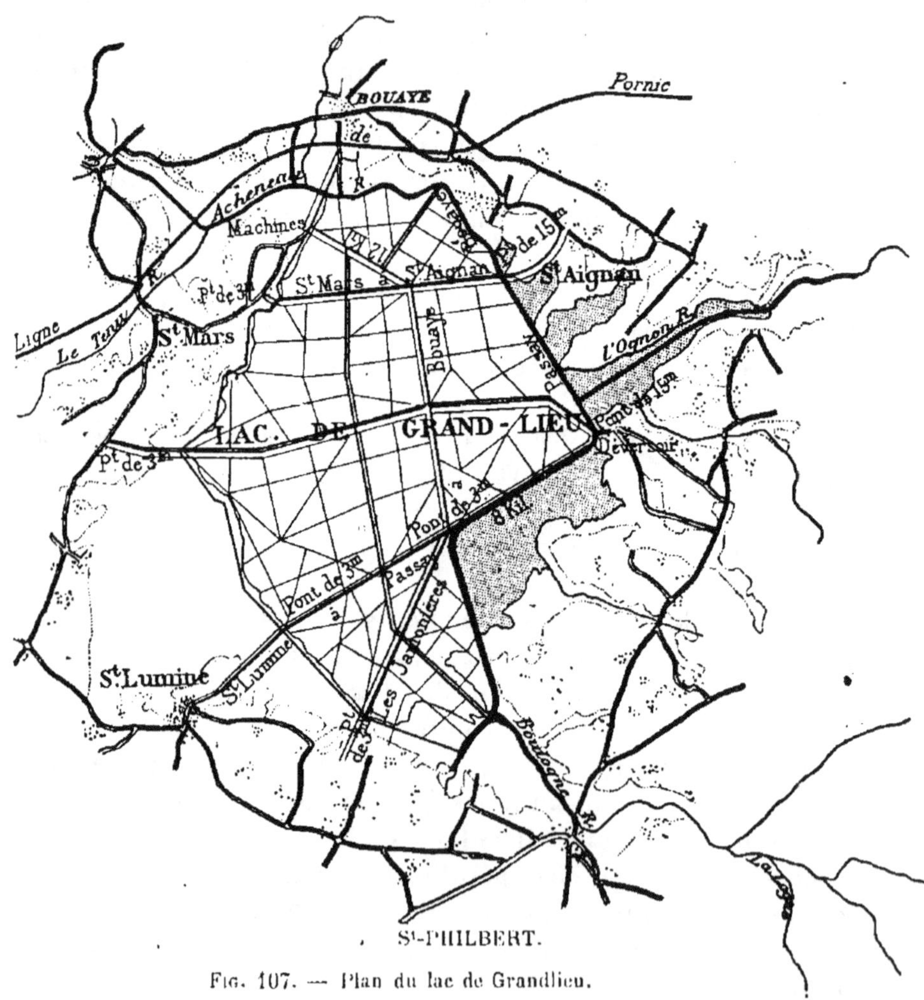

Fig. 107. — Plan du lac de Grandlieu.

tion de 15 mètres de largeur au plafond, conduisant les eaux des rivières de la Boulogne et de l'Ognon, qui débouchent actuellement dans le lac, à la rivière de l'Acheneau convenablement agrandie, et enfin à la Loire. Ce canal serait isolé de la cuvette du lac par une digue insubmersible. A l ouest, le lac serait bordé par un petit canal de 1^m,40 de largeur au plafond, destiné à recevoir les eaux pluviales provenant d'une surface de bassin versant de 8.000 hectares environ ; du côté du lac, ce canal, sorte de canal de ceinture, serait muni d'une petite digue permettant de retenir les eaux. On dessécherait la partie du lac située à l'ouest de la digue insubmersible, soit 3.000 hectares environ, et l'autre partie, d'une superficie de 800 hectares, et dont la profondeur est beaucoup plus grande, serait conservée pour servir de modérateur aux crues (*fig.* 107).

On a cherché à se rendre compte des effets probables de ce desséchement, eu égard au régime général des eaux de la vallée, en supposant les circonstances les plus défavorables, c'est-à-dire le cas où à un hiver très pluvieux succéderait un été également très pluvieux. Ces conditions ont été réalisées, en ce qui concerne l'hiver, en 1859-1860, et en ce qui concerne l'été, en 1879 ; connaissant les quantités de pluie tombées et la proportion qui se rend aux cours d'eau, on en a déduit l'apport effectif du bassin ; puis, partant d'une cote déterminée, on a calculé les niveaux successifs produits par chaque groupe de jours de pluie consécutifs, le volume emmagasiné à la fin de chaque période étant la différence entre les apports survenus pendant cette période et la somme des débits journaliers, c'est-à-dire des quantités d'eau évacuées. En comparant les résultats obtenus avant et après le desséchement, on en a conclu que les conséquences de l'opération seraient les suivantes :

1° En ce qui concerne les crues d'hiver, leur niveau se relèvera de 0^m,51 et les eaux couvriront une surface supplémentaire de 53 hectares de prairies, ce qui ne saurait présenter d'inconvénients sérieux, car l'évacuation des eaux accumulées se fera plus rapidement que dans l'état actuel, par suite de l'amélioration des conditions d'écoulement de l'Acheneau ;

2° En ce qui concerne les crues d'été, leur importance, très faible dans l'état actuel, sera trois ou quatre fois plus grande après la suppression du lac. Pendant une période de trente-trois années, sur laquelle ont porté les observations pluviométriques, les terrains bas de la vallée, qui n'auraient été inondés qu'une fois, le seraient de sept à seize fois, et la crue qui n'eût couvert que 240 hectares e n couvrirait 320.

La situation de la vallée sera donc moins bonne après le desséchement du lac que dans l'état actuel ; toutefois, si l'on fait abstraction des deux crues les plus importantes de cette période de trente-trois ans, qui se sont produites en septembre, alors que les récoltes étaient enlevées, les eaux ne couvriraient en crues ordinaires qu'une surface assez faible de marais qui ne produisait que des herbes grossières. Une submersion de peu de durée de ces terres ne saurait présenter d'inconvénients assez graves pour empêcher le desséchement du lac de Grandlieu, opération qui, en dehors de ses avantages au point de vue hygiénique, aura pour conséquence la création de 3.000 hectares de prairies nouvelles.

34. Exemples de travaux de desséchement par élévation mécanique. — a) *Lac des Moëres*[1] *(Nord)* *(fig.* 108). — On a eu déjà l'occasion, à plusieurs reprises, de mentionner l'entreprise du desséchement de l'ancien lac des Grandes-Moëres, enclavé dans les waeteringues du département du Nord. Cet ancien lac présente une superficie d'environ 3.500 hectares, dont 2.000 hectares en France et 1.500 hectares en Belgique ; son niveau moyen est inférieur de $1^m,80$ à 2 mètres à celui de toutes les plaines environnantes dont il recevait les eaux pluviales pendant l'hiver sans pouvoir les évacuer ; pendant l'été, l'eau répandue sur cette vaste superficie était presque entièrement enlevée par l'évaporation, mais sans profit pour la culture, le sol restant partiellement inondé et constamment marécageux, de sorte que des émanations nuisibles rendaient la contrée notoirement insalubre.

Diverses tentatives de desséchement entreprises, notamment au XVIIe et au XVIIIe siècle, échouèrent par suite du manque d'entretien et aussi de la construction défectueuse du canal de ceinture, qui n'avait pas de dimensions suffisantes pour lui permettre de recevoir les eaux des terrains environnants.

[1] Le nom de Moëres désigne, d'une façon générale, en Flandre, les terrains bas à l'intérieur du pays et sans communication directe avec la mer, les waeteringues ayant, au contraire, leur régime hydraulique influencé par le jeu des marées.

Ce n'est que vers 1809 que les travaux de desséchement furent définitivement menés à bien par l'association des propriétaires des terrains.

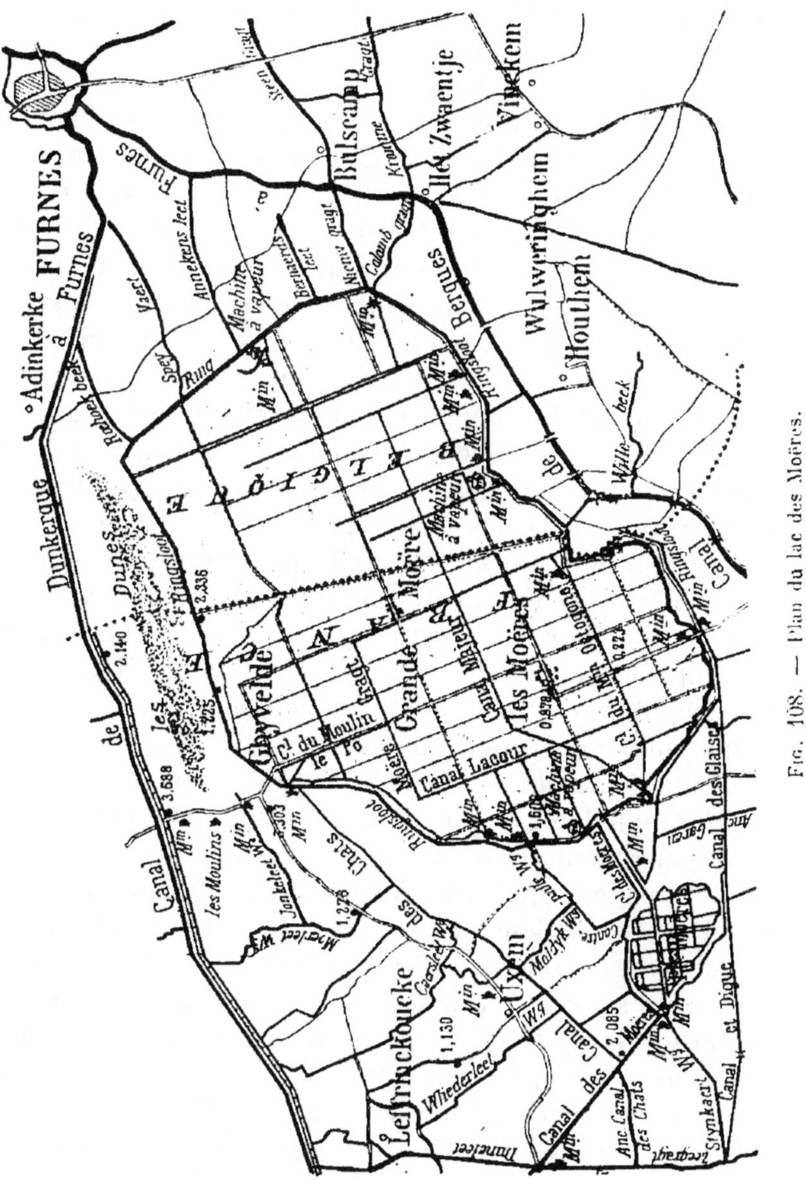

Fig. 108. — Plan du lac des Moëres.

Le canal de ceinture ou *Ringsloot*, dont on a déjà donné les dimensions (§ 26), entoure complètement l'ancien lac desséché, et sur tout son parcours, qui est de plus de 22 kilomètres, il est défendu par une digue intérieure. Son plafond, sensiblement horizontal, est à 0^m,40 en contre-haut des basses mers moyennes de vive eau à Dunkerque et à 3 mètres en contre-bas des hautes mers de vive eau.

L'épuisement des eaux a été effectué au moyen de huit moulins à vent actionnant des vis d'Archimède susceptibles d'élever chacune 250 litres par seconde à une hauteur de 2 mètres. La surface totale des Grandes-Moëres, tant en Belgique qu'en France, a été partagée en carrés de 5 hectares entourés de fossés et de petits canaux de 2 à 3 mètres de largeur au plafond et de 1 mètre de profondeur moyenne, débouchant dans huit canaux principaux de 5 à 7 mètres de largeur à l'extrémité de chacun desquels se trouve un moulin et une machine d'épuisement déversant les eaux dans le canal de ceinture, d'où elles sont écoulées par le canal des Moëres. Les principaux de ces canaux servent parfois aux transports agricoles de la région.

Postérieurement aux travaux de premier épuisement, on a renforcé le système d'entretien du desséchement au moyen de trois machines à vapeur, dont deux sur le territoire belge et une en France, au droit du point où le Ringsloot débouche dans le canal des Moëres. Cette machine de secours qui fonctionne environ un mois par an, lors des pluies d'hiver, est d'une force de 45 chevaux-vapeur; elle actionne une vis d'Archimède en fonte de 2 mètres de diamètre et peut élever par seconde 500 litres d'eau à une hauteur de 2^m,50.

On rappellera que c'est à la suite de l'amélioration des conditions d'écoulement des eaux des Grandes-Moëres que la quatrième section des wateringues du Nord a dû prendre des mesures pour activer l'envoi à la mer de ses eaux surabondantes et établir une machine élévatoire au pont de Steendam (§ 24, *b*).

Au point de vue agricole, la région des Grandes-Moëres ne diffère en rien de celle des wateringues qui l'environne; on y cultive principalement la betterave sucrière, et l'on y récolte, en outre, quelques céréales, du blé principalement. Bien que l'abondance des récoltes tende, depuis quelques années, à diminuer par suite du manque d'engrais, la con-

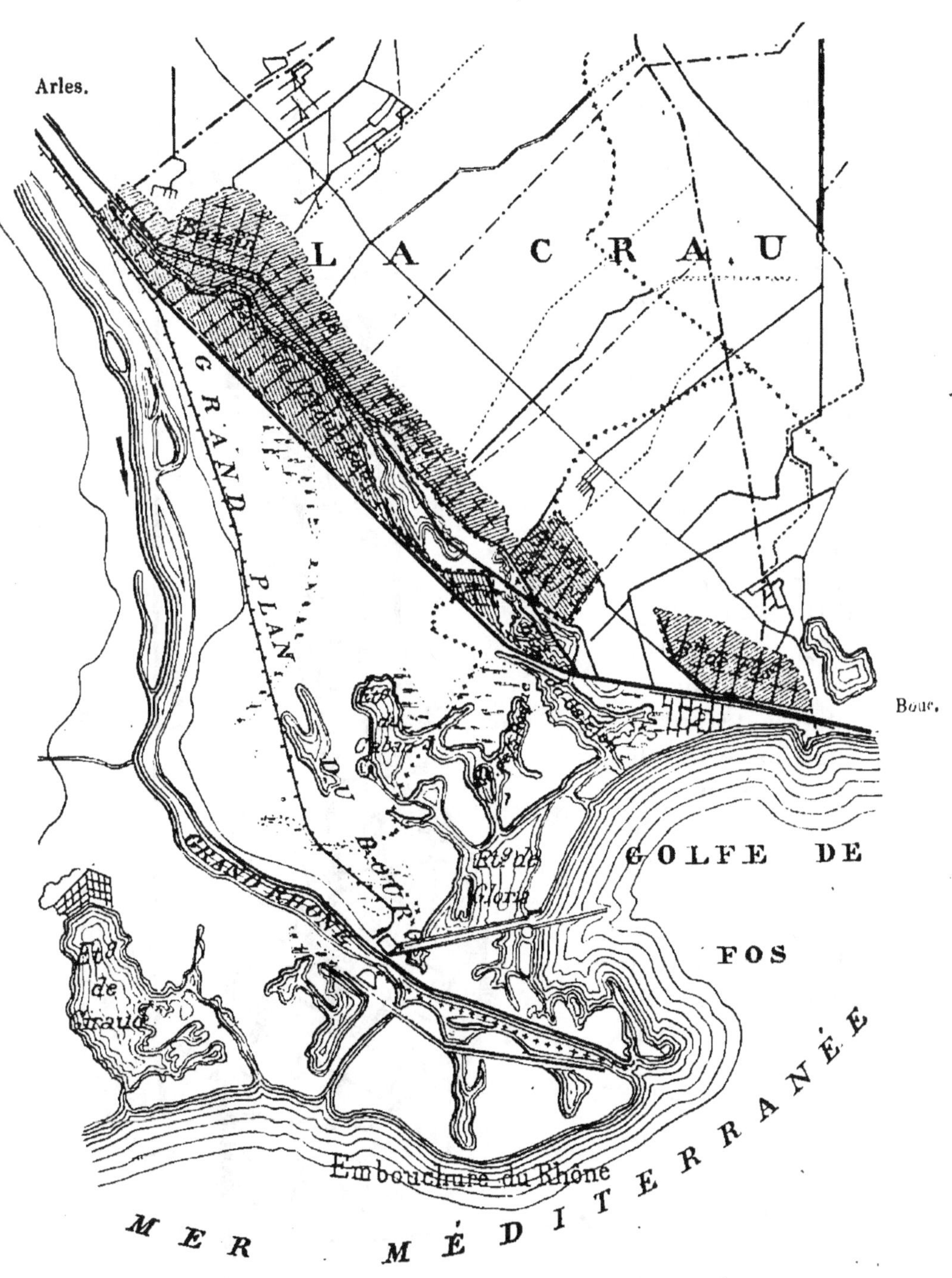

FIG. 100. — Desséchement des marais de Fos. — Plan général.

trée n'en est pas moins prospère, et les propriétaires ont été amplement dédommagés des sacrifices qu'ils se sont imposés pour dessécher le lac et qu'ils s'imposent encore pour maintenir les terres convenablement asséchées.

b) *Marais de Fos* (Bouches-du-Rhône) (*fig.* 109 à 113). — Le desséchement des marais de Fos constitue le travail le plus important de ce genre, exécuté en France, durant ces dernières années.

Ces marais, d'une superficie totale de 4.500 hectares environ, s'étendent sur une vingtaine de kilomètres de longueur et sur une largeur de 2 à 3 kilomètres, entre le canal de navigation d'Arles à Bouc et le che-

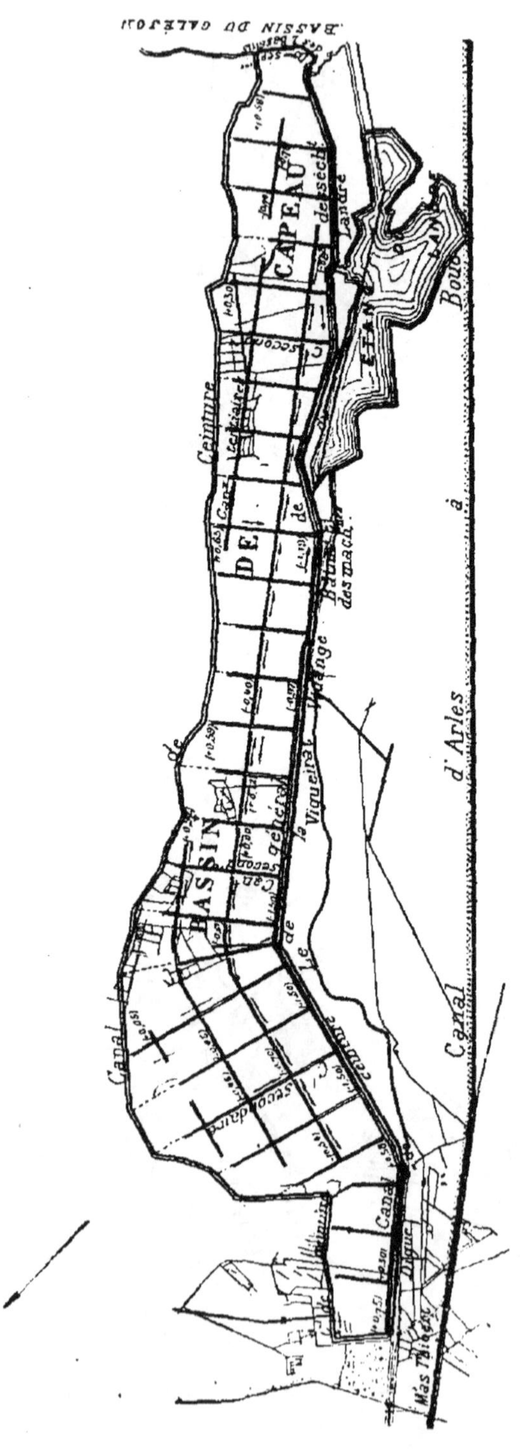

Fig. 110. — Desséchement des marais de Fos. — Plan du bassin de Capeau.

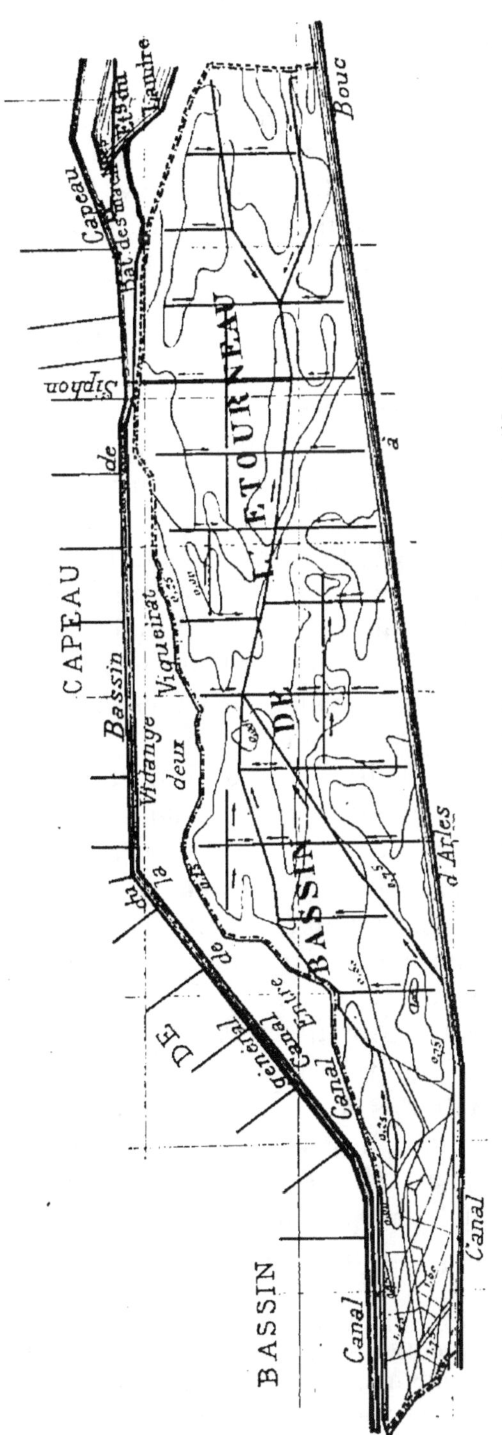

Fig. 111. — Dessèchement des marais de Fos. — Plan du bassin de l'Etourneau.

min de la Coustière, qui les sépare de la Crau, vaste plaine déserte et inculte située, dans le département des Bouches-du-Rhône, entre la chaîne des Alpes et l'étang de Berre.

Au centre des marais se trouvent deux grandes dépressions formant les étangs du Landre et du Galéjon; ces étangs communiquent entre eux, et le dernier est lui-même en communication avec le bief inférieur du canal d'Arles à Bouc par une brèche ouverte dans la berge nord du canal. Dans ces étangs viennent déboucher deux importants canaux de desséchement, les canaux de la Vidange et du Vigueirat, qui y amènent toutes les eaux des écoulages supérieurs, et, en particulier, celles qui proviennent des anciens marais d'Arles et de Tarascon, d'une superficie de près de 40.000 hectares, desséchés au XVIIe siècle par l'ingénieur hollandais Van Ens.

Le canal d'Arles à Bouc, émissaire général de toutes ces eaux, communique avec la mer par les écluses de Bouc et aussi par une série de pertuis établis à travers la berge sud du canal. Ces pertuis sont munis de clapets à fermeture automobile qui permettent aux eaux douces de s'écouler vers la mer lorsque le niveau de celle-ci est suffisamment bas, et qui empêchent les eaux de la mer de rentrer dans le canal en cas d'intumescence[1].

Avant les travaux de desséchement, les marais de Fos, par leur situation, se trouvaient être le réceptacle de toutes les eaux d'écoulage supérieures, lesquelles ne pouvaient être évacuées, comme on vient de le voir, que par le canal d'Arles à Bouc, alors que son plan d'eau pouvait être suffisamment abaissé pour lui permettre de recueillir les eaux d'écoulage. Or les eaux du canal varient de l'altitude ($+0,86$) au-dessus du niveau moyen de la mer à l'altitude ($-0,26$) au-dessous de ce niveau; leur régime moyen est à la cote ($+0,30$) pendant la majeure partie de l'année. Dans la plus grande étendue des marais, l'altitude moyenne du sol est inférieure à cette cote; il en résulte que, le canal ne pouvant recevoir les eaux qui recouvraient les marais, ceux-ci restaient à peu près constamment noyés. Quand la mer était haute, tout écoulage étant intercepté, la totalité de la surface des marais était recouverte par les eaux qui s'accumulaient dans cette immense cuvette.

On conçoit combien cette situation était déplorable point de vue de l'hygiène générale de la contrée. Le desséchement des marais, longtemps à l'étude, a été concédé à une compagnie concessionnaire dite de la Crau et des marais de Fos, par une loi du 9 août 1881. Les travaux commencés en 1883 sont actuellement à peu près terminés.

La nature des lieux a conduit à partager les marais à

---

[1] On sait que la Méditerranée, comme toutes les mers intérieures, n'est soumise qu'aux mouvements périodiques de marées lunaires de très faible amplitude. Toutefois, sous l'influence des vents, le niveau de la mer varie parfois dans des proportions assez sensibles. Ces dernières variations portent le nom d'*intumescence*.

dessécher en deux sections principales s'étendant, la première, au nord et, la seconde, au sud de l'étang du Galéjon. Cet étang, comme celui du Landre, a été maintenu en eaux vives, pour servir de réservoir éventuel aux eaux supérieures, qui continuent à s'y déverser par l'intermédiaire des canaux de desséchement de la Vidange et du Vigueirat. De l'étang du Landre elles passent dans le bief inférieur du canal de navigation d'Arles à Bouc par la brèche faite dans la berge dont il a été parlé, et sont ainsi conduites à la mer.

Chacune de ces deux sections comprend deux bassins distincts, ceux de la section nord étant séparés l'un de l'autre par le canal de la Vidange, et ceux de la section sud par un vaste domaine, dit de l'Audience, non compris dans le périmètre du desséchement et composé de terrains industriels utilisés pour l'extraction de la tourbe.

Les quatre bassins de desséchement ont respectivement les surfaces suivantes :

Bassin de Fos	570	hectares
— du Galéjon	370	—
— de Capeau	1.500	—
— de l'Étourneau	1.350	—

Ils ont été successivement assainis par abaissement du plan d'eau, à l'exception toutefois de l'étroite bande de terre située entre les deux canaux du Vigueirat et de la Vidange. Dans cette partie, qui n'est pas marécageuse, on s'est contenté de remblayer et de niveler le sol formé par les limons déposés par les crues des canaux voisins, en lui donnant une pente constante vers ces émissaires, de sorte que les eaux pluviales s'écoulent naturellement par la gravité. Il est indispensable de laisser cette bande de terre constituer, comme par le passé, un réservoir pour les eaux supérieures en cas d'intumescence de la mer. C'est, en effet, sur ces terrains que se répandent, dès leur arrivée aux marais, au grand profit des terrains cultivés situés en amont, les eaux de la Vidange et du Vigueirat quand elles trouvent les étangs inférieurs déjà remplis par les eaux qu'y déverse le canal d'Arles à Bouc, au moment où son écoulement à la mer est suspendu.

Quant aux quatre bassins, les conditions de desséchement

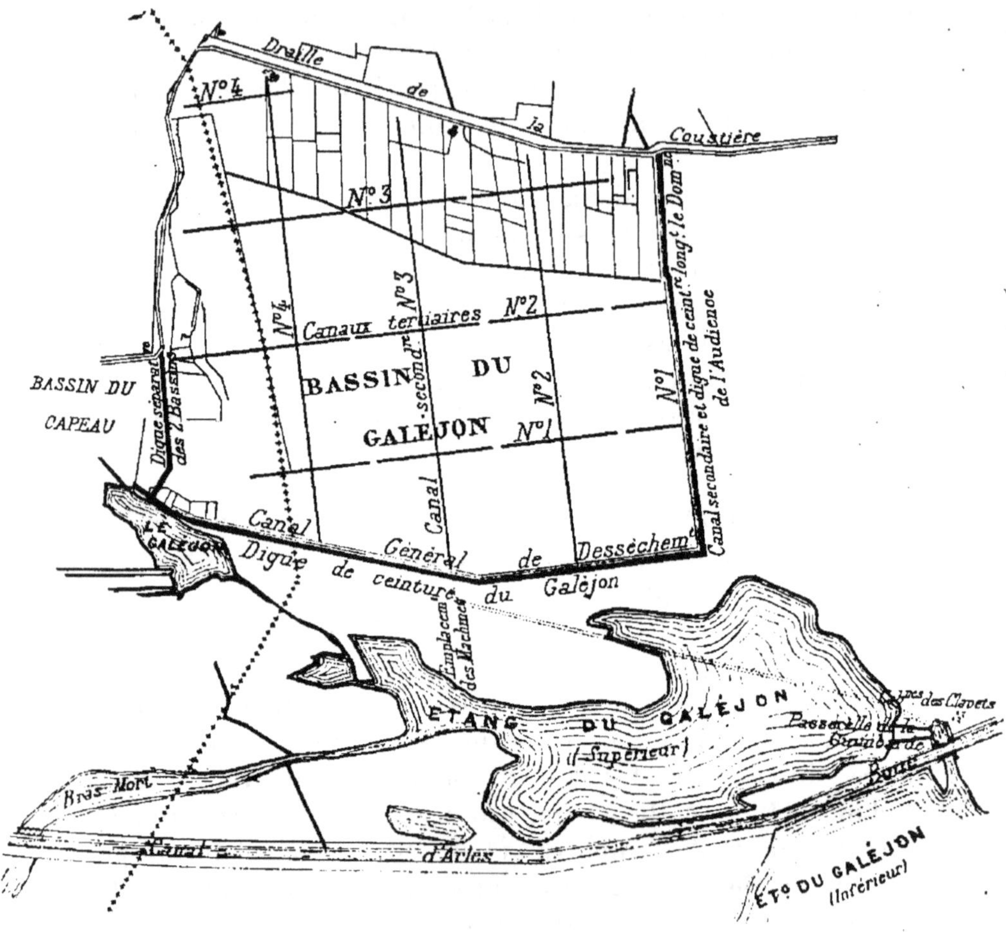

Fig. 112. — Desséchement des marais de Fos. — Plan du bassin de Galéjon.

n'étaient pas identiques. Pour ceux de Fos et du Galéjon, dont les surfaces sont relativement faibles, on s'est trouvé en présence de très nombreuses sources artésiennes, de sorte que, sauf en cas de pluies exceptionnelles, l'écart entre les périodes sèches et les périodes pluvieuses, au point de vue des eaux à épuiser, n'était pas très considérable. Dans ces conditions, le desséchement a été réalisé au moyen des pompes du système Gwynne, dont la description a été donnée (§ 29).

Aux bassins de Capeau et de l'Étourneau, les conditions sont différentes. Les eaux souterraines y sont relativement peu abondantes ; au contraire, par suite de la grande étendue des bassins, les eaux pluviales présentent une masse importante dont il faut pouvoir se débarrasser en peu de temps. C'est pourquoi on a installé au bassin de Capeau, lequel a été desséché avant celui de l'Étourneau, deux pompes centrifuges à axe vertical, système Farcot. Ces machines, particulièrement aptes à élever rapidement de grandes quantités d'eau à une hauteur médiocre, sont du modèle déjà décrit.

Toutefois, on s'est aperçu que les machines à vapeur mises en pleine vitesse étaient susceptibles d'élever des quantités d'eau supérieures à celles qu'avaient données les essais en marche moyenne, et l'on a constaté que chacune d'elles pouvait débiter 6 à 7 mètres cubes à la seconde pour une hauteur d'élévation de 0^m,50, hauteur qui est sensiblement celle de la pratique au cas où les grandes pluies ont rempli les canaux, c'est-à-dire réduit au minimum la différence des niveaux entre les biefs d'épuisement et de refoulement.

Or la surface des deux bassins de Capeau et de l'Étourneau réunis est environ de 2.800 hectares, et une couple de pompes débitant ensemble 12 mètres cubes à la seconde, ou 1.000.000 de mètres cubes en vingt-quatre heures, permettrait l'enlèvement d'une lame d'eau de 0^m,04 de hauteur uniformément répartie sur la surface des deux bassins. Une pareille masse d'eau suppose une chute effective beaucoup plus considérable que celles qui se produisent communément, attendu qu'en évaluant aussi largement que possible le volume à épuiser en périodes pluvieuses, on est arrivé au chiffre de 3 mètres cubes à la seconde. Dans ces conditions, il a paru que la meilleure solution à adopter pour le desséchement du bassin de l'Étourneau était d'utiliser les pompes déjà établies au bassin de Capeau.

Ce résultat a été obtenu en mettant les deux bassins en

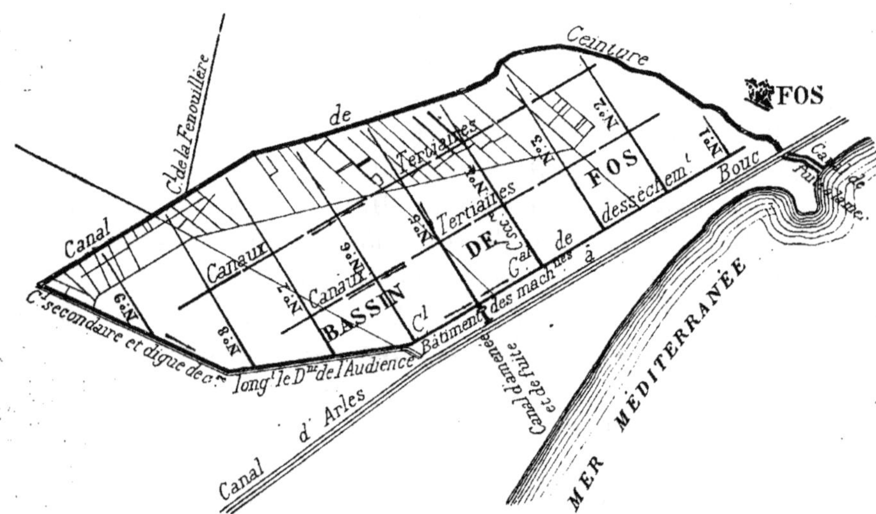

Fig. 113. — Desséchement des marais de Fos. — Plan du bassin de Fos.

communication l'un avec l'autre au moyen d'un siphon de 83 mètres de longueur, composé de quatre tuyaux parallèles de $0^m,75$ de diamètre intérieur, construits en béton de ciment avec des épaisseurs minima de $0^m,20$ au sommet (*fig.* 114 à 117). Le canal collecteur a été tracé en prolongement du siphon ; les autres artères de desséchement ont été établies suivant les principes généraux qui ont été mentionnés.

Bien que les travaux d'assainissement des marais de Fos soient complètement achevés, leur transformation agricole n'est pas encore assez avancée pour que l'on puisse donner des renseignements utiles à ce sujet. Bornons-nous à dire que les seules cultures sur lesquelles on paraisse pouvoir compter sont les prairies et surtout les vignes. Dès aujourd'hui une grande étendue des marais insalubres de la région ont disparu ; l'avenir dira si la mise en valeur est destinée à donner de meilleurs résultats que ceux qui ont été signalés en ce qui concerne les anciens marais desséchés de Vic.

c) *Desséchements hollandais.* — Une grande partie du sol de la Hollande est située au-dessous du niveau de la mer ; elle forme ce qu'on appelle le *polderland* (pays des polders). Ce nom de polder s'applique d'une façon générale dans les Pays-Bas à tous les terrains endigués et assainis ; un polder est, en somme, la réunion d'un ensemble de parcelles défendues par une digue qui les enceint complètement et les protège contre l'envahissement des eaux extérieures (mer, fleuves, eaux des polders avoisinants) et dont les propriétaires pourvoient en commun à l'évacuation des eaux intérieures, de façon que celles-ci ne s'élèvent pas au-dessus d'un niveau déterminé variable avec le genre de culture du terrain.

Les polders sont extrêmement nombreux, et leur superficie varie de quelques dizaines d'hectares à plusieurs milliers d'hectares. Il y a lieu de remarquer qu'ils forment deux catégories bien distinctes. Les uns proviennent de conquêtes faites sur les eaux, le long des côtes ou à l'embouchure des fleuves ; la plupart de ces polders peuvent écouler directement leurs eaux à la mer ou dans les fleuves sans le concours de machines élévatoires ; leur régime est analogue

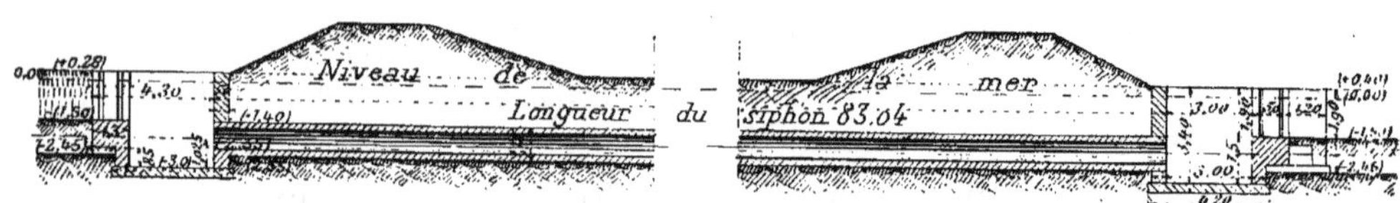

Fig. 114. — Coupe longitudinale.

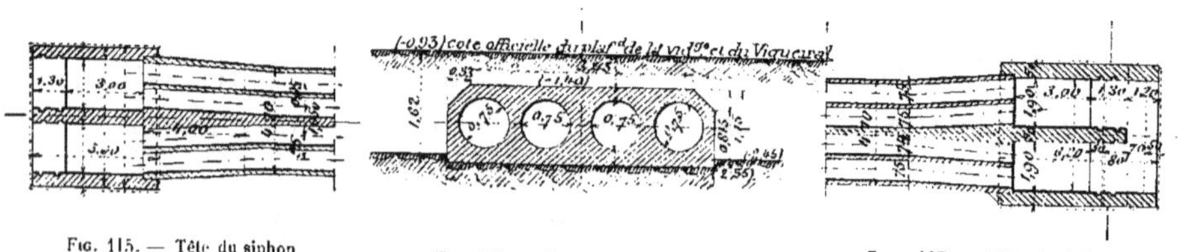

Fig. 115. — Tête du siphon
(côté Étourneau).

Fig. 116. — Coupe transversale.

Fig. 117. — Tête du siphon
(côté Capcan).

à celui des waeteringues du nord de la France. D'autres, au contraire, ne sont que d'anciens lacs ou d'anciennes tourbières desséchées, et l'évacuation de leurs eaux surabondantes en vue du maintien du desséchement nécessite le concours de machines élévatoires.

En dehors de ces deux catégories principales, il existe des polders qui ont été constitués uniquement pour se défendre contre les eaux des polders avoisinants; suivant les cas, ou bien ils se trouvent dans une situation analogue à celle des précédents, ou bien encore ils peuvent écouler leurs eaux surabondantes sans le secours de pompes, soit par intermittence, soit d'une manière continue.

La revanche du sol du polder au-dessus du plan d'eau des canaux d'évacuation varie avec le genre de culture du terrain; elle est ordinairement de $0^m,30$ à $0^m,50$ pour les pâturages et de $0^m,70$ au moins par les labours. Les différents polders, même ceux qui sont contigus, présentent souvent des différences d'altitude importantes. Pour chacun d'eux on détermine un niveau auquel on s'efforce de maintenir l'eau dans les canaux d'évacuation, et on cherche à fixer ce niveau au mieux des intérêts des propriétaires. Ce résultat s'obtient par une série de manœuvres des écluses de décharge et des appareils évacuateurs. Si une partie du polder est plus élevée que les terrains environnants, ce qui nécessite une surélévation du plan d'eau, ce résultat s'obtient en plaçant des barrages fixes ou mobiles dans le canal de ceinture. Si, au contraire, une parcelle se trouve à un niveau relativement bas, on l'entoure d'une digue secondaire, et un petit moulin à vent évacue l'eau de manière à abaisser le plan d'eau dans cette partie à la cote voulue.

L'ensemble des canaux qui recueillent les eaux des polders pour les conduire plus ou moins directement à la mer se désignent sous le nom de *boezems*; le canal qui conduit à la mer les eaux provenant d'un ensemble de polders s'appelle boezem général; celui qui recueille toutes les eaux d'un même polder est son boezem principal; enfin les artères de tout ordre qui conduisent à ce dernier les eaux pluviales tombées sur l'étendue d'un polder en forment le boezem élémentaire.

Le plan d'eau du boezem principal doit, autant que possible, être maintenu assez bas pour que les eaux des polders qu'il dessert puissent y être conduites avec une faible dépense ; mais, d'un autre côté, il y a avantage à ce que le niveau se trouve suffisamment élevé pour que le boezem puisse, à son tour, déverser ses eaux dans l'émissaire qui doit les conduire à la mer, sans le secours de moteurs élévatoires. Ces deux conditions étant incompatibles, on préfère en général tenir l'eau dans le boezem général, à une cote un peu supérieure, soit au niveau de la basse mer, soit du plan d'eau ordinaire de la rivière qui doit évacuer ses eaux.

Il en résulte que l'évacuation ne peut se faire qu'artificiellement pendant la haute mer et en temps de crue du fleuve. Il se peut même, en cas de tempête, qu'on soit obligé de tenir les écluses de décharge fermées pendant plusieurs jours de suite, pour empêcher l'incursion des eaux extérieures. Ce fait peut se présenter aux époques des grandes pluies, alors que les boezems élémentaires et principaux envoient le plus d'eau au boezem général, incapable alors d'évacuer les eaux qu'il reçoit ; il devra donc avoir des dimensions suffisantes pour contenir les eaux que lui enverront les polders pendant ce temps.

La question de la fixation du niveau auquel l'eau doit être maintenue dans les divers émissaires de desséchement est toujours difficile à résoudre ; quelquefois ce niveau doit être abaissé dans l'intérêt général de l'asséchement. Lors de la création de nouveaux polders, on doit tenir compte, dans la fixation du niveau, des droits antérieurement acquis, et ce polder ne peut envoyer les eaux dans un boezem général existant qu'à la condition de ne pas en surélever le plan d'eau au-dessus du niveau fixé.

L'exécution des travaux de desséchement en Hollande ne diffère en rien de celle des desséchements précédemment décrits. On entoure le périmètre d'une digue d'enceinte bien étanche, extérieurement à laquelle se déroule le canal de ceinture, ou boezem principal. A l'intérieur, on trace le réseau des canaux et rigoles qui constitue le boezem élémentaire du polder. Les fossés de divers ordres, toujours pleins d'eau, aboutissent, à leur point le plus bas, à une vanne ouverte dans la digue d'enceinte, au pied d'une machine qui refoule l'eau dans le canal de ceinture dont le niveau est supérieur à celui du sol du polder.

Souvent l'eau, pour arriver au canal ou à la rivière dont le niveau est supérieur à celui de la mer à marée basse et qui en assurera l'évacuation, doit être élevée à une assez grande hauteur. Dans ce cas, le canal qui reçoit toute l'eau du polder aboutit à une seconde vanne établie au pied d'une seconde machine, qui envoie l'eau dans un autre canal enserré entre deux digues. Celui-ci, à son tour, élève, s'il est nécessaire, cette eau dans un autre canal et ainsi, montant d'étage en étage, l'eau finit par arriver au niveau voulu pour que son évacuation à la mer devienne possible.

Ce cas s'est présenté lors du desséchement des marais de Zuidplas, qui peut être donné comme exemple d'un travail exécuté entièrement avec des moulins à vent.

Le marais de Zuidplas, situé entre Rotterdam et Gouda, avait une surface de 4.600 hectares environ ; son plan d'eau se maintenait à la cote à peu près constante, de $-1,53$ (A. P.)[1], et le fond se rencontrait à des profondeurs variant entre $-4^m,80$ et -5 mètres (A. P.).

Lors de la rédaction du projet d'assèchement, en 1828, il fut décidé que le niveau auquel l'eau devait être tenue dans le boezem oscillerait entre $-5^m,61$ et $-5^m,81$ (A. P.).

L'émissaire d'évacuation était le fleuve Yssel, dont les eaux moyennes étaient à la cote $+0^m,90$ à $+1^m,03$ (A. P.). La hauteur maxima, à laquelle on devait élever l'eau, était, par suite, de $5^m,81 + 1^m,03 = 6^m,84$. Dans ces conditions, avec les moyens dont on disposait alors, on ne pouvait songer à n'avoir qu'un seul boezem ; il fallait échelonner l'élévation. On commença par construire une double enceinte de digues R, R[1] (*fig.* 118), comprenant entre elles le canal de ceinture C, dont le plan d'eau coïncide avec celui de l'ancien marais

---

[1] On désigne par A. P. (Amsterdamch Peil = niveau d'Amsterdam) le niveau moyen de la basse mer moyenne dans le Zuider Zee, près d'Amsterdam. Ce niveau correspond à un repère établi à Amsterdam, et il est ordinairement pris pour plan de comparaison. $-1,53$ (A. P.) signifie donc $1^m,53$ au-dessous du niveau A. P. de comparaison.

[— 1^m,53 (A. P.)] et qui entoure complètement le polder. La
longueur de la digue est de 29 kilomètres environ, et la surface du canal au plan d'eau, de 40 hectares.

Au moyen d'une première file de neuf moulins, actionnant
des vis d'Archimède de 8^m,10 de longueur et de 1^m,80 de diamètre, situés sur le plan I, on élève l'eau de 2^m,04 pour l'envoyer du collecteur A au bassin inférieur B, dont le plan
d'eau est à la cote — 3^m,77 (A. P.). Une seconde file de neuf
moulins semblables, placés dans le plan II, élèvent à leur
tour l'eau du bassin B pour la jeter dans le canal de ceinture C, situé à 2^m,04 plus haut. Enfin sept autres moulins,
placés dans le plan III, élèvent l'eau de 1^m,38 et la déversent

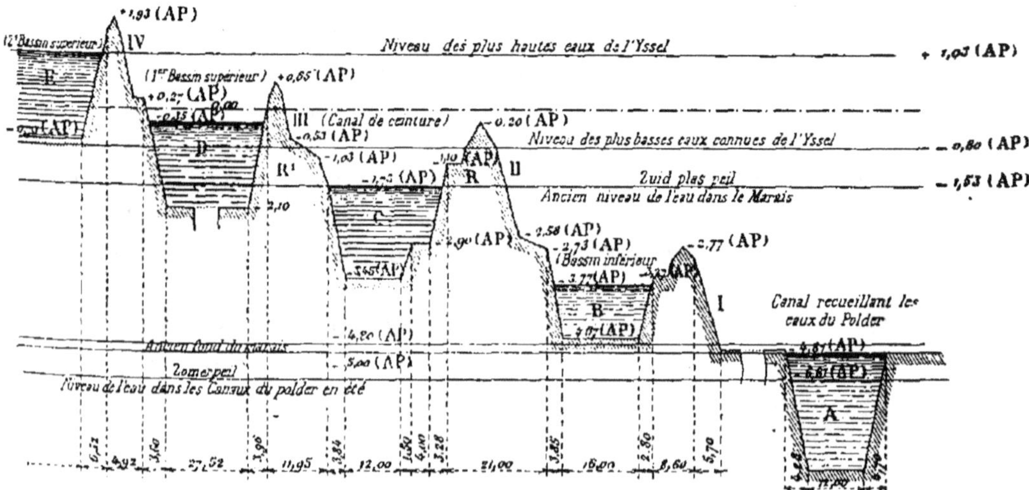

Fig. 118. — Desséchement des marais de Zuidplas.
Profil en travers des canaux et bassins de desséchement.

dans le bassin supérieur D, dont le plan d'eau est à
— 0^m,35 (A. P.). En basses eaux, l'Yssel peut être inférieur à
ce niveau. Dans ce cas il est inutile d'employer une quatrième
file de moulins (plan IV), qui peuvent élever à leur tour
l'eau de 1^m,38, pour la déverser dans le bassin supérieur E,
et ne sont utilisés qu'au cas où le plan d'eau du fleuve est à
un niveau supérieur à — 0^m,35 (A. P.).

Les travaux de desséchement, commencés en 1828, n'ont
été terminés qu'en 1840, ayant été interrompus de 1830 à
1836, pour raisons politiques. Au cours des travaux, on a

constaté que le polder recevait, par infiltration, d'autres polders voisins antérieurement desséchés, une quantité d'eau journalière représentant une tranche de 5 millimètres de hauteur. On se décida alors à augmenter la puissance des appareils, à supprimer tous les moulins et à les remplacer par une seule machine à vapeur actionnant des roues de 10 mètres de diamètre qui, en cas de besoin, peut élever directement l'eau de A en E, sans passer par les étages intermédiaires.

Pour terminer ce qui est relatif aux polders de la Hollande, on décrira les travaux exécutés plus récemment, en vue du desséchement d'anciennes tourbières (plassen) situées à l'est de la ville de Rotterdam [1] (*fig.* 119). Ces terrains, d'une superficie de 2.730 hectares, situés entre la Meuse et deux affluents, l'Yssel et la Rotte, avaient un sol très accidenté dont le niveau variait entre — $3^m,60$ et — $6^m,20$ (A. P.). Par suite de l'existence de polders situés le long de la Rotte, ce cours d'eau ne pouvait être utilisé comme émissaire de desséchement; de plus, les polders voisins de Kralingen, Capelle et Nieuwerkerk, antérieurement desséchés, se sont opposés à ce que leurs boezems fussent utilisés pour l'évacuation de ces eaux, dans l'Yssel ou dans la Meuse. Dans ces conditions, et pour pouvoir élever directement les eaux jusqu'au fleuve évacuateur, on a dû établir un relai. Un premier système de machines d'épuisement a été employé à envoyer les eaux de l'ancienne tourbière dans un bassin de réception, dont le plan d'eau est à la cote — $1^m,80$ (A. P.); un second système de machines supérieures ou d'évacuation prend les eaux de ce bassin pour les déverser dans la Meuse.

Les machines d'épuisement ont été établies au bord sud de la tourbière; les machines supérieures, au bord nord de la Meuse, à l'intérieur de la digue de défense contre le fleuve. Ce dernier système de machines est relié au bassin de réception par un canal d'évacuation ayant 13 mètres de largeur au plan d'eau et $1^m,50$ de profondeur.

La digue d'enceinte laisse en dehors du nouveau polder

---

[1] *Rotterdam* veut dire : *digues de la Rotte*.

le marais Noordplas, lequel n'a pu être desséché en même temps que les autres, à cause de l'impossibilité d'exproprier divers établissements industriels situés sur ses bords. Cette digue a dû être construite alternativement à sec et dans l'eau. Dans ce dernier cas, la construction a présenté de grandes difficultés dues à ce que, le sol vaseux devant servir d'assiette à la digue étant très inconsistant, il était à craindre que la terre rapportée ne s'enfonçât jusqu'à la rencontre d'une couche assez solide pour résister au poids de la digue. Pour éviter cet inconvénient, on a établi le remblai par couches horizontales de faible épaisseur, en employant pour les tranches inférieures les terres les plus lourdes et les plus consistantes. Au fur et à mesure de l'élévation, ce qui se faisait en n'établissant chaque tranche que lorsque la couche inférieure avait fini de tasser, le poids des terres rapportées devenait de plus en plus faible, et l'enfoncement diminuait de plus en plus. Dans ces conditions, quand on a procédé à l'épuisement des eaux du polder, la digue s'est trouvée suffisamment stable et consistante pour résister à la poussée des eaux extérieures.

Lors de la rédaction du projet, on a décidé que le sol du nouveau polder serait, dans la partie la plus basse, à la cote —6^m,30 (A. P.); le niveau de l'eau dans le bassin de réception étant, on le sait, à la cote — 1^m,80 (A. P.), les machines d'épuisement devaient élever l'eau à la hauteur de 4^m,50. De ce niveau à celui de la Meuse pendant le flot, soit + 0^m,90 (A. P.), la hauteur est de 2^m,70; c'est celle à laquelle les machines du second groupe doivent élever l'eau pour la déverser dans le fleuve. Or, étant donné qu'en Hollande on admet, d'une façon générale, qu'il faut une force utile de 12,5 chevaux-vapeur pour élever à 1 mètre de hauteur l'eau recueillie sur une surface de 1.000 hectares, et sachant que la surface du nouveau polder était de 2.730 hectares, on en a conclu que les deux groupes de machines devraient avoir respectivement une force en chevaux de 153^{cv},56 et de 92^{cv},138. Pour se réserver la possibilité d'étendre ultérieurement le dessèchement à d'autres polders voisins, on a décidé que la force des machines serait portée à 180 et à 120 chevaux-vapeur, effet utile.

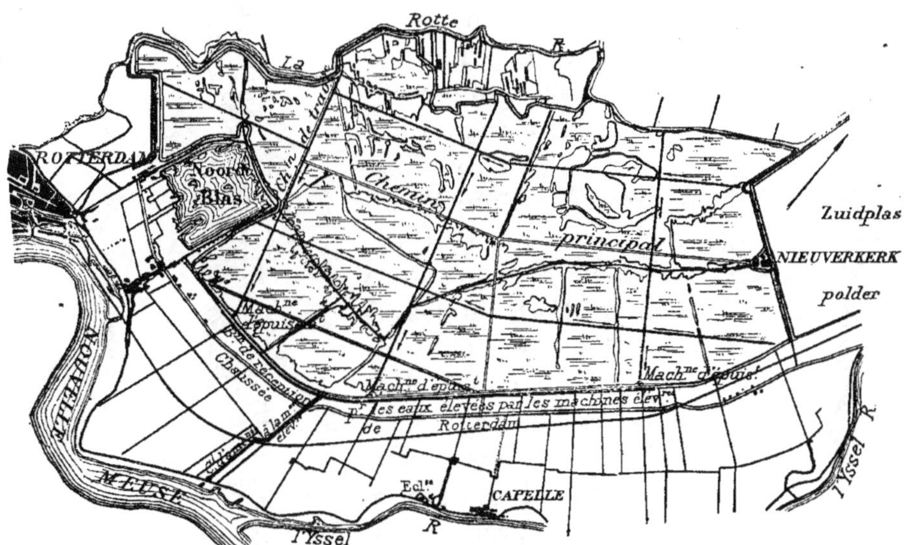

Fig. 119. — Plan général des polders des Plassen.

A cause des différences de niveau très accentuées du fond du polder en ses diverses parties, on a partagé sa surface en trois bassins différents ayant chacun un niveau d'eau distinct dans son boezem.

L'évacuation est assurée dans chacun de ces bassins au moyen de deux machines pouvant produire chacune 60 chevaux-vapeur d'effet utile; ces deux machines sont réunies dans un même local et actionnent chacune deux pompes horizontales aspirantes et foulantes de 1^m,63 de diamètre et de 2 mètres de course.

Le réseau des canaux principaux et secondaires est représenté sur le plan (*fig.* 119); on voit qu'il comporte trois canaux principaux aboutissant aux machines d'épuisement, et deux canaux secondaires perpendiculaires aux premiers. Au niveau du plan d'eau d'été du polder, les canaux principaux ont une largeur de 8 mètres, et les canaux secondaires une largeur de 6 mètres; leur profondeur com-

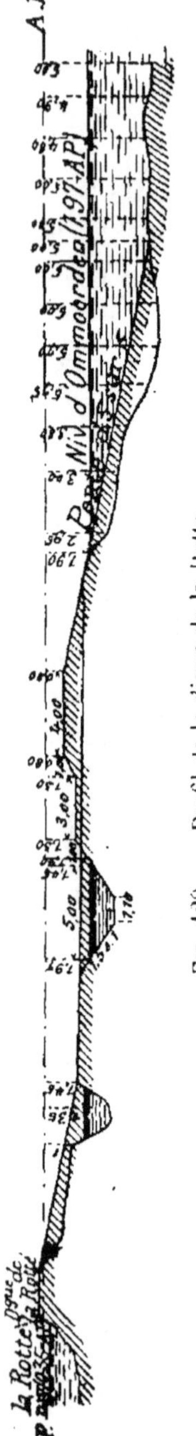

Fig. 120. — Profil de la digue de la Rotte.

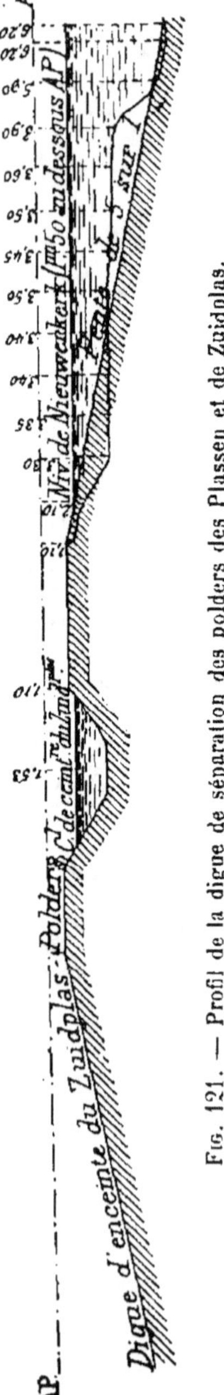

Fig. 121. — Profil de la digue de séparation des polders des Plassen et de Zuidplas.

mune est de 1^m,30. Le parcellement a été complété par l'établissement de chemins principaux et secondaires, de 10 mètres et 8 mètres de largeur respective, tracés de manière à rendre accessible chaque parcelle du nouveau polder, lequel a été partagé en lots de 5 hectares environ de superficie.

On ajoutera que les terrains desséchés ont été vendus et sont aujourd'hui couverts de maisons faisant partie de l'agglomération de la ville de Rotterdam.

d) *Amélioration du delta du Tibre (Italie) (fig.* 122 à 133). — On ne saurait terminer cette monographie des principaux travaux de desséchement de marais, sans mentionner ceux qui ont été exécutés en Italie. Ces travaux sont, en effet, fort nombreux et des plus intéressants. On ne peut mieux faire, pour en donner une idée, que de décrire avec quelques détails les travaux tout récents entrepris en vue de l'amélioration de la campagne romaine, et, en particulier, du delta du Tibre.

Le delta du Tibre est une partie intégrante d'une vaste plaine onduleuse de 208.000 hectares de superficie, désignée sous le nom de *Campagne romaine*, et qui s'étend depuis les versants des collines de Tivoli et des monts du Latium jusqu'à la mer Méditerranée.

Le delta du Tibre limité du côté des terres par la ligne de niveau de 5 mètres d'altitude au-dessus de la mer moyenne, a une surface de 19.500 hectares. C'est une plage de formation relativement récente, bordée du côté du rivage par une chaîne de dunes formées par les apports de la mer, grâce à la prédominance des vents du large. Le sous-sol du delta est composé de terrains quaternaires récents (sables du littoral et argiles du Tibre); la surface présente une série de dépressions, marais ou étangs, dont les plus importantes sont l'étang d'Ostia à l'est du Tibre et celui de Maccarese à l'ouest; les points les plus déprimés du fond sont à la cote (— 0^m,20) pour le premier, et (— 0^m,80) pour le second.

Avant les travaux d'amélioration, les eaux descendant des versants s'accumulaient dans ces dépressions, qui n'avaient comme débouché à la mer que deux émissaires dits « Forma d'Ostia » et « Forma di Maccarese », dont les extrémités aval, envahies par les sables, ne constituaient qu'un exutoire insuffisant. Les eaux des étangs se répandaient sur les terres plates environnantes, en les recouvrant d'une tranche liquide s'élevant parfois, durant l'hiver, jusqu'à la cote ($+$ 0^m,80); pendant l'été, grâce à la puissance d'évaporation, l'eau descendait jusqu'au niveau de la mer, laissant à découvert les terres relativement les moins basses.

Les bords des étangs susceptibles d'être recouverts par les hautes eaux d'hiver présentant une pente très faible et étant formés de terres d'alluvion renfermant de nombreux germes de fièvre, on conçoit combien les conditions étaient favorables au développement de la mal'aria. De fait, les fièvres pernicieuses étaient, pour ainsi dire, permanentes dans la région et répandaient la terreur par la rapidité foudroyante de leurs effets funestes. La mal'aria sévissait surtout pendant l'été et l'automne. Un véritable exode de la population se produisait à la fin du printemps pour se terminer seulement à l'approche de l'hiver, après les pluies abondantes des mois d'octobre et de novembre.

Pour faire disparaître un état de choses aussi déplorable, le seul remède consistait, d'une part, à supprimer les nappes d'eaux stagnantes existantes, et, d'autre part, à empêcher la formation de nouveaux étangs, en assurant un écoulement permanent vers la mer aux eaux pluviales.

C'est pourquoi la loi italienne du 11 décembre 1878, relative à l'amélioration de la campagne romaine, a prescrit trois catégories de travaux, savoir : 1° desséchement des grands marais et étangs, à exécuter par l'État à ses frais ; 2° travaux de redressement et de régularisation des cours d'eau dépourvus d'écoulement naturel, à exécuter par l'État, aux frais de syndicats forcés comprenant tous les propriétaires intéressés ; 3° amélioration agricole des diverses propriétés comprises dans un rayon de 10 kilomètres autour de Rome, à exécuter par les intéressés, à leurs frais, suivant un programme fixé, pour chaque propriété, par une commission spéciale.

Les travaux de la première catégorie, les seuls dont on s'occupera ici, sont à peu près terminés. Ils sont ainsi spécifiés par l'article 2 de la loi de 1878 : « Desséchement

« des marais et étangs d'Ostia et de Maccarese et du lac
« des Tartares, des marais de Stracciacappe, des bas-fonds
« de l'Almone, de Pantano et de Baccano, et de toutes autres
« terres malsaines qui nécessitent des travaux d'une nature
« exceptionnelle. »

Quand on eut à détruire ces foyers d'infection, on dut
choisir entre cinq solutions : 1° le desséchement par canalisation; 2° le colmatage naturel avec les eaux troubles du
Tibre; 3° le colmatage artificiel ou remblaiement; 4° l'approfondissement des étangs et le comblement de leurs bords
avec les produits du curage, de manière à empêcher les
débordements; 5° le desséchement mécanique.

On reconnut tout d'abord que le premier système était
inapplicable, à cause de la faible élévation des fonds à dessécher au-dessus du niveau de la mer, ce qui n'aurait pas permis de donner aux canaux d'évacuation une pente suffisante.
Pour une raison analogue, on constata l'impossibilité d'employer le colmatage naturel au moyen des eaux du Tibre,
seul cours d'eau de la région qu'on aurait pu utiliser dans
ce but. En effet, pour fixer le niveau du sol exhaussé après
colmatage, s'appuyant sur des travaux antérieurs analogues[1],
on reconnut qu'il serait utile de donner en chaque point, à
la couche de limon, une épaisseur que la pratique a conduit
à fixer au chiffre de $1^m,05$, augmentée d'une quantité variable,
proportionnelle à la distance de ce point au débouché dans
le Tibre du canal évacuateur des eaux clarifiées, comptée suivant le développement de ce canal. Or l'expérience a montré
que ces canaux doivent avoir une pente moyenne de $0^m,10$
par kilomètre; dans l'espèce, le point le plus éloigné du
Tibre en suivant le réseau des colateurs projetés, en est dis-
tant de 7.800 mètres; la cote maxima du terrain colmaté
aurait donc été de :

$$1,05 + \frac{7.800}{1.000} \times 0,10 = 1^m,83.$$

D'un autre côté, le canal qui dérive les eaux troubles du
Tibre pour les transporter au point le plus haut de la surface

[1] Voir § 43.

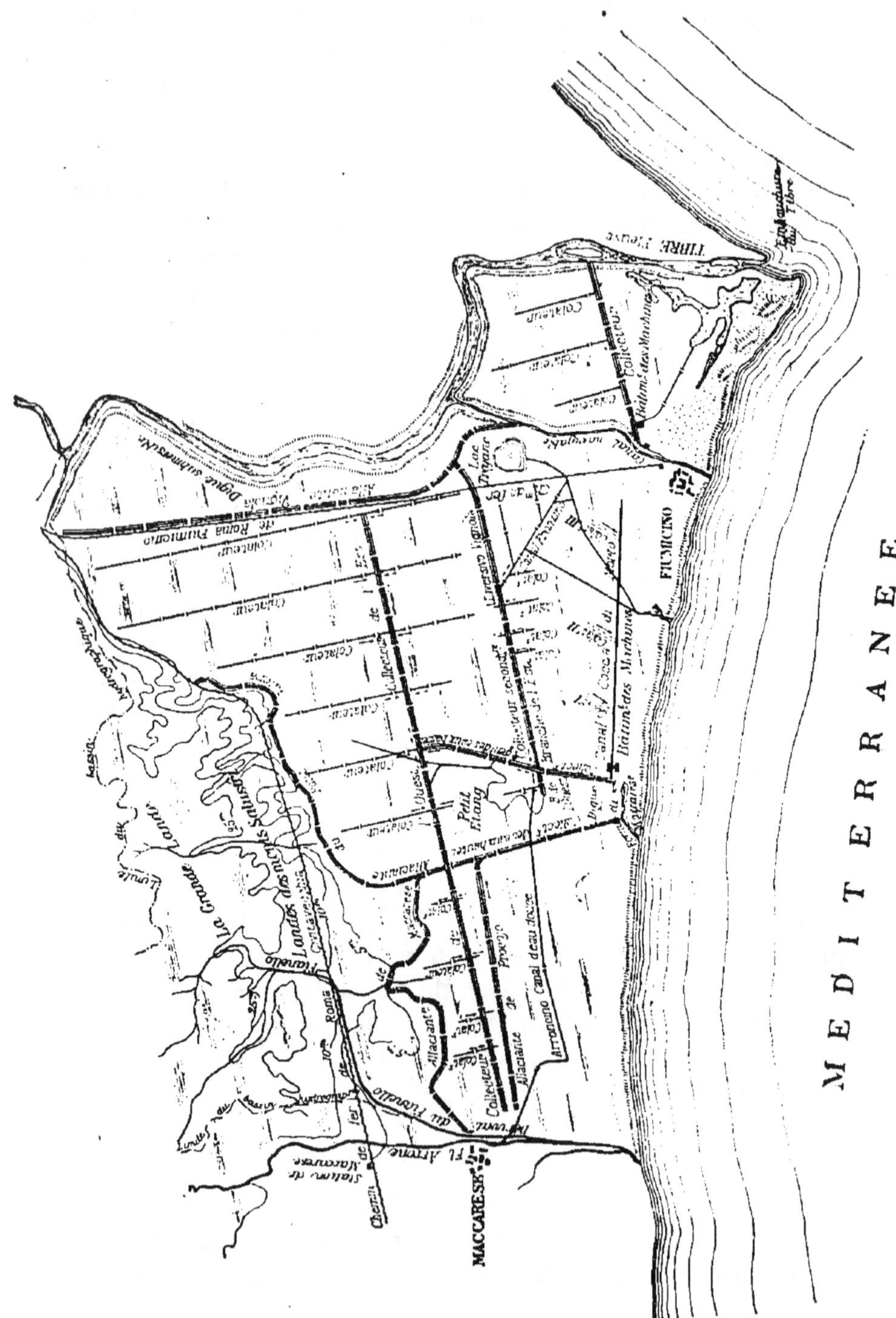

Fɪɢ. 122. — Amélioration du delta du Tibre. — Plan général du bassin de Maccarese.

à colmater doit avoir, comme les autres canaux de dérivation de la région, une pente longitudinale de $0^m,35$ par kilomètre ; son développement, depuis la prise jusqu'au point de hauteur maximum dont on vient de parler, aurait été, d'après la nature des lieux, de 10 kilomètres. Par suite, il eût été nécessaire de placer le seuil de la prise d'eau au Tibre à la cote : $1,83 + 10 \times 0,35 = 5^m,33$. Or, sauf en cas de crue exceptionnelle, le niveau de l'eau dans le fleuve aurait été trop peu élevé pour qu'il fût possible d'alimenter le canal. Il est vrai que, mettant à profit les nombreux méandres du Tibre, on aurait pu chercher à remonter la prise vers l'amont, d'une quantité suffisante, moyennant une augmentation modérée de longueur ; mais la disposition des lieux eût rendu dispendieuse cette solution, qui aurait nécessité le creusement d'un long tunnel à travers des terrains de sédiment peu compacts.

Le procédé du colmatage artificiel aurait exigé la confection d'un remblai de près de 17 millions de mètres cubes ; vu les indemnités d'occupation et de dommages à payer, et les énormes frais résultant de l'exagération des distances de transport, cette solution a dû être écartée. Quant au procédé qui aurait consisté à se borner à approfondir les étangs et à combler leurs bords avec le produit des déblais, il suffira de dire qu'un avant-projet dressé sur ces bases a montré que la dépense serait supérieure à 10 millions.

Force a donc été, finalement, de recourir au desséchement au moyen de machines.

La surface améliorée ne comprend d'ailleurs pas la totalité du delta du Tibre ; elle s'étend seulement sur une longueur de 27 kilomètres environ le long du rivage, entre les ruisseaux de Tor-Paterno et de l'Arrone, et comprend 12.473 hectares. Elle est partagée en trois parties par le Tibre et un canal navigable dérivé de ce dernier, le canal de Fiumicino.

On va donner une description rapide des travaux les plus intéressants ; ils ont été exécutés dans la partie située à droite du Tibre et du canal, qui forme le bassin hydrographique du Maccarese, et dont la surface est de 10.790 hectares [1] (*fig*. 122).

---

[1] **Les renseignements qui suivent sont extraits d'un mémoire**

Canalisations. — Comme dans toutes les améliorations par épuisement mécanique, on a cherché ici à conduire à la mer, par un réseau de canaux entourant la surface à dessécher et dits *des eaux hautes*, toutes les eaux pluviales ou de sources qui, par la pente naturelle du terrain sur lequel elles coulent, peuvent être évacuées directement, afin de réduire le plus possible la surface des parties du bassin dont les eaux doivent être élevées mécaniquement pour être évacuées.

Les eaux pluviales provenant des régions montagneuses du bassin hydrographique du Maccarese sont recueillies par deux canaux (allaciante), celui de Ponte-Galera à l'est et celui de Maccarese au nord, et qui se réunissent pour former le canal *collecteur général des eaux hautes*, lequel débouche dans le tronçon inférieur de l'émissaire ou Forma de Maccarese, qui servait autrefois de décharge à l'étang du même nom. Il recueille sur son parcours les eaux du canal de desséchement ou allaciante de Procojo, qui existait avant les travaux d'amélioration.

Un autre collecteur, l'allaciante Vignola, creusé non loin de la rive droite du Tibre, recueille toutes les eaux de la surface comprise entre lui et le fleuve et les écoule dans le canal de navigation de Fiumicino. En cas de crue du Tibre, et par suite du canal de navigation, les eaux véhiculées par l'allaciante Vignola n'auraient pu être évacuées par ce dernier et auraient envahi les terres basses.

Pour éviter cet inconvénient, on a prévu une dérivation de l'allaciante Vignola (diversivo Vignola), qui déverse ses eaux dans le *collecteur secondaire* dont il est parlé ci-après. La dérivation est fermée à sa tête amont par une porte d'écluse qu'on ouvre seulement en temps de crue, lorsque la situation des eaux du fleuve l'empêche de recevoir les eaux véhiculées par l'allaciante Vignola ; en même temps on interrompt pour la même cause la communication entre l'allaciante Vignola et le canal de Fiumicino. Le collecteur secondaire qui recueille dans ce cas les eaux de desséchement, pour les con-

publié en 1895 par l'ingénieur des travaux, M. Annibale Biglieri, dans le *Journal du Génie civil*.

duire à la Forma di Maccarese, est établi en prolongement du diversivo Vignola ; outre les eaux que lui amène ce dernier, il recueille, par le moyen du canal de Fronzino, qui existait avant les travaux d'amélioration, les eaux qui tombent sur la zone environnant le lac Trajano et l'emplacement de l'ancien port de Claude, aujourd'hui situé dans l'intérieur des terres. Ce collecteur secondaire déverse ses eaux dans le *collecteur général des eaux basses*, lequel les amène aux machines élévatoires placées non loin de la partie inférieure de l'émissaire de Maccarese. La surface mise à l'abri des eaux extérieures par les canaux collecteurs des eaux hautes, et comprise entre le fleuve Arrone au nord, la ligne du chemin de fer de Rome à Civita-Vecchia à l'est, le Tibre au sud, et la mer à l'ouest, constitue le district d'amélioration de Maccarese, d'une étendue de 4.319 hectares. Les travaux dont la description suit se rapportent uniquement au desséchement du district ainsi délimité.

Les eaux pluviales qui tombent sur ce district doivent être évacuées mécaniquement. Dans ce but, on a établi deux collecteurs, dont l'un, celui de l'Est, reçoit les eaux de quatre canaux secondaires tracés normalement à sa direction et distants l'un de l'autre de 1 kilomètre, et l'autre, celui de l'Ouest, qui passe sous le collecteur général des eaux hautes, reçoit, au moyen de cinq canaux secondaires, les eaux pluviales de la partie restante du district.

Ces deux collecteurs ont des pentes opposées et déversent leurs eaux dans le *collecteur général des eaux basses*, tracé suivant la ligne la plus déprimée du terrain, et qui se jette dans l'émissaire de Maccarese. Celui-ci, qui est l'ancien exutoire du lac de même nom, est partagé en deux sections par une digue d'interclusion. L'existence de cette digue a permis de creuser sans grandes difficultés la section amont jusqu'à 4 mètres au-dessous du niveau de la mer, c'est-à-dire jusqu'à la cote du radier de la conduite d'amenée des eaux aux machines ; elle peut ainsi recevoir les eaux du collecteur général des eaux basses dont elle est le prolongement ; le plan d'eau y est maintenu à 1ᵐ,90 en contre-bas du sol desséché. Elle amène les eaux aux machines élévatoires qui les refoulent dans un canal d'écoulement débouchant dans la section aval, en communication directe avec la mer, et dont le plafond est suffisamment élevé pour que l'eau salée ne puisse pas y pénétrer.

Les terres desséchées sont mises à l'abri des eaux de crues du Tibre, grâce à une digue en terre ayant son couronnement à $0^m,43$ en contre-haut des plus hautes eaux connues, une largeur en couronne de $1^m,50$ et des talus inclinés à 1 1/4 de base pour 1 de hauteur. Du côté opposé au fleuve, la digue est contre-butée par une banquette de $1^m,50$ de large s'élevant à 1 mètre en contre-bas du couronnement et ayant ses talus à l'inclinaison de 2 de base pour 1 de hauteur.

Détermination du débit et de la section des canaux. — Le maximum de la quantité d'eau par seconde que les canaux collecteurs, tant des eaux hautes que des eaux inférieures, auront à débiter, a été calculé au moyen de la formule $Q = S \times \dfrac{H}{86.400} \times 0,60$, dans laquelle S représente la surface du bassin versant exprimée en mètres carrés, et H la hauteur maxima de pluie tombée en vingt-quatre heures ; quant au coefficient 0,60, il a été adopté en supposant, avec Turrazza, que les infiltrations et l'évaporation absorbent les 2/5 de la pluie, ce qui réduit à 3/5 le volume des eaux qui arrivent aux canaux par ruissellement.

La valeur de H a été déterminée au moyen du relevé des observations pluviométriques faites à Rome. En ce qui concerne le collecteur général dont le débit ainsi calculé était de $8^{m3},296$ par seconde, on avait projeté de lui donner 10 mètres de largeur au plafond et d'araser le couronnement des digues à $1^m,90$ au-dessus du fond ; mais, pendant les travaux, à la suite de pluies exceptionnelles, les parties de digues construites à ce niveau ont été surmontées et rompues. On s'est alors décidé à porter la revanche des digues sur le fond à $2^m,60$; dans ces conditions, le collecteur est capable d'un débit de $18^{m3},560$, soit plus du double de celui qui avait été primitivement prévu ; la même mesure de précaution a été prise en ce qui concerne les autres émissaires des eaux hautes.

Les sections à donner aux canaux du réseau des eaux basses ont été calculées de la même manière ; toutefois, comme ces canaux sont destinés seulement à amener aux machines les eaux que ces dernières évacuent au fur et à mesure qu'elles les reçoivent, on a laissé de côté les pluies exceptionnelles et on a pris pour H le maximum des grandes pluies ordinaires; par contre, on a cru nécessaire d'augmenter assez notablement les sections des émissaires, fournies par le calcul, afin de laisser entre le plan d'eau maximum de ces canaux et les terres desséchées qu'elles traversent une revanche de $1^m,20$ au moins, reconnue nécessaire dans l'intérêt de la culture. Il faut en excepter, toutefois, une zone centrale de 300 hectares de surface, située vers le point où les collecteurs de l'Est et de l'Ouest se jettent dans le collecteur général; là cette revanche est réduite à $0^m,70$, le fond des canaux étant à la cote $(-1^m,90)$, et le point le plus déprimé du terrain à dessécher à la cote $(-0^m,20)$.

Bâtiment des machines. — Dans le projet primitif, on avait résolu, pour permettre l'abaissement de la nappe souterraine à une profondeur suffisante en contre-bas des parties les plus déprimées du sol desséché, d'abaisser le plan normal de l'eau dans les parties desséchées jusqu'à la cote $(-1^m,90)$, qui est celle du fond de la plus grande partie des collecteurs des eaux basses, et de l'élever par machines jusqu'à $(+0^m,70)$, ce qui donnait une hauteur totale de $2^m,60$. Mais on a modifié ces prévisions. En effet, certains canaux collecteurs des eaux basses, ayant leur fond plus élevé que la cote $(1^m,90)$, se seraient trouvés alternativement en eau et à sec, ce qui aurait favorisé le développement des germes de la fièvre. D'un autre côté, l'eau élevée s'écoulant directement à la mer, il était inutile de la porter jusqu'à la cote $(+0^m,70)$.

Le point le plus déprimé de la surface à dessécher étant, comme il a été dit, à la cote $(-0^m,20)$, et sa revanche sur le plan d'eau des canaux évacuateurs étant de $0^m,70$, on a pris pour la cote de l'eau à l'origine du collecteur des eaux basses, $0^m,90$ au-dessous du niveau de la mer; la pente de ce collecteur étant fixée à $0^m,12$ par kilomètre et sa longueur étant de 3 kilomètres, on en a déduit pour la cote de l'eau dans la bâche d'arrivée au droit de l'édifice des machines :

$0,90 + 0,00012 \times 3.000 = 1^m,26$ au-dessous du niveau de la mer. Adoptant $0^m,30$ pour la dénivellation nécessaire pour permettre aux eaux élevées de s'écouler à la mer (le rivage n'étant qu'à 900 mètres de ce point, il aurait suffi d'une hauteur moindre, mais on a cru devoir l'augmenter pour assurer l'écoulement même en temps de tempêtes exceptionnelles), on en a conclu pour la hauteur totale d'élévation de l'eau $1^m,56$, et l'on a pris en chiffres ronds $1^m,60$.

Le débit maximum du collecteur des eaux basses calculé au moyen de la formule précédente, en prenant pour la valeur de H le maximum de hauteur de pluie tombée en vingt-quatre heures, soit $36^{mm},31$, est de $10^{m3},880$ par seconde, et l'élévation de cette quantité d'eau exige une force nette en chevaux-vapeur de :

$$\frac{10.880 \times 1,60}{75} = 232 \text{ chevaux-vapeur.}$$

Pour obtenir la force brute nécessaire à ce travail, on s'est servi de quatre turbines, actionnées chacune par une chaudière à feu interne, abritées dans un bâtiment com-

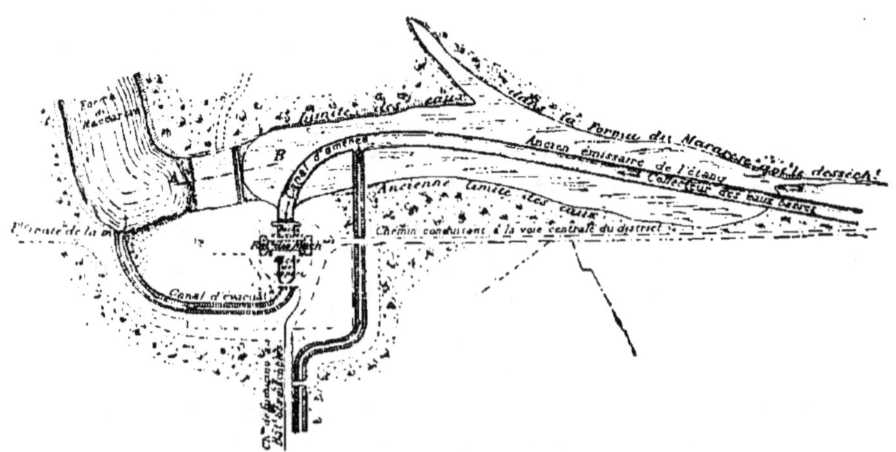

Fig. 123. — Plan général des abords du bâtiment des machines.

prenant une partie médiane à un seul étage où sont installées les turbines, les machines et les chaudières, et deux ailes symétriques, à deux étages, dont le rez-de-chaussée sert

de magasins, dépôt de charbon, ateliers de réparations, etc.,
l'étage servant de logement au personnel (*fig.* 125 à 127).

Ce bâtiment (*fig.* 125) est placé au point de séparation des
eaux basses et des **eaux hautes**, lesquelles tendent nécessai-
rement à retomber dans la bâche d'arrivée en traversant le
bâtiment et menaçant les fondations, surtout quand, comme

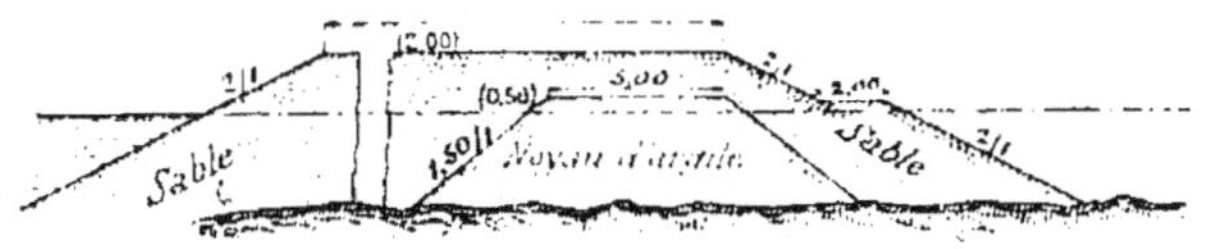

Fig. 124. — Coupe suivant AB (digue d'interclusion).

dans l'espèce, celles-ci reposent sur un terrain de fondation
composé de sable fin plus ou moins argileux sur plus de
10 mètres de profondeur. Pour parer à cet inconvénient, on
a donné au bâtiment de solides fondations, surtout dans la
partie centrale qui, placée entre les bâches d'arrivée et de
départ, est spécialement menacée. On a pris le parti de
fonder cette partie centrale à l'air comprimé, au moyen d'un
caisson descendu jusqu'à la profondeur de 8 mètres au-
dessous du niveau de la mer. Pour augmenter la stabilité de
l'édifice et rejeter vers le large les eaux souterraines qui
auraient tenté de retourner vers les terres basses desséchées,
on a également fondé à l'air comprimé les murs des parois
de la bâche d'arrivée sur une longueur de 40 mètres à partir
du caisson principal, et on les a descendus à la même profondeur. De cette manière, les eaux hautes sont séparées
des eaux basses par un solide diaphragme, capable d'empêcher la formation de cavités dans le sable formant le sous-sol,
sous l'effet de la pression des eaux hautes.

Le caisson principal (*fig.* 130) a une surface de 443^{mq},84, très
légèrement supérieure à celle de la chambre des turbines.
La chambre de travail, haute de 2 mètres, est formée d'une
ossature de montants d'une hauteur de 1^m,80 et de 0^m,20 de
saillie, composés d'une carcasse en fers cornières de $\dfrac{80 \times 80}{12}$.

sur lesquels sont fixées des hausses de 7 millimètres d'épaisseur. Les montants sont espacés l'un de l'autre de 1^m,05 du

côté de la plus grande dimension du rectangle, et de 1ᵐ,30 du côté de la plus petite dimension; les vides ont été remplis avec une maçonnerie soignée de tuf et de ciment à prise

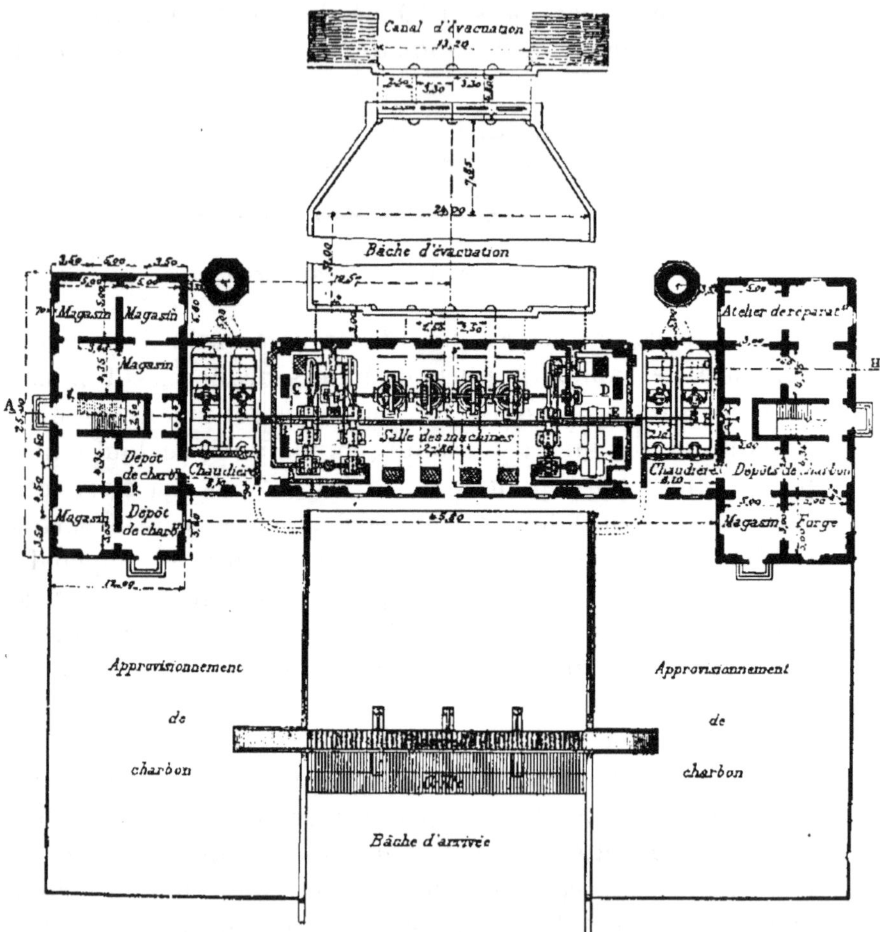

Fig. 125. — Plan du bâtiment des machines.

lente, laquelle s'appuie à sa base sur une cornière fichée à mi-hauteur du couteau.

Sur la face supérieure de la chambre reposent vingt-huit poutres à treillis formées de deux longrines en fers cornières de $\dfrac{150 \times 90}{11}$, réunies par des barres inclinées en fer méplat de 120×10 de section et de montants verticaux en cor-

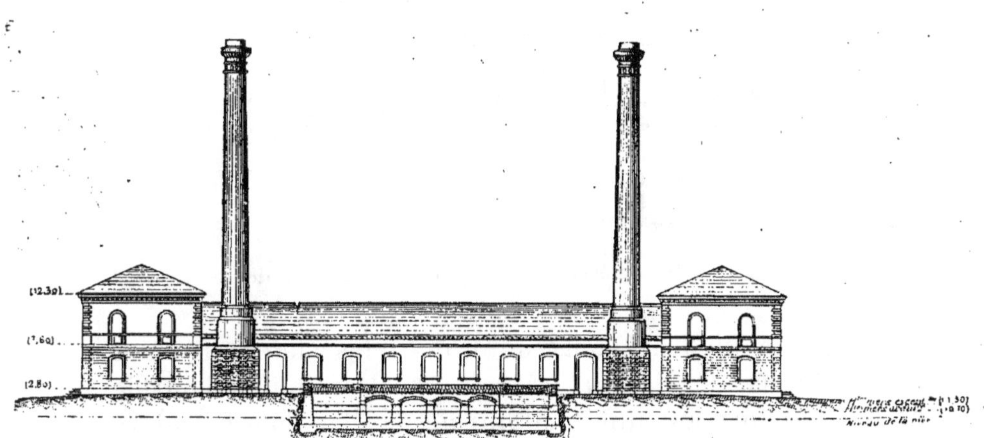

Fig. 126. — Élévation du côté de la bâche de sortie.

nières de $\dfrac{80 \times 60}{10}$; elles sont normales au plus grand côté du caisson et fixées de manière à correspondre aux montants. Au-dessus de la chambre de travail, le caisson a été formé de montants de 6 mètres de longueur, 1 mètre de hauteur et 7 millimètres d'épaisseur, renforcés à mi-hauteur par des nervures horizontales.

Les ailes du bâtiment ont eu leurs fondations exécutées

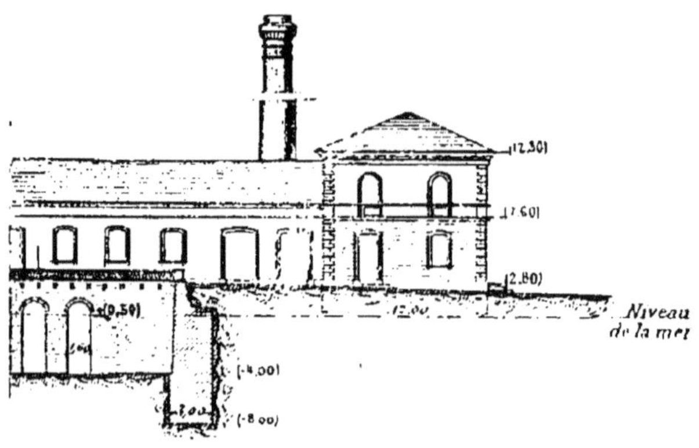

Fig. 127. — Demi-élévation du côté de la bâche de sortie.

au moyen de files de pieux dont les têtes étaient réunies par une coulée de ciment arasée à 0m,40 en contre-haut de ces têtes et formant une plateforme sur laquelle fut élevé un mur en tuf dont la largeur allait en décroissant et s'arrêtait à la cote (+ 2m,80), d'où partent les murs en élévation.

Ces murs ont été établis en briques; la maçonnerie de fondation se compose d'un tuf mélangé de chaux et de pouzzolane; les supports des machines et des turbines sont seuls en pierre de taille.

Les déblais provenant des fouilles ont servi à former la digue d'interclusion de la Forma di Maccarese dont il a été déjà parlé et qui se trouve à l'aval de l'usine (*fig.* 123 et 124).

La construction du bâtiment des machines a coûté environ 700.000 francs, sur lesquels 447.000 francs représentent la dépense des fondations à l'air comprimé.

Machinerie (fig. 128, 129 et 130). — La machinerie se compose

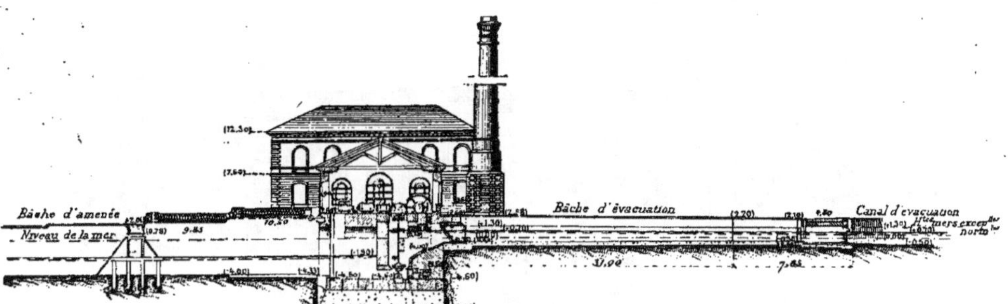

FIG. 128. — Coupe longitudinale.

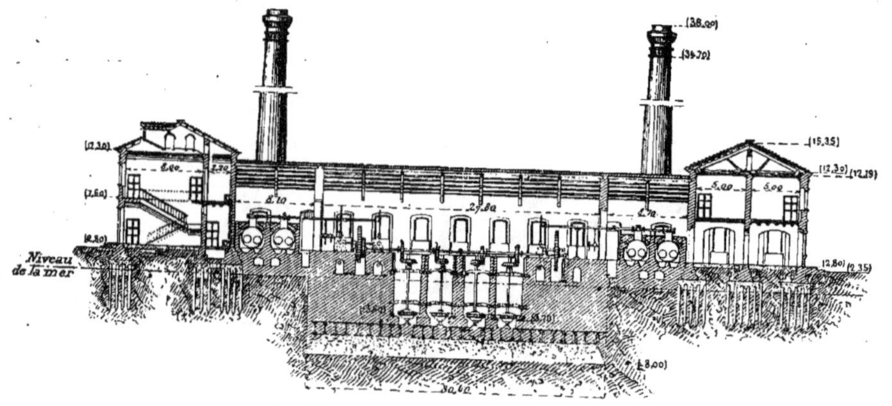

Fig. 129. — Coupe transversale suivant ABCDEFGH.

de quatre chaudières, trois moteurs et trois appareils élévatoires.

Les chaudières sont du type de Cornouailles ou à feu interne,
avec deux foyers système Lancashire; chacune est munie
de dix-huit tubes Galloway; leur surface de chauffe est de
85 mètres carrés.

Les deux cheminées, dont chacune dessert deux chaudières, ont 35 mètres de hauteur et 1^{m},77 de section minima;
leurs fondations se composent d'un dé en ciment de
12 mètres de côté et de 2 mètres d'épaisseur, ayant sa partie
supérieure arasée à la cote (— 2 mètres) et reposant sur la
tête de pieux de 5 mètres de longueur, placés en quinconce à
0^{m},50 les uns des autres. Sur ce dé en ciment a été élevé
un mur en tuf arasé à la cote (+ 2,60) auquel fait suite le
corps de la cheminée, bâti en briques.

Les trois moteurs, de la force de 170 chevaux-vapeur
chacun, sont indépendants; une conduite en fonte qui
traverse la salle des machines, relie l'un à l'autre les deux
groupes de générateurs et, au moyen de ramifications, dis-
tribue la vapeur à ces moteurs. Ceux-ci sont du système
horizontal Woolf, à expansion variable automatique. Les
deux cylindres (haute et basse pression) ont respectivement
des diamètres de 0^{m},041 et 0^{m},70; ils sont munis d'une
double enveloppe et sont placés à la suite l'un de l'autre, et
une tige d'acier qui les relie fait agir la pompe à air et à eau
du condensateur.

Le volant, dont la circonférence a 3^{m},524 de diamètre, est
calé sur l'arbre moteur et engrène avec une roue cylindrique
dentée, en bois, de 1^{m},546 de diamètre, calée sur l'arbre de
transmission. Cet arbre, de 0^{m},15 de diamètre, traverse toute
la salle des machines et communique le mouvement aux
turbines par l'intermédiaire d'engrenages coniques en fonte
avec dents en bois. Les quatre roues coniques calées sur
l'arbre et qui engrènent avec les roues horizontales des turbines peuvent être rendues folles, de sorte qu'une quelconque
des machines peut actionner indistinctement les quatre turbines. Les machines sont logées dans des puits carrés de
2^{m},50 de côté, qui sont mis en communication avec les
bâches d'arrivée et d'écoulement par des aqueducs.

Les turbines employées (*fig.* 131 à 133) sont d'un type qui, utilisé à plusieurs reprises aux desséchements en Italie, a donné d'excellents résultats, tant au point de vue du rendement que de la facilité des réparations. Ce sont des turbines hydropneumatiques ; elles diffèrent des turbines centrifuges

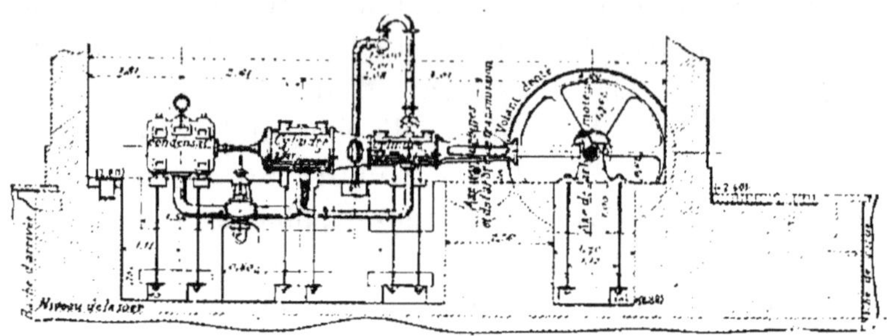

Fig. 130. — Section d'un puits.

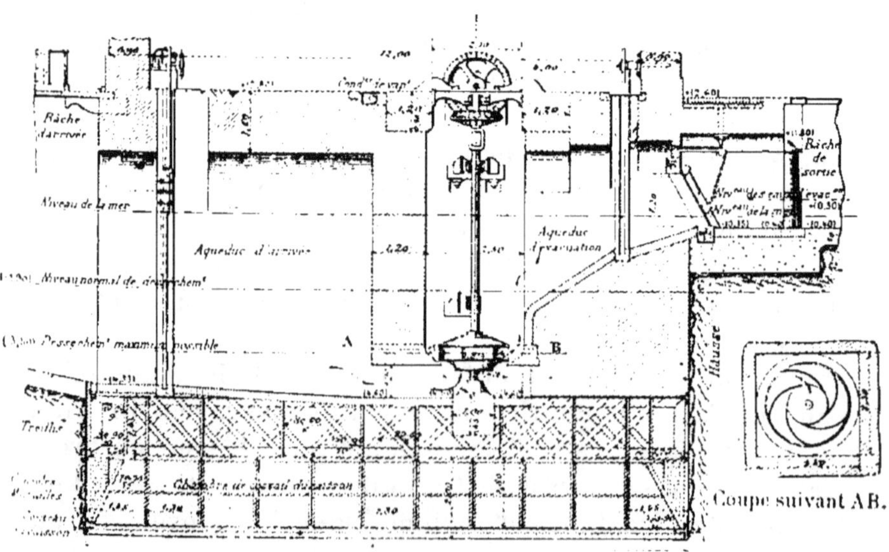

Fig. 131. — Coupe suivant un aqueduc d'arrivée.

à axe horizontal en ce que, n'ayant pas de tube d'aspiration, on n'a pas à craindre les fuites d'eau ; en outre, comme leur construction est plus simple, elles sont préférables pour élever les eaux bourbeuses ; enfin, étant plongées dans l'eau à élever, on n'a pas à les amorcer. Quand on arrête la turbine, une cloison automatique placée à l'amont empêche le retour en arrière de l'eau du canal d'arrivée ; celle qui reste dans le puits s'accumule au fond en laissant l'appareil à découvert [1].

La turbine hydropneumatique elle-même consiste essentiellement en un tambour circulaire en fonte, à l'intérieur duquel sont placées cinq palettes de surface cylindrique fixées aux couronnes supérieure et inférieure du tambour.

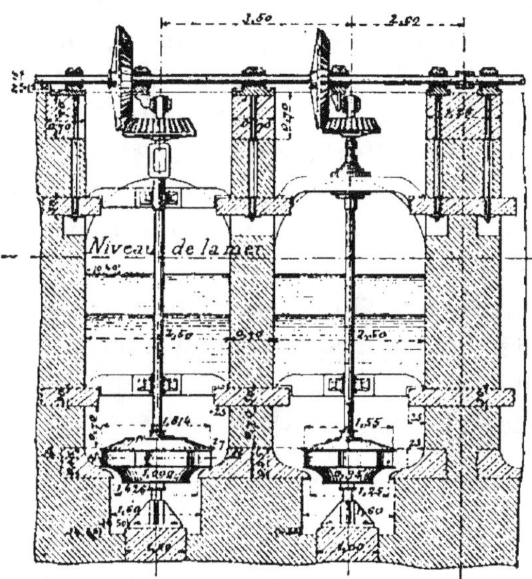

Fig. 132. — Coupe suivant les puits des turbines.

Entre les palettes et la couronne inférieure, il existe un vide par où passe l'eau élevée. La couronne supérieure est, dans sa partie centrale, réunie à un cylindre creux qui enveloppe, tout en laissant un faible jeu, l'axe vertical d'acier fixé à sa partie inférieure sur un dé en pierre dure. Cet axe prolongé vers le haut porte, calée sur lui, la roue conique horizontale qui engrène avec la roue verticale calée sur l'arbre de transmission.

[1] Les turbines hydropneumatiques, de même que les turbines centrifuges à axe horizontal, appartiennent à cette classe d'appareils élévatoires dont l'action consiste à imprimer à l'eau à élever la force vive nécessaire pour la faire monter à la hauteur voulue, au moyen d'un organe moteur animé d'un mouvement rapide de rotation autour de son propre axe ; cet organe est une roue à pa-

Les deux turbines extrêmes ont 1^m,814 de diamètre extérieur; les deux autres, 1^m,55; leur hauteur commune est de 0^m,27. En les faisant agir ensemble, au moyen des trois moteurs, avec admission normale de vapeur à la pression de 4 atmosphères et demie aux chaudières, on a constaté que, pour des hauteurs d'élévation variant de 1^m,50 à 3^m,80 les débits obtenus variaient de 8^{m3},500 à 3^{m3},300 par seconde. Dans ces conditions, on est assuré de leur bon fonctionnement, la hauteur normale d'élévation n'étant que de 1^m,60.

Les travaux d'amélioration du district de Maccarese sont complètement terminés; ils ont coûté 3 millions; de plus, les dépenses annuelles d'entretien et de fonctionnement des machines, de grosses réparations aux ouvrages d'art et de curage des canaux exigent une dépense annuelle de 115.000 francs environ.

Dans le delta du Tibre entier on avait dépensé, à la fin de 1891, 8.520.000 francs, et l'on évaluait à 2.100.000 francs la somme nécessaire tant pour l'achèvement des travaux de desséchement que pour ceux de redressement et de régula-

lettes ou à axe horizontal (centrifuges), ou encore à axe vertical (hydropneumatiques).

La surface des palettes est ordinairement cylindrique et parfois en forme de spirale ou d'hélicoïde.

Sous l'influence de la rotation rapide des palettes, les molécules liquides renfermées entre elles sont poussées, en vertu de la force centrifuge, vers la périphérie; il en résulte, dans la masse liquide, une dépression vers le centre qui détermine un afflux vers ce centre d'une nouvelle quantité d'eau et le soulèvement du liquide qui a été poussé vers la périphérie. Le choix à faire entre les deux genres d'appareils dépend du volume à élever et de la hauteur d'élévation à obtenir.

S'il s'agit d'élever de grandes quantités d'eau à une hauteur inférieure à 4 mètres, les turbines hydropneumatiques sont préférables. En faisant varier convenablement la vitesse de rotation, on peut obtenir un effet utile constant, nonobstant des différences de hauteur d'élévation de quelques décimètres, à la condition que la hauteur totale ne soit pas supérieure à 4 mètres, ce qui est d'ailleurs le cas dans presque tous les desséchements mécaniques.

De nombreuses applications de ce genre de turbines ont été faites, dans ces dernières années, pour les desséchements exécutés en Italie.

risation des cours d'eau, lesquels forment la deuxième catégorie de travaux prévus par la loi de 1878.

Les résultats obtenus sont déjà des plus satisfaisants,
puisque dès maintenant le personnel des travaux, peut rester,
l'été, sur les lieux et que des agriculteurs se sont établis à
poste fixe dans les environs d'Ostie, où sont entreprises des
cultures intensives. C'est par le développement de ces cultures
intensives sur la totalité du delta qu'on achèvera l'amélioration et qu'on fera disparaître entièrement la mal'aria. Le

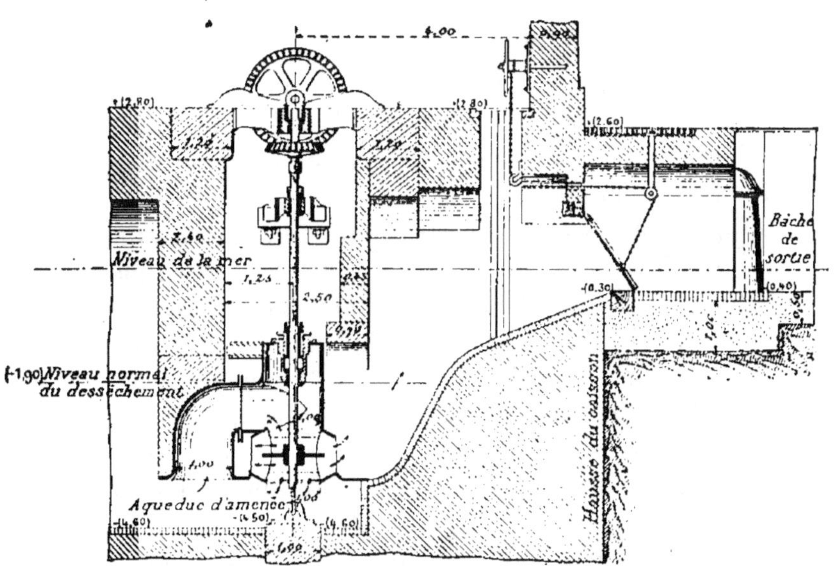

Fig. 133. — Turbine hydropneumatique à double aspiration.

travail assidu de la bêche et de la charrue, en remuant et
triturant la terre, assurera la transformation chimique de ses
éléments par les agents atmosphériques; les nombreux fossés
de culture donneront un prompt écoulement aux eaux et
empêcheront la formation de nappes d'eaux stagnantes et,
par suite, feront disparaître l'humidité de surface, laquelle,
sous l'influence de la chaleur, est la cause déterminante du
développement des germes de la fièvre. Ce sont ces travaux
que, conformément à la loi précitée du 11 décembre 1878,
les propriétaires intéressés devront exécuter à leurs frais.

CINQUIÈME PARTIE

DES COLMATAGES

35. Généralités. — Lorsque l'on a donné la nomenclature des différents procédés de desséchement (§ 18), on a laissé de côté le procédé dit par colmatage, dont on va maintenant s'occuper.

On rappellera que, dans les desséchements proprement dits, toutes les méthodes reposent sur l'abaissement du plan d'eau au-dessous du niveau du sol. On conçoit que l'on puisse arriver au même résultat en élevant la surface du terrain lui-même au-dessus du niveau des eaux, par des remblais convenables. Ces remblais, à moins de circonstances tout à fait exceptionnelles, ne peuvent s'exécuter économiquement qu'en faisant déposer sur les terres à remblayer, les particules solides que les torrents et les rivières à fortes pentes entraînent dans leur cours. Cette opération, pratiquée sur une très grande échelle en Italie, porte le nom de colmatage (de l'italien : *colmare*, combler).

Les particules solides dont on vient de parler proviennent de la désagrégation des flancs des montagnes sous l'influence corrosive des eaux courantes. Les blocs et galets du plus gros volume, détachés des régions supérieures des vallées et entraînés sous des pentes rapides, en roulant et se heurtant les uns aux autres, s'usent et vont sans cesse en décroissant de volume ; de sorte que, par l'atténuation successive des pentes, il n'arrive plus dans la région inférieure du cours d'eau que des limons, c'est-à-dire des parties terreuses, mélangées à une proportion plus ou moins grande de sable très fin.

Les crues des divers affluents d'un cours d'eau produisent, dans les parties inférieures du bassin, des dépôts d'autant plus abondants que, en ces points, les pentes et les vitesses diminuant à mesure que l'on s'éloigne de la région montagneuse, l'eau tend à déposer les matières arrachées aux flancs des vallées dans la partie torrentielle du ruisseau, et qu'elle tenait en suspension.

Les eaux torrentielles abandonnent d'abord des blocs d'un gros volume, de forme irrégulière et pleins d'aspérités; plus loin, ce sont des blocs moins gros dont les formes sont déjà arrondies par le trajet qu'ils ont faits sur des lits de rochers; ensuite vient la région des graviers, puis enfin celle des sables fins et des matières limoneuses les plus ténues.

Ces matières restant en suspension dans l'eau sont entraînées, d'affluents en affluents, jusqu'à l'embouchure des fleuves dont ils sont tributaires et où, l'eau perdant sa force vive, elles se déposent; suivant que la mer dans laquelle débouche le cours d'eau est de niveau constant ou sujette à des marées, elles forment soit un delta, soit une barre. Une faible portion des substances limoneuses se dépose, pendant les crues, sur les terres submersibles de la partie inférieure des bassins et forme des alluvions; mais une proportion énorme de ces limons fertilisants est engloutie par la mer. Le colmatage consiste à détourner de leur cours naturel les eaux troubles, à les conduire par des canaux de dérivation sur les terres basses environnantes dont on veut relever le niveau, et à provoquer, au moyen d'encaissements ou enclos préparés à l'avance, le dépôt des limons fertiles tenus en suspension dans ces eaux; on fait ensuite écouler les eaux clarifiées vers le lit du cours d'eau. Dans ces conditions, non seulement on réalise un relèvement du sol à une hauteur suffisante pour le mettre à l'abri des eaux qui auparavant en faisaient un marécage, mais encore, grâce à la fertilité des limons déposés, on le transforme en terres cultivables.

36. Procédés généraux. — Bien que les règles à suivre dans les entreprises de colmatage varient beaucoup avec la situation des rivières ou torrents qui sillonnent la contrée au point de vue de leur pente, de leur débit, de la quantité de matériaux qu'ils charrient, etc... et aussi avec les circonstances locales, il est néanmoins possible de donner à ce sujet quelques préceptes généraux.

On peut recourir à deux procédés différents, savoir : le colmatage intermittent et le colmatage continu.

a) Colmatage intermittent. — Celui-ci comporte une série d'opérations de remplissage des enclos[1] et d'évacuation, dans l'intervalle desquelles l'eau maintenue stagnante laisse déposer la majeure partie des matières qu'elle tenait en suspension. On donne à la tranche liquide une épaisseur aussi grande que possible dans le but de réduire le nombre des opérations. Au début, on renouvelle souvent l'eau, de sorte que celle-ci ne dépose que les matières les plus grosses, lesquelles contribuent à l'exhaussement du sol. Vers la fin de l'opération, au contraire, il y a intérêt à n'évacuer l'eau que quand celle-ci a eu le temps de se débarrasser, au profit du sol, des limons plus fins et plus fertiles qui contribuent à la formation d'une couche de terre végétale.

S'il existe dans la surface à colmater des dépressions naturelles, les bas-fonds se comblent d'eux-mêmes, attendu qu'ils sont recouverts d'une couche d'eau plus épaisse et que les dépôts y sont plus abondants, à la condition toutefois que l'évacuation des eaux clarifiées se fasse superficiellement, de telle sorte que les dépôts boueux en voie de formation ne soient pas atteints par l'agitation tumultueuse qui pourrait résulter de l'écoulement.

b) Colmatage continu. — Ce procédé consiste à remplir chaque enclos d'une tranche d'eau d'une certaine épaisseur ; puis, quand cette eau s'est éclaircie sur une petite hauteur, à expulser la tranche claire et à la remplacer par une tranche

---

[1] Quand la surface à colmater présente une grande étendue et des différences de niveau importantes, on la partage en un certain nombre de bassins de décantation dans lesquels les eaux troubles sont conduites successivement. Ces bassins, entourés de digues de tous côtés, portent le nom d'*enclos*.

trouble. Cette hauteur est, en pratique, assez faible pour qu'il en résulte un passage continu, mais très lent, et parfaitement régulier des eaux troubles sur les terres à colmater, préalablement entourées de digues. Quand le liquide, animé d'une certaine vitesse dans le canal d'amenée, arrive dans les bassins de sections beaucoup plus considérables, il s'y épanouit et éprouve un ralentissement suffisant pour déterminer le dépôt immédiat des matières qu'il tient en suspension. Pour que le résultat obtenu soit satisfaisant, il est nécessaire que l'évacuation continue se fasse à une très faible vitesse et par écoulement superficiel; il faut aussi qu'il ne puisse se produire entre l'orifice d'arrivée et le déversoir de départ un courant où les eaux conserveraient une certaine vitesse au milieu d'une nappe stagnante, car cet effet serait tout à fait défavorable à la formation régulière des dépôts.

37. Comparaison des deux méthodes. — La méthode par écoulement continu exige une tranche d'eau d'une épaisseur moindre que dans les colmatages intermittents; toutefois on ne doit pas descendre au-dessous de la limite qui serait insuffisante pour protéger le sol contre l'échauffement par les rayons solaires et éviter les résultats, fâcheux pour la salubrité publique, de la putréfaction des matières organiques en dépôt ou en suspension. Il est prudent de ne pas donner à la tranche liquide une épaisseur inférieure à 0^m,50. D'ailleurs, la question de la consommation d'eau ne présente qu'une importance très relative, le colmatage s'opérant lors des crues et alors qu'on dispose d'un volume ordinairement plus que suffisant.

Mais cette méthode a pour elle l'avantage de se prêter à toutes les dispositions possibles du terrain, et comme, de plus, elle supprime les opérations de remplissage et de vidange des bassins, elle procure une économie assez notable de temps et de main-d'œuvre.

La méthode de colmatage par intermittence, outre qu'elle nécessite le remplissage et la vidange des bassins à des intervalles assez rapprochés, a l'inconvénient de n'être applicable aux terrains déclives qu'à la condition de diviser ceux-ci en parcelles d'étendues très restreintes sur lesquelles la submersion s'opère séparément. Il en résulte la nécessité d'établir de grandes longueurs de digues, qui peuvent occuper une partie appréciable de la surface à colmater.

Au contraire, cette méthode trouve son application dans les terrains plats, tels que les marécages, les tourbières, les landes, etc., c'est-à-dire précisément les terrains sur lesquels le colmatage s'opère le plus fréquemment.

Le choix de la meilleure méthode dépend, en réalité, des circonstances locales.

38. Pratique du colmatage. — Le terrain à colmater, quand il s'agit d'une faible surface, est entouré d'une digue élevée jusqu'à la hauteur à laquelle on peut maintenir les eaux.

Cette digue est coupée d'un côté pour recevoir le canal d'amenée des eaux troubles, et interrompue du côté d'aval par une ouverture garnie de poutrelles. Ces poutrelles forment un barrage provisoire qui communique avec un canal de décharge et doivent être disposées de telle sorte qu'il soit facile de les enlever successivement pour faire écouler par déversement les eaux éclaircies (*fig.* 136).

Lorsque les terres à colmater présentent une plus grande étendue ou une pente un peu sensible, on partage la surface par de fortes digues ou bourrelets en une série de bassins où l'on fait séjourner l'eau. On empêche par cette division la formation de vagues qui s'opposeraient aux dépôts, et, d'un autre côté, on évite les trop grandes inégalités de hauteurs d'eau, ainsi que la surélévation dispendieuse et inutile des digues d'aval.

Quand la profondeur à combler est considérable, on commence, si cela est possible, par y amener des eaux torrentielles charriant des galets et de gros graviers, ce qui produit le double avantage d'accélérer le remblaiement et de former sous la terre cultivable un sous-sol poreux très convenable.

Quelquefois, pour profiter plus rapidement et successivement des résultats du colmatage, lorsque surtout l'espace à combler offre une grande profondeur, on ne répand pas à la fois l'eau sur toute la surface. On limite par une digue une certaine étendue voisine de l'embouchure du canal d'amenée. Lorsque ce premier espace est comblé, on le met en culture et on prolonge à travers la surface ainsi conquise le canal d'amenée, pour combler de même une certaine étendue limitée à la suite de la première, et ainsi de suite successivement. Ce mode de procéder a encore l'avantage de réduire au minimum le développement et l'importance des digues, mais il a l'inconvénient de rendre difficile la fixation de la durée de la décantation, qui est trop courte pour le dernier bassin, si elle est convenablement calculée pour le premier, trop longue pour celui-ci si elle est adaptée aux exigences de l'autre, de sorte qu'il y a toujours perte de temps ou de limon.

Une application en a été faite dans le but de transformer en terre arable une propriété inculte de 150 hectares d'étendue, au moyen des eaux de la Durance. La terre à colmater, représentée schématiquement par les figures 134 et 135, a d'abord été entourée de fossés destinés à l'isoler des terres riveraines et à recevoir les infiltrations; les déblais du fossé ont servi à établir une chaussée de pourtour qui s'élève à 0^m,70 au-dessus de la terre à colmater. Ladite terre a été ensuite partagée en zones I, II, III, IV, V, VI, de surfaces décroissantes, au fur et à mesure qu'on s'éloigne du fossé MN qui doit fournir les eaux troubles. Ces zones sont séparées les unes des autres par de petites chaussées; le couronnement de la première est à 0^m,50 au-dessus du terrain et les autres sont disposées de façon que la terre conserve une inclinaison de MN vers PQ, ce qui s'obtient en plaçant le couronnement de chacune des autres chaussées à 0^m,10 plus bas que celui de la chaussée précédente.

Les eaux ont été introduites dans le compartiment I au moyen du fossé MN; lorsque ce compartiment a été rempli, les eaux se sont déversées dans le compartiment II par-dessus la chaussée *ab*; elles se sont ensuite rendues successivement dans chacun des autres compartiments, où elles ont déposé les matières qu'elles tenaient en suspension; les eaux clarifiées ont été évacuées par le fossé *kl*, qui les a déversées dans le fossé d'écoulement PQ.

Dès que le compartiment I a eu reçu la couche de terre qui paraissait convenable, on a creusé un fossé le long de

la chaussée *ab*, dans le compartiment I, pour l'isoler du reste
de la surface ; on a ensuite renforcé cette chaussée, et le

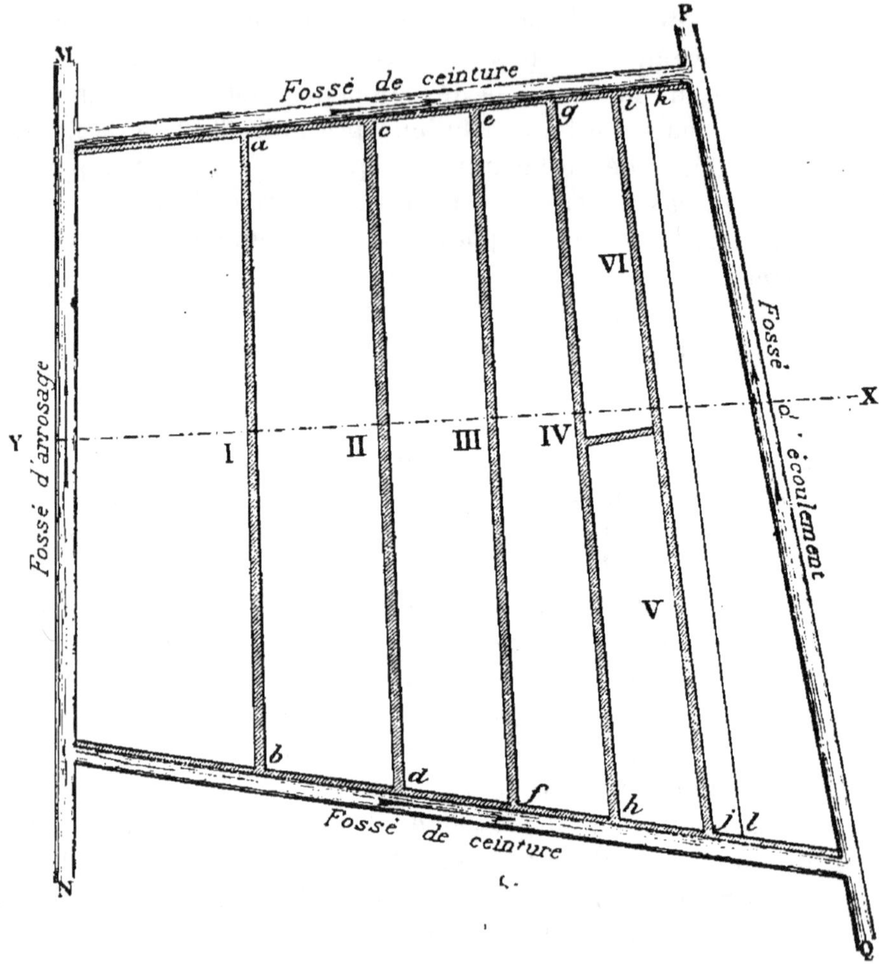

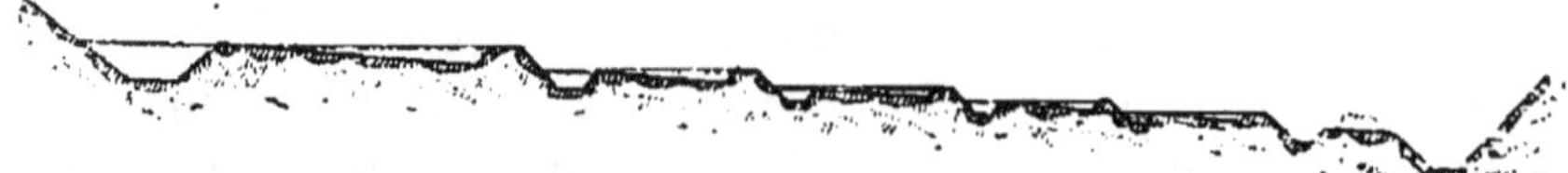

Fig. 134. — Plan du terrain à colmater.

Fig. 135. — Coupe suivant YX du plan.

compartiment II est devenu à son tour tête de colmatage.
On a continué ainsi jusqu'à ce que chacun des compartiments ait été successivement colmaté. Les premiers ont reçu

les dépôts les plus grossiers ; les derniers ont reçu alternativement des dépôts grossiers lorsqu'ils étaient tête de chantier, et d'autres plus ténus lorsque l'eau s'était déjà en partie décantée sur les compartiments supérieurs ; un charruage, effectué une fois l'opération terminée, a suffi pour mélanger les diverses natures de terre et aussi pour enlever les digues, combler les fossés et niveler le terrain. Quant à la partie comprise entre la dernière chaussée ij et le bord du terrain, les charruages annuels ont suffi pour amener sur elle la portion de terre qui lui était nécessaire pour participer à l'amélioration dont le terrain a été l'objet.

Au cas où l'inclinaison est faible, les petites chaussées ab, cd, ..., sont au même niveau ; sur la fin de l'opération, on fait arriver l'eau par les deux extrémités opposées, et le choc des deux vitesses opère parfaitement le mélange des dépôts.

Les grandes opérations de colmatage, notamment celles qui ont été exécutées en Italie, et sur lesquelles on aura l'occasion de revenir ultérieurement (§ 43), sont basées sur les principes précédents. Mais on peut se rendre compte des difficultés du travail quand on saura qu'aux Maremmes de la Toscane, par exemple, on a évalué à plus de 150 millions de mètres cubes le volume des dépôts nécessaires pour combler les dépressions marécageuses de la région qui bordait le littoral de la mer Méditerranée. Le but de ce colmatage n'est pas seulement d'expulser l'eau des dépressions pour lui substituer un volume égal de terre ; au fur et à mesure qu'une nouvelle plaine émerge au-dessus des eaux, il faut, par analogie avec les fertiles plaines d'alluvions formées par la nature, lesquelles conservent toujours, même dans leur partie inférieure, une certaine inclinaison vers la mer ou vers le fleuve occupant leur thalweg, régler leur surface suivant une pente continue convenable vers la mer sur le versant de laquelle cette plaine est située, pour assurer dans de bonnes conditions l'écoulement des eaux zénithales, afin d'éviter l'apparition à la surface d'eaux stagnantes dont la présence serait incompatible avec la culture et qu'on ne pourrait évacuer qu'au moyen de travaux de canalisation très coûteux. Le point le plus bas de la surface colmatée, c'est-à-dire le plus rapproché du rivage de la mer, doit se trouver au-dessus du niveau de la basse mer, à une hauteur h, fixée comme il est indiqué ci-après. Pour un point quelconque du terrain colmaté, situé à une distance d de la mer mesurée suivant le développement de la ligne d'écoulement, la hauteur H au-dessus du même niveau sera donnée par l'expression : $H = h + \dfrac{nd}{1.000}$; n étant la pente par kilomètre de la surface du sol après l'achèvement du colmatage.

La pratique des colmatages en Italie a conduit à donner à n la valeur de 0,1 pour les terrains qui, comme les Maremmes de la Toscane, sont situés à proximité de la mer et où, par suite, la pente naturelle d'écoulement est généralement faible. Dans ce cas, $H = h + \dfrac{d}{10.000}$.

Si, au contraire, la pente naturelle du terrain est plus forte, il est nécessaire de prendre pour n une valeur un peu supérieure et pouvant atteindre 0,20, afin de faciliter l'écoulement des eaux superficielles.

Quant à la hauteur h, les valeurs qu'on lui donne sont très variables suivant la distance à laquelle on se trouve de la mer, la puissance colmatante des cours d'eau dont dépend la durée de l'opération, et aussi le montant des dépenses, eu égard aux résultats qu'on peut espérer en retirer. Dans certains colmatages italiens, tels que ceux du Val di Chiana, entre l'Arno et le Tibre, on lui a donné des valeurs comprises entre $1^m,34$ et $2^m,10$. Mais dans les Maremmes, vu l'énorme quantité de limons reconnus nécessaires, on s'est contenté d'une épaisseur de 1 mètre au-dessus des basses mers. Le niveau ainsi fixé est celui auquel le sol doit s'élever après le comblement préalable des dépressions et après le retrait que subissent les terres déposées durant le desséchement des matières alluvionnales, retrait qui peut parfois réduire de un tiers l'épaisseur de la couche.

Le procédé employé en Italie pour les grands colmatages n'a pas différé du procédé ordinaire. Il a consisté à amener sur le terrain à combler l'eau trouble dérivée du cours d'eau le plus rapproché, soit directement au moyen d'épanchoirs ouverts à travers ses digues, soit par l'intermédiaire de canaux de dérivation. Lorsqu'il s'agit de combler un marais de grande étendue, on en partage la surface en sections ou enclos, que l'on entoure, au préalable, de digues assez solides pour qu'il n'y ait pas à craindre de ruptures ; chaque enclos est colmaté par les eaux d'une seule rivière ou d'un seul canal de dérivation. Les épanchoirs sont fermés par des ventelles qui permettent de régler le volume d'eau introduit. Au bout d'un temps suffisant pour permettre au liquide de se débarrasser des limons qu'il tenait en suspension, on fait écouler l'eau clarifiée, soit par-dessus des déversoirs en bois dont on peut abaisser successivement le niveau, soit au moyen de vannes de décharge.

Dans un colmatage important, il est très difficile de donner au terrain surélevé la pente constante de 1/10000 adoptée en théorie. L'eau dérivée de la rivière alimentaire dépose d'abord les matières les plus volumineuses qu'elle tient en suspension ; il se forme alors une sorte de bourrelet dans la partie du sol à combler, la plus voisine de la dérivation. On remédie à cet inconvénient, dans la mesure du possible, en changeant fréquemment de place les épanchoirs, et surtout en provoquant des sortes de chasses pour éviter l'accumulation des vases au fond des canaux de dérivation ; celles-ci, mises de nouveau en suspension dans l'eau, sont susceptibles d'être transportées par le courant jusqu'à la limite des surfaces à combler.

On a dû parfois même, pour amener directement et sans grande perte de limons l'eau trouble sur certaines parties de la surface, changer entièrement le lit du fleuve colmateur. Ce cas s'est présenté notamment dans les Maremmes, lors du comblement des marais de Scarlino avec les eaux de la Pecora (*fig.* 172). Les premiers colmatages ont été effectués au moyen d'épanchoirs et de canaux dérivés du fleuve ; puis on a dû, pour continuer le travail, creuser à la Pecora un nouveau lit dans une direction presque parallèle au rivage et rejoignant un autre cours d'eau dit canal allaciante di Scarlino. Quand le colmatage a été achevé, on a comblé ces deux bras et on a ouvert aux eaux un nouveau lit unique partant à peu près du confluent des deux bras abandonnés et se dirigeant diagonalement vers le canal de Scarlino.

Les eaux clarifiées sont recueillies par un réseau de canaux qui les amènent à la mer soit par l'intermédiaire des cours d'eau naturels, soit par des canaux artificiels traversant la chaîne des dunes qui bordent le rivage, lesquels sont munis, en arrière de ces dunes, de portes d'écluses s'opposant à l'accession des eaux salées en cas de tempêtes ou de marées extraordinaires. C'est par la rapidité de l'écoulement des eaux clarifiées qu'on se procure le double avantage de renouveler le plus souvent possible, dans un temps donné, l'arrivée des eaux troubles sur la surface à colmater et de réduire à très peu de chose le mélange de ces eaux troubles avec celles qui se sont déjà débarrassées de leurs dépôts. Aussi les ingénieurs italiens attachent-ils une importance toute particulière à cette question de l'évacuation convenable des eaux clarifiées.

Il est également très utile de chercher à se rendre compte aussi exactement que possible du temps que devra durer l'opération dans les diverses parties du périmètre, car, si certains espaces se colmatent plus rapidement qu'on ne l'avait prévu, on peut se trouver obligé de continuer à y tenir les eaux, faute d'avoir disposé des emplacements nouveaux pour les recevoir. Si l'on admet encore des eaux troubles dans un espace déterminé après que le colmatage a relevé le niveau à la hauteur fixée, le sol de cet espace continue à s'exhausser; le niveau de l'eau à l'intérieur du bassin de colmatage se relève également, et celle-ci peut finir par surmonter les digues d'enceinte ou par provoquer leur rupture.

De ce qui précède il résulte que, préalablement à toute opération un peu importante de colmatage, on doit chercher: 1° à connaître la masse de limons dont il sera possible d'obtenir le dépôt dans un temps déterminé, eu égard à la superficie à améliorer; 2° à fixer les méthodes à employer tant pour accélérer ce dépôt et l'effectuer régulièrement que pour assurer un libre débouché aux eaux claires à la traversée des terrains inférieurs. Dans ce but, il est indispensable de faire un nivellement général en plusieurs directions de toute la superficie à colmater, ce qui permet d'étudier le meilleur tracé des canaux alimentaires, leurs pentes et leurs sections. Une fois ces tracés adoptés, on dresse pour chaque canal un profil en long et des profils en travers assez étendus et assez rapprochés les uns des autres pour qu'on puisse avoir une représentation exacte du relief du sol, et projeter en conséquence les divers ouvrages d'art, ainsi que les canaux secondaires que peut nécessiter le mécanisme de l'opération.

Ainsi que cela a été expliqué ci-dessus, il est nécessaire, en outre, de répartir les prises d'eau de colmatage et de fixer leurs dimensions de manière à faire varier suivant les besoins le volume des eaux troubles introduites sur la surface à colmater, à augmenter ou à diminuer le nombre et le débit de ces prises suivant qu'on se trouve ou non au droit de bas fonds. De cette manière, on obtient, par le fait même des atterrissements, des plans de pente sur lesquels il n'y a plus à ouvrir que de simples fossés d'égouttement pour assurer l'écoulement des eaux pluviales.

Quand, à l'aide des données préalables qui viennent d'être indiquées, on connaît approximativement le cube total des limons fertiles dont on a besoin pour mettre un périmètre déterminé dans les meilleures conditions, au point de vue de la salubrité et de la culture, il faut chercher à se rendre compte des moyens dont on peut disposer pour obtenir le transport et le dépôt de cette masse, énorme dans les opérations importantes, dont l'emploi serait impossible par tout autre procédé que celui dont il s'agit.

Pour cela, on doit s'assurer que le cours d'eau, dont la richesse en matières limoneuses a dû être constatée (§ 40), peut fournir, sous des pentes suffisantes, des dérivations susceptibles d'alimenter convenablement les bassins de colmatage dans la partie la plus élevée du périmètre à améliorer. Il faut aussi connaître le débit moyen ou total de ce cours d'eau alimentaire pendant la durée de la campagne annuelle des opérations.

Quand ces données préalables ont été exactement recueillies, on procède à l'opération elle-même, c'est-à-dire au dépôt artificiel et à la répartition des terres d'alluvions qui doivent constituer le nouveau territoire. Après quoi il ne reste plus qu'à établir ou compléter les travaux relatifs à l'écoulement des eaux pluviales et à la viabilité du territoire.

39. Disposition des ouvrages. — Les ouvrages généraux destinés aux opérations de colmatage sont assez peu nombreux et généralement simples. Ainsi que l'indique le croquis schématique (*fig.* 136 et 137), ils comprennent en prin-

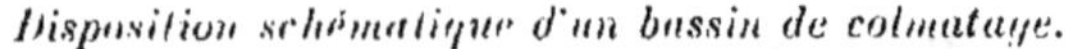

Disposition schématique d'un bassin de colmatage.

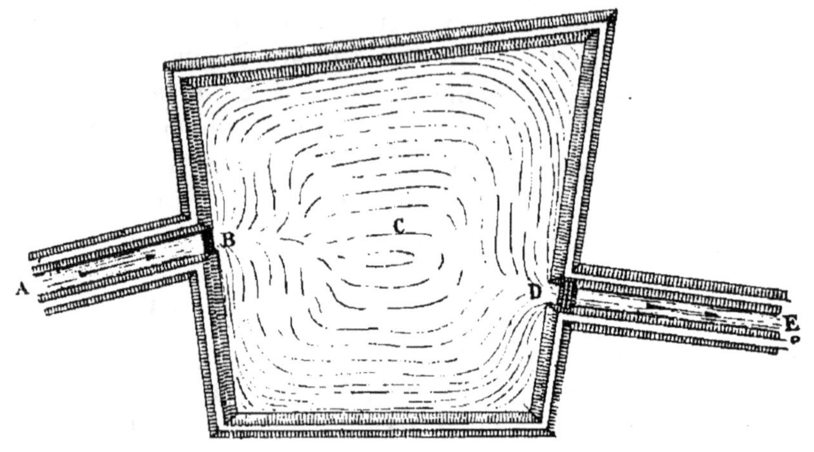

Fig. 136. — Plan.

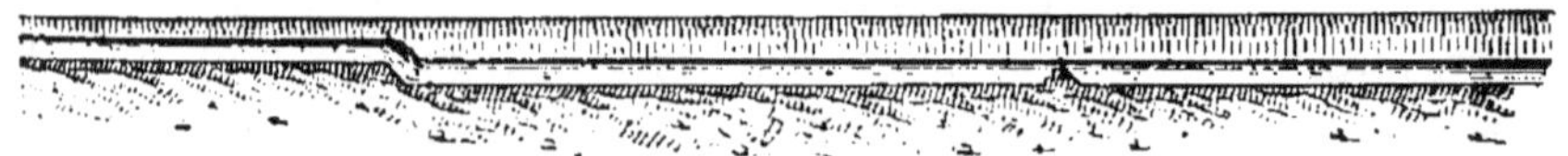

Fig. 137. — Coupe suivant ABDE du plan.

cipe une prise d'eau, A, sur le canal alimentaire, un canal d'amenée des eaux troubles, AB, une enceinte de dépôt, C, et un canal de fuite, DE, muni à sa tête d'un déversoir D.

a) *Prises d'eau.* — Les orifices d'introduction des eaux limoneuses dans les bassins consistent en coupures faites sur l'une des berges d'un cours d'eau naturel ou d'un canal. Ils sont placés assez en amont du bassin à desservir pour que l'eau conserve toujours, dans le canal d'amenée faisant suite à la prise, la pente et la vitesse nécessaires au transport des limons, et cela en tenant compte de l'exhaussement que devra produire le colmatage complet qu'on veut obtenir.

On fait en sorte qu'ils soient aussi éloignés que possible du déversoir de sortie et disposés de manière que les eaux troubles puissent se répartir dans toute l'étendue du bassin avant de s'introduire dans le suivant.

Il est important que les seuils des prises soient placés assez bas pour qu'elles se trouvent toujours convenablement alimentées, même quand les eaux de la rivière ne sont qu'à une hauteur moyenne.

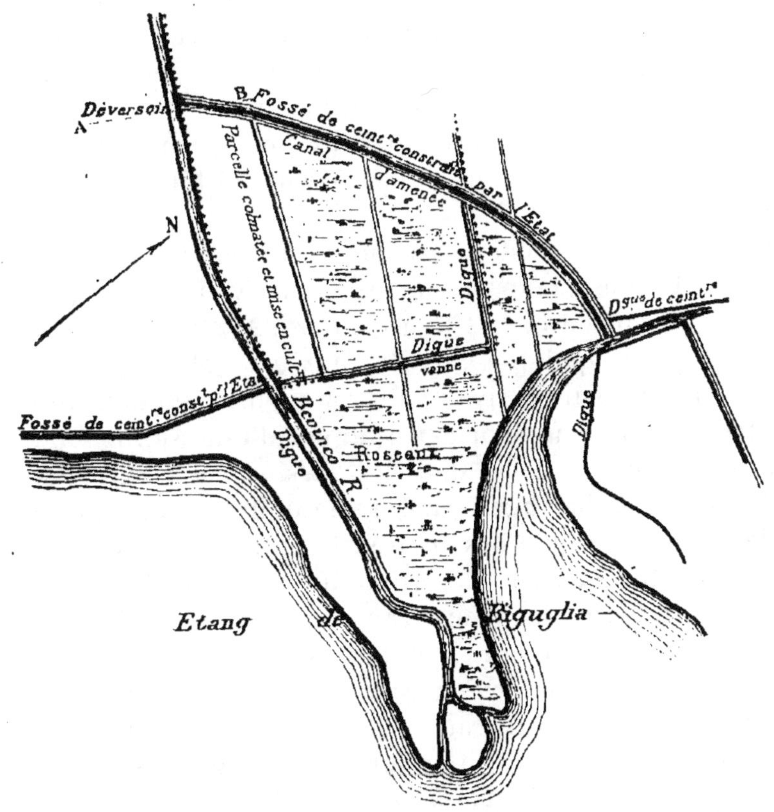

Fig. 138. — Plan du marais.

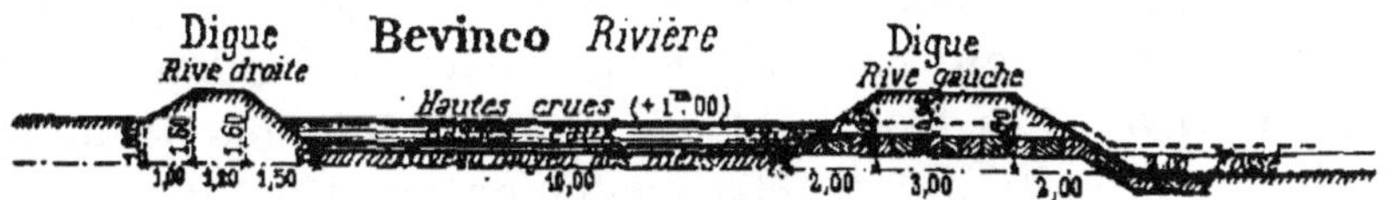

Fig. 139. — Coupe transversale suivant AB du plan.

Dans les colmatages de faible importance il est parfois inutile de munir la coupure de vannes permettant de régler le débit introduit. Ce cas s'est présenté notamment lors du comblement du marais Bonavita, d'une surface de 2ʰᵃ,30, par les eaux de la rivière du Bevinco (Corse) (*fig.* 138 et 139). Ici la prise d'eau est constituée par un simple déversoir perreyé de 5 mètres de longueur. Les eaux du torrent ne devenant limoneuses que lorsque le niveau s'élève à la cote (+ 0ᵐ,80), le déversoir a été arasé à la cote (+ 0ᵐ,70). Le débit varie de 275 à 560 litres par seconde pour des crues se tenant entre (+ 0ᵐ,80) et (+ 1ᵐ,00), niveau des hautes crues du Bevinco au droit de la prise; dans ces conditions, le remplissage du bassin a demandé de six à douze heures.

Mais, le plus ordinairement, les prises sont munies des organes nécessaires pour régler à volonté l'introduction de l'eau.

Ces organes consistent parfois en aqueducs traversant la digue et fermés à leur tête opposée à la rivière par des vannes en bois ou en fonte. Les figures 140 à 142 représentent un type de prise appliqué aux travaux de colmatage de graviers conquis sur la rivière du Var; l'introduction de l'eau se fait au moyen d'orifices munis d'une vanne en tôle. L'introduction de l'eau dans les bassins est facilitée par la présence d'un barrage formé d'une double rangée de pieux reliés entre eux par des moises longitudinales et transversales qui dirigent les filets liquides vers l'orifice de prise; l'intervalle entre les deux rangées de pieux est rempli au moyen de blocs d'enrochement. De plus, pour éviter la destruction possible de l'ouvrage par suite des affouillements qui peuvent se produire au pied des pieux de la rangée d'aval du barrage, on a établi une levée en gros blocs d'enrochements sur toute la longueur de cette face aval.

Par suite d'affouillements survenus dans le lit de la rivière, les radiers des aqueducs établis au niveau du fond primitif du lit se trouvèrent trop élevés et durent être abaissés de 0ᵐ,80 environ. Les fossés de distribution des eaux troubles qui leur font suite durent être également approfondis.

On a représenté (*fig.* 152 à 154), comme un autre exemple, la vanne d'introduction des eaux troubles de l'Arc, utilisées au colmatage de terres riveraines de ce cours d'eau (§ 42, *b*).

Dans les grands colmatages, les ouvrages de prise présentent parfois une réelle importance. Aux Maremmes de la

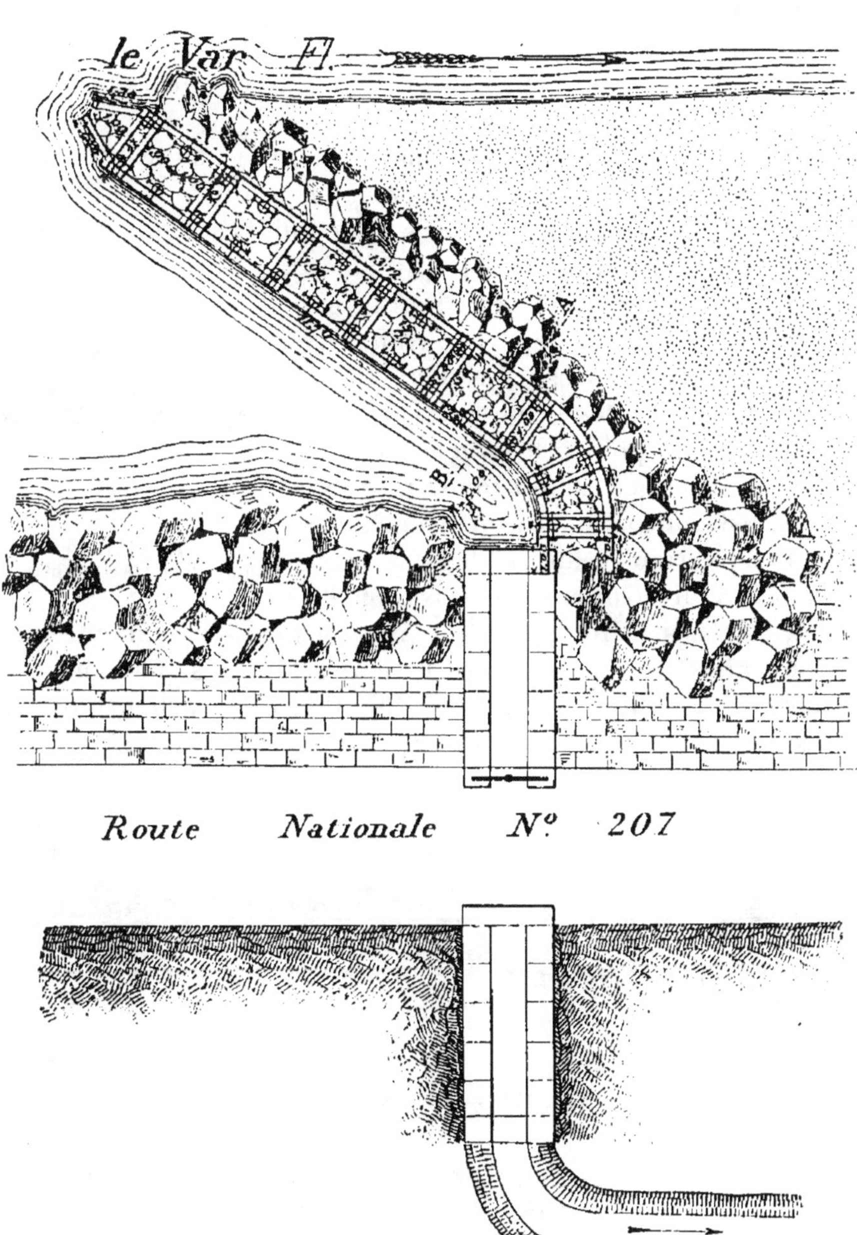

Fig. 140. — Plan d'une prise d'eau de colmatage.

Toscane, les eaux du fleuve l'Ombrone sont introduites dans le réseau des canaux au moyen d'un barrage établi en un point où l'Ombrone a une largeur supérieure à 100 mètres. On donnera ultérieurement la description de cet ouvrage (§ 43).

b) *Canaux d'amenée.* — A chaque prise fait suite un canal d'amenée qui, ainsi que l'on vient de le dire, doit avoir la pente et la vitesse nécessaires pour que l'eau ne s'y débar-rasse pas de ses limons, ce qui cons-tituerait une gêne et une diminution dans le volume des dépôts pouvant être utilisés dans les bassins de colmatage. Toutefois la vitesse ne doit pas être assez grande pour provoquer la corro-sion des berges ou du fond. Cette vi-tesse est donc comprise entre certaines limites, variables suivant les cas, avec la nature des troubles, la résistance du

Fig. 141.
Coupe suivant AB du **plan**.

sol, etc. Les sections et les pentes des canaux d'amenée se déterminent au moyen des formules utilisées pour les ca-naux d'irrigation (t. II, § 8 à 10). Il arrive parfois que, eu égard à la nature du terrain et à la vitesse qu'il est néces-

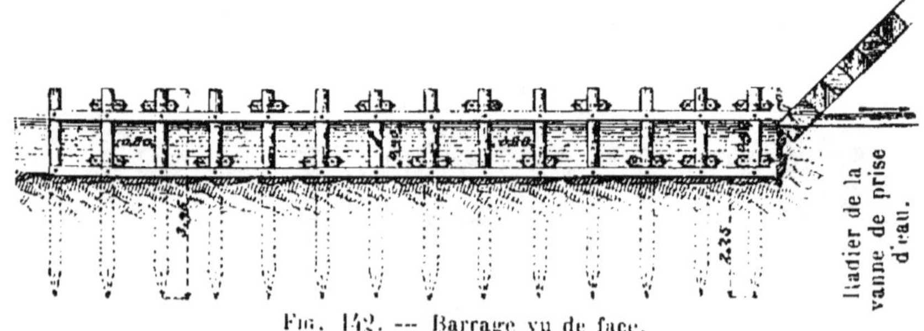

Fig. 142. — Barrage vu de face.

saire de donner à l'eau, il serait impossible d'éviter des cor-rosions; dans ce cas, on est obligé d'avoir recours à des revêtements (t. II, § 14).

Dans les grands colmatages, chaque canal d'amenée se bifurque en plusieurs branches, de sorte qu'il est nécessaire d'établir tout un réseau de rigoles d'amenée, ce qui constitue un des gros éléments de la dépense. L'étude de ce réseau doit, par suite, être faite avec un soin particulier. Elle présente, d'ailleurs, certaines analogies avec l'étude du réseau des rigoles de distribution des canaux d'irrigation, sur laquelle il a été donné des explications détaillées (t. II, chap. x).

c) *Enceintes de dépôts.* — Chaque enclos est entouré, comme cela a déjà été dit, de digues suffisamment épaisses pour qu'il n'y ait pas de danger de rupture. Ces digues sont en terre et leurs dimensions varient naturellement avec la surface des enclos. Celles que représente la figure 139 entourent un terrain de $2^{ha},30$ de superficie ; elles ont $1^m,50$ de largeur en couronne, et leur crête est arasée à $0^m,50$ en contre-haut du sol colmaté.

Elles ont été établies au moyen d'emprunts pratiqués au pied et des deux côtés de la digue, et l'un de ces emprunts, celui qui est extérieur à la digue, forme un fossé de ceinture destiné, comme ceux des desséchements, à conduire au canal de fuite les eaux d'infiltration recueillies sur tout le pourtour de l'enceinte.

Les canaux de colmatage, à leur entrée dans les enceintes de dépôt, ne sont ordinairement munis d'aucun ouvrage de fermeture. Par exception, dans certains cas, il existe en ce point une vanne permettant de limiter l'introduction de l'eau limoneuse dans l'enceinte.

d) *Ouvrages d'évacuation des eaux claires.* — Les eaux claires sont restituées aux cours d'eau naturels par l'intermédiaire d'un canal de fuite ayant son origine au point le plus bas de l'enceinte. Il est fermé à sa tête amont par un déversoir dont la largeur est calculée de manière à réduire autant que possible la charge et, par suite, la vitesse d'écoulement. Dans les opérations peu importantes, on se contente de l'exécuter au moyen de mottes de gazon maintenues par des piquets. D'autres fois il est formé d'un barrage à poutrelles, ce qui a l'avantage de permettre d'obtenir des variations de niveau par le moyen desquelles on peut suivre l'exhaussement progressif du sol et des digues, ou encore de réaliser la vidange périodique et successive dans le cas où l'on emploie le système de colmatage par intermittence. Si l'ouverture dépasse une certaine limite, 4 à 5 mètres par exemple, il est avantageux de partager le déversoir en plusieurs parties par des piliers en bois ou en maçonnerie.

On est amené parfois à donner à ces ouvrages des dimensions assez grandes ; le cas s'est produit notamment en ce qui concerne certains travaux de colmatage en Italie, au Val di Chiana en Toscane, en particulier. Le canal de fuite est fermé par une écluse en bois d'un modèle unique, applicable à tous les canaux. L'écluse comporte un nombre d'ouvertures qui dépend du volume d'eau à écouler; leur largeur varie de 1 mètre à 1^m,50. Chacune d'elles peut être fermée par une vanne formée de planches glissant dans des rainures ménagées dans les montants; la vanne elle-même, dont la hauteur est variable, se compose de planches réunies entre elles par des crochets s'adaptant à des pivots saillants et portant à leur partie supérieure deux anneaux dans lesquels pénètrent les extrémités inférieures de deux chaînes reliées à leur partie supérieure à un treuil de manœuvre. Les vannes sont indépendantes, et l'on peut régler à volonté l'écoulement des eaux claires en remontant une ou plusieurs d'entre elles.

Dans quelques colmatages, l'écoulement des eaux clarifiées se fait par deux écluses ayant leurs seuils à des niveaux différents. L'une d'elles sert à l'écoulement des eaux clarifiées dans les conditions normales ; sa largeur et la position de son seuil sont déterminées en conséquence. L'autre a son seuil placé, en général, de 0^m,60 à 1 mètre en contre-haut de celui de la première; sa largeur est plus grande, et elle est fermée en temps ordinaire. S'il se produit une forte crue extraordinaire et qu'il y ait avantage à en faire pénétrer les eaux dans le bassin de dépôt, on ouvre la grande écluse afin d'activer l'écoulement de l'eau clarifiée et d'éviter une surélévation dans le bassin, laquelle pourrait devenir fatale aux digues. Quand le débit de la crue commence à baisser, on ferme la petite écluse, l'autre continuant à rester ouverte, et l'on retient ainsi dans le bassin une tranche d'eau dont l'épaisseur est égale à la différence entre les niveaux des seuils des deux écluses; le maintien de cette lame est assuré, même pendant les hautes eaux, sans danger de rupture pour les digues. Enfin, quand le cours d'eau colmateur est redevenu à son régime normal, on ferme la grande écluse et l'on rouvre l'autre.

En ce qui concerne les canaux de fuite, les dimensions qu'il est nécessaire de leur donner sont très différentes, suivant que l'on procède par intermittence ou par voie d'écoulement continu. Dans le premier cas, leur section doit être beaucoup plus considérable, puisqu'ils doivent livrer passage à un grand volume d'eau dans un temps relativement court. Toutefois, comme il ne s'agit plus que d'écouler des eaux clarifiées et que des dépôts ne sont plus à craindre, la pente devient indifférente, et l'on doit seulement chercher à éviter les vitesses assez fortes pour provoquer la corrosion des rives.

Les travaux de colmatage comprenant l'établissement d'un réseau de canaux d'amenée et de fuite rendent nécessaire la construction de nombreux ouvrages d'art, tels que ponts, aqueducs, buses, siphons, etc. Ces ouvrages ne diffèrent en rien de ceux des canaux d'irrigation; on se bornera à mentionner leur existence.

40. De la puissance colmatante des cours d'eau. — On a déjà eu l'occasion de faire remarquer qu'il est intéressant de connaître la puissance colmatante du cours d'eau alimentaire, de laquelle dépend la durée de l'opération de colmatage.

Ce qu'il importe de rechercher, ce n'est pas la puissance colmatante totale du cours d'eau, c'est-à-dire la quantité de limon charrié dans une année et versé dans la mer, attendu qu'il est pratiquement impossible de dériver la totalité de l'eau dans des canaux de colmatage. Ce qu'on doit chercher à connaître, c'est la *puissance colmatante par dérivation*, c'est-à-dire la surface qu'il est possible de colmater par an, en dérivant en un point donné un volume d'eau constant, par exemple 1 mètre cube par seconde.

L'intensité des troubles est des plus variables et n'est pas proportionnelle au débit des cours d'eau. Dans la région du sud-est de la France, où sont concentrées les principales opérations de colmatage, les plus grands troubles sont dus, la plupart du temps, à des orages locaux qui éclatent dans quelques portions du bassin supérieur et ne produisent que des crues relativement faibles. Aux époques de la fonte des neiges, la proportion de limon est également assez considérable, et les eaux sont généralement claires pendant la période d'hiver. C'est pourquoi la puissance colmatante par dérivation d'un cours d'eau ne peut se déterminer qu'en recherchant le volume total de limon charrié pendant une année entière.

Le calcul de cette puissance a été fait en ce qui concerne en particulier la Durance, dont le pouvoir colmatant a été mis souvent à contribution. De 1867 à 1889, on a mesuré jour par jour les volumes d'eau et de limon débités par la rivière au pont de Mirabeau situé immédiatement à l'aval du confluent du Verdon, le dernier affluent important que reçoit la Durance avant de se jeter dans le Rhône. Considérant, par exemple, le mois d'août 1867, on a déterminé, pour chacun des trente et un jours du mois, les poids α_1, α_2, α_3, ..., α_{31}, charriés par 1 mètre cube d'eau. Un canal de colmatage de 1 mètre cube de portée par seconde, qui aurait eu sa prise au droit du pont de Mirabeau, aurait dérivé, pendant la journée du 1er août 1867, un volume total d'eau de 86.400 mètres cubes et un poids total de limon égal à $86.400 \times \alpha_1$. Pendant tout le mois d'août 1867, le même volume total d'eau dérivé par le canal aurait été de $86.400 \times 31 = 2.678.400$ mètres cubes, et le poids total de limon de

$$86.400 \times (\alpha_1 + \alpha_2 + ... + \alpha_{31})$$
$$= 86.400 \times 22^{kg},132 = 1.912.205 \text{ kilogrammes,}$$

ce qui, la densité des limons de la Durance étant de 1,5 environ, correspond à un volume total de $1.274^{m3},803$.

Le tableau ci-après donne par année, de 1868 à 1889, les volumes annuels totaux de limons charriés par un canal de 1 mètre cube de portée qui aurait dérivé les eaux de la Durance au pont de Mirabeau.

	Mètres cubes			Mètres cubes
1868............	45.865	1879..........		12.797
1869..........	15.860	1880..........		19.303
1870..........	35.381	1881..........		11.303
1871..........	19.094	1882..........		11.956
1872..........	26.061	1883..........		13.991
1873..........	17.080	1884..........		12.898
1874..........	19.689	1885..........		24.449
1875..........	21.012	1886..........		20.412
1876..........	27.950	1887..........		14.574
1877..........	18.446	1888..........		15.392
1878..........	15.042	1889..........		13.564

Durant ces vingt-deux années, la puissance colmatante a varié dans la proportion d'environ 1 à 4, si l'on compare l'année la plus faible (1881) à l'année la plus forte (1868).

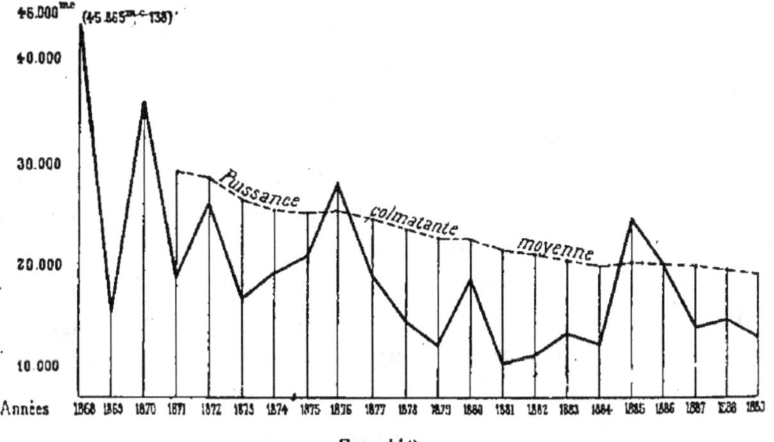

Fig. 143.

Pour les périodes d'une durée croissante commençant en 1868 et finissant successivement en 1871, 1872, .., 1889, la puissance colmatante moyenne par année aurait été (*fig.* 143):

	Mètres cubes.
De 1868 à 1871............................	29.053
1868 à 1872............................	28.454
1868 à 1873............................	26.559

                                                    Mètres cubes

De 1868 à 1874	25.577
1868 à 1875	25.132
1868 à 1876	25.445
1868 à 1877	24.745
1868 à 1878	23.863
1868 à 1879	22.941
1868 à 1880	22.662
1868 à 1881	21.708
1868 à 1882	21.191
1868 à 1883	20.741
1868 à 1884	20.280
1868 à 1885	20.511
1868 à 1886	20.506
1868 à 1887	20.209
1868 à 1888	19.980
1868 à 1889	19.688

On constate ainsi une décroissance continue dans la puissance colmatante, laquelle atteint 33 0/0 pour la période 1868-1871, comparée à la période 1868-1889. Ce fait a été attribué aux travaux de reboisement et de gazonnement entrepris dans les hautes vallées des Alpes. Pendant le semestre d'été (du 1er avril au 30 septembre) qui correspond, comme il a été dit, aux périodes où les eaux sont le plus chargées en limons, on a constaté que la diminution de la puissance colmatante n'a été que de 22 0/0 environ. On reviendra ultérieurement sur les résultats qu'a produits cette décroissance.

Des expériences analogues ont été faites, vers 1865, sur la rivière du Var, dont les eaux furent utilisées alors au colmatage de terrains conquis sur le lit de la rivière, par suite de travaux d'endiguement; le cube des limons a été trouvé sensiblement le même que celui de la Durance à la même époque. Il est d'ailleurs bien inférieur à celui que charrient les cours d'eau utilisés en Italie aux grands colmatages. C'est ainsi que les eaux de l'Ombrone, qui ont servi au colmatage des Maremmes de la Toscane, contiendraient jusqu'à 80 millièmes de matières solides, alors que, pour la Durance, ce chiffre a varié de 9 dix-millièmes pour la période de 1868 à 1871 à 6 dix-millièmes pour la période de 1868 à 1889.

Si l'on suppose approximativement connue la puissance colmatante du cours d'eau alimentaire, on peut chercher à connaître quelle sera la durée probable de l'opération, c'est-à-dire quelle est la surface qu'on pourra colmater par an en dérivant un volume d'eau constant, 1 mètre cube par seconde par exemple.

En ce qui concerne le colmatage des graviers conquis sur le Var, l'opération portait sur une surface de 500 hectares environ. Pendant un an, du 1er septembre 1864 au 31 août 1865, on a relevé jour par jour le poids moyen de limon sec contenu dans 1 mètre cube d'eau puisée dans le Var; on a trouvé que l'eau dérivée en une année charriait un poids total de 36.011.173 kilogrammes, ce qui, en adoptant le chiffre de 1.600 kilogrammes pour le poids de 1 mètre cube de limon sec correspond à un cube de 22.507 mètres, suffisant pour colmater, à raison de $0^m,30$ d'épaisseur de dépôt, une surface de 7 hectares et demi.

Or l'opération devait se faire sur une longueur d'endiguement de 23 kilomètres, au moyen de trente prises, dont vingt et une, de 1 mètre de débit par seconde, desservaient une étendue de terres de 30 hectares, et les neuf autres de $1^{m3},200$ de débit par seconde, desservaient des surfaces variant de 36 à 50 hectares. En supposant que le sol des bassins ait été préalablement nivelé, que l'alimentation s'opère d'une façon continue et qu'on puisse utiliser la totalité des limons, le temps minimum nécessaire pour obtenir le colmatage d'un enclos de 30 hectares pouvait être évalué à quatre ans. Mais, à cause des surfaces plus étendues, desservies par des prises d'un débit supérieur à 1 mètre cube, on a admis que l'achèvement de l'opération demanderait un délai de six ans. Les faits ont sensiblement ratifié ces prévisions.

Il ne s'agissait ici, il est vrai, que d'une opération de médiocre importance. En ce qui concerne le projet de colmatage de la Crau au moyen des eaux de la Durance, on a reconnu l'impossibilité pratique de mener à bien une entreprise aussi vaste, avec les ressources en limon dont on dis-

posait. La Crau, dont on a déjà eu l'occasion de parler,
est une vaste plaine de plus de 20.000 hectares de superficie ; elle affecte la forme d'un triangle ayant son sommet aux environs d'Eyguières et de Lamanon (Bouches-du-
Rhône) et dont la base s'étend sur environ 24 kilomètres, le
long des marais de Fos, qui en forment la limite sud-ouest.
Le sous-sol de cette plaine est formé d'un banc, d'environ
$0^m,60$ d'épaisseur, de poudingue très dur composé d'une agglomération de graviers et cailloux réunis par un ciment calcaire ; au-dessus de ce banc il existe une mince couche de
terre végétale, de $0^m,30$ à $0^m,50$ d'épaisseur, couverte d'une
quantité innombrable de gros cailloux roulés. Cette vaste
plaine est à peu près déserte et presque complètement inculte,
ne produisant que quelques herbes rares et des broussailles.

La mise en culture de la Crau a été depuis longtemps
l'objet des préoccupations des populations de la contrée, et,
dès 1862, Nadault de Buffon prit l'initiative d'études qui
avaient pour but, au moyen d'un colmatage provenant d'une
dérivation des eaux de la Durance, la constitution d'un sol
arable sur les terrains incultes de la Crau. Ce n'est qu'en 1881
que l'affaire put aboutir, et la loi du 9 août 1881 accordant à
une Compagnie anonyme le desséchement des marais de
Fos (§ 34, *b*) lui accorda également la concession du colmatage des 20.000 hectares de la Crau. Admettant avec les pro-
moteurs du projet que les eaux de la Durance permettraient
de recouvrir, chaque année, d'une épaisseur de $0^m,50$ d'excellente terre arable, une surface de 2.000 hectares, on prévoyait une dérivation d'une portée de 80 mètres cubes en
hautes eaux et de 32 mètres cubes en eaux moyennes, et l'on
comptait qu'on pourrait avoir 6.000 hectares de terres
limonées et mises en culture au bout de dix-huit ans et
12.000 hectares au bout de trente-trois ans.

Mais une étude plus approfondie du régime de la Durance
n'a pas confirmé ces prévisions. Ainsi qu'on l'a indiqué,
on constata une diminution continue de la puissance colmatante des eaux de cette rivière. D'un autre côté, on constata également une diminution très sensible dans les débits
d'étiage, et, comme la loi de concession stipulait que le volume
d'eau à laisser couler dans la Durance, à l'aval de la prise du

canal de colmatage, serait de 50 mètres cubes, les périodes
annuelles de pénurie pendant lesquelles la prise de ce
canal devrait rester fermée auraient été très fréquentes
et auraient pu atteindre jusqu'à trois mois. Or avec
la puissance colmatante réduite mise en évidence par les
constatations plus récentes, on se convainquit que, même en
limitant à 0^m,25, soit 2.500 mètres cubes par hectare, la
couche de limon déposée, on ne saurait évaluer à moins de
soixante ans la durée totale de l'opération, et encore, en
supposant qu'elle pût se faire sans délai ni interruption. En
réalité, le temps nécessaire fut évalué par un spécialiste dis-
tingué, M. Fornari, ingénieur en chef du Gouvernement
Italien, à cent cinquante ans, et cet ingénieur signala, de
plus, l'insalubrité d'opérations de colmatage exécutées si
lentement.

Si l'on ajoute à toutes ces raisons que les limons de la
Durance présentent, au point de vue agricole, certains défauts
dont on va parler, on comprendra aisément qu'on ait pris
le parti de renoncer à rechercher l'amélioration de la Crau
par le colmatage. On a eu recours au procédé d'amélioration qui sera décrit ci-dessous (§ 41).

41. Influence de la nature des limons. — Lorsque le colmatage a pour but principal l'assainissement des terres basses
et marécageuses par exhaussement du sol, la nature des
dépôts est d'une importance secondaire, et l'on peut admettre,
surtout au début de l'opération, le dépôt de matières
inertes, comme les sables ou les graviers, ce qui permet de
faire dans les berges des cours d'eau alimentaires des coupures profondes à l'effet de recevoir les eaux de fond avec
celles de superficie. Toutefois l'opération exige toujours
des dépenses importantes, et, au lieu de superposer à un sol
improductif un autre sol impropre à toute végétation, on
s'efforce de la compléter par la création et la mise en valeur
de terrains fertiles, dont les revenus viennent en atténuation
aux dépenses de premier établissement.

D'une manière générale, les limons arrachés aux pentes
d'un bassin étendu comportant des formations géologiques
variées, ne peuvent être ni très riches ni très pauvres en

matières fertilisantes. Ils offrent plutôt une teneur moyenne,
et ce sont surtout les caractères physiques de ces sédiments
qui peuvent favoriser ou retarder leur transformation en
terres cultivables. La plupart des limons des fleuves ne
peuvent être, en effet, considérés comme immédiatement
fertiles, car ils ont pour origine la destruction sur place des
couches géologiques, roches dénudées des hautes altitudes,
pulvérisées par le gel.

Ces débris, qui sont entraînés dans les vallées sans avoir
subi sur place l'influence d'une végétation primitive, ne
deviennent terres cultivables qu'après une formation d'humus
exigeant une période de temps plus ou moins longue. Les
plaines d'alluvions naturelles, dont on a déjà signalé la
fertilité remarquable, ont été créées lorsque les cours d'eau,
aux époques géologiques, remplirent de limons les espaces
fermés susceptibles d'être envahis périodiquement par les
eaux de crues, et formant de véritables bassins de colmatage. Les terres ainsi déposées furent, à l'origine, envahies
par une végétation de plantes marécageuses, roseaux, etc.; les
débris organiques provenant de la décomposition de ces végétations palustres successives s'incorporèrent au sol et le
transformèrent peu à peu en une terre cultivable.

Le colmatage artificiel doit procéder de la même manière;
mais, pour hâter la maturation du terrain, il est nécessaire
de faciliter l'incorporation à la couche de colmatage des
débris organiques, au moyen de labours.

Ainsi que l'on vient de le dire, la durée de la transformation en terres arables des limons dépend surtout de la
composition physique de ces derniers. Les alluvions souples
de nature sableuse sont celles qui favorisent le mieux la
transformation des sols improductifs en terres cultivables.
Au contraire, les alluvions compactes, les argiles par exemple,
ne peuvent constituer un support convenable pour la végétation, surtout quand, comme c'est le cas pour les limons de
la Durance par exemple, ces sédiments sont très fins et
presque purement minéraux. Mouillés, ils se délayent et
perdent toute consistance. Exposés aux sécheresses, ils
abandonnent rapidement leur eau d'imbibition, qu'aucune
agrégation organique ne contribue à retenir, et se fendillent

en tous sens. De là tous les insuccès éprouvés lorsque les irrigations apportent trop rapidement une masse appréciable de limon qui ne peut être incorporée avec le sol arable sous-jacent par des façons appropriées [1]. Il est même rare qu'on trouve dans les limons la réunion des éléments inorganiques d'un sol complet. Dans les régions à cours d'eau torrentiels, le calcaire fait souvent défaut.

Toutefois, il serait exagéré de dire que les limons de la Durance sont infertiles. On a prétendu, en effet, que ces sédiments contenant près de 50 0/0 de leur poids d'argile, incorporés, par exemple, au sol de la Crau qui en contient déjà 27 0/0 environ, seraient plus défavorables qu'utiles à la végétation. Cela est excessif. L'analyse chimique a révélé que les limons de la Durance sont pauvres en azote, moyennement pauvres en acide phosphorique et riches en potasse. Leur infertilité réelle dans les premiers temps de leur dépôt provient de leur nature physique jointe à la rareté de l'humus. Leurs défauts physiques peuvent disparaître par l'addition d'amendements calcaires, de phosphates et d'engrais organiques.

Le colmatage, qui a pour conséquence l'établissement d'un régime palustre, produit justement ce résultat d'enrichir les limons en matières organiques. Quelques années suffisent, au moyen de cette opération, pour convertir des sédiments inertes en terres de bonne fertilité, qui exigent surtout des fumures azotées et organiques. Ces mêmes fumures sont spécialement indispensables dans les sols légers, sableux, des bords de la Durance, très pauvres en azote, mais très favorables à la culture, par suite de leur constitution physique, qui n'offre pas les défauts des limons.

L'emploi des limons de la Durance pour le colmatage de la Crau, quoique parfaitement possible, offrirait de grandes difficultés. La situation serait notablement améliorée si l'on assurait aux terrains conquis par le colmatage l'eau nécessaire à l'irrigation ; mais le débit actuel de la Durance n'est même pas suffisant pour desservir en tout temps les prises des canaux d'irrigation existants. Le sol de la Crau, quoique mélangé de

---

[1] **Gatine**, *Étude sur les eaux et les limons de la Durance.*

cailloux, possède la plupart des éléments nécessaires aux cultures des prairies et des vignes et peut être facilement amendé par des engrais chimiques appropriés sans qu'il soit besoin de recourir à l'apport des limons de la Durance. Comme, d'ailleurs, la Crau, quoique infertile, n'est pas, en somme, une des régions les plus insalubres, on a renoncé absolument à rechercher à transformer cette immense plaine par le colmatage. L'amélioration se fera peu à peu par l'emploi combiné de labours profonds, d'amendements appropriés et d'eau d'arrosage, là où il sera possible de l'amener. On dira, en terminant, que la question de la création de réservoirs dans les hautes vallées de la Durance, en vue de régulariser le régime de la rivière, est actuellement à l'étude et que, si elle reçoit une solution favorable, le débit d'étiage pourra être augmenté dans des proportions suffisantes pour permettre de faire bénéficier de l'arrosage une partie plus ou moins grande des terres actuellement incultes, faute de pouvoir jouir des bienfaits de l'irrigation.

42. Exemples de travaux de colmatage. — On a eu déjà l'occasion de mentionner les travaux qui ont été exécutés en vue du colmatage des graviers conquis sur les rivières du Var (Alpes-Maritimes) et de l'Isère (Savoie), à la suite des opérations d'endiguement et de rectification de ces cours d'eau. On ne décrira pas ici ces entreprises relativement anciennes et d'ailleurs déjà décrites[1]; on dira seulement quelques mots d'une opération analogue actuellement en cours d'exécution dans le département des Basses-Alpes.

a) *Colmatage de terrains conquis sur le Var (Basses-Alpes).* — La route nationale n° 207, qui longe le Var sur une grande longueur, ayant été emportée par une crue en 1866, fut rétablie en levée sur les graviers du fleuve, de manière à conquérir sur le Var une partie de ces graviers protégés par la route formant une digue protégée à son pied, du côté de

---

[1] Voir : CHORON, *Colmatage de la vallée de l'Isère* (*Annales des Ponts et Chaussées*, 1871, 1er semestre); et VIGAN, *Endiguement et colmatage de la rive gauche du Var* (*Annales des Ponts et Chaussées*, 1872, 1er semestre).

la rivière, par un cordon ininterrompu de gros enrochements. Cette décision fut prise par l'Administration à la suite d'un

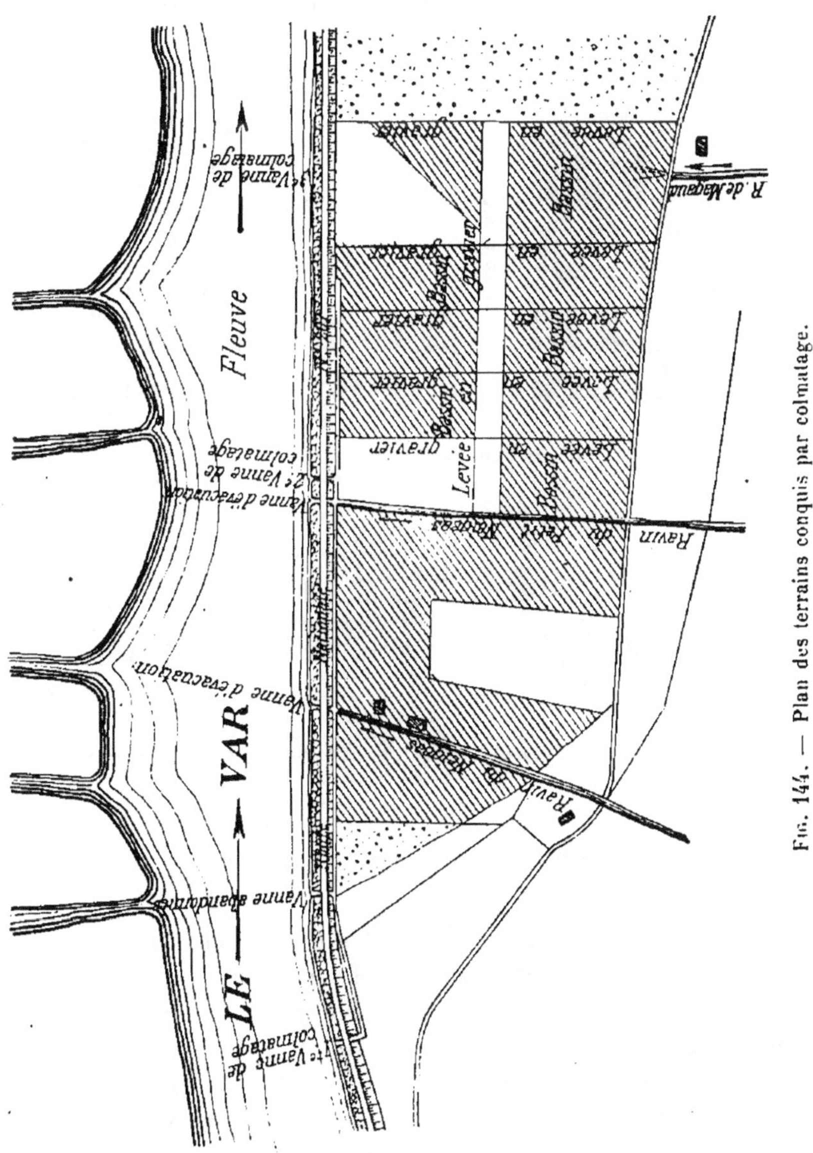

Fig. 144. — Plan des terrains conquis par colmatage.

accord intervenu avec les propriétaires riverains, lesquels s'engagèrent à acquérir chacun, moyennant un prix déterminé, la partie des graviers situés en avant de sa propriété dans le but de rendre ces terrains cultivables par colmatage.

A cet effet, les intéressés ont établi, à travers la digue dont le couronnement forme la route, des vannes dont le seuil est placé suffisamment bas pour permettre l'introduction des eaux troubles sur les champs de conquête.

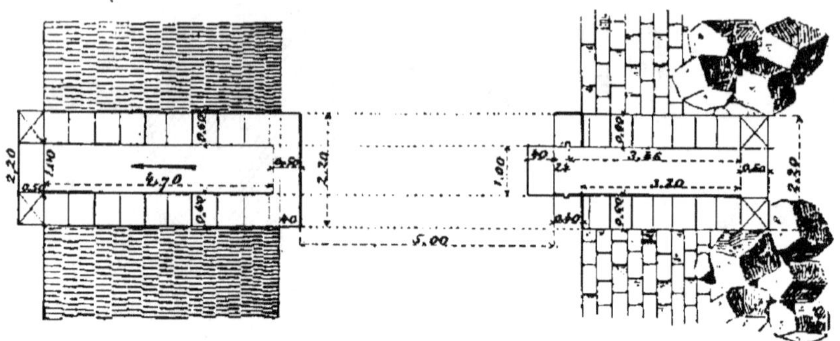

Fig. 145. — Plan supérieur de l'aqueduc de prise.

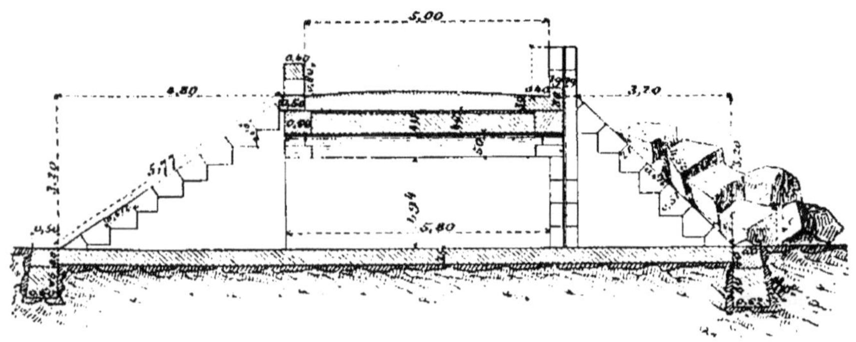

Fig. 146. — Coupe suivant l'axe de l'aqueduc.

La figure 144 représente l'ensemble des terrains à conquérir en arrière de la digue-route sur le territoire de la commune d'Entrevaux, et dont la surface est de 103 hectares environ. Pour introduire les eaux troubles de la rivière, on avait ménagé primitivement à travers le perré, des aqueducs de 1 mètre d'ouverture fermés au moyen de vannes en fer permettant d'en régler les débits. Mais le rétrécissement du lit endigué a provoqué un affouillement considérable dans la partie haute et un comblement dans la partie basse où les eaux déposent les matériaux arrachés en amont. Dans ces conditions, le colmatage s'est effectué facilement dans la partie basse où les terrains conquis sont devenus marécageux par suite de l'exhaussement du lit du cours d'eau ; dans la partie haute, au contraire, les graviers à colmater n'ayant pas suivi le mouvement d'abaissement du lit et étant devenus insubmersibles, l'opération a été rendue impossible. Il a fallu, pour remédier à cet état de choses, abaisser les seuils des diverses vannes de prises et ouvrir, en arrière et au pied de la route, dans le sens de la rivière, de longs canaux à faible pente, dont le

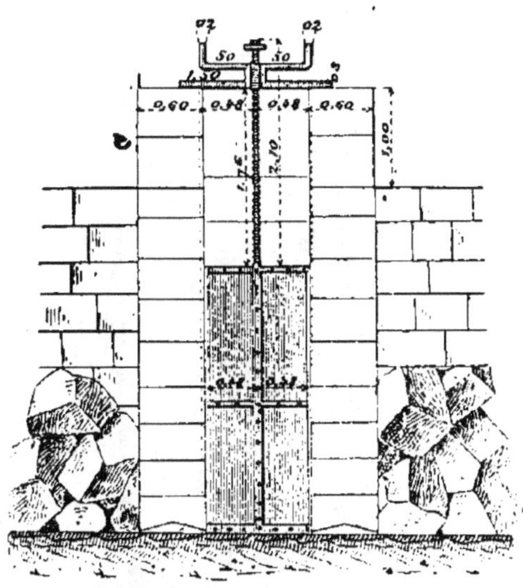

Fig. 147. — Élévation de la vanne.

fond finissait par arriver à la surface des graviers. L'eau est ainsi amenée au-dessus des terrains inférieurs et peut y déposer des limons (*fig.* 145 à 148). Après clarification, les eaux sont ramenées dans le Var par des vannes d'évacuation.

Les terrains ont été divisés en bassins de 50 à 80 mètres de longueur, séparés les uns des autres par des levées en gravier, suffisamment solides pour résister à la poussée de l'eau.

La surface actuellement colmatée est de 50 hectares environ ; l'épaisseur de la couche de limon déposée varie de $0^m,40$ à $1^m,50$. Quant au débit des prises d'eau, il varie en général de 500 litres à 1 mètre cube par seconde.

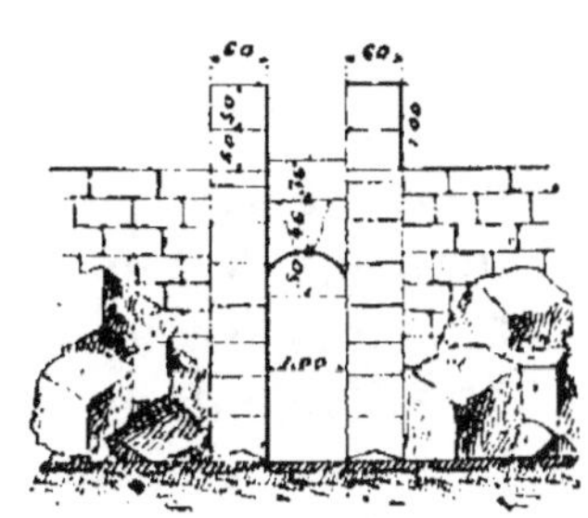

Fig. 148. — Élévation de la tête amont.

b) *Colmatage de terrains riverains de la rivière d'Arc (Savoie)* (*fig.* 149 à 157). — On exécute actuellement les travaux de colmatage au moyen des eaux de la rivière d'Arc,

affluent de l'Isère, de
terrains bas d'une sur-
face de 20 hectares, s'é-
tendant le long du cours
d'eau, sur 1 kilomètre
environ, et qui seront
mis à l'abri des crues
par une digue insub-
mersible.

La prise d'eau est éta-
blie en lit de rivière, en
un point où la berge
forme un coude. Elle
se compose d'un massif
en maçonnerie, placé
normalement au cou-
rant, dans lequel a été
ménagée une ouverture
de 1ᵐ,30 de largeur,
destinée à recevoir la
vanne de prise. Ce mas-
sif s'appuie du côté
d'aval contre deux murs
bordant à droite et à
gauche le canal de déri-
vation qui fait suite à la
prise, et ayant respec-
tivement 3 mètres et
2 mètres de longueur.
Vers l'amont, le même
massif est consolidé du
côté de la berge par un
mur en maçonnerie de
2 mètres de longueur;
du côté de la rivière, il
s'appuie contre un mur
également en maçon-
nerie, de 5 mètres de
longueur. Pour diriger
le courant vers la prise,
ce dernier massif est

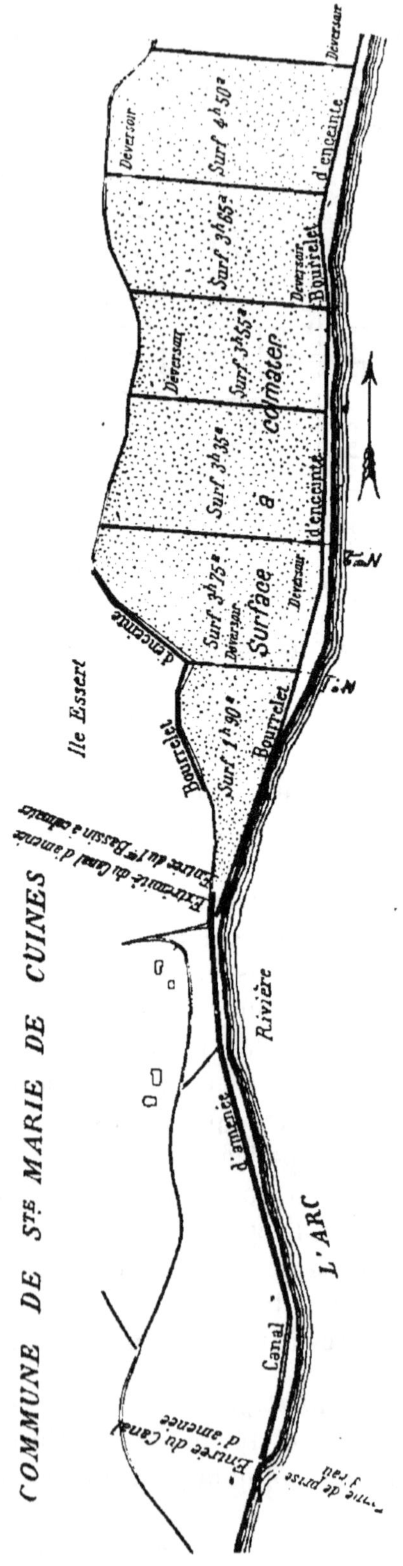

Fig. 149. — Colmatage de terrains riverains de la rivière d'Arc. — Plan général.

prolongé vers l'amont par une estacade en charpente formée

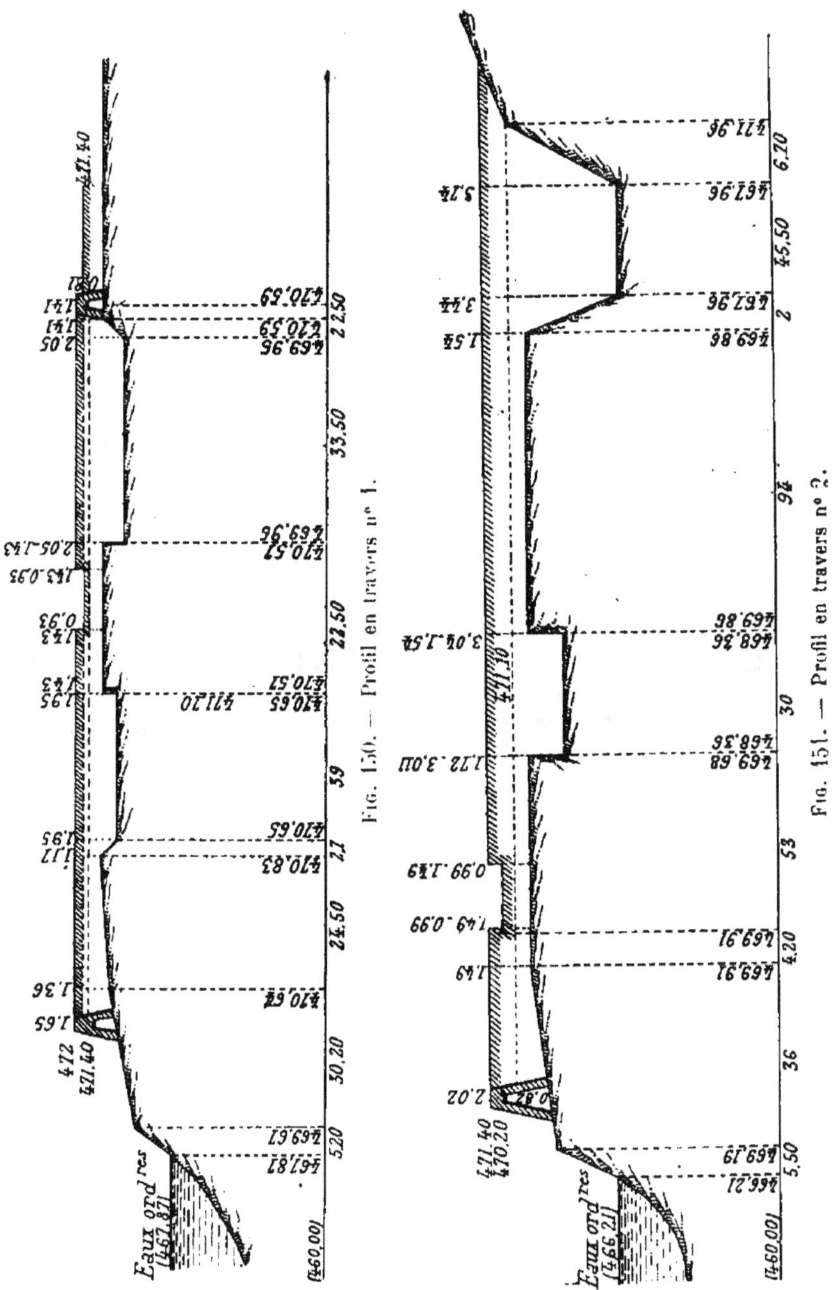

d'une ligne de pieux moisés, recouverts d'un platelage formant déversoir et s'appuyant à son extrémité contre un bloc

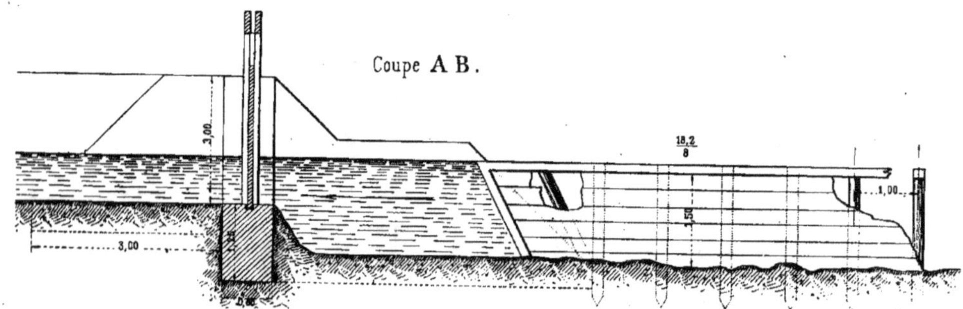

Fɪɢ. 152. — Ouvrage de prise en rivière

énorme de rocher existant à 50 mètres en amont dans le lit
de la rivière.

Le canal d'amenée a une longueur totale de 660 mètres ; à
la traversée d'une partie déprimée du terrain, sur une longueur de 130 mètres, il est défendu, du côté de la rivière, par
une ligne de pieux moisés recouverts d'un platelage.

La profondeur d'eau qu'on espère pouvoir dériver pendant
les périodes de colmatage ne saurait dépasser $0^m,70$; dans

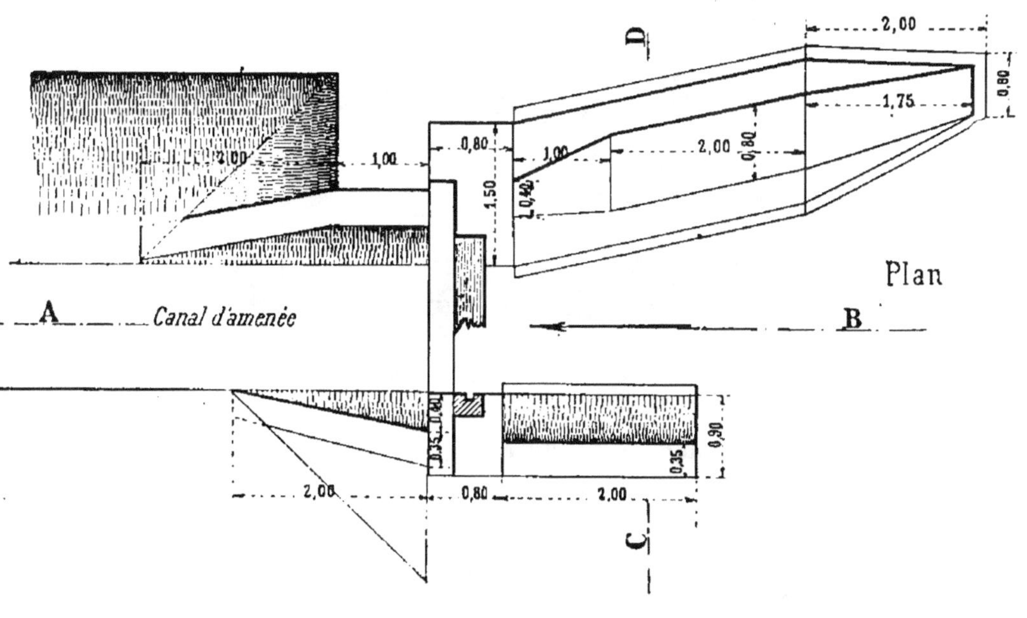

FIG. 153.

ces conditions, et comme le plafond du canal se trouve à une
assez grande profondeur au-dessous du sol naturel, $1^m,50$ à
2 mètres, on a dû, pour éviter de trop grandes emprises, et
un volume de déblais trop considérable, n'admettre qu'un
débit de $1^{m3},400$ par seconde ; on a donné, en conséquence,
au canal, une largeur au plafond de $1^m,20$ avec talus inclinés
à 45° et une pente longitudinale uniforme de $0^m,003$· par
mètre.

Le terrain à colmater est entouré d'un bourrelet d'enceinte
ayant 1 mètre de largeur en couronne, du côté de l'Arc, ainsi
que du côté opposé, au droit des deux premiers bassins seu-

lement, le reste de la surface étant suffisamment en contre-
bas du chemin vicinal et des propriétés riveraines.

La surface ainsi entourée est divisée en six bassins par des

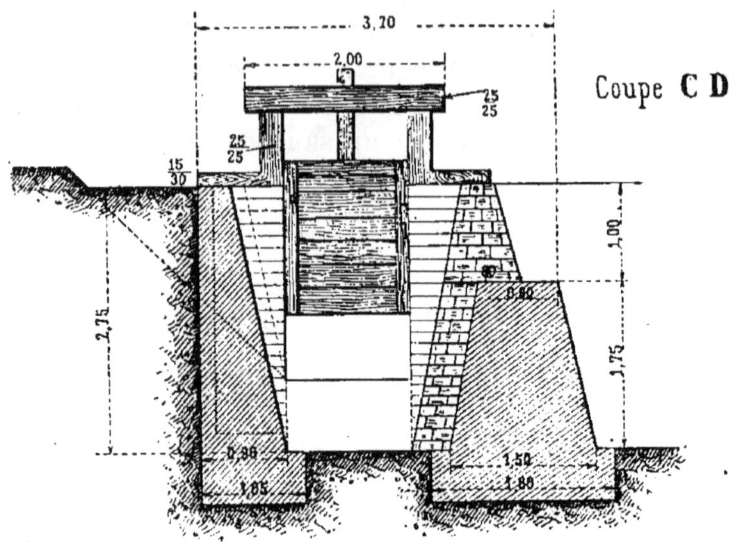

Fig. 154.

digues ayant chacune 0^m,60 d'épaisseur en couronne. Ces
différents bassins sont mis en communication les uns avec

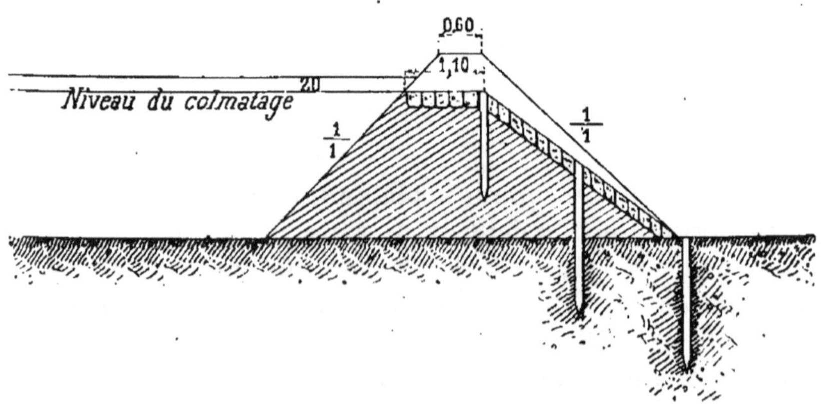

Fig. 155. — Coupe transversale d'une digue de séparation des bassins.

les autres au moyen de déversoirs établis dans les levées,
alternativement à droite et à gauche, de manière à ménager
dans chaque bassin le plus long parcours possible aux eaux

troubles. A la sortie des derniers déversoirs, celles-ci se répandent librement sur des terrains qu'on cherchera ulté-

Elévation

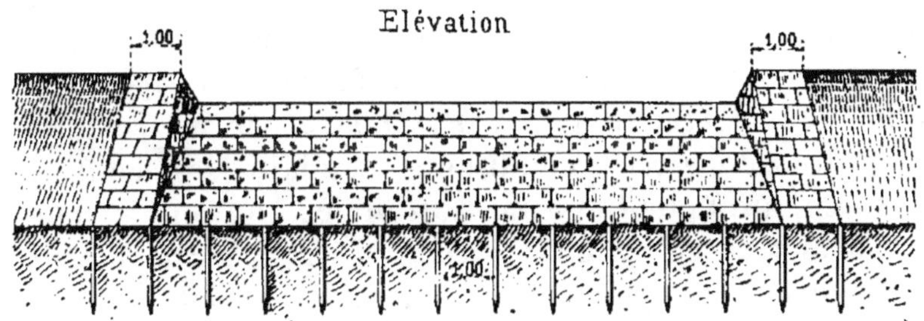

Fig. 156. — Déversoir.

rieurement à colmater et se rendent ensuite sans inconvénients à la rivière.

Chaque déversoir a une longueur en crête de 9 mètres.

Plan

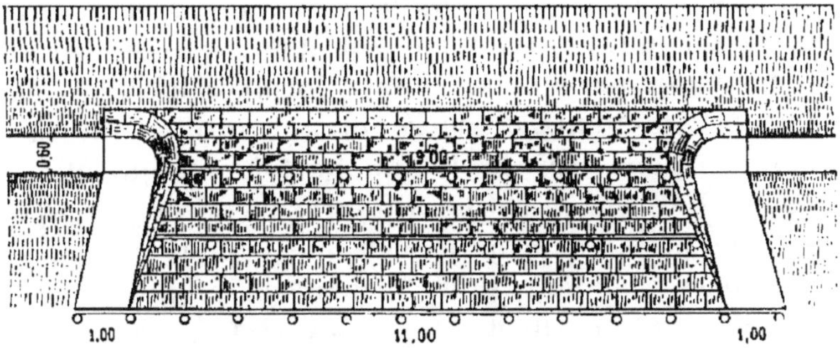

Fig. 157. — Déversoir.

Cette longueur a été calculée de manière à débiter le volume d'eau de $1^{m2},400$ par seconde sous une lame d'eau de $0^m,20$ d'épaisseur. Il se compose d'une levée dont le couronnement, de $1^m,10$ de largeur, est placé à $0^m,50$ en contre-bas du couronnement des digues environnantes. Le talus de chute est consolidé au moyen de trois lignes de pieux; la surface du talus entre ces lignes, ainsi que sur le couronnement, est revêtue d'un perré en pierres sèches de $0^m,25$ d'épaisseur. Ce perré s'étend aux faces latérales du déversoir formé par les extrémités des digues transversales, lesquelles sont arrondies en forme de cône.

La surface à colmater est, on l'a dit, de 20 hectares; la hauteur moyenne de remblaiement étant de 1m.35, l'opération nécessitera un apport de 270.000 mètres cubes. On a admis pour l'Arc un dépôt de 0m,0025 par mètre cube; on obtiendra, dans ces conditions, pendant les cent jours de durée annuelle des eaux troubles, un cube total de 30.000 mètres cubes en chiffres ronds, de sorte que, si ces prévisions se réalisent, le colmatage complet exigera une durée de neuf années.

Les dépenses prévues, y compris les intérêts capitalisés pendant neuf ans, sont évaluées à 22.000 francs, soit 1.100 francs par hectare; quant à la plus-value à espérer, elle est de 2.000 francs par hectare; dans ces conditions, l'entreprise paraît devoir être convenablement rémunératrice.

c) *Comblement d'étangs insalubres de la Corse*[1]. — On a antérieurement parlé de l'insalubrité d'une partie des côtes de la Corse. Cette insalubrité est due à l'existence d'une chaîne ininterrompue de dunes formées par les sables amenés par les vents du large et qui forment obstacle à l'écoulement des eaux des nombreux torrents qui sillonnent la région. Derrière le cordon littoral s'étend un vaste espace situé à peu près au même niveau que la mer, sur lequel les eaux douces s'étalent, transformant la région en marais alternativement en eau et à sec et favorisant, par suite, l'éclosion des germes de la malaria. Le seul moyen rationnel de faire disparaître ces foyers d'infection consiste, d'une part, à empêcher les divagations des torrents, en leur creusant un lit stable et en leur assurant un débouché permanent à travers

---

[1] Il ne s'agit pas, en réalité, ici, d'opérations de colmatage dans le sens qu'on attache à ce mot, attendu qu'il est impossible d'utiliser les limons en suspension dans l'eau et dont le volume serait trop faible pour obtenir le résultat cherché. On doit donc remblayer les dépressions au moyen d'emprunts faits dans les coteaux environnants et transporter la terre jusqu'aux lieux d'emploi. Il a paru, néanmoins, nécessaire de faire figurer la description de ces travaux dans le chapitre consacré aux colmatages proprement dits.

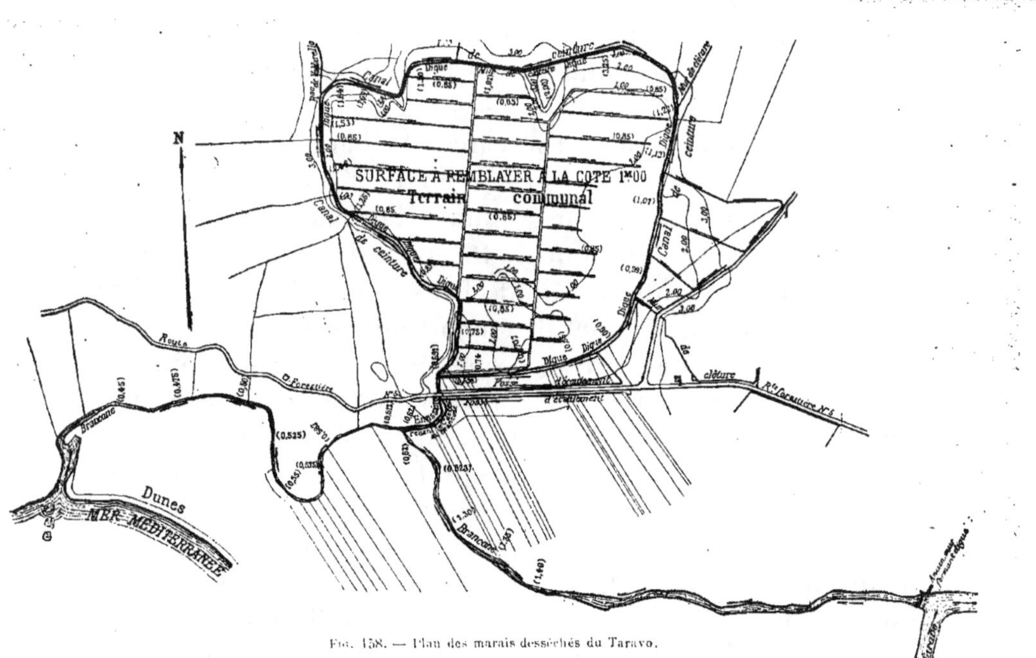

Fig. 158. — Plan des marais desséchés du Taravo.

le cordon littoral, et, d'autre part, à combler les dépressions naturelles pour les mettre à l'abri des crues.

C'est, en particulier, au procédé que l'on vient d'indiquer qu'on a eu recours lorsqu'on a pris le parti de dessécher les marais du Taravo, d'une surface de 30 hectares, qui occupaient la partie inférieure de la vallée du Taravo. On va décrire avec quelques détails cette entreprise, comme exemple des nombreux travaux du même genre, exécutés ou prévus en Corse (*fig.* 158).

Avant l'exécution des travaux, le fond du marais était, sur la moitié de la superficie environ, à un niveau inférieur à celui qu'atteignent les hautes mers à l'embouchure du Brancone, faux bras du Taravo, que ses eaux empruntent seulement en temps de crues. Un canal de ceinture, destiné à recueillir et à écouler à ce dernier cours d'eau les eaux descendues des coteaux voisins, entoure le marais ; mais cet émissaire et le cours inférieur du Brancone lui-même, envahis par les atterrissements, n'étaient plus susceptibles de remplir le rôle d'évacuateur auquel ils étaient destinés.

Les travaux d'amélioration exécutés ont consisté dans le comblement de la partie du marais dont le sol était à un niveau inférieur à celui des hautes mers ; ils ont été complétés par la mise en état du Brancone. Le comblement a porté à la cote 1 mètre au-dessus des basses mers toute la partie du marais inférieure à ladite cote. La revanche entre le niveau du remblai et celui des hautes mers est ainsi de $0^m,25$; c'est d'ailleurs la revanche la plus faible qu'il était possible d'admettre pour assurer l'évacuation à la mer des eaux pluviales ; elle est, en outre, suffisante pour la mise en culture, étant donné le peu de temps pendant lequel se maintiennent les hautes mers, et la distance assez grande qui sépare le marais du point du rivage le plus voisin.

Les sondages ayant démontré que, dans le fond du marais, le terrain solide granitique n'était recouvert que par une couche de $0^m,10$ à $0^m,15$ de vases et de débris végétaux, le comblement a simplement consisté dans le répandage sur le sol du marais d'un remblai formé de terres légères et de sables granitiques empruntés aux terrains plus élevés voisins. Cette opération a nécessité un cube de terre de

64.000 mètres environ, et la distance moyenne des transports qui se sont faits au tombereau n'a pas dépassé 200 mètres. Le remblai rapporté ne s'est pas enfoncé dans le sol du marais, et le foisonnement des déblais d'emprunts a suffi pour compenser les légers tassements du sous-sol dus à la présence de la couche meuble dont on vient de parler.

L'écoulement des eaux pluviales tombant sur la surface du terrain remblayé est assuré par une double série de fossés. Les fossés principaux, au nombre de deux, ont une profondeur moyenne de $0^m,20$ et une pente moyenne de $3/10000$ environ ; leur largeur au plafond est de 1 mètre, et les talus en sont réglés à 45° ; ils rejoignent le canal de ceinture dans sa partie la plus basse.

En outre, une série de fossés secondaires perpendiculaires aux premiers et distants de 40 mètres d'axe en axe sont creusés, d'une part, entre la limite de la surface remblayée et les fossés principaux avec pente unique vers lesdits fossés, d'autre part, entre les fossés principaux avec double pente à partir de leur point milieu. Ils ont tous $0^m,50$ de largeur avec talus à 45° ; leur profondeur minima est de $0^m,15$, et leur plafond se raccorde à l'extrémité avec celui des fossés principaux.

La longueur totale des fossés principaux est de 940 mètres, celle des fossés secondaires est de 4.430 mètres.

Le canal de ceinture, d'une longueur totale de 215 mètres, entoure complètement les marais ; il a une largeur uniforme au plafond de 3 mètres avec talus à 45°. Il reçoit les deux fossés principaux et est relié au Brancone par un émissaire de 140 mètres de longueur, dont la pente au plafond, qui est seulement de $0^m,0003$ par mètre, n'a pu être augmentée, la cote à la jonction de l'émissaire et du Brancone n'étant plus que de $0^m,62$ et ne pouvant être réduite sans compromettre l'écoulement des eaux entre ce point et la mer ; quant au canal de ceinture, sauf une petite partie à la traversée des terrains plats qui limitent le marais vers le sud, et pour laquelle on a admis la même pente de $3/10000$, son plafond a été réglé d'après le relief du terrain naturel, de façon à assurer une profondeur de $0^m,60$ au moins entre le fond du lit et la crête des berges.

En combinant les deux minima ci-dessus indiqués (3/10000 de pente et 0^m,60 de profondeur), on trouve que le débit du canal et de l'émissaire, calculé en déduisant la vitesse de la formule connue :

$$V = \sqrt{\dfrac{RI}{0{,}00028\left(1 + \dfrac{1{,}25}{R}\right)}},$$

dans laquelle I est la pente par mètre, et R le rayon moyen, représente 780 litres à la seconde. Or la surface versante du bassin dont ces ouvrages sont appelés à évacuer les eaux, en y comprenant, bien entendu, celle du marais lui-même, représente 170 hectares. Les canaux sont donc susceptibles d'écouler en vingt-quatre heures une tranche d'eau de 40 millimètres répandue sur toute la surface dudit bassin, ce qui répond à une hauteur de pluie tombée de 60 millimètres, attendu qu'un terrain léger comme celui dont on s'occupe absorbe au moins un tiers de l'eau qu'il reçoit. Les dispositions prises sont donc pleinement suffisantes, même au cas des plus forts orages qui ne donnent jamais une tranche d'eau supérieure à 0^m,10.

Néanmoins, pour prévenir l'invasion du marais en cas d'obstruction des canaux émissaires de décharge, on a bordé le canal, du côté du marais, par une digue de 0^m,60 de hauteur au-dessus du terrain naturel, avec 1 mètre de largeur en couronne et talus inclinés à 3/2. On a employé à la confection de cette digue les terres provenant du curage ; le reste du volume nécessaire a été emprunté aux mêmes terrains que les remblais du comblement, et transporté de la même manière.

L'émissaire principal traverse la route forestière n° 5 au moyen d'un ponceau fermé par une vanne automobile, en vue d'empêcher l'introduction dans le marais des eaux du Taravo.

Les travaux de comblement de la partie basse du marais et de creusement du canal de ceinture et de l'émissaire ont été complétés par la mise en état du Brancone, faux bras du

Taravo, de 1.950 mètres de développement total, et qui n'écoule que les eaux de crue. Pour éviter les réclamations des riverains, on s'est interdit tout redressement, se limitant à l'amélioration du lit existant. On a adopté, pour cote du plafond à l'extrémité aval, $0^m,40$ au-dessus des basses mers; cette cote est supérieure de $0^m,10$ environ au niveau moyen des mers, revanche indispensable pour maintenir l'écoulement. En joignant le point ainsi déterminé à l'extrémité du plafond de l'émissaire dont la cote est $0^m,62$, on a obtenu, pour toute la partie aval du Brancone, une pente uniforme de $0^m,00025$ par mètre. Pour la partie amont, le profil naturel du terrain a permis de ménager des pentes supérieures ne descendant jamais au-dessous de $0^m,0005$.

La largeur du plafond a été fixée à 3 mètres, afin de réduire autant que possible les empiétements sur les propriétés voisines; la profondeur minima au-dessous des berges est de 1 mètre.

Le débit calculé par la formule ci-dessus rappelée est, dans ces conditions, de 1.860 litres par seconde. Or le Brancone doit remplir un double office : il doit en temps de pluie écouler les eaux tant de son propre bassin (74 hectares) que de celui de l'émissaire qui est son affluent (168 hectares), soit en tout 242 hectares; il doit, en outre, après les grandes crues du Taravo, évacuer les eaux d'inondation qui recouvrent partiellement ledit bassin, et en particulier le marais.

En ce qui concerne l'évacuation des eaux de pluie, le Brancone pouvant écouler 1.860 litres à la seconde et la surface de son bassin versant étant de 242 hectares, il en résulte qu'un délai de vingt-quatre heures suffirait à l'écoulement d'une tranche d'eau de 68 millimètres, correspondant à la hauteur extrême de pluie tombée sur toute la surface du bassin.

Après les inondations, au moment où cesse le déversement des eaux par-dessus les berges ou par-dessus la crête qui sépare le Taravo du Brancone, la superficie du terrain submergé représente 20 hectares, et la hauteur moyenne des eaux est de $0^m,80$. A partir de ce moment, le Brancone fonctionne seul comme évacuateur, et, comme le volume d'eau qu'il doit écouler s'élève, d'après les données ci-dessus, à

160.000 mètres cubes, cet écoulement durera vingt-six heures environ.

A ce double point de vue, les dimensions données au Brancone semblent donc satisfaisantes. Il faut remarquer toutefois qu'en réalité l'écoulement des eaux subira certains retards, d'abord parce que ce cours d'eau ne coulera pas à pleins bords jusqu'à la fin, et ensuite parce que les périodes de pluie et d'inondation pourront coïncider. Mais il convient de ne pas oublier que, seules, les crues exceptionnelles, qui se reproduisent tous les cinq ou six ans, amèneront désormais la submersion de la plaine du Taravo; cette submersion n'aurait pu être évitée que moyennant des travaux très coûteux, tels que la transformation en digue insubmersible de la route forestière n° 5, laquelle aurait nécessité d'importants travaux de défense des remblais.

La submersion de la plaine en temps de crue exceptionnelle ne saurait être évitée que moyennant des sacrifices hors de proportion avec leur objet. Il paraît dès lors indifférent qu'elle se prolonge quelques heures de plus, et le résultat obtenu restera satisfaisant, lors même que les délais d'évacuation seraient notablement augmentés.

Néanmoins, on a jugé indispensable de mettre le marais desséché à l'abri des crues moyennes du Taravo, qui se reproduisent tous les hivers. Dans ce but, à l'origine du Brancone qui se détache du Taravo en un point marqué par une brèche dans les berges de la rivière, dont le niveau est inférieur à celui des crues moyennes (2^m,75), on a élevé un mur en maçonnerie couronné à 3^m,75, soit à 0^m,27 en contre-haut de la berge qui le suit, afin que l'introduction de l'eau se fasse par l'aval et non par déversement au-dessus de la crête. Ce mur a une épaisseur de 2 mètres, bien que sa hauteur au-dessus du sol ne dépasse pas 1^m,50, attendu que sa position au droit d'un coude très brusque de la rivière l'expose à supporter, au moment des crues, des pressions considérables. Le terrain de fondation est constitué par du sable granitique devenant de plus en plus compact à mesure que la profondeur augmente, mais on n'aurait pu songer, sans dépenses trop considérables, à descendre les maçonneries jusqu'au niveau où les affouillements ne seraient plus à redouter. Dans ces conditions, le mur a été fondé sur pilotis, au moyen de pilots de 0^m,20 de diamètre enfoncés à refus, recépés à la cote (+ 1^m,00) et pénétrant de 0^m,50 dans un massif de béton d'une épaisseur de 1^m,25 supportant lui-même les maçonneries d'élévation dont il déborde les parements de 0^m,20.

Lorsque les travaux de comblement seront terminés, on devra procéder à la mise en valeur du marais desséché, laquelle sera réalisée par des plantations d'eucalyptus qui contribueront à l'assainissement de la région et maintiendront, en outre, grâce à leur pouvoir évaporateur considérable, l'assèchement complet des terrains qu'ils occuperont.

d) *Comblement de l'étang de Ziglione (Corse) (fig. 159 à 165).* — Pour obtenir l'assainissement complet d'un étang insalubre, il ne suffit pas d'expulser l'eau qui en recouvre la surface, il faut encore relever suffisamment le sol au-dessus de la nappe pour rendre possible sa mise en culture, laquelle seule peut faire disparaître l'excès d'humidité dont le sol est imprégné.

Or, en Corse, les étangs insalubres sont placés dans le voisinage de la mer, et l'expérience a montré que dans ces régions, les cultures ne réussissent, en général, que sur les terrains dont le niveau dépasse la cote (+0^m,80), soit 0^m,40 au-dessus des hautes mers et 1^m,20 au-dessus des basses mers.

Dans ces conditions, le système de desséchement qui consiste à combler les bas-fonds au moyen de terres transportées des hauteurs voisines, exigerait parfois l'emploi d'un cube énorme de terres à transporter à de grandes distances, ce qui nécessiterait des dépenses hors de proportion avec les résultats de l'opération. On a dû se préoccuper de recourir à un mode de transport plus économique que ceux qu'on emploie habituellement.

Au nombre des étangs insalubres dont la suppression est à l'étude, et qui se trouvent précisément dans ce cas, on citera, en particulier, celui de Ziglione, situé à proximité de la ville d'Aléria, et qui constitue pour toute la région environnante un foyer d'infection des plus dangereux.

Cet étang, dont le sol au point le plus bas est à la cote
(—0^m,50), n'est séparé de la mer que par un cordon de sable
très étroit; avant tout aménagement, il était en communication intermittente avec cette dernière. Des travaux de des-

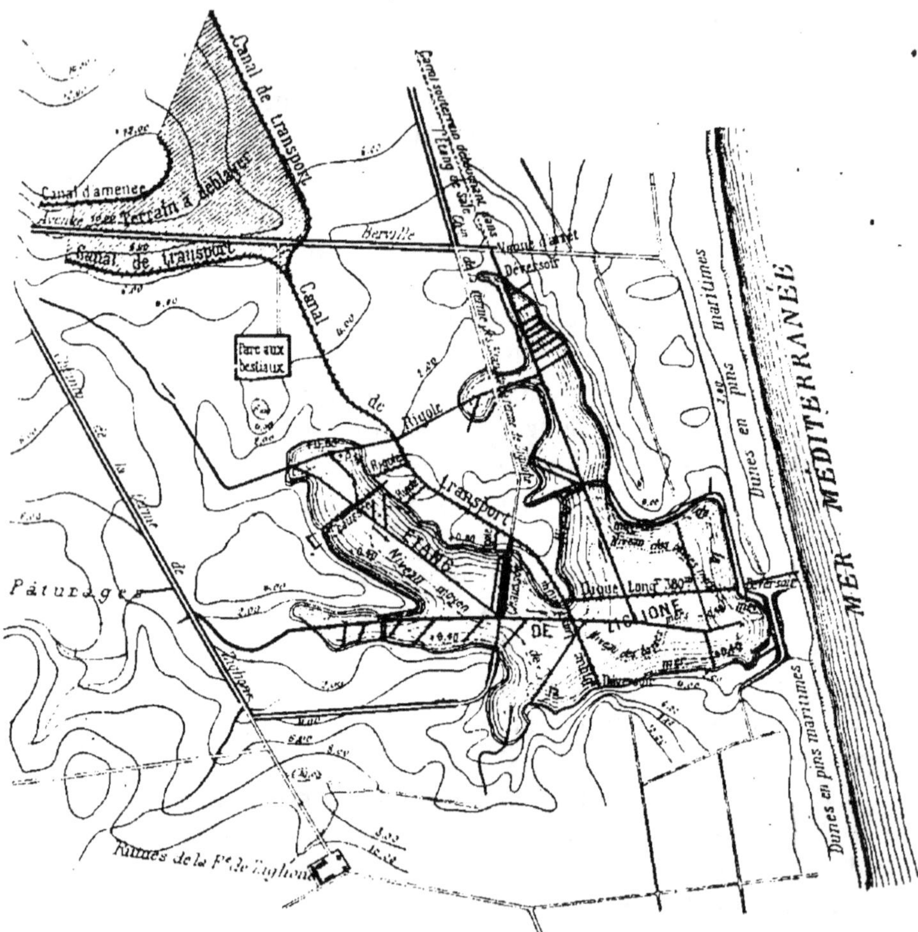

Fig. 159. — Plan général de l'étang de Ziglione.

séchement ont été exécutés autrefois par l'ancien pénitencier
de Casabianda, situé à proximité. Ils ont consisté dans l'établissement d'une digue isolant l'étang de la mer et d'un réseau
de rigoles aboutissant à un canal principal en partie voûté,
conduisant les eaux à la mer par l'intermédiaire de l'étang del
Sale et du ruisseau de Tavignano, dont l'embouchure est toujours libre. L'eau à évacuer est à un niveau inférieur au plan

d'eau de ce dernier ruisseau ; elle est, en conséquence, élevée et refoulée au moyen de pompes centrifuges actionnées par une turbine, mue elle-même par les eaux du canal d'irrigation du domaine de Casabianda ; celles-ci, qui sont dérivées du Tagnone, affluent du Tavignano, arrivent sur une falaise dominant l'étang à la cote (+ 12 mètres).

L'étang est vidé, chaque année, après les pluies d'hiver ; mais l'installation actuelle est insuffisante pour permettre de le maintenir à sec durant les chaleurs de l'été. Quelques jours après l'arrêt des pompes, motivée par ce fait qu'à partir du commencement de juin le débit du Tagnone devient trop faible pour permettre la mise en marche de la turbine, les infiltrations du Tavignano et de la mer font relever le plan d'eau dans les canaux jusqu'à la cote (— 0^m,25) environ, et il se maintient durant tout l'été aux environs de cette cote. Enfin l'étang étant dépourvu de canal de ceinture, les eaux des coteaux voisins viennent à chaque averse se répandre dans cette cuvette. Aussi cet étang reste-t-il pendant tout l'été couvert de flaques d'eau saumâtre dans laquelle pourrissent de grandes masses de débris organiques, et l'on sait que ce sont là les conditions qui caractérisent les foyers d'impaludisme les plus dangereux.

Le seul procédé possible d'assainissement efficace consiste dans le comblement jusqu'à la cote (+ 0^m,80), ci-dessus indiquée. Il n'est pas nécessaire de dépasser cette cote pour chercher à faciliter le plus possible l'écoulement des canaux de surface, attendu que les eaux d'inondation ne pourront submerger le sol que tout à fait exceptionnellement durant quelques jours d'hiver, ce qui ne présentera aucun inconvénient sérieux pour les cultures et surtout pour les prairies permanentes, dont la création paraît tout particulièrement indiquée à Ziglione.

Mais du tableau ci-dessous, qui donne les cubes des remblais compris entre les différentes courbes de niveau de — 0^m,50 et + 0^m,80, il résulte que le cube total à apporter est, en chiffres ronds, de 320.000 mètres cubes pour une surface de 43 hectares au niveau du comblement.

DÉSIGNATION des COURBES DE NIVEAU	SURFACES			CUBES CORRESPONDANT
	h.	a.	c.	mètres cubes
De — 0,50 à — 0,40	5	82	40	2.912
De — 0,40 à 0,00	20	09	60	51.840
De 0,00 à + 0,40	34	25	60	110.704
De + 0,40 à + 0,80	42	97	60	154.504
Total des remblais.				319.960

Si l'on ne pouvait effectuer les terrassements nécessaires que par les procédés ordinaires, la fouille à la pioche dans les coteaux voisins et la décharge par voies portatives (à une distance moyenne de 250 mètres) ne reviendraient pas à moins de 0 fr. 65 le mètre cube, et la dépense s'élèverait à plus de 5.000 francs par hectare. Mais il est possible d'avoir recours ici à des moyens bien moins onéreux. En effet, l'étang de Ziglione est voisin, comme on l'a déjà dit, de l'ancien pénitencier de Casabianda, aujourd'hui domaine de l'État. Ce domaine est desservi par un canal d'irrigation dont on a songé à utiliser les eaux comme véhicule des déblais pour faire avec elles du colmatage artificiel. Quant aux fouilles, elles pourraient être faites à la charrue, avec les appareils de labourage à vapeur que possède le domaine ; les terrains qui forment les coteaux situés entre le canal d'irrigation et l'étang se prêtent par leur nature friable à l'emploi de ces procédés ; on trouve notamment au nord de Ziglione des terrains entièrement sablonneux sur plusieurs mètres d'épaisseur, offrant des pentes régulières jusqu'au canal et susceptibles, après ameublissement d'être facilement attaqués et entraînés par les eaux.

L'étude d'un projet de colmatage de l'étang de Ziglione par le procédé dont on vient d'indiquer le principe a été faite par M. Delpit, ingénieur des Ponts et Chaussées, à Bastia. En vue de s'assurer de la possibilité pratique de délayer et de transporter facilement les terres des coteaux environnants, cet ingénieur a fait procéder à des essais sur une bande de terrain de 200 mètres de longueur environ et de 3 centimètres de pente, qui a été défoncée avec une charrue actionnée par une locomobile Fowler. Les eaux étaient maintenues sur le labour dans des chenaux de 2 à 3 mètres de largeur. Cet essai sommaire, exécuté avec une installation incomplète sans appareil de retour de la charrue et avec un volume d'eau restreint, sur un terrain de nature peu favorable, a permis néanmoins d'enlever 1.200 mètres cubes environ avec une dépense de 180 francs ; les eaux étaient chargées, à la sortie du labour, de 10 0/0 en poids de matières solides sèches pour les couches supérieures, les plus limoneuses, et de 5 0/0 lorsqu'on travaillait dans le sous-sol. Le dépôt des sables n'a commencé qu'à 300 mètres de l'emplacement de l'essai ; une partie de ces sables et toute l'argile ont été entraînés jusqu'à l'étang de Ziglione. Tant que la vitesse est restée supérieure à $1^m,20$, il ne s'est pas produit de dépôts ; il est facile de construire un canal de transport dans lequel cette vitesse soit assurée. On peut espérer, d'autre part, que dans des terrains plus favorables que ceux de l'essai et avec des moyens plus perfectionnés de mise en suspension, on arrivera à charger l'eau à 6 0/0 environ en poids. Pour un débit d'eau de 400 litres à la seconde, on obtiendrait donc, par journée de dix heures,

$$24 \times 10 \times 3.600 = 864 \text{ tonnes}$$

de remblais, soit environ 600 mètres cubes.

Le projet étudié par M. Delpit, et qui a été approuvé en principe par l'Administration supérieure, comporte l'installation, à 1.500 mètres environ de distance de l'étang, d'un chantier de délayage de terrains compris entre les courbes de niveau (+ 12 mètres) et (+ 6 mètres), en pente moyenne de $0^m,03$, composés de sables fins avec menus débris coquillers, permettant d'obtenir un sol très propre à la culture. Au droit de ces terrains, le canal d'arrosage ne débite, dans son état actuel, qu'un volume maximum de 350 litres par seconde, insuffisant pour assurer dans de bonnes conditions l'entraînement des terres désagrégées par les labours ; mais on pourra porter sans trop de difficultés le débit à 500 litres, moyennant quelques travaux d'élargissement dans la partie haute du canal. Une vanne de prise, établie au travers de ce dernier et ayant son seuil à la cote (+ 13 mètres), dérivera les eaux dans un canal d'amenée qui contournera toute la partie la plus élevée du terrain à déblayer. Le canal d'amenée, d'une longueur de 1.094 mètres, aura une largeur au plafond de 2 mètres et une profondeur moyenne de 0^m,65 ; un débit de 500 litres y occupera une hauteur de 0^m,40, et la vitesse ne dépassera pas 0^m,50. La pente moyenne sera de 0^m,0005 par mètre et deux chutes perreyées sont prévues vers l'origine où l'on ne pourrait suivre la pente naturelle du terrain sans danger de corrosion.

Les eaux chargées de terre seront véhiculées jusqu'aux parties basses à combler, par un canal de transport qui embrassera par deux branches la base des terrains à déblayer ; ces deux branches se réuniront à leur point le plus bas pour former un canal unique, lequel se dirigera vers l'extrémité d'un mamelon s'avançant vers le milieu de l'étang de Ziglione (*fig.* 159).

Avec une pente longitudinale de 0^m,025 par mètre, la vitesse moyenne dans ce canal atteindra 1^m,43 pour un débit de 500 litres et ne descendra pas au-dessous de 1^m,20, lorsque le débit du canal viendra à tomber à un minimum de 200 litres, avec lequel on aura à travailler au commencement de la saison sèche. Or on a constaté souvent, en Corse, à l'embouchure des rivières, que les sables qui commencent à cheminer sur le fond avec une vitesse de 0^m,30 se mettent en mouvement en grand et sont maintenus en suspension lorsque la vitesse dépasse 1 mètre.

Le canal sera donc tracé avec une pente constante de 0^m,025 ; à l'extrémité aval, son plafond sera tenu à la cote (+ 1^m,50), afin de se réserver une marge suffisante pour assurer la distribution des sables dans l'étang, suivant les dispositions qui seront exposées plus loin. Au pied du chantier d'emprunt, il sera tenu en tranchée de 1^m,50 à 1^m,80, de manière à permettre le déblaiement d'une tranche de 1^m,50 d'épaisseur à la base des planches.

Le canal de transport sera entièrement revêtu avec des briques provenant de démolitions de bâtiments en ruines du voisinage. Le profil en travers type courant en déblai comportera une largeur au plafond de 0^m,40, des talus inclinés à 1/2 et une hauteur de 0^m,60; le radier sera formé par des briques de champ de 0^m,11 d'épaisseur, et les parois seront revêtues de briques à plat de 0^m,11. Dans les parties en remblai, les parois seront verticales et appuyées par des remblais rapportés; la largeur au plafond sera de 0^m,50, et la hauteur de 0^m,65.

L'eau amenée par ce canal sera répartie sur des planches

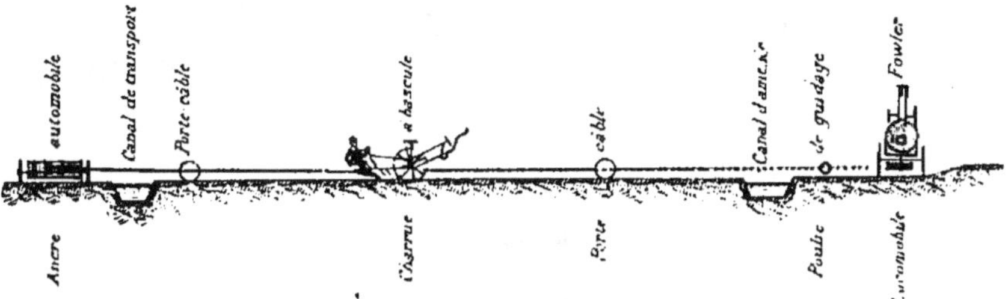

Fig. 160. — Plan schématique du chantier de comblement.

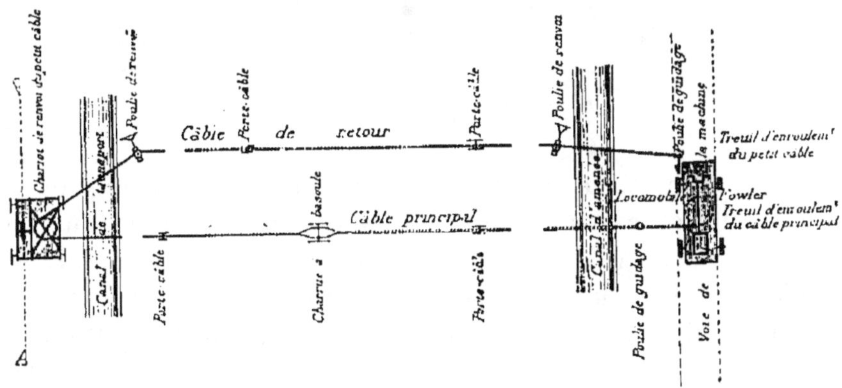

Fig. 161. — Élévation.

de 2^m,50 à 3 mètres de largeur, préalablement préparées par un labour profond; la division des terres et leur mise en suspension seront obtenues par le passage continu dans le courant d'une forte herse tirée par une locomobile (*fig.* 160 et 161). Les essais auxquels il a été procédé ont montré qu'il était assez facile de maintenir les eaux dans des planches de 2^m,50 à 3 mètres, dirigées suivant les lignes de plus grande pente; on s'aide au besoin de petits bourrelets tracés à la charrue; le passage de la herse assure l'égalisation du plafond ; dès que celui-ci est affouillé sur une vingtaine de centimètres, on jette l'eau sur la planche suivante où elle s'engage dans les sillons de la charrue ; on pourra ainsi procéder par enlèvement de tranches successives sur des bandes de 50 à 60 mètres de largeur, séparées par des cordons que l'on fera ensuite disparaître à la pelle.

L'eau coule sur chaque planche en tranche de 0^m,10 à 0^m,20 d'épaisseur, et l'expérience montre qu'elle prend, sur des pentes de 0^m,03, une vitesse minima de 0^m,90, très suffisante pour l'entraînement des matières solides.

Le labour de défoncement du terrain sera effectué par

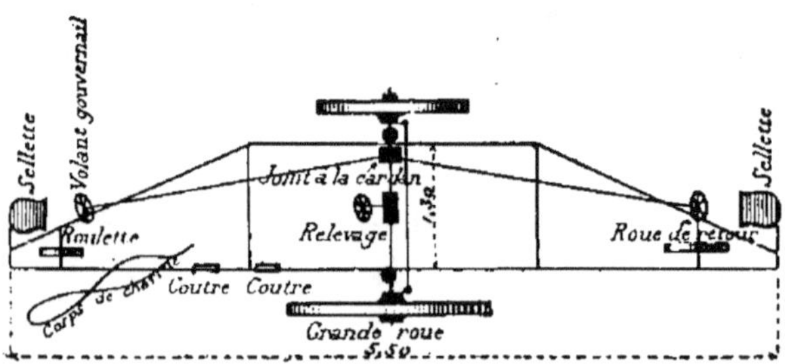

Fig. 162. — Plan de la charrue à bascule.

une charrue tirée par une locomobile Fowler, qui provient du matériel existant dans l'ancien pénitencier, et qui sera combinée avec des treuils à simple effet, de manière à labourer dans un seul sens, le retour se faisant à vide. La commande du câble de retour sera faite par un treuil auxiliaire greffé sur la locomobile et par un chariot de renvoi. Cette dernière sera placée au sommet du labour, au-dessous du canal d'amenée, et le chariot sera placé au-delà du canal de transport ; les câbles seront guidés par des poulies de renvoi ; ils seront soutenus par des porte-câbles.

On emploiera une charrue et une herse construites spécialement pour le travail de comblement (*fig.* 162 à 165). La charrue sera du système dit à bascule, d'un usage courant dans les travaux de défrichement. Comme on ne labourera que dans un seul sens, elle comportera un seul corps de défoncement robuste et puissant précédé de deux coutres coupant la terre à des hauteurs différentes, ce qui diminuera la

résistance et facilitera la direction. Celle-ci sera donnée par
un ouvrier assis sur un siège placé sur le côté du bâti formant
le cadre ; il tiendra un volant-gouvernail, relié à une tige
agissant par un joint à la cardan sur un arbre portant une
vis sans fin qui transmet le mouvement à un secteur denté
calé sur les montants dans lesquels glissent les essieux des

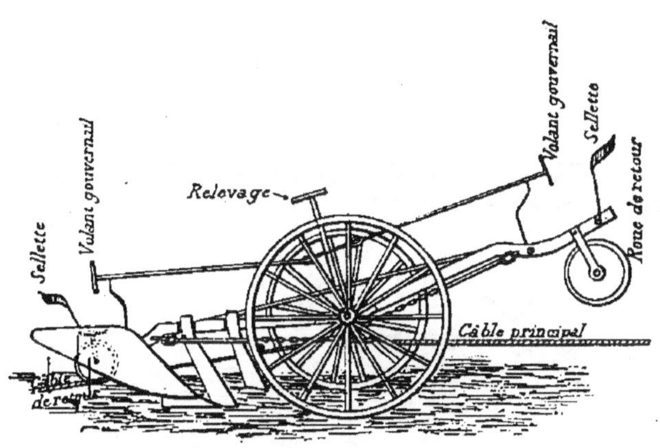

Fig. 163. — Élévation de la charrue à bascule.

roues. Ces dernières sont d'inégale grandeur : l'une circule
au fond de la raie, l'autre sur le guéret.

La profondeur du labour sera réglée : 1° par un appareil
de relevage commandant les essieux des roues dont le moyeu
peut glisser entre des montants formant coulisses ; 2° par
une roulette à essieu relevable, placée en arrière du versoir.

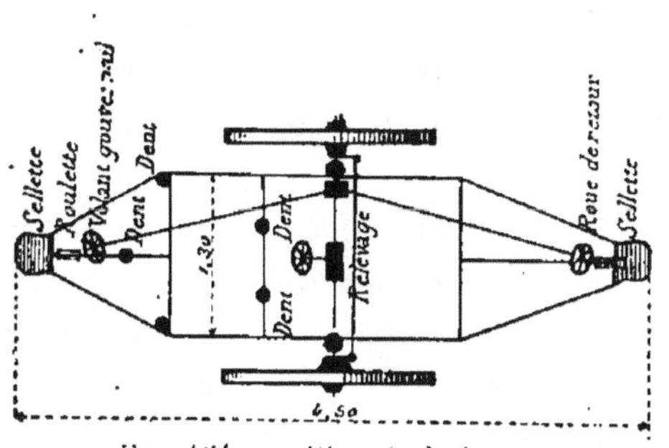

Fig. 164. — Plan de la herse.

Pour le retour à vide, le bâti porte-charrue est
soulevé, et l'appareil s'appuie sur une troisième roue fixée
sur le bâti opposé.

La charrue donnera des mottes de fortes dimensions,
dont le délayage ne peut être facilement obtenu qu'après
leur division par un autre outil. La destruction de leur cohé-

sion par l'action exclusive du courant demanderait un temps
considérable, l'eau n'exerçant qu'une faible pression sur la
surface des mottes. Pour maintenir les eaux constamment
saturées, il est indispensable d'aider leur travail en divisant
mécaniquement les mottes et en remuant les terres aussi
fréquemment que possible. Dans ce but, on pourrait attaquer
le labour avec des jets d'eau sous pression, refoulée dans

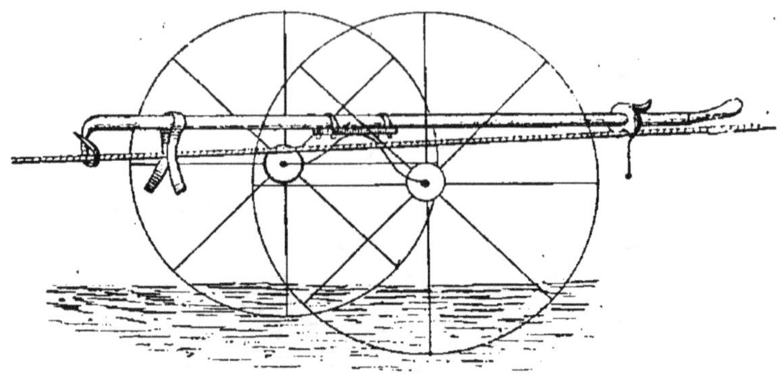

Fig. 165. — Porte-câble.

une conduite flexible, par une pompe actionnée par la locomobile. Mais, ce procédé n'ayant pas encore été expérimenté,
on se propose simplement de faire circuler sur le labour une
herse qui sera tirée, dirigée et retournée à vide par les mêmes
moyens que la charrue, dont elle ne différera que par la
substitution d'un système de fortes dents au corps de défoncement.

Les matières transportées se composeront, en moyenne,
de 85 à 90 0/0 de sable et 15 à 10 0/0 d'argile. Le sable
commencera à se déposer aussitôt que les eaux s'épanoui-
ront à la sortie du canal de transport et se répandra en
talus; il est donc nécessaire, pour égaliser la surface du
comblement, que le canal puisse être prolongé dans différentes directions à travers l'étang pour jeter le courant en
divers points de la cuvette à remblayer.

Dans ce but, de l'extrémité du canal de transport partiront
deux digues traversant la cuvette centrale; elles seront en
terre et auront la même pente que le canal. Elles supporte-

ront une gargouille en planches munie de vannettes pour la
distribution des eaux le long de chaque levée. On pourra
jeter ainsi le courant à moins de 200 mètres des points les
plus éloignés de la poche centrale. A la partie moyenne des
digues, le niveau des eaux atteindra environ la cote $(+ 1^m,50)$;
il restera $0^m,75$ de revanche sur le niveau du comblement,
soit une pente moyenne de 3 millimètres sur la distance la
plus longue, ce qui est suffisant. Les anses qui s'allongent à
l'ouest et au nord de l'étang seront remplies directement
par des rigoles détachées du canal de transport ; ces anses
sont naturellement partagées en compartiments par des
chaussées dans lesquelles on aménagera des déversoirs. Une
vanne d'arrêt et un déversoir seront établis en tête de la
galerie d'évacuation, vers le Tavignano.

Les eaux claires seront évacuées par cette galerie et par le
canal qui la réunit au Tavignano.

Enfin il restera à labourer la surface et à l'ensemencer.
Le marais pourra alors être transformé en une prairie
d'excellente qualité en mélangeant par un défoncement un
peu profond les remblais au sol actuel, exceptionnellement
riche en matières organiques et en humus.

On estime que les travaux pourraient être exécutés en
quatre ans. On ne prendrait, en général, l'eau que de jour,
tandis que, la nuit, on l'utiliserait aux arrosages et au service
de l'alimentation, et chaque campagne durerait du 15 octobre
au 1er mai ; quant au débit disponible, il varierait de 200 litres
en octobre à 500 litres de janvier à avril, et serait en moyenne
de 400 litres, ce qui suffirait au transport de 600 mètres
cubes par journée de travail de dix heures.

La dépense nécessaire serait d'environ 70.000 francs, soit
seulement 0 fr. 228 par mètre cube. On aurait pu exécuter le
travail en deux ans par les procédés ordinaires ; mais la
dépense se serait alors élevée à 500.000 francs. On voit
quelle énorme économie procure ici l'emploi du transport
des terres par l'eau.

43. Grands travaux de colmatage italiens. — Ainsi que
cela a déjà été dit, c'est principalement en Italie que se
sont effectuées et se poursuivent les opérations de colmatage

les plus importantes. Aussi paraît-il utile de donner quelques renseignements au sujet de deux de ces entre prises, actuellement en cours, et qui ont donné déjà des résultats absolument remarquables.

a) *Colmatage des rives de l'Idice et de la Quaderna.* — L'Idice et la Quaderna sont des affluents du Reno, bras du Pô, lequel se jette dans la mer Adriatique au nord de Ravenne. Anciennement toute la côte de cette mer entre l'embouchure de l'Adige, au nord, et la ville de Ravenne, au sud, était couverte de lagunes et de marais. Le Pô et le Reno, quoique endigués, ayant un débit énorme en grandes eaux, rompaient leurs digues à chaque crue et se frayaient de nouveaux lits. Lors des grandes pluies, toute la surface comprise entre les deux fleuves ne formait qu'un vaste lac dans lequel venaient déboucher les eaux de leurs nombreux affluents. Pendant l'été, la plaine se transformait en un marais infect. La surface submergée lors des inondations croissant de plus en plus, on prit le parti, vers 1767, de fixer le cours des principales rivières. Le Po di Primaro et le Reno furent enfermés entre des digues puissantes, et l'on endigua également la partie inférieure des principaux affluents de ce dernier, tels que l'Idice, la Quaderna et le Sillaro. Mais, malgré les dépenses énormes que nécessitèrent les travaux d'endiguement, on n'arriva à aucun résultat satisfaisant. En effet, la quantité de matières limoneuses charriées par les eaux était telle que, dans les parties endiguées, le fond s'exhaussa rapidement et que les digues furent surmontées en hautes eaux, au grand détriment des terres riveraines dont le niveau se trouvait de plus en plus en contre-bas du lit des cours d'eau. C'est là l'inconvénient ordinaire des digues insubmersibles.

En 1813, on prit le parti de faire servir le limon au colmatage des terres submersibles riveraines de ces cours d'eau. On partagea l'étendue totale en quatre grands bassins de colmatage (*fig.* 166) et l'on commença l'opération par les bassins de l'Idice et de la Quaderna dont l'étendue submersible est de 6.136 hectares.

La surface du bassin versant de l'Idice est de 41.390 hectares; celle du bassin de la Quaderna, de 16.990 hectares; la hauteur moyenne de pluie annuelle est de 687 millimètres. Des jaugeages poursuivis pendant plusieurs années ont montré que les quantités d'eau moyennes annuelles débitées par ces deux rivières sont respectivement de 356.534.000 mètres cubes et 102.871.000 mètres cubes, soit au total le volume considérable de 459.405.000 mètres cubes.

Toutefois une certaine partie se perd par infiltration à

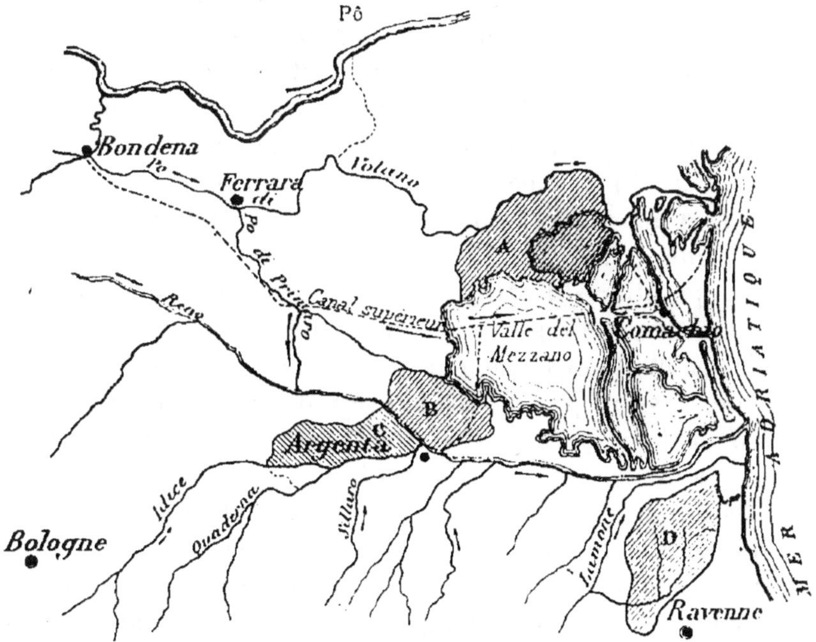

Fig. 166. — Colmatages de la vallée du Pô.

Canaux de colmatage.
Surfaces colmatées :
A. Volta et Gallare.
B. Argenta et Filo.
C. Idice et Quaderna.
D. Lamone.

travers les digues et écluses; en outre, l'opération ne s'effectue chaque année que pendant l'hiver (du 1er novembre au 31 mars); dans ces conditions, on a prévu pour le volume utilisable les 75/100 du débit total, soit 355.000.000 mètres cubes. D'un autre côté, il faut prévoir qu'une certaine quantité de limon sera entraînée avec l'eau avant d'avoir pu se déposer, et l'on a compté de ce chef une perte possible de 25 à 30 0/0. Comme cette eau contient en moyenne 0,0068 partie de limon, on en a conclu qu'on pourrait disposer d'un dépôt annuel de 1.550.000 à 1.800.000 mètres cubes de limon pour le colmatage du terrain. Ces prévisions ont été très sensiblement réalisées ; l'exhaussement annuel de ce terrain est, en moyenne, de $0^m,03$, ce qui, pour une surface de 6.136 hectares, correspond bien au volume de limon prévu.

Pour l'exécution du travail, on a commencé par entourer la surface à combler d'une épaisse digue en terre ayant 46 kilomètres de développement et percée de six ouvertures fermées par des écluses pour permettre l'introduction des eaux troubles de l'Idice, de la Quaderna et du Sillaro, et l'évacuation des eaux clarifiées dans le Reno. La hauteur de la digue varie de 3 mètres à $10^m,40$; elle est en moyenne de 6 mètres.

L'opération du colmatage a été commencée, vers 1814, par la rive gauche de l'Idice, vers l'amont ; en ce point, le cours d'eau n'était bordé que par une digue submersible ; les eaux de crues passant par-dessus la crête de cette dernière se répandaient dans toute la surface à colmater et remplissaient les divers enclos d'une tranche d'eau de $1^m,80$ de hauteur ; grâce à la pente naturelle du terrain, l'eau clarifiée s'écoulait par les écluses du Reno. On conçoit que, dans ces conditions, le colmatage ne se produisait pas régulièrement, la plus grande quantité des limons se déposant vers la partie amont. On dut, pour régulariser la distribution des limons, creuser tout un réseau de canaux de distribution.

Actuellement les 6.136 hectares à colmater, quoique divisés en enclos par des digues, forment un vaste terrain, envahi dans toutes ses parties par les eaux, soit qu'elles passent par déversement sur la crête de la digue de l'Idice, soit qu'elles soient véhiculées par les canaux dérivés de l'Idice ou de la Quaderna. Les eaux de colature sont conduites au Reno par un réseau de rigoles d'évacuation ; celles-ci sont fermées à leur débouché par des écluses qui permettent de régler la vitesse d'écoulement et le niveau de l'eau dans les bassins de colmatage et, de plus, s'opposent à l'envahissement des eaux du Reno en cas de crues du fleuve ;

pendant ces crues, il est donc impossible de vider les bassins de colmatage.

Le réseau des canaux de distribution qui, à l'exception d'un seul, sont tous situés sur la rive gauche de l'Idice, a un développement de 49 kilomètres. Les canaux de desséchement ont une longueur de 14 kilomètres et déversent leurs eaux en partie dans le Reno et en partie dans le Sillaro inférieur.

La plus importante des écluses d'évacuation, celle des Due Luci (Deux Ouvertures), comporte deux ouvertures ayant chacune 3 mètres de largeur et 5^m,30 de hauteur, obturées par **des vannes** en bois manœuvrées à l'aide de vis.

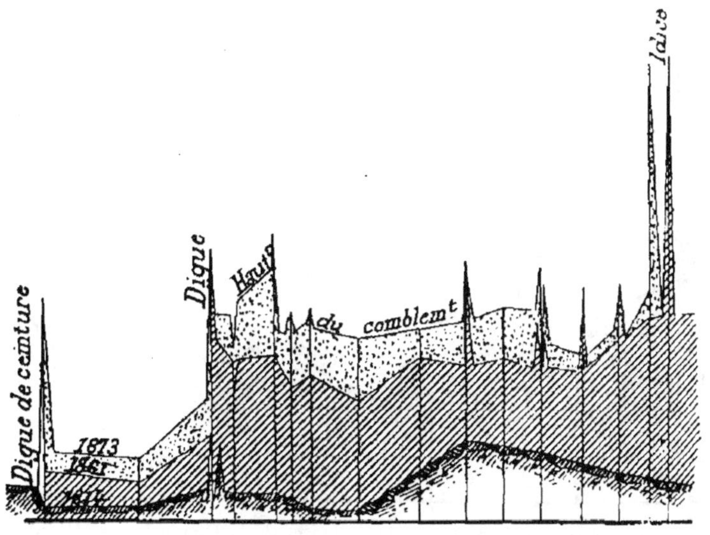

Fig. 167. — Colmatages de l'Idice et de la Quaderna. — Profil I.

Ainsi que cela a été dit plus haut, le colmatage est commencé depuis quatre-vingt-six ans; il ne sera pas terminé avant une quarantaine d'années. Le cube de limon déposé a déjà atteint plus de 200 millions de mètres cubes et le terrain a été exhaussé de 2^m,50. A deux reprises, en 1861 et en 1873, on a relevé deux profils en travers du terrain colmaté; on a reproduit ces profils (*fig.* 167 et 168).

Au fur et à mesure de l'avancement des travaux, on est

obligé d'ouvrir de nouveaux canaux de distribution et de
renforcer la digue de ceinture, ainsi que les digues de l'Idice
et de la Quaderna.

Les travaux sont exécutés par l'État, qui supporte la moitié
des dépenses ; le reste est réparti également entre la province
de Ravenne et les propriétaires intéressés. Ces derniers exécutent à leurs frais les digues et canaux nécessaires à l'introduction des eaux troubles dans leurs propriétés et à l'évacuation des eaux clarifiées. Ils peuvent également élever les
digues nécessaires pour mettre leurs terrains à l'abri des

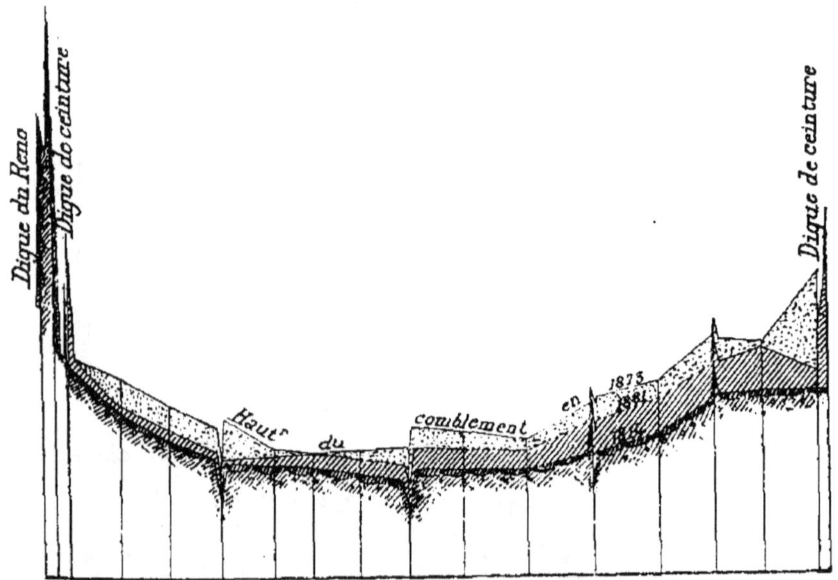

Fig. 168. — Colmatages de l'Idice et de la Quaderna. — Profil II.

crues estivales subites de l'Idice et de la Quaderna, à la condition, toutefois, que ces digues soient à une distance de 3^m,80
au moins de la digue de ceinture la plus rapprochée et que
leur couronnement soit à 0^m,95 au moins en contre-bas du
couronnement de cette dernière. De plus, l'État se réserve le
droit d'ouvrir à travers les digues des particuliers les ouvertures nécessaires à la distribution des eaux troubles, pendant
la période du 1er novembre au 31 mars ; pendant le reste de
l'année, les particuliers sont autorisés à fermer les brèches
ainsi ouvertes.

Actuellement tous les cours d'eau dont les divagations transformaient autrefois la région en marais sont endigués d'une manière définitive. Le colmatage a non seulement mis les terres riveraines à l'abri des inondations, mais encore il leur a apporté la fertilité. D'ailleurs, même pendant la durée de l'opération du colmatage, il est possible de poursuivre l'exploitation agricole des terres. Le colmatage s'opère pendant l'hiver seulement; pendant toute la période active de la végétation, ce travail est suspendu, ce qui permet de procéder aux ensemencements et aux récoltes.

Le terrain colmaté est particulièrement propice à la culture du chanvre; on y pratique aussi la culture du riz, laquelle se fait dans des conditions très favorables; les semailles se font dès la cessation des colmatages, et la couche d'alluvions est encore assez molle pour qu'on y jette la graine, sans qu'il soit nécessaire de recourir au labourage; les mauvaises herbes, ordinairement si abondantes dans les rizières, font ici presque complètement défaut, la couche d'alluvions qui se renouvelle chaque année s'opposant à leur croissance.

Sur les 6.136 hectares qui composent la surface à améliorer, il y a actuellement 1.500 hectares de rizières permanentes, et plus de 1.000 hectares sont cultivés partie en prairies et partie en chanvre.

Les dépenses nécessaires, tant pour les travaux de rectification et d'endiguement des divers cours d'eau que pour ceux du colmatage proprement dit, ont été très élevées. Néanmoins, d'après l'ingénieur en chef Manara, le prix du mètre cube de dépôt n'aurait atteint que 0 fr. 0175, et le mètre carré de surface colmatée 0 fr. 0425.

b) Maremmes de la Toscane. — On désigne sous le nom de Maremmes de la Toscane une vaste zone de terres, de plus de 190.000 hectares de superficie, qui s'étendent entre le rivage de la Méditerranée et les derniers contreforts des Apennins, depuis les environs de la ville de Livourne jusqu'à ceux de Civita-Vecchia. De place en place le sol était recouvert de marais dont la surface totale atteignait près de 15.000 hectares; leur influence délétère était telle que toute la région des Maremmes était inhabitable pendant la période des chaleurs.

La distance entre les embouchures des ruisseaux de Chiarone et de Rimigliano, qui limitent la région au nord et au sud, est de 72 kilomètres, et, dans cet intervalle, se succèdent alternativement des plages basses et des collines, ramifications des contreforts des Apennins. Le rivage, sur ce parcours, présente la forme de quatre anses bien prononcées, séparées par trois caps, dont la formation est due aux alluvions de fleuves, qui sont la Cornia et la Pecora pour le premier, la Bruna et la Sovata pour le second, et l'Osa et l'Albegna pour le troisième. Ces cours d'eau, qui ont un caractère torrentiel nettement accentué, coulent sur des terrains imperméables, dans un lit ouvert à travers leurs propres alluvions et transportent à la mer des quantités énormes de limons, que les courants littoraux rejettent sur la plage, en même temps que les matières que les flots ramènent du fond de la mer. Les sables une fois séchés, les vents les soulèvent et les accumulent en dunes; les vagues, passant par-dessus ce cordon littoral et glissant sur le plan incliné intérieur, forment en arrière des nappes d'eaux salées stagnantes dont le fond se relève peu à peu grâce aux apports et finit par émerger par places. Telle est l'origine de ces bassins plus ou moins étendus, qui forment des lacs tant que les eaux y conservent une certaine profondeur et qui, par suite de l'évaporation et de leur comblement progressif, se transforment peu à peu en lagunes ou marais.

De leur côté, les fleuves dont l'écoulement à la mer est plus ou moins gêné par la chaîne des dunes, et dont le lit naturel est insuffisant pour écouler sans débordement les eaux de crue, submergent en hautes eaux les plaines environnantes, s'accumulent dans les dépressions naturelles du sol et donnent naissance à des étangs d'eaux douces, dont le fond se relève peu à peu, par suite des dépôts de limons ; ces eaux douces pénètrent aussi dans les étangs salés et finissent par en diminuer suffisamment la salure pour favoriser le développement d'une végétation palustre.

L'insalubrité des Maremmes de la Toscane a été attribuée en premier lieu à ce mélange des eaux douces et salées. Elle est due aussi, en partie, à ce que les eaux stagnantes renferment de grandes quantités de matières animales ou végétales en décomposition, qui contribuent à infecter l'eau.

On doit encore signaler le fait que les substances minérales salines contenues dans l'eau de la mer, par suite des réactions chimiques, donnent parfois naissance à des gaz nocifs, tels que hydrogène sulfuré ou carburé, oxyde de carbone, etc. C'est à l'ensemble de ces diverses causes qu'est due l'insalubrité de la région.

Les travaux d'amélioration ont consisté non seulement à faire disparaître les foyers d'infection paludéenne, mais encore à supprimer les causes auxquelles était due la formation de ces foyers, et qui ont été énumérées. Ces travaux se partagent en trois classes, savoir :

1° Élargissement et endiguement des cours d'eau pour empêcher la divagation des eaux de crues;

2° Séparation absolue des eaux douces et des eaux salées ;

3° Suppression des lacs et marais par colmatage et exceptionnellement par desséchement mécanique.

Quelques renseignements seront donnés successivement sur chacune de ces trois classes de travaux.

Pour fixer la position et les dimensions à donner aux digues, il a fallu tout d'abord déterminer le volume d'eau maximum à écouler pendant les plus fortes crues; la recherche de ce maximum a présenté de grandes difficultés, car, malgré l'existence de quelques tronçons de digues insuffisants, exécutés à diverses époques et sans plan d'ensemble, les eaux de crues rompaient ou surmontaient leurs lignes de défense et s'écoulaient en partie par ces brèches; de sorte que, sauf dans les rares points où toute l'eau occupait un bras unique, la détermination de la section mouillée était impossible. Les ingénieurs italiens ont suppléé à l'absence de données précises en employant une méthode basée sur les résultats des observations pluviométriques. Ils ont calculé le débit d'un cours d'eau en un point donné, par la formule suivante, dite de Possenti :

$$Q = \frac{ca}{s}\left(m + \frac{p}{3}\right). \qquad\qquad (1)$$

dans laquelle m représente la partie montagneuse de la surface du bassin versant en kilomètres carrés ;.

p, la partie en plaine de la même surface ;

a, la hauteur en mètres de la plus grande pluie tombée en vingt-quatre heures sur la région considérée ;

s, la longueur en kilomètres du cours d'eau depuis son origine ;

Et c, un coefficient qui augmente avec la nature torrentielle du fleuve et croît quand s diminue.

On a pu déterminer le coefficient c relatif au principal fleuve des Maremmes de la Toscane, l'Ombrone, de la manière suivante : Lors d'une des plus grandes crues connues, celle du 7 novembre 1864, on avait mesuré le débit au droit d'un pont de chemin de fer et trouvé $Q = 1.611^{m3},28$; en ce point, le courant était partagé en plusieurs bras ; ce chiffre était indubitablement trop faible. Mais, quelques années plus tard, on retrouva les traces de la crue, un peu en aval du pont, en un point où le fleuve coulait entre des rives insub-, mersibles ; là on avait :

$$\Omega = 1.212^{mq},713, \qquad \chi = 362^{m},71 \qquad \text{et } i = 0^{m},0003984 ;$$

on en tira $U = 1^{m},95$ et $Q = 2.559^{m3},79$. Cette valeur, au contraire de la première, est supérieure à la réalité, car la valeur de $1^{m},95$ s'appliquait aux filets liquides animés d'une grande vitesse, alors qu'en certains points de la section cette valeur était notablement moindre. On a pensé que le débit réel s'écartait peu de la moyenne de ces deux chiffres. Or ici, dans la formule (1), on a :

$$m = \frac{5}{6} \times 4.200 = 3.500 ; \quad p = \frac{1}{6} \times 4.200 = 700 \text{ et } s = 100.$$

Quant à la hauteur de pluie, l'orage qui a causé la crue de 1864 a donné une chute d'eau de $0^{m},06588$ à Sienne, chef-lieu de la province dans laquelle est compris le bassin de l'Ombrone ; par suite, on a pris $a = 0^{m},06588$. En donnant successivement à Q, dans cette formule, les deux valeurs ci-dessus, on a trouvé, pour valeurs correspondantes de c, 655 et 1.040 ; la moyenne est 847 ; et l'on a adopté la valeur de $c = 800$, à laquelle correspond un débit $Q = 1.966^{m3},44$.

Comme les autres cours d'eau à endiguer diffèrent peu de l'Ombrone, tant par le développement du parcours que par la nature torrentielle, on a admis pour tous la même valeur de c. On a pu établir le tableau suivant :

DÉSIGNATION des COURS D'EAU	SURFACE du bassin versant EN HECTARES	DÉBIT des plus GRANDES CRUES	CAPACITÉ du lit NATUREL	DÉFICIT dans LA CAPACITÉ
		mètres cubes	mètres cubes	mètres cubes
Cornia............	38.368	882,46	302,77	579,69
Pecora............	12.645	354,06	190,95	463,11
Allaciante........	8.450	236,60	136,96	99,64
Sovata............	12.941	362,35	136,57	225,78
Bruna............	24.907	697,40	496,22	201,18
Fossa............	11.176	312,93	280,18	32,75
Bruna et Fossa...	36.083	865,99	481,77	384,22
Bruna, Sovata et Fossa..........	49.024	980,48	330,27	650,21
Bruna, Sovata Fossa et Ampio	50.700	1.014,00	384,77	629,92
Ombrone.........	420.000	1.974,00	1.448,59	525,41
Osa.............	8.600	240,80	202,80	38,00
Albegna..........	66.977	1.272,94	500,00	772,94

Ce tableau montre combien les travaux d'endiguement étaient nécessaires pour empêcher l'incursion des eaux de crues à travers les Maremmes. Deux solutions du problème sont possibles : ou bien donner au lit définitif une largeur relativement faible avec des digues de grande hauteur, ou bien élargir le lit et diminuer la hauteur des digues. Le choix de la solution dépend de la nature des lieux, et les deux cas se sont présentés dans la pratique. Toutefois il est préférable de maintenir le couronnement des digues aussi peu surélevé que possible, par rapport aux terres riveraines, afin de réduire les dégâts en cas de rupture.

On s'efforce d'ailleurs de donner à ces digues des dimensions suffisantes pour leur permettre de résister à la pression des eaux, et on arrête leur couronnement à une altitude un peu supérieure à celle du plan d'eau des plus hautes crues connues. La revanche varie, en général, de 0^m,40 à

0^m,80, suivant l'importance des cours d'eau et la qualité des terres qui composent les digues.

Parmi les fleuves dont les crues produisaient les effets les plus dévastateurs, on peut citer la Bruna, dont le champ d'inondation avait près de 16.000 hectares d'étendue. On a dû à plusieurs reprises en renforcer les digues et, à la suite d'une crue du 29 novembre 1871, qui avait surmonté et rompu cette ligne de défense, on fut obligé de surélever

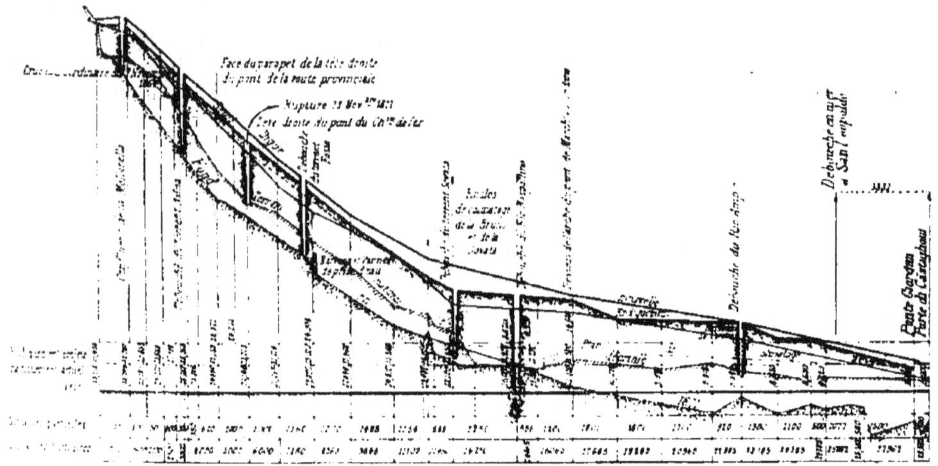

Fig. 169. — Profil en long de la Bruna.

la crête des digues existantes. La figure 169 représente le profil en long de la Bruna, avec indication de l'état des lignes de défense avant et après la crue de 1871.

Examinons maintenant la deuxième catégorie des travaux, ceux qui ont pour objectif la séparation des eaux douces et des eaux salées.

Cette séparation peut être obtenue de deux manières différentes, soit en avivant les étangs exclusivement en eaux de la mer, soit en empêchant ces dernières de pénétrer dans les dépressions du sol. Partout où l'on se trouvait en présence de véritables marais, c'est-à-dire de couches d'eau stagnantes d'une faible profondeur, c'est ce dernier système qui a prévalu. On a commencé par empêcher la mer d'y pénétrer en munissant tous les fossés d'écoulement de portes

qui s'ouvraient seulement en basse mer pour laisser passer
les eaux douces, puis on a procédé au desséchement. Les
portes ont été conservées après l'achèvement du desséchement, elles servent à l'évacuation des eaux pluviales et fonctionnent d'une manière analogue aux buses qui écoulent les
eaux de plusieurs petits fleuves côtiers de Normandie, à travers le cordon littoral de galets (§ 23).

Le système d'avivement au moyen des eaux de la mer a
été appliqué à l'étang d'Orbetello, de 2.780 hectares d'éten-

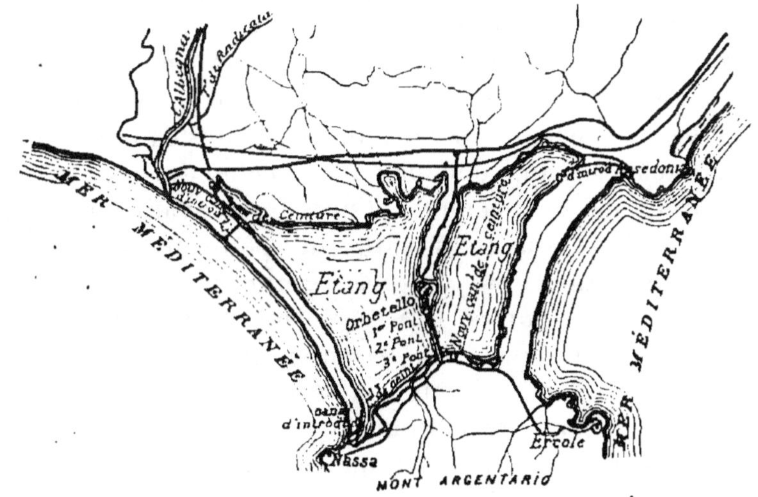

Fig. 170. — Plan de l'étang d'Orbetello.

due, lequel est aujourd'hui séparé de la mer par deux cordons littoraux de faible largeur, qui viennent se souder au
massif rocheux portant le nom de mont Argentario. L'étang
est séparé en deux parties, par une langue de terre qui porte
à son centre la ville d'Orbetello réunie au mont Argentario
par une digue artificielle (fig. 170). Avant le commencement des
travaux, l'étang ne communiquait avec la mer que par deux
étroits canaux, non munis de portes, ouverts dans l'intérêt de la
pêche et dont l'un débouchait non pas directement à la mer,
mais bien dans la partie aval du fleuve Albegna, qui coule à
proximité de l'étang. On conçoit que, suivant l'état relatif des
eaux de l'Albegna et du courant maritime, cet étang recevait
soit de l'eau douce, soit de l'eau salée. Toutefois c'est prin-

cipalement l'eau du bassin versant qui se déversait dans l'étang, et grâce aux matières solides qu'elles déposaient sur les bords, la surface de la nappe liquide diminuait de plus en plus, tandis que les espaces laissés à découvert devenaient des foyers d'impaludisme.

Pour remédier à un état de choses aussi défectueux, on a commencé par mettre le lac à l'abri des invasions des eaux de crue de l'Albegna, en établissant sur la rive droite de la partie inférieure du fleuve une puissante digue ayant 3 mètres d'épaisseur en couronne. Ensuite, on a mis le lac en communication directe avec la mer au moyen de trois canaux ouverts respectivement à l'Ansedonia, à Nassa et sur la rive gauche de l'Albegna près de son embouchure. De plus, on a empêché pour l'avenir les eaux pluviales d'arriver au lac; ces eaux sont recueillies par des canaux de ceinture (allaciante), qui débouchent directement à la mer; du côté du lac, ils sont flanqués d'une digue ayant 2 mètres en couronne et une hauteur suffisante pour ne pas être surmontée. Les canaux de ceinture, comme tous les émissaires, sont munis de portes qui se ferment automatiquement quand le niveau de la mer est supérieur au plan d'eau, et s'ouvrent d'elles-mêmes en cas contraire. Enfin on a jugé utile d'empêcher la formation, le long des bords du lac, de dépôts vaseux, qui auraient pu être nuisibles au point de vue hygiénique; dans ce but, il a paru utile de permettre aux ondes maritimes de se propager dans toutes les parties du lac, et l'on a pratiqué, à travers la digue qui réunit Orbetello au mont Argentario, trois ouvertures ayant ensemble 30 mètres de débouché, ce qui a paru suffisant, dans l'espèce, pour atteindre le but qu'on se proposait.

Les travaux de colmatage proprement dits ont porté sur trois groupes de marais, savoir ceux de Piombino, répartis sur une surface de 38.368 hectares, ceux de Scarlino, répartis sur une surface de 21.095 hectares, et ceux de Castiglioni della Pescaja, ou de Grosseto, répartis sur une surface de 487.370 hectares.

Les marais de Piombino, dont le fond se trouvait, en moyenne à $0^m,80$ au-dessus du niveau de la mer, couvraient une surface de 6.800 hectares; leur influence délétère se faisait sentir sur une étendue de 12.000 hectares. L'emplacement qu'ils occupaient a été partagé, par le lit actuel de la

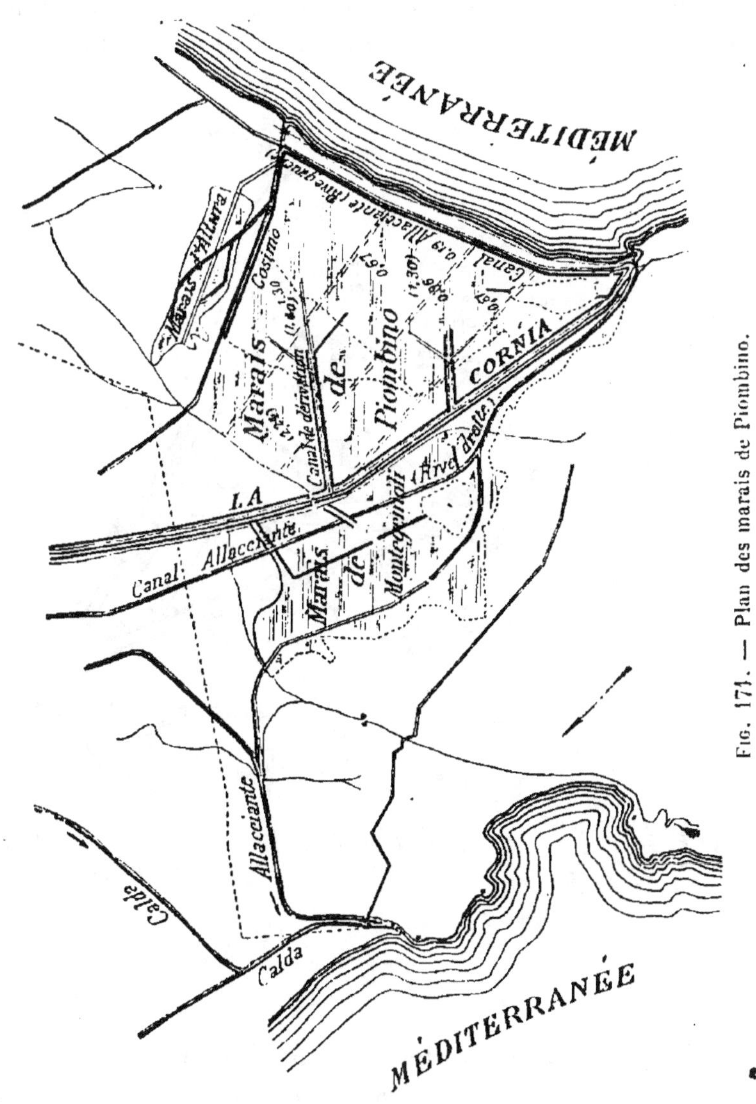

Fig. 171. — Plan des marais de Piombino.

Cornia, en deux parties inégales, les marais de Montegemoli s'étendant sur la rive gauche et ceux de Piombino, sur la rive droite, entre la Cornia et le ruisseau Cosimo (*fig.* 171).

Les travaux de colmatage ont été commencés vers le début

du siècle. Après avoir régularisé et endigué le cours inférieur de la Cornia, on utilisa d'abord les limons au colmatage des marais de Montegemoli, ce qui nécessita l'établissement d'un canal dérivant les eaux du fleuve un peu au-dessus
de son entrée dans la zone marécageuse. Puis deux autres
canaux dérivés du même cours, à l'aval du premier, véhicu-

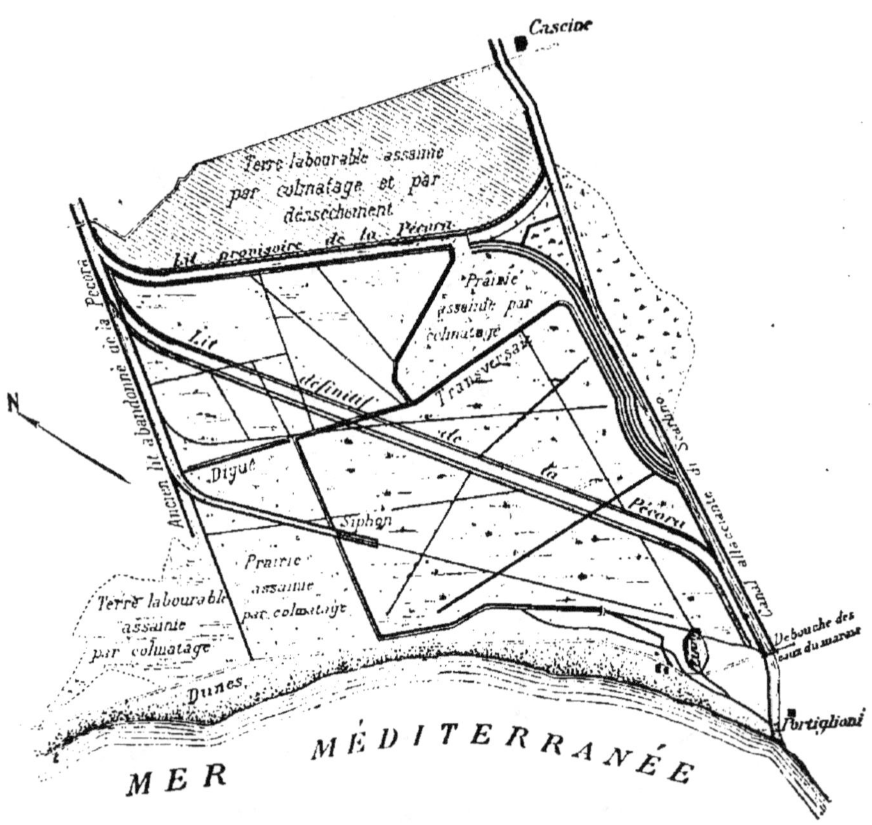

Fig. 172. — Plan des marais de Scarlino.

lèrent vers la rive droite les eaux limoneuses qui furent
utilisées au comblement des marais de Piombino. Ceux-ci
avaient été, au préalable, entourés d'une digue de ceinture,
sauf vers le nord-ouest où le terrain naturel rendait son
établissement inutile. En outre, pour recueillir les eaux clarifiées, il a été nécessaire d'établir, à l'extérieur de la digue

parallèle au rivage, un canal collecteur allant du ruisseau Cosimo à l'embouchure de la Cornia.

La hauteur moyenne de remblaiement a été de 1^m,37; le volume total de limon déposé a dépassé 10 millions de mètres cubes.

Les marais de Scarlino, situés sur la rive gauche de la Pecora, occupaient une surface de 836 hectares, formant un parallélogramme limité au nord par le fleuve et au sud par un cours d'eau artificiel, dit canal Allaciante di Scarlino (*fig.* 172); ils n'étaient séparés de la Méditerranée que par une étroite chaîne de dunes. Le sol était, en moyenne, à 1^m,40 au-dessus du niveau de la mer.

Avant le commencement des travaux, les eaux de la Pecora dont le lit non, endigué se surélevait de plus en plus au-dessus des terres environnantes par l'effet des dépôts d'alluvions, couvraient à chaque crue toute la surface comprise entre elle et un cours d'eau qui occupait l'emplacement où coule actuellement l'Allaciante. Vers 1827, on régularisa et enferma le cours de la Pecora entre deux lignes de digues insubmersibles, et la totalité du débit en fut dérivée et conduite dans la partie inférieure du marais par un canal de colmatage. Les eaux clarifiées étaient recueillies au point le plus bas, dans deux émissaires de fuite qui les évacuaient dans le canal Allaciante, au droit du pont de Portiglioni. En même temps, comme la formation des marais était due en partie à l'existence de plusieurs cours d'eau torrentiels descendant des Apennins et divaguant à travers la plaine avant de se jeter à la mer, on rectifia ces torrents, et leurs eaux furent conduites à la mer par le canal Allaciante, aménagé spécialement dans ce but. Ce canal, dont le niveau était inférieur à celui de la Pecora, servit en outre à recueillir toutes les eaux de colature des canaux de colmatage. La nature des lieux obligea à ne donner à l'Allaciante qu'une pente longitudinale très faible; dans ces conditions, en temps de tempêtes ou de coups de vent de l'ouest, les eaux de la mer pénétraient jusque dans les bassins de colmatage et déposaient sur le sol des sels nuisibles à la fertilité remarquable des limons de la Pecora; on empêcha cette accession des eaux saumâtres en établissant, en avant de Portiglioni, un pont éclusé à trois ouvertures munies de portes en bois tournant autour d'un axe vertical et qui se ferment automatiquement en temps de hautes eaux.

En 1865, on procéda au comblement de la partie Est du marais. Dans ce but, après avoir élevé une digue transversale à la limite de la partie déjà colmatée, on creusa à la Pecora un nouveau lit presque perpendiculaire à son ancienne direction dominant le terrain à assainir et rejoignant le canal Allaciante. Les eaux clarifiées ont été conduites dans ce dernier par un fossé d'écoulement.

Enfin, après l'achèvement du comblement, on a donné à la Pecora un lit définitif traversant diagonalement l'ancien marais desséché et rejoignant le canal Allaciante en amont du pont de Portiglioni.

La couche de limons déposée a atteint une épaisseur moyenne de 0^m,97, ce qui a nécessité l'emploi d'un volume de 4.700.000 mètres cubes environ.

Les plus importants travaux d'assainissement exécutés dans les Maremmes de la Toscane sont ceux qui ont eu pour but le colmatage des marais de Castiglioni della Pescaja, d'une étendue de 10.557 hectares et situés à proximité de la ville de Grosseto. Ces marais, s'étendant des Apennins à la mer, sont limités au nord et au sud par deux cours d'eau importants, la Bruna et l'Ombrone (*fig.* 173).

La Bruna, dont le bassin versant est de 49.000 hectares environ, a un débit par seconde qui varie de 330 mètres cubes en eaux moyennes à 1.014 mètres cubes en crues. Elle reçoit de nombreux affluents dont le plus important, la Sovata, qui recueille les eaux d'un bassin de 13.000 hectares, débite 360 mètres cubes en grandes eaux. Quant à l'Ombrone, dont le bassin versant mesure 420.000 hectares, il débite par seconde 1.449 mètres cubes en eaux moyennes et 1.974 mètres cubes en grandes eaux. C'est donc un véritable fleuve, et son importance au point de vue du colmatage est prépondérante, non seulement parce que, par suite du relèvement progressif de son lit sous l'influence des dépôts d'alluvions, il domine actuellement tout le marais, de sorte que ses eaux troubles, après avoir été utilisées au colmatage, sont ensuite évacuées naturellement par la Bruna, mais encore à cause des énormes

quantités de limon qu'il charrie. En grandes crues, ses eaux,
pour ainsi dire saturées d'un limon brun, roulent lentement
entre ses digues et prennent l'aspect d'une bouillie liquide;

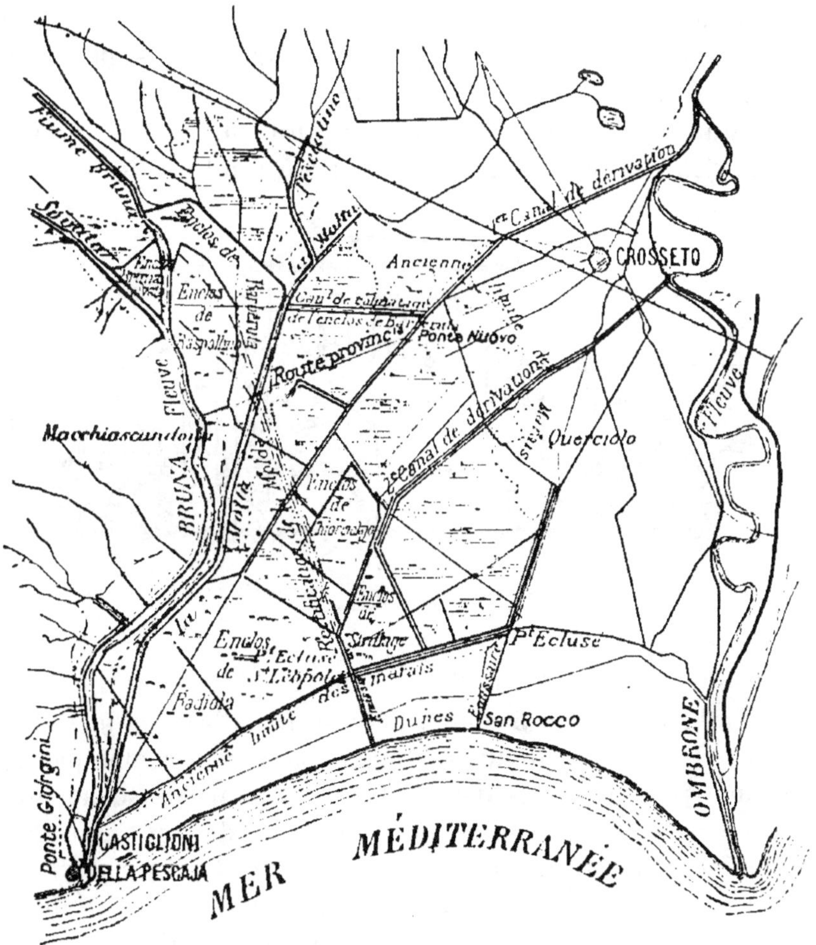

Fig. 173. — Plan des marais de Castiglioni della Pescaja.

on évalue à 8 0/0 la proportion de matières limoneuses
tenues en suspension dans ces eaux.

Les travaux d'assainissement ont été commencés, il y a
près d'un siècle, par la construction d'une digue mettant le
marais à l'abri des incursions de l'Ombrone. Les eaux des

crues de ce fleuve utilisées pour le colmatage ont été conduites
à l'intérieur des marais par deux grands canaux se détachant
du cours d'eau, de part et d'autre de la ville de Grosseto.
Celui dont la prise est à l'amont est le plus important
canal de l'Italie, car il débite normalement 300 mètres cubes
à la seconde, alors que le canal Cavour, le plus grand des
canaux d'irrigation, n'a qu'une portée de 120 mètres cubes.
Les eaux sont dérivées au moyen d'un barrage en maçonnerie s'élevant à 3 mètres au-dessus du fond du lit et dont le

Fig. 174.

couronnement, revêtu d'une couche de ciment de $0^m,20$,
affecte la forme sinusoïdale. La quantité d'eau à introduire
dans le canal de colmatage étant variable, est réglée par une
manœuvre convenable des portes d'un pont éclusé accolé à
l'une des têtes d'un pont-route. Au droit de cet ouvrage, le
canal de colmatage a une largeur de $34^m,45$; le pont éclusé
est percé de huit ouvertures, dont quatre de $4^m,60$ de débouché libre et les quatre autres de 2 mètres de débouché. Sur
la figure 174, qui représente l'élévation de l'ouvrage, les deux
ouvertures extrêmes, reconnues surabondantes, ont été fermées par un masque en maçonnerie dans le but de réduire
le débit du canal de colmatage pour les raisons qui seront
expliquées ci-après. Les quatre ouvertures latérales, de
2 mètres de débouché, sont munies de vannes levantes en
bois qui donnent constamment passage à un certain volume
d'eau, même pendant l'été, alors que les colmatages sont suspendus ; de cette manière on évite la stagnation des eaux qui

auraient pu s'accumuler en certains points du canal et
donner naissance à des émanations délétères. Ces vannes
levantes sont mues par des vis en fonte et manœuvrées du
haut du pont au moyen d'un levier en fer qu'on introduit
dans une ouverture ménagée dans le chapeau.

Quant aux deux ouvertures principales médianes, qui ont

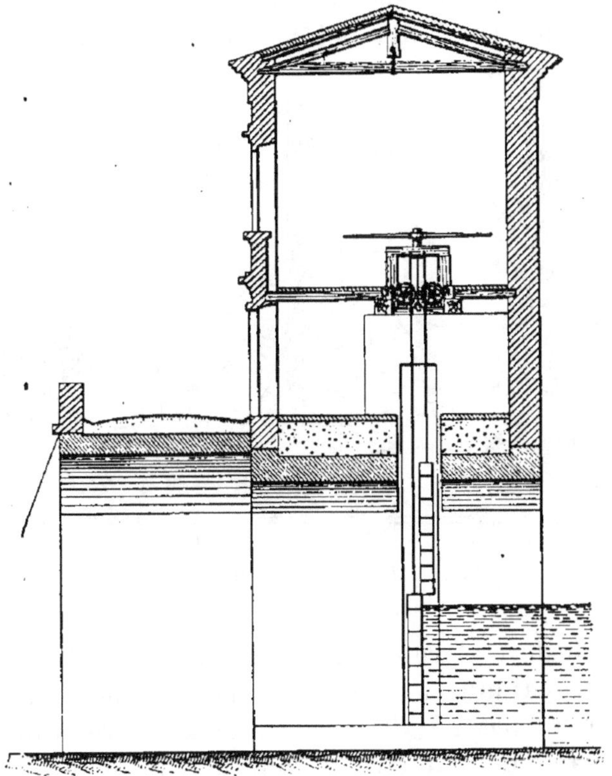

Fig. 175. — Coupe transversale de la maison éclusière.

chacune 4^m,60 de largeur et 5^m,20 de hauteur, elles forment
des voûtes de 6 mètres de longueur supportant un bâtiment
qui renferme les appareils de manœuvre des portes de fermeture. Ces dernières, placées au milieu de la voûte dont
on vient de parler, sont en fer et comprennent deux parties
indépendantes, obturant respectivement la moitié inférieure
et la moitié supérieure de la voûte ; les deux parties ne
sont pas placées dans le même plan vertical, mais bien l'une
derrière l'autre (*fig.* 175).

Les appareils de manœuvre sont disposés de telle sorte qu'on peut lever les deux portes, soit successivement, soit simultanément, et, dans ce dernier cas, quand elles sont arrivées à la limite supérieure de leur course, elles se trouvent placées l'une derrière l'autre, la partie inférieure ayant fait un chemin double de l'autre pendant la durée de l'élévation. Le mécanisme qu'on emploie à cet effet est représenté en détail sur la figure 176. Situé au premier étage de la

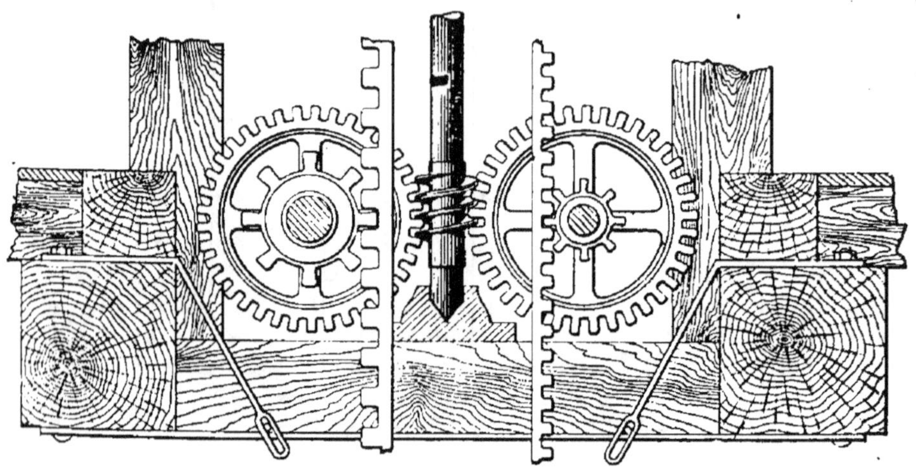

Fig. 176. — Détails du mécanisme de levée.

maison éclusière et reposant sur un solide bâti, il comporte un axe vertical mû par un levier ; cet axe porte à sa partie inférieure un pas de vis avec lequel engrènent deux roues dentées de même diamètre et pourvues du même nombre de dents. Sur les axes de ces deux roues sont montées deux autres roues dentées de moindre diamètre, de dimensions inégales et avec lesquelles engrènent l'extrémité supérieure filetée des tiges de commande des vannes ; il est facile de fixer les dimensions relatives des dents des roues et des tiges pour qu'à chaque tour de l'axe vertical supérieur les deux vannes s'élèvent de quantités qui soient entre elles dans le rapport de 1 à 2. On peut d'ailleurs faire mouvoir les tiges des vannes indépendamment l'une de l'autre en désembrayant l'une ou l'autre des roues dentées intérieures.

Quant aux portes, elles sont en fer, formées de panneaux renforcés par des cornières et des **T**; comme la pression qu'elles supportent va en décroissant du bas vers le haut,

Détails des portes d'écluse.

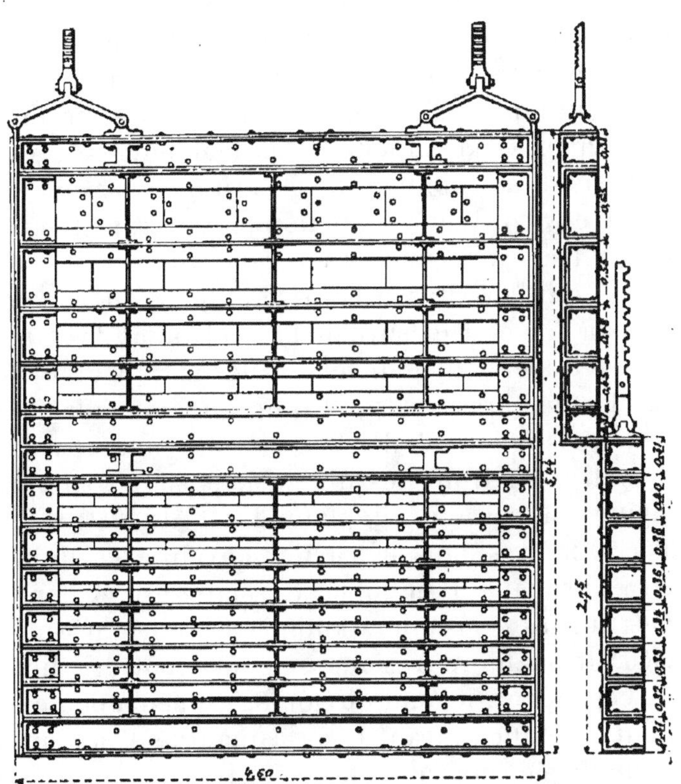

Fig. 177. — Élévation.　　　Fig. 178. — Coupe.

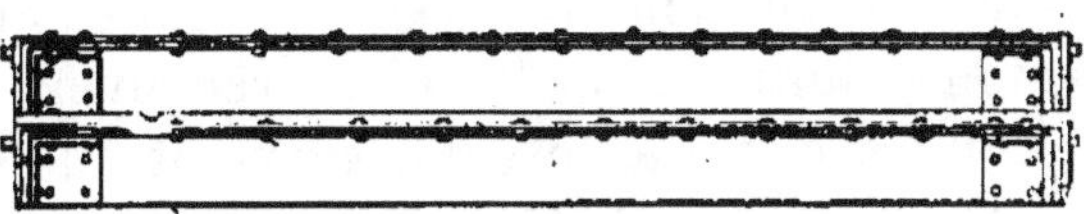

Fig. 179. — Plan.

les panneaux dont la hauteur est de $0^m,65$ à la partie supérieure n'est plus que de $0^m,31$ à la partie inférieure. Elles ont la même largeur utile que le vide de la voûte ($4^m,60$); leurs extrémités pénètrent dans des rainures ménagées dans la maçonnerie en vue des effets de la dilatation et au fond desquelles sont logés des rails verticaux le long desquels glissent les bordages des portes (*fig.* 177 à 179).

Le système des doubles portes a été adopté à cause des difficultés qu'on aurait pu rencontrer dans la manœuvre de vannes formées d'une seule partie, en temps de crue de l'Ombrone, alors que les eaux arrivent avec une vitesse extraordinaire ; on aurait, de plus, été amené à donner à une vanne unique des dimensions très fortes, ce qui aurait encore augmenté la difficulté des manœuvres. Les portes dont on vient de donner la description pèsent chacune 10 tonnes environ ; elles fonctionnent très bien et quatre hommes suffisent à la manœuvre générale.

Le canal qui fait suite à la prise et qui a été construit par tronçons au fur et à mesure de l'avancement des travaux de colmatage, traverse diagonalement les marais et va se jeter dans la Bruna, près du pont Giorgini, immédiatement en amont de Castiglioni della Pescaja, après un parcours de 24 kilomètres environ. Ses dimensions sont très variables ; à l'origine, sa largeur au plafond est de 34^m,45 ; elle se réduit à 20 mètres dans la partie moyenne et finit par ne plus être que celle d'un fossé. La pente est également très variable ; sur les 7 premiers kilomètres, elle varie de 0^m,920 à 0^m,526, de manière à s'opposer au dépôt des limons. En réalité, cependant, le fond du canal s'est peu à peu exhaussé ; cela tient à ce que, durant l'été, la quantité d'eau susceptible d'être employée aux colmatages et la vitesse d'écoulement sont très faibles, ce qui favorise les dépôts. On combat autant que possible l'exhaussement du fond d'une manière économique en mettant complètement à sec le canal et en ameublissant les limons dont le plafond est recouvert par des charruages profonds ; ensuite, lorsque survient une crue, on ouvre rapidement les vannes de tête, de manière à provoquer une chasse ; l'eau entraîne alors ces limons et les dépose en même temps que ceux qu'elle tenait en suspension, sur les terrains de colmatage où elle est conduite. Ces chasses sont d'autant plus efficaces que le débit du canal, fixé normalement à 300 mètres cubes, atteint parfois en crue 470 mètres cubes par seconde.

Le second canal se détachait de l'Ombrone à 4 kilomètres en aval du premier. Il se développait à peu près parallèlement au premier et dérivait de l'Ombrone un volume d'eau de 100 à 150 mètres cubes, pouvant être porté à 200 mètres cubes en cas de crues extraordinaires. Comme le premier, il a été construit par tronçons, et, lorsque sa longueur atteignit 17 kilomètres, le colmatage de la surface qu'il dominait était achevé et ce canal fut définitivement barré.

C'est donc uniquement par l'intermédiaire du premier que se continue le travail, exception faite toutefois d'une bande étroite de terre située entre la Bruna et la Sovata et qui a été colmatée au moyen des eaux de ces deux rivières.

La surface à améliorer par les eaux du premier canal a été partagée en cinq zones de colmatage dites de Raspollino et Barberuta, à droite, Strillaje, Chioccolajo et Badiola, à gauche.

Ces zones sont séparées les unes des autres et partagées elles-mêmes en enclos par des digues en terre ayant une hauteur moyenne de 1m,50; l'eau s'élève jusqu'à 0m,30 en contrebas du couronnement, de sorte que sa hauteur moyenne est de 1m,20 environ. L'expérience a prouvé qu'en remplissant six fois un enclos avec de l'eau renfermant 8 0/0 de limon, chaque opération déposant une couche de 0m,10 d'épaisseur, après dessèchement et tassement, il reste une hauteur de dépôt de 0m,50.

On construit, en général, les digues au moyen d'emprunts faits à l'intérieur des enclos à former et exceptionnellement au moyen des déblais provenant de l'extérieur, lorsque la digue doit être flanquée d'un canal de décharge, ce qui est assez rare, attendu qu'il existe déjà tout un réseau de fossés d'évacuation dans lesquels il suffit de conduire les eaux clarifiées, au moyen de rigoles faisant suite aux écluses d'évacuation. Suivant l'étendue des enclos, on donne aux digues une largeur en couronne variant de 3 à 6 mètres; les talus sont inclinés à 1 1/2 sur 1.

En même temps qu'on élève les digues, on établit les écluses qui serviront à l'évacuation des eaux clarifiées.

Celles-ci sont toutes construites d'après un type uniforme (*fig.* 180 et 181); elles sont entièrement en bois et sont fermées à l'amont par un rideau de poutrelles. L'ouvrage est fondé sur pilotis et défendu contre les affouillements par des fascines.

On peut être parfois amené à donner aux digues d'enceinte des hauteurs bien supérieures à 1^m,50 ; dans la zone de Chioccolajo, on en rencontre qui ont 3 mètres de hauteur.

Fig. 180. — Coupe en long d'une écluse dans une digue de colmatage.

Si la forme du terrain exigeait des hauteurs encore plus grandes, il serait préférable de multiplier le nombre des enceintes et d'en diminuer l'étendue. Au fur et à mesure

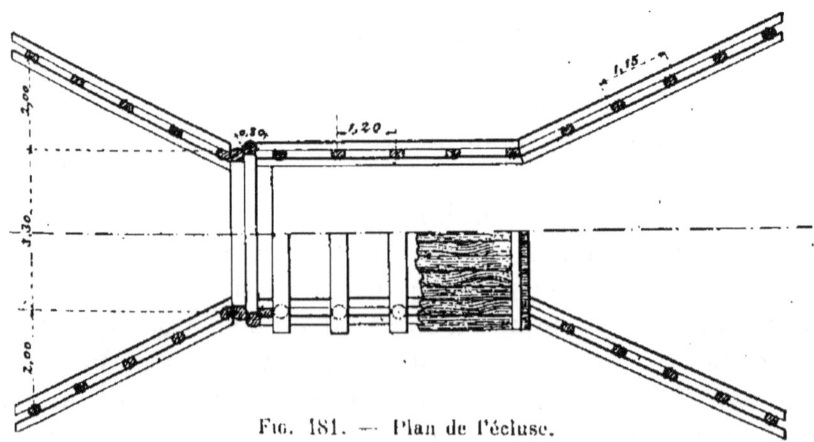

Fig. 181. — Plan de l'écluse.

que le sol s'élève, il est nécessaire de surélever les digues d'enceinte.

Le développement total des digues des marais de Castiglioni della Pescaja est supérieur à 200 kilomètres.

L'écoulement des eaux clarifiées se fait au moyen d'un réseau de rigoles et de canaux collecteurs de 170 kilomètres de développement, qui les conduisent aux deux émissaires principaux de San Leopoldo et San Rocco, lesquels évacuent ces eaux à la mer. Chacun de ces émissaires est muni, à son extrémité amont, d'une écluse permettant de régler l'écoulement des eaux clarifiées et d'empêcher l'introduction des eaux de la mer à l'intérieur du marais.

Le colmatage des cinq zones en lesquelles ce dernier a été partagé s'est opéré successivement en commençant par les plus rapprochées de l'origine du canal. En ce qui concerne les zones de Raspollino et de Barberuta, situées sur la rive droite et qui ont été colmatées les premières, on a commencé par la partie supérieure ; dans ce but, après avoir établi les diverses digues qui délimitent les enclos, on a barré le canal en aval du pont de la route provinciale (Ponte Nuovo), au moyen d'une puissante levée en terre ; à 1 kilomètre environ en amont de ce barrage, on a creusé sur la rive droite un canal de colmatage qui reçoit toute l'eau dérivée de l'Ombrone ; ce canal, d'une longueur de 5 kilomètres environ et d'une pente de $0^m,50$ par kilomètre, peut débiter environ 150 mètres cubes par seconde. C'est pour pouvoir réduire à ce chiffre le débit de la prise d'eau à l'Ombrone qu'on s'est ménagé la possibilité de fermer deux des six ouvertures de l'ouvrage de prise, ainsi que cela est indiqué (*fig.* 174).

Après le colmatage de la partie haute de la zone de Barberuta, on a prolongé le canal de manière à porter les eaux troubles sur la partie de la zone de Raspollino située au nord de la route provinciale. Puis on a procédé au colmatage de la partie inférieure de ces deux zones, au moyen des eaux du premier canal de dérivation de l'Ombrone. La zone de Raspollino, qui s'étend sur une bande étroite de terre le long de la Bruna jusqu'à la mer, n'a pas nécessité l'établissement d'ouvrages spéciaux pour l'écoulement des eaux clarifiées ; le sol était recouvert de touffes de roseaux suffisamment serrées pour ralentir le mouvement des eaux troubles qui déposaient alors leurs limons, puis rejoignaient la Bruna en suivant un canal à ciel ouvert.

Les zones de Chioccolajo et de Strillaje ont été ensuite colmatées au moyen des eaux de l'Ombrone, dérivées du même canal, à 5 kilomètres environ au-delà de la route provinciale.

Enfin la zone de Badiola a été la dernière améliorée, ce qui a nécessité le prolongement du canal de dérivation jusqu'à sa rencontre avec la digue séparant cette zone de celle de Raspollino, dans la partie voisine de la mer.

Le volume des dépôts employés pour le colmatage des marais de Castiglioni della Pescaja, d'une étendue de 10.557 hectares, a dépassé 135 millions de mètres cubes. On a dû, en outre, établir un réseau de routes de 392 kilomètres de longueur et construire un grand nombre de ponts-canaux, siphons et autres ouvrages pour l'écoulement des eaux; la rivière de la Molla, qui traverse tout l'ancien marais, a dû être endiguée et a servi d'émissaire aux eaux clarifiées des terres supérieures.

Quoique très avancée, l'œuvre de l'assainissement des Maremmes de la Toscane est loin d'être achevée, et ce n'est que dans un avenir encore éloigné qu'on recueillera le bénéfice des importants sacrifices qu'on s'est imposés. Outre les travaux de desséchement proprement dits, il a été nécessaire d'établir tout un réseau de fossés d'évacuation des eaux pluviales et d'exécuter d'importants travaux de viabilité : construction de routes, ponts, ponts-écluses, ponts-canaux.

Les terres soumises au colmatage appartenaient les unes à l'État, les autres à des particuliers et, contrairement à ce qui s'est passé pour les colmatages des bords de l'Idice et de la Quaderna, les propriétaires ont été privés de la jouissance de leurs fonds pendant toute la durée des travaux. Aux termes d'une loi du 9 avril 1832, tout propriétaire a droit à une indemnité d'expropriation temporaire et doit aussi participer aux dépenses d'assainissement, dans les conditions suivantes :

L'estimation de la valeur des terres appartenant à des particuliers est faite avant et après l'exécution des travaux, contradictoirement par deux experts, désignés l'un par l'Administration, l'autre par le propriétaire intéressé. Pendant toute la durée des travaux où le sol reste improductif, le propriétaire a droit à une indemnité annuelle représentant 5 0/0 de la valeur de la terre, déduction faite des impôts et charges afférents à la propriété. Une partie du montant de la plus-value acquise par la propriété, du chef des travaux d'amélioration, est ensuite remboursée par le propriétaire, soit par le payement en argent de la somme fixée, soit par l'abandon d'une partie de la propriété. Au cas de refus de l'intéressé d'acquitter cette charge, la terre est ou bien exploitée par l'État, ou bien elle est vendue aux enchères. Dans les deux cas, le propriétaire a droit à la restitution de l'excédent de la valeur de la terre améliorée sur le montant de sa dette à l'État.

Dès maintenant la colossale entreprise de desséchement des Maremmes a eu pour résultat la transformation en excellentes terres de culture de 12.000 hectares de marais, l'amélioration par desséchement mécanique de 3.000 hectares de terres basses, l'assainissement de 3.000 hectares d'étangs et la mise à l'abri des incursions des cours d'eau de 75.000 hectares de terres cultivées. La dépense s'est élevée à plus de 31 millions ; le cube des alluvions déposé a dépassé 150 millions de mètres cubes pour une surface totale de 15.000 hectares. Les travaux, plusieurs fois interrompus par les nécessités budgétaires ou par diverses autres raisons, ont duré plus de soixante ans. Ils ont complètement transformé la région, diminué dans une très grande proportion la mortalité et rendu le climat salubre à peu près pendant toute l'année. La ville de Grosseto, qui était autrefois l'une des plus insalubres de la région, a vu passer sa population de 2.932 habitants en 1845 à 7.089 en 1898, et cette proportion se retrouve à peu près la même pour les autres localités des Maremmes de la Toscane. Cette importante amélioration dans les conditions d'existence des populations de toute une contrée suffit pour justifier l'entreprise, bien que, au point de vue de la plus-value acquise par la terre, les résultats obtenus aient été moins brillants. D'ailleurs, le mode d'exploitation des terres dans les Maremmes est des plus défectueux. Au lieu de profiter de l'existence d'une couche de limon de 1 mètre à 1^m,80 d'épaisseur pour faire produire au sol les cultures les plus rémunératrices, le paysan toscan se livre de préférence à l'élevage des moutons, ce qui lui donne moins de mal que s'il cultivait la terre. L'assolement le plus généralement adopté est le suivant : deux ans de blés ou de seigles, et trois ans de pâturages.

Quoi qu'il en soit, le desséchement des Maremmes de la Toscane est l'une des œuvres d'amélioration agricole les plus importantes entreprises en Italie ; elle fait le plus grand honneur aux ingénieurs qui l'ont dirigée et ont su la mener à bien.

SIXIÈME PARTIE

DES POLDERS

44. Généralités. — Lorsqu'il a été parlé du desséchement des marais par épuisement mécanique (Cinquième partie, chap. vii), on a défini ce qu'on appelle, en Hollande, des polders, terrains dont le sol est à un niveau inférieur à celui des hautes mers, et qui, après avoir été mis par des digues à l'abri des incursions de la mer, sont munis des appareils d'épuisement nécessaires pour expulser l'eau qui les recouvre et pour permettre ensuite l'évacuation des eaux pluviales surabondantes. Il a été également indiqué qu'on distingue deux catégories de polders : ceux qui sont constitués par d'anciens lacs desséchés, et ceux qui proviennent de conquêtes faites sur les eaux au bord de la mer ou vers l'embouchure des fleuves (§ 34, c).

Il existe en France, notamment le long de certaines parties du rivage de la mer et du cours inférieur de divers fleuves, des terrains alternativement couverts et découverts par suite du jeu des marées [1], et dont le sol, bien qu'inférieur au niveau des hautes mers, comme celui des polders de la Hollande, se relève peu à peu, par suite des apports incessants du flot. Quand, par suite de ce colmatage, assez lent mais continu, le sol atteint une hauteur telle qu'il ne soit plus recouvert que rarement par les hautes mers, il peut être mis complètement à l'abri des incursions du flot par des digues insubmersibles d'une hauteur assez faible pour que

---

[1] Ces terrains portent le nom de *lais et relais;* ils sont définis à la page 382.

la construction n'en soit pas trop dispendieuse. Ces terrains, désormais susceptibles d'être cultivés, portent également le nom de polders; toutefois ils diffèrent essentiellement de ceux dont il a été parlé antérieurement en ce que leur mise en valeur ne nécessite aucun travail de desséchement.

Lorsque le sol émerge au-dessus du niveau de la mer, la propriété ainsi créée acquiert un caractère de stabilité que ne possèdent pas au même degré les conquêtes faites sans colmatage et par un desséchement artificiel réalisé au moyen de machines d'épuisement. Dans ce dernier cas, le niveau des terrains conquis est situé parfois à une grande profondeur au-dessous de celui de la mer, de sorte qu'il suffirait de la rupture d'une digue pour faire perdre d'un seul coup tout le bénéfice de la dépense des travaux d'épuisement et d'endiguement.

Il n'en est pas de même dans les polders où les conquêtes ne sont réalisées qu'après le colmatage, et par enclôtures successives d'une étendue restreinte; là, la rupture d'une digue ne constitue qu'un accident local sans grande importance. Elle peut occasionner la perte d'une récolte, mais elle n'aura jamais pour conséquence de compromettre l'existence même de la propriété. Après comme avant la submersion momentanée, le sol subsiste et conserve la fertilité remarquable qu'il doit au colmatage. Les travaux de création de ces polders sont donc souvent susceptibles de produire des résultats satisfaisants au point de vue agronomique. Toutefois il peut arriver que de semblables entreprises, quelque avantageuses qu'elles puissent être, à ce dernier point de vue, soient irréalisables, parce qu'elles entraîneraient des dépenses hors de proportion avec les résultats à en espérer, ou encore parce qu'elles seraient de nature à léser plus ou moins gravement des intérêts opposés à ceux de la création des polders.

C'est ainsi que la question a été examinée, il y a quelques années, de savoir s'il n'y aurait pas possibilité de conquérir à la culture des alluvions comprises sur le littoral de l'Océan Atlantique, dans la partie de la baie de Bourgneuf située au droit de l'île de Noirmoutiers, au sud des polders de Bouin dont il est parlé ci-après (§ 52, *a*).

Dans cette partie de la baie de Bourgneuf, le terrain, qui découvre actuellement à marée basse, et dont la surface est de 8.000 hectares environ, a son niveau à 1^m,50 en contrehaut des plus basses mers. Sa mise en culture ne sera possible que lorsque le sol atteindra 4 mètres au-dessus des hautes mers de morte eau, c'est-à-dire après que la mer y aura déposé environ 200 millions de mètres cubes d'alluvion, et, étant donnée la lenteur de formation des dépôts, il faudra plusieurs siècles pour atteindre ce résultat. On a examiné alors la question de savoir s'il y aurait avantage à chercher à hâter le dépôt en fermant la baie par une digue reliant le continent à l'île de Noirmoutiers ; cette digue, dont la longueur serait de 1.200 mètres, coûterait environ 4.800.000 francs. Dans ces conditions, l'envasement serait naturellement plus rapide, mais il serait funeste à l'assèchement d'une surface de 33.600 hectares de marais desséchés situés non loin de la côte, et il compromettrait gravement l'avenir du port de Noirmoutiers et des nombreux mouillages de la baie. Enfin, au point de vue financier, l'opération serait loin d'être avantageuse. En effet, la construction d'une digue ne suffirait pas pour conquérir les polders qui se formeraient par dépôt d'alluvions. Quand le sol aurait atteint le niveau de 4 mètres au-dessus des hautes mers de morte eau, il faudrait que les acquéreurs de ce sol le défendent contre la mer par une digue, du côté opposé à celle qui fermerait la baie. Or dans la région les derniers lais parvenus à maturité n'ont pu être vendus aux particuliers, pour être transformés par eux en polders, que moyennant la somme de 200 francs par hectare. La vente des 8.000 hectares à créer ne produirait, en conséquence, qu'une somme de 1.600.000 francs, très inférieure à la dépense de premier établissement de la digue, et cette somme ne serait entièrement recouvrée par l'État que dans un avenir éloigné. Pour toutes ces raisons, on a renoncé à rien changer au régime actuel de la baie de Bourgneuf.

La transformation en polders des lais et relais est une opération qui ne concerne pas l'État. Celui-ci se borne à aliéner les terrains dans les conditions qui seront indiquées ultérieurement (§ 54).

C'est aux demandeurs en concession qu'il appartient

d'étudier les conditions dans lesquelles peut se faire le travail, et d'examiner les conséquences économiques et financières de cette transformation.

45. Origine des dépôts. — La mer, lorsqu'elle est agitée par le vent qui y produit des vagues, ronge les roches des côtes contre lesquelles elle est projetée avec violence, et les effets d'érosion de ces vagues sont parfois extrêmement puissants. Sous l'influence de cette action, les roches les plus dures sont effrittées; perdant peu à peu leurs parties saillantes, les débris sont arrondis par l'usure et transformés en galets que la mer accumule vers son niveau supérieur. Les débris plus fins, tels que les sables et l'argile, sont entraînés vers le large et transportés tant par les courants permanents dus à l'échauffement que le soleil produit dans les régions équatoriales que par les courants périodiques engendrés par les vents ou par l'action de la configuration des côtes sur les marées.

Les matières que les eaux tiennent en suspension tendent à s'accumuler dans toutes les parties voisines de la côte où la vitesse des eaux subit un ralentissement, c'est-à-dire à l'extrémité des caps et plus spécialement dans les baies ou golfes.

C'est ainsi, en particulier, que la presqu'île du Cotentin forme un promontoire contre lequel vient se briser le courant de la Manche poussé par les vents d'ouest qui sont les plus habituels. Violemment agitée, elle détruit sans cesse toutes les parties du rivage qui sont en saillie. Le courant de la marée montante, qui se dirige vers l'est, transporte les débris et les dépose au fond des anses du grand golfe compris entre la Bretagne et le Cotentin et, en particulier, dans les baies du mont Saint-Michel et de Cancale. Sur la côte orientale de la presqu'île du Cotentin, il se forme également des atterrissements qui sont extrêmement étendus, dans la baie d'Isigny, notamment. On attribue ce fait à ce que cette côte est protégée par la presqu'île contre l'action des vents d'ouest et à ce que les courants remontant ou descendant la Manche doivent éprouver un ralentissement, lorsqu'ils arrivent dans la partie du golfe dans lequel débouche la Seine; en sorte

que les matières se trouvant en suspension tendent alors à
se déposer.

Des dépôts se forment également vers l'embouchure des
rivières : là les eaux douces opèrent leur rencontre avec les
eaux salées, et la vitesse de chacune d'elles se trouve ralentie;
par suite, elles tendent nécessairement à abandonner les
débris qu'elles charrient ou qu'elles tiennent en suspension.
La différence de densité des eaux douces et des eaux salées
concourt aussi à diminuer leur vitesse vers l'embouchure.
D'un autre côté, leur mélange occasionne la mort d'une multitude d'animalcules fluviatiles et marins qui tombent au fond
de la rivière et engorgent souvent son lit. Enfin la vitesse des
rivières diminue beaucoup dans la partie inférieure de leur
cours, parce que leur pente devient moindre, et cette circonstance détermine encore la formation de dépôts vers leur
embouchure.

Ces dépôts, qui s'observent vers l'embouchure des rivières,
ont incontestablement une origine à la fois fluviatile et
marine. Il est évident que le fleuve en apporte une certaine
partie; car, lors même que sa vitesse est devenue faible, il
continue à transporter du limon et à rouler du sable sur le
fond de son lit. D'un autre côté, la mer concourt aussi à la
formation de ces dépôts. L'on n'en saurait douter, puisqu'ils
contiennent du calcaire, même dans les rivières coulant sur
des terrains qui en sont complètement dépourvus. C'est, en
particulier, ce qui a lieu pour la Sée et le Couesnon, qui se
jettent dans la baie de Cancale. Le calcaire que renferme
leurs dépôts est alors fourni par les mollusques marins qui
sont entraînés par le flot et abandonnés au moment de sa
rencontre avec les eaux douces [1].

Les rivières qui se déversent dans une large baie, comme
la Seine, tendent à s'engorger par des atterrissements; il s'y
forme des bancs de sables mouvants qui varient avec la prédominance des eaux salées sur les eaux douces et surtout
avec la direction des vents et des courants.

Pour faire apprécier la rapidité avec laquelle les atterrissements peuvent s'opérer vers l'embouchure de la

---

1 DELESSE, *Lithologie du fond des mers.*

Seine [1], il suffit de signaler les résultats remarquables qui ont été obtenus par la construction de digues longitudinales. Ces digues, submersibles, ont été d'abord arasées au niveau des pleines mers de mortes eaux, en sorte que la marée montante pouvait déposer derrière elles le sable et le limon qu'elles entraînent. Puis on les a élevées progressivement au-dessus de ce niveau lorsqu'il fut atteint par les alluvions. A l'origine, l'épaisseur moyenne du dépôt atteignait 1 mètre par année, puis a été en diminuant très rapidement à mesure que le fond, protégé par les digues, montait jusqu'au niveau des marées de vives eaux ; au bout de quelques années, le dépôt est devenu insensible ; on l'a alors mis à l'abri de la submersion des marées au moyen de digues en terre, et on l'a livré à la culture.

46. Formation des polders. — Lorsque les atterrissements naturels dus aux apports de la mer ont relevé le sol à un niveau tel qu'il soit possible de le soustraire désormais aux incursions de la mer, grâce à la construction d'une digue insubmersible qui ne nécessite pas des dépenses hors de proportion avec les résultats à obtenir, le terrain est dit *mûr*. Dans certaines entreprises, au lieu d'attendre le relèvement naturel du sol à ce niveau, on provoque un colmatage en établissant vers le large une digue submersible derrière laquelle, à chaque marée, la mer dépose les matières solides qu'elle tient en suspension ; quand, par ce moyen, on a obtenu un relèvement du sol suffisant, on remplace l'ouvrage submersible par une digue insubmersible.

On qualifie ordinairement de *mûrs*, les terrains qui s'élèvent à une hauteur suffisante au-dessus du niveau des hautes mers de mortes eaux pour permettre l'écoulement facile des eaux pluviales et de celles qui proviennent des polders voisins. Presque toujours ils se couvrent naturellement d'une végétation herbacée. Il est nécessaire aussi que les hautes mers de vives eaux ne dépassent pas de plus de

[1] Le port maritime de la Seine était à Lillebonne, au temps de César, et à Harfleur au moyen âge. De nos jours il a été transporté au Havre, c'est-à-dire à une distance de 30 kilomètres.

3 mètres environ le niveau des surfaces herbées, sans quoi
l'on serait conduit à donner aux digues des dimensions trop
considérables.

Lorsqu'une portion de grève est recouverte d'une végétation suffisante pour assurer le succès de sa mise en culture,
on l'entoure de tous côtés de digues de défense ou d'enclôture. On fait en sorte de ne pas donner aux enclôtures des
superficies trop grandes, ce qui rendrait impossible l'exécution des travaux d'endiguement en une seule campagne; or
il est nécessaire que, quand une digue est amorcée au printemps, elle soit achevée avant les grandes marées et les
tempêtes de l'automne. En pratique, on donne rarement
aux enclôtures des surfaces supérieures à 50 hectares.

47. Tracé et dimensions des digues. — a) *Tracé.* — Les
digues doivent être tracées de manière à réduire le plus
possible les frais de transport et le volume des terrassements; elles doivent contourner la plus grande surface de
terrain sous le moindre développement.

Comme il est presque impossible d'éviter des angles plus
ou moins aigus, on raccorde les divers alignements par des
courbes à grand rayon, de telle sorte que la digue, dont le
profil doit être généralement uniforme, présente sur tous
ses points une égale résistance.

L'on évite d'ailleurs, autant que les localités le permettent,
les alignements directement exposés à l'action des courants
et des vents qui occasionnent les plus fortes marées.

On ne peut prendre comme emplacement des digues la
laisse des basses mers ou les rives des francs bords des
fleuves, ces deux lignes étant ordinairement fort sinueuses,
tandis que le tracé des digues doit présenter toute la régularité possible. D'ailleurs, les parties immédiatement voisines
de la basse mer ou des fleuves présentent rarement la
consistance nécessaire pour pouvoir supporter le poids d'une
digue, et cette dernière, supposée établie à la limite extrême
de la basse mer, se trouverait très exposée à l'action des-
tructive des vagues et devrait avoir une hauteur très considérable. Ces deux circonstances réunies conduiraient à
donner au profil des dimensions inadmissibles.

Une digue ne doit pas être non plus trop près des rives d'un fleuve, même à son embouchure, quoique la section soit toujours plus que suffisante pour l'écoulement des eaux, d'abord dans l'intérêt de sa conservation et ensuite en raison du peu de fixité de ces limites, soumises à la variabilité de la direction des courants.

Enfin, ainsi qu'on le verra, il importe souvent, dans l'intérêt de la construction de l'ouvrage, de ne pas trop s'approcher de la rive, pour qu'il soit possible de ménager, au pied de la digue, une bande de terrain solide devant servir d'assiette à une berme formant avant-radier, et destinée à résister au choc des vagues pendant l'exécution des travaux d'endiguement. Il faut, de plus, se réserver un terrain propre à fournir, en tout ou en partie, les terres nécessaires à la confection du corps de l'ouvrage et à son entretien ultérieur.

b) *Profil.* — La forme et le relief des digues varient avec les circonstances locales, le régime de la mer sur la côte, la nature des matériaux dont on dispose sur place, terres, sables, galets, débris coquilliers, etc., et qui sont employés, comme on vient de le dire, à la confection de ces ouvrages.

Autant que possible, une digue doit être établie en matériaux homogènes; on conçoit, en effet, que, si elle était formée, par exemple, d'un massif central de glaise appuyé de côté et d'autre sur des remblais de gravier, l'ouvrage courrait le risque d'être ruiné par les infiltrations.

Les digues doivent être insubmersibles; la hauteur de leur couronnement au-dessus des marées dépend principalement de la hauteur d'eau à leur pied. Toutefois, comme la violence des vagues augmente dans une grande proportion avec l'accroissement de profondeur de l'eau, on ne doit pas dépasser une hauteur de $2^m,50$ à 3 mètres au maximum au-dessus des plus hautes mers; au-delà de ces chiffres, on arriverait à des digues énormes dont la construction serait trop difficile et trop coûteuse.

Dans les parties où le profil en long du terrain se relève et où la hauteur d'eau n'est plus que de 1 mètre à $1^m,50$ dans les marées d'équinoxe, il suffit que leur sommet s'élève à 1 mètre au-dessus de ce niveau.

Lorsque les digues ne sont pas exposées aux grands vents,
on peut ramener de 3 mètres à 2^m,50 et 2 mètres la revanche
du couronnement sur le niveau des plus grandes mers.

En général, en France, il est possible de se procurer
facilement des terres de bonne qualité pour confectionner
le massif des digues, et des pierres pour établir des perrés
de revêtement. Dans ce cas, lorsque les ouvrages ont à subir
le choc direct des vagues, on leur donne une forme analogue
à celui de la figure 182, qui représente le profil des digues les

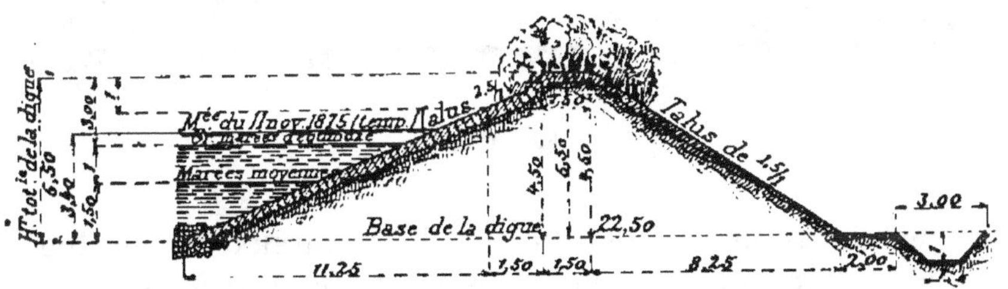

Fig. 182. — Coupe transversale d'une digue des polders de Bouin.

plus avancées des polders de Bouin, dans la baie de Bourgneuf (Vendée). Les talus sont réglés à 1,5 pour 1 vers l'intérieur du polder, et à 2,5 pour 1 du côté de la mer ; le
couronnement est arasé à 3 mètres en contre-haut du niveau
des plus grandes marées, et la largeur en crête est de 1^m,50.
Le remblai se fait avec la terre extraite en dehors des
limites du polder du côté de la mer. Un perré de 0^m,50
d'épaisseur garnit toute la face du côté de la mer et est
prolongé sur la crête ainsi que sur une partie de la
face intérieure, afin d'assurer la conservation de l'ouvrage
contre les grosses lames. Pour compléter cette défense, la
crête de la digue est plantée, sur une longueur de 2 mètres
du talus à partir de la crête, à l'extérieur et à l'intérieur,
d'arbustes buissonneux qui la couvrent complètement. Il
suffit de planter des boutures d'espèces particulières aux
terrains salés des bords de la mer, telles que les tamarix,
dans les interstices du perré, pour obtenir rapidement de
vigoureux buissons qui forment une haie compacte de
1 mètre à 1^m,50 de hauteur protégeant la crête, contre
l'action érosive des vagues.

Dans les mêmes polders, les digues moins exposées ont des dimensions moindres; l'épaisseur en couronne n'est plus que de 1^m,20, et l'inclinaison des talus varie suivant la nature du remblai. Si le sol est sablonneux, l'inclinaison est de 2 pour 1 pour le talus du côté de la mer et de 1,5 pour 1 pour

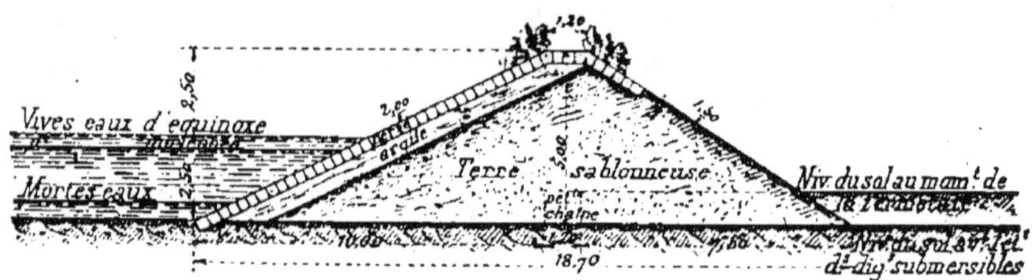

Fig. 183.

le talus intérieur (*fig.* 183). Si le sol est vaseux ou argileux, on donne 2,5 pour 1 à l'extérieur et 2 pour 1 à l'intérieur (*fig.* 184). Dans tous les cas, le talus est recouvert d'un perré

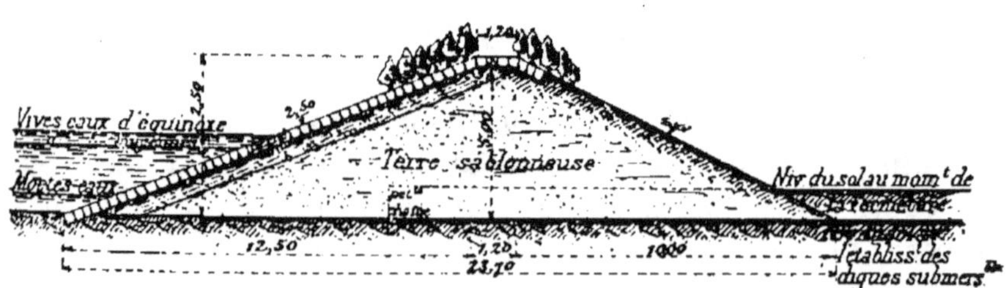

Fig. 184.

de 0^m,40 à 0^m,50 d'épaisseur, qui s'étend également sur le sommet de la digue et sur une longueur de 2 mètres sur le talus intérieur. Si le remblai est sablonneux, on met sous le perré une couche de glaise de 0^m,40 à 0^m,50 d'épaisseur; parfois on la remplace par une couche de pierres cassées de 0^m,25 à 0^m,30.

Le sommet de ces digues est également planté d'arbustes sur une longueur de talus de 2 mètres à partir de la crête; le talus intérieur non revêtu est couvert d'herbe ou de luzerne.

Aux polders de la baie du Mont-Saint-Michel, la terre qui sert à la confection des digues est uniquement composée d'une espèce de sable de mer composé de débris de coquilles broyées, d'argiles et de matières organiques provenant de la décomposition des poissons et plantes marines ; ce sable est connu sous le nom de *tangue*.

Les digues du mont Saint-Michel sont élevées généralement à 1^m,50 au-dessus du niveau des plus hautes mers. Suivant qu'elles sont plus ou moins exposées aux coups de mer, elles sont protégées par des empierrements ou simplement gazonnées. Dans le premier cas, leur largeur en couronne varie de 3 à 4 mètres ; elle n'est plus que de 1 mètre à 2 mètres dans le second cas. Leur talus vers le large est ordinaire-

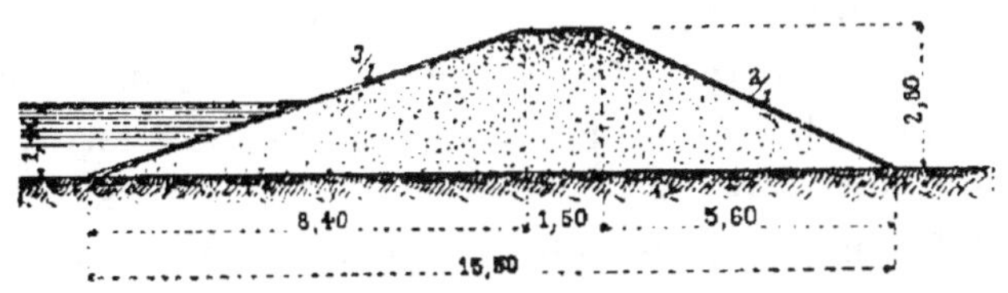

Fig. 185. — Coupe transversale d'une digue des polders de la baie du mont Saint-Michel.

ment incliné à 3 pour 1 ; leur talus intérieur, à 1,5 ou 2 pour 1 (*fig.* 185).

La tangue prise sur la plage est transportée en remblai à la brouette et pilonnée avec soin pour former le corps de la digue. Le talus extérieur est ensuite revêtu soit de mottes de gazon de 0^m,10 à 0^m,15 d'épaisseur, soit d'une couche de grosses pierres de 0^m,50 à 0^m,60 d'épaisseur posée à la main ou disposée en perrés maçonnés à pierres sèches ; cette maçonnerie repose sur une couche de pierrailles de 0^m,20 d'épaisseur destinée à prévenir le délavage des terrassements.

L'empierrement du talus extérieur n'est indispensable que pour les digues qui sont directement exposées à l'action des lames soulevées par les vents du large et en avant desquelles la grève présente encore une pente assez prononcée ; partout ailleurs on se contente de digues entièrement gazonnées.

Dans certains pays, comme en Hollande et en Belgique par exemple, il n'est guère possible d'employer la pierre pour défendre les glacis des digues; ces matériaux, rendus à pied d'œuvre, reviennent à des prix fort élevés, tandis que la terre glaise qui sert au revêtement y est bonne et commune. D'ailleurs, certains de ces terrains sont impropres à recevoir le poids d'un revêtement en pierre; il serait même dangereux d'en faire usage sur les terrains spongieux, tourbeux et généralement compressibles, qu'on rencontre souvent; l'augmentation de poids résultant d'un pareil mode de défense suffirait pour amener l'affaissement et la rupture des digues.

Les effets de la mer sont ici moins redoutables, ce qui permet d'établir des ouvrages durables sans trop de frais. En général, leur mode de construction, dans ce cas spécial, est le suivant : Les digues reposent sur une sorte de plate-forme échouée sous lest à l'amont et à l'aval et maintenant un coffre en terre glaise; la plate-forme supporte deux risbermes en fascines élevées jusqu'au niveau des hautes mers de vive eau ordinaire, destinées à maintenir les terres pendant l'exécution des travaux et qui, par la suite, s'opposent à tout écartement qui pourrait amener la pression du corps de la digue sur une base artificielle reposant sur un sol compressible (*fig.* 204).

En ce qui concerne les dimensions à donner aux ouvrages, on distingue trois cas, suivant qu'il s'agit : 1° de digues baignées par la pleine mer, exposées directement à l'action du vent du nord-ouest, qui est celui qui accompagne le plus souvent les tempêtes et les marées extraordinaires; 2° de digues qui ne sont pas battues directement par la pleine mer et qui, se trouvant à l'embouchure des fleuves, sont moins exposées à l'action des vagues; 3° enfin de digues, qui, placées sur le bord d'un fleuve ou d'une rivière dans la partie maritime, conservent encore la qualification de digues de mer, bien qu'elles soient peu exposées à l'action des vagues.

La revanche de la crête sur les plus hautes mers est de 2 mètres pour les ouvrages les plus exposés et de 1^m,50 pour les autres; les épaisseurs du couronnement sont respectivement, dans les trois cas, 4 mètres, 3^m,50 à 3 mètres, 2^m,50 à

2 mètres; les inclinaisons correspondantes du talus vers le large sont 5 à 10 pour 1, 4 à 5 pour 1, et 4 pour 1; quant au talus intérieur, il est ordinairement réglé à l'inclinaison de 2 pour 1. On doit redouter pour ces ouvrages les conséquences du choc des glaçons sur les talus des digues, qui se

Plan d'une portion de digue et des fouilles en avant de la digue.

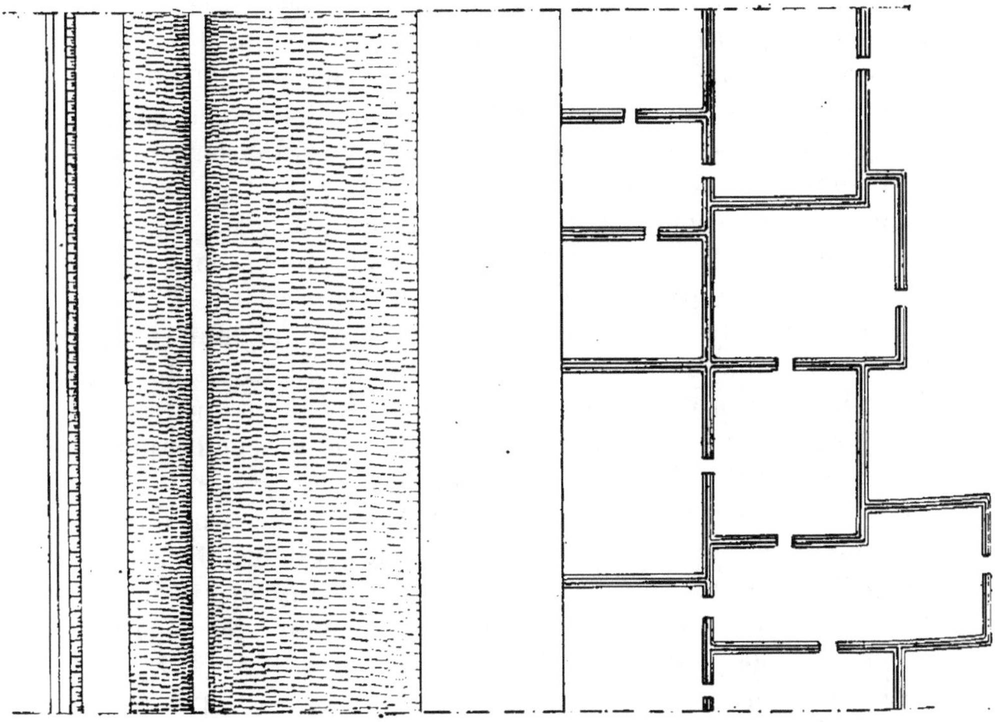

Fig. 186. — Endiguement des polders du Bas Escaut.

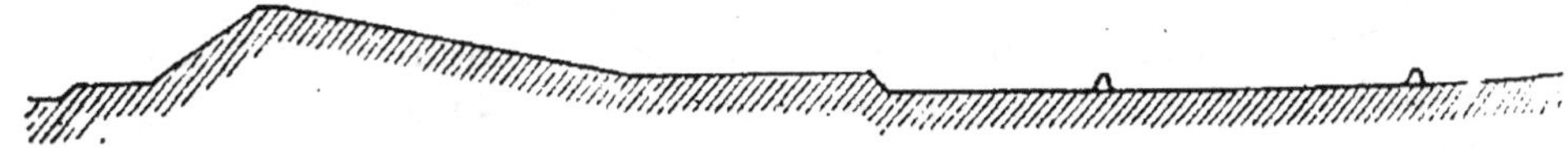

Fig. 187. — Profil longitudinal.

produit pendant le dégel, lorsque celles-ci sont imbibées d'eau et présentent le moins de consistance. Or l'expérience a montré que les glaçons s'élèvent davantage par leur choc sur un talus raide que sur un talus dont l'inclinaison est moins forte. Dans le but de rendre leur effet moins énergique, on ménage, en avant de la digue, un franc-bord dont la largeur dépend de la qualité du sol, des causes qui tendent ou pourraient tendre, par la suite, à en diminuer la largeur; on doit aviser aussi aux procédés qu'il serait possible d'employer, avec quelque probabilité de réussite, pour prévenir ou arrêter les corrosions et les éboulements. Il faut même rechercher les moyens de hâter la reproduction des parties de ce franc-bord susceptibles d'être détériorées suivant leur exposition plus ou moins directe à l'action des courants et des vents de tempête, et en raison de l'inclinaison de leurs talus et de la qualité de la terre dont ils sont formés.

Si le terrain est de peu de consistance, tourbeux ou sablonneux, il sera facilement entamé par le clapotis des vagues lorsque, pendant la basse marée, la surface du sol est découverte, et au moment où le flot est prêt à la couvrir de nouveau. Quelle que soit, d'ailleurs, la solidité relative de ces terrains, on évite avec soin de la diminuer. On ne donne que peu de profondeur aux fouilles à effectuer en avant de la digue pour se procurer les terres nécessaires à sa construction. Dans aucun cas, les déblais ne doivent descendre jusqu'à la rencontre des bancs de tourbe légère et compressible, du sable mouvant ou de tout autre terrain dont l'affouillement est facile. Les fouilles sont, en outre, divisées en petits bassins séparés par des batardeaux destinés à atténuer l'action des courants et aussi à faciliter les dépôts vaseux (*fig.* 186 et 187)[1].

En Belgique et en Hollande, où, comme on l'a fait remarquer, les matériaux de revêtement font défaut, les talus aval des digues de défense sont protégés au-dessus de la ligne des plus hautes mers par des revêtements peu dispendieux, roseaux, paille ou fascines; au-dessus de cette ligne, on se contente d'un simple gazonnement.

48. Construction des digues. — L'exécution des digues offre les difficultés spéciales inhérentes aux ouvrages à la

---

[1] *Note sur la construction des digues des polders du Bas Escaut belge*, par M. KÜMMER (*Annales des Travaux publics de Belgique*, février 1899).

mer. Voici, à titre d'exemple, comment l'on opère aux polders de Bouin. Après avoir balisé l'emplacement choisi pour l'établissement des digues, on établit deux murs ou chaînes de pierre, dont les matériaux, transportés à pied d'œuvre pendant les hautes mers, sont mis en œuvre à marée basse. La première chaîne, de 1 mètre de base sur 1 mètre de hauteur, établie à 10 mètres en dedans du pied intérieur de l'ouvrage à construire et qui, après achèvement, a une longueur de 13^m,50 à la base, sert de première digue submersible et provoque des envasements nouveaux sur la surface du lais de mer. La seconde chaîne, ou grande chaîne, établie en avant de l'emplacement qu'occupera le parement exté-

FIG. 188. — Chaînes submersibles des digues des polders de Bouin.

rieur de la digue achevée, s'exécute aussitôt après la première ; elle est établie de manière que sa partie supérieure se trouve un peu au-dessus du niveau des grandes marées. Elle a près de 4 mètres de largeur à la base, 3 mètres au sommet et 2^m,75 de hauteur (*fig.* 188).

Les deux chaînes constituent des digues submersibles qui

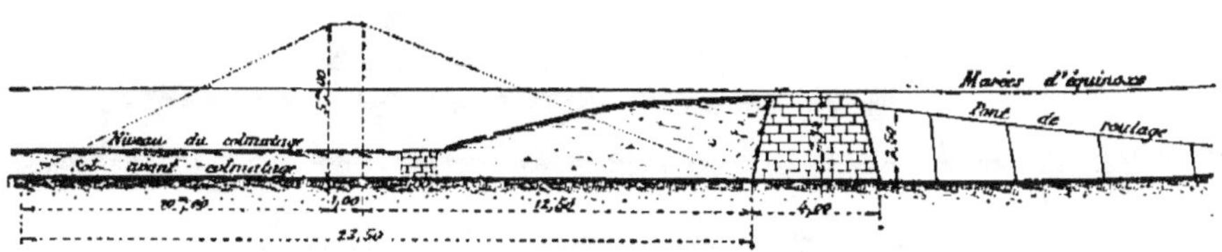

FIG. 189. — Terrassement des digues définitives (1re période).

provoquent de nouveaux colmatages dans le polder. En établissant ces chaînes un ou deux ans avant la construction des digues définitives, on obtient un exhaussement du sol du polder formé d'une couche de 0^m,50 à 0^m,60 d'excellentes alluvions.

Lorsque la terre du polder est prête pour l'endiguement,
on procède à l'établissement de la digue définitive, en terre,
qui s'élève derrière la grande chaîne (*fig.* 189, 190 et 191).

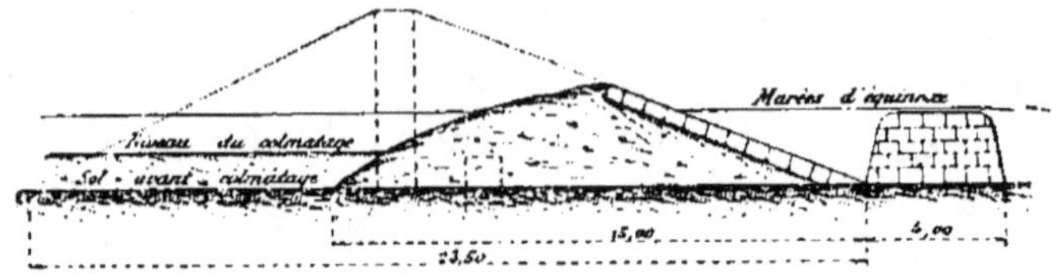

FIG. 190. — Terrassement des digues définitives (2ᵉ période).

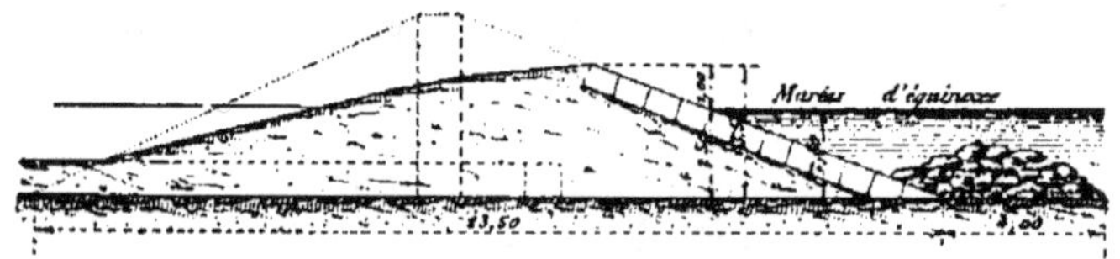

FIG. 191. — Terrassement des digues définitives (3ᵉ période).

Avant de commencer les terrassements, diverses opérations préliminaires sont nécessaires. On doit se préoccuper
d'assurer l'introduction et la sortie des eaux troubles au
moyen desquelles on opérera le colmatage, ainsi que l'écoulement des eaux pluviales et des eaux d'égouttement des

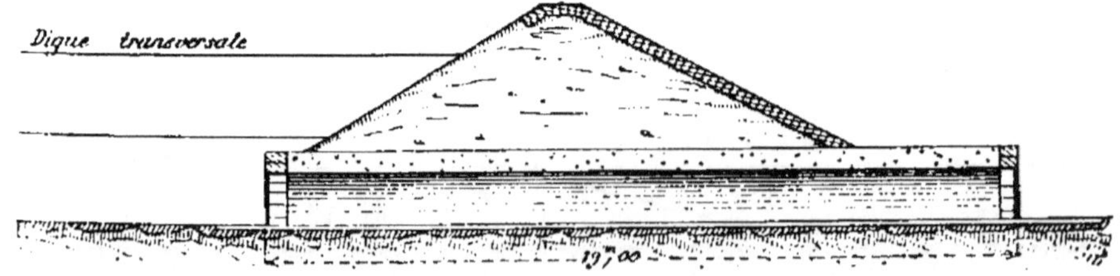

FIG. 192. — Vue d'un aqueduc sous digue.

terres, quand le colmatage sera terminé et le polder en
culture. Le passage de ces eaux à travers la digue est assuré,
suivant l'importance des canaux auxquels ils font suite,
soit par des aqueducs en maçonnerie, soit par des buses en
bois appelées *coëfs*, munis à leur tête extérieure de clapets se
fermant automatiquement quand la mer s'élève (*fig.* 192 à 198).

Les aqueducs maçonnés s'exécutent à marée basse pendant la construction des digues. Les coëfs en charpente sont construits d'avance et échoués sur place. Comme l'écoulement des eaux ne peut avoir lieu qu'à marée basse, le nombre des aqueducs ou coëfs et leurs dimensions doivent être déterminés de manière à satisfaire à une prompte évacuation et à un complet assainissement du polder.

Une autre opération préliminaire consiste à réserver dans la chaîne de pierres des vides par lesquels la mer pourra entrer et sortir facilement à chaque marée jusqu'au jour où

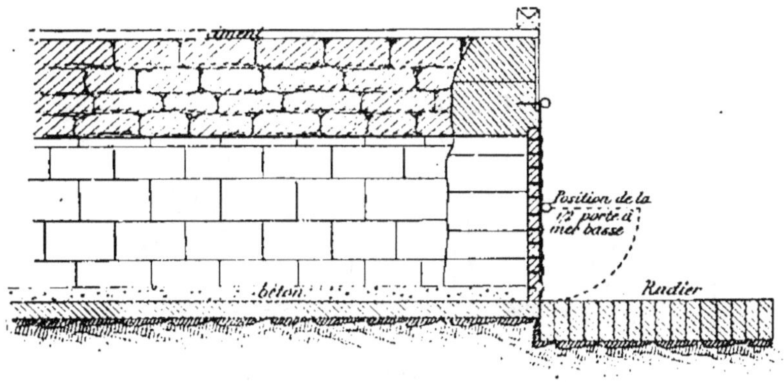

Fig. 193. — Coupe longitudinale.

les digues se trouveront élevées, sur toute la ligne de l'endiguement, à une hauteur suffisante pour tenir la mer en dehors du polder. Ces ouvertures, dont l'emplacement et les dimensions sont donnés par l'expérience, permettent à la mer de remplir facilement le polder à chaque marée et de se mettre de niveau de chaque côté du remblai en construction; on diminue ainsi les chances de destruction du remblai par les vagues déversant par-dessus la crête. En outre, on pave les vides avec les pierres de la chaîne pour empêcher les affouillements possibles du sol. Des musoirs en pierre sont établis sur les parties latérales des vides pour retenir les extrémités du terrassement jusqu'au moment de la fermeture.

Quant au remblai lui-même, il s'exécute en deux périodes :

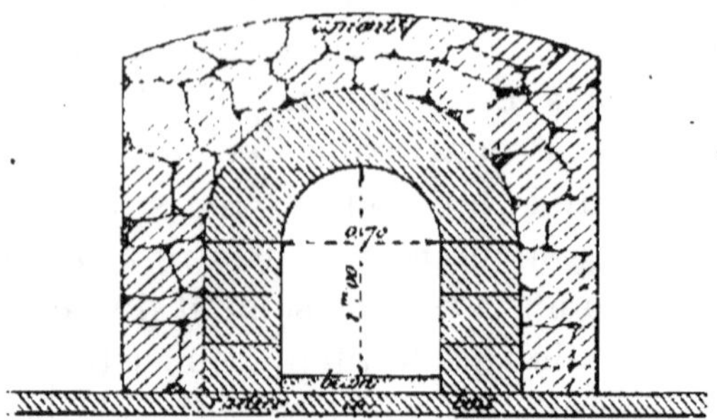

Fig. 194. — Coupe transversale d'un aqueduc sous digue.

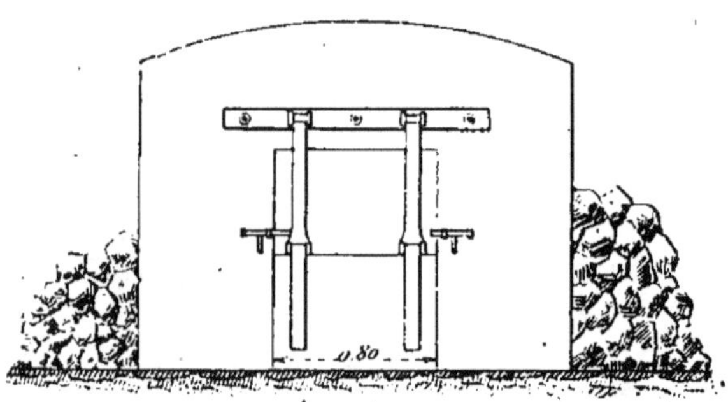

Fig. 195. — Vue de la tête de l'aqueduc.

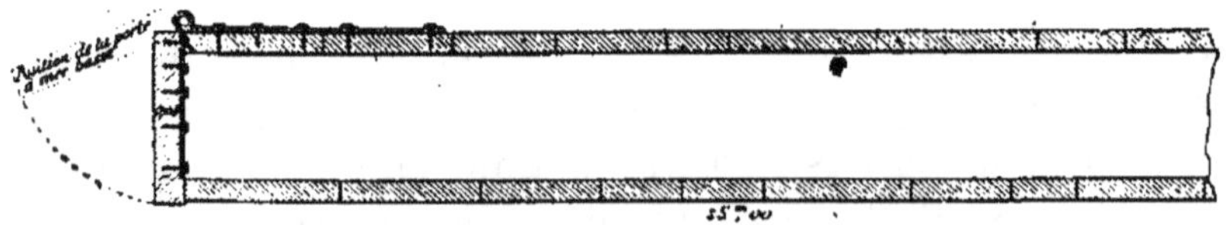

Fig. 196. — Coupe longitudinale d'un coëf.

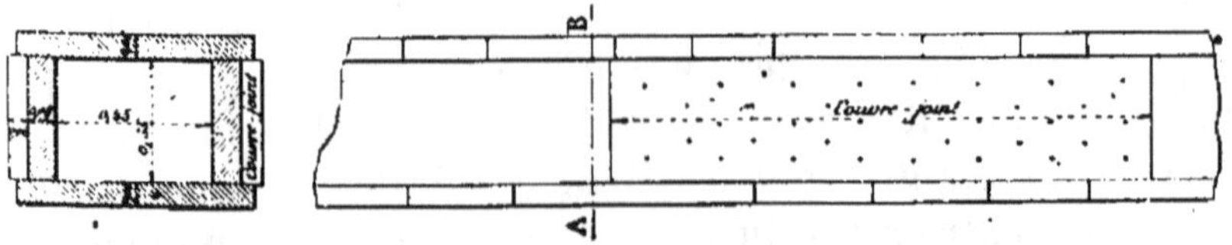

Fig. 197.
(Coupe suivant AB.)

Fig. 198. — Vue de côté du coëf et du couvre-joint.

d'abord jusqu'à ce qu'il ait atteint le niveau de la grande chaîne; puis, après que les terres ont eu le temps de s'assécher et que le talus de cette partie inférieure a été perreyé, on continue le travail jusqu'à ce qu'on atteigne une hauteur de 0^m,50 au moins au-dessus du niveau des plus hautes marées (*fig*. 190). Quand on est arrivé à cette hauteur sur toute l'étendue de l'endiguement et que le perreyage est terminé, il ne reste plus qu'à procéder rapidement, en une seule marée, à la fermeture simultanée des vides pour mettre le polder désormais à l'abri des eaux.

Cette opération est très importante pour le succès de l'entreprise. Comme il faut, ce jour-là, faire le plus de remblais possible, on choisit, pour y procéder, le moment de la plus basse mer de morte eau, attendu que, les digues étant établies à peu près à la ligne des mortes eaux, il n'entre alors que peu d'eau dans le polder, et l'on fait d'avance tous les approvisionnements nécessaires. Dans les quelques jours qui précèdent la fermeture, on enlève le pavage des vides et l'on rétablit les chaînes de pierre ; on retire les musoirs qui retenaient l'extrémité du terrassement, afin que les raccords se relient bien aux digues de part et d'autre, pour faire un tout homogène. Puis, après s'être assuré d'un nombre suffisant de bateaux de transport et du plus d'ouvriers possible, on se met à l'œuvre au jour fixé, dès que la mer découvre, et l'on s'efforce de faire assez de remblai pour qu'à la marée suivante la mer ne puisse plus rentrer dans le polder. On continue aux basses mers suivantes à élever la digue en hauteur, car, de son côté, en avançant vers la vive eau, la mer gagne elle-même en hauteur, et l'on doit continuer à se maintenir au-dessus du niveau des marées jusqu'à l'achèvement complet du travail.

Après la fermeture des vides, le chantier change d'aspect. Le terrain, désormais à l'abri des incursions de la mer, s'assèche assez rapidement et, au bout de quelques jours, on installe les ouvriers en dedans des digues pour la continuation et l'achèvement du remblai qui compose ces ouvrages. On se procure la terre nécessaire en ouvrant à leur pied intérieur un large fossé destiné à servir de collecteur aux eaux du polder. Ce fossé a une largeur moyenne de 10 mètres et une profondeur de 1^m,30 ; il est d'ailleurs nécessaire de ne l'établir qu'à une assez grande distance du pied du remblai (10 à 20 mètres) pour éviter les éboulements de la digue.

Quand celle-ci est terminée en terrassement et en perré, on procède à la plantation d'arbustes dont il a été parlé antérieurement. Il est important de veiller au bon entretien du sommet des digues, car c'est par la tête qu'elles périraient si des écrètements présentaient une amorce aux vagues pendant les tempêtes. C'est pour cette raison qu'on les élève à une assez grande hauteur au-dessus des plus hautes mers et que leur sommet est perreyé et planté avec soin.

Les digues établies dans les conditions précédentes se maintiennent en général en parfait état et n'exigent que des frais d'entretien insignifiants quand le tassement des terres, qui a lieu dans les premiers mois, est accompli et quand la végétation des plantations du sommet a pu se développer.

49. Construction des digues sur fascines, sans perrés de revêtement. — On a déjà signalé l'impossibilité dans certains pays, tels que la Hollande et la Belgique, d'employer la pierre dans l'établissement des digues (§ 47, b). Dans ces conditions, les procédés de construction diffèrent quelque peu des précédents.

On a établi de nombreuses digues le long du Bas Escaut, dans le but de transformer en polders les surfaces comprises entre les laisses de haute et de basse mer, et qu'on appelle, dans ce pays, des *schorres*. Les procédés employés méritent d'être décrits [1].

La figure 199 représente le plan de schorres d'une étendue considérable, qu'il s'agissait de soustraire aux eaux. Ces terrains avaient déjà été mis autrefois à l'abri des hautes marées ; mais, par suite de ruptures partielles des digues ou d'ouvertures pratiquées par la main de l'homme, en vue principalement de provoquer des inondations favorables à la défense du pays, ils se trouvaient de nouveau susceptibles d'être inondés périodiquement. Ils étaient bordés par la

---

[1] *Note sur la construction des digues des polders du Bas Escaut,* par M. Kümmer (*loc. cit.*).

laisse d'un bras de mer au nord, à l'ouest par un terrain
dont le propriétaire n'était pas disposé à tenter les chances
d'un endiguement, au sud-ouest et au sud par les digues
des polders existants, et à l'est par le Bas Escaut belge. Cette
vaste plage était sillonnée de plusieurs criques profondes,
creusées par les courants de marée, qui s'emplissaient au
flot pour se découvrir pendant le jusant. Seule la crique *abcd*,

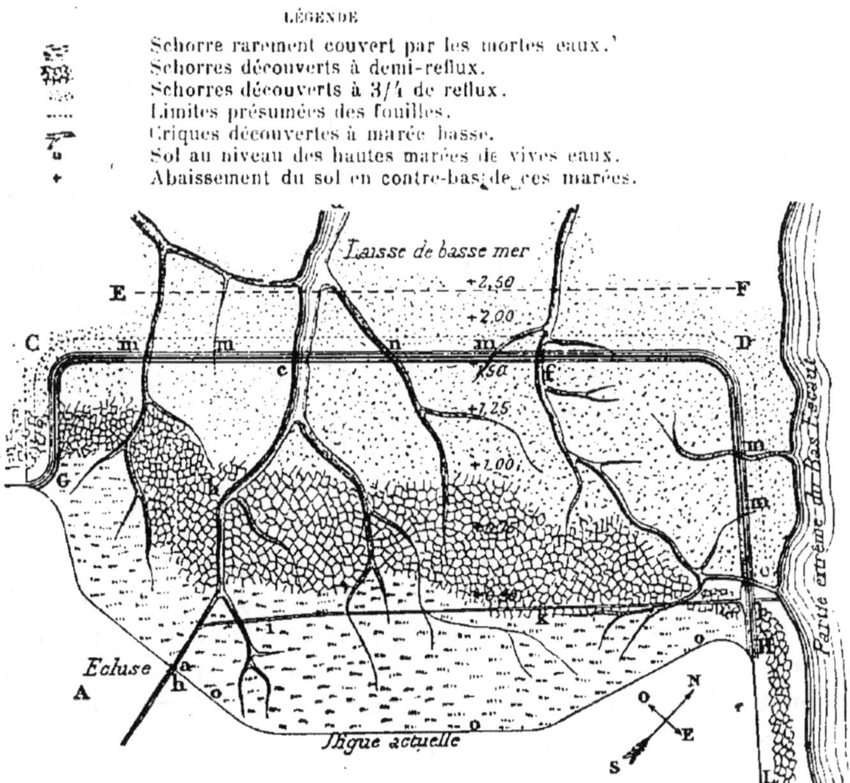

Fig. 199. — Plan d'endiguement de schorres du Bas Escaut.

émissaire des eaux du polder A amenées à l'écluse *h*, et la
crique *fg*, dont le fond était à 3 mètres en contre-bas de la
basse mer et qui communiquait avec le bras de mer et avec
l'Escaut, présentaient un courant continu. Le fond de cette
dernière était formé de sable dur; le reste de la surface du
sol était vaseux et s'élevait peu à peu sous l'influence des
atterrissements.

Dans ces conditions, le travail de réendiguement a consisté à mettre le schorre à l'abri des marées au moyen d'un ouvrage en terre, ayant sa crête arasée au-dessus du niveau des plus hautes marées et se raccordant avec les digues voisines existantes. On a dû, de plus, barrer les criques, ce qui a nécessité l'établissement de tronçons de digues fondés sur fascinages ; enfin une écluse qui traverse la digue assure l'écoulement à la mer des eaux provenant des polders environnants situés à un niveau supérieur.

L'élévation relative du sol aurait permis d'avancer la digue à construire vers la mer jusqu'à la ligne EF, le sol étant sur ce point à 1 mètre en contre-haut des basses mers ; mais, en dehors de cette ligne, le schorre ne présentait pas la consistance nécessaire pour fournir la terre propre à la confection de l'endiguement. Il aurait donc fallu extraire les déblais de l'intérieur du polder, mesure inadmissible, et qui aurait eu pour résultat de diminuer la surface endiguée et de compromettre la solidité de la digue. D'ailleurs, la largeur des criques au droit de ce tracé aurait rendu leur fermeture particulièrement difficile et dispendieuse.

Dans ces conditions, on a reporté le tracé de la digue en arrière, suivant la ligne CD ; on a ainsi laissé à l'extérieur un sol consistant élevé de 1 mètre au-dessus de la basse mer, et d'une étendue suffisante pour fournir les terres employées à la confection de la digue, tout en laissant, entre le pied de cette dernière et l'extrémité la plus rapprochée du chantier de fouille, une plate-forme de 20 mètres de largeur, suffisamment élevée et solide pour faire l'office d'avant-radier et résister au choc des lames pendant l'exécution des travaux d'endiguement. La digue CD a été reliée aux digues existantes par la digue DH, tracée en prolongement de la digue HL, et par la digue CG tracée à la limite du polder situé à l'ouest.

L'ouvrage à construire devait se trouver, sur toute sa longueur, exposé aux vents de tempête. Sa crête a été établie à 1^m,80 en contre-haut des plus hautes mers. Sa largeur en couronne a été fixée à 2^m,50, comme pour les digues existantes ; quant aux talus, leur pente a été uniformément réglée à 2/1 vers l'intérieur du polder et à 5/1 vers l'extérieur.

La laisse de basse mer longeant les alignements CD et CG était très vaste et en pente douce. On a pu, tout en ménageant en avant de l'ouvrage le franc bord de 20 mètres de largeur nécessaire pour défendre la digue et fournir au besoin les terres utiles à son entretien, trouver au-delà de ce franc bord un terrain suffisamment compact pour qu'il soit possible d'ouvrir une fouille jusqu'à $1^m,50$ au-dessous du sol et en extraire une terre de bonne qualité employée dans le corps de l'endiguement. L'alignement DH, parallèle à la rive de l'Escaut, en était suffisamment éloigné pour que les fouilles à effectuer dans le but de confectionner la digue restassent au moins à 100 mètres de cette rive, tout en ménageant une plate-forme de 20 mètres au pied du talus extérieur. Avant de commencer les travaux, il a fallu se préoccuper d'ouvrir une issue aux eaux amenées par l'écluse h. Des sondages effectués en c et f notamment ayant permis de reconnaître que le sol n'était pas suffisamment consistant pour supporter les fondations de la nouvelle écluse à ouvrir, celle-ci a été placée en l, où le terrain était plus compact et plus solide, et un canal d'évacuation $aikl$ a été creusé pour mettre en communication l'écluse l avec les eaux du polder A.

Les terres provenant du déblai de ce canal ont servi à former des digues provisoires pendant la durée des travaux ; après leur achèvement, ces terres ont été employées à combler les criques et les bas-fonds des schorres endigués.

En attendant que l'écluse l fût construite, on a établi à proximité un ouvrage provisoire, ce qui a permis de procéder à la construction des endiguements projetés et au barrage des criques. Ce barrage comprend, en principe, un noyau en terre glaise maintenu entre deux plates-formes en fascinage, échouées sous lest ; le corps de la digue est formé de terres provenant de déblais exécutés en avant du pied de l'ouvrage.

Les criques secondaires m, m, m, dont le lit était assez consistant et dont la profondeur ne dépassait pas 2 mètres, ont pu être comblées jusqu'à la hauteur du sol par un semblable remblai qui, vu son peu d'importance, a pu être effectué dans l'intervalle d'une marée.

La crique *n* (*fig.* 199 et 200), de 15 mètres de largeur, découvrant à marée basse, pouvait être également barrée

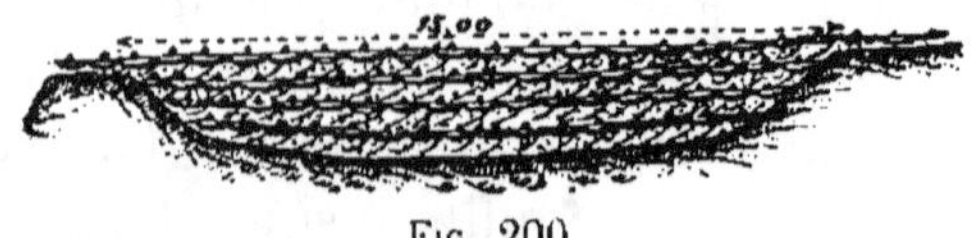

Fig. 200.

sans difficulté. Mais, comme le fond en était vaseux, on a dû établir à l'amont et à l'aval du barrage destiné à la fermer deux risbermes *a, a* (*fig.* 201), ayant pour objet de maintenir

Fig. 201.

les terres formant le corps de l'ouvrage, et qui ont été élevées en plusieurs marées, par couches successives, d'un côté jusqu'à la hauteur du sol du polder, et de l'autre côté jusqu'au niveau des hautes mers de vives eaux ordinaires.

La crique *f* (*fig.* 199 et 202) avait 30 mètres de largeur en

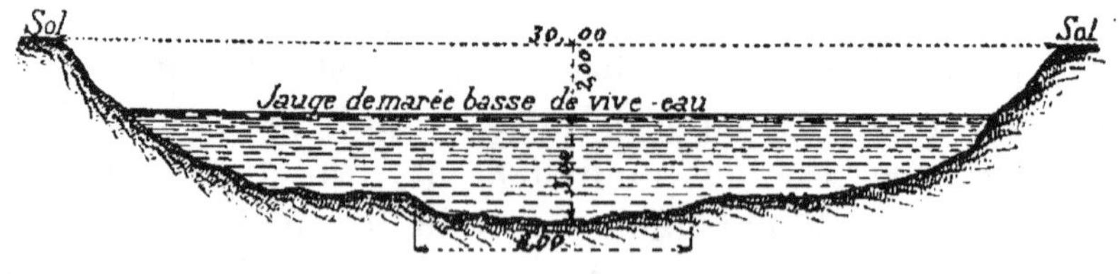

Fig. 202.

gueule; son lit était vaseux, compressible et très irrégulier; la plus grande profondeur se trouvait à 3 mètres en contre-bas de la basse mer. Le barrage a dû être effectué au moyen de plateformes échouées sous lest et maintenant un coffre en terre glaise (*fig.* 203 et 204); ces fascinages, échoués jusqu'au niveau de la basse mer, sont surmontés par des

risbermes. Il a fallu nécessairement commencer par combler
la partie la plus profonde. Les deux plates-formes *no*, *n'o'*,
de 11 mètres de longueur, confectionnées à proximité, sur

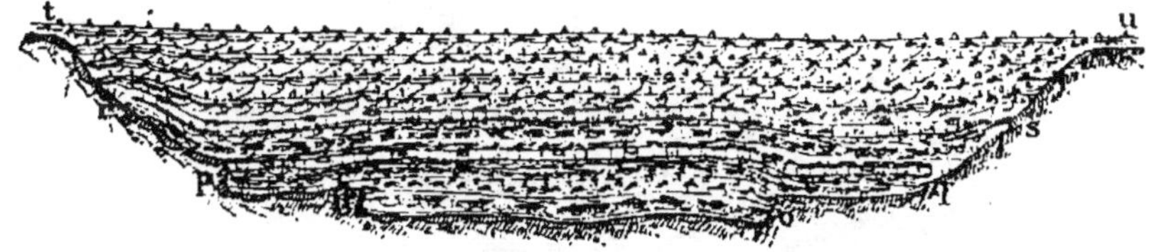

Fig. 203.

le sol du schorre pendant la marée basse précédant celle de
l'échouage, ont été maintenues à flot pendant la marée
haute, puis conduites à pied d'œuvre et échouées simultanément pendant l'étale de basse mer.

Les deux plateformes *pq* et *p'q'* ont pu être échouées de la

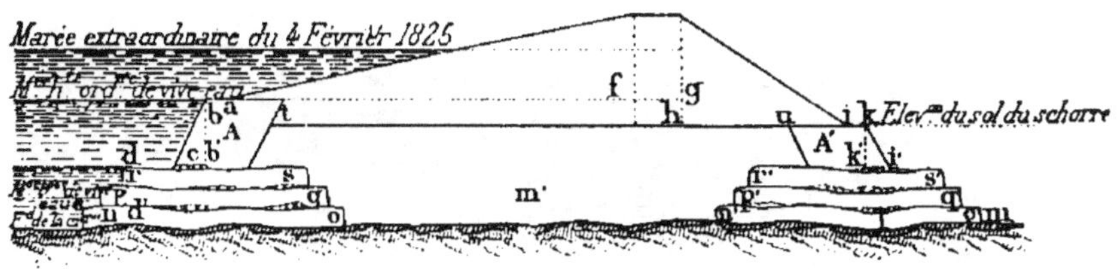

Fig. 204. — Coupe transversale.

même manière ; les dernières, *rs*, *r's'*, ont dû être mises en
place pendant la marée, l'emplacement étant devenu trop
restreint pour que l'opération pût se faire autrement.

Le coffre en glaise *m'*, placé entre les deux massifs de plateformes, a été comblé au fur et à mesure de l'échouage de ces
derniers, au moyen de terres extraites des schorres voisins,
transportées par bateaux et déchargées à destination immédiatement après l'échouage ; on l'a élevé jusqu'en *tu*, au
niveau du sol du schorre.

Puis on a élevé sur les plateformes, et par couches successives, les risbermes A, A', et le remplissage en terre glaise.

Restait alors à effectuer la fermeture des deux criques
situées aux points *e* et *c* du plan. La première avait 20 mètres

de longueur en gueule ; les bords se trouvaient à 2 mètres en contre-haut du niveau des basses mers ordinaires et le fond à 2^m,75 en contre-bas de ce même niveau (*fig.* 205) ; après la fermeture de la brèche *f*, l'eau de cette crique n'ayant plus

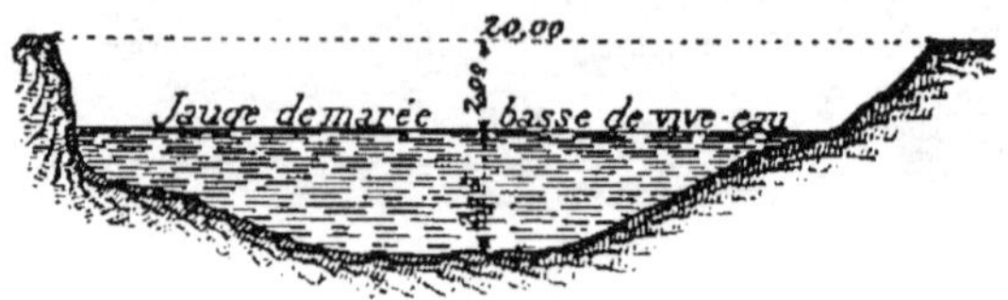

Fig. 205.

de vitesse, on résolut de faire reposer la digue sur deux lits de fascines échoués en amont et en aval de l'ouvrage. Chacun de ces lits de fascines a été formé d'une première couche *abcde* (*fig.* 206), de 1 mètre d'épaisseur, exécutée, dans l'intervalle d'une marée, entre les deux rives de la crique,

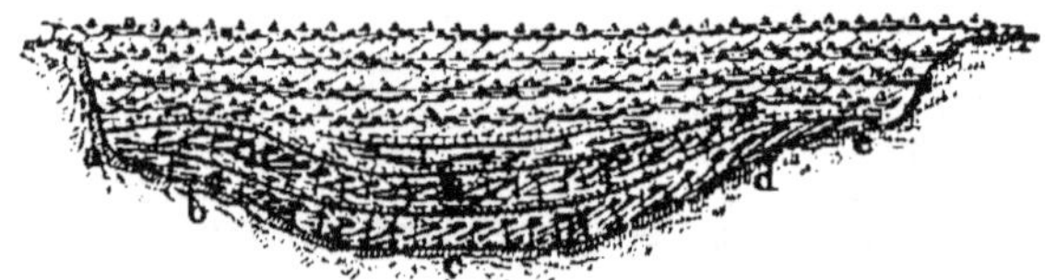

Fig. 206.

surmontée d'une deuxième couche, de même épaisseur, enracinée comme la précédente sur une des rives et prolongée de manière à reposer sur la rive opposée. Restait ensuite à remplir une partie de la crique au droit de l'axe du barrage et qui, sur une longueur de 9 mètres, se trouvait encore à 0^m,75 en contre-bas du niveau de la basse mer ; le vide a été comblé au moyen d'un remplissage en fascines. L'intervalle compris entre les deux fascinages servant de support a été remblayé, au fur et à mesure de l'avancement de ces derniers, au moyen de terres provenant des schorres. Sur ces fascinages s'élèvent les risbermes arasées à la hauteur du sol du polder et supportant la partie supérieure de la digue.

La crique située au point *c* avait 110 mètres de largeur en gueule; son fond était à 1 mètre au-dessous de la basse mer ordinaire et ses rives à 1^m,50 en contre-haut du même niveau. Elle a été fermée, d'une manière analogue à la précédente, au moyen de deux fascinages échoués en amont et en aval du coffre en terre glaise destiné à servir de base à la digue. On a dû exécuter simultanément ces deux fascinages, afin d'éviter l'action des eaux, qui se serait fait sentir sur l'un d'eux, si on les avait établis isolément; en conséquence, les plateformes, ayant chacune 100 mètres de longueur et 10 mètres de hauteur, furent échouées simultanément aux deux extrémités du barrage, et le remplissage du coffre suivit aussitôt cette opération; aux basses mers suivantes, on continua à élever le barrage jusqu'à la hauteur du sol au moyen de couches successives de terre glaise.

La base sur laquelle l'endiguement doit être établi ayant ainsi atteint le niveau du sol du schorre, on a procédé à la confection de la partie supérieure au moyen de terres provenant des fouilles ouvertes simultanément sur tout le développement, à 20 mètres du pied extérieur des digues.

Les terres déposées par couches successives de 0^m,20 à 0^m,30 d'épaisseur ont été établies sous un profil légèrement convexe, dans le but d'offrir le moins de prise possible à l'action des eaux. Les couches ont été soigneusement damées et réglées et les remblais effectués sur tout le développement de l'endiguement, de manière à l'élever aussi uniformément que possible dans le sens horizontal.

Dès que les remblais ont atteint à peu près le niveau des hautes mers de vive eau, on a empêché le déversement des eaux extérieures dans le schorre, en établissant, sur tout le pourtour de la digue, une sorte de bourrelet qu'on exécute rapidement entre deux marées, à une époque de morte eau et en temps calme, au moyen de terres approvisionnées à l'avance et transportées sur tous les bateaux disponibles. On fait ensuite écouler les eaux que contient le schorre endigué par l'éclusette provisoire; puis, l'endiguement étant complètement fermé, on achève de donner à l'ouvrage son profil définitif en pilonnant la terre par couches successives.

Les talus extérieur et intérieur sont revêtus en gazon. Le talus extérieur est, en outre, garanti par un fascinage sur

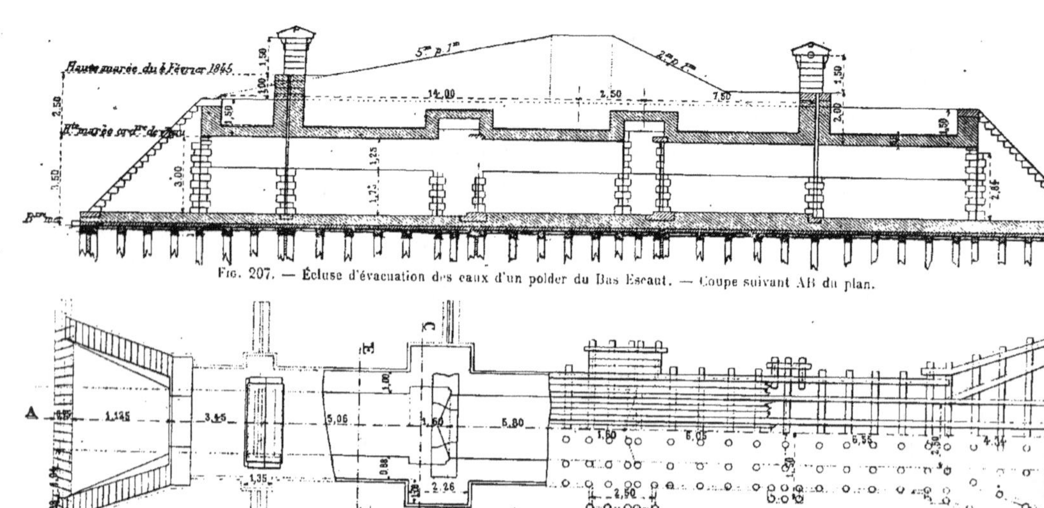

Fɪɢ. 207. — Écluse d'évacuation des eaux d'un polder du Bas Escaut. — Coupe suivant AB du plan.

Fɪɢ. 208. — Plan.

4 mètres de hauteur. Ce dernier revêtement n'est que provisoire ; dès que le gazon a pris racine, il devient inutile et n'est pas renouvelé.

Les écluses d'évacuation des polders s'établissent habituel-

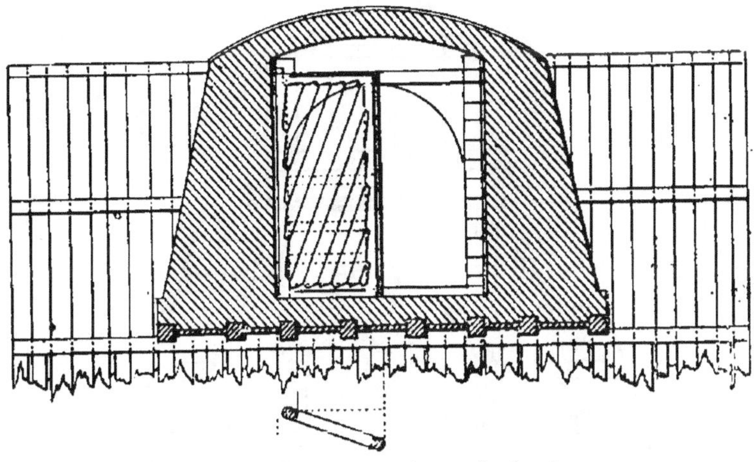

Fig. 210. — Coupe suivant CD du plan.

lement d'une manière uniforme, les dimensions variant suivant les cas (*fig.* 207 à 211). Établies généralement sur un terrain d'alluvion, les maçonneries sont élevées sur pilotis, grillage et plancher en charpente. Les appareils de fermeture comportent à la fois, vers les têtes, des vannes coulissant dans des rainures, et au milieu du corps de l'ouvrage, deux paires de portes de flot busquées s'ouvrant ou se fermant par la seule pression des eaux d'amont et d'aval.

La surface du radier est ordinairement au niveau de la basse mer. Dans le cas actuel, le radier de l'écluse, en raison de l'élévation du schorre à endiguer et de celle de l'écluse supérieure appartenant au polder A,

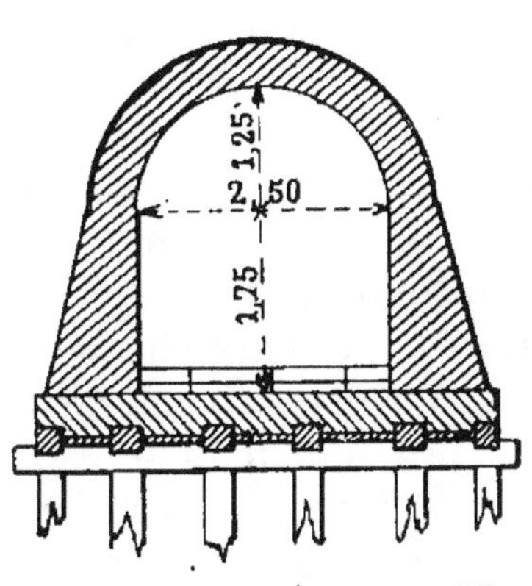

Fig. 210. — Coupe suivant EF du plan.

a pu être établi à 0m,50 en contre-haut de ce niveau, ce qui permet de le visiter à chaque basse mer et de procéder immédiatement aux réparations nécessaires en baissant les vannes d'amont. L'ouverture de l'écluse h du polder A était de 1^m,80 ; ses piédroits avaient 1^m,30 de hauteur. En conséquence, on a fixé ici à 2^m,50 l'ouverture et à 1^m,50 l'éléva-

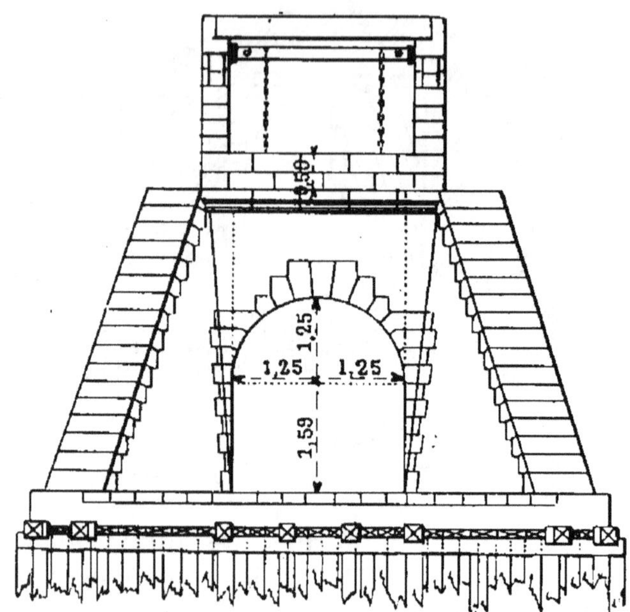

Fig. 211. — Élévation de la tête amont.

tion des piédroits, dimensions plus que suffisantes pour assurer l'écoulement complet des eaux provenant du polder A et de l'intérieur des schorres endigués.

50. Asséchement des polders.

— Lorsque l'enclôture d'un polder est terminée, on doit pourvoir à son asséchement et à l'écoulement des eaux pluviales, au moyen de fossés et canaux, comme dans les autres entreprises de desséchement. Aux polders de Bouin, les rigoles de dernier ordre, tracées suivant la pente du terrain, ont une profondeur de 0^m,80 à 1 mètre et une largeur en gueule de 1^m,50 à 1^m,70 ; elles sont distantes de 23 mètres d'axe en axe et débouchent dans un large fossé établi à peu de distance du pied des digues et parallèle à leur direction. Ce dernier sert de réservoir pendant la haute mer, pour l'accumulation des eaux véhiculées par les rigoles, alors que l'écoulement au dehors est impossible.

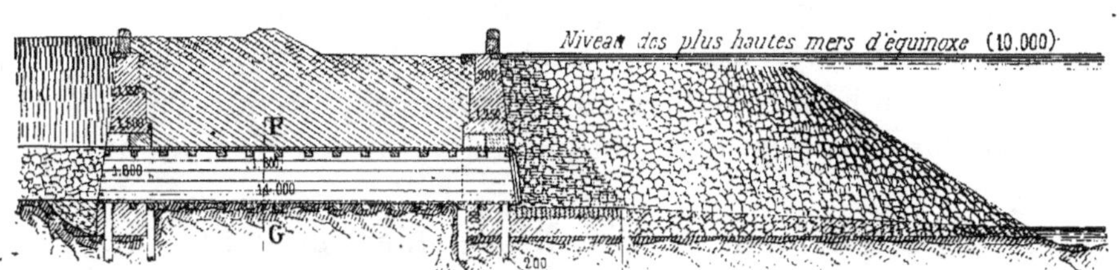

Fig. 212. — Aqueduc à clapet du collecteur des eaux des polders du mont Saint-Michel. — Coupe longitudinale.

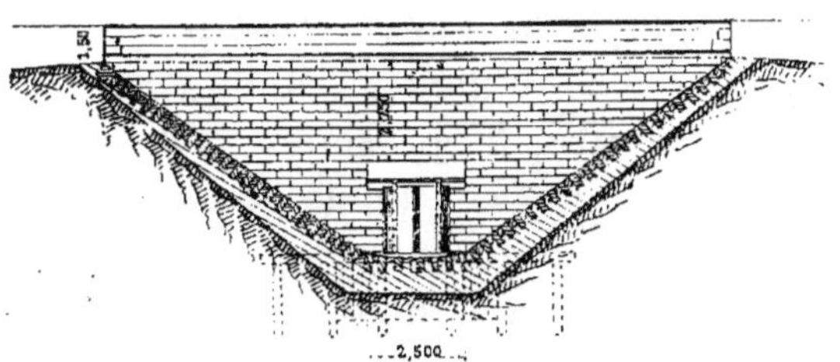

Fig. 213. — Élévation d'aval.

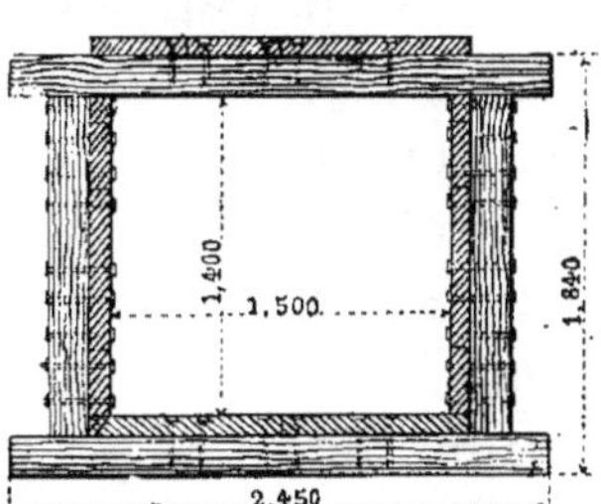

Fig. 214. — Coupe suivant FG

A basse mer, l'eau est évacuée par les coëfs et les aqueducs, dont les clapets s'ouvrent d'eux-mêmes pour donner passage aux eaux douces. Après quelques années de culture, quand le sol a été dessalé, aéré et assaini, on peut supprimer un certain nombre de fossés principaux et réduire la largeur en gueule des petits fossés à 1 mètre environ.

Aux polders du mont Saint-Michel, les rigoles sont espacées de 50 mètres ; elles ont généralement de $0^m,30$ à $0^m,50$ au plafond et de 2 à 3 mètres de largeur en gueule avec une profondeur moyenne de $0^m,75$ à 1 mètre. Ces rigoles aboutissent à des canaux collecteurs qui franchissent les digues de séparation des polders au moyen d'aqueducs en maçonnerie et qui déversent les eaux pluviales dans la mer à l'aide de *nocs* placés sous les digues d'enclôture. Ces *nocs* sont des conduites en bois de chêne, de section carrée, munies à l'aval d'un clapet automobile analogue à celui des coëfs dont il a été parlé.

Lors de l'établissement des premiers polders de la baie du mont Saint-Michel, il a fallu envoyer séparément à la mer les eaux intérieures de chacun d'eux, ce qui présentait un double inconvénient : les canaux de fuite s'envasaient fréquemment à l'aval des clapets, et l'écoulement n'était pas assuré d'une façon régulière ; en outre, la présence et le déplacement continuel de ces eaux sur la plage empêchaient l'exhaussement et la maturation des grèves situées en avant des digues. Pour remédier à ces inconvénients, aussitôt que les digues ont présenté une continuité suffisante, on a réuni toutes les eaux dans un collecteur unique qui les évacue au moyen d'un grand aqueduc à clapet ; un second aqueduc semblable, établi à 200 mètres en arrière du premier,

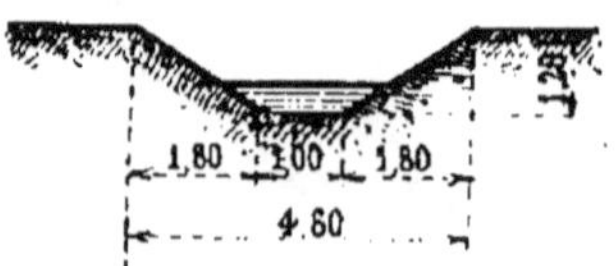

Fig. 215. — Canal collecteur à son origine.

empêcherait l'invasion des eaux en cas d'accident (*fig.* 212 à 214).

Les dimensions du grand collecteur augmentent à mesure qu'il se rapproche de son débouché ; sa largeur au plafond varie de 1 à 2 mètres ; sa pente moyenne est de $0^m,25$ à $0^m,30$ par kilomètre (*fig.* 215 et 216). L'exécution de ce canal a permis d'assurer un écoulement plus rapide et plus complet aux eaux pluviales, et, en abaissant le plan d'eau des polders, d'en rendre l'assèchement plus parfait.

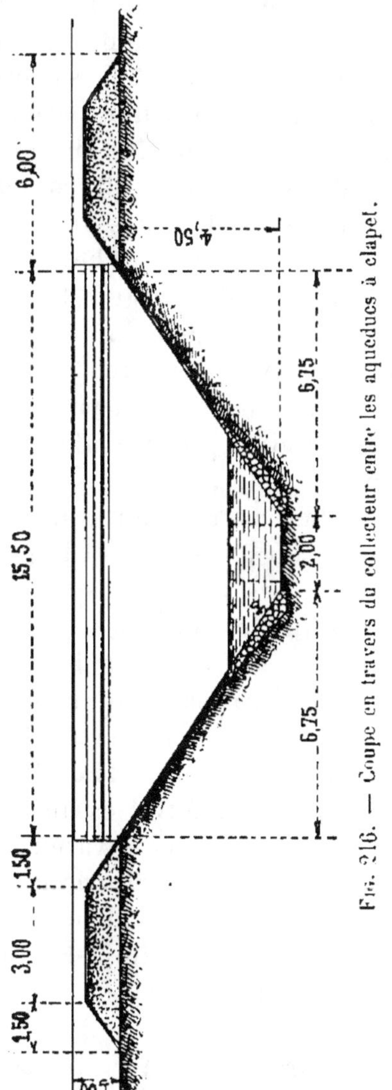

Fig. 216. — Coupe en travers du collecteur entre les aqueducs à clapet.

Aux polders de la baie des Veys (Manche) (§ 52, *b*), aussitôt que le terrain est mis à l'abri de la mer, au moyen d'une ceinture de digues, et qu'on a procédé au comblement des nombreux petits cours d'eau qui sillonnent la plage, on partage la superficie en parcelles dont la contenance varie entre 3 et 5 hectares, au moyen de rigoles séparatives ayant 2^m,80 de largeur moyenne au niveau du sol et une profondeur variant de 1 mètre à 1^m,50, suivant l'altitude et la situation du terrain.

Ces rigoles ont pour but non seulement de diviser les herbages et d'assurer leur égouttement, mais encore d'opérer le drainage de toute l'eau salée dont est saturé le sol. L'écoulement de ces eaux salées et des eaux pluviales se fait dans la rivière de Vire, au moyen d'un ponceau muni à l'aval d'un clapet automobile à axe horizontal placé sous la digue d'enclôture. Pour prévoir le cas où il surviendrait inopinément une avarie à ce clapet, on établit, à quelques mètres en amont, une vanne de sûreté qui se manœuvre à l'aide d'un treuil placé sur le sommet de la digue et au-dessus du niveau des plus hautes marées.

Lorsque plusieurs mois se sont écoulés depuis l'ouverture

de ces rigoles d'assèchement, on prépare l'emblavage du polder au moyen de deux ou trois labours successifs. Ce travail ameublit, aère le sol et favorise son dessalement par les eaux pluviales; on le laisse reposer pendant deux ou trois mois encore, puis on donne un dernier labour et on sème du froment, de l'orge ou de l'avoine suivant la saison. On continue à cultiver ainsi le polder pendant une période variant de deux à quatre années, suivant que les circonstances atmosphériques et les résultats de cette culture ont été plus ou moins favorables à la division et au dessalement du sol. La dernière année, on sème des graines d'herbe, le plus souvent dans une récolte de blé ou d'orge, et le travail de la conversion du polder en herbage est terminé. Toutefois la production d'herbe pendant les premières années est très faible, et l'on compte dix ans au moins, à partir de l'ensemencement, avant qu'un polder ainsi préparé ait acquis la valeur des autres herbages de la même région.

Dans la baie du mont Saint-Michel, au contraire, un terrain acquiert toute sa valeur après son enclôture, et la production des trois ou quatre premières années est même notablement supérieure à celle des années suivantes.

Cette différence tient à ce que les grèves de la baie du mont Saint-Michel, composées en majeure partie d'un sable calcaire, friable, léger, perméable à l'eau et à la chaleur solaire, constituent un sol éminemment propre à la culture, mais dont les champs sont envahis par les mauvaises herbes. Au contraire, dans la baie des Veys, les dépôts vaseux et argileux qui recouvrent presque partout les alluvions de sable et de tangue, rendent la terre de cette baie compacte, froide, peu perméable et difficile à cultiver; elle est seulement apte à la production de l'herbe pour pâturages.

51. Mise en exploitation des polders. — Les terrains conquis sur la mer pour l'établissement des polders sont ordinairement d'une fertilité exceptionnelle et particulièrement aptes à la culture des céréales. Toutefois ils sont imprégnés de sel marin et, pendant les premières années d'exploitation, le rendement est en général relativement assez faible et irrégulier, à cause de sa présence en excès dans le sol. Mais, dans les pays à climat tempéré et pluvieux, comme la Bretagne, par exemple, la terre délavée par les pluies, égouttée, ameublie et aérée par la culture, ne tarde pas à se dessaler complètement. Il en est d'ailleurs tout autrement dans le Midi, où l'on voit, sur les terrains bas desséchés dans le voisinage de la Méditerranée ou sur ceux qui ont été conquis sur les étangs du littoral, le sel remonter à la surface par l'effet de l'évaporation énergique que détermine l'ardeur du soleil. On se rappelle que c'est la présence du sel qui a fait échouer les essais de mise en valeur des marais desséchés de Vic (§ 22).

Aux polders de Bouin, pendant la première année, c'est la culture de l'orge qui réussit le mieux dans la terre imparfaitement desséchée et dessalée ; le blé et le colza peuvent être semés l'année suivante ; puis, au bout de trois ou quatre ans, les fèves et la luzerne qui complètent l'assolement ordinaire.

Les terres peuvent être cultivées sans engrais pendant un grand nombre d'années, le produit du curage des fossés fournissant d'ailleurs un excellent amendement.

52. Exemples. — Les principales entreprises de mise en valeur des polders, qui s'exécutent actuellement en France, sont, d'une part, celle des polders de Bouin (Vendée), et, d'autre part, celle des polders du mont Saint-Michel et de la baie des Veys (Manche).

a) *Polders de Bouin.* — En 1852, une Société dite d'endiguement et de mise en culture des polders de la baie de Bourgneuf, entreprit d'activer la conquête des atterrissements formés par les vases marines qui, dans le cours de quelques siècles, avaient réuni au continent un îlot rocheux qui forme aujourd'hui une partie de la commune de Bouin. Au fur et à mesure que les atterrissements se développaient, ils étaient mis à l'abri des hautes eaux. Vers le commencement du XIXe siècle, quelques travaux furent entrepris le long du littoral ; c'est ainsi que fut créé le polder de Saint-Céran, d'une surface de près de 300 hectares.

Le but de la Société d'endiguement a été non plus d'attendre la formation des atterrissements, mais bien de provoquer le colmatage sur une surface déterminée, puis de mettre, d'une manière définitive, les terrains colmatés à l'abri de la mer. Depuis sa création elle a endigué et mis en valeur successivement 700 hectares, répartis en cinq polders, comme l'indique le tableau ci-dessous (*fig.* 214).

DÉSIGNATION DES POLDERS	SURFACE DES POLDERS	DATE DE LA CRÉATION	OBSERVATIONS
	hectares		
Barbâtre.........	117	1855	
Les Champs......	100	1860	
Le Dain.........	140	1863	
La Coupelasse...	183	1867	
Beauvoir.......	160	»	Les travaux sont en cours d'exécution.

La longueur développée des digues est de 18 kilomètres et demi.

La Société a également étudié un projet de formation de trois nouveaux polders dont la surface serait supérieure à 500 hectares.

Après l'achèvement des travaux d'endiguement qui ont été décrits, on procède au nivellement du sol. Quoique le colmatage opéré par la mer soit à peu près régulier, il laisse des dépressions qu'il importe de faire disparaître. Les transports de terre pour opérer le nivellement se font en même temps que l'on creuse les fossés qui courent au pied des digues. Puis on procède, par l'établissement de rigoles d'assainissement perpendiculaires à la direction de la digue à la mer, à la division du polder en planches d'une largeur de 25 mètres très légèrement bombées au milieu; les eaux qui ne sont pas absorbées par le sol coulent dans ces rigoles, et de là dans les fossés de ceinture, pour être évacuées par les coëfs. Enfin, au centre du polder, est ménagé un chemin qui donne accès aux diverses parcelles.

L'exploitation du sol n'est pas faite directement par la Société d'endiguement : les parcelles en sont louées à des colons, moyennant une redevance annuelle de 10 francs par hectare et le partage des produits.

L'assolement le plus ordinaire est biennal : blé et fèves. Le rendement est généralement bon : il varie dans l'ensemble des polders de 25 à 30 hectolitres par hectare, tant pour le blé que pour les fèves. Malgré le système de culture qui est assez épuisant, l'emploi des engrais est inutile, et des analyses de terres provenant de polders neufs et de terres pro-

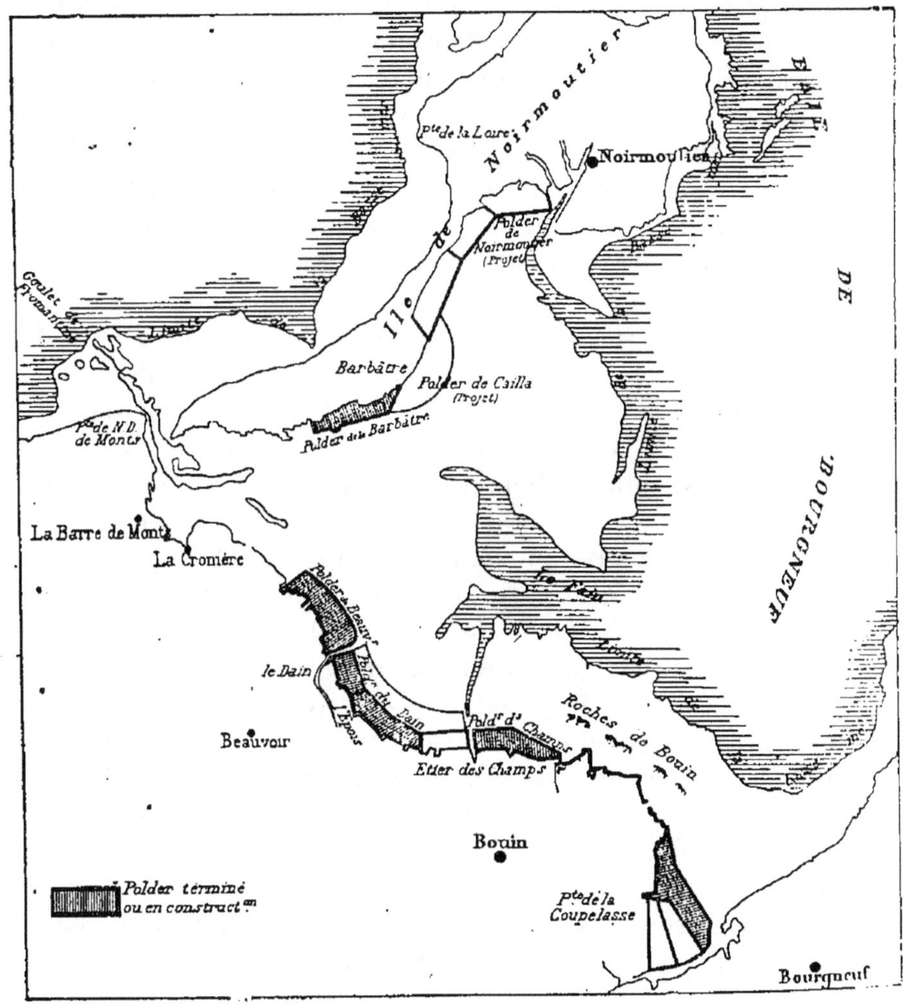

Fig. 217. — Plan des polders de Bouin.

venant de polders en culture depuis une trentaine d'années, n'ont présenté que des différences faibles montrant que la fertilité était loin d'en être sensiblement diminuée [1].

[1] SAUNIER, *Journal de l'Agriculture*, 1898, n° 1639.

Néanmoins, en présence de la diminution constante du prix du blé, la Société a cherché à modifier les cultures : elle trouve un prix plus élevé dans la production des plantes fourragères, et elle a introduit, en outre, la culture des vignes dans les polders.

Les travaux de création de ces polders ont exigé une dépense considérable : 3.500 francs par hectare, y compris les frais d'achat du sol improductif, qui ont été fixés à 250 francs il y a trente ans; leur valeur actuelle est de 4.000 à 4.500 francs l'hectare. Quant au revenu net, exception faite des premières années, il a atteint jusqu'à 200 francs l'hectare, et aujourd'hui encore, malgré la baisse générale du revenu des terres, il dépasse 150 francs.

b) *Polders de l'Ouest.* — Le littoral de la Manche, à l'ouest et à l'est de la presqu'île du Cotentin, présente de nombreuses et profondes découpures, dans lesquelles aboutissent généralement des cours d'eau de faible débit; il offre des conditions exceptionnellement favorables pour la formation des polders, qui deviennent en peu d'années de riches herbages, grâce au climat pluvieux et tempéré de la région.

Parmi les baies qui se forment et se fertilisent à l'aide de ce mélange particulier de sable, de débris coquilliers et de dépôts vaseux qu'on nomme tangue, figurent deux baies dont on a déjà eu à parler plusieurs fois antérieurement, celle du mont Saint-Michel à l'enracinement ouest de la presqu'île, entre les départements de la Manche et celui d'Ille-et-Vilaine, et la baie des Veys, à la naissance est de la même presqu'île, entre le département du Calvados et celui de la' Manche.

A diverses reprises, des concessions de ces lais de mer ont été faites à des particuliers; toutefois les moyens de conquête et de défense employés étant insuffisants, les résultats obtenus étaient à peu près nuls. Mais une concession, faite par décret du 21 juillet 1856 [1] à la Compagnie des Polders de l'Ouest, a amené des résultats importants et qui méritent d'être mentionnés. La surface de lais de mer à

---

[1] Voir le texte de ce décret (*Annexe II*, p. 528).

conquérir est de 2.800 hectares dans la baie du mont Saint-Michel et de 1.000 hectares dans la baie des Veys.

Dans la baie du mont Saint-Michel, l'insuccès des tentatives antérieures de création de polders était dû aux divagations, à travers les sables mouvants de la baie, des trois cours d'eau principaux qui la traversent : le Couesnon au

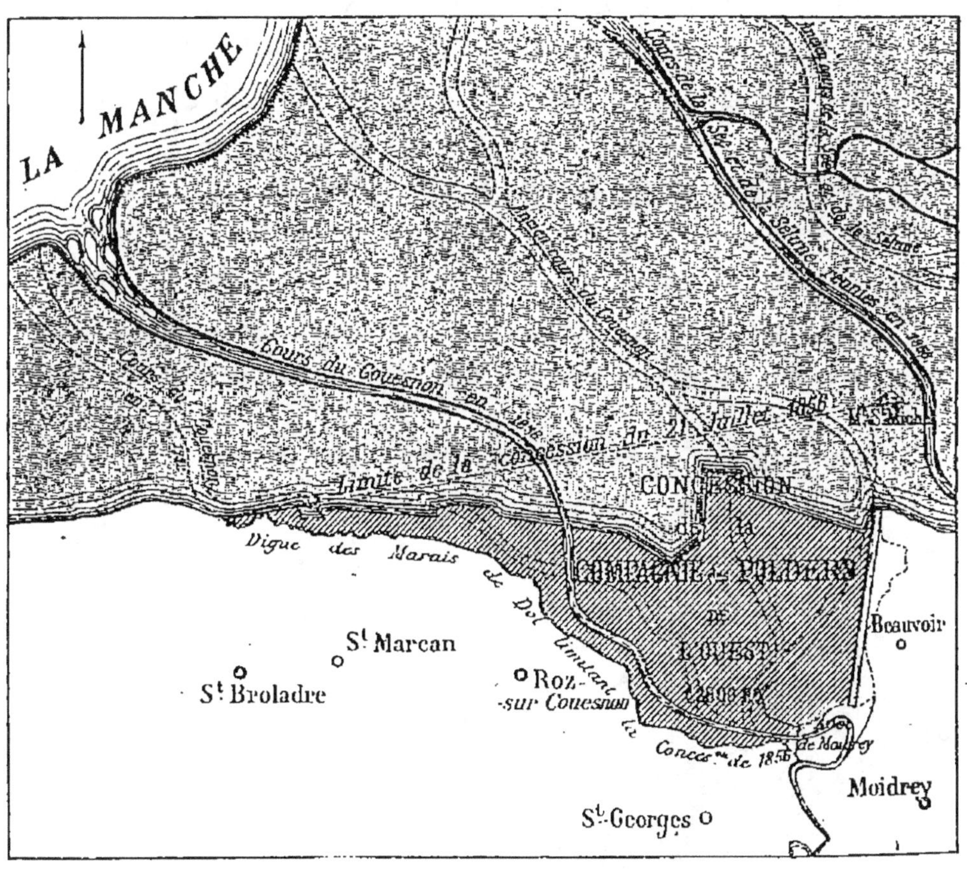

Fig. 218. — Plan général des polders de la baie du mont Saint-Michel.

sud, la Sée et la Sélune à l'est (*fig.* 218 et 219); ces rivières, sapant à leur base les digues d'enclôture, détruisaient les conquêtes des riverains. Le premier travail exécuté par la Compagnie a consisté, en conséquence, à canaliser le Couesnon entre l'anse de Moidrey et le mont Saint-Michel. Ce canal, qui remplaça l'ancien lit sinueux du Couesnon, est en alignement droit; sa longueur totale est de

5.600 mètres; sa largeur varie de 70 à 120 mètres, et sa

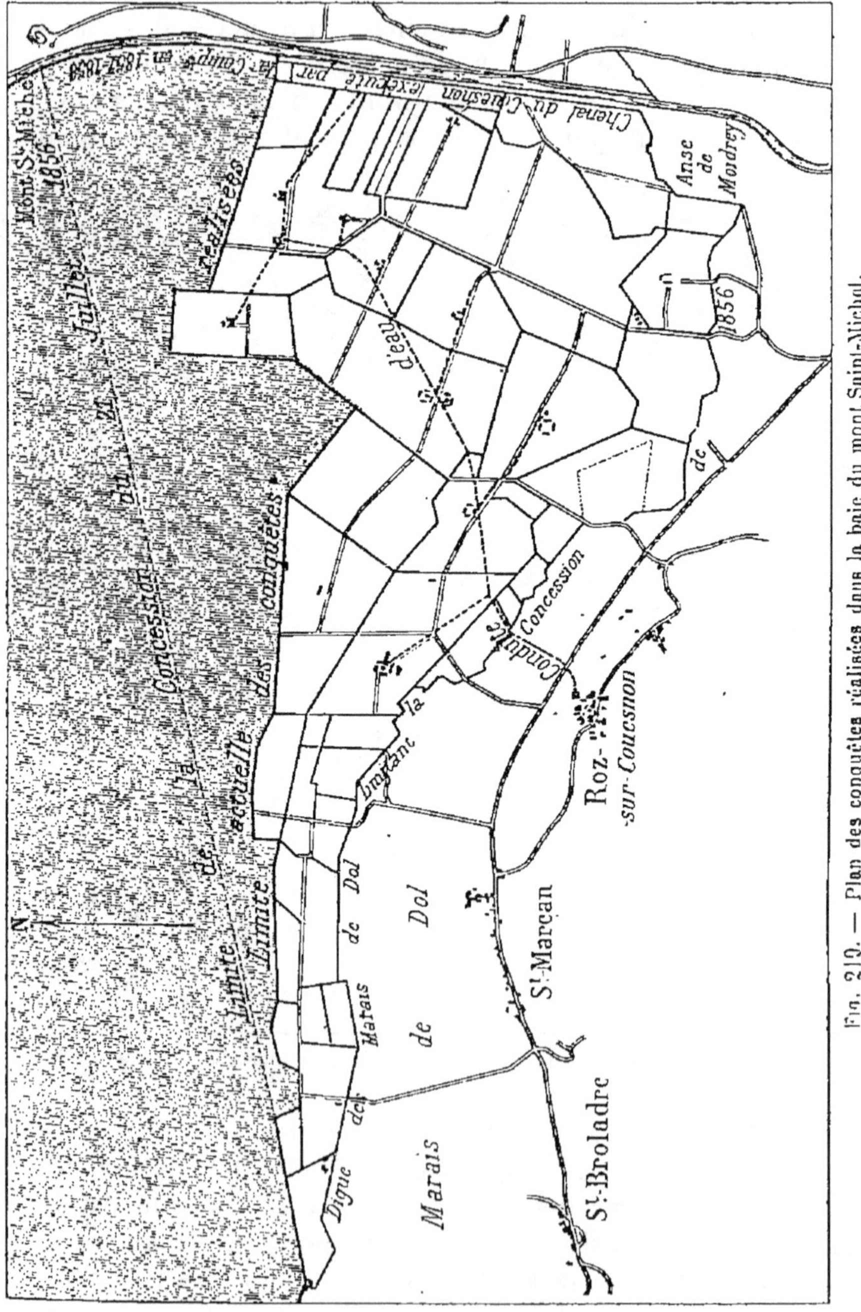

Fig. 210. — Plan des conquêtes réalisées dans la baie du mont Saint-Michel.

profondeur de 6 à 7 mètres au-dessus des plus hautes

mers de vive eau d'équinoxe. Il a été ouvert sur 4.000 mètres à travers un ancien enclos et sur 1.600 mètres sur la plage baignée chaque jour par la mer. La masse des terres à déblayer pour creuser la première section de 4.000 mètres n'était pas inférieure à 2 millions de mètres cubes; ce travail a été exécuté rapidement et économiquement, en mettant à profit l'extrême mobilité du sol pour faire opérer par la mer et par la rivière elle-même le déblai de la cuvette du canal. Dans ce but, on s'est contenté de tracer les berges du canal, en laissant à l'eau le soin d'enlever les terres et de creuser la cuvette. On établit sur la rive droite du canal de dérivation à construire, une rigole d'appel de 6 mètres de largeur au plafond, et l'on protégea l'une des berges de cette rigole, celle de l'est, par un fort tapis d'enrochements. Sur la rive gauche du même canal, on ouvrit une rigole analogue, mais de moindres dimensions, dont on revêtit la berge ouest d'un enrochement semblable à celui de la berge est de la rigole de rive droite. L'intervalle entre les deux cordons d'enrochement représentait la largeur du lit du canal après achèvement des travaux de creusement. Puis, pour procéder au creusement, on introduisit dans la rigole de droite les eaux du Couesnon après avoir barré l'ancien lit au moyen d'une puissante levée insubmersible construite dans l'intervalle de deux grandes marées. Enfin on mit la rigole de rive droite en communication avec la mer, en détruisant un batardeau qui avait été construit à l'aval du chenal pour protéger les travaux pendant leur exécution. Sous l'influence de l'action alternative des courants de flot et de jusant à chaque marée, et sous celle de la rivière à basse mer, la masse de terres restée entre les deux rives du chenal délimité par les deux cordons d'enrochement, corrodée par les eaux, fut peu à peu emportée à la mer; la rigole s'élargit progressivement, livrant chaque jour aux flots un plus large accès, et finit par rejoindre le revêtement de rive gauche dont les enrochements descendirent d'eux-mêmes pour recouvrir le talus ouest du chenal et arrêter les effets de la corrosion des terres à la limite précise marquée par le projet.

Pour le prolongement de 1.600 mètres de la dérivation à

travers la grève, on procéda d'une manière inverse, c'est-à-dire qu'on fit opérer par la mer non plus le déblai de la cuvette du canal, mais l'exhaussement de ses berges, préalablement limitées par deux puissants cordons d'enrochements, dont l'un, celui de rive droite, était soudé au pied du mont Saint-Michel, et l'autre, celui de rive gauche, était prolongé à 1.200 mètres au large de cette île pour prévenir tout retour de la rivière sur le territoire des polders.

Quant aux rivières de Sée et de Sélune, elles furent rejetées vers le nord de la baie au moyen d'une digue submersible en enrochements de 6.200 mètres de longueur, se dirigeant en ligne droite de la pointe de la Roche-Torin vers le mont Saint-Michel.

Divers petits cours d'eau, qui divaguaient sur la grève à l'est du canal du Couesnon, ont été détournés et écoulent leurs eaux dans la Sélune à travers le pont éclusé de la Roche-Torin, formé de deux aqueducs juxtaposés séparés par une pile de 1^m,50 d'épaisseur (*fig.* 220 à 224). Ces aqueducs sont fermés chacun par des portes de flot verticales à deux vantaux butant l'un contre l'autre et s'appuyant en haut et en bas contre des buses en pierre. Ces portes, plus mobiles que des clapets, démasquent facilement toute la section.

Les terrains conquis par la Compagnie sont ceux qui sont situés à l'ouest du Couesnon. Lorsque les dépôts de tangue ont atteint un niveau peu inférieur à celui des hautes mers ordinaires de vive eau, ils se recouvrent spontanément d'une plante grossière appelée criste marine, laquelle, quand l'atterrissement atteint ce niveau, est remplacée par l'herbu, sorte de gazon propre au pâturage. Il convient, si l'on veut éviter la destruction rapide de ces terrains par les flots, de les soustraire à l'action de la mer aussitôt que leur surface est recouverte d'une végétation dense et uniforme, et que leur niveau n'est plus qu'à 1 mètre environ au-dessous des plus hautes marées. Cependant, autant il est indispensable d'endiguer les herbus au fur et à mesure de leur maturité, autant il serait inutile de prétendre devancer cette époque, d'enclore et de chercher à mettre en culture des portions de grève qui ne seraient pas suffisamment exhaussées et n'au-

Pont éclusé de Roche-Torin (polders de la baie du mont Saint-Michel).

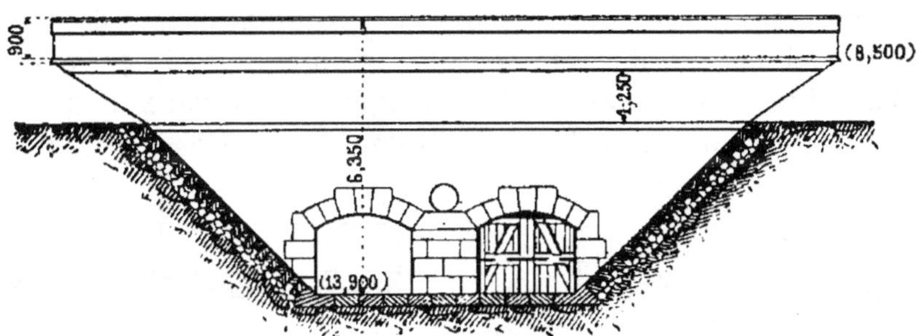

Fig. 220. — Élévation d'amont.

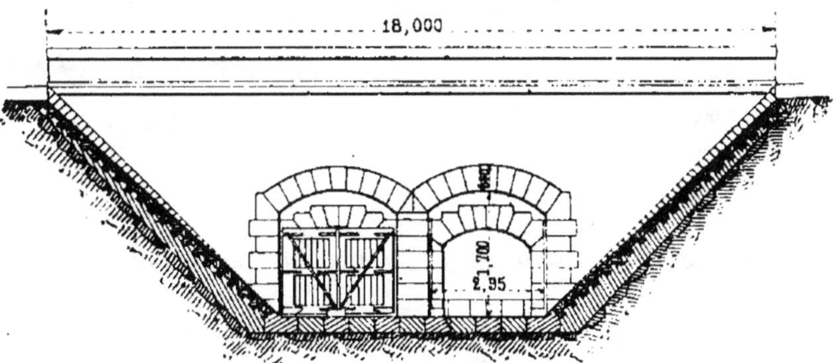

Fig. 221. — Élévation d'aval.

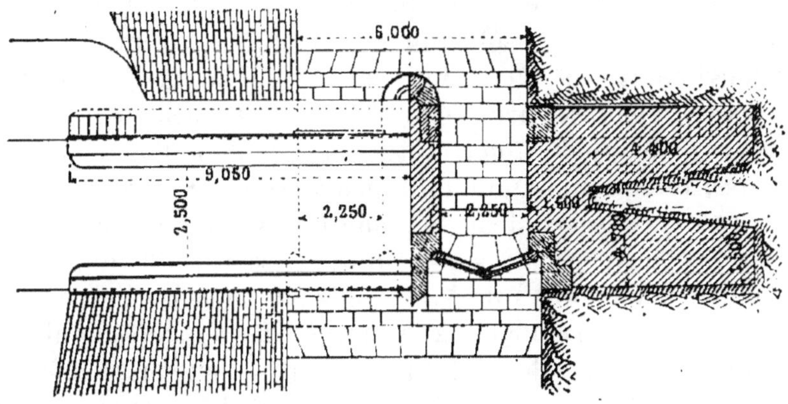

Fig. 222. — Demi-plan et demi-coupe horizontale.

raient pas encore reçu les dépôts qui constituent leur fertilité. Contrairement à ce qui se passe aux polders de Bouin,
le seul moyen de faire des conquêtes dans la baie du Mont-
Saint-Michel est d'attendre que la mer les ait préparées.
D'ailleurs, aussitôt après l'achèvement des travaux d'endiguement que l'on vient de mentionner, les grèves de la partie

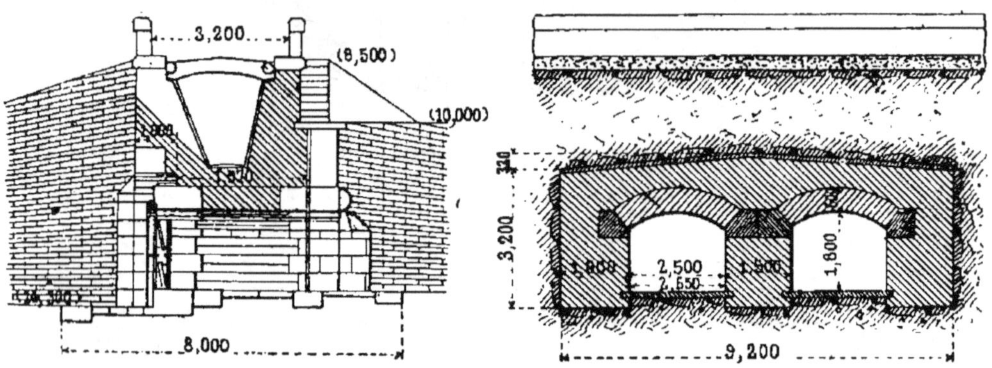

Fig. 223. — Coupe longitudinale.Fig. 224. — Coupe transversale.

occidentale de la baie se sont peu à peu consolidées et
accrues.

Les digues d'enclôture ont été construites en tangue,
d'après le procédé que l'on a précédemment décrit (§ 47).
La tangue, étant composée de sables calcaires très ténus
dans lesquels l'argile n'entre qu'en proportion infime,
manque de cohésion et n'offre par elle-même aucune résistance à l'action dissolvante des eaux. On remédie à cet
inconvénient, et on donne aux remblais la consistance
nécessaire pour assurer l'étanchéité des digues, en employant
un procédé appelé *lisage* et qui consiste dans l'opération suivante : lorsqu'une digue en construction est arrivée à 0ᵐ,50
environ au-dessus des plus hautes mers, on creuse dans
l'axe de l'ouvrage, de son sommet à sa base et sur toute sa
longueur, en opérant par tronçons successifs d'environ
50 mètres, une rigole de 2 mètres de largeur en gueule. On
remplit cette rigole alternativement d'eau prise dans les
criques voisines, à l'aide de pompes, et des terres déposées
sur ses bords. Des hommes descendent dans la tranchée et

pétrissent avec leurs pieds les terres que d'autres ouvriers
jettent incessamment dans les eaux projetées par les pompes,
jusqu'à ce que la rigole soit remplie de ce mélange. Une partie
de l'eau pénètre à travers les talus de la digue et en révèle les
fissures et les défectuosités que l'on répare immédiatement.
Le surplus remonte à la surface des remblais pilonnés qui
forment d'abord une masse molle et élastique, puis bientôt,
par la dessiccation, un corroi d'une dureté comparable à celle
de l'argile sèche et presque toujours suffisante pour arrêter
les eaux de la mer, lorsque, par l'effet d'une tempête, le
talus extérieur de la digue a été corrodé par les lames.

De 1858 à ce jour, la Compagnie des Polders de l'Ouest a
conquis une surface de polders de 2.021 hectares, soit plus
des deux tiers de la concession totale. Des fermes d'importance variable ont été construites au fur et à mesure de
l'accroissement des polders. Ceux-ci ont été en partie aliénés
et en partie loués à des fermiers. La Compagnie a également
construit des corps de ferme dans divers polders et
établi une distribution d'eau potable qui alimente les fermes;
elle a enfin créé un réseau complet de chemins de desserte.

Les terres se montrent très fertiles. On y a cultivé d'abord
les céréales qui donnaient de bons rendements; mais ceux-
ci baissèrent rapidement, les champs étant envahis par les
mauvaises herbes qui poussent dans les polders avec une
abondance déplorable. On leur substitua alors une culture
alterne. Dans la plupart des fermes, les terres se répartissent à peu près comme suit : un tiers en céréales (blé et
avoine), un tiers en plantes sarclées (pommes de terre et
graines pour le commerce), et un tiers en plantes fourragères
(trèfle, betteraves et luzerne).

Le prix moyen d'enclôture par hectare n'a pas dépassé
700 francs environ. Les polders sont loués 150 à 200 francs
par hectare, et leur valeur vénale atteint en moyenne
3.000 francs l'hectare. La Compagnie a donc créé une valeur
foncière de plus de 6 millions, à laquelle il convient d'ajouter
une plus-value importante procurée par ses travaux aux
propriétés des tiers.

Dans la baie des Veys (*fig.* 225 et 226), les rivières d'Aure
et de la Vire avaient été endiguées par l'État préalablement

à la concession. Dans cette baie l'amplitude des marées n'excède pas 8 mètres, alors que dans celle du mont Saint-Michel elle atteint 15 mètres dans les plus fortes marées de vive eau d'équinoxe ; il en résulte que les courants de flot

Fig. 225. — Plan général des polders de la baie des Veys.

et de jusant sont moins violents, que les lames y ont moins de hauteur et qu'il n'est pas nécessaire de donner aux digues d'enclôture une aussi grande élévation. La crête de ces digues, qui atteint 1^m,50 au-dessus du niveau des plus hautes mers dans la baie du mont Saint-Michel, ne dépasse pas 0^m,70 au-dessus de ce même niveau dans la baie des Veys. En

revanche, les basses mers de morte eau descendant moins
bas, le travail de construction des digues sur les plages de

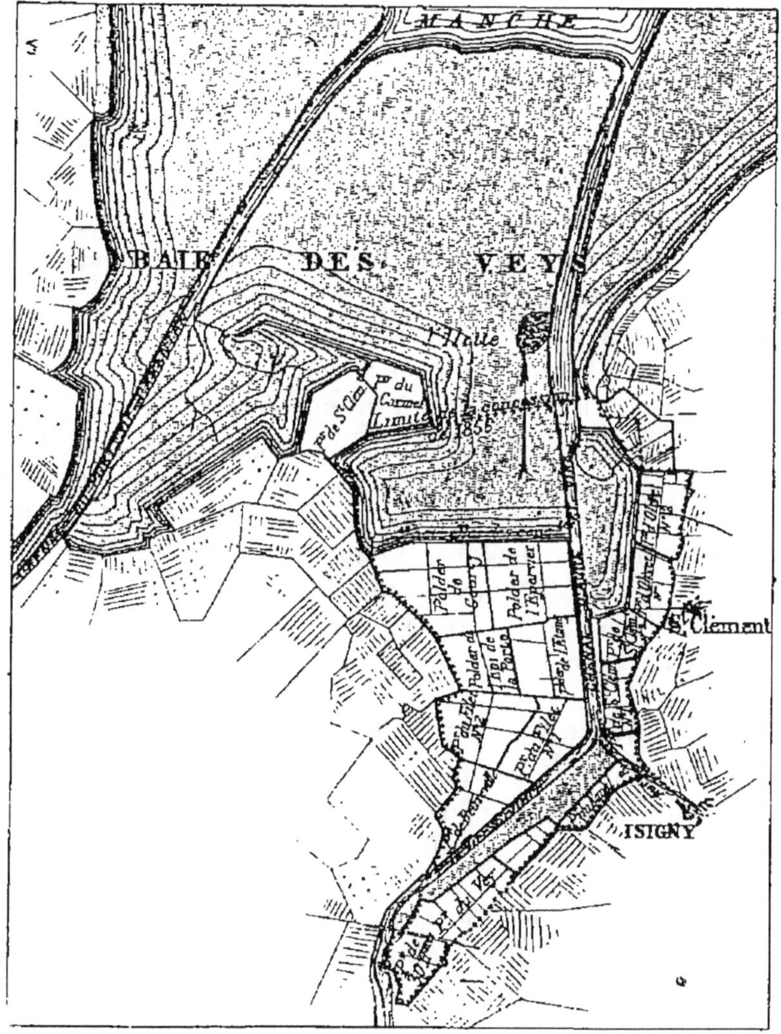

Fig. 226. — Plan des conquêtes réalisées dans la baie des Veys.

cette dernière baie est presque continuellement entravé par
la présence de la mer.

De plus, les plages de cette baie sont partout sillonnées de
criques profondes et étroites par lesquelles s'écoulent, pendant la basse mer, les eaux qui y ont été emmagasinées à la

marée précédente. Le tracé des digues franchit toujours un certain nombre de ces criques, et, à chaque marée, on a à lutter sur ce point contre la mer; il est surtout difficile de réunir les deux parties d'une digue en construction, l'espace qui les sépare étant creusé par le va-et-vient alternatif des courants de flot et de jusant.

La mer montant presque chaque jour sur le talus des digues en construction, tant à l'extérieur qu'à l'intérieur par les brèches, on est forcé de revêtir ces digues, à l'intérieur comme à l'extérieur, d'une couche de gazon argileux qu'il faut aller recueillir à grande distance et décharger à pied d'œuvre pendant la marée haute, de sorte qu'avant que ces gazons puissent être mis en place, les lames en enlèvent une partie plus ou moins considérable, suivant l'état de la mer.

La construction des digues à la mer dans la baie des Veys offre donc de plus sérieuses difficultés que dans la baie du mont Saint-Michel; il en résulte que le prix de revient des conquêtes dans la première de ces baies a atteint le chiffre de 2.000 francs par hectare, notablement supérieur à celui des conquêtes de la baie du mont Saint-Michel. Toutefois, l'écart entre les deux prix est à peu près compensé par l'excédent de valeur des herbages de la baie des Veys sur les terres cultivées du mont Saint-Michel.

Les alluvions des deux baies sont d'une nature à peu près semblable et composées de couches superposées de sables et de tangue en ce qui concerne les dépôts d'un niveau inférieur à la cote 2 mètres au-dessous du niveau des plus hautes marées. Quand une portion de grève est parvenue à ce niveau dans la baie des Veys, la mer y dépose une couche de vase argileuse très riche en matières organiques (cadavres de poissons, algues, etc.). On peut alors procéder à l'enclôture et à la mise en valeur du terrain, sans attendre, comme on doit le faire dans la baie du mont Saint-Michel, que le sol se relève encore et que l'herbe y pousse spontanément.

Les polders créés par la Compagnie, de 1858 à l'époque actuelle, ont une étendue totale de 625 hectares, dont 260 sur la rive droite de la Vire et 365 sur la rive gauche. Cette Compagnie a établi, en outre, sur chaque rive, un centre d'exploitation agricole pour les besoins de la culture pendant la conversion des polders en herbages. Ceux-ci, une fois créés, sont consacrés à l'élevage et à l'engraissement du bétail. La Compagnie a également établi une distribution d'eaux douces et des abreuvoirs aux points convenables pour que les bestiaux puissent y accéder facilement.

Pendant la période de formation des herbages, qui a duré quinze à vingt ans, leur valeur locative s'est élevée progressivement de 100 à 250 francs par hectare. Aujourd'hui ce dernier chiffre est même dépassé dans certains polders. Quant à la plus-value foncière correspondante, elle n'est pas inférieure à 5.000 francs par hectare ; la valeur des terrains conquis actuellement est donc supérieure à 3 millions.

53. Résultats obtenus. — Les travaux de création de polders entrepris par la Société d'endiguement et par la Compagnie des Polders de l'Ouest ont donné, comme on l'a vu, des résultats satisfaisants au point de vue agricole.

Ils ont, en même temps amené une amélioration sensible dans les conditions hygiéniques des contrées ainsi transformées. Les terrains qui émergent des côtes et qui contiennent presque toujours des vases provenant de détritus de coquillages, de poissons et de plantes marines, ont les inconvénients des marécages et engendrent, pendant les chaleurs, de nombreux cas de fièvre paludéenne. Leur transformation en terre cultivée fait disparaître ces foyers d'infection et contribue puissamment à l'amélioration de la santé publique de la région avoisinante. Enfin ces travaux fixent et retiennent les populations agricoles sur les lieux, et l'exploitation des polders par des Compagnies puissantes et bien outillées coopère au progrès agricole, par l'introduction dans le pays de machines modernes et de nouveaux procédés de culture.

54. Législation. — Les polders, ainsi qu'il résulte de ce qui précède, sont des portions de rivage soustraites à l'action des flots au moyen de digues, et conquis sur le domaine maritime.

On désigne sous le nom de *lais* de mer des dépôts marins formés sur le littoral et émergeant au-dessus du grand flot qui détermine la limite du rivage ; les *relais* sont les portions de rivages que la mer abandonne et ne couvre plus au moment du grand flot. Ils sont classés dans le domaine privé de l'État, aliénable et prescriptible. C'est ce qui résulte des termes de la loi du 16 septembre 1807, relative au dessèchement des marais, et dont l'article 41 est ainsi conçu :

Le Gouvernement concédera, aux conditions qu'il aura réglées, les marais, lais, relais de la mer, le droit d'endiguage, les accrues, atterrissements et alluvions des fleuves, rivières et torrents, quant à ceux de ces objets qui forment propriété publique ou domaniale.

La concession du droit d'endiguage, et, par voie de conséquence, celle des terrains que les digues devront faire sortir du domaine public, peut être faite soit de gré à gré, soit par voie d'adjudication, avec publicité et concurrence.

Les demandes en concession de gré à gré sont instruites dans les formes prescrites par une ordonnance royale du 23 septembre 1825. Cette ordonnance exige :

1° Des plans levés, vérifiés et approuvés par les ingénieurs des Ponts et Chaussées; 2° un mesurage et une description exacte avec l'évaluation en revenu et en capital; 3° une enquête administrative *de commodo et incommodo;* 4° un arrêté pris par le préfet, après avoir entendu les ingénieurs des Ponts et Chaussées, ainsi que le directeur du génie militaire, lorsque les objets à concéder seront situés dans la zone frontière ou aux abords des places fortes ; 5° l'avis respectif des directeurs généraux des Ponts et Chaussées et des domaines ; 6° l'avis du Ministre de la Guerre, dans l'intérêt de la défense; 7° un examen en Conseil d'État (section des Finances) des demandes en concession, ainsi que des charges et conditions proposées de part et d'autre.

Un décret du 21 février 1852 a rendu obligatoire l'avis du Ministre de la Marine, et les dispositions précédentes ont été complétées par les décrets relatifs à la réglementation des travaux mixtes et par diverses instructions du service des Domaines. En aucun cas, l'aliénation ne peut être consommée qu'en vertu d'un décret.

En cas d'adjudication aux enchères, les dispositions de l'ordonnance du 23 septembre 1825 relatives à l'enquête *de commodo et incommodo* reçoivent leur application. Il en est de même du décret de 1852, en ce qui concerne l'intervention du Ministre de la Marine et des lois ou règlements sur les travaux mixtes.

Au décret de concession est joint un cahier des charges

conforme au modèle général arrêté par le Ministre des Finances pour la vente des immeubles de l'État, sauf addition des clauses spéciales que comporteraient les circonstances particulières de l'affaire.

L'*Annexe II* donne, à titre d'exemple, le texte du décret du 21 juillet 1856, relatif à la concession de lais et relais de la mer, dans la baie du mont Saint-Michel, à la Compagnie des Polders de l'Ouest, ainsi que le cahier des charges y annexé.

Les concessions d'endiguage transfèrent à ceux qui les obtiennent, non seulement la jouissance et la possession immédiate des terrains concédés, mais aussi la propriété future de ces terrains, à dater du jour et dans la mesure où, soit naturellement, soit par l'effet des travaux, ils seront définitivement sortis du lit des eaux [1].

Le mode actuel de concession des lais et relais en vue de la création des polders a été vivement critiqué [2]. On a fait remarquer que, les demandes intéressant à la fois quatre Ministères, celui des Travaux publics, de la Marine, de la Guerre et des Finances, leur examen est l'objet de plusieurs enquêtes de longue durée.

Ces demandes doivent être nécessairement précédées d'études longues et assez coûteuses, pour constater la possibilité pratique et économique de l'endiguement et se rendre compte des résultats probables de la mise en culture du futur polder. Si la concession de gré à gré est refusée, le demandeur doit courir les risques d'une adjudication, dont le résultat peut rendre stériles les études et dépenses préparatoires.

Il serait certainement à désirer que la procédure fût simplifiée, au moins en ce qui concerne les délais de l'instruction, et aussi que l'État, au lieu de demander un prix relativement élevé pour la concession des lais et relais, favorisât les travaux de création de polders, comme il l'a fait pour les opérations de drainage.

---

[1] Avis du Conseil d'État (29 juin 1881).

[2] *Mémoire sur les* polders *de la baie de Bourgneuf*, par M. LE CLERC (*Bulletin de la Société des Ingénieurs civils*, 1867, 1er trimestre). — D. ZOLLA, *les Polders de la Vendée* (*l'Illustration*, numéro du 25 février 1899).

SEPTIÈME PARTIE

DU DRAINAGE

CHAPITRE I

GÉNÉRALITÉS

55. Définition. — Le drainage [1] est l'opération d'assainissement agricole qui consiste à assurer d'une manière régulière l'écoulement des eaux surabondantes qui imbibent certaines terres imperméables, au moyen d'une canalisation souterraine à joints ouverts.

L'eau, on le sait, est indispensable à la végétation; mais le degré d'humidité du sol ne peut pourtant pas dépasser une certaine valeur sans que la croissance et le développement des plantes soient contrariés. Le sol cultivable, composé de particules à l'état d'extrême division, se comporte, vis-à-vis de l'eau qui l'imprègne, comme une sorte d'éponge où cette eau suit les lois de la capillarité. L'eau ne s'écoule donc pas comme si elle était uniquement soumise à la gravité, et si elle est trop abondante ou séjourne trop longtemps dans les interstices des particules qui composent le sol, si elle baigne trop longtemps les racines, la végétation est compromise non seulement par les mauvaises conditions où se trouvent les plantes utiles, mais encore par le développement spontané de la végétation spéciale aux terrains humides. Il est,

[1] De l'anglais *drain*, égout.

par suite, nécessaire qu'une certaine fraction de l'eau pluviale tombée sur le sol puisse descendre jusqu'au-dessous de la zone où se développent les racines des plantes ; cette fraction est très variable avec la nature du sol, les circonstances climatériques, etc. A défaut d'un égouttement naturel, le drainage est appelé à y pourvoir.

Ainsi qu'on le verra plus loin, le drainage a également pour effet d'abaisser le niveau de la nappe souterraine alimentée par l'égouttement des terrains supérieurs et qui est arrêtée dans sa marche descendante lorsqu'elle rencontre une couche imperméable. Le niveau de la nappe souterraine varie avec les saisons : il peut parfois remonter suffisamment pour que les racines nagent pour ainsi dire dans l'eau et que les plantes dépérissent. L'écoulement de ce liquide est donc d'une importance primordiale.

En principe, un drainage comporte, dans le cas le plus général, une série de files de drains ou tuyaux en poterie de petit diamètre, posés à peu près horizontalement, dont l'espacement et la profondeur varient avec la nature du terrain ; ces tuyaux recueillent, par leurs joints, une série de suintements qui forment un courant ; les courants se rendent, à leur tour, dans des tuyaux de plus grand diamètre, ou drains collecteurs, tracés parallèlement aux lignes de plus grande pente du terrain, et qui aboutissent à des fossés ou des cours d'eau chargés d'absorber les produits du drainage.

Dans certains cas particuliers, lorsque par exemple on trouve sur place des cailloux, des pierres plates, de la tourbe, etc., on remplace parfois, lorsqu'il s'agit d'opérations peu importantes, les tuyaux en poterie dont le prix de revient est relativement assez élevé, par des pierrées, des tuiles, des briques…, posées au fond de tranchées, à la manière des drains proprement dits (§ 59).

Le résultat obtenu par le drainage est d'autant plus efficace que les tuyaux sont posés à une plus grande profondeur. Il serait difficile, dans ces conditions, de chercher à leur substituer de simples rigoles à ciel ouvert, qui exigeraient des terrassements importants et entraîneraient la perte d'une surface assez grande pour la culture. En outre, ces rigoles nécessiteraient un entretien onéreux, leurs talus s'éboulant inévitablement de temps à autre et provoquant des réparations souvent coûteuses.

Avec des tuyaux, au contraire, les tranchées à ouvrir devant être remblayées aussitôt après la pose, peuvent avoir des parois presque verticales; les tuyaux une fois mis en place n'exigent pour ainsi dire pas d'entretien. Il en résulte que l'assainissement par drainage est souvent plus économique que l'assainissement par fossés à ciel ouvert.

56. Effets généraux du drainage. — Les effets généraux du drainage sont multiples et importants. Il agit à la fois sur le sol, sur la nappe souterraine et sur la végétation; son influence se fait, en outre, sentir sur les conditions météorologiques et hygiéniques de la contrée.

a) *Effets sur le sol.* — Le drainage maintient dans la couche arable du sol l'état intermédiaire entre l'extrême sécheresse et l'extrême humidité, indispensable à la végétation. Il effrite la terre à la manière des labours multipliés; les mottes les plus tenaces se fendillent et s'émiettent; la terre se divise ainsi en parcelles qui permettent aux filaments des racines de s'étendre avec facilité dans des pores nombreux où elles rencontreront plus de matières assimilables tant à l'état liquide qu'à l'état gazeux, attendu que l'eau pluviale, s'égouttant peu à peu, laisse des vides que l'air remplit, pour être chassé à son tour lors de nouvelles pluies. L'adhérence des molécules argileuses étant détruite et le sol rendu friable, le maniement des instruments aratoires se trouve grandement facilité.

Le drainage est même susceptible d'améliorer les sols argileux, absolument compacts et imperméables. La porosité relative qu'acquièrent de pareils terrains sous l'influence du drainage provient de la nature même de l'argile. Lorsque les pluies arrivent après une grande sécheresse, sur un terrain non drainé, elles trouvent le sol coupé de crevasses plus ou moins profondes, mais sans issues et ne tardent pas à couvrir le sol. L'argile se mouille, se détrempe et forme une pâte compacte tout à fait imperméable; l'eau ne peut plus s'en aller qu'en coulant à la surface et par l'évaporation,

Tant que les terres sont mouillées, il est impossible d'y entrer pour les cultiver, et les racines sont privées de l'air dont elles ont besoin. Lorsque les argiles viennent à sécher, elles se fendillent et se divisent par petites masses tellement dures qu'il est bien difficile de les travailler; les racines des plantes manquent d'air dans les masses trop compactes et d'eau dans les crevasses. Il résulte de cet état de choses que les opérations de la culture ne peuvent pas se faire en temps utile et que les récoltes laissent toujours à désirer.

Au contraire, lorsque des terrains de cette nature sont drainés, l'air des tuyaux dessèche les couches en contact avec eux; celles-ci prennent du retrait, se fendillent et permettent à la dessiccation de se propager peu à peu. Pour produire cet effet, l'air doit encore agir d'une autre manière.

Plus léger que l'eau, il tend à la remplacer dans les terres et facilite sa chute dans les drains. Après un temps plus ou moins long, les crevasses déterminées par les drains rejoignent la surface du sol, et les eaux peuvent s'écouler assez vite pour éviter que les argiles se mettent en pâte. Alors, le terrain plus sec permet aux racines de pénétrer plus profondément et aux vers de s'y loger. Celles-ci et ceux-là tracent dans le sol de petits conduits, déposent des détritus, facilitent l'écoulement des eaux et modifient la nature du sol au point de le rendre perméable et de permettre la culture des terres en tout temps. A cet avantage viennent se joindre tous ceux du drainage dans les terrains humides[1].

Les effets du drainage dans les terres argileuses sont long-temps avant de se faire sentir : ce n'est souvent qu'au bout de dix-huit mois à deux ans que le résultat complet de l'opération est obtenu. Toutefois, bien avant cette époque, l'action de fendillement du sol se manifeste clairement par l'accroissement continu du débit des drains et par les modifications et l'amélioration continues de la nature du sol.

En résumé, l'amélioration obtenue est d'autant plus sensible que le terrain drainé souffrait plus auparavant d'un excès d'humidité. Elle peut avantageusement s'appliquer à

---

[1] DEBAUVE, *Manuel de l'Ingénieur des Ponts et Chaussées.* — « Des Eaux en agriculture. »

une terre antérieurement cultivée et qui exigeait, pour être assainie, l'existence de fossés d'évacuation des eaux superficielles. Ces fossés disparaissent, la surface cultivable se trouve ainsi augmentée. De plus, le dessèchement se fait dans des conditions beaucoup plus convenables.

b) *Effets sur la nappe souterraine.* — On a déjà mentionné les inconvénients, au point de vue de la culture des terres,

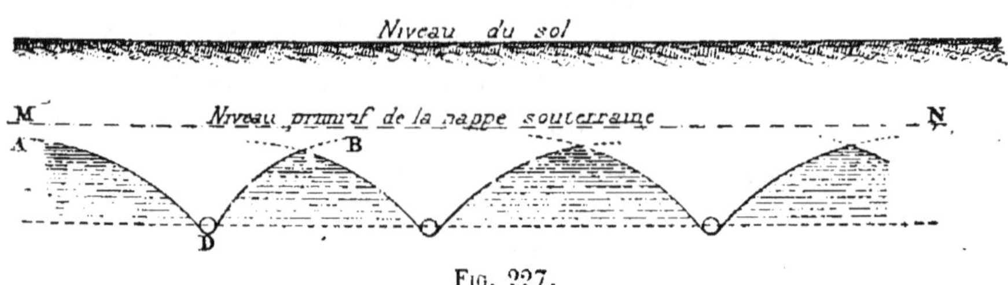

Fig. 227.

du relèvement de la nappe souterraine. Or le drainage permet d'abaisser le niveau de cette nappe. Dans le voisinage d'un drain D (*fig.* 227) il se produit de part et d'autre un appel, et la nappe qui atteignait primitivement le niveau MN, se profile suivant deux courbes paraboliques DA, DB, en prenant des déclivités plus ou moins prononcées suivant la perméabilité du terrain. S'il existe plusieurs files de drains semblables, disposées suivant des lignes parallèles suffisamment rapprochées, chacune d'elles produira le même effet; les surfaces à profil parabolique se recouperont et il en résultera un abaissement général de la nappe d'autant plus sensible que les intervalles entre les drains seront plus petits. Il résulte de là que les eaux inférieures et celles des sources ne peuvent plus remonter à la surface; les eaux pluviales ne ravinent plus la surface, mais, au contraire, pénètrent dans le sol ameubli qu'elles enrichissent avec les substances minérales qu'elles contiennent: l'infiltration de la pluie et l'écoulement des tuyaux déterminent à travers le sol un appel incessant d'air atmosphérique, précieux pour le développement des racines et des plantes. L'abaissement de la nappe souterraine permet à ces racines de descendre aussi profondément qu'il est nécessaire pour aller puiser dans les couches inférieures les éléments nutritifs qu'elles renferment. La chaleur absorbée par le sol, au lieu de servir à l'évaporation de l'eau, pénètre profondément dans le sol poreux. Les réactions se faisant mieux dans un milieu plus chaud, la végétation devient plus active et la maturation se fait également mieux. Enfin, comme les racines descendent assez bas pour qu'il n'y ait pas à craindre que les sécheresses ne puissent enlever, à une aussi grande profondeur, l'eau des vides du sol et celle que renferment les molécules spongieuses, l'effet de ces sécheresses devient moins à craindre, de sorte que le drainage n'est pas moins avantageux pour en prévenir les inconvénients que pour faire disparaître ceux d'une trop grande humidité.

c) *Effets sur la végétation.* — L'azote, élément essentiel des tissus des plantes, est assimilable par elles quand il est entré en combinaison soit avec l'oxygène (azote nitrique), soit avec l'hydrogène (azote ammoniacal). Les travaux des chimistes contemporains semblent, en outre, avoir établi la possibilité d'une assimilation directe ou physiologique par les racines ; mais il n'y a pas lieu d'entrer dans cette distinction, sans intérêt pour l'objet que l'on a en vue. Les quantités d'azote assimilable, renfermées tant dans l'air atmosphérique que dans les eaux pluviales, sont insuffisantes pour subvenir aux besoins des plantes, et il est nécessaire, pour combler le déficit, de donner chaque année au sol une certaine quantité d'azote sous forme d'engrais azotés, dont le type est le fumier de ferme. Le sol arable possède la propriété de fixer l'ammoniaque, ainsi que les matières azotées, et de les nitrifier rapidement ; en passant ainsi à l'état nitrique, l'azote devient assimilable. Cette transformation est facilitée par l'aération que produit le drainage. Aussi le caractère principal des eaux recueillies par les drains est-il de contenir des quantités assez élevées d'acide nitrique et d'azotates, tandis que l'ammoniaque en est à peu près complètement disparu. C'est pour cette raison qu'on recommande de n'user que modérément, sur les terres drainées, d'engrais chimiques trop facilement solubles.

Une question très importante pour la culture est celle de

savoir comment l'azote introduit dans le sol se répartit
entre les plantes et le sol, d'une part, et l'eau de drainage,
d'autre part, la quantité enlevée par cette dernière étant
perdue pour la culture. Des expériences ont été entreprises
à ce sujet, au champ d'expériences de Grignon, par
M. Dehérain, et poursuivies pendant plusieurs années. Elles
ont montré que les pertes d'azote nitrique, sensibles pour
les terres en jachère, sont beaucoup moindres pour les
terres emblavées, ce qui est naturel, puisque les plantes
semées ont utilisé la différence à leur profit. Ces pertes
sont en raison inverse de l'abondance des récoltes; il est
facile de comprendre qu'une récolte luxuriante s'empare
très complètement des nitrates formés dans le sol ou apportés par les engrais, qu'en outre elle rejette dans l'atmosphère une quantité d'eau énorme et laisse le sol assez desséché pour qu'il faille des pluies très abondantes à l'automne
pour que l'eau traverse le sol et arrive jusqu'aux drains.
Enfin les pertes varient avec les circonstances météorologiques; elles sont en raison directe de l'abondance des pluies
d'automne et d'hiver; à cette époque, le sol étant nu, les
eaux descendent facilement jusqu'aux drains; elles traversent
la terre, en enlevant tous les nitrates qui n'ont pas été utilisés, et les pertes sont notables. M. Dehérain a constaté de
plus que, même sans engrais, les terres, quand elles sont
humides pendant la période de végétation active, peuvent
donner des quantités de nitrates suffisantes pour alimenter
les récoltes les plus copieuses. Il en conclut que, « si nous
avions en France des canaux d'irrigation nous fournissant
au printemps l'eau nécessaire à la transpiration végétale et
à l'activité de la nitrification, nous pourrions considérablement réduire nos dépenses d'engrais azotés[1]. »

La quantité d'eau enlevée au sol par le drainage est assez
variable suivant que le sol est plus ou moins couvert de
récoltes; elle peut devenir nulle durant l'été, à moins que
les averses ne soient exceptionnellement abondantes et de
longue durée. Cette quantité varie également avec la saison;
ainsi que l'on vient de l'expliquer, c'est surtout à l'au-

[1] *Annales agronomiques*, numéro du 25 juin 1897.

EAU DE DRAINAGE ET AZOTE NITRIQUE RECUEILLIS DES CASES DE VÉGÉTATION DE GRIGNON (MARS 1896-1er MARS 1897) CALCULÉS POUR LA SURFACE D'UN HECTARE (on n'a distribué aucun engrais)

NUMÉROS DES CASES	CULTURE EN 1895	CULTURE EN 1896	POIDS DE LA RÉCOLTE EN 1896	EAU de drainage en millimètres DE HAUTEUR	AZOTE nitrique par MÈTRE CUBE	AZOTE entraîné à L'HECTARE
					gr.	kil.
1	Jachère sans travail.	Jachère sans travail.	Nulle.	282	74	209,10
2	Prairie de ray-grass.	Prairie de ray-grass.	Foin, 5.325 kilogr.	198	13	2,55
3	Pomme de terre.	Avoine.	Grain, 19qm,5. Paille. 45qm,2.	185	4	8,25
4	—	—	— 18 ,3. — 42 ,5.	201	7	14,20
5	—	—	— 18 ,3. — 42 ,5.	204	13	26,00
6	Trèfle.	Maïs-fourrage.	Fourrage vert, 70.000 kilogr.	176	14	24,20
7	—	—	— 71.250 —	169	9	16,45
8	—	—	— 75.000 —	167	18	28,65
9	Betteraves.	Blé. puis vesce.	Grain, 20qm,759. Paille, 42qm,5. Vesce. 7.500 kilogr.	168	9	14,40
10	—	Blé sans culture dérobée	Grain. 20qm,29. Paille, 42qm,75.	190	17	33,25
11	—	Blé, puis vesce.	Grain, 16qm.00. Paille. 42qm,5. Vesce. 6.500 kilogr.	174	5	7,88
12	Jachère travaillée à la bèche.	Jachère travaillée à la bèche.	Nulle.	293	75	220,15
13	Jachère sans travail.	Jachère sans travail.	Nulle.	283	62	476,90
14	Jachère travaillée à la bèche.	Jachère travaillée, puis roulée.	Nulle.	285	72	205,18
15	Avoine.	Pomme de terre.	Tubercules, 27.500 kilogr.	148	14	27,68
16	Vigne.	Vigne.	Vendange. 18.800 —	189	22	40,78
17	—	—	— 18.950 —	188	45	84,00
18	Blé.	Betteraves à sucre.	Racines. 28.000 —	182	1,4	2,65
19	Blé.	—	— 32.750 —	182	0,2	0,30
20	Blé.	—	— 31.250 —	184	0,3	0,53

tomne et en hiver que l'eau pluviale descend facilement jusqu'aux drains.

Le tableau ci-dessus donne les quantités d'eau de drainage recueillies aux cases de végétation de Grignon et les quantités d'azote nitrique entraînées, pendant une année d'expériences.

d) *Effets accessoires*. — Les effets du drainage au point de vue météorologique et hygiénique, quoique moins importants que les précédents, méritent cependant d'être signalés. Le drainage contribue à diminuer les brouillards, lesquels, en effet, se manifestent surtout sur les terrains marécageux où la nappe d'eau est à fleur de sol; il met l'atmosphère en contact avec une surface saine qui ne lui abandonne pas de décompositions putrides. Quant aux effets hygiéniques, ils résultent des précédents, la diminution du nombre et de l'intensité des brouillards ayant pour résultat de diminuer également le nombre des cas de maladies inhérentes aux pays humides et marécageux, telles que les fièvres et les rhumatismes; les maladies qui s'attaquent au bétail et aux plantes sont également très atténuées.

Faisons remarquer enfin que la diminution du ruissellement à la surface des sols imperméables restreint les pertes d'engrais et, de plus, exerce une action favorable sur le régime des cours d'eau, en tendant à diminuer l'intensité de leurs crues (t. I, § 84).

On peut même, dans certains cas, suppléer à l'irrigation en retenant dans les drains de l'eau qui maintiendra la fraîcheur du sol, qui propagera de bas en haut l'humidité nécessaire et qui permettra l'introduction et l'émission successives de l'air atmosphérique dans le sol. Cette combinaison a été réalisée par l'emploi de la méthode d'arrosage par irrigation et drainage combinés (t. II, § 109, e).

57. Des terres susceptibles d'être drainées. — Les terres auxquelles le drainage est évidemment le plus utile sont les *terres froides*, c'est-à-dire qui, sans être imperméables par elles-mêmes, reposent sur un sol imperméable, et les *terres fortes*, c'est-à-dire celles où l'élément argileux domine.

Dans les premières, les eaux qui arrivent de la surface et celles des sources très fréquentes dans ces sortes de terrains les maintiennent dans un état constant d'humidité défavorable à la végétation ; les engrais, même en abondance, ne peuvent leur donner qu'une médiocre fertilité, car ils n'agissent utilement qu'après avoir subi dans le sol une fermentation telle que les racines y trouvent toutes les substances nécessaires à leur alimentation, et cette fermentation ne peut se produire qu'en présence de l'eau, sous l'influence de la chaleur et de l'air.

L'eau qui imbibe le terrain, n'ayant pas d'issue inférieure, ne peut se dégager que par évaporation à la surface, en enlevant à la végétation une quantité considérable de calorique ; ce refroidissement affaiblit les plantes et retarde leur croissance et leur maturité, lorsqu'elles n'ont pas été entièrement détruites par les gelées tardives.

Quant aux terres fortes ou argileuses, elles ont la propriété nuisible de ne pas laisser assez facilement pénétrer l'eau de la surface et de la retenir trop facilement lorsqu'elles en sont imprégnées ; de sorte que, suivant la saison, elles pèchent alternativement par un excès de sécheresse et par un excès d'humidité. La dureté qu'elles acquièrent sous l'action prolongée des vents et du soleil arrête la végétation, car la grande cohésion du sol, outre qu'elle est un obstacle physique à ce que les racines s'y étendent, intercepte l'accès de l'air et de l'eau qui sont nécessaires pour qu'elles puissent se nourrir. Si la surface est saturée d'eau par des pluies abondantes, le ruissellement entraine les engrais et les éléments les plus utiles à la vie végétale. Enfin les terres argileuses sont très difficiles à cultiver, soit que la terre trop dure résiste aux instruments, soit que le sol détrempé et pâteux ne puisse supporter les attelages.

Le drainage fait disparaitre en grande partie les inconvénients inhérents à la culture des terres imperméables. Il peut également convenir, dans une certaine mesure, pour toute une série de terrains qui, par leur nature, se rapprochent plus ou moins de l'une ou de l'autre des deux natures de sols dont il vient d'être question.

Il existe d'ailleurs d'autres caractères auxquels on peut

reconnaître qu'une terre a besoin d'être drainée. Si, par exemple, on pratique en hiver un trou à une profondeur de 0ᵐ,60 environ, à l'aide d'un bâton pointu que l'on remue latéralement en le faisant pénétrer dans le sol, et si, après quelques jours d'un temps sec, on trouve ce trou rempli d'eau croupissante, on peut être sûr que le drainage s'impose. Enfin la présence des plantes qui ne croissent spontanément que dans les terres trop humides, telles que les joncs, les laiches ou les carex, indique également que l'opération est utile.

Il est très nécessaire, au point de vue de l'étude d'un projet de drainage, de distinguer le cas où l'excès d'humidité dont souffre le sol provient de l'existence d'une nappe souterraine alimentée par les eaux de points plus élevés, de celui où cet excès est dû à la stagnation des eaux pluviales dans le sous-sol. Une humidité qui persiste à toutes les époques de l'année atteste généralement la présence d'une eau souterraine permanente ; si, au contraire, l'humidité disparaît dans les temps de sécheresse, elle pourra provenir soit de sources intermittentes, soit de l'existence d'une couche qui met obstacle à l'infiltration des eaux de la surface ; mais, dans le premier cas, les symptômes d'humidité ne se montreront pas aussi vite après les pluies que dans le second, et souvent aussi ils resteront moins longtemps à disparaître. Ces circonstances doivent être étudiées avec soin, parce qu'il faut y subordonner les dispositions que l'on adopte dans les travaux de desséchement [1].

Le drainage des terres imperméables est une opération qui nécessite, en général, une dépense assez élevée. Sauf le cas particulier où l'intérêt de la salubrité est en jeu, on ne doit l'entreprendre qu'après s'être assuré que l'opération est avantageuse au point de vue financier, c'est-à-dire que la plus-value sur laquelle on peut compter est largement suffisante pour couvrir les frais.

[1] M. LARBALÉTRIER, *le Drainage (Petite Encyclopédie d'agriculture)*.

CHAPITRE II

SYSTÈMES DIVERS DE DRAINS

58. Généralités. — On peut classer les systèmes de drains
en usage en deux catégories : les uns qui sont les plus
employés sont formés de tuyaux cylindriques en terre cuite
ou en ciment ; les autres ne comportent pas de tuyaux et sont
formés de drains en pierres, en fascines, en bois, en tourbe, etc.
Ces derniers sont moins employés depuis que la fabri-
cation des tuyaux a fait de tels progrès que le prix de revient
de ces tuyaux est devenu abordable aux petits propriétaires.
Néanmoins, il est encore des cas où l'on peut y avoir recours,
soit qu'on trouve en abondance et à bon marché les substances dont ils sont composés, soit que la faible étendue
du champ à drainer ne comporte pas l'achat de tuyaux
en poterie. C'est pourquoi on dira quelques mots de ces
divers systèmes, avant de s'occuper des drains formés de
tuyaux.

59. Des drains sans tuyaux. — a) *Drains en pierres cassées.*
— Dans ce système, on ouvre une
tranchée de 0^m,18 à 0^m,2) de largeur
au fond, dans laquelle on accumule au
hasard des galets, des gros graviers ou
des pierres cassées sur une hauteur de
0^m,30 à 0^m,40, suivant la profondeur du
drain (*fig.* 228). Cette profondeur varie
avec les circonstances locales, la nature
de sous-sol à assainir notamment. Ce
que l'on dira plus loin à ce sujet, en
parlant des tuyaux de drainage (§§ 69 et 70), est également
applicable aux drains sans tuyaux. On recouvre cette pierrée
d'une couche de terre soigneusement pilonnée, puis on

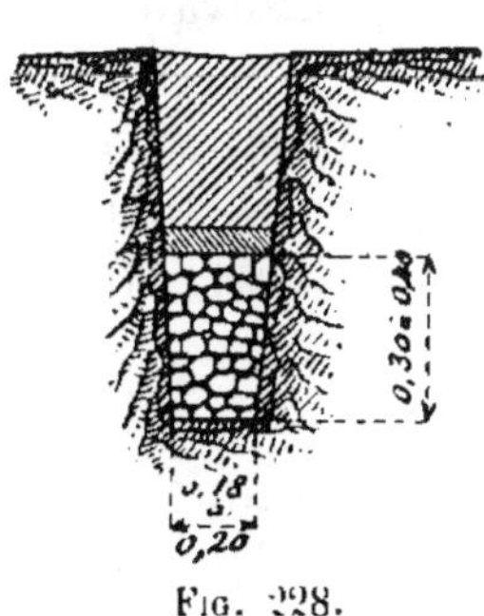

Fig. 228.

remblaye la tranchée. Ce système est assez coûteux, sauf dans le cas où, le sol étant très pierreux, la matière première peut être extraite des tranchées ou ramassée sur le champ. Il est susceptible de donner de bons résultats si les cailloux sont propres, parce que l'eau circule aisément entre leurs interstices. Mais le travail demande à être fait avec beaucoup de soins, car l'action de la pesanteur tend, à la longue, à diminuer ces interstices; enfin l'eau détrempe souvent le fond de la tranchée, dans lequel les pierres peuvent s'enfoncer en faisant remonter la terre boueuse. Les chances d'obstruction sont assez nombreuses pour que ce système ne soit guère à recommander.

b) *Drains en pierres plates ou en briques.* — Dans les contrées où les cailloux sont rares et où l'on peut se procurer à peu de frais des pierres plates, telles que des schistes notamment, on construit de petits caniveaux à section triangulaire ou rectangulaire. On obtient ainsi un drain très solide qu'on recouvre avec de la pierre cassée (*fig.* 229). Le travail est assez difficile; il exige une certaine habileté de main et des matériaux d'une forme par-

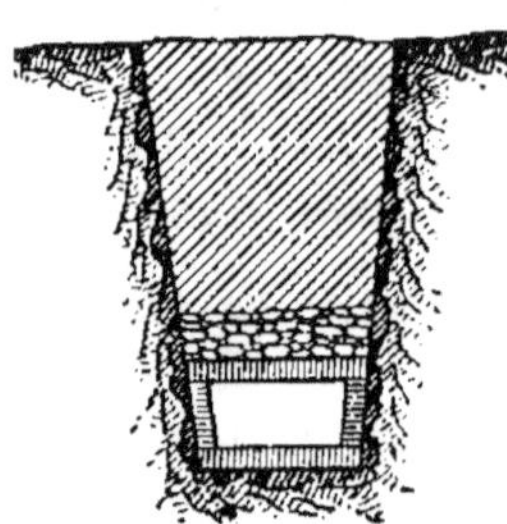

Fig. 229.

ticulière. Du reste, de cette façon, il faut ouvrir des tranchées larges, et le travail est dispendieux.

Si l'on a des briques à sa disposition, on peut avantageusement les substituer aux pierres plates dans les caniveaux à section rectangulaire; l'on obtient ainsi des conduits susceptibles de durer pendant de longues années (*fig.* 230).

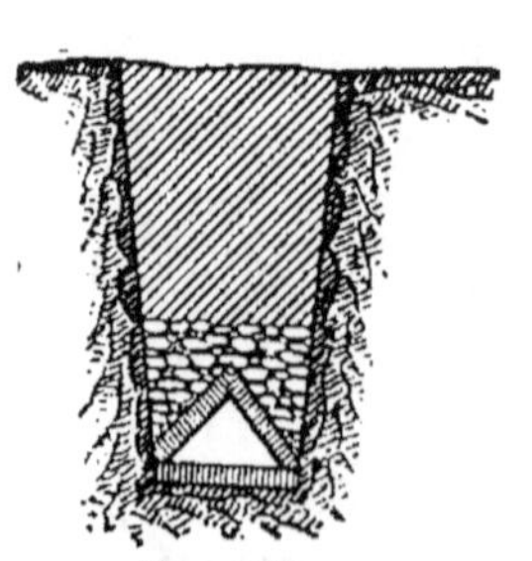

Fig. 230.

c) *Drains en tuiles.* — Le drainage avec des tuiles a été l'origine de l'emploi des tuyaux. Des tuiles plates combinées avec des tuiles demi-cylindriques ont été employées en effet, autrefois, à la confection des drains (*fig.* 231 et 232). Mais on n'obtient de la sorte que des conduits fragiles et d'un prix plus élevé que les tuyaux, auxquels il n'y a plus de raison de ne pas donner la préférence.

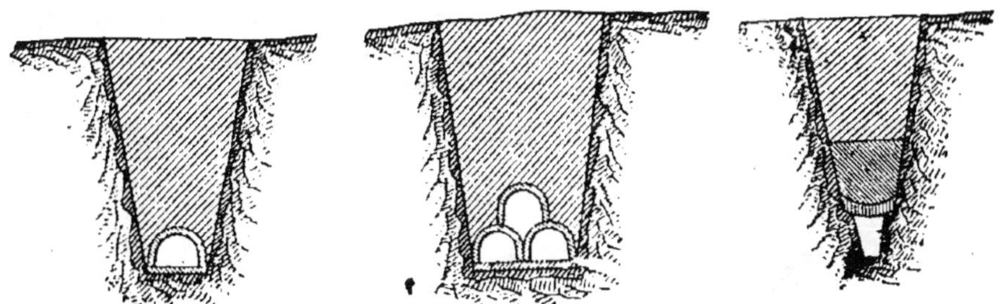

Fig. 231 et 232. — Drains en tuiles.   Fig. 233.— Drain en gazon.

d) *Drains en gazon ou en tourbe.* — Dans les régions où la pierre fait défaut, on peut chercher à utiliser le gazon. On creuse la tranchée en donnant une certaine inclinaison aux parois et en ménageant deux épaulements quand on approche du fond (*fig.* 233). On chasse ensuite une motte de gazon enlevée de la surface du sol, de manière à l'enfoncer jusqu'à ce qu'elle repose sur les épaulements, en conservant un vide au dessous; on achève de remblayer la fouille au moyen d'une couche de terre pilonnée surmontée de terre provenant du déblai.

Ce système est assez coûteux et ne présente que peu de chances de durée. Dans les régions où la tourbe se trouve en abondance, elle peut être plus avantageusement utilisée à la confection de drains assez économiques et efficaces, surtout quand il s'agit d'assainir un terrain tourbeux de grande épaisseur.

On peut alors construire des drains avec la tourbe elle-même. On taille verticalement les parois de la tranchée en ménageant au bas, comme dans le cas précédent, deux épaulements qui surmontent une rigole plus étroite (*fig.* 234). On jette sur ces épaulements, la surface herbée en dessous, la première motte enlevée de la tranchée ; on place ensuite au dessus les deux mottes détachées par le second coup de bêche ; puis on achève de remblayer avec la terre extraite par le béchage suivant.

Un autre procédé consiste à faire des tubes de tourbe, en

les découpant, au moyen d'un appareil spécial, en plaquettes qu'on fait sécher au soleil, puis qu'on applique les unes contre les autres, de manière à former des tuyaux (*fig.* 235). Ces tubes sont placés au fond de tranchées ordinaires qu'on remblaye ensuite, comme lorsqu'on emploie des tuyaux en poterie.

Il reste enfin à mentionner l'emploi, dans certains cas

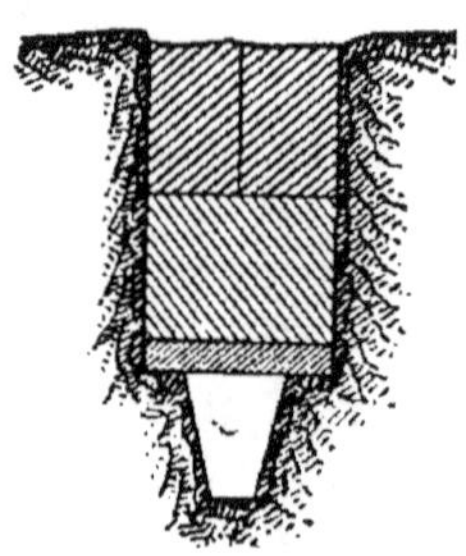

Fig. 234. — Tranchée garnie de tourbe.

Fig. 235.— Prismes de tourbe découpés de manière à former des tuyaux.

particuliers, des fascines ou des branchages légers que l'on pose au fond des tranchées en les faisant reposer sur deux épaulements au-dessus du vide ménagé pour l'écoulement des eaux, ainsi que des drains dits en coulée de taupe, faits en pratiquant dans la terre un petit conduit cylindrique, au moyen d'une charrue de forme particulière, et qui ne se maintiennent que lorsque le sol dans lequel les conduits sont percés est de nature argileuse et sans pierres.

60. Des drains formés de tuyaux. — Le type ordinaire des drains, celui dont l'emploi est devenu presque général depuis qu'on fabrique à un prix peu élevé les tuyaux en poterie, est celui qui est composé de tuyaux occupant le fond des tranchées et qui sont soit réunis par des manchons ou colliers, soit posés simplement bout à bout. Au début, on croyait nécessaire de rendre les tuyaux solidaires en emboîtant leurs extrémités dans des manchons laissant, entre eux et les premiers, un jeu de quelques millimètres afin de permettre l'introduction de l'eau. Mais la pratique a permis de reconnaître que, sauf dans certains cas particuliers, par exemple quand la terre du fond des tranchées est molle et susceptible d'être entraînée par l'eau, ou encore, quand on emploie des tuyaux de petit diamètre facilement déplaçables, les manchons sont sans utilité. Ils peuvent même devenir nuisibles, car, étant donnée la saillie qu'ils forment sur le tuyau, ce dernier ne repose pas à plat sur le sol et laisse au-dessous de lui un vide; dans le remblaiement des tranchées ce porte-à-faux peut amener la rupture du tuyau.

Les tuyaux d'un assez grand diamètre, tels que les drains collecteurs, se posent toujours sans colliers.

61. Composition et fabrication des tuyaux. — Les tuyaux en poterie se fabriquent, comme les tuiles, avec de l'argile; celle-ci doit présenter un degré de plasticité suffisant pour en rendre la préparation facile, et aussi pouvoir se dessécher

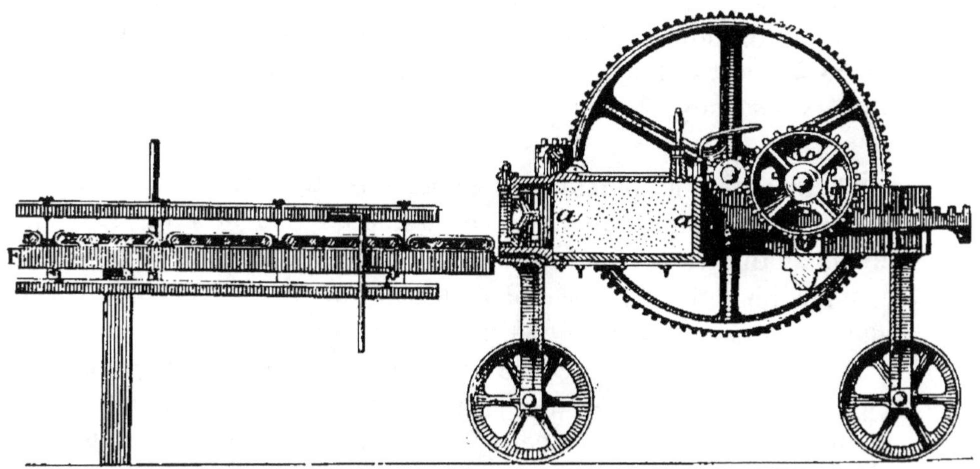

FIG. 236. — Coupe en long d'une machine à fabriquer les tuyaux de drainage.

facilement sans se gercer. A défaut d'argile naturelle réunissant ces qualités, on peut obtenir la matière première nécessaire en mélangeant dans des proportions convenables de la terre fraîche avec de l'argile ou de la glaise, destinée à lui donner la plasticité nécessaire, et avec du sable qui rend le mélange plus facile à sécher.

L'argile, débarrassée par un broyage et un criblage des

pierrés ou des graviers qu'elle renfermait, subit l'action d'un
malaxeur qui la réduit à l'état de pâte homogène. Après quoi
on procède au moulage. Cette opération s'exécute au moyen
de machines. Il en existe un grand nombre de types différents[1].
L'une de celles qu'on emploie le plus fréquemment, la
machine de Williams, est formée d'une caisse prismatique
aa (*fig*. 236), dans laquelle la pâte qu'on y dépose est compri-
mée par un piston se mouvant horizontalement. La paroi
de la caisse opposée au piston est fermée par une plaque en
fonte percée d'une ouverture circulaire au milieu de laquelle
est assujetti un cercle plein, concentrique, de rayon moindre.
La terre poussée par le piston sort en se moulant par l'espace
annulaire vide, sous forme d'un cylindre creux qui vient se
placer de lui-même sur une table F établie en avant de la
caisse. Les tuyaux ainsi formés sont coupés et mis à sécher
après les avoir roulés sur une plaque unie pour en régulariser la surface. Quand ils sont parfaitement secs, on les porte
à la cuisson dans un four à tuiles. On les chauffe au rouge,
en les plaçant debout dans le four, les tuyaux couchés étant
plus exposés à se casser.

62. Qualités, dimensions et poids des tuyaux. — Un bon
tuyau de drainage doit avoir de 0^m,30 à 0^m,35 de longueur,
et son diamètre intérieur, variable avec la quantité d'eau à
écouler, ne doit pas descendre au-dessous de 0^m,03. La longueur ordinaire est de 0^m,33, et l'épaisseur de 0^m,02.

Il doit y avoir absence de rugosités ou de bavures dans
l'intérieur, particulièrement aux deux extrémités dont la
coupe doit être nette et droite. Quand on frappe deux tuyaux
l'un contre l'autre, on doit entendre un son clair et argen-
tin qui dénote une cuisson complète et l'absence de fissures
ou de pores trop nombreux dans lesquels l'eau s'introduirait
en exerçant une détérioration lente, mais fatale.

On se contente souvent de reconnaître la qualité des
tuyaux par la simple inspection de la terre après la cuisson.
Cependant certaines terres donnent des tuyaux sonores qui,

[1] Voir pour leur description : BARRAL, *Drainage des terres arables*,
tome I.

néanmoins, se délitent par un séjour plus ou moins long
dans l'eau ; d'autres, au contraire, ne sonnent pas clairement
et donnent cependant de bons tuyaux qui résistent à l'action
prolongée de l'humidité. Un moyen facile de s'assurer de
leur qualité consiste à les faire tremper pendant quelques
jours dans l'eau. Si, au bout de quatre à cinq jours d'immersion, ils ne se sont pas ramollis et conservent le même son
que ceux qui n'ont pas été trempés, on peut les employer
sans crainte. Au bout de vingt-quatre heures d'immersion,
ils n'ont pas dû absorber plus de 10 à 15 0,0 de leurs poids.

Ces poids, pour cent tuyaux cylindriques, sont donnés par
le tableau suivant :

DIAMÈTRE INTÉRIEUR	DIAMÈTRE EXTÉRIEUR	POIDS
mètre	mètre	kilogrammes
0,03	0,05	600
0,04	0,06	800
0,05	0,07	1.000
0,06	0,08	1.230
0,07	0,09	1.500

Les prix de revient variant beaucoup avec le diamètre, on
trouvera ci-dessous le prix du mille de tuyaux de 0^m,33 de
longueur à l'importante usine Radot à Essonnes près Corbeil
(Seine-et-Oise).

DIAMÈTRE INTÉRIEUR	PRIX du mille DE TUYAUX	DIAMÈTRE INTÉRIEUR	PRIX du mille DE TUYAUX	DIAMÈTRE INTÉRIEUR	PRIX du mille DE TUYAUX
mètre	Francs	mètre	francs	mètre	francs
0,04	35	0,08	100	0,16	300
				0,18	370
0,05	50	0,10	150	0,20	450
0,06	60	0,12	180	0,25	600
0,07	80	0,14	230	0,30	900

On voit que, pour les gros diamètres, le prix de revient des
tuyaux en poterie s'élève très notablement ; il peut y avoir

avantage à les remplacer par des conduites en béton. C'est
ce qu'on a fait notamment lors de l'installation de tuyaux de
drainage dans la plaine d'Achères, irriguée au moyen des
eaux d'égout de la ville de Paris. Les drains, de $0^m,40$ de
diamètre intérieur, sont constitués par des tuyaux de $0^m,045$
d'épaisseur, en béton composé d'un mélange de ciment de
la Porte de France et de ciment de Portland, au dosage de
350 kilogrammes par mètre cube de sable. La longueur des
tuyaux est uniformément de $0^m,60$. Le prix de revient d'un
mètre linéaire de cette sorte de drain, comprenant l'ouverture de la tranchée à une profondeur moyenne de $2^m,25$, la
fourniture et la pose des tuyaux, le remblaiement de la
fouille, le régalage des terres en excès, etc., n'a été que de
8 fr. 22 le mètre linéaire.

CHAPITRE III

PROJETS DE DRAINAGE

63. Opérations préliminaires sur le terrain. — Lorsqu'il s'agit de dresser un projet de drainage, la première opération à faire est de déterminer exactement le relief du terrain. Dans ce but, on lève un plan exact de ce terrain, sur lequel on trace des courbes de niveau dont l'équidistance varie, suivant le plus ou moins de rapidité des pentes, de 1 mètre à 0^m,50 ou 0^m,25 ; dans les terrains presque horizontaux, on se borne à prendre les cotes de quelques points et de l'origine des fossés d'écoulement.

Comme il ne s'agit pas là d'une opération de précision et qu'une erreur de quelques centimètres ne peut avoir grande influence, le lever du plan et le nivellement se font par les méthodes les plus simples et les plus rapides. L'échelle la plus ordinairement employée pour les études de détails d'une opération de drainage est celle de 0^m,001 par mètre.

64. Tracé et direction des drains. — C'est la pesanteur qui pousse les eaux souterraines dans les drains, qui, plus tard, les entraîne dans les collecteurs, et qui, finalement, les rejette au dehors. Le tracé des lignes de drains en terrain plat ou peu incliné doit être celui qui permet aux eaux de gagner le plus directement possible le débouché ; pour rendre l'écoulement possible, on établit une pente sur le fond de la tranchée, que l'on fait moins profonde à l'amont qu'à l'aval.

Si la déclivité du sol est prononcée, le tracé n'est plus indifférent, et le résultat à obtenir est influencé par les pentes. Pendant longtemps on a enseigné que les petits drains devaient être dirigés suivant les lignes de plus grande pente et les collecteurs suivant des lignes obliques à la direction moyenne des courbes de niveau (*fig.* 237). On justifiait

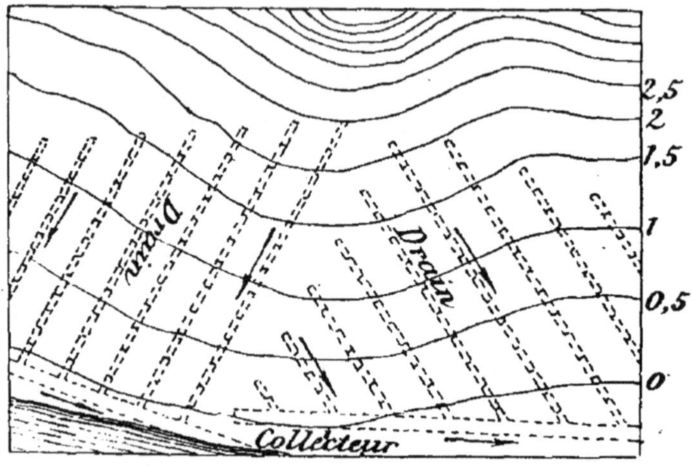

Fig. 237.

cette disposition en faisant remarquer que ce sont les petits drains qui, pour réaliser une même vitesse, doivent avoir l'inclinaison la plus forte ; que, dans ces conditions de tracé, chaque drain détermine une action symétrique sur le sol, un appel également énergique de part et d'autre, tandis que, dirigé transversalement à la pente générale, suivant une horizontale du terrain, l'effet serait dissymétrique et, par suite, moins complet.

Les ingénieurs agronomes inclinent aujourd'hui à penser, avec l'éminent directeur de leur Institut, M. Risler, qu'il y a là une erreur.

D'après eux, ce sont, au contraire, *les drains collecteurs* qui doivent être *dirigés suivant les lignes de plus grande pente* (*fig.* 238) et les petits drains parallèlement ou obliquement à ces lignes[1]. En effet un drainage bien fait doit enlever du sol les eaux nuisibles le plus rapidement et le plus complè-

[1] Risler et Wéry, *le Drainage rationnel des terres* (*Revue générale des Sciences*, numéro du 15 décembre 1893).

tement possible, au prix de revient minimum; pour que ce résultat soit obtenu, il faut que, dès que les eaux ont pénétré dans le réseau des drains et des collecteurs, leur vitesse se maintienne ou même aille en croissant afin d'augmenter la rapidité de l'assèchement et d'éviter les obstructions et que chaque drain assèche la surface maxima. Si les lignes de drains élémentaires occupent la plus grande pente, les collecteurs sont nécessairement dirigés suivant une pente plus

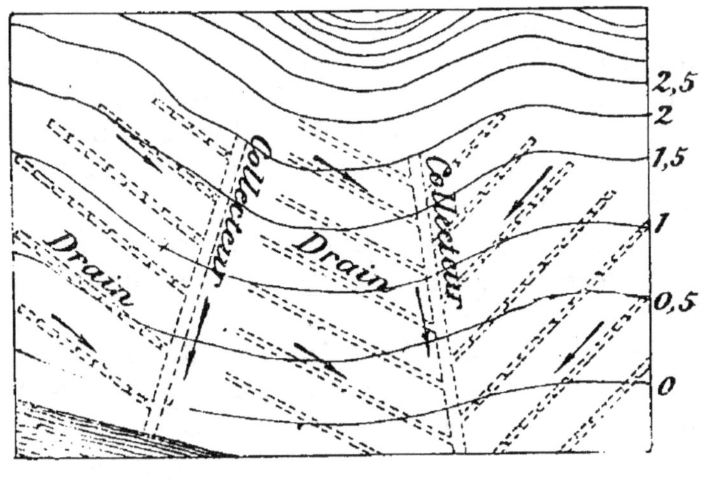

Fig. 238.

faible; la vitesse de l'eau diminue par conséquent dès qu'elle pénètre dans les collecteurs. Il en résulte que le drainage fonctionne mal; des dépôts de matières terreuses ne tardent pas à obstruer les tuyaux; enfin, pour que les collecteurs, puissent débiter toutes les eaux qu'ils reçoivent, il faut que le manque de pente soit racheté par une augmentation de diamètre, et il en résulte une augmentation dans le prix de revient de l'opération.

Si, au contraire, ce sont les collecteurs qui sont tracés suivant les lignes de plus grande pente, les eaux, dès qu'elles y pénètrent, précipiteront leur cours au lieu de le ralentir. Grâce à la rapidité de leur écoulement, elles exerceront sur les petits drains une sorte de succion qui augmentera encore la rapidité de la vidange du réseau et s'opposera à la formation des dépôts.

En ce qui concerne l'argument en faveur de l'ancien tracé, tiré de l'action symétrique et complète sur le sol des drains élémentaires, l'expérience a prouvé, selon M. Risler, qu'en drainant suivant les deux systèmes des superficies égales situées à peu près dans les mêmes conditions, l'orientation suivant une direction oblique à la plus grande pente a économisé des drains.

Enfin on a souvent fait valoir, à l'appui de l'ancien système, que les drains élémentaires tracés suivant la ligne de plus grande pente couperaient sûrement les eaux des couches perméables, qui, dans les terres à origine, alternent souvent avec des couches imperméables. Mais les drains en diagonales les couperont aussi bien et, du reste, il arrive bien plus souvent que les terrains à drainer soient formés de masses compactes d'argile.

Il paraît donc hors de conteste à M. Risler que ce sont les drains collecteurs qui doivent être tracés suivant les lignes de plus grande pente.

Ces collecteurs recueillent l'eau des drains élémentaires pour les conduire aux fossés d'écoulement, soit directement, soit parfois par l'intermédiaire des drains maîtres ou collecteurs principaux. Ces conduits, d'ordre supérieur et de diamètres plus considérables, sont établis à $0^m,05$ environ en contre-bas des drains dont ils recueillent les eaux. Il convient, pour éviter les remous, que la rencontre des divers drains avec les collecteurs se fasse suivant un angle obtus dans le sens de l'écoulement; l'angle de 120° est le plus favorable et le plus communément adopté. Par exception, les drains pourront être placés normalement aux collecteurs; mais cette disposition doit être évitée autant que possible, et jamais on ne devra admettre que la rencontre se fasse sous un angle aigu. Si la direction des drains et du collecteur est forcée et telle que le raccordement ne puisse se faire directement, on trace un raccordement courbe ou plutôt polygonal, composé de bouts de tuyaux droits.

Les drains se tracent parallèlement les uns aux autres, sauf dans certains cas particuliers; par exemple, lorsque les parties basses d'un versant sont plus humides que les parties hautes, on les dispose en éventail. Autant que possible ils

suivent des lignes droites, les courbes augmentant les frotte-
ments, ralentissant la vitesse et provoquant des dépôts. Si
l'on est obligé d'admettre des courbes, on évite de descendre
au-dessous d'un rayon de 5 mètres, et l'on force la pente
des collecteurs pour éviter les engorgements. On s'arrange

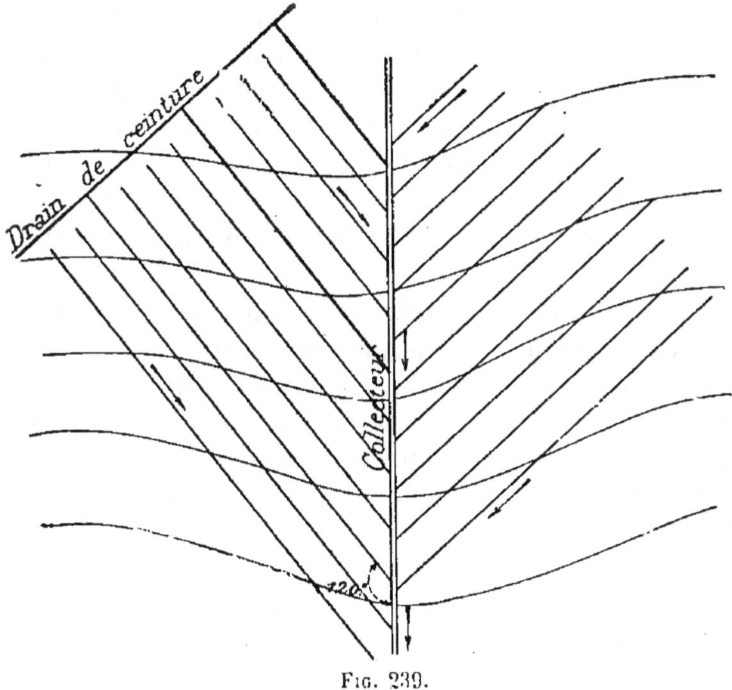

Fig. 239.

de manière que deux drains élémentaires ne viennent pas
déboucher vis-à-vis l'un de l'autre dans le même collecteur.

Les eaux provenant des terres voisines supérieures à la
surface à drainer sont recueillies par un drain de ceinture
régnant sur tout ou partie de son pourtour (*fig.* 239). De distance en distance, et suivant la quantité d'eau qu'il débite,
on fait communiquer ce drain avec un drain ordinaire,
tandis que les autres s'arrêtent à une certaine distance du
premier. Dans l'intérieur de la surface à drainer, les drains
ordinaires, tracés parallèlement les uns aux autres, viennent
aboutir au collecteur qui occupe la ligne de plus grande
pente. Des collecteurs devant être placés sur tous les points
vers lesquels les eaux sont dirigées par les drains élémen-

taires, on en met dans les parties basses, les creux profonds et, parfois même, on en place un en travers d'un versant régulier, lorsque des drains allant d'un bout à l'autre de celui-ci auraient une trop grande longueur. Quand la surface d'un champ est sensiblement unie, un collecteur général qui règne à la partie inférieure est placé avec une inclinaison convenable pour l'écoulement des eaux, et, au besoin, dans une direction oblique par rapport à la pente générale.

Le tracé des drains et des collecteurs s'étudie sur le plan avec courbes de niveau, sur lequel la longueur des files de tuyaux s'évalue par simple mesurage. Ce plan porte l'indication de chacun des ouvrages accessoires (§ 75); il fournit ainsi tous les éléments utiles à la confection du métré.

65. Longueur des drains. — Les files de drains formées de tuyaux d'un diamètre unique étant destinées à recevoir une quantité d'eau qui va en croissant à mesure qu'on descend, leur longueur est forcément limitée, si l'on ne veut courir le risque d'un assèchement insuffisant.

« Les drains de dernier ordre, a dit Hervé-Mangon[1], de $0^m,03$ à $0^m,035$ de diamètre, ne doivent pas avoir, en général, plus de 250 à 330 mètres de longueur et même moins, si leur pente est faible, quand leur écartement n'excède pas les chiffres ordinairement adoptés. Cette limite, parfaitement vérifiée par la pratique, s'accorde avec les indications du calcul, en admettant qu'il suffit qu'un drain puisse débarrasser le sol en vingt-quatre heures d'une couche d'eau de $0^m,01$ tombée sur l'étendue du terrain qu'il doit assainir. »

La limite de longueur, en effet, dépend à la fois du volume d'eau à enlever, ainsi que de la pente et de l'espacement des drains et du diamètre des tuyaux. Il serait possible de déterminer, au moins approximativement, en employant les formules du débit des conduites d'eau, la longueur maxima applicable à un cas particulier où les données ci-dessus seraient connues. Mais, en pratique, on se contente ordinairement de ne pas dépasser la longueur de 300 mètres pour les drains de $0^m,025$ à $0^m,030$ de diamètre, sauf toutefois au

[1] *Instructions pratiques sur le drainage.*

cas où, la pente étant très forte, 0^m,015 à 0^m,035 par mètre par exemple, les drains sont très rapprochés ; dans ce cas, la longueur peut atteindre jusqu'à 450 mètres.

Si la disposition du terrain est telle que les drains devraient avoir une longueur supérieure à celle que comporte leur diamètre, on peut soit les interrompre par un collecteur placé vers le milieu de leur longueur (*fig.* 240), soit augmenter le diamètre des conduits à partir du point où la longueur limite est atteinte. On donne la préférence à celle des deux solutions qui est la plus économique, en tenant compte de ce fait que, dans le premier cas, on peut laisser un espace libre de 4 à 5 mètres entre les collecteurs transversaux et l'origine de la file suivante de drains.

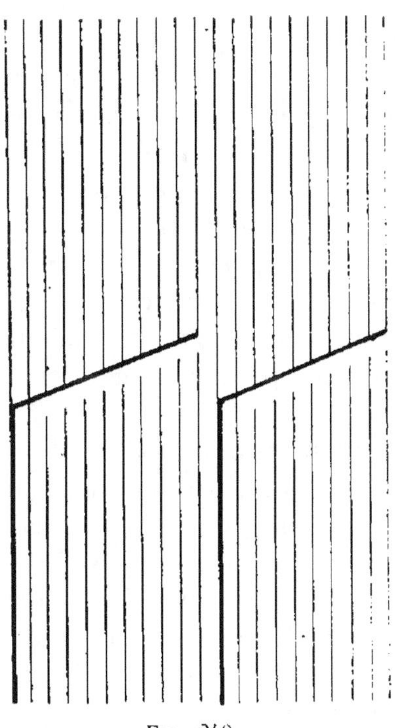

Fig. 240.

Quant aux collecteurs, ils sont ordinairement disposés de manière à recevoir les eaux d'une superficie de 2 à 4 hectares ; on leur donne, en général, un diamètre suffisant pour qu'on n'ait pas à se préoccuper de leur longueur. Néanmoins, il est prudent de les couper tous les 200 ou 250 mètres par un *regard* (§ 75, *a*), qui permet de s'assurer si l'écoulement s'effectue d'une façon régulière.

66. Pente des drains. — L'emploi des drains en poterie permet de donner des pentes longitudinales très faibles aux tranchées au fond desquelles les tuyaux sont placés, et la forme circulaire de la section est celle qui oppose le moins de résistance au mouvement de l'eau. La pente exerce, d'ailleurs, une grande influence non seulement sur le fonctionnement du drainage, mais encore sur la durée des drains, car, d'une part, l'eau animée d'une grande vitesse peut dégrader les matériaux employés à la confection des conduits, et, d'autre part, une vitesse trop faible favorise les obstructions et les dépôts.

En pratique, on recommande de ne pas descendre au-dessous de 2 millimètres par mètre. Si la pente du terrain est assez forte pour qu'il puisse en résulter une vitesse de l'eau, susceptible de dégrader les tuyaux, on doit partager chaque conduite en une série de lignes à faible déclivité raccordées par des chutes comportant des tuyaux inclinés à 45° et solidement fixés à leurs extrémités dans un petit massif en maçonnerie, s'il s'agit de drains élémentaires. Quand il s'agit de collecteurs destinés à donner passage à un volume d'eau considérable, ou encore quand la différence de niveau à racheter est un peu forte, le raccordement peut s'exécuter au moyen de briques posées à redans, de manière à former une sorte d'escalier.

Lorsque le terrain à drainer est suffisamment accidenté, il est ordinairement facile de donner aux tuyaux une pente supérieure à la limite inférieure de 2 millimètres par mètre, sans trop augmenter la profondeur des tranchées. Si le terrain est trop plat pour permettre d'obtenir une inclinaison suffisante, on leur crée une pente artificielle, en diminuant graduellement la profondeur des tranchées, à mesure qu'on se rapproche de l'extrémité supérieure.

Lorsque la nature des lieux exige qu'un même drain présente successivement plusieurs pentes, on doit, autant que possible, distribuer ces dernières de manière qu'elles augmentent successivement en allant de l'amont à l'aval, de manière à éviter un ralentissement dans la vitesse de l'eau qui provoquerait des dépôts. Si cette condition est impossible à réaliser et que les pentes aillent en diminuant, on évite les ralentissements de vitesse en augmentant le diamètre des conduits; on établit aux changements de pente des regards où viennent se déposer les matières entraînées.

On donne aux collecteurs une pente aussi forte que possible, tout en ayant soin de ne pas dépasser le maximum de vitesse admissible. Dans les terrains peu inclinés, il peut être nécessaire d'avoir recours au même artifice que pour les

drains élémentaires, c'est-à-dire augmenter la profondeur des
tranchées de l'origine vers la décharge.

Enfin il est bon, quand la chose est possible, d'augmenter,
sur quelques mètres, la pente des drains peu inclinés vers
leur extrémité inférieure, afin d'accélérer le mouvement de
l'eau à la sortie et lui permettre de franchir les dépôts qui
tenteraient de faire obstacle à son écoulement.

67. Diamètre des tuyaux. — On ne doit pas employer des
tuyaux d'un diamètre inférieur à $0^m,03$ ou $0^m,035$. On a parfois fait des drainages avec des tuyaux de $0^m,025$; mais leur
emploi n'est pas à recommander, malgré la légère économie
que comporte leur utilisation, à cause des soins que nécessite leur pose, la nécessité de rapprocher les collecteurs et
surtout à cause des chances d'obstruction qu'ils présentent.

On admet souvent que, sous le climat du nord de la France,
des tuyaux de $0^m,05$ à $0^m,07$ de diamètre, espacés de 10 mètres
à 15 mètres, suivant les cas, peuvent écouler les eaux d'une
surface de 2 à 4 hectares. Partant de là, on peut établir empiriquement le diamètre des collecteurs nécessaires dans
chaque cas particulier.

Mais, dans les opérations importantes, il est nécessaire de
déterminer avec plus de précision les diamètres des collecteurs qui doivent pouvoir écouler l'eau qu'ils sont susceptibles de recevoir, sans présenter un excès de débouché qui
se traduirait par une augmentation de dépenses.

On peut, dans ce but, se servir des formules connues relatives à l'écoulement de l'eau dans les tuyaux (t. II, § 25, c) :

$$\frac{1}{4}\, dj = bu^2 ; \quad Q = \pi \frac{d^2}{4}\, u,$$

j représente ici la pente par mètre, d est le diamètre du tuyau ;
u la vitesse, et Q le débit. Quant à b, c'est un coefficient qui
dépend du diamètre.

Si le débit est supposé connu, comme la pente est déterminée, les deux équations ci-dessus permettent de trouver
les valeurs correspondantes de u et de d. La difficulté est
donc de savoir quelle est la quantité d'eau qui tombe, en

vingt-quatre heures, sur la terre à drainer et quelle est la proportion de cette eau qui s'infiltre et pénètre jusqu'aux drains. Or, si parfois les observations pluviométriques permettent de connaître la hauteur maxima de pluie, il n'existe que des renseignements isolés et insuffisants relativement au rapport entre le volume d'eau tombé et celui qui est absorbé par le sol. Pour parer à ce manque de données, Hervé-Mangon a souvent calculé le diamètre des drains en prenant comme point de départ qu'ils doivent débiter, en trente-six heures, la moitié environ de la quantité d'eau versée en vingt-quatre heures sur la surface considérée, par les fortes pluies du pays.

Mais cette manière de procéder est des plus arbitraires. On cherche parfois à déterminer le volume d'eau à écouler au moyen d'essais directs, par exemple en ouvrant une tranchée provisoire ou en laissant ouverte la tranchée du collecteur pendant un temps suffisamment long et recueillant l'eau qui vient suinter, sur les parois de la tranchée, dans un vase de capacité connue, ou encore dans une jauge à trous (*fig.* 241) dont on a déterminé par des expériences préalables le débit correspondant à l'écoulement de divers nombres de trous; il suffit de compter trois ou quatre fois par jour le nombre de trous qui donnent de l'eau pour calculer approximativement le débit d'un tuyau formant bouche de drainage disposé au-dessus du vase.

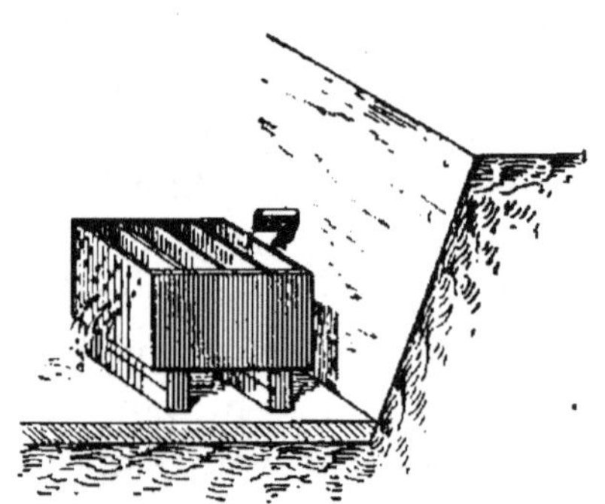

Fig. 241. — Jauge de drainage.

Dans certains cas particuliers, le volume d'eau que les drains devront écouler est connu et permet, par conséquent, d'en déduire le diamètre. Tel a été le cas lorsqu'il s'est agi, notamment, de l'établissement d'un réseau de drains au champ d'épuration des eaux d'égout de la ville de Paris, à Achères (§ 91, *b*).

Là, le volume d'eau à déverser pour l'irrigation est limité à un maximum de 40.000 mètres cubes par hectare et par an, ce qui correspond à une utilisation journalière de 110 mètres cubes par hectare.

Or il résulte d'expériences et de jaugeages directs, qu'un tiers seulement des eaux distribuées sur des terrains très perméables, comme ceux d'Achères, est recueilli par les drains; les deux autres tiers sont absorbés soit par l'évaporation, soit par la végétation; le diamètre du tuyau est donc fonction de l'expression : $\dfrac{n \times 110^{mc}}{3}$; n désignant le nombre d'hectares irrigués et desservis par une même artère de drainage.

C'est ainsi que l'un de ces drains devait desservir un périmètre de 60 hectares à peu près. La quantité d'eau à évacuer par seconde était alors de :

$$\frac{60 \times \dfrac{110}{3}}{24 \times 60 \times 60} = 25 \text{ litres,}$$

et, comme les drains sont réglés avec une pente de $0^m,001$ par mètre, les formules de l'hydraulique donnent $0^m,30$ pour le diamètre théorique du tuyau. Mais, pour tenir compte des engorgements que pourraient provoquer les sables entraînés, on a légèrement augmenté ce chiffre et admis en réalité $0^m,40$.

Quel que soit le procédé employé pour déterminer le débit probable des collecteurs, on doit calculer leur diamètre en se donnant pour condition qu'ils ne coulent qu'à demi remplis, ou aux trois quarts au plus. Quant aux drains élémentaires, on peut calculer leur diamètre d'une manière analogue; mais, comme la circulation de l'air dans le sol joue un rôle très avantageux, il est bon de donner à ces tuyaux des dimensions un peu supérieures à celles auxquelles le calcul conduirait.

68. Profondeur du drainage.—Avantages du drainage profond. — L'expérience a montré que le drainage produit un desséchement très complet quand les tuyaux sont à une profondeur relativement grande. Dans ce cas, en effet, les veines de sable ou de gravier sont fréquemment coupées par les drains, et l'eau affleure toujours avec une grande force par les veines les plus basses. Il ne gêne pas les racines des plantes, et, de ce fait, les obstructions sont moins à craindre. Le drainage profond permet les labours profonds et les défoncements du sol.

Le drainage profond est, d'ailleurs, avantageux à divers points de vue. Il permet à l'action oxydante de l'air atmosphérique de s'étendre fort loin sur toutes les matières minérales utiles à la végétation enfouies dans la terre; la chaleur solaire à laquelle l'air sert de véhicule pénètre dans le sous-sol et s'y accumule au grand profit de la végétation. Les labours profonds et le défoncement deviennent possibles en tout temps; les plantes vont chercher leur nourriture jusque dans les couches inférieures; les drains eux-mêmes sont à l'abri de tout choc et de tout engorgement et n'ont rien à redouter des gelées; les drains profonds ameublissent une couche épaisse du sol et lui permettent d'emmagasiner le produit des grandes pluies; jamais l'eau ne coule à la surface; elle pénètre à l'intérieur, l'imbibe et constitue, pendant la saison sèche, une réserve d'humidité bienfaisante qui empêche les plantes de dépérir [1].

69. Profondeur des drains élémentaires. — Pour que le soc des charrues n'atteigne pas les drains, il faut laisser un intervalle de 0^m,25 au moins entre leur dessus et l'extrémité inférieure de la couche arable ameublie par le labour, laquelle se trouve à 0^m,50 environ en contre-bas de la surface du sol. Il en résulte que la profondeur des tranchées ne doit en aucun cas descendre au-dessous de 0^m,75. De plus, il est nécessaire de ménager au-dessus des drains un espace libre suffisant dans lequel les racines des plantes cultivées pourront se développer sans atteindre l'eau de la nappe. En principe, on peut adopter, pour les petits drains, une profondeur moyenne de 1^m,20, et, en réalité, on ne s'écarte pas sensi-

---

[1] DEBAUVE, *Manuel de l'Ingénieur des Ponts et Chaussées.* « Des Eaux en agriculture.»

blement de ce chiffre dans les terrains réguliers et égalisés par une longue culture.

Cependant cette profondeur n'a rien d'absolu et doit être seulement regardée comme une limite au-dessous de laquelle il est bon de ne pas descendre, si les circonstances permettent de l'atteindre. Elle peut être modifiée par des conditions particulières, et si l'on ne possède pas de données suffisamment précises sur la nature du sous-sol du terrain à assainir, il est utile de procéder à une reconnaissance de ce dernier, soit par des sondages, soit encore, ce qui est préférable, en ouvrant des tranchées d'essai qui permettent de reconnaître la succession des couches, les suintements, et servent également, comme on l'a dit ci-dessus, à la détermination du débit probable des tuyaux (§ 67).

70. Profondeur des collecteurs. — Les collecteurs sont toujours posés plus profondément que les drains élémentaires; à leur point d'intersection, les arêtes supérieures sont dans le même plan, la différence des hauteurs entre les arêtes inférieures du drain et du collecteur est donc égale à la différence de leurs diamètres. Il en résulte que, si pour une raison quelconque l'écoulement à l'extrémité d'un collecteur est arrêté par suite d'une obstruction ou d'une autre cause, l'eau peut s'y accumuler sans refluer dans les drains élémentaires.

Le collecteur débouchant dans un fossé à air libre peut avoir parfois à franchir une sorte de col; on doit s'efforcer néanmoins d'éviter des profondeurs de tranchées supérieures à 2^m,50 ou 3 mètres.

Parfois aussi l'eau dans le fossé évacuateur se maintient à un niveau assez élevé pour qu'il soit nécessaire de réduire la profondeur des drains. Dans ce cas, on doit faire en sorte de n'appliquer les profondeurs réduites qu'à la plus faible surface possible.

71. Écartement des drains. — Ainsi que cela est expliqué ci-dessus, la profondeur et l'écartement des drains sont en relation directe, l'intervalle qu'on peut laisser entre eux étant d'autant plus grand qu'ils sont plus profonds.

Mais l'écartement dépend aussi de la nature du sol et de la facilité plus ou moins grande avec laquelle il s'assèche. Le résultat du drainage étant d'obtenir un abaissement convenable de la nappe souterraine, il est nécessaire, pour déterminer l'écartement des drains, d'examiner, au préalable, les diverses causes susceptibles de modifier la position et le débit de cette nappe.

Le débit, qui est la différence entre le volume d'eau fourni par les pluies et celui de l'eau retenue par le sol ou enlevée par l'évaporation, est lié aux influences atmosphériques. Sous nos climats, le maximum se constate dans la période comprise entre janvier et mars, et le minimum a lieu de juillet à octobre, période qui correspond au minimum des pluies et au maximum des pertes par évaporation. Pour une même saison, la proportion d'eau écoulée par la nappe augmente dans les années très pluvieuses, car alors le sol est fortement imbibé d'eau et les pertes par évaporation sont relativement plus faibles. Des expériences à ce sujet faites, de 1873 à 1879, à Rothamsted (Angleterre), ont donné les résultats suivants :

	ANNÉES	PLUIE TOMBÉE en MILLIMÈTRES	RAPPORT du volume des eaux de drainage à celui des eaux PLUVIALES
D'Octobre à Mars	1879..............	382	87 0/0
	1876..............	309	83 »
	1874..............	179	41 »
	Moyenne	350	67 »
Mars à fin Juin	1878..............	312	48 »
	1876..............	155	32 »
	1877..............	125	15 »
	Moyenne	194	36 »

La nature du sol influe sur les variations du débit de la nappe souterraine ; elles sont brusques et de peu de durée dans les sols filtrants, lentes et plus continues dans les sols peu filtrants.

Quand le débit de la nappe croît, la surélévation du niveau

aval est rapide dans les sols filtrants, mais la pente du plan d'eau qui est faible varie peu ; au contraire, dans les argiles, l'élévation du niveau aval est relativement faible, tandis que la pente générale du plan d'eau augmente plus rapidement. Dans les premiers sols, l'accumulation se fait surtout à l'aval ; dans les seconds, elle se répartit plus uniformément sur toute la nappe.

L'influence de la nature du sol traversé sur la pente du plan d'eau a été mise en évidence par des expériences faites en Sologne, par M. Delacroix, *ingénieur des Ponts et Chaussées* [1]. M. Delacroix a relevé chaque jour le niveau de la nappe souterraine aux environs de tuyaux de drainage. Dans ce but, des tubes en tôle percés de trous ont été placés verticalement dans le sol, suivant des lignes perpendiculaires aux drains, à une profondeur égale à celle des tuyaux ; ils ont été espacés de 5 mètres l'un de l'autre. Les observations des tubes étaient faites quotidiennement au moyen de baguettes plongées jusqu'à la rencontre de l'eau. Les profondeurs ainsi obtenues étaient rattachées à la partie supérieure des tubes, et par suite à la ligne des drains, ainsi qu'au terrain.

Les expériences ont porté sur deux drains placés l'un dans un terrain d'argile compacte, et l'autre dans un terrain siliceux. Les résultats de ces expériences sont représentés graphiquement sur la figure 242, laquelle suppose deux drains espacés de 10 mètres, placés à $1^m,10$ de profondeur. On voit à gauche les positions du plan d'eau dans un sol argileux, à droite celles du plan d'eau dans un terrain plus filtrant. L'abaissement moyen produit par le drainage étant de $0^m,40$ ($1^m,10 - 0^m,70$) dans les terrains argileux, et de $0^m,91$ ($1^m,10 - 0^m,19$) dans le sol silico-argileux, il y aura économie, dans ce dernier cas, à écarter les drains par suite de la plus faible pente du plan d'eau, et de la plus faible charge à l'aval ($0^m,14$ au lieu de $0^m,25$ au-dessus du niveau des drains).

D'ailleurs, l'écartement est aussi influencé par le débit de la nappe souterraine, c'est-à-dire par le climat de la localité,

---

[1] *Annales des Ponts et Chaussées*, 1860, 1er semestre.

tant au point de vue de l'abondance des pluies qu'au point
de vue des pertes par évaporation. L'expérience et l'habi-
tude des terrains permettent souvent de donner à l'écartement une valeur convenable. On peut encore le déterminer

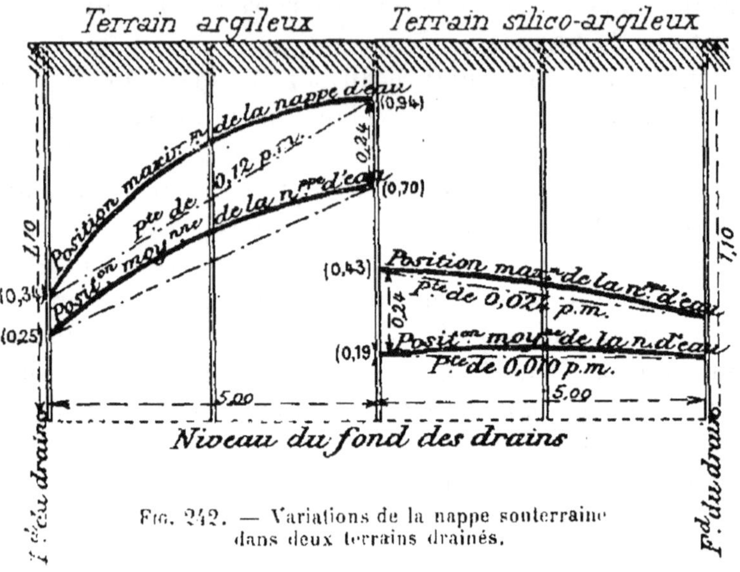

Fig. 242. — Variations de la nappe souterraine
dans deux terrains drainés.

expérimentalement par le moyen suivant, indiqué par Hervé-
Mangon [1].

On ouvre une tranchée TT (*fig.* 243 et 244), à la profondeur
que l'on veut donner au drainage; pour que cette tranchée ne
soit pas perdue, on la dirige de manière qu'elle puisse faire
partie plus tard du drainage à effectuer, et on la prolonge
assez loin pour que l'eau puisse s'écouler. On creuse ensuite
une série de trous A, B, C, D, E, F, de 0^m,50 de côté environ
et de même profondeur que la tranchée, disposés en échiquier et à des distances horizontales variables de cette tranchée. On recouvre les trous de branchages et de paillassons
pour que l'évaporation ne soit pas trop forte. Aux époques
de pluie commencent les observations qu'il faut prolonger
plusieurs jours de suite et reprendre, si on a le temps, à
deux ou trois reprises différentes de l'année.

---

[1] *Instructions pratiques sur le drainage,* loc. cit.

On note chaque jour, matin et soir, le niveau de l'eau dans les trous, lequel s'abaisse d'autant plus et d'autant plus rapidement dans chaque trou que celui-ci est plus rapproché de la tranchée ; au point où le niveau est le même dans deux trous voisins, la tranchée ne fait plus sentir son action.

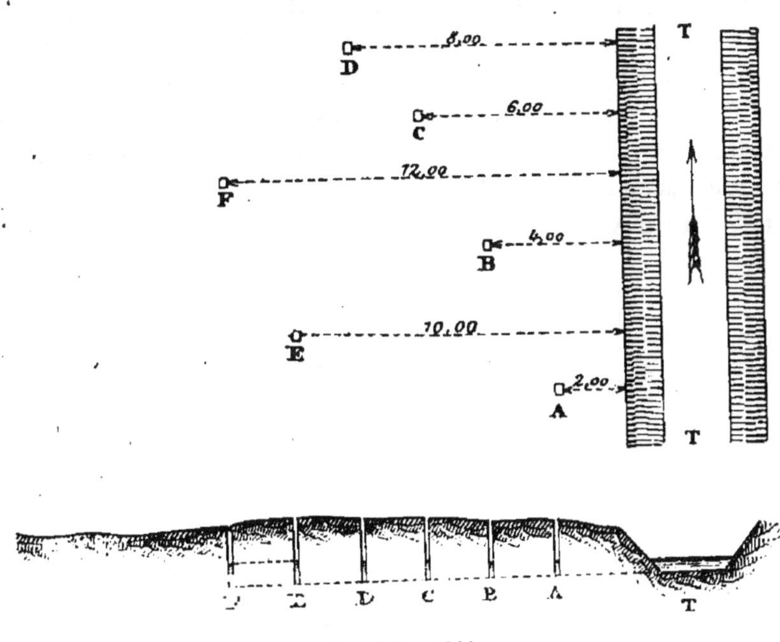

Fig. 243 et 244.

Lorsque le niveau reste sensiblement stationnaire, on note la distance de la tranchée au dernier trou D où le niveau s'est abaissé d'une quantité visible au-dessous de celui du liquide dans le trou voisin ; le double de cette distance donne l'écartement des drains.

La disposition des trous en échiquier est indispensable. Si on les disposait sur une même ligne perpendiculaire à la tranchée, ils réagiraient les uns sur les autres.

Certains sols sont si profondément modifiés par le drainage qu'ils acquièrent une porosité bien supérieure à celle qu'indiquent les essais. Si l'on opère sur un sol qu'on ne connaît pas, il est prudent de donner aux drains un écartement plus grand que celui qu'on croit convenable ; il est toujours possible d'en établir ultérieurement d'autres dans les intervalles, si l'on vient à constater que les premiers ne suffisent pas.

Dans les drainages ordinaires, en France, l'écartement des drains varie de 8 à 20 mètres ; dans les terres fortes de la région du Nord, où le drainage a reçu ses principales applications, l'écartement ordinaire est de 10 à 11 mètres.

Un propriétaire qui ne regarderait pas à la dépense de premier établissement aurait tort de croire qu'en multipliant les drains outre mesure il accroîtra le revenu du sol. Des drains trop rapprochés peuvent amener un écoulement trop rapide, assécher le sol et nuire à la végétation. Il y a donc une juste mesure à observer.

CHAPITRE IV

EXÉCUTION DES TRAVAUX DE DRAINAGE

72. Jalonnage et piquetage. — Les travaux de drainage doivent être exécutés de préférence au moment où les champs sont temporairement abandonnés à l'état de jachère.

On commence par procéder au jalonnage. A l'aide de points de repères, tels que les clôtures, les arbres, etc., on fixe sur le sol la position des drains tracés sur le plan. On jalonne d'abord les extrémités de l'axe des drains collecteurs, ainsi que les points où ils présentent des angles ; puis on indique de même la position des petits drains en plaçant un jalon à chacune de leurs extrémités et un ou deux autres jalons dans l'intervalle des premiers.

Le jalonnage est complété par un piquetage destiné à permettre de déterminer la profondeur des tranchées et de régulariser la pente des files de tuyaux. On emploie de forts piquets en bois qu'on enfonce dans le sol à coups de marteau et qu'on place à $0^m,50$ en dehors de l'axe jalonné des tranchées, pour qu'ils ne soient pas compris dans l'ouverture de la fouille. On met un piquet à chaque extrémité des drains et à chaque point de changement de pente ; s'il y a lieu, on en place d'autres dans les intervalles de manière que leur distance ne soit pas supérieure à 50 mètres.

Au moyen d'un nivellement, on rattache les têtes des piquets aux points de repère qui ont servi au nivellement du plan lui-même, et on enfonce ces piquets plus ou moins, de manière que leurs sommets soient tous à la même hauteur au-dessus du fond des tranchées. Cette hauteur est, en général, égale à la hauteur normale augmentée de $0^m,10$

ou 0^m,20. Les lignes droites passant par le milieu des têtes des piquets sont parallèles au fond des tranchées; on s'assure par un nivellement rapide que la pente d'un piquet à l'autre, pente qui est d'ailleurs la même que celle du drain lui-même, n'est pas inférieure à la valeur que lui assigne le projet; on obtient ainsi une vérification du nivellement fourni par le plan, et l'on rectifie, au besoin, les erreurs qui auraient été commises lors de la première opération.

73. Ouverture des tranchées. — Pour diminuer le cube des déblais, il importe de réduire le plus possible la section

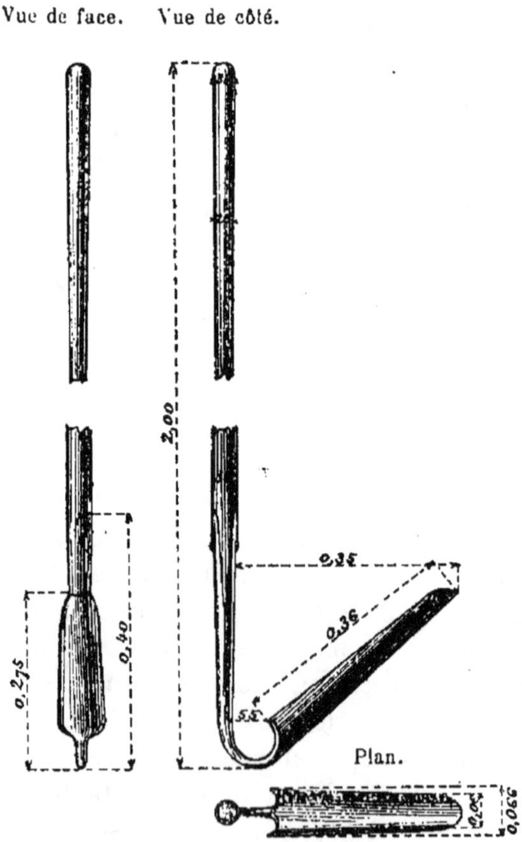

Fig. 245. — Drague de drainage.

transversale des tranchées. Leur largeur varie généralement entre 0^m,30 et 0^m,70 au sommet, et au fond elle est sensible-

ment égale au diamètre des tuyaux, c'est-à-dire qu'elle es
de 0^m,06 à 0^m,07 ou de 0^m,10 à 0^m,20, suivant qu'il s'agit de
drains élémentaires ou de collecteurs. Le creusement commence toujours par les parties les plus basses du champ, afin
de ménager un écoulement aux eaux pluviales. Il comporte
trois opérations successives, pendant chacune desquelles on
enlève une tranche de terre de 0^m,30 à 0^m,40 de hauteur
environ, au moyen de bêches spéciales. On s'arrange de
manière à n'avoir au fond de la tranchée, comme on vient
de le dire, qu'une largeur à peu près égale au diamètre des
tuyaux à y poser et, après avoir enlevé la terre éboulée et
régularisé le fond au moyen d'une sorte de drague (*fig.* 245),
on donne à ce fond une forme demi-cylindrique, en battant
la terre avec un fouloir en bois ou en fer.

Dans certains terrains graveleux ou trop durs pour se
laisser couper à la bêche, on est obligé d'employer la
pioche ou le pic ; dans ce cas,
il faut donner aux tranchées
une largeur assez grande pour
que les ouvriers puissent y
travailler à toute profondeur,
le travail ne pouvant s'exécuter par étages. Enfin, parfois, le sol est assez ébouleux
pour que les terres ne puissent se tenir sous l'inclinaison du talus des tranchées ; il
faut alors étrésillonner les
fouilles.

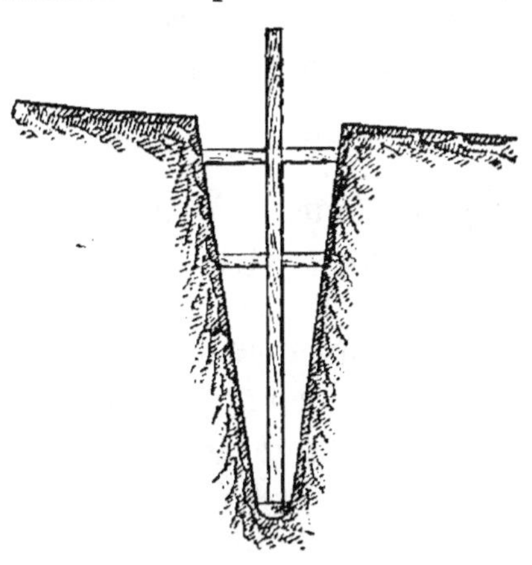

Fig. 246. — Gabarit pour la vérification
du profil des tranchées.

Quand la tranchée est ter-
minée, on vérifie de place en place son profil au moyen d'un
gabarit formé de deux ou trois règles solidement fixées les
unes aux autres (*fig.* 246). On doit s'assurer que toutes les
tranchées présentent des formes régulières et surtout un fond
parfaitement uni.

On procède ensuite à la vérification des pentes. On peut,
dans ce cas, avoir recours à des nivelettes. On peut aussi
enfoncer dans une des faces presque verticales de la tranchée, au droit des piquets *aa* de jalonnage (*fig.* 247), dont on

a parlé antérieurement (§ 72), des piquets provisoires *bb* à une distance constante au-dessous des premiers, de telle sorte qu'un cordeau tendu sur les piquets *bb* est parallèle au fond de la tranchée. Dès lors, en tenant à la main une petite baguette d'une longueur égale à la distance qui doit exister

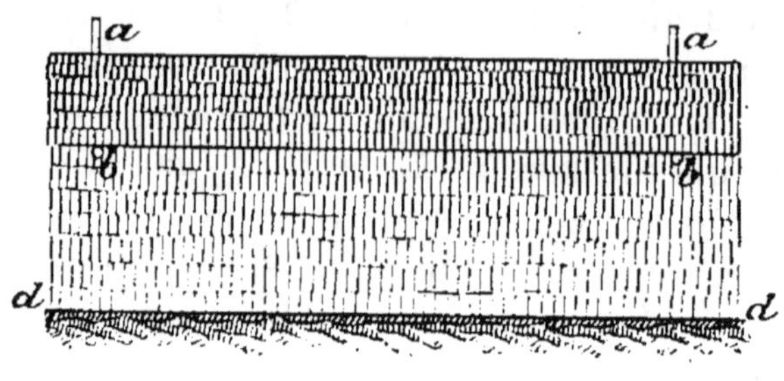

Fig. 247.

entre la ligne *bb* et le fond *dd* de la tranchée, il est facile de reconnaître les points qui doivent être approfondis ou remblayés, s'il y a lieu.

74. Pose des tuyaux. — Les tuyaux, amenés à l'avance sur des civières légères, sont déposés le long des tranchées. Leur mise en place doit se faire par un temps sec ou au moins quand le fond des tranchées n'est pas détrempé par les pluies. On commence, d'ailleurs, par l'extrémité supérieure, afin de se débarrasser de la boue qui s'écoule toujours dans le bas des saignées et qui aurait bien vite obstrué les tuyaux.

Ceux-ci se posent ordinairement bout à bout, sans colliers ni manchons, et il faut que leurs extrémités soient parfaitement dressées et puissent s'appliquer exactement les unes contre les autres.

Si, par exception, on emploie des colliers dans lesquels les tuyaux s'engagent et sont maintenus au bout les uns des autres, on cale les tuyaux et les manchons au fond de la tranchée avec des petites pierres ou de la terre pilonnée. Mais les colliers ont l'inconvénient de laisser les tuyaux en porte-à-faux sur une partie de leur longueur, et leur emploi ne semble guère utile.

Quand on se contente de poser les tuyaux bout à bout, il

faut dresser avec le plus grand soin le fond de la tranchée ;
pour les caler et pour empêcher la terre de pénétrer à travers les joints lors du remblaiement, on emploie avantageusement des débris de tuyaux sur lesquels on dépose de
l'argile fortement tassée et remplissant le fond de la tranchée.

Dans les tranchées étroites et profondes, on emploie, pour
la pose, des *broches* (*fig.* 248 et 249) dans lesquelles on enfile le

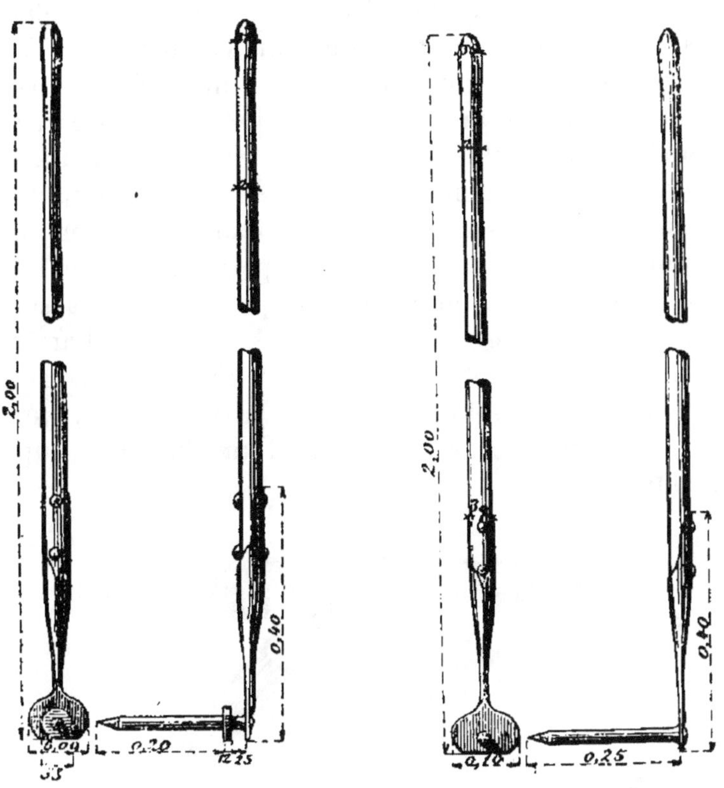

<table>
<tr><td>Fig. 248.
Broche à poser les tuyaux avec collier.</td><td>Fig. 249.
Broche à poser les tuyaux sans collier.</td></tr>
</table>

tuyau et qui sont munies d'un épaulement lorsqu'on fait
usage de colliers ; grâce à l'épaulement, on maintient à la fois
le tuyau et le collier dans la position relative qu'ils doivent
occuper, et il est facile d'introduire l'extrémité libre du
tuyau dans le collier qui la précède, déjà déposé au fond de
la tranchée.

Les gros tuyaux se posent toujours à la main, les tranchées étant assez larges pour qu'un ouvrier puisse y descendre. Ils doivent être posés avec beaucoup de soin, le contact de leurs extrémités étant établi aussi exactement que possible; ils sont calés au fond de la tranchée et leurs joints recouverts, comme on l'a expliqué ci-dessus, avec des débris de tuyaux recouverts d'argile.

Si l'on ne dispose pas de tuyaux d'un diamètre suffisant, on emploie deux files parallèles, en ayant soin de placer les joints en chevauchement les uns sur les autres.

Le raccordement d'une ligne de drains élémentaires avec un collecteur s'effectue au moyen d'une ouverture circulaire pratiquée dans le plus gros tuyau; ces tuyaux, percés d'une ouverture, se fabriquent très simplement et ne coûtent qu'un tiers environ en sus des tuyaux ordinaires de même dimension. On y fait entrer le tuyau du petit drain sous un angle de 45 à 60° environ et de façon que ce dernier soit plus élevé, afin qu'il puisse s'égoutter dans le grand. Il arrive parfois que l'on est conduit à raccorder entre elles deux lignes de tuyaux de même diamètre. On y parvient au moyen d'un bout de tuyau de raccordement d'un diamètre supérieur (*fig.* 250).

Lorsque la pose d'une file de tuyaux a été vérifiée, on procède sans retard au remplissage des tranchées. On choisit, pour mettre immédiatement sur les drains, la terre la plus argileuse; on forme ainsi une première couche de 0^m,20 à 0^m,30 d'épaisseur, qu'on piétine ou qu'on pilonne avec soin. Puis on achève de remplir la tranchée par couches successives, de la même épaisseur, toujours bien tassées, en replaçant à la surface la terre végétale mise de côté à cet effet.

Lorsque cela est possible, on doit ouvrir les tranchées à la fin de l'automne, alors que les champs sont temporairement abandonnés, et les laisser passer l'hiver avant de poser les tuyaux, parce que l'écoulement des filets d'eau capillaires, et, au printemps, le travail des larves qui cherchent le jour, déterminent la production de multiples petits conduits qui tendent à diriger vers le drain l'eau dont la terre est imbibée.

75. Ouvrages accessoires. — a) *Regards.* — Aux points d'intersection, de raccord ou de croisement des drains de

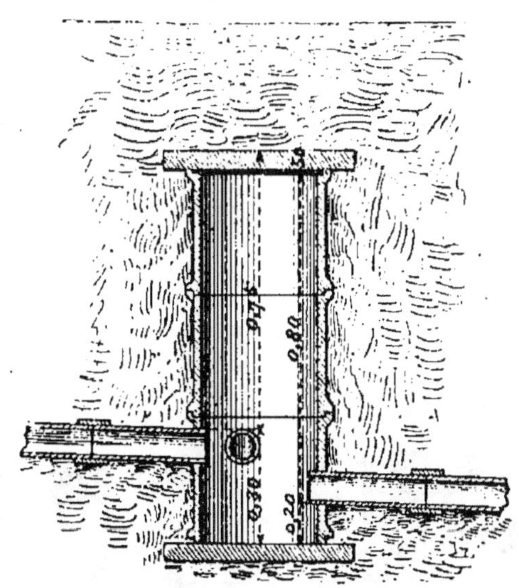

Fig. 251. — Coupe d'un regard.

divers ordres, il est bon de placer des regards de visite qui permettent d'observer facilement la manière dont a lieu l'écoulement de l'eau. Ce sont des cheminées formées de deux ou trois gros tuyaux à emboîtement posés sur une pierre plate et recouverts de la même manière (*fig.* 251 et 252). Le tuyau de décharge est placé à quelques centimètres en contre-bas du dessous des tuyaux d'amenée. Ceux-ci doivent faire un peu saillie sur la pierre inférieure du regard pour que l'eau

qu'ils amènent produise, en tombant, un son qui est l'indice
de la marche régulière du drainage.

Les cheminées de regard sont parfois montées en maçonnerie et recouvertes, au niveau du sol, d'une planchette ou

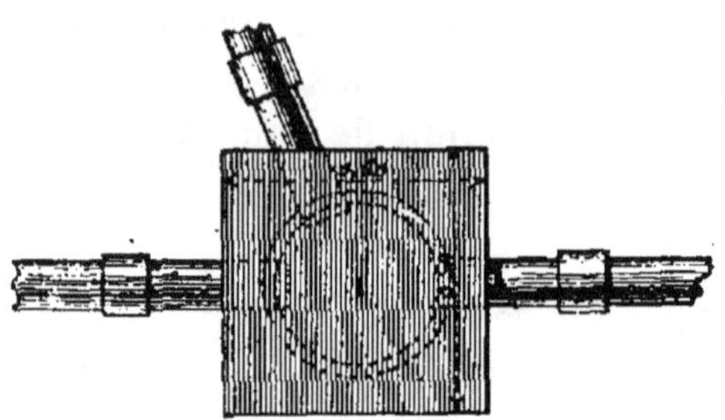

Fig. 252. — Plan d'un regard.

d'un couvercle en bois ou en fonte. Si l'on veut pouvoir y
descendre, il faut leur donner une largeur plus grande, et
au moins égale à $0^m,60$ en œuvre.

b) *Bouches.* — Les débouchés des drains dans les canaux

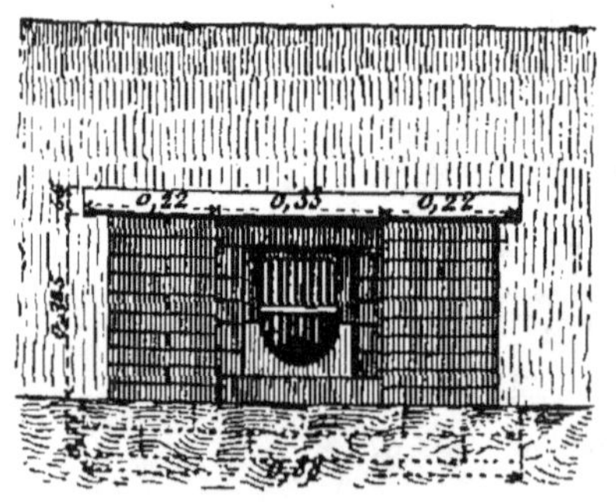

Fig. 253.
Élévation d'une bouche dans un talus.

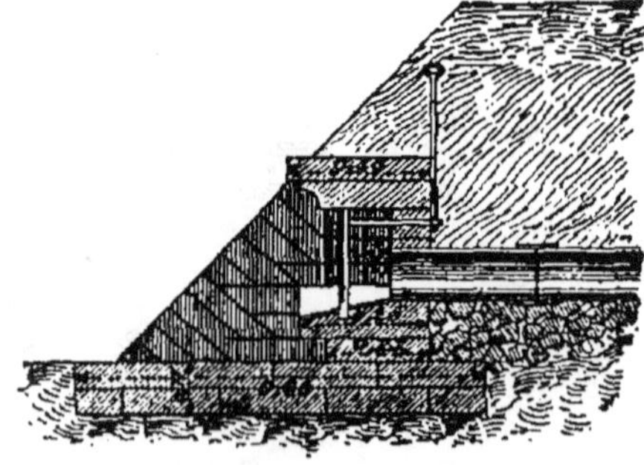

Fig. 254.
Coupe d'une bouche dans un talus.

de décharge doivent être construits en briques ou en pierres
et préservés par une grille en fonte ou en fer (*fig.* 253 et 254).

Le tuyau de drainage doit être enveloppé, sur une certaine
longueur en arrivant à la bouche, dans un petit massif en
maçonnerie hydraulique, ou dans un corroi glaiseux, pour
éviter les infiltrations.

La grille en fonte ou en fer qui ferme la bouche des drains doit être assez serrée pour s'opposer à l'introduction des rongeurs et des corps étrangers. On peut remplacer ces grilles par des clapets métalliques analogues à ceux des figures 255 et 256. L'écoulement de l'eau fait lever la plaque qui, en retombant ensuite à sa place sur un plan légèrement incliné, ferme tout accès de l'extérieur vers intérieur.

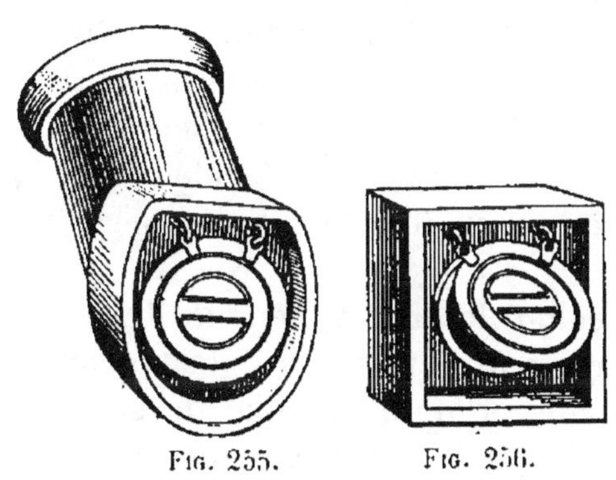

Fig. 255.   Fig. 256.

c) *Bornes-repères*. — Enfin il convient d'indiquer la position et la direction des principaux drains par des petites bornes en pierres, placées à leur origine et sur lesquelles une flèche gravée indique la direction du drain. Cette précaution rend faciles les recherches ultérieures, si quelques réparations deviennent nécessaires.

76. Des mesures à prendre en vue du bon fonctionnement du drainage. — Le bon fonctionnement d'un drainage dépend des soins que l'on apporte aux travaux de premier établissement, puis à la surveillance et à l'entretien. On a mentionné les précautions à prendre pour l'ouverture des tranchées, la pose des tuyaux et le remblaiement. On doit également apporter la plus grande attention à la vérification des tuyaux, attendu que l'emploi d'un seul bout de mauvaise qualité peut annuler l'effet du drainage, si un drain collecteur vient à être mis hors de service. On a indiqué précédémment (§ 62) en quoi consistent les épreuves à faire subir aux tuyaux avant l'emploi.

Grâce à ces précautions, on évitera dans la mesure du possible les causes d'obstruction dues aux bris de tuyaux, aux tassements inégaux, aux pénétrations de la terre des remblais, etc. Mais il peut arriver que le fonctionnement d'un drainage soit entravé par d'autres causes. Parfois les tuyaux sont envahis par des racines d'arbres ou de plantes avides d'eau. On peut combattre cet envahissement en recouvrant, aux endroits dangereux, les tuyaux d'une chape de béton ou en entourant les joints de bourrelets de mortier de ciment. D'autres fois l'obstruction est due à des incrustations des tuyaux par des dépôts ferrugineux ou calcaires. Ces dépôts ne se produisent qu'en présence de l'air, lequel permet le dégagement de l'excès d'acide carbonique qui maintenait les calcaires en dissolution, ou permet l'oxydation des sels de fer.

Pour empêcher le développement de ces incrustations, il suffit d'interdire à l'air l'accès des tuyaux, ce à quoi l'on arrive, en partie au moins, en plaçant sur les collecteurs des regards dans lesquels le tuyau d'amont débouche un peu au-dessous du tuyau d'aval. De cette manière, même quand l'écoulement s'arrête, il reste, sur l'orifice du tuyau d'amont, une certaine charge d'eau qui s'oppose à l'introduction de l'air.

Des visites fréquentes aux regards et aux grilles permettent de s'assurer de la régularité de l'écoulement. L'eau doit être toujours claire ; si elle devient trouble, c'est l'indice certain d'une perturbation accidentelle dans le fonctionnement, attendu que la terre qu'elle tient alors en suspension n'a pu pénétrer par les joints qu'à la suite d'un défaut de contact ou d'un tassement. On doit alors procéder à une recherche minutieuse dans le but de localiser le mal et de le réparer sans retard.

77. Exemple de travaux. — Prix de revient. — A titre d'exemple d'un travail de drainage, on donnera (*fig.* 257) le plan d'un drainage d'une terre de $1^{ha},35$ de superficie, faisant partie d'un domaine dit de la Grande-Loge, situé non loin de Coulommiers (Seine-et-Marne), bien que les travaux n'aient pas été exécutés d'une manière absolument conforme aux principes ci-dessus énoncés, et notamment en ce qui concerne le tracé et la direction des drains. Le sous-sol étant imperméable comme celui de toutes les terres for-

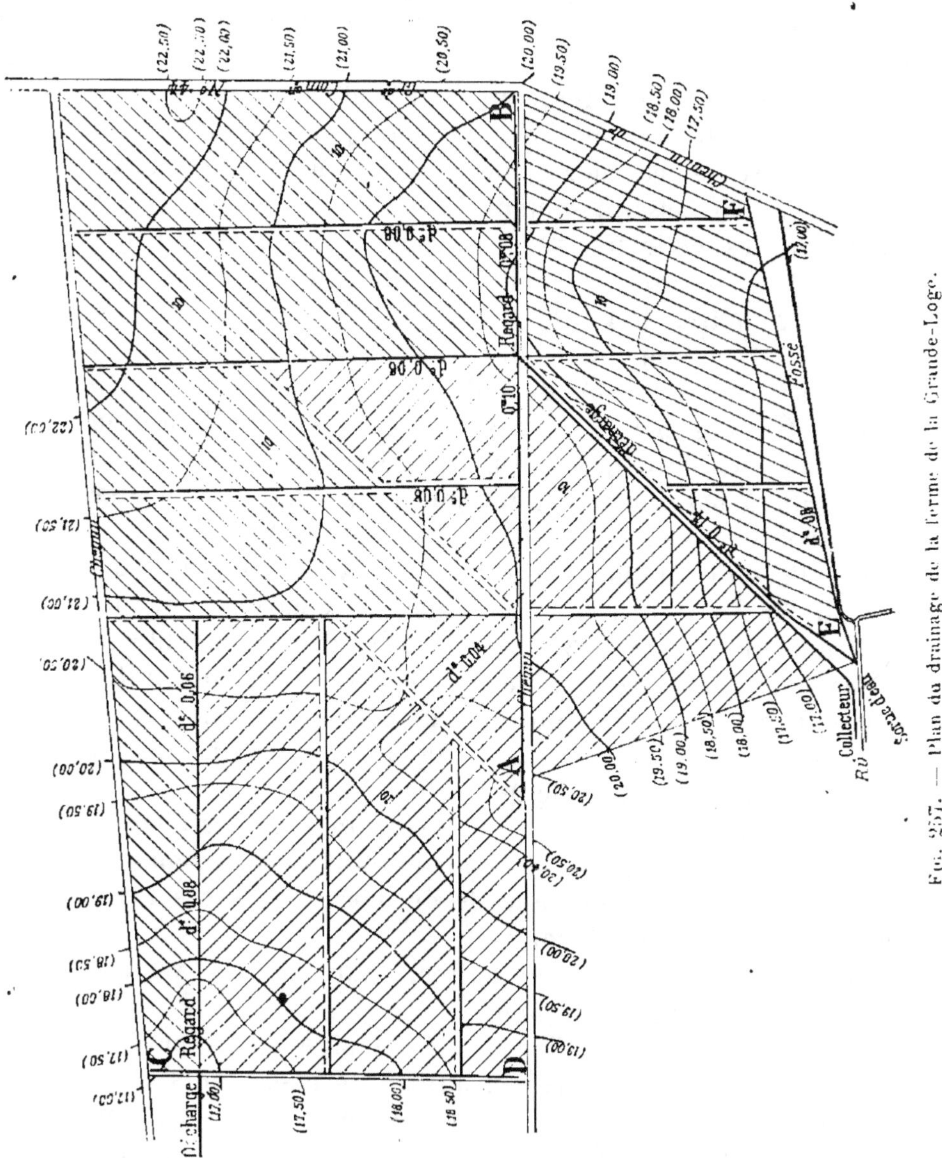

Fig. 257. — Plan du drainage de la ferme de la Grande-Loge.

mant le plateau de la Brie et la surface très humide, les tuyaux ont été espacés de 10 mètres seulement, ce qui donne environ 1.000 mètres de drains à l'hectare.

Les collecteurs sont posés à une profondeur de 1ᵐ,10 et sont formés de tuyaux de 0ᵐ,06 à 0ᵐ,10 de diamètre; les drains élémentaires sont placés à une profondeur de 1 mètre en moyenne et se composent de tuyaux de 0ᵐ,04 de diamètre.

Les drains élémentaires sont dirigés de manière à faire des angles de 30° à 45° avec les lignes de plus grande pente : cette manière de procéder a donné de très bons résultats au point de vue de l'assainissement du sous-sol.

Lorsque les collecteurs se rencontrent sous un angle presque droit, le raccordement est fait au moyen d'arcs de cercle de 2 mètres de rayon.

Aux points de rencontre de plusieurs collecteurs, on a placé des regards formés de puits en maçonnerie de 1ᵐ,20 de diamètre. Les sorties d'eau sont en maçonnerie à bain de mortier et l'extrémité des tuyaux qui y débouchent est munie d'une grille à barreaux suffisamment rapprochés pour éviter l'introduction des petits animaux dans les conduites.

Les collecteurs établis, suivant la ligne AB du plan, en bordure du chemin qui coupe la pièce en deux parties, ont une pente moyenne de 0ᵐ,003 par mètre; ceux qui rencontrent normalement les premiers ont des pentes variant entre 0ᵐ,008 et 0ᵐ,012, soit en moyenne 0ᵐ,010 par mètre.

Le collecteur CD a une pente de 0ᵐ,005, et ceux qu'il reçoit normalement, une pente de 0ᵐ,010 par mètre.

Dans la partie de la pièce de terre située au-dessous du chemin, le collecteur EF, longeant le fossé et débouchant à la sortie d'eau du collecteur de décharge transversal n'a qu'une pente de 0ᵐ,0015 par mètre.

Quant aux drains élémentaires, leurs pentes varient entre 0ᵐ,004 et 0ᵐ,008 par mètre.

L'ensemble de l'opération a été étendue à une surface totale de 240 hectares. Les travaux de terrassements et de pose de tuyaux en terre franche ont été exécutés moyennant le prix de 0 fr. 13 par mètre courant. Dans ces conditions, la dépense par hectare a été de 248 francs environ, savoir :

1.000 mètres de terrassements et pose
de tuyaux à 0ʳ,13 le mètre .... 130 fr.
3.500 tuyaux à 33 francs en moyenne
le mille......................... 115ʳ,50   245ʳ,50

Frais de construction de regards, sorties d'eau,
curage de fossés, etc...................... 2ʳ,50

TOTAL ÉGAL................ 248ʳ,00

Les prix de revient des entreprises de drainage sont, on le
conçoit, des plus variables avec l'écartement des drains, leur
diamètre, leur profondeur, etc.

En France, on a obtenu les moyennes suivantes comme
moyenne de la dépense à l'hectare, dans différentes régions
où de nombreux travaux de drainage ont été exécutés :

Département des Landes................ 216ʳ,65
      —   de la Sarthe............... 280 »
      —   de l'Eure................. 350 »
      —   de Meurthe-et-Moselle...... 415 »

En Allemagne, des travaux de drainage exécutés par le
Syndicat de Breitenfeld (Prusse orientale) ont porté sur une
surface de 1.614 hectares. La profondeur moyenne des
tuyaux était de 1ᵐ,25, et leur espacement, qui variait de
11 mètres à 22 mètres, était en moyenne de 16 mètres. Les
diamètres des tuyaux étaient respectivement de 3, 5, 8, 10,
13 et 15 centimètres; la pente était de 2,5/1000 pour les tuyaux
de 3 centimètres, de 1,5/1000 pour ceux de 5 centimètres et
de 1/1000 pour ceux de 8 centimètres. La longueur totale
des tuyaux employés a été de 845.000 mètres, dont
753.000 mètres pour les drains élémentaires et 92.000 mètres
pour les collecteurs.

La dépense totale a été la suivante :

Francs

Ouverture de fossés de décharge........ 3.910
Terrassements. 115.160
Fourniture de tuyaux................. 77.350
Dépenses diverses.................... 3.940

TOTAL............. 200.360

soit environ 120 francs par hectare.

Dans la même région, le drainage de la terre de Kerschitte, exécuté sur une surface de 280^h,85, dont le sol était formé d'un mélange d'argile et de sable, avec des collecteurs de 21 centimètres de diamètre et des drains élémentaires ayant au minimum 3^{cm},5, espacés de 11 à 15 mètres, suivant la nature du terrain, a nécessité une dépense de 42.350 francs, soit environ 150 francs par hectare.

78. Résultats obtenus. — L'effet produit par le drainage est d'autant plus sensible que le terrain drainé souffrait plus, auparavant, d'un excès d'humidité. Appliqué à une terre déjà antérieurement cultivée, son degré d'utilité peut se mesurer en quelque sorte par l'importance du nombre des fossés d'assainissement dont elle était antérieurement sillonnée, et qui disparaissent.

Des recherches ont été faites dans le but de déterminer l'augmentation du rendement d'une terre, due au drainage.

A Rexpoëde, près de Dunkerque, une surface de 10 hectares environ avait nécessité pour son assainissement l'ouverture de fossés à ciel ouvert, distants de 50 à 60 mètres les uns des autres et ayant un développement total de 1.450 mètres. On supprima ces fossés pour les remplacer par des tuyaux de drainage placés à une profondeur de 1^m,30. L'opération, qui nécessita une dépense de 250 francs, augmenta la surface cultivable de 29 ares valant 535 francs, et l'assainissement se fit dans des conditions plus convenables.

	RENDEMENT		DIFFÉRENCE		
	du terrain NON DRAINÉ	du terrain DRAINÉ	en plus en faveur DU TERRAIN DRAINÉ		
Grains (en hectolitres)..	17	22	5 soit	30 0/0	
— (en kilogrammes).	1.355	1.740	385 —	29	—
Paille —	6.200	7.612	1.412 —	22	—
Valeurs des grains (à 17 fr. l'hectolitre).....	306	396	90 —	29	—
Valeur de la paille (à 3 fr. le kilogramme).......	177	228	51 —	29	—
Valeur totale..........	483	624	141 —	29	—

Pour se rendre un compte exact des effets du drainage, on partagea un champ de 1ʰ,50 en deux parties égales dont l'une seulement fut drainée.

Du froment ensemencé donna les résultats qu'indique le tableau de la page précédente.

D'autres expériences ont été faites plus récemment au domaine de la Grande-Loge, dont on a décrit ci-dessus les travaux de drainage (§ 77). Avant ces travaux, la culture se faisait en sillons bombés de 2 mètres de largeur au plus, séparés entre eux par de profondes raies destinées à écouler les eaux superficielles. Cette culture exigeait beaucoup de main-d'œuvre et ne permettait pas, pour la récolte des produits, l'emploi des faucheuses, moissonneuses et autres instruments agricoles aujourd'hui indispensables. Elle présentait, en outre, de nombreux inconvénients, tels que présence constante de l'eau dans les raies, d'où, lors des gelées, soulèvement de la surface du sillon et rupture des racines des plantes ; retards continuels dans l'ensemencement, surtout au printemps, pour l'avoine, le blé et les betteraves.

Grâce au drainage, tous ces inconvénients ont disparu. Les terres étant continuellement assainies, les labours se font en toutes saisons ; survienne une pluie de quelque durée, deux ou trois jours suffisent pour écouler les eaux et permettre la reprise du travail. D'autre part, l'écoulement des eaux superficielles étant assuré, la culture peut se faire à plat, ce qui permet la suppression des raies ; enfin il devient possible d'employer des instruments de culture perfectionnés, et la moisson qui, auparavant, durait un mois et demi (du 15 juillet au 1ᵉʳ septembre), est maintenant terminée en un mois, malgré la grande augmentation du produit des récoltes.

Il semble, en outre, que le drainage présente des avantages en temps de sécheresse. Certains cultivateurs affirment que les conduites de drainage, en temps sec, fournissent aux racines des plantes, par les courants d'air établis souterrainement, une source d'humidité très favorable aux récoltes. On a pu remarquer, en effet, que, pendant l'été de l'année 1894, remarquable par sa sécheresse, les blés semés en terre drainée n'avaient pas souffert du manque d'humidité.

Quant aux rendements comparés des terres drainées et non drainées, les moyennes pour un intervalle de trois années ont été les suivantes :

NATURE des RÉCOLTES	RENDEMENT A L'HECTARE		DIFFÉRENCES en plus en faveur des terrains DRAINÉS	OBSERVATIONS
	terrains non drainés	terrains drainés		
	quintaux	quintaux	quintaux	Les terres ayant été mar- nées la même année que le drainage a été exécuté,
Blé.......	16	25	9 soit 56 0/0	il y a lieu de porter une partie de l'augmentation
Avoine...	20	25	5 — 25 0/0	dans le rendement à l'actif du drainage ; mais les 2/3
Betterave.	180	350	170 — 95 0/0	du rendement total peuvent être, sans contredit, portés
Luzerne...	25	50	25 — 100 0/0	au compte du drainage.

Le département de Seine-et-Marne est l'un de ceux où le drainage est le plus apprécié. Certains fermiers offrent à leurs propriétaires de gros intérêts (4 à 6 0/0) sur la somme à dépenser en travaux, pour les engager à drainer leurs terres. D'autres même n'ont pas hésité à prendre à leur charge tous les frais de drainage des fermes dont ils sont locataires, et les résultats qu'ils ont obtenus ne leur ont pas fait regretter cette dépense.

La plus-value qu'acquiert la terre améliorée par le drainage est très variable. Elle descend rarement au-dessous de la proportion du tiers, qui est celle de la terre de Rexpoede, dont il été a parlé. Elle est parfois de beaucoup dépassée. Dans le département des Landes, les terres drainées ont presque doublé de valeur, le prix moyen de l'hectare, qui était de 360 francs avant l'opération, ayant atteint ensuite 670 francs ; quant à la dépense, elle a été de 220 francs environ par hectare. Dans le sud du département de Seine-et-Oise, nous avons vu des champs, qui produisaient 9 hectolitres de blé à l'hectare, en produire 35 après le drainage.

Il s'en faut d'ailleurs de beaucoup que le drainage ait reçu, en France, toutes les applications dont ce mode d'amélioration agricole est susceptible. Nous croyons utile, à ce sujet, de reproduire ici les observations suivantes, extraites d'un rapport de M. Lefort, ingénieur en chef de la Loire-Inférieure :

« Malgré le concours offert par l'Administration, l'opération du drainage est fort peu pratiquée dans le département, ce qui est très regrettable au point de vue des avantages qui en résulteraient certainement pour l'agriculture, dans cette région où la plupart des terrains sont d'une faible perméabilité, en raison de leur nature essentiellement argileuse.

« Des machines à fabriquer les tuyaux ont été longtemps mises à la disposition des industriels qui en ont fait la demande. Des expériences ont été effectuées aux frais de l'État dans divers terrains de culture difficile. L'Administration a étudié et dressé des projets partout où les propriétaires en ont exprimé le désir, et des maîtres draineurs, mis gratuitement à leur disposition, ont été chargés de la direction et de la surveillance des travaux. Tous ces encouragements n'ont malheureusement donné, jusqu'ici, que de médiocres résultats : le morcellement de la propriété et surtout l'indifférence de la plupart des propriétaires et des fermiers quand il s'agit d'innovations, sont autant d'obstacles à l'amélioration du sol par des opérations de drainage. »

CHAPITRE V

DRAINAGES SPÉCIAUX

79. Travaux d'assainissement par drainage. — Les méthodes de drainage à l'aide de tuyaux souterrains ne sont pas seulement applicables aux terres arables. On les emploie avec succès pour assainir les habitations, les jardins, les parcs, les cours des fermes, les bourgs ou villages, les sols des routes, des chemins de fer, etc.

Des tuyaux de drainage placés autour des murs des habitations ou des édifices fondés sur un terrain imperméable, de nature argileuse par exemple, peuvent enlever l'humidité qui s'accumule dans le sol, ainsi que les eaux pluviales tombant des toits, et qui sont susceptibles, à la longue, de miner les fondations. On place une ligne de drains à une distance de 0ᵐ,75 à 1 mètre environ des murs et à une profondeur de 0ᵐ,30 à 0ᵐ,50 ; on les recouvre d'une couche de cailloux et l'on a soin de leur donner une pente prononcée vers un point situé dans la partie la plus déclive du terrain, où un collecteur doit prendre les eaux pour les conduire dans une décharge.

L'assainissement des bourgs et des villages s'exécute d'après la même méthode que celui des grandes villes, les drains remplaçant le réseau des égouts. Des lignes de drains sont placées dans les rues, un peu en avant des habitations, et l'écoulement se fait vers le cours d'eau le plus voisin. Parmi les applications qui ont été faites du drainage à l'assainissement des bourgs, nous citerons les villages de la Motte-Beuvron et de la Ferté-Saint-Aubin, en Sologne[1]. Le sol de ces deux villages, de nature argilo-sableuse, repose sur un sous-sol imperméable; les eaux séjournent dans ce terrain, et il s'établissait un plan d'eau assez rapproché du sol pour engendrer des ferments et des miasmes. Le drainage par tuyaux a eu pour effet d'abaisser considérablement le plan d'eau et de faire disparaître ces inconvénients.

Dans la construction des chemins de fer, le drainage est indispensable pour assainir le sol servant d'assiette aux remblais de quelque importance, lorsque ces terrains sont de mauvaise qualité. Là encore le drainage suffit pour abaisser le niveau de la nappe souterraine et pour consolider l'assiette du massif en procurant un écoulement facile et rapide aux eaux pluviales. Dans ce cas, on a souvent substitué les pierrées aux tuyaux pour utiliser des matériaux dont on disposait. Le résultat a toujours été satisfaisant.

L'assainissement est non moins indispensable quand on creuse une tranchée dans un terrain argileux par exemple : les alternatives de sécheresse et d'humidité produisent une série de contractions et dilatations de la masse qui finit par se désagréger, et les eaux superficielles qui descendent des talus la ravinent profondément en déterminant des éboulements.

Les figures 258 et 259 représentent un système d'assainissement par drainage, appliqué récemment à une tranchée de la ligne de Gretz à Coulommiers, ouverte, à la partie supérieure, dans d'épaisses couches d'argiles vertes auxquelles sont superposées une couche de sable et de la terre rouge argileuse.

Ce système consiste à établir de distance en distance, dans le talus, des massifs en maçonnerie à pierres sèches qui contribuent à assainir le terrain par les vides qu'ils présentent, et à la partie inférieure desquels règne une ligne de drains en poterie qui évacuent leurs eaux dans des collecteurs établis sous la voie ; le système est complété à sa partie supérieure par un drain en pierres cassées qui recueille les eaux ruisselant à la surface. Le profil transversal des massifs

<hr>

[1] *Annales des Ponts et Chaussées*, 1860, 1er semestre.

comprend deux côtés latéraux verticaux, une partie supé-

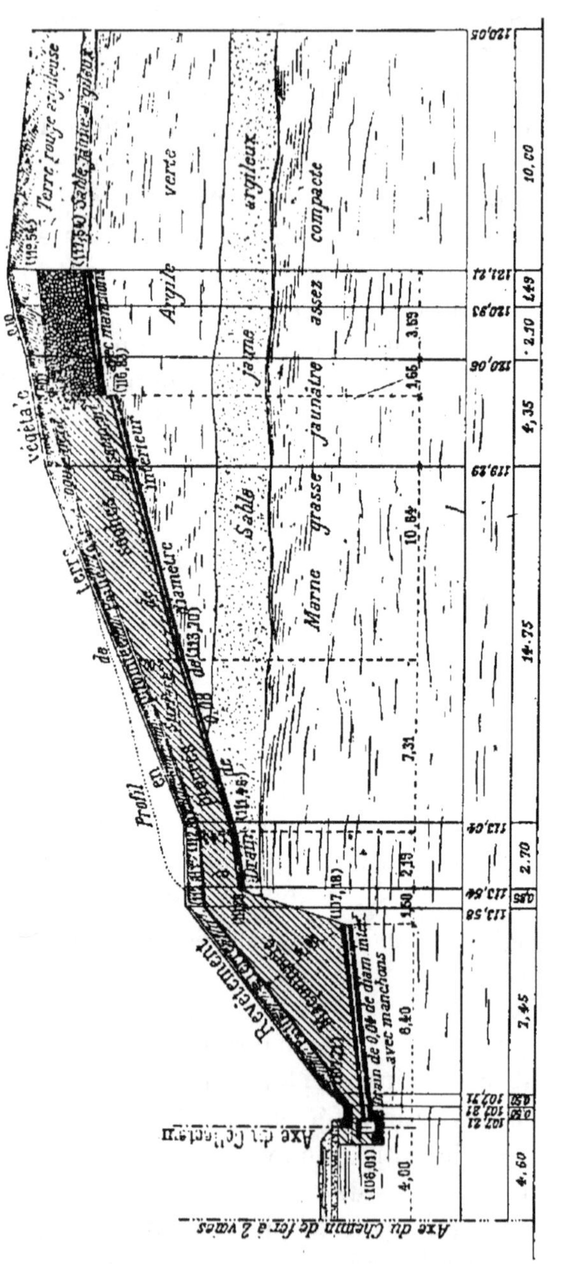

Fig. 258. — Assainissement d'une tranchée argileuse. — Demi-profil en travers.

rieure horizontale et une base en forme de cuvette (*fig.* 259).
Au milieu de celle-ci est établi un dallot de 0^m,15 × 0^m,15,

en moellons, dans lequel on dispose un tuyau en poterie
de 0^m,04 ou 0^m,08 de diamètre. Ce tuyau repose sur une
dalle formant radier du dallot et est établi à la base du
massif.

Les collecteurs sont des aqueducs en maçonnerie à pierres
sèches ou en ciment, établis à une profondeur de 1^m,80
environ sous la plateforme, suffisante pour les mettre en
tout temps à l'abri des gelées. Ils ont une ouverture de 0^m,40
et une hauteur sous clef de 0^m,50 (*fig.* 260). La voûte est
percée de trous coniques de 0^m,05 de diamètre, espacés

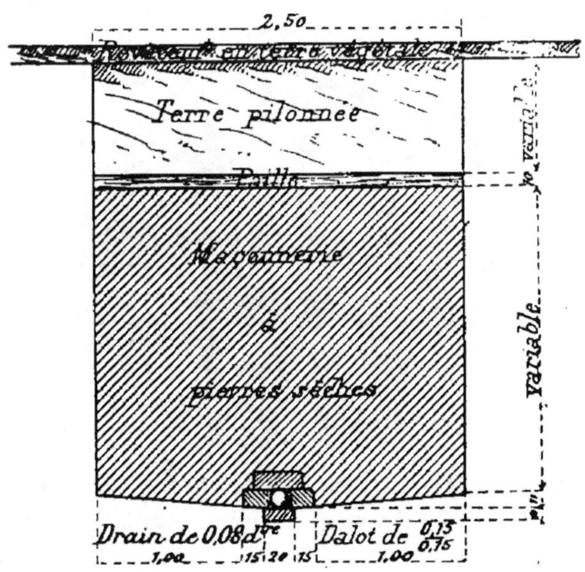

Fig. 259. — Profil transversal de la tranchée.

de 0^m,30 d'axe en axe. L'épaisseur des parois est de 0^m,10.
Sur le pourtour de la voûte, on dispose à la main une rangée
de moellons qu'on recharge ensuite avec des pierres cassées,
puis on recouvre celles-ci d'une couche de paille de 0^m,10.
et ensuite de terre pilonnée.

Ce système d'assainissement est assez coûteux. Mais il a
permis d'empêcher les glissements d'une tranchée dans
laquelle des éboulements s'étaient produits à plusieurs
reprises et dont la consolidation n'avait pu être obtenue par

d'autres procédés plus simples, tels que le revêtement et la construction de contreforts.

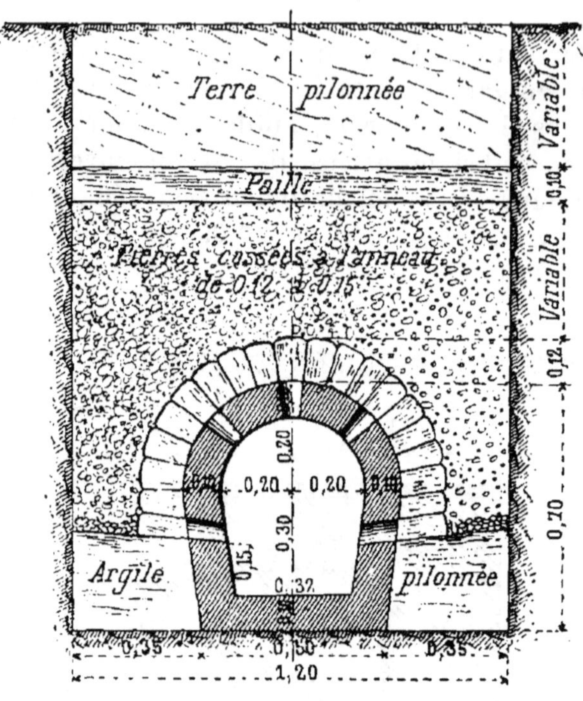

Fig. 260.

80. Drainages irréguliers.

80. Drainages irréguliers. — Parfois les circonstances topographiques et géologiques permettent de simplifier les travaux de drainage ordinaire. Lorsque, par exemple, la

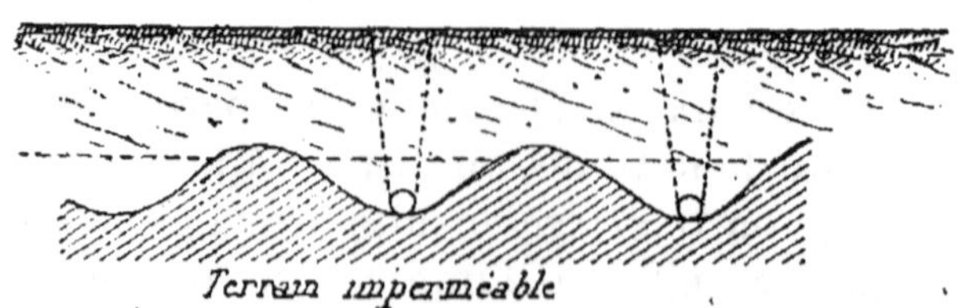

Fig. 261.

couche à drainer repose sur une couche imperméable ondulée, comme il s'en rencontre parfois par suite des effets des grands courants de la période diluvienne (*fig.* 261), un drainage ordinaire ne donnerait que de médiocres résultats. Quelques drains maîtres écartés, mais placés dans les thalwegs souterrains, assureront un assainissement satisfaisant ; au contraire, des tuyaux placés sur les sommets de la couche imperméable seraient inefficaces.

Des ondulations du même genre peuvent se présenter dans le sens transversal à la plus grande pente et former obstacle à l'écoulement des eaux (*fig.* 262). Dans ce cas, quelques

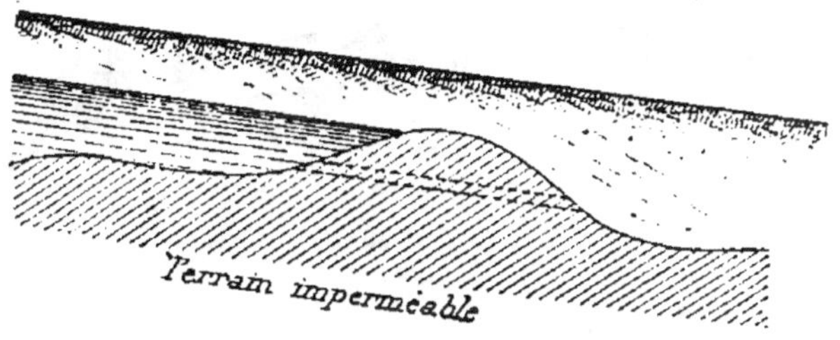

Fig. 262.

tuyaux percés à travers ce barrage souterrain suffiront pour amener une amélioration considérable.

C'est une opération de ce genre qui a permis d'obtenir, dans les presqu'îles de Gennevilliers et d'Achères, où s'opère l'utilisation agricole d'une partie des eaux d'égout de Paris, un abaissement suffisant de la nappe pour assurer une épaisseur convenable au filtre naturel formé par la couche supérieure du terrain (Voir VIIIe partie).

Dans la plaine de Gennevilliers, notamment, le sol est formé de terre très légère et de graviers très perméables qui laissent facilement l'eau descendre jusqu'au sous-sol, composé d'alluvions sableuses superposées aux calcaires de Saint-Ouen et aux marnes blanches. Dans son état naturel, la nappe souterraine s'abaisse vers la Seine, mais elle est maintenue à un niveau assez élevé par une bande d'alluvions limoneuses de 100 à 300 mètres de largeur, qui entoure toutes les convexités du fleuve (*fig.* 263). Le reste de la plaine est composé d'une couche de sable et de cailloux qui devient de plus en plus fluente à mesure que l'on descend.

Les irrigations ayant provoqué le relèvement du niveau de

la nappe, on reconnut nécessaire de la maintenir, spécialement en temps de crues, à un niveau minimum de 2 mètres
et à un niveau maximum de 4 mètres au-dessous du sol.

Ce résultat a été obtenu en établissant cinq drains dirigés
sensiblement suivant les rayons du demi-cercle formé par la
Seine autour de la plaine de Gennevilliers, et à 2 kilomètres
environ les uns des autres ; un drain de ceinture entoure le

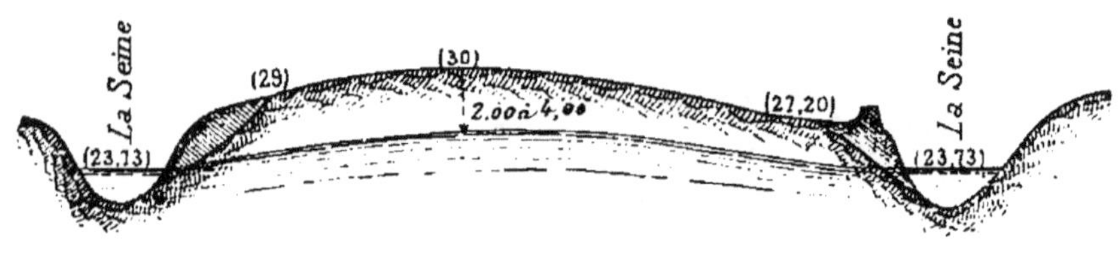

Fig. 263.

village de Gennevilliers, situé au centre de la presqu'île
(*fig.* 271).

La profondeur moyenne des tranchées au fond desquelles
sont établis les drains est de 4 mètres. Si l'on admet que,
dans les sables et graviers de la plaine, la nappe prenne
entre deux drains successifs une pente de $0^m,002$ depuis le
milieu de l'intervalle qui les sépare jusqu'à chacun de ces
drains, on voit qu'avec un espacement de 2 kilomètres la
nappe atteindra au milieu de l'intervalle une hauteur de
$1,000 \times 0,002 = 2$ mètres au-dessous du sol. C'est en effet
ce qui a été obtenu, et il résulte d'observations régulières
du niveau de la nappe que l'épaisseur moyenne de la couche
filtrante est de 3 mètres sans jamais descendre au-dessous
de $2^m,50$.

Le drainage se compose de conduites pleines en béton
moulé sur place par bouts de $0^m,50$ de longueur et $0^m,45$ de
diamètre intérieur formant collecteurs, destinées à traverser
le bourrelet insubmersible dont il a été parlé, et débouchant en Seine. L'eau est amenée aux collecteurs par des
drains dont les uns du même diamètre précité sont en béton
moulé perforé, et les autres, qui ont $0^m,30$ de diamètre,
sont en poterie perforée.

Les collecteurs sont établis avec une pente voisine

de $0^m,001$, laquelle, avec le diamètre de $0^m,45$ et en supposant que l'eau coule à pleine section, correspond à un débit de 80 litres par seconde. Les cinq collecteurs débouchant en Seine sont donc susceptibles d'écouler 400 litres par seconde, soit 35.000 mètres cubes par 24 heures et 12.600.000 mètres cubes en une année.

La pose de tuyaux à 4 mètres de profondeur et souvent à 2 mètres et $2^m,50$ dans la nappe souterraine n'a pas été sans présenter de grandes difficultés et exiger des dépenses importantes de blindage des fouilles et d'épuisements.

Le prix de revient du mètre courant de drainage, établi conformément aux indications qui précèdent, s'établit en moyenne comme suit :

	TUYAU DE $0^m,45$ en BÉTON MOULÉ	TUYAU DE $0^m,30$ en POTERIE VERNISSÉE
	francs	francs
Prix de revient du tuyau....	8 [1]	6 50 [1]
Tranchée et pose..........	16	16 50
Epuisement	16	12 »
Total..............	40	35 »

La longueur totale du drainage est de 10.000 mètres environ, et la dépense totale ne s'est pas élevée à moins de 400.000 fr.

81. Drainages verticaux. — Il arrive parfois que les eaux qui existent en excès dans un terrain proviennent principalement de sources ou du trop-plein des nappes souterraines. Dans ces cas, les procédés ordinaires du drainage ne sont pas applicables, et des travaux spéciaux sont nécessaires.

Considérons, par exemple, une vallée dont le fond serait formé de terre végétale peu perméable, comprise entre deux

---

[1] **Les largeurs et les profondeurs des tranchées sont les mêmes pour les deux diamètres ; la différence de prix de revient en faveur des tuyaux du plus grand diamètre provient de ce que la pose en a été plus rapide et plus facile.**

collines de sables, placées elles-mêmes au-dessus d'une couche imperméable (*fig. 264*). L'eau déborde aux points *a*, *a* et transforme en marécage tout l'espace compris entre ces deux points. En pareil cas, il suffit souvent d'ouvrir un drain dans le thalweg, en *b*, et de le mettre en communication avec le sous-sol perméable.

L'eau remonte, s'écoule par ce drain et cesse de produire à la surface du sol les dégâts qu'elle y causait.

Si la couche imperméable sur laquelle repose la veine aquifère

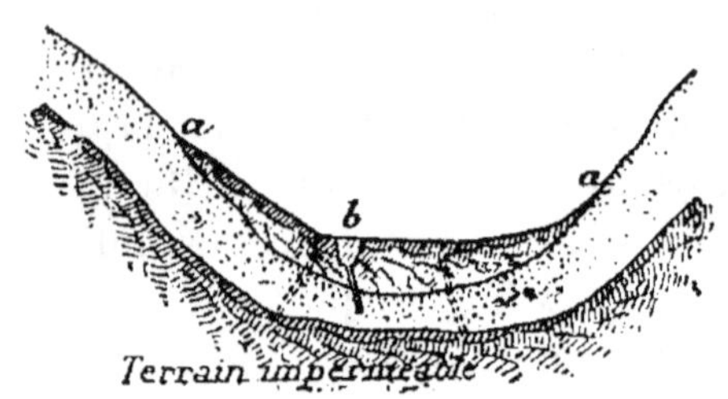

Fig. 264. — Vallée pénétrée par les sources.

ne présente qu'une assez faible épaisseur et si elle s'étend à son tour sur des bancs absorbants, on peut donner une issue naturelle aux eaux nuisibles, sans qu'il soit nécessaire d'établir des canaux de décharge, en perçant un puits absorbant traversant le terrain imperméable et mettant la première couche aquifère en communication avec une couche absorbante.

Lorsque le terrain perméable se trouve au-dessous du sol, à une profondeur telle qu'on ne puisse, sans une forte dépense, pousser les drains jusqu'à cette profondeur, on ouvre de distance en distance, à côté du drain creusé à la profondeur habituelle, des puits rectangulaires ou tronconiques d'une largeur suffisante pour permettre à un ouvrier d'y travailler et qu'on remplit de pierres cassées (*fig. 265*).

On a également utilisé les puits absorbants pour se débarrasser des eaux superficielles dans certaines régions à sous-sol

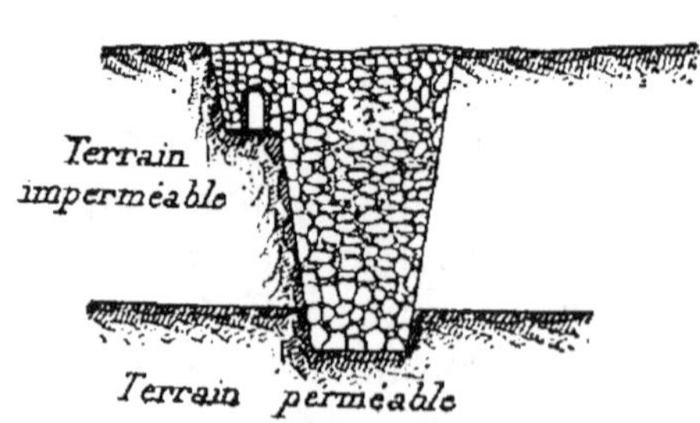

Fig. 265. — Puits absorbant.

perméable dépourvues de cours d'eau naturels ou artificiels et où les eaux ne traversent la couche de terre végétale qui recouvre la couche perméable qu'avec une grande lenteur, de telle sorte que, dans les années pluvieuses, l'eau séjourne un temps plus ou moins long à la surface.

Aux environs de Saint-Quentin, par exemple, il existe un vaste plateau d'une superficie de près de 12.000 hectares dont le sous-sol, de nature crétacée et très perméable, se trouve à

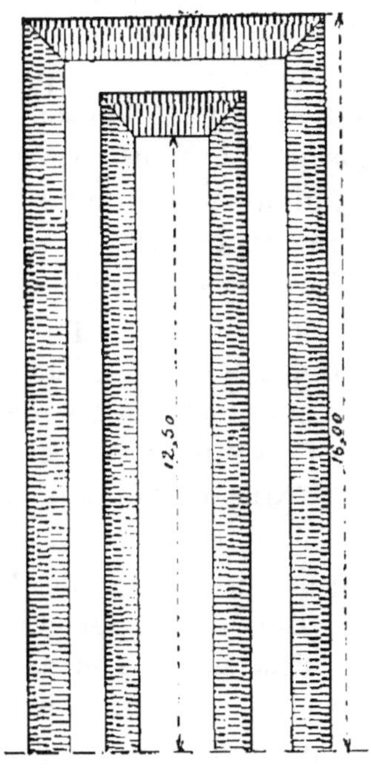

une faible profondeur. Les eaux pluviales n'ayant pas d'émissaire séjournaient à la surface, et en particulier sur la route nationale n° 32. On a pu évacuer ces eaux en mettant les fossés en communication avec des puits absorbants de **2** mètres de diamètre et d'une profondeur moyenne de 8 mètres environ.

On a proposé également d'assainir dans la même région le territoire des communes qui occupent ce plateau, en creusant en un point convenablement choisi un puits absorbant, ou, mieux, une carrière absorbante, c'est-à-dire une excavation ayant en plan une forme quadrangulaire. On a remarqué, en effet, dans un puits absorbant, que la surface du fond ne joue plus, au bout de quelques années, qu'un rôle minime, attendu que les matières organiques ou autres que les eaux y peuvent laisser, finissent par colmater les pores du terrain. Le rôle principal est rempli par les parois et, dans ces conditions, l'on est conduit à l'adoption d'une forme réalisant la double condition du maximum de surfaces de parois et du minimum de déblais. Il est donc rationnel de substituer à la forme circulaire du puits ordinaire une surface quadrangulaire à bases parallèles très allongées. La carrière projetée aurait eu la forme représentée par les figures 266 et 267.

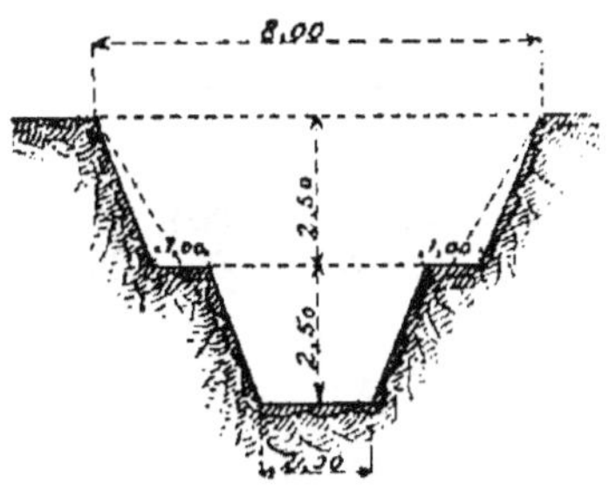

Fig. 266 et 267. — Plan et profil transversal d'une carrière absorbante.

soit une surface en gueule de 256 mètres carrés. Le travail n'a pu être exécuté faute d'entente entre les intéressés.

D'ailleurs cette méthode ne réussit pas toujours, et il faut être bien sûr des propriétés absorbantes du sous-sol pour se décider à l'appliquer. On a parfois construit des puisards qui n'ont donné que de médiocres résultats ou qui ont cessé de fonctionner au bout de quelques années. Ce n'est que quand ils sont établis dans des terrains très perméables qu'on peut espérer un fonctionnement satisfaisant. Enfin les entonnoirs naturels qui existent parfois et jouent naturellement le rôle de puisards absorbants présentent encore un inconvénient qu'on ne saurait passer sous silence. Les populations environnantes ne sont que trop portées à utiliser ces puits comme dépotoirs et à y jeter notamment des carcasses d'animaux morts et des immondices. De cette manière, on risque de contaminer gravement l'eau de la nappe souterraine, et si celle-ci alimente des puits fournissant l'eau de boisson, il peut en résulter l'éclosion de maladies épidémiques. C'est, en particulier, une semblable raison qui était cause que la population de la petite ville de Sauve (Gard) était périodiquement décimée par la fièvre typhoïde. Elle puisait son eau d'alimentation dans une nappe souterraine contaminée par les immondices entraînées à chaque pluie dans un puits existant vers le centre de l'agglomération. On a dû renoncer à employer cette eau pour les besoins de la consommation [1].

[1] *Sur la contamination de la source de Sauve (Gard)*, par M. MARTEL (*Comptes rendus de l'Académie des Sciences*, 1897, 2e semestre).

CHAPITRE VI

LÉGISLATION DU DRAINAGE

82. Opérations individuelles de drainage. — Dans la plupart des cas, les eaux surabondantes enlevées au sol par le drainage ne peuvent être évacuées, aux cours d'eau qui les écoulent, sans les conduire à travers des fonds inférieurs appartenant à des tiers. Mais si, aux termes de l'article 640 du Code civil, les fonds inférieurs sont assujettis, envers ceux qui sont plus élevés, à recevoir les eaux qui en découlent naturellement, le propriétaire du fonds supérieur ne peut faire aucun travail qui aggrave la servitude du fonds inférieur.

La servitude du passage des eaux provenant du drainage a été instituée par une loi du 10 juin 1854 dont l'article 1er est ainsi conçu : « Tout propriétaire qui veut assainir son fonds par le drainage ou par un autre moyen d'assèchement, peut, moyennant une juste et préalable indemnité, en conduire les eaux souterrainement ou à ciel ouvert, à travers les propriétés qui séparent ce fonds d'un cours d'eau ou de toute autre voie d'écoulement.

« Sont exceptés de cette servitude les maisons, cours, jardins, parcs et enclos attenant aux habitations. »

Les conditions d'exercice du droit de servitude ainsi créé sont définies par l'article 2 de la même loi, ainsi conçu :

« Les propriétaires de fonds voisins ou traversés ont la faculté de se servir des travaux faits, en vertu de l'article précédent, pour l'écoulement des eaux de leurs fonds.

« Ils supportent dans ce cas : 1º une part proportionnelle dans la valeur des travaux dont ils profitent; 2º les dépenses résultant des modifications que l'exercice de cette faculté peut rendre nécessaires ; 3° et, pour l'avenir, une part contributive dans l'entretien des travaux devenus communs. »

Des instructions très complètes au sujet de l'application de cette loi ont été données par une circulaire ministérielle du 20 janvier 1855. Il a paru nécessaire de la reproduire *in extenso* (Voir *Annexe* III).

L'État ne s'est pas borné à prendre les dispositions nécessaires pour assurer l'écoulement des eaux. Estimant que le drainage devait être appelé à rendre les plus grands services, il a d'abord, par décision du 30 août 1854, donné aux particuliers la faculté d'obtenir gratuitement le concours des ingénieurs et conducteurs des Pont et Chaussées pour l'étude des projets de drainage. En outre, une loi du 17 juillet 1856 a eu pour objet de procurer aux propriétaires les capitaux nécessaires pour l'exécution des travaux et a affecté une somme de 100 millions à des prêts consentis à cet effet au taux de 4 0/0 sans frais, remboursables en vingt-cinq annuités.

Les prêts devaient être primitivement faits par le Trésor, mais une autre loi du 28 mai 1858 a substitué le Crédit Foncier au Trésor pour la réalisation du prêt, les fonds devant être obtenus par l'émission d'obligations, au remboursement desquelles les annuités payées par les emprunteurs sont affectées par privilège. Quant aux garanties dont jouit le Crédit Foncier pour le recouvrement de ses avances, elles sont : 1° pour l'annuité échue et l'année courante, un privilège sur les récoltes et revenus, qui prend rang après celui des contributions publiques ; 2° pour la totalité du prêt, un privilège sur les terrains drainés, privilège qui, vis-à-vis des porteurs de créances jouissant d'un privilège ou d'une hypothèque préexistante, se restreint à la plus-value existante au moment de la vente et provenant du drainage.

L'exécution des lois de 1856 et de 1858 a été assurée par un règlement d'administration publique du 23 septembre 1858. Les dispositions de ce décret sont commentées dans une circulaire ministérielle du 2 octobre 1858 (Voir *Annexe* V).

Ces facilités n'ont pas été appréciées par le public, et le montant des prêts réalisés n'a pas dépassé 1.200.000 francs.

L'échec de cette législation doit s'expliquer en partie par deux causes : 1° la répugnance des propriétaires ruraux pour le régime des privilèges et hypothèques institués en vue de garantir le remboursement des avances; 2° la complication des formalités antérieures à la réalisation du prêt[1].

83. Opérations collectives de drainage. — Lorsque plusieurs propriétaires sont intéressés à une même entreprise de drainage, ils peuvent, pour l'exécution et l'entretien des travaux, se constituer en association syndicale, soit libre, soit autorisée, par application de l'article 1er de la loi des 21 juin 1865-22 décembre 1888. Pour que la formation d'une association autorisée soit possible, il faut que l'entreprise obtienne l'adhésion des trois quarts des intéressés représentant plus des deux tiers de l'impôt foncier, ou des deux tiers des intéressés représentant plus des trois quarts de la superficie et payant plus des trois quarts de l'impôt foncier; il faut, de plus, que l'utilité des travaux ait été reconnue par un décret délibéré en Conseil d'État; enfin les travaux ne peuvent être entrepris qu'après payement des indemnités d'expropriation ou de délaissement, les propriétaires non adhérents ayant la faculté de délaisser leurs terrains moyennant indemnité.

Les associations syndicales profitent, pour assurer l'écoulement des eaux, des mêmes servitudes que les particuliers et ont les mêmes facilités pour se procurer les capitaux nécessaires à l'exécution des travaux de drainage. Les lois du 17 juillet 1856, du 28 mai 1858 et le décret du 23 septembre 1858 sont applicables à ces associations.

Un projet de loi élaboré par le Conseil d'État en 1880, pour régler le concours financier de l'État dans les entreprises d'hydraulique agricole, proposait de restreindre à un privilège sur les récoltes les garanties données à l'État prêteur. De plus, en présence de la baisse du taux de l'intérêt, le même projet de loi réduisait de 4 à 3 0/0 le taux d'intérêt des avances. Ce projet n'a reçu aucune suite.

[1] PICARD, *Traité des Eaux*, t. IV.

HUITIÈME PARTIE

UTILISATION AGRICOLE DES EAUX D'ÉGOUT

84. Généralités. — L'épuration des eaux résiduaires des villes est une question intéressant au premier chef l'assainissement urbain; elle a été étudiée à ce point de vue par M. Wéry, dans son remarquable traité d'*Assainissement des villes*[1]. En ce qui concerne l'agriculture, elle présente un double intérêt hygiénique et agronomique : hygiénique, en ce sens que l'envoi aux cours d'eau naturels d'eaux vannes non épurées aurait pour résultat de les souiller et de les rendre impropres à être utilisées par les populations d'aval; agronomique, attendu que les eaux d'égout, riches en matières fertilisantes, peuvent être employées avantageusement pour les irrigations.

Pendant longtemps, il est vrai, les villes rejetaient dans les cours d'eau une partie des matières usées; le reste était abandonné à l'air libre, dans des dépôts d'immondices appelés voiries, qui infectaient les abords des centres habités. Il est bon de remarquer qu'autrefois les matières usées, les déchets, étaient moins nuisibles qu'ils ne le sont actuellement. Ils contenaient moins d'azote. L'alimentation humaine était presque exclusivement végétale, et l'usage de la viande était pour ainsi dire une exception. C'est dans notre siècle que le régime de l'alimentation publique dans les grandes villes est devenu principalement animal; en même temps les déchets des villes sont devenus plus nocifs. Le dévelop-

---

[1] *Assainissement des villes*, par M. Paul Wéry (*Bibliothèque du Conducteur de travaux publics*).

pement considérable de l'industrie est venu compliquer la question de l'hygiène publique ; les cours d'eau, déjà encombrés, saturés par les résidus industriels, ne peuvent plus recevoir et véhiculer les déchets de l'alimentation.

La nécessité d'épurer les eaux d'égout avant de les déverser dans les cours d'eau n'est plus contestée aujourd'hui. Mais le choix du mode de procéder a donné lieu à de vives controverses, dans le détail desquelles nous n'avons pas à entrer ici. Nous nous bornerons à rappeler qu'on a préconisé successivement diverses méthodes d'épuration mécanique et chimique dont quelques-unes au moins ont donné des résultats assez satisfaisants. Néanmoins on s'accorde généralement à reconnaître que l'épandage sur le sol des matières usées, diluées dans une quantité suffisante d'eau, permet seul d'obtenir une épuration complète et a, en outre, l'avantage de tirer complètement parti des éléments fertilisants renfermés dans les eaux d'égout.

C'est donc ce procédé d'épandage qui sera décrit ici, en l'examinant dans ses effets hygiéniques et agronomiques.

85. De l'épandage des eaux d'égout. — L'utilisation agricole des eaux d'égout se distingue essentiellement de la simple épuration par filtration à travers le sol. Cette dernière opération se pratique dans des bassins de surface restreinte, dont le sol est exempt de toute culture et qui sont spécialement aménagés pour obtenir une nitrification rapide et plus ou moins parfaite. Au contraire, il y a utilisation quand l'eau est répandue sur une surface en culture convenablement appropriée, et dans des conditions telles que non seulement cette eau se débarrasse des matières nuisibles qu'elle renfermait, mais encore que les sels minéraux résultant de la nitrification dont on a expliqué ci-dessous le mécanisme (§ 86) soient absorbés par la culture et utilisés comme engrais, au grand avantage de la richesse publique.

Avant d'aborder la théorie de l'épuration par le sol, il est nécessaire de dire comment se fait l'épandage.

Le champ d'épuration doit, comme on le verra plus loin, être formé d'un sous-sol perméable ; cette condition de per-

méabilité du champ d'épuration est capitale; il doit, de plus,
présenter une inclinaison générale vers la rivière qui servira d'exutoire aux eaux épurées, sans contre-pentes trop

Bouche de distribution

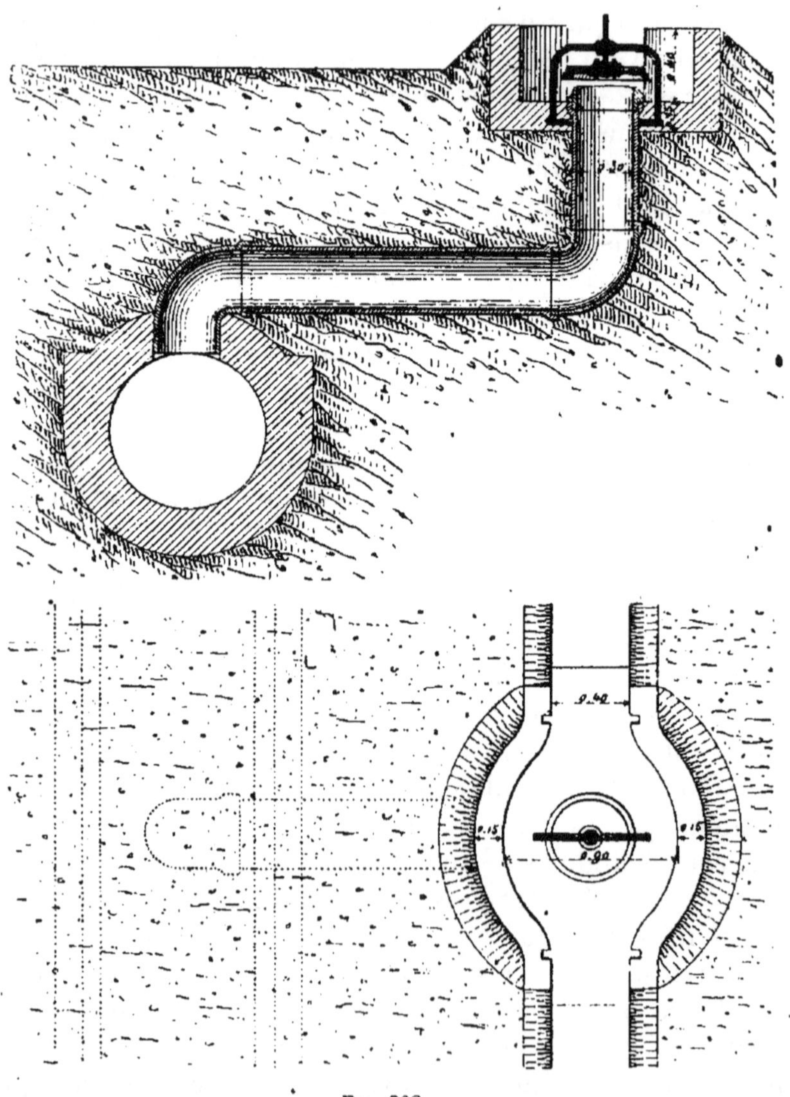

Fig. 268.

sensibles, de manière à permettre l'emploi de la méthode
d'irrigation par infiltration ou par raies (t. II, § 109, c).

L'adduction des eaux d'égout au champ d'épuration se fait au moyen d'un réseau de conduites maîtresses en métal ou en maçonnerie et de conduites secondaires en poterie. Sur ces dernières sont branchées des rigoles à ciel ouvert alimentant les raies qui séparent les planches sur lesquelles poussent les plantes. Les conduites qui sont enfouies dans le sol distribuent l'eau dans les rigoles au moyen d'une série de bouches munies de clapets à vis reliées à la canalisation par des tuyaux en grès en forme d'S (*fig.* 268).

Si la nature du terrain l'exige (dans le cas, par exemple, où il présente une pente transversale un peu forte), on partage le champ en un certain nombre de zones alimentées chacune par un collecteur spécial. Chaque collecteur aboutit à un bassin de réception placé au point culminant de la zone à desservir de manière à permettre le déversement des eaux par la gravité. De chaque bassin part un réseau de conduites sur lesquelles sont branchées les prises desservant les raies.

Les raies doivent être disposées de façon à éviter la submersion des planches et à permettre à l'eau d'égout de circuler autant que possible sans toucher les plantes; celles-ci, en effet, ne reçoivent pas l'eau directement et ne se nourrissent que par les racines.

Le système est complété par un réseau de canaux d'assainissement ou de tuyaux de drainage destinés à maintenir la nappe souterraine à une profondeur suffisante pour ne pas nuire à la végétation, à provoquer l'aération du sol et à recevoir les eaux épurées pour les conduire en rivière.

86. Théorie de l'épuration par le sol. — La théorie de l'épuration par le sol a été exposée par MM. Schlœsing, Proust et Durand-Claye dans un rapport sur l'altération des rivières, présenté au Congrès international d'hygiène de 1878. Elle peut se résumer comme suit :

Le sol est incontestablement l'épurateur le plus parfait des eaux chargées de matières organiques comme le sont les eaux d'égout. Cette propriété est enseignée par les faits naturels. Les sources, le plus souvent si pures et si limpides, ne proviennent-elles pas d'eaux superficielles souillées par des matières végétales et animales? Ces dernières ont donc été purifiées par leur trajet dans l'intérieur du sol.

Lorsque des eaux impures sont versées sur un sol meuble, les matières insolubles qu'elles tiennent en suspension sont d'abord arrêtées par la surface comme par un filtre ; quelques particules, assez ténues pour franchir ce premier obstacle, sont bientôt fixées un peu plus bas. Tel est le premier effet produit par l'épandage : c'est un simple filtrage mécanique. L'eau, débarrassée des matières insolubles, descend plus avant ; le sol s'en imbibe ; chaque particule de terre s'enveloppe d'une couche liquide extrêmement mince ; ainsi divisée, l'eau présente à l'air confiné dans le sol une surface énorme ; alors s'opère le second effet de l'épandage : la combustion de la matière organique dissoute dans l'eau d'égout. On dit que le feu purifie tout et, en effet, il n'y a pas de matière organique si impure, si malsaine, que le feu ne transforme, avec le concours de l'oxygène de l'air, en acide carbonique, eau et azote, composés minéraux absolument inoffensifs. Dans l'intérieur du sol se passe un phénomène de même ordre non plus violent et visible comme le feu, mais lent, sans aucun signe extérieur ; ce n'en est pas moins une combustion qui réduit toute impureté organique en acide carbonique, eau et azote ; il lui arrive même d'être plus parfaite que la combustion vive et d'oxyder, de brûler l'azote, ce que le feu est incapable de faire. L'azote est, en effet, beaucoup moins combustible que le carbone et l'hydrogène, c'est-à-dire qu'il se combine beaucoup plus difficilement que ces corps avec l'oxygène ; il ne s'oxyde pas, comme les combustibles, au contact de la flamme, mais il s'oxyde, au contraire, à basse température quand il est à l'état de combinaison organique, au contact de matières pulvérulentes et humides, dans des conditions qui ne sont pas encore complètement analysées, mais que l'expérience a établi, comme le prouve la formation du nitre dans le sol des caves ; c'est pourquoi la transformation de l'azote organique en acide nitrique est le signe d'une parfaite combustion dans le sol[1]. Quant aux matières insolubles rete-

----

[1] Rappelons, à ce sujet, que l'azote se présente dans la nature

nues à la surface, elles n'échappent pas davantage à la combustion lente, surtout quand un labour les a incorporées dans le sol. Tout ce qui reste est un sable extrêmement fin qui comptera désormais parmi les éléments minéraux de la terre.

Les expériences de MM. Schlœsing et Muntz ont jeté quelque lumière sur cette propriété remarquable de la terre végétale de brûler les matières organiques des eaux d'égout et de nitrifier l'azote.

Les matières humiques qui existent dans tous les soussols à des doses très variées ne sont point indispensables pour la manifestation de cette propriété : en effet, quand on arrose régulièrement avec de l'eau d'égout du sable quartzeux calciné au rouge, c'est-à-dire dépouillé de toute trace de substance organique, on peut obtenir aussi la combustion totale des impuretés et la nitrification complète de l'azote, si la dose journalière versée sur le sable est telle que le liquide mette un temps suffisant à en parcourir l'épaisseur.

La nitrification opérée dans ces conditions est arrêtée absolument lorsqu'on introduit dans le sable de la vapeur de chloroforme. Or il est démontré que cet anesthésique paralyse tous les organismes fonctionnant comme ferments. Il est donc extrêmement probable que la nitrification est corrélative de l'existence d'un microbe auquel on donne le nom de ferment nitrique[1], et qui est capable de transporter l'oxygène de l'air sur les matières les plus diverses. L'épuration consiste alors en une minéralisation due à l'intervention de ce ferment nitrique, lequel paraît avoir pour action d'ingérer les matières et d'en excréter le résidu minéral. Il

sous diverses formes : à l'état libre dans l'air, dont il compose environ les 4/5 en volume, ou à l'état de combinaison. L'azote combiné se rencontre sous trois états différents : Uni à l'oxygène, c'est l'azote nitrique ; à l'hydrogène, c'est l'azote ammoniacal ; enfin aux substances carbonées, c'est l'azote organique.

[1] Appelé aussi « microbe nitrificateur » par M. l'ingénieur Vauthier, conseiller municipal de Paris, qui s'est beaucoup occupé de ces questions, et qui a d'ailleurs révoqué en doute l'existence dudit microbe. Mais les phénomènes observés sont difficilement conciliables avec une autre hypothèse.

est présumable que les plantes ne peuvent s'assimiler les substances organiques contenues dans les eaux d'égout, généralement très peu diffusibles à travers les membranes qui revêtent les organes d'absorption des racines, sans l'intervention du ferment nitrique. Grâce à cette intervention, elles acquièrent le pouvoir de recueillir les matières minérales, de les puiser par les radicelles, de les utiliser à nouveau et d'en tirer les éléments dont sont constitués leurs organes.

L'épuration par l'intervention de ces ferments nitriques est indépendante de toute production de récolte ; elle s'opère même pendant l'hiver, ou, en été, entre deux cultures successives. La culture ne vient qu'après la minéralisation, pour permettre aux récoltes de saisir la matière minérale contenue dans l'eau qui passe dans le sol et en retenir une partie pour la fixer dans les récoltes. La présence des plantes favorise, de son côté, l'épuration de la manière suivante : par l'évaporation et le mouvement élévatoire de l'eau dont elles sont le siège, elles absorbent une partie de l'eau versée et servent ainsi à l'évacuation des liquides. Elles laissent dans le sol et à sa surface des restes de leur végétation qui serviront à entretenir et même à augmenter la provision de terreau. Elles consomment enfin une partie de l'ammoniaque ou de l'acide nitrique qui en dérive et déchargent d'autant les eaux épurées.

Le mouvement de l'air intervient également ; au fur et à mesure que l'oxygène du sol est consommé par la combustion des impuretés de l'eau, il est remplacé par une quantité égale empruntée à l'air ambiant. Le drainage, par l'aération qu'il produit, facilite beaucoup la nitrification des matières azotées et l'assimilation de l'azote par la végétation.

On constate, d'un autre côté, que l'eau épurée est débarrassée de la presque totalité des bactéries qui pullulent dans les eaux d'égout. Quand l'eau impure pénètre par infiltration dans le sol, elle entraîne avec elle les germes qui y vivaient ; mais ce mouvement de descente ne tarde pas à être enrayé. Il est reconnu, en effet, que la migration des bactéries est extrêmement lente ; les couches superficielles du sol sont très chargées en germes, mais cette richesse diminue brusquement, à tel point qu'il n'est pas rare, après une zone superficielle renfermant plus de 100.000 germes par centimètre cube, d'en rencontrer, à 0^m,50 plus bas, une autre qui n'en renferme que 2.000. De plus, jamais dans les couches profondes de la zone bactérifère (dont l'épaisseur, qui varie avec la nature des terrains, ne descend guère au-dessous de 2 mètres), on n'a signalé la présence d'une seule espèce pathogène.

L'eau d'égout, dans son mouvement de descente, abandonne donc aux premières couches du sol la plus grande partie des germes qu'elle renfermait et principalement les espèces pathogènes. Là ces dernières se trouvent dans un milieu particulièrement défavorable à leur existence : les causes principales de destruction sont la dessiccation du sol, qui anéantit rapidement leur vitalité et surtout la concurrence des espèces non pathogènes ou *saprophytes*, qui leur disputent l'air et la nourriture et qui, grâce à leur grande supériorité numérique, parviennent presque toujours à les détruire.

Les saprophytes vivent exclusivement de matières organiques *mortes* qu'elles empruntent aux impuretés des eaux d'égout, et leur effet s'ajoute ainsi à celui de l'oxydation dans le sol pour concourir à l'épuration des eaux.

En résumé, l'épuration par le sol comporte deux opérations distinctes : le filtrage qui dépose à la surface du sol les matières en suspension et la combustion à l'intérieur du sol des matières en dissolution. Le feutrage qui se forme, après absorption de l'eau, dans le fond des rigoles d'arrosage, n'échappe pas à la combustion lente qui s'opère dans le sol pour les matières organiques que l'eau tient en dissolution, surtout quand, après une récolte, un labour l'a incorporé dans le sol, comme le sont les fumiers de la culture ordinaire.

Le sol transforme les eaux impures qu'il a reçues, les oxyde et en fait un excellent engrais liquide. Les plantes absorbent à leur profit les éléments utiles de cet engrais et rendent à l'atmosphère, par l'évaporation, la presque totalité du liquide qui a servi de véhicule.

A l'appui de ce qui précède, le tableau ci-après donne les

moyennes des résultats des analyses chimique et bactériologique exécutées, en 1897, sur les eaux d'égout de Paris (collecteurs de Clichy et de Saint-Ouen) et sur les eaux épurées sur les champs d'épandage de Gennevilliers et d'Achères, lesquelles sont reversées à la Seine par l'intermédiaire de drains.

Ce tableau montre que les eaux de drainage issues des eaux d'égout sont devenues plus calcaires ; leur degré hydrotimétrique est plus élevé ; elles renferment plus de matières minérales. Mais les eaux d'égout, en traversant le sol, perdent presque complètement leur matière organique et voient leurs sels ammoniacaux complètement transformés en nitrates. Les eaux de drainage de Gennevilliers et d'Achères sont en général claires, sans goût appréciable, aussi pauvres en matières organiques que les eaux de la Seine en amont de Paris. Mais elles ont enlevé au sol une notable quantité de sels de chaux, ce qui les rend impropres à la cuisson des légumes. Au point de vue bactériologique, l'eau des drains se rapproche beaucoup des eaux de source distribuées à Paris.

A Berlin, où l'épuration par le sol est pratiquée sur une vaste échelle, les eaux d'égout versées sur le sol dosent environ $0^{kg},150$ d'ammoniaque au mètre cube et ne renferment aucune trace d'acide azotique. Les eaux de drainage, parfaitement claires, ne renferment plus que $0^{kg},0002$ à $0^{kg},0007$ d'ammoniaque et contiennent de $0^{kg},05$ à $0^{kg},2$ d'acide azotique au mètre cube. Les mêmes eaux d'égout qui contiennent avant l'épuration 38.000.000 de bactéries n'en renferment plus, après, que quelques milliers.

87. Nature du sol des champs d'épuration. — La présence de l'air est indispensable au développement du ferment nitrique qui est, on le sait, l'agent principal de la combustion de la matière organique et de sa résolution en acide carbonique, eau, ammoniaque et acide nitrique. Pour favoriser l'action de l'air, il faut autant que possible chercher à provoquer l'aération du sol ; à cet effet, le terrain choisi par l'épandage doit être assez perméable et présenter une épaisseur suffisante au-dessus de la nappe souterraine ou de la couche imperméable sous-jacente pour que l'eau

DÉSIGNATION des EAUX	DEGRÉ HYDROTIMÉTRIQUE		CHAUX	CHLORE	MATIÈRE ORGANIQUE	ACIDE SULFURIQUE	RÉSIDU SEC à 180°	AZOTE			NOMBRE de BACTÉRIES par centimètre cube	OBSERVATIONS
	total	après ébullition						NITRIQUE	AMMONIACAL	ORGANIQUE		
Eaux d'égout	degrés	degrés	millig.	millig.	millig.	millig.	millig.	millig.	millig.	millig.		
Collecteur de Clichy.	38	18	178	48	27,4	128	617	1,8	11,3	6,3	5.630.000	Les chiffres ci-contre sont extraits de l'Annuaire de l'Observatoire de Montsouris (an. 1899).
Collecteur de Saint-Ouen ..	48	27	213	89	51,6	202	889	2,3	22,0	14,3	9.680.000	
Eaux épurées												
Drains de Gennevilliers *)..	61	33	312	76	1,2	245	1.050	27,1	»	»	8.466	(*) Moyennes des drains.
Drains d'Achères (*).....	42	17	221	52	1,2	89	656	13,3	»	»	1.673	

d'égouttement puisse s'écouler rapidement soit par la pente naturelle du sous-sol, soit par un drainage artificiel.

Les sols formés de terres légères, de graviers, de sables, etc., sont donc susceptibles d'être utilisés pour l'épuration. Mais la pratique de l'épandage variera d'un cas à l'autre, suivant la composition du terrain. Quel est, pour un sol donné, le mode d'épandage le plus favorable comme doses et comme durées d'arrosage ? Pour pouvoir répondre à cette question, de nombreuses recherches ont été faites, durant ces dernières années, à la « Station d'expériences pour l'épuration des eaux d'égout par le sol », installée près de la ville de Lawrence (États-Unis). Il a été établi, dans ce but, des bassins d'expériences formés de cuves en bois de 5^m,20 de circonférence et 1^m,80 de profondeur, enfouies dans le sol, et qui ont été remplis de matériaux filtrants divers, tels que sable de grains divers, terres glaises, graviers, etc., et alimentés par les eaux d'égout de la ville.

La pratique a montré que, si les terres plus ou moins arables, comprenant, par suite, une certaine proportion d'humus, sont propres à épurer ces eaux en même temps qu'elles en utilisent les éléments, c'est néanmoins le sable qui est l'élément par excellence des champs d'épuration. Il ne faut pas que les grains en soient trop fins ; dans ce cas, ils retiennent bien les bactéries, mais l'air ne se renouvelle pas assez complètement ; s'ils sont trop gros, ils laissent passer les bactéries et l'eau traverse le filtre sans avoir le temps de s'épurer complètement par la nitrification des matières azotées.

A Lawrence, les meilleurs résultats sont ceux qui ont été obtenus dans un bassin filtrant de 400 litres de capacité, rempli de petits graviers bien lavés qui ne traversaient pas un crible à mailles de 3^{mm},2, mais que laissaient passer des mailles de 18 millimètres.

Quand l'épandage était bien conduit, pendant les premiers mois toute la matière organique était brûlée et l'eau épurée ne contenait que 2 ou 3 centièmes de l'azote ammoniacal accusé par l'eau d'égout avant l'épuration.

Dans l'étude physique des terrains destinés à l'épandage, les expérimentateurs de Lawrence ont tenu le plus grand compte de ce qu'ils appellent la *capacité de rétention de l'eau* (*water capacity*) ; elle est mesurée par la quantité d'eau retenue dans les interstices de la matière filtrante parfaitement drainée. C'est un phénomène de capillarité qui est d'autant plus marqué que les particules du terrain sont plus petites et que ce terrain est plus riche en humus et en matières organiques ; il est à peu près nul quand ces parties élémentaires sont des graviers gros comme des fèves. La propriété opposée, que les mêmes expérimentateurs appellent *air capacity* est, en réalité, la porosité, la rentrée et le renouvellement facile de l'air ; c'est l'aération du terrain. Il est évident que plus les particules du terrain sont petites, plus l'eau y adhère, moins elle s'écoule facilement et plus le renouvellement de l'air est difficile ; quand l'air et l'oxygène font défaut, les oxydations s'arrêtent. Dans un sol composé de graviers, l'aération est excessive, mais l'eau s'écoule si vite que les oxydations n'ont pas le temps de s'opérer ; au contraire, quand le terrain est composé de particules trop fines, les ferments de la nitrification sont noyés et asphyxiés, l'eau ne pouvant, en s'écoulant lentement, laisser arriver dans ses interstices l'oxygène dont ces ferments ont besoin pour vivre[1].

En somme, les terrains les plus favorables à l'épuration des eaux d'égout sont ceux dont le sol est formé de gros sable ou de gravier ; la terre arable, chargée d'humus n'a qu'un pouvoir filtrant restreint et de faible durée. Même avec le gros sable, il est nécessaire de remuer fréquemment la croûte superficielle de dépôts organiques et de la mêler aux couches sous-jacentes pour éviter le colmatage et l'obstruction. L'enlèvement de la couche superficielle est quelquefois nécessaire, lorsque l'épandage a été trop intense et sans périodes suffisantes de chômage.

Quand l'épuration se fait mal, cela tient à ce que les pores du terrain filtrant n'ont pas renouvelé leur provision d'air ou d'oxygène ou que l'eau traverse trop vite le sol. Si les par-

---

[1] Dr VALLIN, *La station d'expériences de Lawrences pour l'épuration des eaux d'égout par le sol* (*Revue d'hygiène et de police sanitaire*, numéro du 20 mai 1893).

ticules de matière organique se répartissent d'une manière égale à la surface de chaque grain du sol filtrant en présence d'un excès d'air et pendant un temps suffisant, on peut être sûr que la matière organique sera brûlée par l'oxygène et détruite par les ferments de la nitrification ou par les bactéries saprophytes. La minéralisation par oxydation est d'ailleurs fonction de la masse traversée.

En pratique, où l'on doit utiliser le sol tel qu'on le trouve, la principale difficulté de l'épandage réside dans la fixation de la durée des opérations et de l'intervalle qui doit les séparer. Les observations faites à Lawrence ont montré que l'eau d'égout a besoin, pour son oxydation complète, d'un volume d'air égal à son propre volume. Or, comme c'est par le fractionnement de l'épandage qu'on assure l'aération du sol, il en résulte que l'irrigation intermittente est la règle absolue. Mais les périodes sont des plus variables. Sur tel terrain, il faudra faire un épandage modéré pendant une demi-heure, laisser l'eau pénétrer dans le sol et s'égoutter en aspirant derrière elle l'air qui la remplace. Ailleurs l'épandage se fait pendant une ou plusieurs heures et ne se renouvelle que trois fois par semaine.

On reviendra ultérieurement sur la question de l'intervalle à ménager entre les arrosages (§ 90).

Il y a des relations évidentes entre les divers mouvements de l'air et de l'eau à travers le sol et son pouvoir épurateur. L'aération et la circulation sont comme des pourvoyeurs de l'épuration, lui apportant l'un le gaz comburant, l'autre la matière combustible. Il est possible, comme on le verra plus loin, de mesurer ce pouvoir épurateur du sol, et par conséquent de régler l'apport des impuretés qu'il doit consumer. Sans être maître de l'aération, on peut beaucoup sur elle : on la favorise par des labours profonds; on l'excite par le drainage, on peut lui nuire par l'excès d'irrigation.

Toutefois on ne connaît pas sa mesure exacte, car on n'a aucune idée des quantités d'air qui circulent entre la terre et l'atmosphère. Seuls les mouvements de l'eau sont entièrement à la disposition de l'homme. Cette question sera élucidée quand on parlera des quantités d'eau à déverser (§ 90).

Les champs d'épuration des eaux d'égout de Paris, à Gennevilliers et à Achères, présentent des conditions particulièrement favorables à l'épandage. Le sol et le sous-sol se composent, en effet, de sables et graviers très perméables, laissant facilement filtrer l'eau. La nappe souterraine se trouve à une profondeur de $2^m,50$ à 3 mètres environ au-dessous du sol. C'est pour conserver à la couche filtrante une épaisseur suffisante qu'on a établi un réseau très complet de drains qui captent les eaux épurées et les déversent en Seine.

Le champ d'épuration de Reims, qui assure dans de très bonnes conditions la clarification d'eaux très chargées par les résidus de peignages de laines, est formé de terrains calcaires. Le carbonate de chaux y domine dans une proportion de 80 0/0 environ; le sable siliceux représente 15 0/0, et l'argile 5 0/0. Le sous-sol, généralement calcaire, se montre parfois gréseux. Le tout repose sur la craie fendillée ou compacte. L'abaissement de la nappe souterraine est facilité par la présence d'un ensemble de canaux d'assainissement, lesquels reçoivent également les eaux épurées pour les conduire à la rivière de Vesle. L'épaisseur de la couche filtrante ne descend nulle part au-dessous de 2 mètres.

A Berlin, les champs d'épuration sont essentiellement sableux. Mais, comme la couche de sable qui en forme le sous-sol est d'une très faible épaisseur (moins de 1 mètre en beaucoup d'endroits), on a dû étendre l'épandage sur une grande surface. Le drainage devient ainsi absolument indispensable.

88. Permanence du pouvoir filtrant. — Parmi les objections faites par les adversaires du système de l'épuration des eaux vannes par le sol, l'une consiste à prétendre qu'à la longue une sorte de colmatage se forme à la surface du sol et que les divers matériaux entraînés déposent une espèce de feutre recouvrant la terre, ce qui la rend moins propre à l'absorption. L'expérience a montré que cette objection n'était pas fondée. Malgré la quantité d'engrais versée sur le sol, les matières organiques ne s'y accumulent pas; celui-ci ne perd rien de sa porosité.

Dans les filtres à bassins de sable qu'emploient certaines villes pour purifier l'eau destinée à l'alimentation publique, on constate le phénomène suivant : lorsque le filtre est neuf, l'eau et les germes qu'elle contient peuvent traverser avec la plus grande facilité ce filtre, analogue à une tranche de terrain extrêmement perméable ; mais bientôt l'eau, par sédimentation, a déposé sur la couche la plus superficielle de la masse filtrante des poussières minérales organiques qui ont transformé cette couche en une sorte de membrane à mailles tellement serrées qu'elle laisse dorénavant passer l'eau et non les germes. On dit alors que le filtre est mûr. Plus la filtration se prolonge et plus cette membrane de feutre s'épaissit et offre une barrière efficace au passage des bactéries. Au bout de quelques jours, la résistance au passage est devenue telle qu'elle ne permet même plus l'écoulement d'un volume d'eau suffisant ; alors il faut régénérer le filtre, ce qui se fait par l'abrasion de la couche superficielle qui a été colmatée. Il en serait probablement de même en ce qui concerne les champs d'épuration, si l'on recouvrait d'une façon continue le sol d'une tranche d'eau plus ou moins épaisse. Mais on a vu que les choses sont loin de se passer ainsi ; entre deux épandages on ménage un intervalle de temps suffisant pour que le sol renouvelle sa provision d'air, et ainsi on évite le feutrage de la couche superficielle. De plus, chaque année, à l'époque des labours, les rigoles de distribution sont remaniées, de telle sorte que chaque nouvelle rigole occupe l'emplacement d'une ancienne planche.

D'ailleurs l'épuration par le sable ne s'établit pas dès le premier jour de l'irrigation. Les germes des organismes nitrificateurs ne se trouvant pas dans le milieu, il faut d'abord qu'ils y soient apportés ; ce n'est ordinairement qu'après quelques semaines que l'épuration se produit. Dans la terre végétale, elle commence immédiatement parce que les organismes sont en pleine possession du terrain.

La permanence du pouvoir épurateur du sol a été mise en évidence par une expérience faite à Gennevilliers, concurremment avec les irrigations à l'eau d'égout. Une boîte dont la section horizontale est un carré de $0^{m},20$ de côté renferme du sable de la plaine sur 2 mètres de hauteur; pendant quelque dix ans on y a versé tous les matins 1 litre d'eau d'égout; il n'y a jamais eu de nettoyage, et la filtration n'a jamais cessé de s'opérer grâce à l'aération.

On trouvera ci-dessous, à l'appui de ce qui précède, un tableau extrait d'une note publiée dans les *Annales agronomiques* (numéro de juillet 1892), par M. Launay, ingénieur en chef des Ponts et Chaussées, chargé du service de l'assainissement de la Seine, et qui montre que le rapport entre la quantité d'eau écoulée par les drains et la quantité versée sur la surface est sensiblement constant.

ANNÉES	SURFACES IRRIGUÉES	QUANTITÉS d'eau d'égout DÉVERSÉES (a)	EAU écoulée par LES DRAINS (b)	PLUIE (hauteur de la tranche d'eau. $0^m,50$) (c)	TOTAL de l'eau ABSORBÉE ($d = a + c$)	RAPPORT $\frac{b}{a}$ en centièmes	RAPPORT $\frac{b}{d}$ en centièmes
	hectares	m. c.	m. c.	m. c.	m. c.		
1888	715	27.866.960	8.491.832	3.575.000	31.441.960	0,30	0,27
1889	776	23.757.434	8.733.176	3.880.000	27.637.434	0,36	0,31
1890	776	30.778.665	9.400.819	3.880.000	34.658.665	0,30	0,27
1891	776	31.256.368	9.770.719	3.880.000	35.136.368	0,31	0,27

Les chiffres de la dernière colonne viennent à l'appui de ce qui a été dit ci-dessus au sujet de la puissance du drainage vertical que produit la végétation.

Non seulement le sol conserve ses propriétés de perméabilité, mais encore ses propriétés d'épuration. Il est facile de constater que les irrigations ne modifient pas la composition du sol. On s'en est assuré à Gennevilliers, en examinant comparativement les terres de deux tranchées ouvertes l'une dans un champ irrigué à l'eau d'égout depuis plusieurs années, l'autre dans un champ voisin n'ayant jamais reçu d'eau d'égout. On n'a constaté aucune différence apparente entre les deux tranchées, sauf en ce qui concerne leur état d'humidité.

D'ailleurs, les eaux du drainage restent parfaitement pures de matières fermentescibles; elles sont même supérieures aux eaux extraites des puits alimentés par la même nappe, mais situées en dehors du périmètre irrigué.

Le tableau suivant fait connaître le résultat comparatif des analyses exécutées, d'une part, sur les eaux du drain du Jardin de la ville provenant d'un sol irrigué à l'eau d'égout depuis nombre d'années et, d'autre part, sur les eaux de divers puits voisins alimentés par la même nappe souterraine.

DÉSIGNATION DES EAUX	MATIÈRE ORGANIQUE	AZOTE NITRIQUE	NOMBRE de bactéries par CENTIMÈTRE CUBE
	millig.	millig.	
Puits Bellair, à Colombes	1,6	24,0	110.500
Puits Mataillet, à Gennevilliers..	0,9	23,9	324.000
Puits du Jardin de la ville, à Gennevilliers..................	2,0	25,0	34.000
Drain du Jardin de la ville......	1,1	26,1	2.145

Une autre expérience, poursuivie pendant dix ans à la station d'expériences de Lawrence, a prouvé également que le sol ne se sature pas par l'épandage, que la matière organique ne s'accumule pas et qu'elle se détruit presque complètement, quand le filtre marche bien. Un bassin de sable, de 20 mètres carrés de surface et de 1^m,30 de profondeur, a reçu, du 1er janvier 1888 au 1er janvier 1897, 4.414.615 mètres cubes d'eau d'égout de la ville de Lawrence, ce qui représente en moyenne 250.000 mètres cubes, par hectare et par an. Pendant ces neuf années, la quantité totale d'azote contenue dans l'eau versée sur ce bassin est, d'après les analyses, de 151 kilogrammes environ. Au 1er janvier 1897, on ne trouvait plus dans le sable du bassin que 7^{kg},7 d'azote ; mais, en 1892 et en 1893, on avait enlevé les couches les plus superficielles du filtre, ainsi que les dépôts qui les recouvraient, et on a pu évaluer à 8^{kg},7 le poids de l'azote ainsi soustrait artificiellement. Il y a donc environ 135 kilogrammes d'azote qui ont disparu sous forme de nitrates entraînés par les eaux filtrées, ou sous forme de gaz (azote libre ou ammoniaque) dégagés dans l'atmosphère. La différence trouvée entre l'azote versé et l'azote des nitrates emporté par les eaux permet d'évaluer à 30 0/0 de l'azote total la quantité qui se perd ainsi dans l'atmosphère. Voilà donc une nouvelle preuve expérimentale qu'il n'y a pas à craindre la saturation des terrains d'épandage, surtout quand la terre est légère, ameublie par des sarclages et par les végétaux dont les racines forment une sorte de drainage [1].

89. Mode d'emploi des eaux d'égout.

— L'épuration, on l'a déjà vu, est un phénomène de combustion lente, continue; la circulation de l'eau est un fait mécanique, également continu. La perfection dans les mouvements de l'eau consisterait donc à les rendre continus à leur tour. Mais, dans le cas de l'utilisation agricole, la chose est impossible; l'irrigation étant nécessairement intermittente, l'infiltration et l'évacuation le deviennent après elles. Cette intermittence, quand elle est convenablement réglée, ne nuit pas à la continuité de l'opération principale, mais il est évident que les variations de la distribution dans le temps et dans les quantités doivent être comprises entre certaines limites, en dehors desquelles l'épuration est compromise.

On peut expliquer le mouvement théorique de l'eau, dans le sol filtrant, de la manière suivante. Isolons par la pensée une tranche de terre cylindrique; versons, à la partie supérieure, une quantité d'eau suffisante pour la mouiller plus qu'il ne faudrait, et laissons égoutter. Puis versons de nouveau une petite quantité d'eau. On pourrait croire que celle-ci va parcourir toute la section, en cherchant un espace vide où elle puisse se loger, et que, n'en trouvant pas, elle sera forcée de s'écouler par l'extrémité inférieure; il n'en est rien. Cette eau va prendre la place d'un volume d'eau égal, logé dans le haut de la section; celui-ci va descendre à son tour et déloger au-dessous de lui, un volume égal, et ainsi de suite. Tout se passera comme si la tranche était remplie de disques égaux; pour en introduire un nouveau par le haut,

---

[1] Dr VALLIN, *Épuration des eaux industrielles, à la station d'expériences de Lawrence* (*Revue d'hygiène et de police sanitaire*, numéro du 20 janvier 1899).

il faut les repousser tous, d'une quantité égale à l'épaisseur
de l'un d'eux et, par suite, faire sortir le disque placé à l'extrémité inférieure. De même, dans l'épuration intermittente, on
peut concevoir l'intérieur du sol épurateur, comme divisé en
couches horizontales occupées par l'eau, provenant des arrosages successifs.

En pratique, les choses sont un peu différentes. L'eau versée sur une rigole, lors de chaque arrosage, au lieu de descendre verticalement, rayonne en divers sens. Si le terrain
filtrant repose sur une couche imperméable, quand la portion de l'eau versée, qui n'aura pas été absorbée par l'évaporation ou la végétation, atteindra cette couche, elle s'étalera ;
à chaque arrosage, le même fait se reproduira. L'eau versée
s'enfoncera par relais successifs dans le sol, et c'est pendant
qu'elle parcourt l'épaisseur du filtre que s'opère la combustion de ses impuretés. On conçoit, dès lors, que, si le temps
du passage de l'eau à travers le filtre est moindre que le
temps nécessaire à sa complète épuration, elle en sortira
sans être complètement épurée. Au contraire, si le temps du
trajet est au moins égal au temps réclamé pour l'épuration,
la combustion des impuretés sera complète.

En d'autres termes, pour obtenir une épuration complète
de l'eau, il est absolument indispensable de régler sa vitesse,
de telle sorte qu'elle demeure dans l'intérieur du sol filtrant
au moins le temps voulu pour la combustion de ses impuretés.
On indiquera plus loin comment ce temps se détermine
expérimentalement.

Pour que le mouvement de descente de l'eau à travers le
filtre se continue d'une façon régulière, il faut éviter son
accumulation dans le sol. Certaines terres sont placées sur
des sols filtrants très élevés au-dessus des eaux souterraines ;
toute précaution prise dans ces terres, en vue de l'évacuation de l'eau, serait superflue ; mais le plus souvent, surtout quand la distribution atteint une certaine importance,
il est indispensable d'ouvrir un chemin aux eaux épurées.
C'est alors qu'on a recours au drainage. Il est évidemment
nécessaire dans les terrains compacts reposant sur des soussols peu perméables ; car, sans lui, l'eau s'accumulerait dans
le sol et remplirait les interstices réservés à l'air ; dans ce

cas, on supprimerait l'aération, la combustion des matières organiques et, par suite, l'épuration elle-même.

Dans certains cas où son utilité semble moins évidente, le drainage s'impose néanmoins. Tel est le cas d'un terrain graveleux, essentiellement filtrant, placé sur un fond imperméable. Les eaux d'infiltration rassemblées sur ce fond s'écoulent suivant sa pente, en filtrant à travers les matériaux du sol; si l'inclinaison est faible, la distance à parcourir est considérable, et si la distribution est faite à la surface, avec l'abondance que la nature du terrain semble autoriser, il se forme une nappe souterraine, qui augmente d'épaisseur jusqu'à ce qu'elle ait pris une pente suffisante pour son écoulement. La hauteur du sol épurateur peut être ainsi diminuée et devenir trop faible pour assurer l'épuration complète. Dans ce cas, le drainage doit comprendre un certain nombre de tuyaux évacuateurs, mis en communication avec des branches collectrices perméables, permettant de maintenir aux nappes souterraines leur niveau normal.

Ce cas se présente à Gennevilliers notamment : le champ d'épuration occupe les abords d'une boucle de la Seine ; bien que la nappe se rencontre, comme on l'a vu, à une profondeur suffisante, et qu'elle s'abaisse vers le fleuve, la présence d'une bande d'alluvions limoneuses de 100 à 300 mètres de largeur, qui en entoure toutes les convexités, empêche l'évacuation de l'eau épurée, qui viendrait relever le niveau de cette nappe (§ 80). Un système très complet de tuyaux de drainage ouvre aux eaux surabondantes du soussol un passage à travers le cordon limoneux. Le débit des drains est supérieur au volume de l'eau qui filtre à travers la couche poreuse du sol, de sorte que l'évacuation totale de l'eau épurée est assurée.

Ainsi que cela a été dit, la perfection dans les mouvements de l'eau consisterait à les rendre continus; la chose étant impossible en pratique, on doit chercher à distribuer le liquide aussi régulièrement que possible, c'est-à-dire par quantités égales et à des intervalles de temps égaux. Pour réaliser ce désidératum, on multiplie autant que possible le nombre des espèces cultivées.

A Gennevilliers, il existe toujours sur les planches une

grande variété de produits; si l'un d'eux exige pour un repiquage ou pour sa récolte une suspension momentanée d'irrigation, les planches voisines sont garnies d'autres plantes qui se trouvent bien d'arrosages abondants. Néanmoins, il faut le reconnaître, le principe de la régularité dans la distribution n'est pas toujours appliqué d'une façon rigoureuse, et il ne saurait en être autrement. Là, en effet, la chose essentielle est la culture qui dispose de l'eau selon ses besoins; l'épandage peut être interrompu dans certains cas, par suite des circonstances atmosphériques. Les besoins de l'épuration ne viennent qu'en seconde ligne. Néanmoins, vu la nature spéciale du terrain et sa grande puissance épuratrice, les résultats obtenus sont toujours des plus satisfaisants.

A Reims, les arrosages ont lieu d'une manière permanente, été comme hiver; ils reviennent plus ou moins souvent suivant la nature des cultures et suivant les saisons. La seule précaution à observer pour ne pas nuire à la richesse des plantes consiste à suspendre les arrosages trois ou quatre mois avant la récolte. Cette précaution est indispensable en ce qui concerne la betterave à sucre pour laquelle une trop grande poussée de la végétation produirait un développement exagéré des feuilles nuisible à la maturité de la plante. L'utilisation des eaux sur de grandes superficies n'exigeant qu'une irrigation à faible dose permet de répartir facilement le nombre et la durée des arrosages et d'adopter dans les cultures une méthode d'assolement telle qu'on puisse irriguer certaines terres au moment où les arrosages doivent cesser sur d'autres parties. Enfin, une partie des champs d'épandage a été réservée pour servir éventuellement de trop-plein, et, en cas de besoin, on déverse sur cette surface, plantée en joncs, la quantité d'eau d'égout qui n'a pu être utilisée ailleurs.

90. Quantité d'eau à déverser. — On considérera d'abord la seule question de l'épuration des eaux d'égout par le sol, en laissant de côté l'utilisation agricole. Le volume d'eau qu'on peut déverser sans crainte de n'obtenir qu'une épuration incomplète est limité par le pouvoir épurant proprement dit du sol. La capacité de rétention qui a été définie ci-dessus (§ 87) intervient, de son côté, et de cette capacité dépend l'intervalle qui doit séparer deux arrosages successifs.

Le pouvoir épurant du sol peut se déterminer expérimentalement par le procédé suivant, dû à M. Frankland. Un tube vertical de $0^m,25$ à $0^m,30$ de diamètre et de 2 à 3 mètres de hauteur, dont l'extrémité inférieure s'appuie sur du gravier contenu dans un bassin, est rempli avec de la terre dont il s'agit de reconnaître le pouvoir. Chaque jour on verse sur cette terre un volume connu et constant d'eau d'égout, et l'opération est poursuivie pendant plusieurs semaines. On passe ensuite à une dose journalière plus élevée qu'on maintient de même pendant plusieurs semaines, et ainsi de suite, en augmentant toujours la dose, jusqu'à ce que l'analyse des liquides filtrés annonce qu'on a atteint la dose maxima à partir de laquelle l'épuration est imparfaite. De la capacité du tube on déduit facilement la dose correspondant à 1 mètre cube de terre.

D'après ce procédé, on a fait passer journellement 10 litres d'eau d'égout sur de la terre provenant du champ d'épandage de Gennevilliers; on opérait sur 1.280 litres de terre renfermés dans une caisse prismatique de 3 mètres de hauteur. Ces 10 litres par jour, versés sur 1.280 litres de terre, représentaient $\dfrac{10 \times 1000}{1280}$, soit $7^{lit},82$ par jour sur 1 mètre cube, ou $15^{lit},6$ sur chaque mètre superficiel d'un sol ayant 2 mètres de profondeur, ce qui équivaut à 156 mètres cubes par jour sur 1 hectare ou enfin 57.000 mètres cubes par hectare et par an. Il a, d'ailleurs, été facile de déterminer le temps nécessaire pour que l'eau parcoure les 2 mètres de hauteur qui constituent le sol filtrant. On a constaté, en effet, après l'achèvement du déversement quotidien, que chaque mètre superficiel renfermait, sur les 2 mètres de hauteur, 300 litres d'eau; comme chacun d'eux recevait par jour $15^{lit},6$, on en a conclu que le temps nécessaire au parcours était de $\dfrac{300}{15,6}$, soit dix-neuf jours.

On n'a pas fait d'expériences avec des doses supérieures à

10 litres; mais la pratique a montré que les chiffres ci-dessus sont bien loin d'être des maxima, eu égard à la puissance épurante du sol de la presqu'île de Gennevilliers.

Le procédé Frankland a été plusieurs fois employé par des praticiens anglais dans le but de déterminer la surface à consacrer à l'épuration du volume d'eau d'égout produit par une ville. Avant d'adopter en pratique un résultat fourni par une expérience de laboratoire, il est bon de se rappeler que, dans une application en grand, on ne saurait réaliser les conditions de régularité dans les doses et dans les intermittences qu'il est facile d'observer dans le laboratoire. Bien que, dans les calculs ci-dessus, on n'ait pas tenu compte du volume d'eau évaporé ou absorbé par la végétation, il n'en est pas moins certain qu'il est prudent de faire subir une large réduction aux doses maxima indiquées par ces expériences. Il est, d'ailleurs, prouvé par la pratique que le maximum de la quantité d'eau que doit absorber le sol pour produire, dans chaque culture, son maximum de rendement, est généralement inférieur à la quantité d'eau que peut absorber cette même terre, sans cesser d'effectuer une épuration complète.

On s'occupera maintenant de la question du pouvoir rétentif du sol. Ce pouvoir se mesure par la quantité d'eau qu'un mètre cube de sol égoutté peut retenir; on l'obtient expérimentalement au moyen du tube de Frankland, qu'on pèse une première fois après l'avoir rempli de terre sèche, une seconde fois après mouillage de la terre et égouttage, et en faisant la différence des deux poids.

Voici comment on utilise ce résultat : On sait que le sol caillouteux de Gennevilliers retient, après avoir été saturé d'eau et bien égoutté, 150 litres d'eau environ par mètre cube. Le sol filtrant a une épaisseur de 2 mètres, et l'on a vu que le temps nécessaire pour une épuration complète dans le sol en question est de près de vingt jours.

Puisque 1 mètre cube retient 150 litres d'eau, 2 mètres cubes en retiendront 300. Donc, dans ce terrain, à chaque mètre superficiel correspond un volume d'eau suspendu dans l'intérieur du sol de 300 litres, et cette eau, pour être épurée, doit mettre vingt jours pour descendre depuis la surface du sol jusqu'à une profondeur de 2 mètres. On en conclut, dès lors, que le maximum de la quantité d'eau à distribuer par mètre superficiel est de 300 litres en vingt jours ou de 15 litres par jour. Quel est maintenant l'intervalle à laisser entre deux arrosages successifs ?

Il faudrait bien se garder de donner en une seule fois, tous les vingt jours, 300 litres par mètre superficiel ou même 150 litres tous les dix jours. Le déplacement méthodique de l'eau dans le sol se fait mal, quand il est trop brusque; si l'on opérait par grandes quantités données à des intervalles de temps éloignés, une partie de l'eau impure descendrait tout droit jusqu'au bas du filtre et s'échapperait sans être épurée. Plus les arrosages sont fréquents et, par suite, à petites doses, mieux s'opère la descente régulière de l'eau par déplacement dans toute l'épaisseur du filtre.

En vertu de ce fait, M. Frankland a recommandé l'arrosage journalier. Sans aller jusqu'à ce degré de régularité, difficilement conciliable avec les exigences de la culture du sol, on doit néanmoins s'astreindre à ne jamais compromettre l'épuration par un arrosage trop abondant. On peut, sans inconvénient, laisser chômer le pouvoir épurateur du sol en suspendant ou en diminuant les arrosages dans l'intérêt des cultures, mais il ne faut jamais essayer de réparer le temps perdu en donnant au sol plus qu'il ne peut épurer.

Il n'est pas possible de fixer d'une manière générale, par des chiffres constants, la dose des arrosages ou l'intervalle de temps qui doit s'écouler entre eux. Il y a trop de variabilité dans les éléments qui déterminent ces chiffres, c'est-à-dire dans le pouvoir épurateur du sol, dans son épaisseur, dans la quantité d'eau qu'il reçoit par capillarité, etc. Dans chaque cas particulier, un calcul semblable à celui qui a été fait pour Gennevilliers peut servir à déterminer les limites supérieures admissibles comme quantités d'eau à déverser et comme intervalles entre les arrosages. Quant aux chiffres pratiquement admissibles, ils ne peuvent être fixés que par l'expérience que donne la connaissance du terrain, les conditions climatériques et autres particularités, qui varient d'un cas à l'autre.

Les considérations qui précèdent supposent qu'on se préoccupe uniquement de l'épuration des eaux d'égout. Mais, quand ces eaux sont employées aux usages agricoles, ce qui est le cas présentement à examiner, les choses se passent différemment.

Comme l'a fait remarquer M. Vincey, professeur départemental d'agriculture de la Seine, il y a, dans l'eau d'égout, à boire et à manger pour la terre et pour les récoltes, et l'on doit considérer séparément deux choses : 1° l'action de l'eau agissant au seul point de vue de l'arrosage, c'est-à-dire de l'humectation de la terre et de la récolte ; 2° et l'action de la matière fertilisante agissant comme élément nutritif de la récolte.

La dose annuelle d'eau d'irrigation doit suffire pour que la terre ne souffre pas de la soif ; elle ne doit pas dépasser la limite épuratrice du terrain. Elle dépend surtout de trois choses : la nature du sol, le genre de culture et le climat ; elle ne peut être déterminée que par l'expérience.

En particulier, au champ d'épuration de Gennevilliers, étant données les cultures pratiquées dans les terres sableuses des graviers anciens, comme on en rencontre dans toute la vallée de la Seine, une expérience de vingt-cinq années a montré que la *dose culturale pratique* doit être considérée comme légèrement supérieure à 40.000 mètres cubes par hectare et par an. C'est ainsi qu'en 1895 il a été employé un volume d'eau d'irrigation de 44.819 mètres cubes par hectare.

Ce chiffre n'est d'ailleurs qu'une moyenne ; tandis que les asperges n'ont exigé que 9.440 mètres cubes, les poireaux 21.120 mètres cubes, et les choux 23.600 mètres cubes, la luzerne a utilisé 144.389 mètres cubes, et les prairies 170.000 mètres cubes par hectare et par an. L'analyse chimique a prouvé que ces irrigations à très haute dose, même prolongées, ne diminuent aucunement la faculté épuratrice des terres ; les eaux épurées dans ces conditions ne contiennent, en effet, que quelques millièmes de plus d'humus et de débris organiques que les terres voisines, de même nature, n'ayant jamais été arrosées.

La dose moyenne de 40.000 mètres cubes d'eau d'irrigation dans les terres et pour l'ensemble des cultures de Gennevilliers est donc bien une quantité qui résulte d'une longue et judicieuse pratique agricole, et c'est pour cette raison qu'elle a été fixée comme maximum du volume d'eau à utiliser pour l'épandage dans les autres champs d'épuration que la ville de Paris, par les lois du 4 avril 1889 et du 10 juillet 1894 a été autorisée à créer dans les presqu'îles d'Achères et de Triel, ainsi que sur d'autres terrains perméables de la vallée de la Seine.

Ainsi qu'on l'a déjà fait remarquer, cette dose est très faible, eu égard à la qualité du sol filtrant. En Angleterre, les quantités d'eau employées sont beaucoup plus fortes. On peut citer à ce sujet l'installation de Croydon où l'on déverse annuellement par hectare un volume de 87.000 mètres cubes et les installations de Kendal et de Forfar, où les doses dépassent 100.000 mètres cubes. Dans certains cas, en Angleterre et en Amérique, on a été au-delà de 200.000 mètres cubes.

En ce qui concerne l'utilisation des principes fertilisants contenus dans les eaux d'égout, à Gennevilliers, à la dose moyenne de 44.819 mètres cubes, 1 hectare a reçu 3.138 kilogrammes d'azote ; la récolte en a utilisé 175 kilogrammes seulement ; la perte d'azote sous forme de nitrates enlevés par les eaux de drainage a donc été de 93 0/0. Pour l'acide phosphorique, la perte en phosphates a été de 90 0/0 et pour la potasse de 83 0/0.

Toutefois, dans l'état actuel des choses, il est impossible de songer à obtenir un résultat plus satisfaisant. Si l'on voulait chercher à utiliser la totalité des éléments fertilisants, il faudrait réduire la dose à l'hectare des 9/10 environ, et la ramener de 40.000 mètres cubes à 4.000 mètres cubes d'eau par hectare et par an. Dans ce cas, étant donnée la nature perméable du sol, les cultures souffriraient de la soif et ne recevraient que le dixième de la quantité d'eau nécessaire, en moyenne, pour les besoins de l'humectation de la terre et de la récolte.

On reviendra plus loin sur cette question, et l'on verra par quels moyens la Ville de Paris se propose d'améliorer l'utilisation agricole de ses eaux d'égout (§ 91).

Reste à examiner la question de la répartition des périodes d'arrosage. On conçoit que pratiquement ni le volume d'eau fourni par chaque arrosage, ni l'intervalle qui sépare deux épandages successifs, ne puissent être des quantités constantes. Elles varient nécessairement avec l'époque de l'année, les circonstances atmosphériques, la nature des cultures, etc.

A Gennevilliers et à Achères, on irrigue d'une manière régulièrement intermittente, été comme hiver, sauf toutefois en temps de grande pluie et de forte crue de la Seine. C'est ainsi, par exemple, que les arrosages ont été entièrement suspendus pendant le cours des deux mois de février et mars 1889, à cause d'une crue de la Seine qui a duré plus de quarante jours. Le débit de la Seine qui, en basses eaux ordinaires, est de 150 mètres cubes environ par seconde, s'est élevé, à la fin de février 1889, jusqu'à 1.500 mètres cubes par seconde, ce qui représente un débit de près de 130.000.000 mètres cubes par vingt-quatre heures. D'autres interruptions, dues à la même cause, se sont produites pendant les mois de mars et de novembre 1896, ainsi qu'en février 1897, où l'on a constaté des crues exceptionnelles du fleuve. Dans ces cas, les eaux d'égout de Paris, dont le volume journalier est de 370.000 mètres cubes environ, sont versées directement à la Seine sans grand inconvénient. L'effet des crues se réduit en somme à la perte d'une certaine quantité d'azote qui serait très précieuse à la culture ; ce fait se présente d'ailleurs assez rarement.

En été, toutes les eaux sont absorbées par les plantes et sont à la fois épurées par le sol et utilisées par les cultures ; les arrosages se font à des doses de 400 à 600 mètres cubes par hectare et en suivant une rotation qui les ramène tous les trois ou quatre jours au même point (§ 91).

C'est au printemps que la nitrification atteint son maximum d'intensité ; il n'est même pas rare de trouver alors dans l'eau épurée qui sort des drains une quantité d'azote (sous forme d'azotates) plus grande que dans l'eau d'égout elle-même. Ce phénomène s'explique par la transformation en nitrates non seulement des matières azotées récemment versées sur le sol filtrant, mais encore des matières azotées qui, pendant les mois d'hiver, s'étaient accumulées dans le filtre sans subir le travail de la nitrification.

Le froid a pour effet de diminuer ou de suspendre ce

travail; l'azote des matières organiques se transforme en ammoniaque au lieu de se transformer en nitrates. Cette action s'explique en partie par le défaut de renouvellement

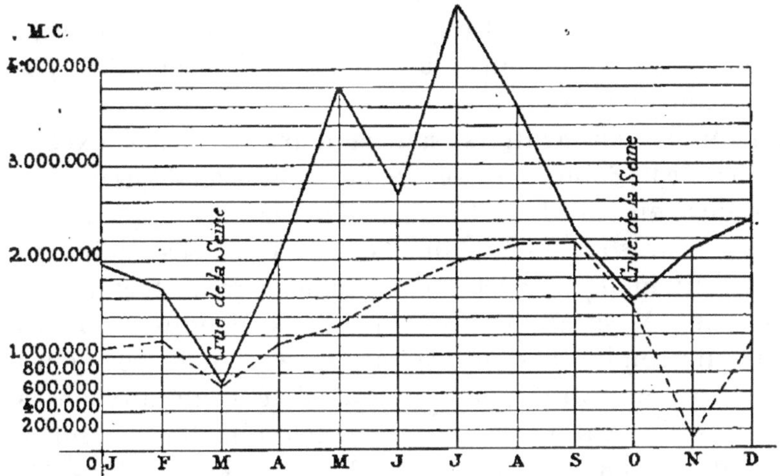

Fig. 269. — Diagramme des volumes d'eau déversés par mois.

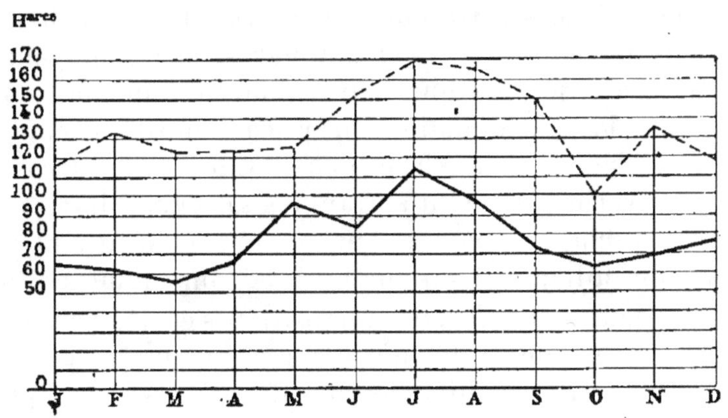

Fig. 270. — Diagramme des surfaces arrosées par jour.

Champ d'épandage de Gennevilliers.
d'Achères.

de l'air dans le sol sous la couche de neige ou de glace qui le recouvre; le froid agit aussi, sans doute, en diminuant l'activité des germes nitrificateurs et des bactéries. Durand-Claye a montré, il est vrai, que, même pendant les plus grands froids de l'hiver, l'eau d'égout reste ordinairement à une température supérieure à 0°, en raison non seulement de la grande quantité d'eau chaude que reçoivent les égouts, mais aussi des fermentations qui se produisent, en toute saison, dans ces liquides chargés de matières organiques facilement décomposables. Quoi qu'il en soit, il est certain que le froid diminue à la fois le travail de la nitrification et celui de l'épuration bactéridienne.

En hiver, à Gennevilliers, sauf pendant les crues exceptionnelles de la Seine, on exécute des opérations d'irrigation à haute dose en vue du colmatage d'un certain nombre de champs préparés à cet effet. Dans ce cas, les doses atteignent et dépassent même 100.000 mètres cubes par hectare et par an sans que l'épuration en souffre. Les champs colmatés sont ensuite rendus aux cultivateurs qui y font de très belles récoltes en employant pendant tout l'été l'eau aux doses habituelles d'irrigation. L'ensemble des colmatages absorbe une quantité d'eau représentant les 2/3 du cube épuré en été.

Les deux diagrammes (*fig.* 269 et 270) représentent les volumes d'eau déversés par mois, en 1896, sur les deux champs d'épandage de Gennevilliers et d'Achères, et les moyennes des surfaces arrosées chaque jour pendant les mêmes mois.

On voit que la consommation varie beaucoup d'une époque de l'année à l'autre et que la proportion des terres arrosées chaque jour varie également suivant les saisons. Elle a passé par deux minima, en mars et en octobre, et a atteint son maximum en juillet, si bien que le cube consommé en tout temps par hectare et par jour d'irrigation s'écarte peu de la moyenne qui est de 1.114 mètres cubes pour les champs d'épuration de Gennevilliers et de 377 mètres cubes pour celui d'Achères.

91. Description des champs d'épandage de la ville de Paris. — Dans ce qui précède on a été amené à donner, à diverses reprises, des renseignements au sujet des champs d'épuration des eaux d'égout de la Ville de Paris.

Avant de décrire rapidement ces champs d'épandage, on rappellera que les eaux d'égout de Paris sont recueillies par trois collecteurs principaux, qui débitent ensemble et en moyenne 445.000 mètres cubes par jour. Le premier, dit collecteur d'Asnières, reçoit les eaux de la rive droite ; le second, dit collecteur Marceau, celles de la rive gauche. Ces deux collecteurs se réunissent, pour déboucher en Seine à l'aval de Paris, à Clichy, près du pont-route d'Asnières ; ils débitent 394.000 mètres cubes par vingt-quatre heures, soit environ les 4/5 du produit total des égouts.

Un troisième collecteur, moins important, appelé collecteur du Nord ou départemental, recueille les eaux de Montmartre et de Belleville et les déverse à la Seine près de Saint-Denis. Son débit journalier est de 50 à 60.000 mètres cubes ; une dérivation, branchée à la sortie de Paris sur ce collecteur, permet d'amener par la pente seule le volume d'eau d'égout sortant de la ville par ce point, et de le transporter dans le réseau de distribution de la presqu'île de Gennevilliers dont il est parlé ci-après.

D'autre part, deux galeries branchées sur le collecteur d'Asnières à Clichy et une troisième galerie branchée sur le collecteur Marceau viennent aboutir à la galerie d'aspiration de l'usine élévatoire dite de Clichy. Les eaux amenées à cette usine sont élevées à 10^m,50 de hauteur moyenne, par des pompes centrifuges mues par une batterie de quatre machines à vapeur de 250 chevaux de force chacune et refoulées dans une conduite, émissaire général des eaux d'égout, qui sera prolongée au fur et à mesure de l'augmentation du cube d'eau débitée et se terminera à la Seine vis-à-vis de Meulan. La conduite libre a une pente moyenne de 0^m,50 par kilomètre. Deux usines de relais sont établies, l'une à Colombes sur l'émissaire général, l'autre à Pierrelaye, sur la branche dérivée du même émissaire qui dessert les terrains irrigables de Méry, situés sur les bords de l'Oise. D'autres branches pourront se détacher de l'émissaire général pour conduire les eaux d'égout aux divers groupes de terrains irrigables compris dans le périmètre dominé, lequel ne compte pas moins de 10.000 hectares[1].

Actuellement deux champs d'épuration sont en pleine

[1] La description détaillée des travaux de construction de l'émissaire et des usines élévatoires a été donnée par MM. Bechmann et Launay, ingénieurs en chef des Ponts et Chaussées (Voir *Annales des Ponts et Chaussées*, mars 1895 et 1897, 2ᵉ trimestre).

activité : ce sont ceux de Gennevilliers et d'Achères ; celui de Méry-sur-Oise commence seulement à fonctionner ; on ne

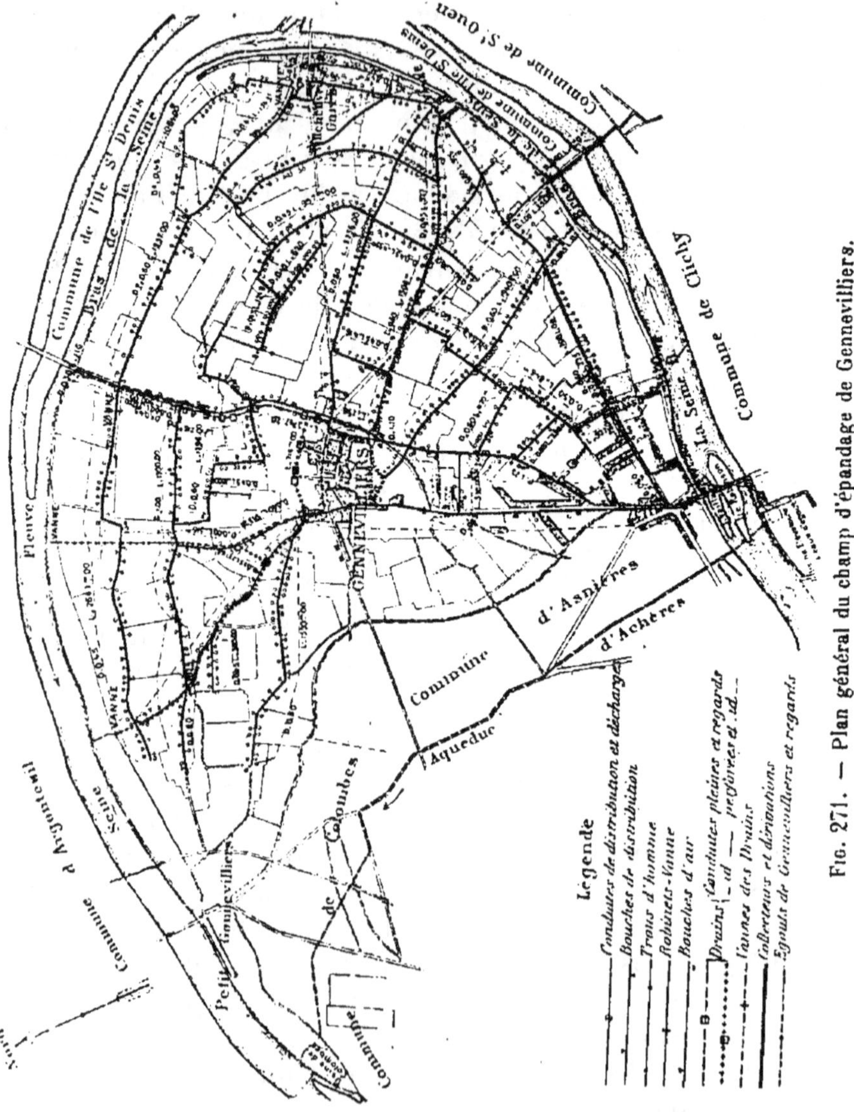

Fig. 271. — Plan général du champ d'épandage de Gennevilliers.

s'occupera pas de ce dernier, et l'on se bornera à décrire les exploitations de Gennevilliers et d'Achères.

a) *Champ d'épandage de Gennevilliers.* — Ce champ occupe la presqu'île formée par la boucle de la Seine, entre Clichy et Argenteuil (*fig.* 271). Le sol est composé d'une couche de cailloux et graviers des alluvions anciennes du fleuve de 2 mètres environ d'épaisseur.

Les eaux d'égout y sont amenées par deux voies distinctes. D'une part, par une galerie branchée sur le collecteur du Nord dont il a été parlé ; et, de l'autre, par une galerie dérivée du collecteur d'Asnières. La première de ces deux galeries est un égout ovoïde de $1^m,60$ de hauteur sous clef, de $0^m,90$ d'ouverture et de 3.302 mètres de longueur, lequel peut dériver les 50 à 60.000 mètres cubes de débit journalier du collecteur. Il traverse les deux bras de la Seine à Saint-Ouen, au moyen de trois conduites en fonte de $0^m,60$ de diamètre et de 420 mètres de longueur, placées sous le tablier du pont-route, et qui viennent déboucher sur l'autre rive de la Seine, dans une conduite de 1 mètre de diamètre, appartenant au réseau de distribution de Gennevilliers. L'eau provenant des collecteurs d'Asnières, après avoir été élevée par l'usine de Clichy, est refoulée dans une conduite maîtresse en fonte de $1^m,10$ de diamètre, laquelle, laissant sur sa gauche l'émissaire général, traverse le pont de Clichy sous les trottoirs et débouche dans une conduite maîtresse, en meulière, de $1^m,25$ de diamètre, qui fait également partie du réseau de distribution.

Celui-ci comprend des conduites maîtresses en maçonnerie ou en béton moulé de $1^m,25$ à 1 mètre de diamètre et un réseau de conduites de distribution de $0^m,80$ à $0^m,30$ de diamètre. La longueur totale des conduites de la plaine de Gennevilliers est de 55.346 mètres environ, dont 10.586 mètres pour les conduites maîtresses et 34.760 mètres pour le réseau de distribution.

L'eau est distribuée à l'aide de bouches fermées par des clapets à vis, au nombre de huit cent dix-sept, et de dix robinets-vannes. Les terrains sont tous disposés en raies et billons de manière que l'eau d'égout baigne les racines et pénètre le sol sans humecter les feuilles des plantes.

Le drainage destiné à faciliter l'abaissement de la nappe souterraine et à envoyer à la Seine les eaux épurées en leur faisant traverser le cordon d'alluvions limoneuses qui borde le fleuve se compose de conduites perforées en béton ou en grès vernissé de $0^m,45$ et $0^m,30$ de diamètre, placées à

4 mètres de profondeur environ au-dessous du sol, de manière à recueillir les eaux d'infiltration et à les conduire à la Seine. La longueur totale des drains est de 11.908 mètres. Ces drains sont au nombre de cinq et disposés à peu près suivant cinq

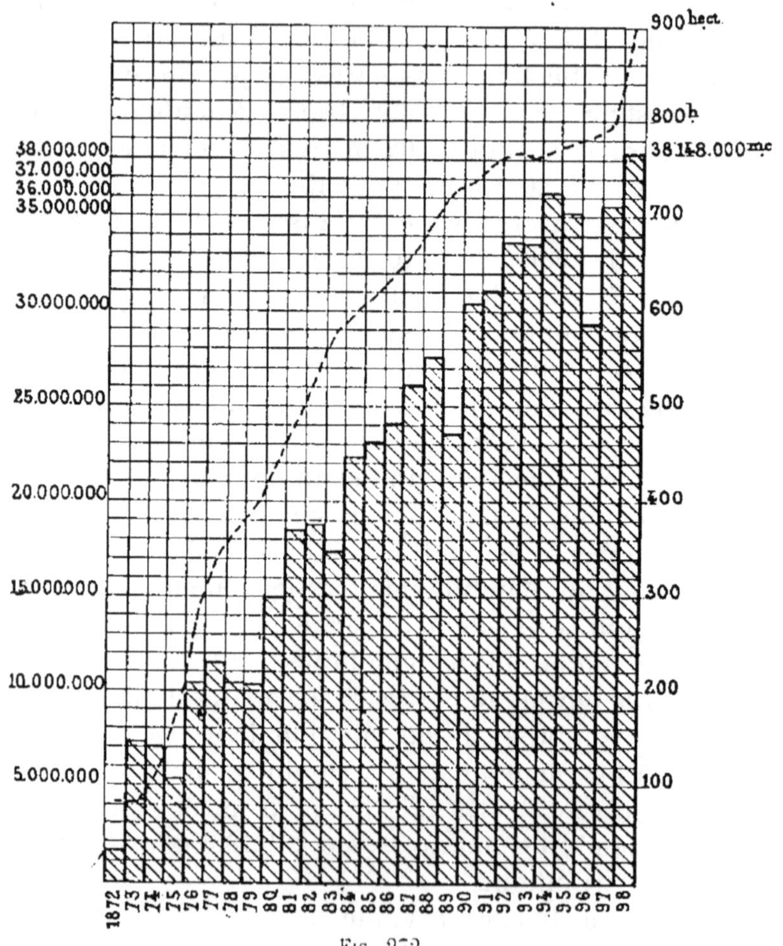

Fig. 272.

rayons du demi-cercle, dont la presqu'île affecte la forme. L'un de ces drains, celui des Grésillons, débouche dans un petit canal à ciel ouvert, qui conduit les eaux épurées dans la Seine, à l'extrémité du jardin modèle établi par la ville.

L'exploitation normale du champ d'épuration a commencé

en 1872. A l'origine, le volume d'eau d'égout envoyé dans la plaine de Gennevilliers n'était que de 1.765.600 mètres cubes ; il atteint actuellement environ 38.000.000 de mètres cubes. Quant à la surface irriguée, elle a subi une progression croissante et, partie de 51 hectares en 1872, elle est aujourd'hui de 900 hectares (*fig.* 272).

Les terrains irrigués n'appartiennent pas à la ville de Paris, mais bien à des cultivateurs, auxquels on se contente de livrer l'eau sur leur demande ; ce sont eux qui conduisent l'eau dans les rigoles, à partir des bouches de distribution. Pendant les trois ou quatre mois d'hiver où la végétation n'est que partielle, les cantonniers de la ville interviennent plus directement et font circuler l'eau dans les rigoles et les raies de manière à assurer l'épuration par l'action oxydante ; les parties solides qui restent dans les rigoles sont incorporées au sol dans les premières façons du printemps. C'est ce qui a lieu plus particulièrement pour les céréales ; les cultures maraîchères utilisent les dépôts d'hiver sous forme de couverture des planches.

L'irrigation est régulièrement intermittente, ce qui est, comme on l'a vu, la condition essentielle d'un fonctionnement satisfaisant. Tout le débit d'une journée est concentré sur une partie de la surface ; le lendemain, c'est une autre partie, puis une troisième, et ainsi de suite, de manière qu'il n'y ait jamais, à un moment donné, plus du tiers ou du quart de la superficie totale qui soit soumise à l'épandage, et que l'eau ne revienne au même point que tous les trois, quatre ou cinq jours, suivant la nature des cultures.

Les rigoles ont une profondeur de $0^m,20$ à $0^m,40$. Les planches ont une largeur qui varie de 1 à 3 ou 4 mètres, suivant les espèces ; les planches de 1 mètre conviennent aux plantes maraîchères ou industrielles ; les planches plus larges sont employées pour les prairies et les céréales.

Les récoltes auxquelles l'eau d'égout convient le mieux sont celles qui n'occupent le sol que pendant leur végétation herbacée, à savoir, pour la grande culture, les divers fourrages qui se coupent en vert et, pour la culture potagère, les légumes dont les feuilles, les tiges et les racines forment la partie utile (cardons, choux, céleris, chicorées, pommes de terre, racines alimentaires, etc.), ainsi que les plantes vertes pour la distillation (menthe, absinthe, angélique, etc.).

A Gennevilliers, vu la proximité de Paris qui assure aux produits un débouché constant, c'est la culture potagère qui a la plus grande importance ; néanmoins un assez grand nombre de parcelles sont occupées par les betteraves, la luzerne, les plantes de prairies.

Grâce à l'habileté avec laquelle les maraîchers cultivent ces terrains, les rendements obtenus pour les diverses cultures sont des plus élevés ; on a mis ce fait en évidence en donnant, en face des chiffres obtenus, ceux indiqués comme rendement moyen des mêmes espèces aux environs de Paris.

NATURE DES CULTURES	RENDEMENT A GENNEVILLIERS d'après les ingénieurs du service de l'assainissement DE LA SEINE	RENDEMENT MOYEN aux environs de Paris d'après M. Dybowski, maître de conférences à l'École DE GRIGNON
	Par hectare	Par hectare
Ail............	37.000 kg.	5.000 kg.
Artichauts.........	50.000 à 80.000 têtes	30.000 têtes
Carottes..........	60.000 à 132.000 kg.	30.000 kg.
Céleri et céleri-rave..	100.000 kg.	»
Choux...........	140.000 kg.	15.000 têtes
Choux-fleurs........	20.000 à 30.000 têtes pesant 35.000 et 40.000 kg.	15.600 têtes
Oignons..........	60.000 à 80.000 kg.	15.000 à 25.000 kg.
Poireaux..........	60.000 kg.	312.000 têtes
Pommes de terre....	30.000 à 40.000 kg.	25.000 à 30.000 kg.
Potirons..........	120.000 à 140.000 kg.	2 200 têtes
Salsifis...........	10 000 à 12.000 bottes pesant jusqu'à 25.000 kg.	7.000 bottes

La quantité d'eau moyenne distribuée par hectare et par an est, comme on le sait, de 40.000 mètres cubes environ ; mais elle varie avec les différentes cultures, chacune d'elles ne recevant que la quantité d'eau qui lui convient.

Le tableau de la page 490 résume les mesures auxquelles l'expérience a conduit les cultivateurs de Gennevilliers, pour la répartition des eaux, par nature de culture.

Aussitôt après l'achèvement des dernières récoltes, les terres sont labourées par raies et billons et, pendant tout l'hiver, elles reçoivent des eaux d'égout qui apportent dans les rigoles un engrais composé de matières organiques tenues en suspension. Cet engrais est incorporé au sol, par les labours du printemps, de la même manière que les fumiers ordinaires de ferme.

La valeur locative des terrains ainsi irrigués, qui était anciennement de 90 à 150 francs l'hectare est aujourd'hui de 450 à 500 francs dans tout le périmètre irrigué. Quant à la valeur du fond, elle est de 10 à 12.000 francs l'hectare.

Au point de vue sanitaire, la population de Gennevilliers, qui était de 2.218 habitants en 1869, a atteint 2.389 habitants en 1880, 5.776 en 1891 et 7.368 en 1896. La mortalité, durant cette même année, a été de 17,4 pour 1.000, alors qu'elle a été de 20,3 à Paris, 23,7 à Argenteuil, 23,2 à Asnières et Clichy et 36 à Saint-Germain. La moyenne des maladies infectieuses n'a pas différé sensiblement de celle des villes d'égale population les mieux partagées.

On a, d'ailleurs, déjà fait connaître les résultats vraiment remarquables obtenus en ce qui concerne l'épuration des eaux vannes et la faible teneur des eaux épurées en azote organique ou ammoniacal, ainsi qu'au point de vue de la diminution du nombre des bactéries.

b) *Champ d'épandage d'Achères*. — Le champ d'épandage ou parc agricole d'Achères, qui comprend des terrains domaniaux de la forêt de Saint-Germain et des terrains acquis de particuliers par la ville de Paris, affecte la forme d'un trapèze curviligne, de 1.000 hectares de superficie, s'étendant le long de la Seine sur une longueur de 10 kilomètres entre Maisons-Laffite et Achères et sur une largeur moyenne de 1 kilomètre (*fig.* 273). Le sol est sensiblement de la même nature que celui de la plaine de Gennevilliers, c'est-à-dire qu'il est formé d'une couche de sables et graviers, de 2 mètres de hauteur environ, reposant sur les marnes peu perméables du calcaire grossier supérieur. Il est desservi par une branche spéciale qui se détache

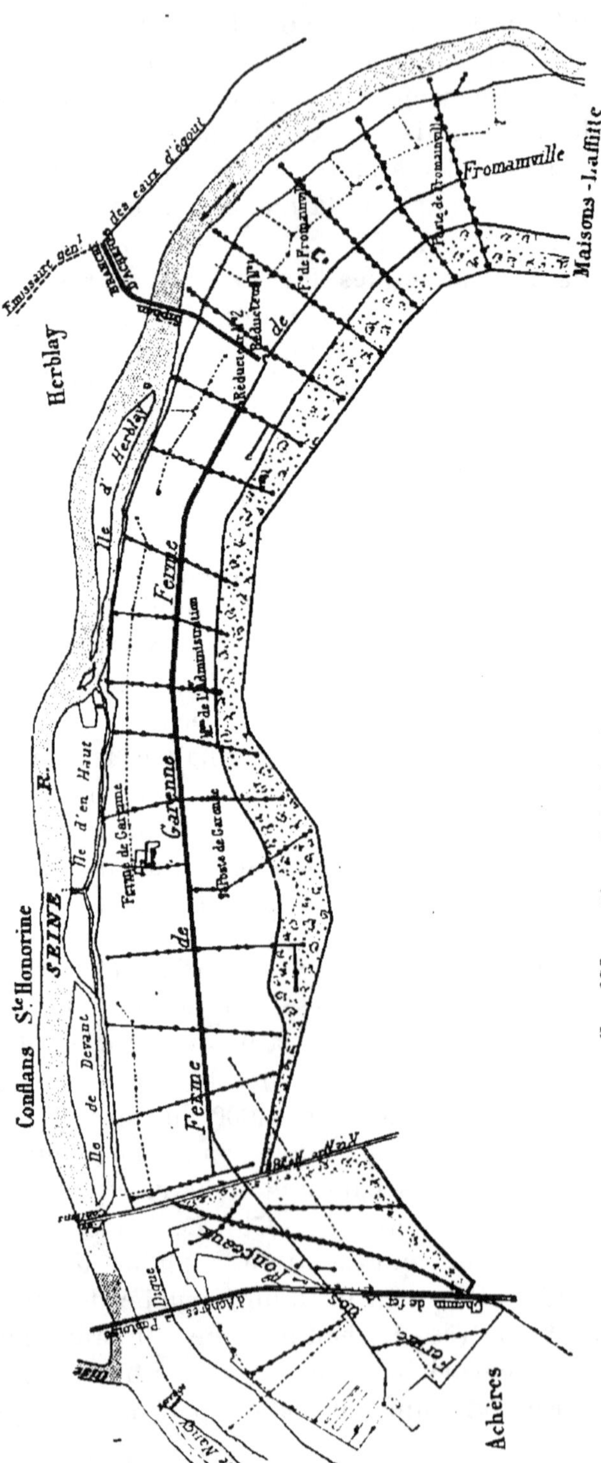

FIG. 273. — Plan général du champ d'épandage d'Achères.

DÉSIGNATION DES CULTURES	DURÉE DES ARROSAGES	NOMBRE de journées d'arrosage POUR L'ANNÉE	EAU DISTRIBUÉE par hectare ET PAR AN
	PREMIÈRE RÉCOLTE		mètres cubes
Prairies...............................	Toute l'année, tous les jours	365	172.000
Luzerne................................	Pendant 9 mois, tous les jours	270	127.000
Artichauts.............................	Pendant 9 mois, tous les 3 jours	90	42.000
Pépinière, fleurs, oseille, persil.........	Pendant 8 mois, tous les 3 jours	80	38.000
Poireaux, choux et céleri..............	Pendant 5 mois, tous les 3 jours	50	23.000
Betteraves, salades, carottes, haricots.....	Pendant 3 mois, tous les 3 jours	30	14.000
Pommes de terre, asperges, pois........	Pendant 2 mois, tous les 3 jours	20	10.000
Oignons et divers.	Pendant 1 mois, tous les 3 jours	10	5.000
	DEUXIÈME RÉCOLTE		
Poireaux et choux.....................	Pendant 3 mois, tous les 3 jours	30	14.000
Salades, haricots, navets, pois, carottes .	Pendant 2 mois, tous les 3 jours	20	10.000
Divers............................	Pendant 1 mois, tous les 3 jours	10	5.000

de l'émissaire général à Herblay[1], et qui est formée de deux tuyaux en tôle de 1 mètre de diamètre. Le réseau de distribution comprend des tuyaux en ciment armé dont le diamètre intérieur varie de $1^m,10$ à $0^m,30$. Les conduites principales occupent la ligne médiane du terrain, et des conduites transversales, espacées de 400 mètres en moyenne, sensiblement perpendiculaires aux premières, portent l'eau jusqu'aux limites du domaine. Elles sont munies, à des distances variant de 75 à 100 mètres, aux points choisis pour la distribution des eaux, de tubulures de $0^m,30$ de diamètre portant le branchement et la bouche d'irrigation à vis et à clapet (*fig.* 274 et 275). Quelques-unes de ces bouches sont auto-

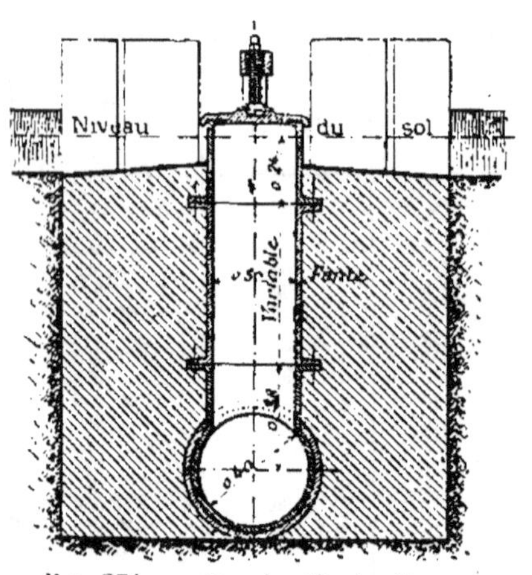

Fig. 274. — Bouche d'irrigation.
Coupe suivant AB.

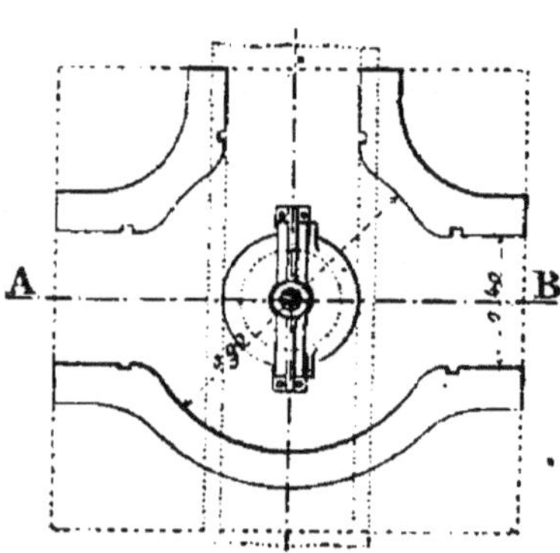

Fig. 275. — Plan.

matiques; les clapets sont maintenus sur leur siège par des contrepoids convenablement réglés, qui se soulèvent lorsque la pression dans les conduites atteint un maximum déterminé (*fig.* 276 et 277).

<hr>

[1] Les eaux d'égout de Paris, élevées une première fois à l'usine de Clichy, comme on l'a dit ci-dessus, sont de nouveau élevées à l'usine de Colombes pour leur permettre ensuite de couler dans l'émissaire en pente générale de $0^m,50$ par kilomètre. L'usine de Colombes, susceptible de refouler 6.800 litres par seconde à une hauteur de plus de 40 mètres, comporte douze pompes dont trois sont actionnées par des machines de 300 chevaux de force et huit par des machines de 380 chevaux.

Comme dans la presqu'île de Gennevilliers, on a dû ici se préoccuper de conserver une épaisseur suffisante à la couche filtrante et de maintenir le niveau de la nappe souterraine à une altitude déterminée, au moyen d'un drainage approprié. Les drains dont le développement total est de 20 kilomètres environ sont au nombre de huit, partie à ciel ouvert et partie formés de tuyaux en ciment armé dont le diamètre varie de 0^m,60 à 0^m,30.

Bouche d'irrigation automatique

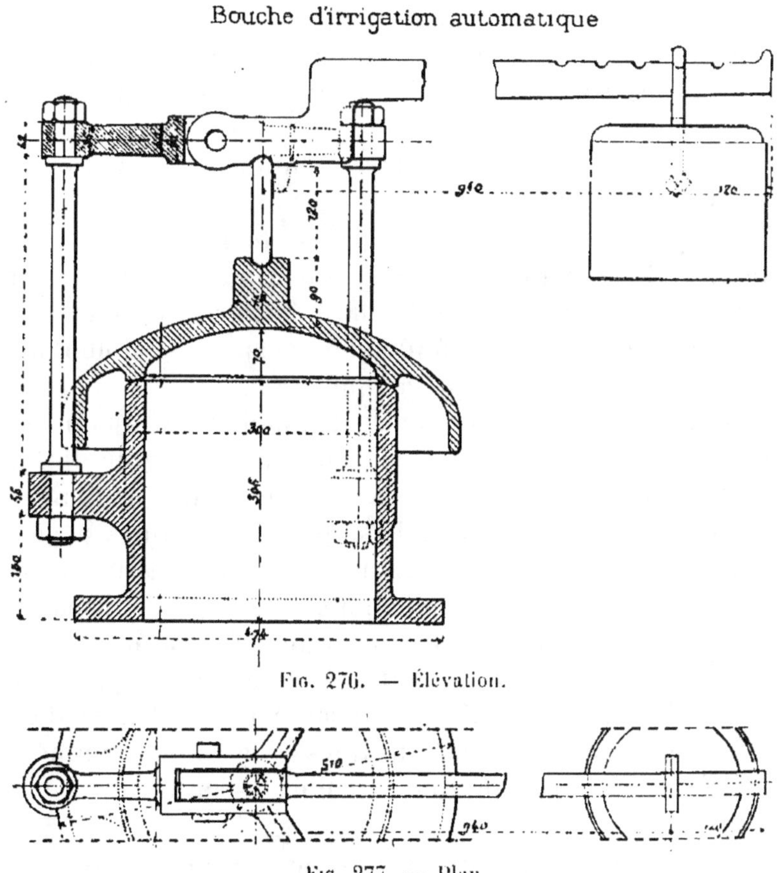

Fig. 276. — Élévation.

Fig. 277. — Plan.

La distribution de l'eau est régulièrement intermittente, à Achères comme à Gennevilliers. Pour que l'eau ne s'étale jamais sur le sol, n'y forme pas de mares stagnantes, comme l'exige la loi du 4 avril 1889, qui a déclaré d'utilité publique les travaux nécessaires pour conduire dans la presqu'île de

Saint-Germain les eaux d'égout de Paris, l'irrigation s'opère par raies et billons. De chaque bouche de distribution partent deux ou trois rigoles maîtresses desservant une étendue de 3 à 4 hectares environ, et sur lesquelles s'embranchent des rigoles secondaires qui conduisent l'eau jusqu'aux différentes raies. Les terrains doivent être d'ailleurs aménagés de manière qu'à tout moment, en toute saison, de nuit comme de jour, on puisse épandre l'eau dans la limite prévue par la loi, c'est-à-dire à la dose maxima de 40.000 mètres cubes par hectare et par an. À cet effet, les bouches automatiques laissent échapper dans des réserves boisées les eaux surabondantes que les champs en culture ne seraient pas en état d'absorber.

Le service des irrigations a commencé à fonctionner au mois de juin 1895.

L'exploitation agricole n'a pas ici le même caractère qu'à Gennevilliers. La culture des plantes maraîchères est moins indiquée, vu l'éloignement relatif de Paris ; ce sont les prairies, les betteraves, les fourrages verts qui semblent appelés à y prendre le plus de développement.

Entre les deux systèmes d'exploitation qu'on pouvait mettre en pratique, affermage ou régie, la ville de Paris a préféré s'arrêter à un arrangement intermédiaire : les fermes, les terrains défrichés, qui représentent à peu près 800 hectares, ont été loués, tandis que les parties boisées et certaines parcelles spécialement aménagées, formant avec les routes, les chemins, les ruisseaux de drainage, etc., une surface de 200 hectares, ont été réservées. Il y a été établi un jardin modèle qui est consacré aux cultures d'essais ; quant aux bois, ils sont destinés à recevoir, comme on l'a dit ci-dessus, les eaux d'égout que les cultures ne peuvent utiliser.

L'un des fermiers de la ville a installé une distillerie pour la production de l'alcool ; l'assolement choisi est le suivant : première année, betteraves cultivées seules ou après un fourrage précoce de printemps ; deuxième année, pommes de terre industrielles, pommes de terre hâtives faisant place, en juin, à une culture maraîchère, ou cultures maraîchères seules.

L'assolement de 1898 a compris, pour l'ensemble des fermes, les quatre grandes divisions culturales suivantes, occupant une surface totale d'environ 820 hectares :

Culture industrielle (Plantes sarclées).	Betteraves à sucre...	420	hectares
	Pommes de terre industrielles	30	—
Culture maraîchère..	Pommes de terre comestibles (hâtives).	30	—
	Pommes de terre comestibles (tardives).	25	—
	Artichauts	35	—
	Asperges (partie non irriguée)..........	15	—
	Poireaux et divers...	15	—
Culture fourragère...	Fourrages verts......	30	—
	Prairies artificielles..	60	—
	Prairies naturelles...	70	—
Céréales	Blé.................	20	—
	Avoine	70	—

Le champ d'épuration est en pleine exploitation et a reçu, en 1898, 40 millions de mètres cubes d'eau d'égout. Il n'est pas encore possible de porter un jugement sur les résultats de la production agricole, une transformation culturale de ce genre ne pouvant donner des fruits que lentement. Mais les résultats hygiéniques sont incontestables, et l'épuration s'effectue dans des conditions non moins bonnes qu'à Gennevilliers.

Sur ces deux champs d'épandage actuellement en pleine exploitation, la ville de Paris peut épurer, par an, un volume d'eaux vannes de $1.900 \times 40.000 = 76.000.000$ mètres cubes, soit presque la moitié du produit total des égouts. Elle vient d'achever la préparation, en vue de leur utilisation pour l'épuration agricole, des terrains perméables de la région dite de Méry-Pierrelaye[1], d'une surface irrigable de

---

[1] La région de Méry-Pierrelaye a son sol en contre-haut du plan d'eau dans l'émissaire général des eaux d'égout. Cette région est

1.800 hectares, y compris le domaine municipal de Méry-sur-Oise, qui a une surface de 520 hectares. On procédera ensuite à l'aménagement d'une surface de 950 hectares dans la presqu'île de Triel (*fig.* 278).

A ce moment, la ville disposera de 5.000 hectares de terrains d'épandage qui suffiront à l'épuration d'un volume d'eaux d'égouts annuel de 200 millions de mètres cubes,

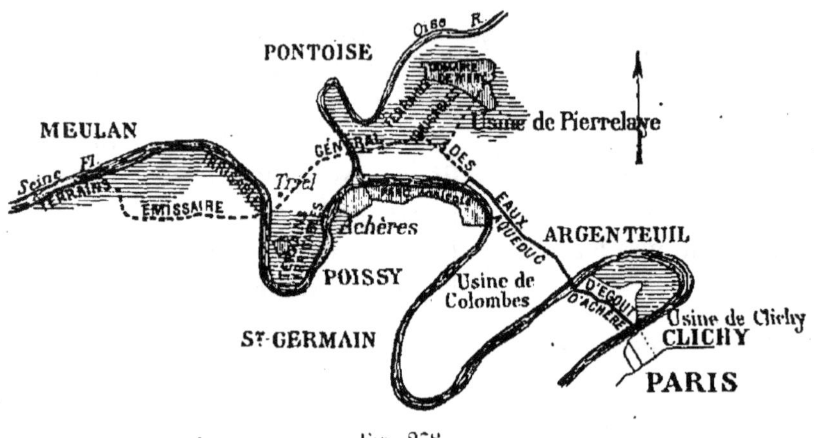

Fig. 278.

supérieur au débit actuel de ses égouts. Dans l'avenir, on pourra étendre l'opération jusque vers Meulan.

Les 5.000 hectares que l'on vient de mentionner se divisent en deux catégories bien distinctes au point de vue du régime de l'irrigation : 3.380 hectares constituent des territoires dans lesquels les cultivateurs, indépendants de la Ville de Paris, utilisent l'eau amenée à proximité de leurs champs par les canalisations établies par la ville. Les usagers emploient l'eau comme ils l'entendent, se préoccupant uniquement des besoins de leurs récoltes, et sans souci aucun des nécessités de l'épuration; ici, à proprement parler, on pratique l'*irrigation à l'eau d'égout pour les besoins*

alimentée par une branche spéciale dérivée dudit émissaire. Une usine établie à Pierrelaye relève l'eau d'égout de 25 à 35 mètres de hauteur pour la refouler dans cette branche.

de l'agriculture. Par contre, une superficie de 1.620 hectares (fermes de Fromainville, de Garenne, des Fonceaux, à Achères, des Grésillons à Carrières-sous-Poissy et de la Haute-Borne, à Méry-sur-Oise) appartient en propre à l'Administration parisienne; ces domaines sont loués à des fermiers cultivateurs; mais un cahier des charges particulier subordonne leur exploitation aux nécessités de l'épuration. Là, selon les besoins, on fait et l'on pourra faire de l'*agriculture pour l'épuration.*

Dès l'achèvement des travaux de mise en exploitation du champ d'épuration de Méry-Pierrelaye, la Ville de Paris a disposé d'une surface de champ d'épandage de 3.700 hectares, suffisante pour assurer l'épuration de la totalité du débit actuel de ses égouts. Aussi a-t-elle pu procéder à la fermeture du collecteur d'Asnières (8 juillet 1899). En présence de l'augmentation certaine du débit des égouts lorsque les travaux de dérivation de nouvelles sources actuellement en cours d'exécution seront terminés, et que l'écoulement direct à l'égout des eaux vannes et des matières excrémentitielles sera réalisé, la Ville poursuit, dès maintenant, la réalisation du programme complet d'aménagement des terres de la presqu'île de Triel, dont il a été précédemment parlé.

92. Description du champ d'épandage de la Ville de Reims. — La Ville de Reims, dont la population dépasse 100.000 habitants, et qui est une cité industrielle de premier ordre, n'a eu, pendant longtemps et jusqu'en 1889, d'autre exutoire de ses eaux vannes que la petite rivière de Vesle, qui passe au pied d'un coteau sur lequel la ville est bâtie. Le lit de cette rivière, envahi par des détritus de toutes sortes, ne formait à la sortie de la ville et sur une grande longueur à l'aval, qu'un vaste égout à ciel ouvert dont le lit envasé ne suffisait plus à recevoir le eaux contaminées qui se répandaient sur les propriétés voisines.

Pour mettre fin à un état de choses aussi préjudiciable à la santé publique, on décida d'épurer les eaux par un procédé analogue à celui déjà employé par la Ville de Paris. En même temps, pour restituer à la Vesle ses dimensions transversales

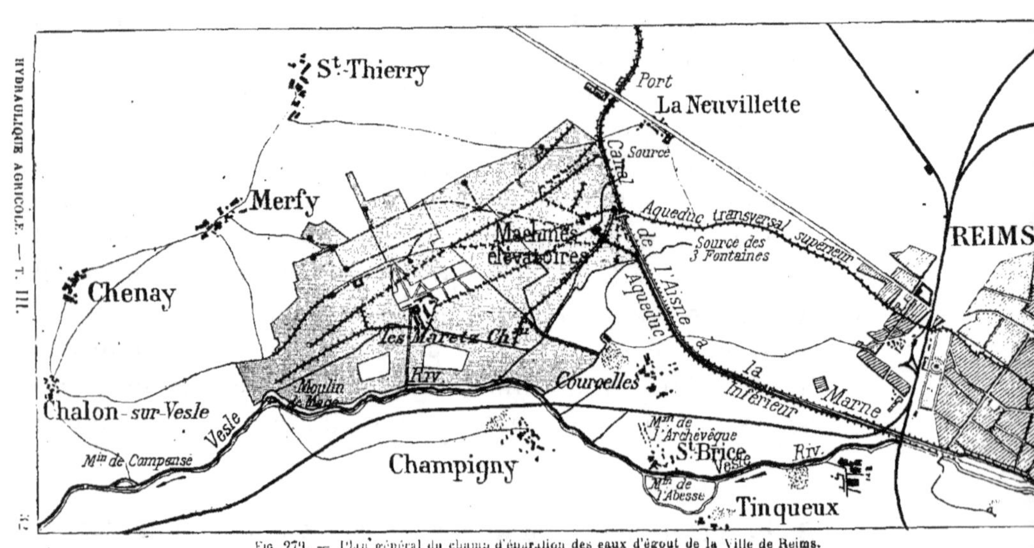

Fig. 279. — Plan général du champ d'épuration des eaux d'égout de la Ville de Reims.

primitives, on exécuta d'importants travaux de curage dont on a eu antérieurement l'occasion de parler (t. I, § 114).

L'épuration des eaux vannes a été confiée à une Compagnie dite des eaux vannes, qui pratique pour son propre compte l'utilisation agricole, moyennant une redevance payée par la Ville. Les terrains utilisés à cet effet et qui ont été en partie fournis par la Ville et en partie acquis par la Compagnie, et qui formaient auparavant des marais improductifs sur leur plus grande étendue, sont situés à 5 ou 6 kilomètres au nord-ouest de la ville, dans l'angle formé par le canal de l'Aisne à la Marne et la rivière de Vesle (*fig.* 279).

Les champs irrigués sont divisés en trois zones dites supérieure, moyenne et inférieure. L'adduction des eaux à ces champs se fait au moyen de deux grands collecteurs.

L'un, l'égout supérieur, reçoit les eaux de la partie haute de la ville et les amène par la gravité en un point suffisamment élevé pour permettre leur déversement sur les terrains de la zone moyenne située en contre-bas. L'autre, l'égout inférieur, aboutit au bassin de réception d'une usine élévatoire, qui refoule les eaux sur les terrains de la zone supérieure. Quant à la zone inférieure, elle reçoit le trop-plein des deux autres.

Les eaux amenées par l'égout supérieur sont déversées dans deux chambres de répartition en maçonnerie alimentant, la première, une conduite en béton de 1^m,20 de diamètre, et la seconde une conduite de 0^m,60. Deux chambres latérales de trop-plein permettent de recueillir les eaux surabondantes produites par les fortes pluies et de les déverser sur les terrains de la zone inférieure par l'intermédiaire d'une conduite à ciel ouvert avec radier en béton. La conduite, de 1^m,20 de diamètre, alimente un réseau de conduites de distribution en béton de ciment dont les diamètres varient de 0^m,800 à 0^m,300 et dont la longueur approximative est de 8.000 mètres.

Les eaux de l'égout inférieur alimentent un réseau de distribution composé de tuyaux en fonte dont les diamètres varient de 0^m,60 à 0^m,30 ; la longueur totale est de 9.200 mètres environ. Enfin les eaux de trop-plein de ces aqueducs sont utilisées sur les terrains de la zone basse ; la distribution comprend une conduite maîtresse en béton de 0^m,80 de diamètre et un réseau de rigoles à ciel ouvert, le tout d'une longueur totale de 10.000 mètres environ.

Cent vingt prises d'eau sont branchées sur les conduites principales et secondaires; elles consistent en un siphon de 0^m,300 émergeant verticalement dans un petit bassin en maçonnerie au milieu duquel se trouve placée une bouche de fond avec joint en caoutchouc et vis de pression. Les petits bassins de prise d'eau ont une ou plusieurs ouvertures pour la répartition des eaux dans les rigoles des champs irrigués.

Les plantes sont alignées sur des planches en forme de billon d'une longueur variant de 0^m,90 à 1^m,20.

Ainsi que cela a été dit, une partie des terrains aujourd'hui irrigués étaient auparavant des marais improductifs. La formation de ces marais avait été provoquée par la création sur la Vesle des deux barrages de retenue des moulins de Compensé et de Maco. Pour faire disparaître cet état de choses, la Compagnie a supprimé les chutes de ces deux usines, de manière à abaisser le plan d'eau de la rivière dans la traversée du domaine irrigué et à augmenter l'épaisseur de la couche filtrante. De plus, pour éviter à l'avenir la stagnation des eaux dans la partie basse du champ d'épandage, le système d'irrigation que l'on vient de décrire a été complété par un réseau de fossés de drainage à ciel ouvert de 12 kilomètres de longueur totale, qui recueillent les eaux épurées et les conduisent à la Vesle, à l'extrémité aval du domaine.

Les terrains choisis pour l'épuration comprennent, pour la plus grande partie, des terres calcaires qui forment le sol arable de tous les environs de Reims. Le carbonate de chaux y domine dans une proportion de 80 0/0 environ, le sable siliceux représente 15 0/0, l'argile 5 0/0 avec un peu d'humus. Le sous-sol, généralement calcaire, se montre parfois gréveux. Le tout repose sur la craie fendillée ou compacte qui compose le sol de la Champagne.

Le débit journalier moyen des égouts de Reims est d'environ 40.000 mètres cubes. On avait prévu primitivement que l'étendue du champ d'épuration serait de 250 hectares; dans ces conditions, la hauteur d'eau à répandre chaque année sur le sol aurait été de 5ᵐ,84. Cette quantité aurait certainement pu être absorbée par les terrains très perméables qui composent le champ d'épuration. Mais une telle abondance d'eau exigeant l'irrigation presque continuelle des mêmes surfaces aurait rendu extrêmement difficile l'utilisation agricole, d'autant plus que le sol aurait vite contenu un excès de matières fertilisantes. Enfin on a cru bon de modérer les doses, attendu que la hauteur filtrante qui, en certains points, est de 2 mètres, descend jusqu'à 0ᵐ,70 dans les parties les plus déprimées.

C'est pourquoi la surface du champ d'épuration a été augmentée progressivement jusqu'au chiffre de 630 hectares, ce qui ramène la hauteur moyenne annuelle d'eau répandue à 2ᵐ,50.

Les résultats obtenus, en ce qui concerne l'épuration des eaux d'égout, ont été des plus satisfaisants. D'après les analyses faites par le Bureau municipal d'hygiène de Reims, les eaux contiennent, en moyenne, par mètre, au moment où elles arrivent aux bassins de réception :

		EAUX DE L'AQUEDUC supérieur		EAUX DE L'AQUEDUC inférieur	
Matières en suspension......	minérales..	0ᵍʳ,498	} 1ᵍʳ,121	0ᵍʳ,566	} 0ᵍʳ,927
	organiques.	0 ,623		0 ,361	
Matières en dissolution........	minérales..	0 ,652	} 1 ,012	0 ,152	} 0 ,564
	organiques.	0 ,360		0 ,412	
TOTAL des matières fixes..			2ᵍʳ,133		1ᵍʳ,491
Azote ammoniacal.............		0ᵍʳ,050	} 0 ,091	0ᵍʳ,032	} 0ᵍʳ,050
Azote organique		0 ,041		0 ,018	
Chlore....................			0 ,406		0 ,054
Acide phosphorique...........			0 ,015		»

Ces eaux, notamment celles de l'aqueduc supérieur, formées en grande partie par les eaux résiduaires des peignages de laine, sont, comme on le voit, chargées en matières organiques et azotées, et, par suite, susceptibles d'entrer en fermentation. D'autre part, les éléments utiles à l'agriculture se trouvent réunis dans des proportions comparables à celles que présente le fumier de ferme.

L'analyse d'un échantillon d'eau puisée au canal de fuite à la Vesle a donné les résultats suivants :

Degré hydrotimétrique. { total...............	19°,5
{ après ébullition.	3°,5
Matières organiques (exprimées en acide oxalique par litre)....................	0^{gr},01323
Acide nitrique......................	0 ,00686
Ammoniaque libre....................	0 ,000054
Ammoniaque organique...............	0 ,0001

Comme on l'a dit précédemment, le champ d'épuration a une étendue de 630 hectares, ce qui, pour un débit journalier moyen de 40.000 mètres cubes, correspond à une irrigation moyenne de 23.175 mètres cubes par hectare et par an. Sur les terrains hauts on cultive la betterave sucrière, sur les prés marais à sous-sol tourbeux c'est la culture des céréales qui domine. Les arrosages reviennent plus ou moins souvent suivant la nature des cultures et suivant les saisons. L'expérience a montré, ici encore, que les arrosages à l'eau d'égout ne sont nullement préjudiciables au point de vue de la richesse des plantes. La seule précaution à observer consiste à suspendre les arrosages trois ou quatre mois avant la récolte, en ce qui concerne la betterave à sucre notamment, afin de ne pas retarder la maturité de la plante. L'utilisation des eaux sur une grande surface permet de répartir facilement le nombre et la durée des arrosages, d'adopter une méthode d'assolement dans les cultures et de rendre l'alternance possible. Il faut, en effet, disposer l'assolement de manière à pouvoir irriguer certaines cultures au moment où les arrosages doivent cesser sur d'autres parties. La culture des plantes maraîchères, celle de la betterave et des autres plantes sarclées conviennent très bien pour les terrains arrosés à l'eau d'égout. Ces cultures laissent le sol libre l'hiver, permettent en cette saison les irrigations et même de légers colmatages; en outre, les binages multiples ont pour résultat de rompre la croûte superficielle, d'enlever les mauvaises herbes, d'assurer l'accès de l'air entre les plantes et de maintenir la perméabilité.

C'est ainsi que l'assolement de l'année 1894 a été le suivant :

	Hectares
Betteraves	310,08
Blé	88,75
Avoine	17,49
Cultures diverses	33,48
Prairies artificielles (ray-grass, luzerne, etc.)	34,56
Prairies naturelles	24,00

L'exploitation normale a commencé en 1891. Dans les premières années, on a employé, comme engrais complémentaires dans les terrains hauts, en vue d'augmenter la richesse saccharine de la betterave, des superphosphates et des phosphates de la Meuse. Dans les terrains bas on a amélioré le sol tourbeux et, par conséquent, acide, par l'emploi de scories de déphosphoration à la dose d'environ 6.000 kilogrammes par hectare.

En ce qui concerne les prairies artificielles, les luzernes et les sainfoins qui conviennent bien aux terrains crayeux de la Champagne ont donné, dès les premières années, une moyenne de 15.000 kilogrammes de foin sec par hectare, en trois coupes, correspondant à une moyenne de 60.000 kilogrammes d'herbe verte à l'hectare. Le ray-grass d'Italie a donné également de bons résultats; mais les tiges en devenaient trop fortes, ce qui nuisait à la qualité du fourrage, et la culture de la luzerne, comme fourrage artificiel, a été préférée.

RENDEMENTS NETS par hectare pendant LES ANNÉES	BETTERAVES		BLÉ			AVOINE			OBSERVATIONS
	Surface ensemencée	Rendement par hectare	Surface ensemencée	Rendement en grain	Rendement en paille	Surface ensemencée	Rendement en grain	Rendement en paille	
	h. a.	kg.	h. a.	kg.	kg.	h. a.	kg.	kg.	[1] Chiffres extraits de la statistique agricole décennale de 1892.
1896	290.50	36.350	101.40	3.400	3.750	65.45	3.300	3.740	
1897	310.90	38.490	85.45	3.650	3.800	37.30	2.950	3.400	
1898	350.00	40.700	80.70	3.850	4.350	18.82	3.540	4.050	
Moyennes pour la France [1]	»	27.250	»	1.262	»	»	1.066	»	

Quant aux principales cultures, le tableau ci-dessus donne les rendements à l'hectare en betteraves, blé et avoine; on voit par la comparaison des résultats obtenus avec ceux qu'on obtient moyennement en France, que l'opération d'épuration agricole des eaux d'égout de Reims a produit des résultats non moins remarquables au point de vue agronomique qu'au point de vue hygiénique.

93. Utilisation agricole des eaux d'égout à l'Étranger. — Parmi les pays qui ont recours à l'utilisation agricole pour l'épuration des eaux d'égout, on peut citer l'Allemagne, l'Angleterre et les États-Unis d'Amérique. Il nous paraît utile de dire quelques mots des principales entreprises exécutées récemment dans ces trois pays.

a) *Allemagne. — Champ d'épuration de Berlin. —* La ville de Berlin, dont la population actuelle est de près de 1.700.000 habitants, répartis sur une surface de 6.337 hectares, est située dans une plaine sablonneuse excessivement plate, que traverse la rivière la Sprée et que des collines peu élevées bordent à faible distance. Environ les deux tiers de la ville sont situés sur un terrain plat, partagé en deux parties à peu près égales par la rivière. Le niveau moyen du sol de la majeure partie des rues n'est guère qu'à 3 mètres en contrehaut du plan d'eau moyen de la Sprée; dans ces conditions, et vu le faible relief du sol par rapport à la nappe souterraine, on n'a pu, comme à Paris, établir un réseau d'égouts aboutissant à un ou deux collecteurs principaux; on n'aurait pu donner à ces égouts la pente nécessaire qu'au moyen de travaux d'épuisements très coûteux. La ville a été partagée en douze bassins ayant chacun son réseau particulier d'égouts recueillant toutes les eaux pluviales et les eaux vannes, et les conduisant à une usine élévatoire qui refoule les eaux du bassin correspondant vers les champs d'épuration.

Ces champs forment deux groupes isolés situés respectivement au nord-est et au sud de la ville; le terrain est à peu près horizontal; il présente, toutefois, quelques légères surélévations atteignant 3 mètres à 3^m,50; le sous-sol est généralement composé d'un sable marneux qui, par endroits, fait place à des marnes argileuses ; ces sables reposent sur une couche imperméable située à une faible profondeur, de sorte que l'épaisseur de la couche filtrante ne dépasse pas 1^m,50 en moyenne et descend, en beaucoup de points, au-dessous de 1 mètre. Au point de vue de la perméabilité, les conditions sont donc bien moins favorables que celles des graviers de la vallée de la Seine : aussi la surface des champs d'épuration est-elle relativement considérable. En 1895, la Ville avait acquis une superficie totale de 9.260 hectares, sur lesquels 4.990 hectares étaient aménagés pour l'irrigation.

La distribution des eaux vannes s'opère à l'aide d'un réseau de conduites maîtresses de refoulement, en fonte, venant de la station des pompes pour aboutir au point culminant du domaine à desservir, et d'artères secondaires, quelques-unes en poterie, la plupart à ciel ouvert, fossés de 0^m,50 de profondeur au moins, avec une pente convenable.

Les terrains irrigués sont divisés en lots de grandeur aussi égale que possible, entourés par des chemins plantés d'arbres fruitiers. Les parties les plus inclinées sont aménagées en prairies ; celles de pente peu sensible, en carrés de culture. Enfin quelques parties parfaitement horizontales sont aménagées en bassins de colmatage ; elles reçoivent l'eau pendant l'hiver par couches successives de 0^m,30 à 0^m,50 de hauteur, maintenues entre des digues, et sont dépourvues de cultures. En été, les mêmes bassins sont destinés à recevoir les excédents d'eau refoulés en cas de fortes pluies.

Les carrés de culture courante présentent une surface de 2 hectares à 2 hectares et demi. Ils sont subdivisés en planches couvrant environ 25 ares, limités sur le pourtour par une petite digue de 0^m,50 de hauteur, et disposés le plus souvent par raies et billons, de façon que l'eau arrivant dans les raies n'atteigne que les racines des plantes et non les tiges. Les raies ont de 20 à 25 mètres de longueur et une profondeur de 0^m,30 à 0^m,50 ; les billons ont un écartement d'axe en axe de 1 mètre à 1^m,50. L'eau est introduite dans les raies jusqu'à ce que celles-ci soient à peu près pleines, puis on la laisse s'infiltrer lentement dans le sol. Ce mode d'irrigation est surtout employé pour les betteraves, navets, choux, etc.

Les parcelles en prairies sont irriguées par déversement. Elles se trouvent toujours sur un terrain en pente, et l'on établit la rigole à la partie inférieure. Une fois pleine, elle déborde sur le côté, et l'eau se répand en une couche mince sur toute la surface du sol. La pente des prairies est établie avec grand soin ; elle est, en moyenne, de $0^m,03$ par mètre.

Sur presque tous les champs irrigués, on a dû procéder à des travaux de drainage assez importants pour faciliter l'écoulement de la nappe souterraine et entretenir une épaisseur filtrante suffisante. Les drains sont composés de tuyaux en terre cuite de $0^m,06$ à $0^m,07$ de diamètre et de $0^m,01$ d'épaisseur, posés bout à bout, et on a cru devoir réunir les joints par un manchon également en poterie, l'eau pouvant s'introduire par le joint ; les lignes de drains, parallèles, écartées de 8 mètres environ et enfoncées de $1^m,75$ au-dessous du sol, viennent déboucher dans un maître drain de $0^m,10$, qui aboutit lui-même à un fossé de drainage à ciel ouvert. Ces fossés ont, en général, une largeur au plafond de $0^m,50$ avec des talus inclinés à 1 1/2 pour 1. On peut dire que toute la surface irriguée est pourvue d'un réseau de drainage (4.940 hectares sur 4.990).

Les domaines acquis par la Ville de Berlin en vue de l'épuration agricole sont en partie cultivés par la ville et en partie affermés ; la répartition, en avril 1895, de la superficie totale de $9.259^{ha},46$ est indiquée dans le tableau de la page suivante[1] :

Sur les terrains cultivés par la Ville, l'exploitation agricole est faite en régie ; les cultures se classaient, en 1895, de la manière suivante :

1º Céréales sur une surface de...   1.773 hectares
2º Prairies......................   1.137   —
3º Racines.......................   458   —
4º Plantes à graines oléagineuses.   176   —

[1] *Rapport sur l'épandage et l'utilisation agricole des eaux d'égout à Berlin*, par Edmond BADOIS (Paris, 1897).

TERRAINS	CULTIVÉS par LA VILLE	AFFERMÉS	SANS RAPPORT momentanément ou définitivement	TOTAUX
1° Aménagés pour l'irrigation	hectares	hectares	hectares	hectares
Prairies irriguées............	1.059,99	181,76	»	1.241,75
Carrés et bassins............	2.742,90	911,18	47	3.701,08
Osiers, aulnes et autres essences...................	33,12	»	7,47	40,59
Pépinières....	6,67	»	»	6,67
Carrières à sable............	»	»	0,32	0,32
2° Non aménagés				
Champs	1.184,77	181,35	»	1.366,12
Prairies naturelles..........	312,94	189,94	»	502,88
Jardins..................	12,71	15	107,45	135,16
Osiers et aulnes	10,27	14,21	»	24,48
Bois....................	39,28	747,80	»	787,08
Cours, chemins, fossés et terrains non utilisables......	»	»	1.325,07	1.325,07
Pépinières....	»	»	1,76	1,76
Terrains en jachère........	»	»	126,50	126,50
TOTAUX............	5.402,65	2.241,24	1.615,57	9.259,46

Les champs ensemencés sont irrigués seulement avant la levée de la plante, de manière que celle-ci ne soit jamais en contact avec l'eau d'égout. Les racines et les prairies reçoivent de l'eau à toute époque, mais à des intervalles plus ou moins longs, et en moyenne, d'une manière générale, tous les trente-quatre jours.

Dans l'irrigation des prairies, on fait d'abord passer les eaux dans des bassins peu profonds pour que les boues s'y déposent ; ces boues, lorsqu'elles sont sèches, sont employées ou vendues comme engrais ; elles renferment 0,5 0/0 d'acide phosphorique et 1,23 0/0 d'azote et se payent couramment 1 fr. 25 le mètre cube pris sur place.

Les terrains affermés sont en partie cultivés par les procédés ordinaires, en partie aménagés pour l'irrigation ; ces derniers sont principalement affectés à la culture maraîchère.

A Berlin, comme à Paris, on a constaté la possibilité de continuer les irrigations pendant l'hiver. Même lors des plus grands froids, l'eau à l'arrivée aux champs présente une température d'au moins 3° à 4° au-dessus de zéro, et l'expérience a prouvé que cette eau peut parcourir plus de 1.500 mètres dans les fossés et rigoles d'irrigation sans que la température s'abaisse de plus de 1°. Les hivers rigoureux ne constituent donc pas un empêchement à l'irrigation ; mais on a constaté que l'arrosage dans cette saison est très nuisible aux prairies ; en particulier, à la suite de l'hiver 1889-1890, 25 0/0 des terrains ainsi cultivés durent être reconstitués et ensemencés à nouveau au printemps. L'irrigation d'hiver ne peut donc se faire rationnellement que sur des terrains démunis de culture et n'a de valeur agricole que par les colmatages qu'elle peut produire.

Le volume d'eau déversé par hectare et par an est un peu supérieur à 13.000 mètres cubes ; il varie d'ailleurs beaucoup avec les saisons ; c'est ainsi que, sur l'un des domaines irrigués, tandis que la moyenne mensuelle est de 893.570 mètres cubes, en février 1895 le volume est descendu à 596.564 mètres cubes, tandis qu'au mois d'août précédent il s'était élevé à 1.086.955 mètres cubes.

En ce qui concerne le rendement des terres irriguées aux eaux d'égout, on a constaté que l'irrigation convient surtout aux prairies ; leur rendement par hectare varie de 39.000 kilogrammes à 72.600 kilogrammes en fourrage frais, le nombre de coupes étant ordinairement de six à l'année. En ce qui concerne les céréales et les racines, les rendements oscillent entre les chiffres ci-dessous :

Céréales

Nature des récoltes	Rendement à l'hectare des terres irriguées		
Seigle..............	de	1.300 à	2.850 kilogrammes
Avoine.............	de	860 à	1.880 —
Orge...............	de	1.020 à	3.300 —
Blé d'hiver........	de	1.300 à	2.400 —
Blé d'été..........	de	1.100 à	2.100 —

Racines

Pommes de terre..	de 10.000 à	17.600 kilogrammes
Betteraves........	de 30.000 à	59.200 —
Carottes..........	de 19.700 à	50.800 —

MILLE PARTIES RENFERMENT	COMPOSITION MOYENNE DES			
	EAUX D'ÉGOUT après filtration	EAUX DE DRAINAGE provenant de prairies	EAUX DE DRAINAGE provenant de carrés de culture	EAUX DE DRAINAGE provenant de bassins de colmatage
Résidu sec à 115°	0,88.66	0,87.59	0,90.36	0,93.57
Perte au rouge	0,26.24	0,11.75	0,12.73	0,16.95
Résidu au rouge (cendres)	0,62.42	0,75 84	0,77.63	0,76.62
Permanganate de potasse réduit (matière organique)	0,27.04	0,02.07	0,02.61	0,06.71
Ammoniaque libre	0,12.73	0,0008 } 0,0011	0,0022 } 0,00 27	0,0194 } 0,02 06
— organique		0,0003	0,0005	0,0012
Acide nitrique	0,00.00	0,13.57	0,13.57	0,10.67
— nitreux	0,00.00	0,00.23	0,00.41	0,00.59
— sulfurique	0,05.55	0,09.53	0,16 55	0,06.18
— phosphorique	0,02.64	0,00 02	0,00.04	0,00.06
Chlore	0,19.35	0,14.98	0,15.37	0,15.85
Silice	0,00.13	0,00.94	0,00.88	»
Oxyde de fer et alumine	traces	0,00.26	0,01.08	»
Chaux	0,10.75	0,16.20	0,17.35	»
Magnésie	0,02.08	0,01.92	0,02.38	»
Potasse	0,06.23	0,01.90	0,04.52	0,02.58
Soude	0,18.75	0,14 15	0,22.53	0,14.20
Germes microbiens (dans 1 cent. cube)	—	13.817	8.242	17.095

Il nous reste à faire connaître les résultats de l'épuration agricole des eaux d'égout. Le tableau ci-contre, qui a été emprunté à M. Badois[1], résume la composition moyenne des eaux d'égout de Berlin et des eaux de drainage d'après l'ensemble des analyses exécutées pendant une période de neuf années consécutives. Ces analyses ont été faites en séparant d'abord par la filtration sur papier les matières qui se trouvaient en suspension dans les eaux d'égout, ces matières séparées comprenant, en moyenne, pour 1.000 parties d'eaux filtrées :

Résidu sec à 115° C..................... 0,9023
Perte au rouge (matière volatile)........ 0,5966
Résidu au rouge (matière minérale)...... 0,3045
Acide phosphorique.................... 0,0215

Si l'on veut avoir la consistance de l'eau d'égout avant filtration, il faut ajouter ces chiffres aux chiffres correspondants de la première colonne du tableau.

Ces chiffres, qui ne sont d'ailleurs que des moyennes, montrent qu'au point de vue de l'épuration les prairies prennent la première place, leurs eaux de drainage étant les plus pauvres en matières organiques ; les carrés de culture viennent ensuite, et, en dernier lieu, dans des conditions bien inférieures, les bassins de colmatage.

Si l'on compare les résultats de ces analyses à ceux qui ont été obtenus avec les eaux d'égout et de drainage de Paris, on constate qu'un mètre cube d'eau d'égout renferme en moyenne :

	A BERLIN	A PARIS
	kilogrammes	kilogrammes
Azote....................	0,170	0,069
Acide phosphorique......	0,062	0,018
Potasse.................	0,057	0,031

[1] *Rapport sur l'épandage et l'utilisation agricole des eaux d'égout à Berlin.*

Comparées à celles de Paris, les eaux vannes de Berlin sont donc deux fois et demie plus riches en azote, trois fois et demie plus riches en acide phosphorique et près de deux fois plus riches en potasse, ce qui tient, au moins en partie, à ce que, dans cette dernière ville, les égouts reçoivent non seulement les eaux pluviales et ménagères, mais encore celles de tous les water-closets de la ville.

D'une manière générale, on peut dire que l'eau d'égout de Berlin contient trois fois plus de matières fertilisantes que celle de Paris.

D'autre part, les récoltes obtenues dans les champs d'épandage de Berlin présentent à peu près la même composition que les récoltes des champs d'épandage parisiens et n'ont pas utilisé plus de matières fertilisantes.

En somme, pour une même utilisation par la récolte, on irriguera à dose trois fois moindre qu'à Paris, mais avec des eaux trois fois plus riches. La perte en matières fertilisantes doit être sensiblement la même dans l'un et l'autre cas. A Berlin, si l'on irrigue à dose trois fois moindre, c'est que la terre d'épuration par son peu de perméabilité et sa faible épaisseur filtrante, ne peut absorber davantage. Étant donné le degré de concentration de ses eaux vannes, si cette ville disposait de terres d'épuration aussi favorables qu'à Paris, on y irriguerait à dose correspondante, et la proportion de matières fertilisantes non utilisée et enlevée par le drainage serait trois fois plus grande que dans notre capitale.

L'état sanitaire de la population des champs d'épuration de Berlin a toujours été excellent (la mortalité a varié de 11,5 à 7,6 par 1.000 pendant les années 1892 à 1895), et l'on n'a pas hésité à installer, dans plusieurs des domaines servant à l'épandage, des asiles de convalescents.

b) *Angleterre.* — L'Angleterre est le pays qui a, le premier, pratiqué sur une vaste échelle l'épuration agricole des eaux d'égout. Les procédés de purification des eaux vannes y sont fort nombreux.

En général, la solution adoptée dépend surtout des conditions locales particulières, et l'on se préoccupe uniquement de ramener les eaux, avant leur déversement dans les cours d'eau naturels, à un degré de pureté compatible avec les limites imposées par une loi fort sévère contre la pollution des rivières[1], laissant à peu près complètement de côté la considération d'utilisation.

Les ingénieurs sanitaires anglais semblent d'accord pour reconnaître que le mode d'épuration le plus parfait est l'épandage sur le sol. Dans certains cas, le procédé a conduit à des mécomptes; mais il a été reconnu que les insuccès étaient dus à ce que les exploitations n'étaient pas dirigées par des hommes spéciaux et expérimentés; à plusieurs reprises, les terrains d'épandage se sont colmatés rapidement ou se sont transformés en marécages. Mais aujourd'hui que les conditions de réussite sont mieux connues, ce procédé est appliqué avec succès dans beaucoup d'endroits où les circonstances locales sont propices.

A titre d'exemple, on peut citer l'installation de la ville de Croydon[2], laquelle épure ses eaux d'égout par épandage sur les deux formes de Beddington et de Merton.

La ville, dont la population est de 103.000 âmes, couvre une étendue de 3.650 hectares environ. La ferme de Merton reçoit les eaux vannes d'une population de 13.000 habitants ; celle de Beddington, beaucoup plus importante, épure les eaux usées d'une agglomération de 90.000 âmes, répartie sur environ 2.530 hectares. On ne s'occupera que de cette dernière ferme. Elle reçoit les eaux vannes par deux collecteurs principaux, dont le débit, qui est d'environ 15.900 mètres cubes par vingt-quatre heures en temps sec, peut atteindre, lors des grandes pluies, 72.500 mètres cubes par suite d'infiltrations à travers les égouts qui ne sont pas étanches.

Par ce fait, les eaux usées de Croydon ne présentent pas

[1] La loi de 1876 contre la pollution des rivières (*River's Pollution Prevention Act*, 1876) stipule que tout déversement dans un ruisseau quelconque d'eaux d'égouts ou d'eaux résiduaires non épurées sera puni d'une amende pouvant atteindre 1.250 francs par jour ; au bout d'une période fixée pour l'achèvement des travaux d'épuration (un mois au maximum), ces travaux sont exécutés d'office aux frais du contrevenant.

[2] Les renseignements qui suivent sont extraits de l'ouvrage : *Sewage disposal works*, par W. Santo Crimp, ingénieur-conseil (Londres, 1894).

une grande concentration; mais elles ne contiennent pas de substances terreuses ou sableuses en proportion notable, à cause du soin que l'on a de ne pas laisser entrer dans les égouts les détritus des chaussées.

La superficie des terrains dépendant de la ferme de Beddington est de 273 hectares, sur lesquels 200 hectares environ sont disposés pour l'irrigation. Le sol, très favorable à l'irrigation, est composé principalement de gravier et de sable ; il descend en pente douce et régulière jusqu'à la rivière Wandle, affluent de la Tamise, aux eaux ordinairement claires et limpides, dont la source est à 3 kilomètres en amont de la ferme. Le terrain est préparé et nivelé avec le plus grand soin. Les conduites d'amenée des eaux vannes, qui dominent la partie supérieure des terres à irriguer, sont construites en béton et ont de $0^m,60$ à $1^m,20$ de diamètre ; leur pente est aussi forte que la nature des lieux le permet. Il est parfois nécessaire d'établir de place en place, des petits bassins de dépôts fermés par des vannes en bois ; en ouvrant ces vannes de temps à autre, on peut recueillir une partie des matières en suspension dans l'eau d'égout et les utiliser comme engrais.

Ces conduites d'amenée alimentent des raies, espacées de 15 mètres environ, tracées transversalement et suivant la ligne de plus grande pente, qui se prolongent jusque vers le bas du champ. A quelque distance de leurs extrémités, on ouvre une autre rigole longitudinale destinée à recueillir les eaux qui ont arrosé la surface supérieure par ruissellement. L'opération, toutefois, ne se borne pas à ce premier épandage ; pour être suffisamment épurées, il est nécessaire que les eaux soient déversées à trois reprises différentes sur les champs d'utilisation. L'eau de colature du premier champ est dirigée par une rigole vers un deuxième champ qu'elle arrose de la même manière, puis vers une troisième parcelle, d'où elle sort convenablement épurée.

Le temps nécessaire à ces irrigations successives est de trois heures environ. On estime que les deux tiers de l'eau déversée sont restitués après épuration à la rivière, le troisième tiers ayant été évaporé ou absorbé par le sol et les plantes.

Pour que ce mode d'utilisation donne un bon résultat, il

est indispensable que les terres soumises à l'arrosage aient subi une préparation soignée. Les raies sont parfaitement nivelées et, entre chacune d'elles, le sol présente un léger bombement pour que l'eau d'égout qui déborde des sillons atteigne tous les points du champ, sans le raviner nulle part.

Pour empêcher le relèvement de la nappe souterraine, il a été établi un réseau de tuyaux de drainage débouchant dans un collecteur unique qui conduit les eaux de drainage à l'émissaire d'évacuation des eaux clarifiées.

L'utilisation agricole s'effectue sans interruptions, même pendant les fortes gelées ; l'eau est alors envoyée sur les parcelles labourées et ensemencées en vue de la culture de la betterave et même, à la rigueur, du ray-grass. Une couche de glace se forme alors à la surface, et le ruissellement continue à se faire par dessous ; mais le degré d'épuration est moindre, et, pour obtenir une bonne purification, une surface bien plus grande qu'en temps ordinaire est nécessaire.

La partie irriguée de la ferme est, en général, ensemencée comme suit :

Ray-grass	77 hectares
Pâturages	44,5
Betteraves	36,5
Osiers...........................	1,5
Blé, choux, etc.....................	10,5
TOTAL.........	170 hectares

La végétation du ray-grass ne s'épuise qu'au bout de trois années, après avoir donné cinq ou six fortes coupes par an. À l'expiration de cette période, on effectue un labour et l'on fait produire à la terre des betteraves et des choux ; à cette culture succède parfois une récolte de blé, avoine ou pomme de terre, puis on revient au ray-grass. Le blé et l'avoine ne son guère cultivés que pour la paille ou les besoins de la ferme.

L'état sanitaire de la ville de Croydon et des localités avoisinant le champ d'épuration est excellent. Pour une population de 103.000 habitants, la mortalité moyenne pendant une série de quatre années, a été de 14,7 pour 1.000. Le chiffre, pour certaines années, est descendu à 13 pour 1.000 seulement.

Les eaux restituées à la rivière sont assez épurées pour que cette dernière reste très poissonneuse et habitée par des truites qui, comme on le sait, ne hantent que les eaux vives et pures ; ce cours d'eau ne présente pas non plus sur les bords les végétaux filamenteux que l'on observe dans les courants alimentés par des eaux souillées de matières organiques.

c) *États-Unis d'Amérique*[1]. — Le problème de l'assainissement des cours d'eau et des villes, quoique né aux États-Unis d'Amérique à une époque bien plus récente que dans les pays d'Europe, est l'objet de la préoccupation des édiles et des conseils législatifs des différents États de la Confédération américaine. L'extension donnée à la distribution de l'eau potable et à la canalisation des villes américaines où les égouts reçoivent directement les eaux vannes des habitations, des usines et des établissements publics, a augmenté les difficultés de l'assainissement final, en livrant, aux cours d'eau de faible débit, des volumes de plus en plus considérables de liquides chargés de matières putrescibles qui vicient l'asmosphère et peuvent engendrer des maladies zymotiques.

Les procédés de traitement des eaux d'égout usités aux États-Unis sont les mêmes que ceux pratiqués de longue date en Europe : l'épandage sur le sol, le filtrage intermittent dans des bassins ou sur le sol, l'épuration chimique, etc.

Les ingénieurs américains, se plaçant exclusivement au point de vue sanitaire, considèrent que la décharge des eaux vannes dans les vastes réservoirs naturels : la mer, les lacs profonds, les fleuves à grande portée, constitue le moyen d'assainissement le plus économique, tant que les eaux qui

---

[1] Voir : *De l'assainissement des villes et des cours d'eau aux Etats-Unis*, par M. Ronna (*Bulletin de la Société d'encouragement pour l'industrie nationale*, novembre et décembre 1896) ; — *Water Supply and Irrigation papers of the United States geological survey* ; Rafter, *Sewage Irrigation* (1897-1899).

reçoivent le produit des égouts ne servent pas à l'alimentation publique et que les eaux vannes sont noyées dans une cinquantaine de fois leur volume d'eaux naturelles.

L'irrigation est néanmoins regardée par eux comme une méthode efficace d'épuration, quoique le prix relativement élevé des terrains et de la main-d'œuvre et, par suite, la difficulté pratique de créer des champs d'épuration doive limiter son application. Toutefois, dans la région aride de l'Ouest, il y a une telle pénurie d'eau que, malgré les dépenses dont on vient de parler, les habitants ont encore un grand avantage à faire servir les eaux vannes à l'arrosage.

Sous le rapport pratique, les ingénieurs américains reconnaissent également que l'irrigation est le mode d'épuration le plus simple, le plus efficace et aussi le plus rationnel, puisqu'il se fonde sur l'utilisation agricole de principes fertilisants dont les autres procédés ne permettent pas de tirer parti; il est aussi le plus économique, car il offre le précieux avantage de bénéfices résultant de la vente des récoltes et venant en diminution des frais de l'application. Le désavantage sérieux de ce procédé consiste dans l'obligation d'utiliser les eaux vannes en toute saison et pendant toute l'année, que la culture ait ou non besoin d'arrosage. Il exige aussi des terrains très vastes naturellement perméables ou artificiellement drainés, à proximité des villes. Enfin, sur une grande étendue de pays, la basse température de l'hiver s'oppose à une généralisation de cette méthode comme système d'épuration.

En somme, comme il a été dit plus haut, c'est dans les États de l'Ouest que la pratique des irrigations s'est principalement implantée, en raison même du besoin absolu d'eau pour assurer les récoltes.

L'une des applications les plus intéressantes du procédé d'épuration par utilisation agricole est celle de l'assainissement de la ville de Los Angeles (Californie), dont la population, qui n'était que de 10.183 habitants en 1880, dépasse aujourd'hui 105.000 âmes.

La ville est bâtie sur les deux rives du cours d'eau torrentiel dont elle a pris le nom, à 32 kilomètres environ de l'embouchure dans l'Océan Pacifique et à 19 kilomètres de la mer. Le torrent reçoit un affluent qui entraîne jusqu'au centre de la ville une masse de galets, de graviers et de sables telle que le fond du lit est plus élevé de 9 mètres en aval de la ville qu'en amont, et ce fait, joint à l'instabilité du cours d'eau rend impossible tout déversement d'eaux résiduaires; de plus, une série de collines traversent la partie nord de la ville et lui donnent un relief tel que les points extrêmes présentent des différences de niveau de 190 mètres.

Jusqu'en 1887, la municipalité avait concédé les eaux d'égout à une Compagnie qui les utilisait en partie pour l'agriculture sur des parcelles de faible étendue, le reste étant renvoyé non épuré à la rivière. Mais, par suite du développement très rapide des constructions à l'intérieur de la ville et au dehors, les terrains irrigués furent vendus pour être bâtis. Un certain nombre de propriétaires s'opposèrent à la continuation des irrigations, arguant que les canaux d'adduction n'étant pas convenablement entretenus, ils exhalaient une odeur désagréable sous l'influence de l'ardeur du soleil du sud de la Californie. On reprocha même à ce mode d'opération d'être nuisible à la santé publique, sans que toutefois cette opinion ait pu être étayée de faits probants.

Quoi qu'il en soit, la municipalité décida d'exécuter les travaux nécessaires pour arriver à l'assainissement de la ville, en continuant toutefois d'employer l'utilisation agricole à l'épuration des eaux vannes. La ville a été dotée d'un réseau d'égouts et de collecteurs débouchant dans un grand collecteur de 20 kilomètres de longueur, lequel aboutit aux falaises qui bordent l'Océan Pacifique. De nombreuses vannes de prises sont ménagées sur le parcours de ce collecteur et permettent de pratiquer en temps utile l'épandage sur les terrains qu'il traverse et qui, sur une grande partie de son parcours, sont formés d'un sol léger et sableux particulièrement propre à la purification des eaux vannes. Dans ces conditions, il est à croire que la quantité d'eau utilisée par l'agriculture ira rapidement en croissant.

En 1895 et 1896, la surface irriguée a été de 627 hectares, et le volume d'eau épandu a varié de 186 à 283 litres (8 à 10 pieds cubes) par seconde. Un champ d'une étendue de

324 hectares, situé à proximité de la ville, a été surtout consacré à la culture maraîchère qui a trouvé un écoulement facile et très rémunérateur sur le marché de Los Angeles. Le reste est planté en céréales, à l'exception d'une surface de 40 hectares où l'on récolte des pommes de terre et des choux. Les produits de l'exploitation, pour les deux années 1895 et 1896, ont été les suivants :

	1895		1896
Vente de l'eau d'égout............	16.980 fr.		20.769 fr.
Dépenses d'entretien :			
Salaire du surveillant. 5.180 fr.			6.216 fr.
Salaire des aides..... 3.240			8.679
Travaux d'entretien et de réparation...... 2.655			957
	11.075		15.852
Revenu net...............	5.905 fr.		4.917 fr.

En 1883, la ville de Los Angeles a passé, avec une Compagnie d'irrigation, un contrat par lequel la ville s'engageait à livrer pendant dix ans à la Compagnie la totalité de l'eau d'égout débitée par l'égout de la rue San-Pedro, soit environ 100 litres par seconde. Par un second contrat, en octobre 1895, la ville s'est engagée à livrer à la même Compagnie, et jusqu'à l'expiration de la première concession, un nouveau volume de 68 litres, soit au total, jusqu'en 1903, environ 168 litres par seconde. Pour pouvoir utiliser cette eau, la Compagnie a établi un réseau de tuyaux en ciment de $0^m,60$ de diamètre et de 1.800 mètres environ de développement, qui deviendront la propriété de la ville en 1903. La Compagnie peut également réclamer la livraison d'une quantité d'eau supplémentaire en la payant un prix qui varie avec les saisons et atteint, durant la saison des arrosages (avril-mai), jusqu'à 8 dollars (41 fr. 60) par vingt-quatre heures pour un débit de 2 pieds cubes ($56^{lit},6$). Pour une durée de douze heures seulement, le prix est de 3 dollars (15 fr. 60) pour un arrosage de jour et de 2 dollars (10 fr. 40) pour un arrosage de nuit.

L'eau d'égout est principalement employée à l'arrosage

d'une surface de 890 hectares de jardins potagers. Elle est distribuée au moyen d'un réseau de rigoles à ciel ouvert.

Les usagers payent une redevance annuelle de 155 francs par hectare arrosé aux eaux de rivière et de 233 francs par hectare arrosé aux eaux d'égout.

Étant donnée la nature sableuse du sous-sol, il est possible, grâce à un drainage efficace, d'irriguer toute l'année.

Lorsque l'eau n'est pas utile pour rafraîchir le sol, on l'emploie, comme on le fait d'ailleurs en France, pour améliorer le sol au moyen des éléments fertilisants qu'elle contient.

ANNEXES

ANNEXE I

EXTRAIT DE LA LOI DE 1807 ET DÉCRET DU 27 OCTOBRE 1857

LOI DU 16 SEPTEMBRE 1807

EXTRAIT RELATIF AU DESSÉCHEMENT DES MARAIS [1]

TITRE Ier. — *Desséchement des marais*

ARTICLE PREMIER. — La propriété des marais est soumise à des règles particulières.

Le Gouvernement ordonnera les desséchements qu'il jugera utiles ou nécessaires.

ART. 2. — Les desséchements seront exécutés par l'Etat ou par des concessionnaires.

ART. 3. — Lorsqu'un marais appartiendra à un seul propriétaire, ou lorsque tous les propriétaires seront réunis, la concession du desséchement leur sera toujours accordée, s'ils se soumettent à l'exécuter dans les délais fixés et conformément aux plans adoptés par le Gouvernement.

ART. 4. — Lorsqu'un marais appartiendra à un propriétaire ou à une réunion de propriétaires qui ne se soumettront pas à dessécher dans les délais et selon les plans adoptés, ou qui n'exécuteront pas les conditions auxquelles ils se seront soumis; lorsque les propriétaires ne seront pas tous réunis; lorsque parmi lesdits propriétaires il y aura une ou plusieurs communes, la concession du desséchement aura lieu en faveur des concessionnaires dont la soumission sera jugée la plus avantageuse par le Gouvernement; celles qui seraient faites par des communes propriétaires ou par un certain nombre de propriétaires réunis seront préférées à conditions égales.

ART. 5. — Les concessions seront faites par des décrets rendus en Conseil d'Etat, sur des plans levés ou sur des plans vérifiés et approuvés par les ingénieurs des Ponts et Chaussées, aux conditions qui seront établies par les règlements généraux à intervenir,

---

[1] Les parties du texte composées en italiques comportent les modifications apportées à la loi de 1807 par celle du 21 juin 1865 (art. 26).

et aux charges qui seront fixées à raison des circonstances locales.

ART. 6. — Les plans seront levés, vérifiés et approuvés aux frais des entrepreneurs du desséchement; si ceux qui auront fait la première soumission et fait lever ou vérifier les plans, ne demeurent pas concessionnaires, ils seront remboursés par ceux auxquels la concession sera définitivement accordée.

Le plan général du marais comprendra tous les terrains qui seront présumés devoir profiter du desséchement. Chaque propriété y sera distinguée, et son étendue circonscrite.

Au plan général seront joints tous les profils et nivellements nécessaires ; ils seront, le plus possible, exprimés sur le plan par des cotes particulières.

TITRE II. — Fixation de l'étendue, de l'espèce et de la valeur estimative des marais avant le desséchement

ART. 7. — Lorsque le Gouvernement fera un desséchement, ou lorsque la concession aura été accordée, il sera formé entre les propriétaires un syndicat, à l'effet de nommer les experts qui devront procéder aux estimations statuées par la présente loi.

Les syndics seront nommés par le préfet; ils seront pris parmi les propriétaires les plus imposés, à raison des marais à dessécher. Les syndics seront au moins au nombre de trois, et au plus au nombre de neuf, ce qui sera déterminé dans l'acte de concession.

ART. 8. — Les syndics réunis nommeront et présenteront un expert au préfet du département. Les concessionnaires en présenteront un autre ; le préfet nommera un tiers expert. Si le desséchement est fait par l'État, le préfet nommera le second expert, et le tiers expert sera nommé par le ministre de l'Agriculture.

ART. 9. — Les terrains des marais seront divisés en plusieurs classes, dont le nombre n'excédera pas dix et ne pourra être au-dessous de cinq ; ces classes seront formées d'après les divers degrés d'inondation. Lorsque la valeur des différentes parties du marais éprouvera d'autres variations que celles provenant des divers degrés de submersion, et dans ce cas seulement, les classes seront formées sans égard à ces divers degrés, et toujours de manière que toutes les terres de même valeur présumée soient dans la même classe

ART. 10. — Le périmètre des diverses classes sera tracé sur le plan cadastral, qui aura servi de base à l'entreprise.

Ce tracé sera fait par les ingénieurs et les experts réunis.

ART. 11. — Le plan, ainsi préparé, sera soumis à l'approbation du préfet; il restera déposé au secrétariat de la préfecture pendant un mois; les parties intéressées seront invitées, par affiches, à prendre connaissance du plan, à fournir leurs observations sur son exactitude, sur l'étendue donnée aux limites jusques auxquelles se feront sentir les effets du desséchement, et enfin sur le classement des terres.

Art. 12. — Le préfet, après avoir reçu ces observations, celles en réponse des entrepreneurs du desséchement, celles des ingénieurs et des experts, pourra ordonner les vérifications qu'il jugera convenables.

Dans le cas où, après vérification, les parties intéressées persisteraient dans leurs plaintes, les questions seront portées devant le *Conseil de Préfecture*.

Art. 13. — Lorsque les plans auront été définitivement arrêtés, les deux experts nommés par les propriétaires et les entrepreneurs du desséchement se rendront sur les lieux ; et après avoir recueilli tous les renseignements nécessaires, ils procéderont à l'appréciation de chacune des classes composant le marais, eu égard à sa valeur réelle au moment de l'estimation considérée dans son état de marais, et sans pouvoir s'occuper d'une estimation détaillée par propriété. Les experts procéderont en présence du tiers expert, qui les départagera, s'ils ne peuvent s'accorder.

Art. 14. — Le procès-verbal d'estimation par classe sera déposé pendant un mois à la préfecture. Les intéressés en seront prévenus par affiches ; et, s'il survient des réclamations, elles seront jugées par le *Conseil de Préfecture*. Dans tous les cas, l'estimation sera soumise *audit Conseil* pour être jugée et homologuée par *lui* ; il pourra décider outre et contre l'avis des experts.

Art. 15. — Dès que l'estimation aura été définitivement arrêtée, les travaux de desséchement seront commencés ; ils seront poursuivis et terminés dans les délais fixés par l'acte de concession, sous les peines portées audit acte.

Titre III. — *Des marais pendant le cours des travaux de desséchement*

Art. 16. — Lorsque, d'après l'étendue des marais, ou la difficulté des travaux, le desséchement ne pourra être opéré dans trois ans, l'acte de concession pourra attribuer aux entrepreneurs du desséchement une portion en deniers du produit des fonds qui auront les premiers profité des travaux de desséchement.

Les contestations relatives à l'exécution de cette clause de l'acte de concession seront portées devant le *Conseil de Préfecture*.

Titre IV. — *Des marais après le desséchement et de l'estimation de leur valeur*

Art. 17. — Lorsque les travaux prescrits par l'État ou par l'acte de concession seront terminés, il sera procédé à leur vérification et réception.

En cas de réclamations, elles seront portées devant le *Conseil de Préfecture*, qui les jugera.

Art. 18. — Dès que la reconnaissance des travaux aura été approuvée, les experts respectivement nommés par les propriétaires et par les entrepreneurs du desséchement. et accompagnés du tiers expert. procéderont. de concert avec les ingénieurs, à une classification des fonds desséchés, suivant leur valeur nouvelle et l'espèce de culture dont ils sont devenus susceptibles.

Cette classification sera vérifiée, arrêtée. suivie d'une estimation. le tout dans les mêmes formes ci-dessus prescrites pour la classification et l'estimation des marais avant le desséchement.

Titre V. — Règles pour le payement des indemnités dues par les propriétaires, en cas de dépossession

Art. 19. — Dès que l'estimation des fonds desséchés aura été arrêtée, les entrepreneurs du desséchement présenteront à la commission un rôle contenant :

1° Le nom des propriétaires: 2° l'étendue de leur propriété; 3° les classes dans lesquelles elle se trouve placée, le tout relevé sur le plan cadastral; 4° l'énonciation de la première estimation. calculée à raison de l'étendue et des classes ; 5° le montant de la valeur nouvelle de la propriété depuis le desséchement, réglée par la seconde estimation et le second classement; 6° enfin la différence entre les deux estimations.

S'il reste dans le marais des portions qui n'auront pu être desséchées, elles ne donneront lieu à aucune prétention de la part des entrepreneurs du desséchement.

Art. 20. — Le montant de la plus-value obtenue par le desséchement sera divisé entre le propriétaire et le concessionnaire, dans les proportions qui auront été fixées par l'acte de concession.

Lorsqu'un desséchement sera fait par l'Etat. sa portion dans la plus-value sera fixée de manière à le rembourser de toutes ses dépenses. Le rôle des indemnités sur la plus-value sera arrêté par la commission et rendu exécutoire par le préfet.

Art. 21. — Les propriétaires auront la faculté de se libérer de l'indemnité par eux due, en délaissant une portion relative de fonds calculée sur le pied de la dernière estimation ; dans ce cas, il n'y aura lieu qu'au droit fixe d'un franc, pour l'enregistrement de l'acte de mutation dé propriété.

Art. 22. — Si les propriétaires ne veulent pas délaisser des fonds en nature, ils constitueront une rente sur le pied de 4 0/0, sans retenue; le capital de cette rente sera toujours remboursable, même par portions, qui cependant ne pourront être moindres d'un dixième. et moyennant vingt-cinq capitaux.

Art. 23. — Les indemnités dues aux concessionnaires ou au Gouvernement, à raison de la plus-value résultant des desséchements, auront privilège sur toute ladite plus-value, à la charge seulement de faire transcrire l'acte de concession, ou le décret qui ordonnera le desséchement au compte de l'Etat, dans le bureau ou dans les bureaux des hypothèques de l'arrondissement ou des arrondissements de la situation des marais desséchés.

L'hypothèque de tout individu inscrit avant le desséchement sera restreinte, au moyen de la transcription ci-dessus ordonnée, sur une portion de propriété égale en valeur à la première valeur estimative des terrains desséchés.

ART. 24. — Dans le cas où le desséchement d'un marais ne pourrait être opéré par les moyens ci-dessus organisés, et où soit par les obstacles de la nature, soit par des oppositions persévérantes des propriétaires, on ne pourrait parvenir au desséchement, le propriétaire ou les propriétaires de la totalité des marais pourront être contraints à délaisser leur propriété, sur estimation faite dans les formes déjà prescrites. Cette estimation sera soumise au jugement et à l'homologation *du Conseil de Préfecture;* et la cession sera ordonnée sur le rapport du ministre de l'Agriculture, par un règlement d'administration publique.

TITRE VI. — *De la conservation des travaux de desséchement*

ART. 25. — Durant le cours des travaux de desséchement, les canaux, fossés, rigoles, digues et autres ouvrages, seront entretenus et gardés aux frais des entrepreneurs du desséchement.

ART. 26. — A compter de la réception des travaux, l'entretien et la garde seront à la charge des propriétaires, tant anciens que nouveaux. Les syndics déjà nommés, auxquels le préfet pourra en adjoindre deux ou quatre pris parmi les nouveaux propriétaires, proposeront au préfet des règlements d'administration publique, qui fixeront le genre et l'étendue des contributions nécessaires pour subvenir aux dépenses.

La commission donnera son avis sur ces projets de règlement, et, en les adressant au ministre, proposera aussi la création d'une administration composée de propriétaires qui devra faire exécuter les travaux ; il sera statué sur le tout en Conseil d'Etat.

ART. 27. — La conservation des travaux de desséchement, celle des digues contre les torrents, rivières et fleuves, et sur les bords des lacs et de la mer, est commise à l'administration publique. Toutes réparations et dommages seront poursuivis par voie administrative comme pour les objets de grande voirie. Les délits seront poursuivis par les voies ordinaires, soit devant les tribunaux de police correctionnelle, soit devant les cours criminelles, en raison des cas.

TITRE X. — *De l'organisation et des attributions des commissions spéciales*

ART. 42. — Lorsqu'il s'agira d'un desséchement de marais ou d'autres ouvrages déjà énoncés en la présente loi, et pour lesquels l'intervention d'une commission spéciale est indiquée, cette commission sera établie ainsi qu'il suit.

Art. 43. — Elle sera composée de sept commissaires ; leur avis ou leurs décisions seront motivées ; ils devront, pour les prononcer, être au moins au nombre de cinq.

Art. 44. — Les commissaires seront pris parmi les personnes qui seront présumées avoir le plus de connaissances relatives soit aux localités, soit aux divers objets sur lesquels ils auront à prononcer. Ils seront nommés par le Président de la République.

Art. 45. — Les formes de la réunion des membres de la commission, la fixation des époques de ses séances et des lieux où elles seront tenues, les règles pour la présidence, le secrétariat et la garde des papiers, les frais qu'entraîneront ses opérations, et enfin tout ce qui concerne son organisation, seront déterminés, dans chaque cas, par un règlement d'administration publique.

Art. 46. — Les commissions spéciales connaîtront de tout ce qui est relatif au classement des diverses propriétés avant ou après le desséchement des marais, à leur estimation, à la vérification de l'exactitude des plans cadastraux, à l'exécution des clauses des actes de concession relatifs à la jouissance par les concessionnaires d'une portion des produits, à la vérification du rôle de plus-value des terres après le desséchement : elles donneront leur avis sur l'organisation du mode d'entretien des travaux de desséchement : elles connaîtront des mêmes objets, lorsqu'il s'agira de fixer la valeur des propriétés, avant l'exécution des travaux d'un autre genre, comme routes, canaux, quais, digues, ponts, rues, etc., et après l'exécution desdits travaux, et lorsqu'il sera question de fixer la plus-value.

Art. 47. — Elles ne pourront, en aucun cas, juger les questions de propriété, sur lesquelles il sera prononcé par les tribunaux ordinaires, sans que, dans aucun cas, les opérations relatives aux travaux ou l'exécution des décisions de la commission puissent être retardées ou suspendues.

Titre XII. — *Dispositions générales*

Art. 58. — Les indemnités pour plus-value, dues à raison des travaux déjà entrepris, et spécialement à raison des travaux de desséchement, seront réglées d'après les dispositions de la présente loi. Des règlements d'administration publique statueront sur la possibilité et le mode d'application à chaque cas ou entreprise particulière ; et alors l'organisation et l'intervention de la commission spéciale seront toujours nécessaires.

Art. 59. — Toutes les lois antérieures cesseront d'avoir leur exécution en ce qui serait contraire à la présente.

DÉCRET DU 27 OCTOBRE 1857

PORTANT RÈGLEMENT D'ADMINISTRATION PUBLIQUE RENDU EN EXÉCUTION DE LA LOI DU 21 JUILLET 1856 RELATIVE A LA SUPPRESSION DES ÉTANGS DES DOMBES (AIN).

ART. 1er. — Lorsqu'il y a lieu de présumer qu'un des étangs situés dans le département de l'Ain peut occasionner des maladies épidémiques ou épizootiques, ou que, par sa position, il est sujet à des inondations qui envahissent et ravagent les propriétés voisines, le préfet peut prescrire une instruction ayant pour objet de constater l'insalubrité de l'étang et les dommages qu'il cause aux propriétés voisines et de rechercher les mesures à prendre pour y remédier.

ART. 2. — L'arrêté préfectoral indique l'objet de l'instruction et prescrit une enquête de vingt jours, dont il fixe l'ouverture et le terme. Il est affiché à la principale porte de l'église et à celle de la mairie de la commune où l'étang est situé, et des autres communes qui sont présumées avoir à souffrir de son voisinage. Il est publié dans toutes les communes, à son de trompe ou de caisse, à l'issue de la messe paroissiale, les deux dimanches qui suivent l'apposition de l'affiche, et inséré dans l'un des journaux du département. Il est, en outre, notifié, par les soins du maire, aux propriétaires de l'évolage et de l'assec, ou à leurs représentants.

L'accomplissement de ces diverses formalités est constaté par un certificat du maire.

ART. 3. — Pendant toute la durée de l'enquête, un registre reste déposé à la mairie de la commune où l'étang est situé, ou de celle que désigne l'arrêté préfectoral, si l'étang est situé sur le territoire de plusieurs communes. Le maire y inscrit les observations qui lui sont faites verbalement, et y annexe celles qui lui sont transmises par écrit.

ART. 4. — A l'expiration du délai prescrit, toutes les pièces de l'enquête sont adressées, avec avis des maires de toutes les communes où l'enquête a été ouverte, au sous-préfet, pour être transmises au préfet.

ART. 5. — Le préfet communique les pièces à l'ingénieur en chef chargé du service hydraulique, qui procède par lui-même, ou fait procéder par un ingénieur ordinaire, à la visite des lieux.

ART. 6. — L'ingénieur annonce, huit jours à l'avance, son arrivée aux maires des communes où l'enquête a été faite, en les invitant à donner à cet avis toute publicité. Il prévient directement les propriétaires de l'évolage et de l'assec, ou leurs représentants.

Il rédige, en présence des maires et des personnes présentes, un procès-verbal où il constate l'état des lieux et toutes les circonstances locales propres à éclairer la question; il y consigne le dire de chacun, puis il donne lecture du procès-verbal aux personnes présentes en les invitant à le signer et à y inscrire elles-mêmes leurs observations, si elles le jugent convenable. Mention est faite des personnes qui se seraient retirées ou qui n'auraient pas voulu signer. L'ingénieur procède ultérieurement. en l'absence des intéressés. à toutes les opérations sur le terrain qui seraient jugées nécessaires.

Art. 7. -- L'ingénieur motive et formule ses propositions dans un rapport accompagné, s'il y a lieu. de plans, profils et dessins.

L'ingénieur en chef donne son avis sur ces propositions.

Art. 8. — Les pièces sont déposées à la mairie de la commune désignée par l'arrêté préfectoral, et soumises à une nouvelle enquête de quinze jours, dans les mêmes formes que la première.

Art. 9. — Après la seconde enquête, les pièces sont transmises à une Commission spéciale, instituée par le préfet pour donner son avis sur toutes les questions qui concernent les étangs au point de vue de la salubrité. Cette Commission est composée de sept membres. parmi lesquels doivent se trouver deux médecins ; elle est présidée par un membre du Conseil général du département. Elle se réunit sur la convocation du préfet. L'ingénieur en chef chargé du service hydraulique et l'ingénieur ordinaire qu'il a délégué pour procéder à l'instruction de l'affaire assistent aux séances de la Commission avec voix consultative.

Art. 10. — Si la Commission émet un avis contraire au projet des ingénieurs, ou propose d'y apporter des modifications importantes, les pièces sont de nouveau renvoyées par le préfet aux ingénieurs, qui maintiennent ou modifient leurs propositions.

Le préfet peut, s'il y a lieu, ordonner une nouvelle enquête.

Art. 11. — L'affaire est ensuite transmise au Conseil municipal de la commune sur le territoire de laquelle l'étang est situé, pour délibérer, conformément à la loi des 11-19 septembre 1792 [1], sur la proposition de destruction de l'étang signalé comme dangereux.

Avant de délibérer, les membres de chaque Conseil doivent déclarer si eux, leurs ascendants ou descendants. ont des droits sur l'étang à titre de propriétaires, fermiers ou usagers. Mention de cette déclaration est faite dans le procès-verbal de la séance.

Si l'étang est situé sur le territoire de plusieurs communes, les divers Conseils municipaux sont tous appelés à en délibérer.

Art. 12. — Si le Conseil municipal demande la destruction de l'étang, le préfet peut, après avoir pris l'avis du sous-préfet, ordonner cette mesure par un arrêté qui prescrit, en outre, les travaux nécessaires pour assurer le libre écoulement des eaux.

Il est donné suite à cet arrêté dans les formes prescrites par les articles 3, 4 et 5 de la loi du 21 juillet 1856.

Art. 13. — Le cas d'inexécution du desséchement par les propriétaires dans les conditions prescrites, prévu par le dernier paragraphe de l'article 3 de la loi du 21 juillet 1856, sera constaté par un procès-verbal dressé par l'ingénieur ordinaire, à l'expiration

---

[1] Voir texte. p. 27.

du délai de trois mois fixé par ledit article, et visé par l'ingénieur en chef chargé du service hydraulique.

Art. 14. — Il n'est aucunement dérogé aux droits qui appartiennent à l'Administration pour la police des étangs d'après les lois des 22 décembre 1789-1er janvier 1790[1], 12-20 août 1790[2], 28 septembre-6 octobre 1791[3], et du 16 septembre 1807[4].

Art. 15. — Le ministre de l'Agriculture est chargé de l'exécution du présent règlement.

[1] « Les *préfets, sur l'avis des conseils généraux et d'arrondissements*, sont chargés notamment des parties de l'administration relatives à la conservation des propriétés publiques, forêts, rivières, chemins et autres choses communes ; à la direction des travaux pour la confection des routes, canaux et autres ouvrages publics, autorisés dans le département ; au maintien de la salubrité, de la sûreté et de la tranquillité publiques... »

[2] Les *préfets* doivent aussi rechercher et indiquer les moyens de procurer le libre cours des eaux ; d'empêcher que les prairies ne soient submergées par la trop grande élévation des écluses des moulins et par les autres ouvrages d'art établis sur les rivières ; de diriger enfin, autant qu'il sera possible, toutes les eaux du territoire, vers un but d'utilité générale, d'après les principes de l'irrigation. »

[3] Art. 4. — « Tout propriétaire riverain d'un fleuve ou d'une rivière navigable ou flottable peut, en vertu du droit commun, y faire des prises d'eau sans néanmoins en détourner ni embarrasser le cours d'une manière nuisible au bien général et à la navigation établie. » L'article 40 de la loi du 8 avril 1898 prescrit toutefois l'autorisation préalable de l'Administration.

Art. 15. — « Personne ne pourra inonder l'héritage de son voisin, ni lui transmettre volontairement les eaux d'une manière nuisible, sous peine de payer le dommage et une amende qui ne pourra excéder la somme du dédommagement. »

Art. 16. — Les propriétaires ou fermiers des moulins et usines construits ou à construire seront garants de tous dommages que les eaux pourraient causer aux chemins et aux propriétés voisines, par la trop grande élévation du déversoir ou autrement. Ils seront forcés de tenir les eaux à une hauteur qui ne nuise à personne et qui sera fixée par *arrêté préfectoral*. En cas de contravention, la peine sera une amende qui ne pourra excéder la somme du dédommagement. (Voir articles 8 à 17 de la loi du 8 avril 1898.)

[4] Cette loi dont un extrait précède continue à recevoir son application, à défaut de formations d'associations libres ou autorisées ; c'est-à-dire si l'on n'a pas l'adhésion de la majorité des intéressés représentant au moins les deux tiers de la superficie ou des deux tiers des intéressés représentant plus de la moitié de la superficie (art. 12 et 26 de la loi des 21 juin 1865-22 décembre 1888).

ANNEXE II

DÉCRET DU 21 JUILLET 1856

PORTANT CONCESSION DES LAIS ET RELAIS DE LA MER DANS LES BAIES DES VEYS ET DU MONT SAINT-MICHEL, DÉPARTEMENTS DU CALVADOS, DE LA MANCHE ET D'ILLE-ET-VILAINE.

Sur le rapport du Ministre des Finances; Vu la demande de concession, moyennant 377.878 francs, formée par les sieurs Mosselman et Donon, de lais et relais de la mer dans les baies des Veys et du mont Saint-Michel, départements du Calvados, de la Manche et d'Ille-et-Vilaine, contenant ensemble environ 4.350 hectares; Vu les pièces constatant l'accomplissement des diverses formalités voulues par l'ordonnance du 23 septembre 1825[1] et par le décret du 16 août 1853[2];

Vu l'article 41[3] de la loi du 16 septembre 1807;

Considérant que le prix offert de 377.878 francs est susceptible d'être accepté; Considérant qu'il importe, dans l'intérêt de la fortune publique, d'encourager le desséchement et la mise en valeur des lais et relais de la mer;

Le Conseil d'Etat entendu,

ARTICLE PREMIER. — Il est fait concession aux sieurs Mosselman et Donon, moyennant la somme de 377.878 francs, et aux conditions du cahier des charges annexé au présent décret, des lais et relais de la mer, dans les baies des Veys et du Mont-Saint-Michel, départements du Calvados, de la Manche et d'Ille-et-Vilaine, désignés dans ce cahier des charges.

ART. 2. — Les Ministres des Travaux publics et des Finances

---

[1] Ordonnance prescrivant les formalités qui doivent précéder la concession des relais de mer, alluvions et autres objets dépendant du domaine public.

[2] Ce décret concernant la délimitation de la zone frontière, l'organisation et les attributions de la Commission mixte des Travaux publics a été modifié en 1862, en 1874, en 1878, en 1884 (Voir *Bibliothèque du Conducteur de Travaux publics : Exécution des Travaux publics*).

[3] Le Gouvernement concédera aux conditions qu'il aura réglées, les marais, lais, relais de la mer, le droit d'endiguage, les accrues, atterrissements et alluvions des fleuves, rivières et torrents, quant à ceux de ces objets qui forment propriété publique ou domaniale (L. 16 septembre 1807, art. 41).

sont chargés, chacun en ce qui le concerne, de l'exécution du présent décret. [1]

CAHIER DES CHARGES

POUR LA CONCESSION AUX SIEURS MOSSELMAN ET DONON DE LAIS ET RELAIS DE MER DANS LES BAIES DES VEYS ET DU MONT SAINT-MICHEL, DÉPARTEMENTS DU CALVADOS, DE LA MANCHE ET D'ILLE-ET-VILAINE EN EXÉCUTION DES DÉCRETS DES 21 JUILLET 1856 ET 30 NOVEMBRE 1867.

ARTICLE PREMIER. — La concession comprend :

1° Dans la baie des Veys, tous les terrains herbus et non herbus. amodiés et non amodiés. ayant pour limites : au nord, une ligne droite joignant l'extrémité septentrionale de la pointe de Brévans au corps de garde de la pointe du Grouin ; à l'est, la concession de Bécherel, le pied des coteaux de Saint-Clément, et, en inclinant vers le midi, la concession d'Anglade et la digue de Briqueville; au sud, les digues de Briqueville, de Trudhon et le pied des coteaux et les héritiers de Dupucey : à l'ouest, les digues de la prairie de l'État depuis les héritiers Dupucey jusqu'au pont du Petit-Vey, et ensuite les digues de Beuzeville et de Brévans jusqu'à la pointe de Brévans : 2° Dans la baie du Mont-Saint-Michel, outre les enclos domaniaux voisins de l'anse de Moidrey et affermés par le domaine, tous les terrains herbus et non herbus, amodiés et non amodiés, limités du côté du large. au nord, par une ligne droite dirigée de la chapelle Sainte-Anne sur le Mont-Saint-Michel; à l'est, depuis le mont-Saint Michel jusqu'aux abords de la caserne de la douane, par la digue submersible à construire, suivant les prescriptions de l'article 3 ci-après, sur la rive droite du nouveau chenal du Couesnon ; et du côté des terres, successivement par les digues de Dol, depuis les abords de la chapelle Sainte-Anne jusqu'à la pointe du Pas-aux-Bœufs, une ligne joignant la pointe du Pas-aux-Bœufs à la pointe du Bas-Coin, et les digues des enclos domaniaux et particuliers jusqu'aux abords du corps de garde de la douane.

Les terrains concédés sont, au surplus, désignés sur un plan annexé au présent cahier des charges.

Sont et demeurent expressément réservés, outre les terrains enclavés dans ces périmètres et appartenant à des tiers :

1° Les emplacements occupés par le chenal de la Vire et celui de

[1] Un décret du 12 février 1868 a concédé des lais de mer de 129 hectares d'étendue dans la baie du mont Saint-Michel, moyennant un prix de 6.546 francs; en outre, un décret du 22 mai 1877 a concédé des travaux de défense dans la même baie : l'État contribuant jusqu'à concurrence de 195 000 francs, dans la limite des ressources budgétaires et proportionnellement aux dépenses réalisées par le syndicat.

l'Aure, ainsi que les chemins de halage et de contre-halage de ces rivières, et enfin les digues en moellons qui fixent le lit de la Vire ; 2° Les emplacements occupés par les tanguières de Moidrey et par celles situées sur la Vire ; 3° Le chenal qui sera occupé par la rivière du Couesnon, ainsi qu'il est stipulé ci-après ; 4° Les emplacements occupés par les routes impériales et départementales aujourd'hui existantes, ainsi que par les chemins vicinaux ; 5° Les maisons du Petit-Vey et autres dépendances employées aujourd'hui pour le service des Ponts et Chaussées.

Sont aussi réservés, à titre de servitude, les chemins de halage qui longeraient des parties de rivière navigables dans la baie du Mont-Saint-Michel, ainsi que les passages qui seraient déclarés nécessaires par les préfets pour communiquer avec les tanguières qui existeraient ou qui viendraient à se former au dehors des terrains concédés.

Art 2. — La concession est faite sous la réserve des droits des tiers. Les concessionnaires verseront dans les caisses des domaines à Paris, pour prix des terrains, et dans le délai de quinze jours à partir du décret de concession la somme de 377.878 francs.

En cas de non-paiement dans ce délai de la somme de 377.878 francs, la concession sera considérée comme non avenue et ne produira aucun effet.

Art. 3. — Les concessionnaires seront, en outre, tenus à leurs frais, risques et périls, dans un délai de douze ans à partir du décret de concession :

1° De créer un nouveau chenal au Couesnon, dans la baie du mont Saint-Michel, au moyen de deux digues submersibles partant de l'anse de Moidrey disposées, suivant le tracé du plan ci-joint, de manière que la digue de rive droite vienne toucher tangentiellement le pied du Mont-Saint-Michel et que celle de la rive gauche assigne au chenal une largeur croissant progressivement de 70 à 120 mètres ; 2° De prolonger suivant une courbe la digue gauche du Couesnon à 500 mètres au-delà du mont Saint-Michel, comme l'indique le plan.

Art. 4. — Les digues destinées à limiter le nouveau chenal du Couesnon seront établies suivant les dispositions à fixer, sur la proposition de la Compagnie, par la décision à intervenir sur le projet définitif. Ces ouvrages, comme tous ceux qui seront exécutés par la Compagnie, seront construits de manière qu'ils ne puissent être détruits ou endommagés par la mer ou par les courants, le tout sous la responsabilité et aux frais, risques et périls de la Compagnie.

Il sera alloué aux concessionnaires, à titre de subvention, pour exécuter les travaux à faire dans la baie des Veys et du Mont-Saint-Michel, tant pour les ouvrages prévus à l'article 3 que pour le complément des ouvrages de rencôlture et d'endiguement, une somme de 550.000 francs, laquelle sera imputée sur le chapitre de la navigation maritime du budget du Ministère des Travaux publics.

Le concessionnaire devra justifier, avant le paiement de chaque acompte, en travaux ou en approvisionnements sur place, d'une somme double du montant de cet acompte.

Art. 5. — Dans un délai d'un an après le décret de la concession, les concessionnaires devront soumettre à l'Administration supérieure le projet définitif des ouvrages à exécuter.

En cours d'exécution, ils auront la faculté de proposer des modifications qu'ils jugeraient utile d'introduire dans le projet approuvé.

Art. 6. — L'entreprise étant d'utilité publique, les concessionnaires seront investis de tous les droits que les lois et règlements confèrent à l'Administration elle-même pour les travaux de l'Etat.

Ils pourront, en conséquence, se procurer par les mêmes voies les matériaux nécessaires à la construction des travaux ; ils jouiront, tant pour l'extraction que pour le transport des matériaux, des privilèges accordés par les mêmes lois et règlements aux entrepreneurs de travaux publics, à la charge par eux d'indemniser les propriétaires à l'amiable ou en cas de non-accord d'après les règlements arrêtés par les Conseils de préfecture, sauf recours au Conseil d'Etat.

Art. 7. — Pendant la durée des travaux qu'ils effectueront par des moyens et des agents à leur choix, les concessionnaires seront soumis au contrôle et à la surveillance de l'Administration.

Ce contrôle et cette surveillance auront pour objet d'empêcher les concessionnaires de s'écarter des dispositions prescrites par le présent cahier des charges.

Art. 8. — Après l'achèvement des travaux, il sera procédé à leur réception par les ingénieurs de l'Etat. Le procès-verbal de réception ne sera valable qu'après l'homologation de l'Administration supérieure.

Art. 9. — Les concessionnaires procéderont, contradictoirement avec les ingénieurs, au bornage des terrains de la concession, pour délimiter les parties expressément réservées, et il sera dressé procès-verbal de l'opération. Une expédition du procès-verbal sera transmise à l'Administration supérieure. Quant au bornage des terrains du côté des propriétés privées, il s'effectuera aux risques et périls de la Compagnie sans l'intervention du Domaine.

Art. 10. — Les concessionnaires, en réservant toutefois une largeur de 150 mètres autour du Mont-Saint-Michel, pourront enclore par des digues insubmersibles tous les terrains compris dans les limites de la concession, lorsqu'ils auront dépassé le niveau des hautes mers de mortes eaux. Les travaux d'endiguement ne pourront être entrepris avant que le plan d'endiguement ait été soumis à l'examen des ingénieurs et approuvé par l'Administration.

Tous les terrains compris dans les périmètres indiqués à l'article 1er, qui n'auraient pas été enclos dans un délai de quatre-vingt-dix-neuf ans à partir du décret de concession, feront retour à l'Etat de plein droit, et sans qu'il y ait lieu de remplir aucune formalité.

Art. 11. — Les concessionnaires ne pourront exercer aucun droit sur les terrains à l'état de grèves blanches, et jusqu'à ce que les terrains concédés soient enclos, ils seront tenus de souffrir, sans indemnité, l'ouverture des nouveaux chemins que l'Administration supérieure jugerait nécessaire d'ouvrir sur ces terrains, et, en outre, l'exercice des diverses opérations de la pêche maritime, pêche à pied, cueillette de coquillages, récolte des herbes marines.

Art. 12. — Les terrains à conquérir seront considérés comme terrains inférieurs par rapport à ceux déjà conquis, et devront recevoir les eaux d'égouttement et d'inondations de ces derniers, tous droits respectifs réservés au sujet des ouvrages à faire pour passage des eaux, tels que buses, tarets, nocs, portes de flot et clapets nécessaires à cet objet.

Art. 13. — Les concessionnaires auront la faculté de poursuivre l'application de la loi du 16 septembre 1807, à raison de la plus-value qui serait acquise par l'exécution des travaux, aux terrains non enclos et compris dans le périmètre de la concession, conformément à l'article 30 de la même loi [1].

Cette faculté ne s'étendra pas aux terrains enclos antérieurement au décret de concession, toute réserve faite touchant la participation ultérieure de ces terrains aux frais d'entretien des ouvrages, conformément aux principes de la loi du 16 septembre 1807 [2].

Art. 14. — Les concessionnaires, à partir du jour de la concession, seront subrogés à tous les droits et obligations de l'Etat au sujet des terrains compris dans la concession, grèves herbues ou non herbues, terrains amodiés ou non amodiés, terrains en litige pour lesquels des instances sont ouvertes ou viendraient à s'ouvrir devant les tribunaux. Ils auront à supporter tous les frais et charges auxquels pourraient donner lieu les contestations présentes ou à venir, notamment en ce concerne les indemnités des alléagistes ou autres droits de servitude, sans que l'Etat puisse, sous aucun prétexte, être appelé à participer à ces frais ou intervenir dans les contestations.

Quant aux frais faits jusqu'au jour de la concession pour des instances encore pendantes, ils ne seront remboursés au Trésor par les concessionnaires qu'autant que ceux-ci obtiendraient gain de cause dans ces mêmes instances, ou qu'ils transigeraient.

Art. 15. — Ils prendront possession des terrains concédés, sans être tenus à aucune demande ou formalité ultérieure, à charge pour eux de remplir toutes les obligations imposées par les baux et concessions temporaires ou définitives consenties par l'Administration. A partir de la concession, ils entreront en jouissance du pro-

---

[1] Loi du 16 septembre 1807. — Art. 30. — « Lorsque, par suite des travaux, des propriétés privées auront acquis une notable augmentation de valeur, ces propriétés pourront être chargées de payer une indemnité, qui pourra s'élever jusqu'à la valeur de la moitié des avantages qu'elles auront acquis ; le tout sera réglé par estimation dans les formes déjà établies par la présente loi, jugé et homologué par le *Conseil de préfecture.* »

[2] La part contributive des propriétaires sera fixée par des règlements d'administration publique (art. 34 *dito*).

duit des locations et profiteront de toutes stipulations insérées dans les actes administratifs y relatifs, sans pouvoir exiger de l'Etat la restitution des fermages qui auraient été payés d'avance.

Art. 16. — Ils recevront toutes les sommes encore dues à l'Etat pour prix de concession de terrains précédemment faits dans le périmètre de leur propre concession, à charge par eux de faire délivrance des dits terrains, dans les termes et aux conditions insérés dans les actes de concessions primitifs ou dans les décisions judiciaires qui ont interprété ou interpréteraient ces mêmes actes et rendues avec la demoiselle Pallix ou autres, sauf l'exercice du droit de plus-value réservé aux concessionnaires par l'article 13 ci-dessus.

Les concessionnaires seront également tenus de délivrer, s'il y a lieu, et conformément à l'avis du Conseil d'Etat, du 23 ventôse an XIII, approuvé le 25, et au décret du 7 octobre 1809, les terrains qui pourraient être nécessaires aux communes pour le pacage de leurs bestiaux. Ils devront aussi, conformément à l'avis du Conseil d'Etat et au décret précités, désintéresser, s'il y a lieu, les atterrissagistes, soit en terrain, soit en argent.

Art. 17. — Les concessionnaires ne pourront aliéner ni vendre aucune partie des terrains de la concession faite dans la baie du mont Saint-Michel avant l'achèvement des travaux et avant que les diverses obligations imposées par le présent cahier des charges, notamment en ce qui concerne les instances, aient été accomplies. Toutefois, lorsque les terrains enclos disponibles et libres de toute charge seront d'une valeur suffisante pour répondre des condamnations, restitutions, frais et indemnités de toute nature dont la compagnie est responsable, la prohibition d'aliéner pourra être levée pour le surplus, en totalité ou en partie, par une décision du Ministre des Finances concertée avec le département des Travaux publics.

Les frais de l'inscription hypothécaire qui sera prise en conséquence de cette décision resteront à la charge de la compagnie.

Art. 18. — L'entretien des digues submersibles du chenal du Couesnon sera mis, après la réception définitive de ces ouvrages, à la charge de l'Etat.

En ce qui concerne l'entretien des digues insubmersibles et autres ouvrages non prévus à l'article 3 qui précède, les terrains qui font l'objet de la concession resteront à toujours grevés de cette charge et pourront être soumis, à cet effet, à une contribution recouvrable sur rôle rendu exécutoire par le préfet, sans préjudice de la faculté qui pourrait appartenir aux concessionnaires, conformément au droit commun, de se pourvoir auprès de l'Administration, à l'effet d'obtenir soit leur admission dans les syndicats actuellement existants, soit la création de nouveaux syndicats comprenant tous les terrains intéressés à la conservation des ouvrages, de telle sorte que la dépense d'entretien soit répartie entre tous en proportion de l'intérêt de chacun, conformément au principe de la loi du 16 septembre 1807. Les terrains concédés ne seront grevés respectivement que de l'entretien et de la conservation des ouvrages de la baie où ils se trouvent situés.

Art. 19. — Faute par les concessionnaires d'avoir entièrement exécuté et terminé les travaux à leur charge dans les délais fixés, faute aussi par eux d'avoir rempli les diverses obligations qui leur seront imposées par le présent cahier des charges, ils encourront la déchéance, et il sera pourvu, s'il y a lieu, à la continuation et à l'achèvement des travaux, par le moyen d'une adjudication qu'on ouvrira sur les clauses dudit cahier des charges et sur une mise à prix des ouvrages déjà construits, des matériaux approvisionnés et des terrains concédés. Cette adjudication sera dévolue à celui des nouveaux soumissionnaires qui offrira la plus forte somme pour les objets compris dans la mise à prix. Les soumissions pourront être inférieures à cette mise à prix.

Les concessionnaires évincés recevront des nouveaux concessionnaires la valeur que l'adjudication aura ainsi déterminée.

Si l'adjudication ouverte n'amène aucun résultat, une seconde adjudication sera tentée dans les mêmes formes et sur les mêmes bases, après un délai de six mois : si cette seconde tentative reste également sans résultat, les concessionnaires seront définitivement déchus de tous leurs droits à la concession, et le domaine reprendra possession des terrains concédés, sans que les concessionnaires puissent demander aucune indemnité pour les travaux commencés, non plus que la restitution de la somme de 377.878 francs ou toutes autres sommes et frais qui auraient été payés à des tiers par les concessionnaires, à quelque titre et pour quelque cause que ce fût.

Ces dispositions ne seront point applicables, au cas où la cause de l'interruption et de la non-confection des travaux en temps prescrit proviendrait de force majeure régulièrement constatée.

Art. 20. — Ils jouiront, quant à la fixation de l'impôt, des avantages accordés, tant pour les terrains desséchés ou conquis que pour les constructions qui y seraient élevées, par l'article 111 de la loi du 3 frimaire an VII, à charge par eux de faire la déclaration prescrite par l'article 117 de cette dernière loi [1].

Art. 21. — Les contestations qui pourraient s'élever entre l'Administration et les concessionnaires, sur l'exécution ou l'interprétation des clauses et conditions du présent cahier des charges, seront jugées administrativement par le Conseil de préfecture du département du Calvados, sauf recours au Conseil d'Etat.

[1] Loi du 3 frimaire an VII, art. 111. — La cotisation des marais qui seront desséchés ne pourra être augmentée pendant les vingt-cinq premières années après le desséchement.

Art. 117. — Pour jouir des avantages concédés par la présente loi, et à peine d'en être privé, le propriétaire sera tenu de faire au secrétariat de l'Administration municipale, dans le territoire de laquelle les biens sont situés, avant de commencer les dessèchements, défrichements et autres améliorations, une déclaration détaillée des terrains qu'il voudra ainsi améliorer.

ANNEXE III

LOI DU 10 JUIN 1854

Sur le libre *écoulement des eaux* provenant du drainage

ARTICLE PREMIER. — Tout propriétaire qui veut assainir son fonds par le drainage ou un autre mode d'assèchement, peut, moyennant une juste et préalable indemnité [1], en conduire les eaux souterrainement ou à ciel ouvert à travers les propriétés qui séparent ce fonds d'un cours d'eau ou de toute autre voie d'écoulement [2].

Sont exceptés de cette servitude, les maisons, cours, jardins, parcs et enclos attenant aux habitations [3].

[1] *Il y a lieu d'entendre par là une indemnité fixée en une somme d'argent devant être intégralement payée avant la prise de possession de la servitude et non une simple rente ou redevance annuelle (Cass. 14 déc. 1859).*

[2] *Art. 641 du Code civil (Extrait). — « Tout propriétaire a le droit d'user et de disposer des eaux pluviales qui tombent sur son fonds.*

Si l'usage de ces eaux ou la direction qui leur est donnée aggrave la servitude naturelle d'écoulement établie par l'article 640, une indemnité est due au propriétaire du fonds inférieur.

La même disposition est applicable aux eaux de source nées sur un fonds. Lorsque, par des sondages ou des travaux souterrains, un propriétaire fait surgir des eaux dans son fonds, les propriétaires des fonds inférieurs doivent les recevoir; mais ils ont droit à une indemnité en cas de dommages résultant de leur écoulement... » (Loi du 8 avril 1898).

[3] *Attendu que cet article, édicté en vue de favoriser l'agriculture, s'applique, par la généralité de ses termes comme par son esprit, à toutes les eaux d'infiltration, quelle qu'en soit la provenance, qui, ne trouvant pas d'issue souterraine, restent stagnantes dans le sous-sol et deviennent nuisibles; qu'il ne distingue nullement entre les eaux amenées par la pente naturelle des lieux, ou dérivées par des travaux de main d'homme pour les besoins de l'irrigation; qu'il reproduit, pour l'écoulement des eaux naturelles ou artificielles qui s'amassent dans l'intérieur du sol, le principe que l'article 3 de la loi du 29 avril 1845 (Voir p. 537) avait déjà fixé pour l'écoulement de celles qui séjournent à la surface; attendu que, par les mêmes raisons, il s'applique aux fonds ruraux de toute nature; que, lorsqu'il s'agit, comme dans l'espèce, d'un domaine situé en pleine campagne, affecté à l'agriculture, composé de bâtiments d'habitation et d'exploitation, avec jardin, vergers, prés et terres en dépendant, la servitude légale d'aqueduc peut être exercée pour toutes les eaux dont l'écoulement est nécessaire à l'assainissement*

Art. 2. — Les propriétaires de fonds voisins ou traversés ont la faculté de se servir de travaux faits en vertu de l'article précédent pour l'écoulement des eaux de leurs fonds.

Ils supportent dans ce cas : 1° une part proportionnelle de la valeur des travaux dont ils profitent ; 2° les dépenses résultant des modifications que l'exercice de cette faculté peut rendre nécessaires ; et 3° pour l'avenir, une part contributive dans l'entretien des travaux devenus communs.

Art. 3. — Les associations de propriétaires qui veulent, au moyen de travaux d'ensemble, assainir leurs héritages par le drainage ou tout autre mode d'assèchement, jouissent des droits et supportent les obligations qui résultent des articles précédents. Ces associations peuvent, sur leur demande, être constituées, par arrêtés préfectoraux, en syndicats auxquels sont applicables les articles 23 et 24 de la loi du 8 avril 1898 [1].

Art. 4. — Les travaux que voudraient exécuter les associations syndicales, les communes ou les départements, pour faciliter le drainage ou tout autre mode d'assèchement, peuvent être déclarées d'utilité publique par décret rendu en Conseil d'Etat.

Le règlement des indemnités dues pour expropriation est fait conformément aux paragraphes 2 et suivants de l'article 16 de la loi du 21 mai 1836.

Art. 5. — Les contestations auxquelles peuvent donner lieu l'établissement et l'exercice de la servitude, la fixation du parcours des eaux, l'exécution des travaux de drainage ou d'asséche-

de la propriété entière, sans en excepter les bâtiments, d'où il suit qu'en refusant au demandeur le droit d'user de cette servitude, soit pour les eaux amenées artificiellement sur ses terrains et destinées à les irriguer, soit pour celles qui proviendraient du sous-sol des bâtiments de son domaine agricole, le jugement attaqué a formellement violé l'article ci-dessus visé :

Par ces motifs, casse et annule le jugement rendu le 25 mars 1869 par le tribunal civil de Lure (Cass. 8 mars 1872).

[1] *La loi visée était celle du 14 floréal an XI abrogée par l'article 29 de la loi du 8 avril 1898 dont suivent les articles 23 et 24 :*

Art. 23. — *Dans tous les cas, les rôles de répartition des sommes nécessaires au payement des travaux de curage ou d'entretien des ouvrages sont dressés sous la surveillance du préfet et rendus exécutoires par lui.*

Le recouvrement est fait dans les mêmes formes et avec les mêmes garanties qu'en matière de contributions directes. Le privilège ainsi créé prendra rang immédiatement après celui du trésor public.

Art. 24. — *Toutes les contestations relatives à l'exécution des travaux, à la répartition de la dépense et aux demandes en réduction ou décharges formées par les imposés, sont portées devant le conseil de préfecture, sauf recours au Conseil d'Etat.*

ment, les indemnités et les frais d'entretien sont portés en premier ressort devant le juge de paix du canton qui, en prononçant, doit concilier les intérêts de l'opération avec le respect dû à la propriété.

S'il y a lieu à expertise, il pourra n'être nommé qu'un seul expert.

ART. 6. — La destruction totale ou partielle des conduits d'eau ou fossés évacuateurs est punie des peines portées à l'article 456 du Code pénal.

Tout obstacle apporté volontairement au libre écoulement des eaux est puni des peines portées par l'article 457 du même Code.

L'article 463 du Code pénal peut être appliqué.

ART. 7. — Il n'est aucunement dérogé aux lois qui règlent la police des eaux (Voir p. 538).

LOI DU 29 AVRIL 1845

Sur le droit de passage des eaux d'irrigation

ARTICLE PREMIER. — Tout propriétaire qui voudra se servir, pour l'irrigation de ses propriétés, des eaux naturelles ou artificielles dont il a le droit de disposer, pourra obtenir le passage de ces eaux sur les fonds intermédiaires, à la charge d'une juste et préalable indemnité.

Sont exceptés de cette servitude les maisons, cours, jardins, parcs et enclos attenant aux habitations.

ART. 2. — Les propriétaires des fonds inférieurs devront recevoir les eaux qui s'écouleront des terrains ainsi arrosés, sauf l'indemnité qui pourra leur être due.

Sont également exceptés de cette servitude les maisons, cours, jardins, parcs et enclos attenant aux habitations.

ART. 3. — La même faculté de passage sur les fonds intermédiaires pourra être accordée au propriétaire d'un terrain submergé en tout ou en partie, à l'effet de procurer aux eaux nuisibles leur écoulement.

ART. 4. — Les contestations auxquelles pourront donner lieu l'établissement de la servitude, la fixation du parcours de la conduite d'eaux, de ses dimensions et de sa forme, et les indemnités dues soit au propriétaire du fonds traversé, soit à celui du fonds qui recevra les eaux d'écoulement, seront portées devant les tribunaux qui, en prononçant, devront concilier l'intérêt de l'opération avec le respect dû à la propriété.

Il sera procédé devant les tribunaux comme en matière sommaire, et, s'il y a lieu à expertise, il pourra n'être nommé qu'un seul expert.

ART. 5. — Il n'est aucunement dérogé par les présentes dispositions aux lois qui règlent la police des eaux.

LOI DU 11 JUILLET 1847

Sur le droit d'appui pour les barrages d'irrigation

ART. 1. — Tout propriétaire qui voudra se servir, pour l'irrigation de ses propriétés, des eaux naturelles ou artificielles dont il a le droit de disposer, pourra en outre obtenir la faculté d'appuyer sur la propriété du riverain opposé les ouvrages d'art nécessaires à sa prise d'eau, à la charge d'une juste et préalable indemnité.

Sont exceptés de cette servitude les bâtiments, cours et jardins attenant aux habitations.

Art. 2. — Le riverain sur le fonds duquel l'appui sera réclamé pourra toujours demander l'usage commun du barrage, en contribuant par moitié aux frais d'établissement et d'entretien; aucune indemnité ne sera respectivement due, dans ce cas, et celle qui aura été payée devra être rendue.

Lorsque cet usage commun ne sera réclamé qu'après le commencement ou la confection des travaux, celui qui le demandera devra supporter seul l'excédent de dépense auquel donneront lieu les changements à faire au barrage pour le rendre propre à l'irrigation des deux rives.

Art. 3. — Les contestations auxquelles pourra donner lieu l'application des deux articles ci-dessus seront portées devant les tribunaux.

Il sera procédé comme en matière sommaire, et, s'il y a lieu à expertise, le tribunal ne pourra nommer qu'un seul expert.

Art. 5. — Il n'est aucunement dérogé, par les présentes dispositions, aux lois qui régissent la police des eaux.

<h2 style="text-align:center">LOI DU 8 AVRIL 1898</h2>

Extrait relatif à la police et à la conservation des eaux

Art. 8. — L'autorité administrative est chargée de la conservation et de la police des cours d'eau non navigables ni flottables.

Art. 9. — Des décrets rendus après enquête dans la forme des règlements d'administration publique fixent, s'il y a lieu, le régime général de ces cours d'eau, de manière à concilier les intérêts de l'agriculture et de l'industrie avec le respect dû à la propriété et aux droits et usages antérieurement établis.

Art. 10. — Le propriétaire riverain d'un cours d'eau non navigable et non flottable ne peut exécuter des travaux au-dessus de ce cours d'eau ou le joignant qu'à la condition de ne pas préjudicier à l'écoulement et de ne causer aucun dommage aux propriétés voisines.

Art. 11. — Aucun barrage, aucun ouvrage destiné à l'établissement d'une prise d'eau, d'un moulin ou d'une usine, ne peut être entrepris dans un cours d'eau non navigable et non flottable sans l'autorisation de l'Administration.

Art. 12. — Les préfets statuent après enquête sur les demandes ayant pour objet : 1° l'établissement d'ouvrages intéressant le régime ou le mode d'écoulement des eaux ; 2° la régularisation de l'existence des usines et ouvrages établis sans permission et n'ayant pas de titre légal ; 3° la révocation ou la modification des permissions précédemment accordées.

La forme de l'instruction qui doit précéder les arrêtés des préfets est déterminée par un règlement d'administration publique.

Art. 13. — S'il y a réclamation des parties intéressées, contre l'arrêté du préfet, il est statué par un décret rendu sur l'avis du Conseil d'État, sans préjudice du recours contentieux en cas d'excès de pouvoir.

Art. 14. — Les permissions peuvent être révoquées ou modifiées sans indemnité, soit dans l'intérêt de la salubrité publique, soit pour prévenir ou faire cesser les inondations, soit enfin dans le cas de la réglementation générale prévue par l'article 9. Dans tous les autres cas, elles ne peuvent être révoquées ou modifiées que moyennant indemnité.

ART. 15. — Les propriétaires ou fermiers de moulins et usines, même autorisés ou ayant une existence légale, sont garants des dommages causés aux chemins et aux propriétés.

ART. 16. — Les maires peuvent, sous l'autorité des préfets, prendre toutes les mesures nécessaires pour la police des cours d'eau.

ART. 17. — Dans tous les cas, les droits des tiers sont et demeurent réservés.

CIRCULAIRE DU 20 JANVIER 1855

INSTRUCTION POUR L'APPLICATION DE LA LOI DU 10 JUIN 1854

Le drainage dont le principe remonte à la plus haute antiquité, mais dont l'application a été perfectionnée dans ces derniers temps par des procédés entièrement nouveaux, a reçu la consécration de l'expérience, et tout porte à croire qu'il est appelé à rendre à l'agriculture d'immenses bienfaits. Déjà le Gouvernement en a encouragé la propagation par des moyens qui ne sont pas restés infructueux. Mais les opérations mêmes auxquelles ces encouragements ont donné lieu, dans un certain nombre de localités, l'ont amené à reconnaître l'impossibilité, pour les propriétaires, de leur donner une grande extension, s'il n'était apporté des modifications à la législation existante sur l'écoulement des eaux. Tout le monde sait, en effet, que, pour assécher une propriété dans le but d'en extraire les eaux nuisibles, il faut donner à ces eaux une issue à travers les fonds qui séparent la propriété qu'on veut assainir d'un cours d'eau ou de toute autre voie d'écoulement. Or, dit l'article 640 du Code civil, « les *fonds inférieurs* sont assujettis envers ceux qui sont plus élevés à recevoir les eaux qui en découlent *naturellement, sans que la main de l'homme y ait contribué :* le propriétaire inférieur ne peut point élever de digue qui empêche cet écoulement ; le propriétaire supérieur ne peut rien faire qui aggrave la servitude du fonds inférieur ». Comme il est presque toujours impossible d'assainir une terre humide sans recourir à des moyens artificiels d'écoulement, comment, dans l'état de morcellement du sol de France, eût-on espéré de voir s'y propager autant qu'il est désirable un mode d'assèchement quelque peu efficace ? Déjà, dans l'intérêt des irrigations, il a été dérogé au droit commun. Les lois du 29 avril 1845 et du 11 juillet 1847 (Voir p. 537) ont accordé aux propriétaires qui veulent arroser leur héritage la faculté, moyennant indemnité, d'obtenir le passage des eaux dont ils peuvent disposer à travers les fonds intermédiaires, et même d'établir sur la propriété du riverain les ouvrages d'art nécessaires à la prise d'eau.

Le but de la loi du 10 juin dernier, sur le libre écoulement des eaux provenant du drainage, a été de procurer aux propriétaires, pour l'assèchement des terres, des facilités analogues à celles dont opposé ils jouissent aujourd'hui pour l'irrigation.

Cette loi, dont l'objet principal est de favoriser l'assèchement, au moyen du drainage proprement dit, c'est-à-dire à l'aide de rigoles souterraines, creusées généralement à de grandes profondeurs, s'applique cependant, à tout autre mode d'assainissement, même à ciel ouvert, qui pourrait être jugé nécessaire ou seulement préférable, suivant les localités. Il était utile de laisser, pour les diverses dispositions des terrains et pour les perfectionnements nouveaux, une latitude suffisante. Cette latitude ne présentait, d'ailleurs, aucun inconvénient sérieux pour les fonds assujettis. L'indemnité préalable qui leur est due, en raison du préjudice causé, est pour eux la meilleure garantie que la servitude sera exercée de la manière la moins dommageable.

Cette servitude est définie par l'article premier de la loi. Elle consiste dans le droit qui appartient à tout propriétaire de conduire les eaux du fonds qu'il veut assainir à travers les propriétés qui séparent ce fonds d'un cours d'eau ou de tout autre voie d'écoulement. Les maisons, cours, jardins, parcs et enclos attenant aux habitations sont seuls exceptés : les chemins publics ne sont pas, en principe, soustraits à cette servitude ; toutefois il ne faut pas oublier que l'Administration est seule maîtresse du sol affecté à la viabilité publique. Si elle doit consentir à l'écoulement des eaux dans les fossés ou sous le chemin, toutes les fois que la viabilité le permet, il est de son devoir, au contraire, de s'y opposer lorsqu'il en résulterait un dommage important et difficilement réparable. Dans tous les cas, il lui appartient de déterminer les conditions auxquelles l'aqueduc sera exécuté, de fixer le parcours des conduits, d'indiquer les travaux à faire et d'évaluer l'indemnité.

Il est essentiel de remarquer que, sous le rapport de l'établissement de la servitude, il existe une grande différence entre la loi de 1834 et celle de 1845 sur les irrigations. Cette dernière loi n'accorde pas de plein droit la servitude de passage aux propriétaires qui veulent arroser leurs héritages ; elle leur permet seulement de l'obtenir des tribunaux. La loi de 1834, au contraire, ne fait pas dépendre, pour l'assèchement, l'exercice du droit de l'autorisation du juge. Assimilé à la servitude de passage établie par l'article 682 du Code civil au profit des fonds enclavés, le droit de conduite d'eau, prévu par l'article premier de la loi du 10 juin 1834, dérive de la situation des lieux, et il existe en vertu de la loi seule, au profit des fonds qui ne sont pas contigus à un cours d'eau, et même au profit de ces fonds qui peuvent présenter certaines parties plus basses que le niveau du cours d'eau ou de toute autre voie d'écoulement, et qui, par cela même, ne pourraient jouir du bénéfice de ce voisinage.

La servitude existe donc au profit de tous les fonds indistinctement.

Mais quelle est l'étendue de ce droit? En d'autres termes, quelles sont les eaux qu'il est ainsi permis d'écouler sur les fonds intermédiaires par des moyens artificiels? Ce sont toutes celles dont l'écoulement naturel est autorisé par l'article 640 du Code civil, c'est-à-dire les eaux provenant de sources, de pluies, d'infiltrations ou de toute autre cause indépendante du propriétaire, et même les eaux amenées volontairement pour l'irrigation, lorsqu'elles doivent, pour le meilleur profit du terrain, être écoulées par le drainage.

On estime même que le droit de passage dont parle l'article premier de la loi existe au profit des terrains submergés sur une certaine étendue, tels que les marais et les étangs, bien que le dessèchement en soit régi par une loi spéciale, celle du 16 septembre 1807. Il ne faut pas oublier, en effet, que cette loi ne concerne, parmi les terrains submergés ou inondés, que ceux dont l'État prend le dessèchement à sa charge ou le concède à une Compagnie. En dehors de ces circonstances, les marais ne sont point soumis à ses prescriptions, et, par conséquent, la nouvelle loi leur est entièrement applicable.

Il y a lieu d'espérer que la vue des résultats produits par l'assainissement, et notamment par le drainage, encouragera les propriétaires dont les fonds sont traversés à pratiquer chez eux la même opération. L'article 2 leur permet alors de se servir des travaux exécutés. Il est juste, dans ce cas, qu'ils remboursent une portion de la valeur des travaux dont ils profitent, qu'ils payent les dépenses résultant des modifications que leurs propres opérations rendraient nécessaires, et, pour l'avenir, une part contributive dans l'entretien des travaux devenus communs. Cette disposition équitable de la loi n'est que l'application des principes généraux en matière de constructions mitoyennes. Le préfet n'a point à intervenir dans les difficultés auxquelles elle pourrait donner lieu ; ces contestations sont de la compétence du juge de paix.

On appellera particulièrement l'attention sur les articles 3 et 4 de la loi. Si le législateur se fût borné à seconder les efforts isolés des propriétaires, son but eût été difficilement atteint. Pour un grand nombre de propriétés, l'opération eût été impossible ou trop onéreuse à raison du morcellement, de la configuration du sol ou de l'éloignement des voies d'écoulement. Ce que l'Administration, dans sa sollicitude pour les intérêts généraux, doit surtout encourager, c'est l'exécution des travaux d'ensemble.

Les travaux exigent alors une solidarité d'efforts, une réunion de capitaux, et ne peuvent s'exécuter qu'au moyen de l'association. Le législateur l'a compris, et c'est dans le but de favoriser les associations de ce genre entre les propriétaires de terres situées dans un certain périmètre, que l'article 3 de la loi leur accorde, pour l'écoulement des eaux provenant de l'assèchement, les mêmes droits qu'aux simples particuliers. Il est bien entendu que les associations sont purement volontaires, et que les droits ainsi que les obligations de chacun des associés les uns vis-à-vis des autres sont régis par un acte intervenu librement entre eux. Toutefois, pour stimuler plus énergiquement la création de ces associations, la loi leur accorde deux privilèges : le premier, c'est la faculté qu'ils ont. d'après l'article 3. de se constituer en syndicats par arrêtés préfectoraux. La création des syndicats n'est pas une innovation; il en existe, en vertu de la loi du 16 septembre 1807. pour le desséchement des marais et l'endiguement des fleuves. et l'industrie agricole a tiré profit de cette institution.

On ne saurait trop inviter les Préfets, lorsque de semblables autorisations seront demandées, à examiner avec soin le degré de solidité que présentent ces associations, les statuts qui les régissent, le plan de leurs opérations. Il leur appartient, après avoir pris tous les renseignements qui leur seront fournis par les ingénieurs et par les personnes intéressées, d'imposer toutes les modifications et conditions qui paraitront utiles, soit pour arriver à de meilleurs résultats, soit pour concilier l'intérêt des associés avec celui des autres propriétaires.

Le principe de la compétence préfectorale, en pareille matière, est écrit dans le décret du 25 mars 1852. L'article 3 de la loi n'est qu'un corollaire de ce décret, qu'il complète avec les articles 3 et 4 de la loi du 14 floréal an XI (remplacées depuis par les articles 23 et 24 de la loi du 8 avril 1898), relatifs au mode de répartition des frais entre associés, à leur recouvrement et aux contestations qui peuvent s'élever entre eux à ce sujet. C'est sous la surveillance du préfet que doivent être dressés les rôles de répartition ; c'est par lui qu'ils sont rendus exécutoires, et le Conseil de préfecture est juge des contestations. Lorsque les associations sont constituées en syndicat, un autre privilège leur appartient : c'est celui d'exproprier, pour cause d'utilité publique, les portions de terrains nécessaires à l'exécution de leurs travaux. En effet, pour opérer sur une surface d'une assez grande étendue, et particulièrement dans plusieurs de nos contrées les plus fertiles où le terrain s'étend en plateaux et où les cours d'eau sont éloignés les uns des autres. il peut être nécessaire de créer des canaux de décharge ou évacuateurs généraux dans lesquels viennent se déverser les eaux provenant de l'assèchement. Dans d'autres localités, il peut être utile d'élargir, de rectifier ou de rendre plus profondes les voies d'écoulement déjà existantes. Qui pourrait se refuser à reconnaître, dans des travaux ayant cette importance et cet objet, le caractère et les proportions d'une œuvre d'utilité publique? On s'explique donc facilement que, dans des cas semblables, le législateur ait autorisé le Gouvernement à déléguer aux associations syndicales son droit souverain d'expropriation.

Toutefois cette délégation ne pouvait être entière. Le respect dû à la propriété privée exigeait que le Gouvernement se réservât exclusivement la déclaration d'utilité publique. L'article 4 de la loi veut, en effet, que cette déclaration ait lieu par décret rendu en Conseil d'Etat. Dans cette circonstance, il y aura lieu pour le Préfet, de faire l'application des dispositions des ordonnances des 18 février 1834, 15 février et 23 août 1835. ainsi que celles de la loi du 3 mai 1841 [1].

Il aura, en outre, à donner son avis et à fournir au Gouvernement tous les éléments de nature à éclairer sa décision à cet égard ; rien ne doit limiter les moyens d'investigations des préfets. et ils ne doivent négliger aucun de ceux qui permettront d'apprécier si les travaux pour lesquels l'autorisation d'exproprier est sollicitée, offrent un véritable caractère d'utilité publique.

L'expropriation, lorsqu'elle aura été légalement prononcée, donnera lieu à un règlement d'indemnités. Le même article 4 de la loi dispose que le règlement sera fait conformément aux paragraphes 2 et suivants de la loi du 21 mars 1836 [2], relatifs aux expropriations nécessitées par des travaux d'ouverture et de redressement des chemins vicinaux. Cette disposition est un premier pas fait dans la voie de l'assimilation des cours d'eau aux voies de terre. Les obligations qu'elle impose à l'administration préfectorale sont celles indiquées dans la circulaire du 24 juin 1836.

Indépendamment des expropriations, les travaux exécutés en vertu de l'article 4 peuvent nécessiter des occupations plus ou moins prolongées de terrains, des extractions de matériaux. qui causent un certain dommage aux propriétés voisines. En pareil cas, il est dû également une indemnité ; mais il est essentiel de remarquer qu'alors la constatation du droit à l'indemnité et son évaluation ne doivent pas se faire d'après la règle contenue dans l'article 4 de la loi du 10 juin 1854. Dès qu'il ne s'agit plus d'expropriation, les lois des 28 pluviôse an VIII et 16 septembre 1807 deviennent applicables. Les contestations relatives à l'indemnité sont portées devant le Conseil de préfecture et, sur recours, devant le Conseil d'Etat.

D'autre part, le droit d'expropriation n'appartient pas seulement aux associations syndicales. Les départements et les communes peuvent aussi l'exercer, aux mêmes conditions, sur les terrains qui forment un ensemble dans leurs territoires, afin de favoriser les travaux d'assèchement qui seraient entrepris. soit par des associations, soit même par des particuliers non associés. Ainsi, par exemple, la voie d'écoulement qui reçoit les eaux de toute une vallée devient insuffisante. La commune intervient, le Conseil municipal est d'avis qu'il y a lieu d'élargir la voie d'écoulement ou d'en créer une nouvelle ; la déclaration d'utilité publique est décrétée ; l'expropriation peut avoir lieu. Suppose-t-on que la rivière à laquelle aboutissent les voies d'écoulement parties des territoires de plusieurs communes n'offre plus, à raison des travaux d'assé-

---

[1] Voir Bibliothèque du Conducteur de Travaux publics : *Exécution des travaux publics.*

[2] Le jury spécial chargé de régler les indemnités est composé seulement de quatre jurés, présidé par l'un des membres du tribunal d'arrondissement, ou le juge de paix du canton. Ce magistrat a voix délibérative en cas de partage.

chement exécutés, qu'un débouché insuffisant? Le département
peut intervenir à son tour ; le Conseil général, sur la proposition
du préfet, donne son avis, et, les formalités remplies, il peut être
procédé, conformément à l'article 4, à l'expropriation des parcelles
nécessaires. L'examen de toutes ces affaires ressortit essentiellement de l'Administration préfectorale. Pour en préparer l'instruction, elle ne saurait mieux faire que de procéder d'une manière
analogue à celle qui est prescrite pour l'ouverture ou le redressement des chemins vicinaux ou des chemins de grande communication.

Les questions de compétence et de pénalité réglées par les
articles 6 et 7 de la loi ne rentrent pas dans les attributions du
préfet. Les contestations auxquelles donne lieu l'exécution des travaux d'assainissement sont renvoyées devant la juridiction toute
locale et essentiellement économique des juges de paix. Les
ouvrages exécutés sont protégés contre l'esprit de destruction ou
de malveillance, par une sanction pénale dont l'application appartient exclusivement aux tribunaux correctionnels; mais l'administration préfectorale ne saurait rester étrangère à la constatation des
délits. En vertu de la loi des 12-20 août 1790, particulièrement
applicable au cas dont il s'agit. la conservation des conduits d'eau
et des fossés évacuateurs est placée sous la surveillance spéciale
de ses agents, et elle doit leur recommander la vigilance la plus
active pour mettre ces ouvrages, placés au milieu des campagnes,
à l'abri de toute dégradation, et pour signaler tout obstacle qui serait
apporté au libre écoulement des eaux.

L'article 7 dispose qu'il n'est aucunement dérogé aux lois qui
règlent la police des eaux. La loi de 1845 sur les irrigations renferme une disposition semblable. La police des eaux appartient à
l'Administration en vertu des lois des 12-20 août 1790, 6 octobre 1791,
et 14 floréal an XI (cette dernière remplacée depuis par la loi du
8 avril 1898, art. 8 à 17). La loi nouvelle ne porte aucune atteinte
à ce droit. On ne saurait donc trop insister pour que le Préfet, ne
perde pas de vue, en aucune circonstance, l'exercice des pouvoirs
qui lui sont confiés.

L'assainissement des terres au moyen du drainage est appelé,
dans la pensée du Gouvernement, à rendre les plus grands services
à l'agriculture et à augmenter notablement la production du sol.
Indépendamment des facilités que cette opération doit trouver dans
la loi du 10 juin 1854, le Ministre compte sur le concours des préfets pour en favoriser la propagation par tous les moyens possibles. Conformément aux instructions contenues dans sa circulaire, en date du 21 septembre 1854, ils voudront bien lui signaler
les encouragements dont elle paraitra susceptible dans leur département. **Accroître la fertilité de nos campagnes, mettre la production en rapport avec la population, c'est mettre le pays à l'abri
de la disette.**

ANNEXE IV

LOI DES 17 JUILLET 1856-28 MAI 1858 SUR LE DRAINAGE [1]

TITRE I. — *Encouragements donnés par l'État*

ARTICLE PREMIER. — *Le Crédit Foncier de France est autorisé à affecter* [2] une somme de 100.000.000 de francs à des prêts destinés à faciliter les opérations de drainage. Un article de la loi de finances fixe, chaque année, *la somme des obligations qui pourront être émises.*

ART. 2. — Les prêts effectués en vertu de la présente loi sont remboursables en vingt-cinq ans, par annuités, comprenant l'amortissement du capital et l'intérêt calculé à 4 0/0. L'emprunteur a toujours le droit de se libérer par anticipation soit en totalité, soit en partie. Le recouvrement des annuités a lieu de la même manière que celui des contributions directes, *sans préjudice de toutes autres voies d'exécution.*

ART. 2 *bis*. — *Les droits et immunités attribués au Crédit Foncier de France par le titre IV du décret du 28 février 1852, modifié conformément à l'article 1er de la loi du 10 juin 1853, par l'article 47 du même décret et par les articles 4, 6 et 7 de la loi précitée du 10 juin 1853, sont déclarés applicables aux prêts effectués par le Crédit Foncier de France, en exécution de la présente loi.*

Les annuités dues par les emprunteurs sont affectées, par privilège, au remboursement des opérations du drainage.

TITRE II. — *Du privilège sur les terrains drainés et sur leurs récoltes ou revenus*

ART. 3. — Il est accordé au *Crédit Foncier*, pour le recouvrement de l'annuité échue et de l'annuité courante sur les récoltes ou revenus des terrains drainés, un privilège qui prend rang immédiatement après celui des contributions publiques. Néanmoins, les sommes dues pour les semences ou pour les frais de la récolte de l'année sont payées sur le prix de la récolte avant la créance du *Crédit Foncier*. Le *Crédit Foncier* a également, pour le recouvrement de ses prêts, un privilège qui prend rang avant tout autre sur les terrains drainés.

---

[1] La loi des 17 juillet 1856-28 mai 1858 est applicable à des prêts pour les améliorations suivantes :

Le drainage des terres en général, *y compris les dépenses d'amélioration des fossés d'écoulement et d'achat du passage des eaux provenant de ces fossés sur les terres des propriétaires voisins;*

Les irrigations et les travaux de desséchement.

[2] Le texte composé en italiques comporte les modifications introduites par la loi de 1858 dans celle de 1856.

Ces droits et privilèges accordés par le présent article au Crédit Foncier lui sont conférés sans préjudice de toutes autres voies d'exécution.

Art. 4. — Le privilège sur les terrains drainés, tel qu'il est établi par l'article précédent, est accordé : 1° aux syndicats, pour le recouvrement de la taxe d'entretien et des prêts ou avances faits par eux ; 2° aux prêteurs, pour le remboursement des prêts faits à des syndicats ; 3° aux entrepreneurs, pour le payement du montant des travaux de drainage par eux exécutés ; 4° à ceux qui ont prêté des deniers pour payer ou rembourser les entrepreneurs, en se conformant aux dispositions du paragraphe 5 de l'article 2103 du Code civil. Les syndicats ont, en outre, pour la taxe d'entretien de l'année échue et de l'année courante, le privilège sur les récoltes ou revenus, tel qu'il est établi par l'article 3.

Le privilège n'affecte chacun des immeubles compris dans le périmètre d'un syndicat que pour la part de cet immeuble dans la dette commune.

Art. 5. — Toute personne ayant une créance privilégiée ou hypothécaire antérieure au privilège acquis en vertu de la présente loi a le droit, à l'époque de l'aliénation de l'immeuble, de faire réduire ce privilège à la plus-value existant à cette époque et résultant des travaux de drainage.

Titre III. — *Du mode de conservation du privilège*

Art. 6. — Le *Crédit Foncier*, les syndicats, les prêteurs et les entrepreneurs n'acquièrent le privilège que sous la condition d'avoir préalablement fait dresser un procès-verbal, à l'effet de constater l'état de chacun des terrains à drainer relativement aux travaux de drainage projetés, d'en déterminer le périmètre et d'en estimer la valeur actuelle d'après les produits.

Lorsqu'il s'agit d'un prêt demandé au *Crédit Foncier*, le procès-verbal est dressé par un ingénieur ou un homme de l'art commis par le préfet, assisté d'un expert désigné par le juge de paix ; s'il y a désaccord entre l'ingénieur et l'expert, celui-ci fait consigner ses observations dans le procès-verbal.

Dans les autres cas, le procès-verbal est dressé par un expert désigné par le juge de paix du canton où sont situés les biens.

Les entrepreneurs qui ont exécuté des travaux pour des propriétaires non constitués en syndicat doivent, de plus, faire vérifier la valeur de leurs travaux, dans les deux mois de leur exécution, par un expert désigné par le juge de paix. Le montant du privilège ne peut pas excéder la valeur constatée par ce second procès-verbal.

Les droits et privilèges accordés par le présent article au Crédit Foncier lui sont conférés sans préjudice de toutes autres voies d'exécution.

Art. 7. — Le privilège accordé par la présente loi sur les terrains drainés se conserve par une inscription prise : pour le *Crédit Foncier* et pour les prêteurs, dans les deux mois de l'acte de prêt ; pour les syndicats, dans les deux mois de l'arrêté qui les constitue ; pour les entrepreneurs, dans les deux mois du procès-verbal prescrit par le premier paragraphe de l'article 6.

L'inscription contient, dans tous les cas, un extrait sommaire de ce procès-verbal. Lorsqu'il y a lieu à vérification des travaux, en exécution du quatrième paragraphe de l'article 6, il est fait mention, en marge de l'inscription, du procès-verbal de cette vérification, dans les deux mois de sa date.

Art. 8. — L'acte de prêt consenti au profit d'un syndicat répartit provisoirement la dette entre les immeubles compris dans le périmètre du syndicat, proportionnellement à la part que chacun de ces immeubles doit supporter dans la dépense, et l'inscription est prise d'après cette répartition provisoire.

Pour les avances d'un syndicat, l'inscription est également prise d'après une répartition provisoire faite, comme il est dit au paragraphe précédent, par les soins du syndicat.

Si la répartition provisoire est rectifiée ultérieurement par l'effet des recours ouverts aux propriétaires en vertu de l'article 4 de la loi du 14 floréal an XI (actuellement art. 24 de la loi du 8 avril 1898), il est fait mention de cette rectification en marge des inscriptions, à la diligence du syndicat, dans les deux mois de la date où la répartition nouvelle est devenue définitive ; le privilège s'exerce conformément à cette dernière répartition.

Titre IV. — *Dispositions générales*

Art. 9. — Si une opération de drainage aggrave les dépenses d'un cours d'eau réglées par la loi du 14 floréal an XI (actuellement loi du 8 avril 1898, art. 18 28), les terrains drainés sont compris dans les propriétés intéressées, et imposés conformément àcette loi.

Art. 9 *bis*. — *Sont approuvés les articles 5 et 6 de la convention passée entre l'État et le Crédit Foncier de France relatifs aux engagements mis à la charge du Trésor par ladite convention* [1].

Art. 10. — Un règlement d'administration publique détermine les conditions et les formes des prêts faits par le *Crédit Foncier*, les mesures propres à assurer l'emploi des fonds provenant de ces

[1] Art. 5. — Le Crédit foncier de France est autorisé à contracter, avec la garantie du Trésor, des emprunts successifs sous forme d'obligations, dites *obligations de drainage*, qui pourront être émises même au-dessous du pair, et qui seront remboursables au pair. Ces émissions auront lieu jusqu'à concurrence de la somme nécessaire pour produire un capital de 100 millions. Le capital sera exclusivement consacré aux prêts destinés à favoriser les opérations du drainage, en vertu de l'article 1 de la loi du 17 juillet 1856.

Le prêt est fait sous la responsabilité et aux risques et périls du

prêts à l'exécution des travaux de drainage, les formes de la surveillance de l'administration sur l'exécution et l'entretien des travaux de drainage effectués avec les prêts faits par le *Crédit Foncier*, et, en général, toutes les mesures nécessaires à l'exécution de la présente loi.

Crédit foncier, qui peut exiger que l'emprunteur lui confère une hypothèque, s'il reconnaît la nécessité de ce supplément de garantie.

L'émission des obligations ne pourra être faite qu'en vertu d'une autorisation des ministres de l'Agriculture et des Finances, qui détermineront, chaque année, l'importance et l'époque de l'émission, le taux et les autres conditions des négociations. Les obligations ainsi émises devront être remboursées dans un délai de vingt-cinq ans au plus tard, à partir de la création des titres.

Chaque année, le nombre des obligations à rembourser sera déterminé par le ministre des Finances, qui pourra, s'il le juge convenable, accélérer la marche régulière de l'amortissement en raison des remboursements effectués par les emprunteurs.

Art. 6. — Il sera payé par le Trésor, au Crédit foncier de France, une commission de 45 centimes par 100 francs par année, sur le capital de chaque somme prêtée, pour le couvrir tant des risques mis à sa charge que des frais généraux relatifs au service qui lui est confié. Cette commission sera réduite à 35 centimes dans le cas où le Crédit foncier aurait exigé une hypothèque.

Si les obligations de drainage ne pouvaient être négociées au pair qu'à un taux d'intérêt supérieur à celui de 4 0/0 payé par les emprunteurs, ou si elles ne pouvaient être négociées qu'au-dessous du pair, l'excédent de dépense qui résulterait soit de la différence d'intérêt, soit du montant de la prime, sera supporté par le Trésor, déduction faite des bénéfices que le Crédit foncier aurait pu retirer des négociations d'obligations au-dessus du pair. Cet excédent de dépenses sera constaté par le compte des obligations émises et des prêts réalisés, tenu par le Crédit foncier de France.

Ce compte sera réglé tous les six mois. Les fonds provenant soit de la négociation des obligations, soit du payement des annuités et intérêts dus pour cause de retard, soit enfin des remboursements anticipés, seront déposés en compte courant au Trésor.

Il ne sera payé pour ce dépôt d'autre intérêt au Crédit foncier que celui qu'il payera lui-même aux porteurs de ses obligations, depuis le jour du versement au Trésor des fonds provenant de leur négociation jusqu'au jour de leur emploi en prêts de drainage.

ANNEXE V

RÈGLEMENT D'ADMINISTRATION PUBLIQUE
DU 23 SEPTEMBRE 1858
ET CIRCULAIRE DU 2 OCTOBRE 1858

POUR L'EXÉCUTION DE LA LOI DES 17 JUILLET 1856-28 MAI 1858, EN
CE QUI TOUCHE LES PRÊTS DESTINÉS A FACILITER LES OPÉRATIONS
DU DRAINAGE.

RÈGLEMENT D'ADMINISTRATION PUBLIQUE DU 23 SEPTEMBRE 1858

TITRE Ier. — *Forme et instruction des demandes de prêts*

ARTICLE PREMIER. — Tout propriétaire qui veut obtenir un prêt,
par application des lois des 17 juillet 1856 et 28 mai 1858, adresse
sa demande au ministre de l'Agriculture.

Cette demande énonce :

1° La somme qu'il veut emprunter, et, s'il y a lieu, celle pour
laquelle il entend concourir à la dépense ;

2° Les noms et prénoms des fermiers ou colons partiaires.

Il y est joint un extrait de la matrice et du plan cadastral, avec
indication de la situation et de l'étendue des terrains à drainer.

ART. 2. — Les demandes de prêt, avec les pièces à l'appui, sont
soumises à une commission formée près du ministère de l'Agriculture, sous le titre de *Commission supérieure du drainage*.

Les membres de cette commission sont nommés par le ministre.

ART. 3. — Après délibération de la commission, la demande de
prêt est renvoyée, s'il y a lieu, à l'ingénieur chargé du service
hydraulique dans le département de la situation des biens.

Dans la quinzaine qui suit l'envoi, l'ingénieur visite les terrains
à drainer, procède aux opérations et vérifications nécessaires pour
apprécier l'utilité de l'entreprise projetée, et donne son avis sur
l'admissibilité de la demande de prêt.

Son rapport est adressé au préfet, qui le transmet, dans les dix
jours, avec ses propositions, au ministre de l'Agriculture.

ART. 4. — Le ministre adresse, s'il y a lieu, les pièces à la société
du Crédit foncier de France, afin qu'elle vérifie les titres de propriété et la situation hypothécaire du demandeur.

Si la société juge que les garanties offertes par le demandeur sont
suffisantes, le ministre statue, après avis de la commission supérieure.

L'arrêté du ministre qui autorise le prêt en détermine les conditions générales, et notamment les délais dans lesquels les travaux
devront être commencés et achevés.

ART. 5. — Si la demande de prêt est formée par un syndicat, cette demande doit contenir, outre les indications prescrites par l'article 1 du présent règlement. la délibération des intéressés qui donne au syndicat pouvoir de contracter un emprunt soumis aux dispositions des lois des 17 juillet 1856, 28 mai 1858.

Cette demande est instruite comme il est dit aux articles 2, 3 et 4.

TITRE II. — *Conditions des prêts et surveillance de l'administration sur l'exécution et l'entretien des travaux*

ART. 6. — Les fonds prêtés ne peuvent être employés qu'aux travaux du drainage ; le Crédit foncier doit s'assurer qu'ils reçoivent leur destination.

ART. 7. — Les travaux sont exécutés par l'emprunteur, sous la surveillance de l'administration.

Le montant du prêt est remis à l'emprunteur par acomptes successifs, aux époques fixées et proportionnellement au degré d'avancement des travaux, constaté par l'ingénieur chargé de la surveillance, de manière que le solde ne soit versé qu'après leur exécution complète.

ART. 8. — L'ingénieur doit refuser le certificat nécessaire à l'emprunteur pour toucher tout ou partie du prêt, si les travaux sont mal exécutés.

En cas de réclamation contre le refus de l'ingénieur, il est statué par le préfet. qui suspend provisoirement, s'il y a lieu, le payement des termes de l'emprunt.

Si les travaux sont interrompus sans que l'emprunteur ait remboursé, le préfet peut autoriser la société du Crédit foncier à faire exécuter, en son lieu et place. les travaux nécessaires pour rendre productive la dépense déjà faite jusqu'à concurrence des sommes à verser pour compléter le prêt.

Le tout sans préjudice des actions à intenter par la société du Crédit foncier devant les tribunaux civils, à raison de l'inexécution du contrat.

ART. 9. — L'entretien des travaux du drainage reste soumis au contrôle du Crédit foncier, jusqu'à l'entière libération de l'emprunteur.

TITRE III. — *Dispositions générales*

ART. 10. — Le département de l'Agriculture supporte les frais de l'instruction administrative des demandes de prêts et de surveillance des travaux.

Les frais de l'expertise mentionnée dans l'article 6 de la loi du 17 juillet 1856. ceux de l'acte de prêt, de l'inscription du privilège et de l'hypothèque supplémentaire. dans le cas où elle a été requise, enfin le coût des main-levées et de la quittance sont seuls à la charge de l'emprunteur.

Le montant en est recouvré par le Crédit foncier dans le cas où il en aurait fait l'avance.

CIRCULAIRE DU 2 OCTOBRE 1858

Le règlement d'administration publique, daté du 23 septembre dernier, a pour objet d'assurer l'exécution du prêt de 100 millions autorisé par la loi du 17 juillet 1856, en vue de faciliter les opérations de drainage.

Le Gouvernement, ne pouvant trouver dans les ressources ordinaires du budget les capitaux dont il aurait besoin pour réaliser ces prêts, et voulant d'ailleurs éviter de recourir à l'emprunt, a cru devoir se substituer la Société du Crédit Foncier de France pour l'application de la loi de 1856, tout en se réservant le rôle de tutelle et de protection que cette loi lui assigne. Le traité passé à cet effet avec la Société du Crédit Foncier a été sanctionné, au point de vue financier, par la loi du 28 mai dernier et, d'une manière générale, par le décret du 23 septembre 1858.

Le décret du 23 septembre a pour objet d'assurer l'exécution des lois précitées de 1856 et de 1858. Il règle la forme de l'instruction des demandes de prêts, les conditions de ces prêts et la surveillance à exercer sur l'exécution et l'entretien des travaux.

ARTICLE PREMIER. — Aux termes de l'article 1, les demandes de prêts doivent être adressées directement au Ministère. Cette mesure est indispensable pour que le Ministre puisse, avec le concours de la Commission supérieure du drainage, répartir entre les divers départements, les fonds dont le Crédit Foncier pourra disposer, dans la mesure du maximum arrêté chaque année par le pouvoir législatif. Ce maximum est porté à 10 millions pour les exercices 1858 et 1859 (art. 5 de la loi du 28 mai 1858).

Le même article du décret indique les justifications qui doivent être fournies à l'appui des demandes.

Cet article n'exige pas la production d'un projet de drainage.

La rédaction préalable d'un projet de ce genre présente, en effet, de graves difficultés pour les propriétaires, et il leur suffit, le plus souvent, avant de présenter leurs demandes, de s'assurer, soit personnellement, soit avec les conseils de personnes expérimentées, que leurs terrains peuvent être utilement drainés.

Néanmoins, dans le cas où ils croiraient nécessaire de faire une étude plus complète des moyens d'améliorer leurs terrains, on rappellera qu'une décision impériale du 30 août 1854, insérée au *Moniteur*, donne aux propriétaires la facilité de s'adresser, par l'intermédiaire du préfet, aux agents de l'Administration des travaux publics pour faire procéder gratuitement, par leurs soins, à l'étude des projets de drainage qu'ils veulent exécuter.

Il n'y a qu'à s'en référer sur ce point à la circulaire du 27 février 1857 [1].

L'article 1 dispose, en outre, que la demande doit énoncer la somme que le propriétaire veut emprunter, et, s'il y a lieu, celle pour laquelle il entend concourir à la dépense.

L'intervention des propriétaires dans la dépense des travaux de drainage est sans doute purement volontaire de leur part ; cependant le Gouvernement désire que les prêts effectués, avec le concours du Trésor public, provoquent le plus grand nombre possible d'opérations de drainage. Aussi, sans perdre de vue qu'il s'agit de propager cet utile procédé et de le faire pénétrer dans les contrées où ses bons effets sont encore peu connus, l'Administration est disposée à prendre en considération, dans la répartition des fonds disponibles, les efforts personnels des propriétaires qui concourront aux travaux par leurs propres ressources.

L'article 12 de la loi du 13 brumaire an VII exige que toutes les pétitions adressées aux ministres soient rédigées sur papier timbré. Cette disposition n'a pas été modifiée, en ce qui touche les demandes de prêts relatifs au drainage.

Toutefois l'obligation du timbre ne paraît pas devoir être étendue aux extraits de la matrice du plan cadastral qui doivent être joints à ces demandes.

Le Préfet voudra bien, si des demandes lui ont déjà été présentées, les transmettre au Ministre de l'Agriculture, après les avoir fait régulariser, d'après les instructions qui précèdent.

Art. 2 et 3. — Les demandes de prêts adressées au Ministre seront examinées par la Commission supérieure du drainage. Celles qui, à la suite de cet examen, paraîtront devoir être prises en considération, seront envoyées directement à l'ingénieur en chef, chargé du service hydraulique du département. En prescrivant

---

[1] Cette circulaire a été modifiée par celles des 20 août 1862, 12 juillet 1870 et 4 novembre 1882. Les opérations d'étude et de surveillance sont autorisées directement par le Préfet, sur l'avis des ingénieurs, toutes les fois que les crédits ouverts sur l'exercice courant permettront d'y faire face (*Circ. du 20 août* 1862).

Quant à ce qui concerne les prêts et l'allocation de subventions en argent ou l'envoi temporaire de machines et outils pour faciliter l'exécution des travaux de drainage par les particuliers et les associations privées, c'est au ministre de l'Agriculture que les demandes et propositions devront être adressées, les fonds nécessaires au payement des dépenses qui en résulteront se trouvant à sa disposition (*Circ. du 12 juillet* 1870).

La gestion des crédits affectés aux études et travaux de drainage exécutés à la demande des propriétaires, des communes ou des départements est maintenue à la direction de l'agriculture, celle de l'hydraulique agricole n'intervenant dans ces questions que pour assurer l'examen technique des projets : les dépenses en sont imputables sur le chapitre des encouragements à l'agriculture et sont mandatées par les préfets (*Circ. du 4 novembre* 1882).

cet envoi direct, l'Administration a en vue d'abréger, autant que possible, l'instruction des affaires ; mais c'est par l'intermédiaire du Préfet, et avec son avis, que les rapports des ingénieurs devront être adressés.

Un délai de quinzaine est fixé à l'ingénieur à l'effet de visiter les lieux et de procéder aux opérations et vérifications nécessaires pour apprécier l'utilité de l'entreprise. Comme il importe que toutes les opérations préliminaires soient rapides, il est désirable que les ingénieurs n'excèdent pas ce délai. Un registre d'ordre spécial aux affaires de drainage devra être tenu pas l'ingénieur chargé du service hydraulique, et la date d'arrivée de chaque demande sera inscrite, ainsi que celle de la sortie.

De leur côté, les Préfets se conformeront aux dispositions du dernier paragraphe de l'article 3, en adressant au Ministre leurs propositions dans le délai de dix jours[1].

---

[1] L'article 3 du règlement du 20 septembre 1858 a été commenté par une circulaire du 13 juillet 1859 concernant l'instruction préparatoire, laquelle a pour objet de reconnaître l'utilité de l'entreprise projetée et la valeur de la garantie ; d'après ce principe que la dépense des travaux et le montant du prêt devaient rester l'un et l'autre au-dessous de la plus-value que les terrains drainés sont susceptibles d'acquérir.

Cette instruction doit porter sur les points suivants :

Reconnaissance des terrains à drainer ; vérification des sondages exécutés ou exécution des sondages nécessaires ; détermination du système d'évacuation des eaux ; écartement et profondeur des drains. Estimation de la dépense par analogies ou d'après renseignements locaux. Estimation de la valeur moyenne d'une récolte avant et après exécution des travaux. Délais d'exécution des travaux ; nombre, importance et époques des versements à effectuer pour payer le prêt demandé. Distinction des parcelles drainées de celles à drainer. Limites à donner au drainage.

Ladite circulaire comportait le modèle suivant, relatif à une demande de prêts, à rédiger sur papier timbré de 0 fr. 60.

Le soussigné (*nom et prénoms*), demeurant à (*domicile du demandeur*), département (*désignation*), propriétaire de (*domaine ou terrain à drainer*), exploité par (*lui-même ou par   , à titre de fermier ou colon partiaire*), situé commune de   , canton de   , arrondissement de   , département de   , a l'honneur d'exposer qu'il désire obtenir un prêt par application des lois du 17 juillet 1856 et 28 mai 1858 sur le drainage.

Les parcelles que le soussigné se propose de drainer sont figurées sur l'extrait du plan cadastral ci-joint (les extraits du plan et de la matrice cadastrale doivent être visés, au choix du pétitionnaire, par le maire de la commune de la situation des lieux, ou par le directeur des contributions directes du département) et comprises sous les numéros :

Leur contenance totale, d'après l'extrait également ci-joint de la matrice cadastrale, est de   hectares   ares   centiares.

La dépense de l'opération est évaluée à :

Le prêt demandé est de

Le soussigné se propose de concourir aux travaux par ses

Art. 4. — L'application de l'article 4 rentre dans la mission du Crédit Foncier.

Art. 5. — Les observations relatives à l'article 1er du règlement sont applicables aux demandes formées par des syndicats de drainage. Mais il était nécessaire, dans ce cas, d'exiger l'accomplissement d'une formalité spéciale. En effet, ces demandes tendent à engager hypothécairement et par privilège les immeubles compris dans l'association syndicale. Il est, dès lors, indispensable que chacun des intéressés, membre des associations, ait, par une délibération régulière, donné pouvoir aux syndics de contracter un emprunt soumis aux dispositions des lois des 17 juillet 1856 et 28 mai 1858.

On doit, au surplus, faire remarquer, que, par cela même que les associations de drainage sont, aux termes de l'article 3 de la loi du 10 juin 1854, assimilées aux associations de curage, les délibérations prises par ces associations ne sont exécutoires qu'autant qu'elles ont été homologuées par le préfet.

Art. 6 et 7. — L'article 5 de la convention passée avec le Crédit Foncier stipule formellement que le prêt de 100 millions que cette société s'oblige à effectuer aux lieu et place de l'État sera exclusivement consacré à faciliter les opérations de drainage ; de là l'obligation, pour la société du Crédit Foncier, de s'assurer que les fonds prêtés reçoivent réellement leur destination.

De son côté, le Gouvernement, qui s'impose un sacrifice en vue d'un intérêt public, ne peut se départir d'une rigoureuse surveillance. Aussi le règlement exige que les fonds ne soient remis aux emprunteurs que par acomptes successifs, proportionnellement à l'avancement des travaux constatés par l'ingénieur chargé de la surveillance, et que le solde ne soit versé qu'après l'exécution complète des ouvrages.

Pour satisfaire à cette disposition, l'ingénieur chargé du service hydraulique constatera l'avancement des travaux, délivrera des certificats dans la forme voulue pour les paiements d'acomptes aux entrepreneurs des travaux.

Art. 8. — Si les travaux sont mal exécutés, l'ingénieur doit refuser le certificat nécessaire à l'emprunteur pour toucher tout ou partie du prêt ; cette disposition est grave, et il importe qu'elle soit appliquée avec une grande réserve. Le propriétaire doit rester le maître des moyens d'exécution à employer pour réaliser le

propres ressources pour la somme de   (*supprimer cette dernière phrase dans le cas où le demandeur ne peut concourir aux dépenses des travaux*).

Le soussigné présentera ultérieurement ses titres de propriété à la Société du Crédit foncier ; il justifiera de son état civil et produira, en outre, l'état d'inscription constatant sa situation hypothécaire.

Date et signature.

drainage qu'il a projeté. Il ne suffirait pas que ces moyens parussent mal combinés, ou défectueux, pour que le certificat de payement dût être refusé ; il faut qu'il soit démontré que les travaux sont conduits de manière à compromettre le résultat définitif de l'opération.

La surveillance des travaux sera nécessairement déléguée en partie aux conducteurs et agents placés sous les ordres de l'ingénieur chargé du service hydraulique ; néanmoins celui-ci ne doit refuser un certificat d'acompte qu'après une vérification directe et personnelle des travaux.

Le deuxième paragraphe de l'article 8 rend le préfet juge des réclamations qui s'élèveraient contre le refus des ingénieurs. De plus, si les travaux sont interrompus, le préfet peut en autoriser la continuation par les soins de la société du Crédit Foncier, afin de rendre productives les dépenses déjà faites.

Dans l'un et l'autre cas, les intérêts des propriétaires sont gravement engagés ; aussi est-il recommandé aux préfets de recueillir, avant de statuer, tous les renseignements propres à éclairer leur opinion, et notamment de prendre l'avis du chef de service, qui procédera, s'il y a lieu, à toutes les vérifications nécessaires.

ART. 9. — La surveillance de l'entretien des travaux de drainage est uniquement confiée à la société du Crédit Foncier jusqu'au remboursement du prêt, et l'Administration n'a pas à y intervenir.

ART. 10. — L'article 10 n'exige aucune explication spéciale. Toutefois il y a lieu de faire remarquer l'esprit dans lequel il est conçu. Cet article complète, en faveur de l'agriculture, la décision impériale du 30 août 1854 ; il décide en effet que le Trésor supporte les frais tant de l'instruction administrative des demandes de prêts que de la surveillance prescrite par l'article 7 ci-dessus rappelé.

Les seuls frais qui restent à la charge des emprunteurs sont ceux du contrat de prêt, ainsi que ceux qui ont un caractère judiciaire ou contentieux, et dans lesquels l'État ne pourrait intervenir.

Par l'ensemble de ces dispositions, le Gouvernement a voulu donner une nouvelle preuve de l'intérêt qui s'attache à toutes les mesures qui tendent à développer les progrès de l'agriculture et le bien-être des populations.

Ce n'est plus seulement, en effet, sur l'expérience des pays voisins, c'est aussi sur les résultats obtenus et constatés dans la plupart des départements de l'empire qu'on peut apprécier aujourd'hui les heureux effets du drainage. Dans un rapport récemment publié au *Moniteur* sur les utiles résultats des concours régionaux, il a été constaté que la plupart des agriculteurs auxquels le jury a décerné la prime d'honneur doivent leur succès à d'intelligents travaux de drainage. Dans quarante-quatre départements, la moyenne des frais d'établissement de ces travaux a été, par hectare, de 265 francs, et la moyenne de la plus-value des terrains a été représentée, pour l'année 1857, par une augmentation de revenu de 112 francs par hectare. On peut donc affirmer que le drainage, avec son outillage spécial et la simplicité de ses méthodes, a résolu la double question de l'efficacité des moyens de dessèchement des terres et de l'économie dans la dépense.

Et, comme il est démontré, par une observation constante, qu'en France les mauvaises récoltes sont généralement causées par la persistance des pluies, c'est-à-dire par l'excès d'humidité du sol, les encouragements accordés par le Gouvernement aux opérations de drainage constituent la mesure la plus efficace pour accroître les produits agricoles.

Les Préfets donneront la plus grande publicité aux dispositions du décret du 23 septembre 1858 et le feront insérer dans le *Bulletin des Actes administratifs* et dans les journaux de leur département.

La présente circulaire est adressée à MM. les Préfets, à MM. les Ingénieurs en Chef, ainsi qu'à MM. les membres des Chambres consultatives d'agriculture et à MM. les présidents des sociétés et comices agricoles.

TABLE DES MATIÈRES

QUATRIÈME PARTIE

Assainissements et desséchements

CHAPITRE PREMIER

Généralités

CHAPITRE II

Législation des travaux d'assainissement et de desséchement

CHAPITRE III

Travaux d'assainissement agricole

CHAPITRE IV

Généralités sur les travaux de desséchement

CHAPITRE V

Travaux de desséchement par écoulement continu

CHAPITRE VI

Travaux de desséchement par écoulement discontinu

CHAPITRE VII

Travaux de desséchement par élévation mécanique

CINQUIÈME PARTIE

Des colmatages

SIXIÈME PARTIE

Des polders

SEPTIÈME PARTIE

Du drainage

CHAPITRE I

Généralités

CHAPITRE II

Systèmes divers de drains

CHAPITRE III

Projets de drainage

CHAPITRE IV

Exécution des travaux de drainage

CHAPITRE V

Drainages spéciaux

CHAPITRE VI

Législation du drainage

HUITIÈME PARTIE

Utilisation agricole des eaux d'égout

ANNEXES

Assainissements et desséchements

Drainage

Tours, Imprimerie Deslis Frères, 6, rue Gambetta.